中 国 国 家 标 准 汇 编

529

GB 28239～28270

（2012 年制定）

中国标准出版社　编

中国标准出版社

北　京

图书在版编目(CIP)数据

中国国家标准汇编:2012 年制定.529:GB 28239～28270/中国标准出版社编.—北京:中国标准出版社,2013.10
ISBN 978-7-5066-7259-7

Ⅰ.①中… Ⅱ.①中… Ⅲ.①国家标准-汇编-中国-2012 Ⅳ.①T-652.1

中国版本图书馆 CIP 数据核字(2013)第 186430 号

中国标准出版社出版发行
北京市朝阳区和平里西街甲 2 号(100013)
北京市西城区三里河北街 16 号(100045)

网址 www.spc.net.cn
总编室:(010)64275323 发行中心:(010)51780235
读者服务部:(010)68523946
中国标准出版社秦皇岛印刷厂印刷
各地新华书店经销

*

开本 880×1230 1/16 印张 36.5 字数 1 100 千字
2013 年 10 月第一版 2013 年 10 月第一次印刷

*

定价 220.00 元

出　版　说　明

1.《中国国家标准汇编》是一部大型综合性国家标准全集。自1983年起，按国家标准顺序号以精装本、平装本两种装帧形式陆续分册汇编出版。它在一定程度上反映了我国建国以来标准化事业发展的基本情况和主要成就，是各级标准化管理机构，工矿企事业单位，农林牧副渔系统，科研、设计、教学等部门必不可少的工具书。

2.《中国国家标准汇编》收入我国每年正式发布的全部国家标准，分为"制定"卷和"修订"卷两种编辑版本。

"制定"卷收入上一年度我国发布的、新制定的国家标准，顺延前年度标准编号分成若干分册，封面和书脊上注明"20××年制定"字样及分册号，分册号一直连续。各分册中的标准是按照标准编号顺序连续排列的，如有标准顺序号缺号的，除特殊情况注明外，暂为空号。

"修订"卷收入上一年度我国发布的、被修订的国家标准，视篇幅分设若干分册，但与"制定"卷分册号无关联，仅在封面和书脊上注明"20××年修订-1,-2,-3,……"字样。"修订"卷各分册中的标准，仍按标准编号顺序排列(但不连续)；如有遗漏的，均在当年最后一分册中补齐。需提请读者注意的是，个别非顺延前年度标准编号的新制定的国家标准没有收入在"制定"卷中，而是收入在"修订"卷中。

读者配套购买《中国国家标准汇编》"制定"卷和"修订"卷则可收齐由我社出版的上一年度我国制定和修订的全部国家标准。

3.由于读者需求的变化，自1996年起，《中国国家标准汇编》仅出版精装本。

4.2012年我国制修订国家标准共2 101项。本分册为"2012年制定"卷第529分册，收入国家标准GB 28239～28270的最新版本。

中国标准出版社
2013年8月

目　　录

ICS 27.020
J 91

中华人民共和国国家标准

GB 28239—2012

非道路用柴油机燃料消耗率和机油消耗率限值及试验方法

Limits and measurement methods for non-road diesel engine specific fuel consumption and specific oil consumption

2012-03-09 发布　　2013-01-01 实施

中华人民共和国国家质量监督检验检疫总局
中国国家标准化管理委员会
发布

前　言

本标准第7章中机油消耗率限值、附录C、附录D、附录E和附录F为推荐性,其他为强制性。

本标准按GB/T 1.1—2009给出的规则起草。

本标准由中国机械工业联合会提出。

本标准由全国内燃机标准化技术委员会(SAC/TC 177)归口。

本标准起草单位:上海内燃机研究所、上海柴油机股份有限公司、广西玉柴机器股份有限公司、中国一拖集团有限公司、常柴股份有限公司、潍柴动力股份有限公司、常州出入境检验检疫局。

本标准主要起草人:谢亚平、计维斌、庄国钢、邓斌、戴维麟、许凤霞、佟德辉、王建平、纪丽伟、陆寿域、王伟峰、岳小平、郭华、瞿俊鸣、宋国婵、陈云清、袁卫平、曹家骏。

非道路用柴油机燃料消耗率和机油消耗率限值及试验方法

1 范围

本标准规定了非道路用柴油机加权燃料消耗率和机油消耗率限值及其试验方法。

本标准适用于标定功率不大于560 kW的陆用(道路车辆、三轮汽车和低速货车用除外)、船用、农林拖拉机和农业机械用、工程机械用、发电机组用、水泵机组用等非道路用柴油机(以下简称柴油机),所用燃料为轻柴油,不包括燃用重油的船用柴油机。

注:出口柴油机适用进口国家或地区的燃料消耗率限值标准或法规。

2 规范性引用文件

下列文件对于本文件的应用是必不可少的。凡是注日期的引用文件,仅所注日期的版本适用于本文件。凡是不注日期的引用文件,其最新版本(包括所有的修改单)适用于本文件。

GB/T 1147.2—2007 中小功率内燃机 第2部分:试验方法

GB 20891—2007 非道路移动机械用柴油机排气污染物排放限值及测量方法(中国Ⅰ、Ⅱ阶段)

GB/T 21404—2008 内燃机 发动机功率的确定和测量方法 一般要求

3 术语和定义

GB/T 21404、GB 20891界定的以及下列术语和定义适用于本文件。

3.1

非道路用柴油机 non-road diesel engine

陆用(道路车辆、三轮汽车和低速货车用除外)、船用、农林拖拉机和农业机械用、工程机械用、发电机组用、水泵机组用等用途的柴油机。

3.2

加权燃料消耗率 weighted specific fuel consumption

由柴油机用途确定的多工况循环试验时,测得的各工况每小时燃料消耗量分别乘以其对应的加权系数后的累加和与各工况功率分别乘以其对应的加权系数后的累加和的比值。

4 标准基准状况

按GB/T 21404—2008第5章的规定。

5 燃料消耗率评价指标

5.1 根据柴油机用途按相应多工况循环测得的燃料消耗的加权燃料消耗率 g_{ew} 为非道路用柴油机燃料消耗率的评价指标。

5.2 加权燃料消耗率按公式(1)计算:

$$g_{ew}=\frac{\sum_{i=1}^{n}G_i\times W_i}{\sum_{i=1}^{n}P_i\times W_i} \qquad \cdots\cdots(1)$$

式中：

g_{ew}——按低热值 42 700 kJ/kg 标定的加权燃料消耗率，单位为克每千瓦小时[g/(kW·h)]；

G_i——各工况时测得的每小时燃料消耗量，单位为克每小时(g/h)；

W_i——各工况加权系数，根据柴油机用途分别见表 3～表 6 所示加权系数；

P_i——各工况时的功率，单位为千瓦(kW)。

5.3 加权燃料消耗率均以低热值 42 700 kJ/kg 为准，当试验时所用燃料低热值与之不符时，需按公式(2)进行换算：

$$g_{ew}=g_{ewf}\times H_{uf}/H_{ub} \qquad \cdots\cdots(2)$$

式中：

g_{ew}——按低热值为 42 700 kJ/kg 标定的加权燃料消耗率，单位为克每千瓦小时[g/(kW·h)]；

g_{ewf}——试验时测得的燃料消耗率，单位为克每千瓦小时[g/(kW·h)]；

H_{ub}——基准燃料低热值，即 42 700 kJ/kg；

H_{uf}——试验测量时所用燃料低热值，单位为千焦每千克(kJ/kg)。

6 柴油机系族、源机

柴油机系族、源机的定义见 GB 20891—2007 标准中 3.5、3.6，确定柴油机系族的参数及源机选择分别见 GB 20891—2007 标准第 8 章和第 9 章。

7 加权燃料消耗率、机油消耗率限值

柴油机加权燃料消耗率、机油消耗率限值按标定功率大小分成了 10 档，制造商可选择将柴油机系族限制在一个功率档内，并进行该功率档柴油机系族的加权燃料消耗率核定。同一系族内柴油机允许选择一代表性机型作为源机进行测量考核。

非道路用柴油机加权燃料消耗率限值见表 1、机油消耗率限值见表 2。燃料消耗率、机油消耗率测量前，柴油机允许按制造商规定进行磨合，所有限值均为 GB/T 21404—2008 第 5 章所规定的标准基准状况下的限值，柴油机标定功率是按 GB/T 21404—2008 确定的功率。

表 1 非道路用柴油机加权燃料消耗率限值

标定功率 P/kW	加权燃料消耗率限值 g_{ew}/[g/(kW·h)]	
	直喷机	非直喷机
$P<4.5$	395	
$4.5\leqslant P<8$	343	377
$8\leqslant P<19$	288	316
$19\leqslant P<37$	281	309
$37\leqslant P<56$	270	297

表 1（续）

标定功率 P/kW	加权燃料消耗率限值 g_{ew}/[g/(kW·h)]	
	直喷机	非直喷机
56≤P<75	270	297
75≤P<130	268	
130≤P<225	263	
225≤P<450	245	
450≤P≤560	240	
注：风冷柴油机、冷凝式柴油机限值允许增加 4%。		

表 2 非道路用柴油机机油消耗率限值

标定功率 P/kW	机油消耗率限值 g_m/[g/(kW·h)]
P<4.5	4.1
4.5≤P<8	2.82
8≤P<19	1.70
19≤P<37	1.50
37≤P<56	1.40
56≤P<75	1.00
75≤P<130	0.90
130≤P<225	0.90
225≤P<450	0.90
450≤P≤560	0.90

8 试验方法

8.1 一般要求

8.1.1 试验环境条件按 GB/T 20891—2007 中 B.2.2 的规定，大气因子 f_a 满足下列条件时，认为试验有效：

$$0.96 \leq f_a \leq 1.06$$

8.1.2 测量设备和仪器的准确度按 GB/T 21404—2008 中 6.3.2 的规定，并具有检验有效期内的合格证书。

8.1.3 试验柴油机每种测量参数的允差应符合 GB/T 21404—2008 中表 4 第 6 列的规定要求，测点位置按 GB/T 21404—2008 中表 4 及 6.3.4 中有关规定。

8.1.4 按附录 A、附录 B 要求详细填写柴油机系族源机特征和柴油机系族内机型清单，供生产一致性检查核实之用。

8.1.5 根据柴油机用途，确定适用的试验循环，并根据柴油机标定功率、标定转速、最大扭矩及其转速确定相应试验循环中各工况的功率、扭矩和转速。

8.1.6 每个试验循环工况达到制造商规定的稳定状态后，至少测量功率/扭矩、转速、每小时燃料消耗量、进气温度两次，并取平均值作为该工况测量值，扭矩相对于设定值不超过±2%，功率不超过±3%，燃料消耗量的两次测量值相差不超过2%。

8.1.7 试验用燃料与现行有效的GB 20891非道路移动机械用柴油机排气污染物排放限值及测量方法标准中规定的排放测量用燃料一致，若为其他牌号(热值)柴油，可按公式(2)换算加权燃料消耗率，试验用机油为柴油机制造商规定的机油，并在试验报告中注明。

8.1.8 试验时冷却介质、机油温度按GB/T 21404—2008中6.3.4.10和6.3.4.12的规定。

8.1.9 使用试验室排气系统时，在标定工况下的背压与制造厂规定的上限值之差不超过1 kPa。

8.1.10 试验时燃油温度按GB 20891—2007中B.2.7的规定，喷油泵进口处燃油温度应为(306～316)K(33 ℃～43 ℃)，或符合制造商的规定。

8.1.11 用质量法测量燃料消耗率。用手动仪表测量时，测量时间不少于60 s；用自动仪表测量时，测量时间不少于30 s。

8.2 加权燃料消耗率测量用试验循环

8.2.1 根据柴油机用途分成4种试验循环，分别见表3～表6。

8.2.2 变速使用的陆用柴油机按表3进行测量，测量结果记入附录C。

表3 8工况试验循环

工况号	发动机转速	实测扭矩(最大实测扭矩百分比)/%	加权系数
1	标定转速	100	0.15
2	标定转速	75	0.15
3	标定转速	50	0.15
4	标定转速	10	0.10
5	中间转速	100	0.10
6	中间转速	75	0.10
7	中间转速	50	0.10
8	怠速	0	0.15

8.2.3 恒速使用的柴油机(包括船用辅机及4.5 kW以下各种用途柴油机)按表4进行测量，测量结果记入附录D。

表4 3工况试验循环

工况号	发动机转速	实测扭矩(标定功率扭矩百分比)/%	加权系数
1	标定转速	100	0.3
2	标定转速	75	0.5
3	标定转速	50	0.2

8.2.4 按固定节距螺旋桨特性运行的柴油机(船舶驱动用主机)按表5进行测量，测量结果记入附录E。

表 5 变速 4 工况试验循环

工况号	发动机转速 (标定转速百分比)/%	实测功率 (标定功率百分比)/%	加权系数
1	100	100	0.20
2	91	75	0.50
3	80	50	0.15
4	63	25	0.15

8.2.5 装有可变节距螺旋桨的恒速发动机(船舶驱动用主机)按表 6 进行测量,测量结果记入附录 F。

表 6 恒速 4 工况试验循环

工况号	发动机转速	实测扭矩(最大实测扭矩百分比)/%	加权系数
1	标定转速	100	0.20
2	标定转速	75	0.50
3	标定转速	50	0.15
4	标定转速	25	0.15

8.3 机油消耗率试验

柴油机机油消耗率测量和计算按 GB/T 1147.2—2007 附录 B 的规定进行。

9 生产一致性检查

柴油机加权燃料消耗率的生产一致性检查以型式核准时的系族源机为检查对象。被抽查源机的供油提前角等影响排放的参数及所带排放控制装置应与满足现行有效排放标准要求时所设定的值及所带排放控制装置相同,不得改动。

9.1 从成批产品中抽取一台经磨合后的柴油机源机,测得的加权燃料消耗率应不超过表 1 规定的限值。

9.2 如果从成批产品中抽取的一台柴油机不能达到上述要求,则制造商可以要求从成批产品中抽取若干台柴油机进行测定。制造商应确定抽检样机的数量 n(包括原来抽检的一台)。除原来抽检的那台柴油机以外,其余的柴油机均应按第 8 章的规定进行试验。然后,根据抽检的 n 台样机上测得的加权燃料消耗率求出算术平均值($\overline{X}$),如能满足式(3)和式(4)条件,则该批产品的生产一致性合格,否则为不合格:

$$\overline{X} + k \cdot S \leqslant L_i \qquad \cdots\cdots(3)$$

$$S^2 = \sum_{i=1}^{n} \frac{(X_i - \overline{X})^2}{n-1} \qquad \cdots\cdots(4)$$

式中:

L_i ——为表 1 中规定的加权燃料消耗率限值;

k ——根据 n 确定的统计因数,其数值列入表 7;

n ——抽检样机的数量，单位为台；

X_i ——n 台柴油机中每台单独取得的测试结果，单位为克每千瓦小时[g/(kW·h)]；

S ——n 台柴油机测试结果的标准偏差。

表 7　统计因数

n	2	3	4	5	6	7	8	9	10
k	0.973	0.613	0.489	0.421	0.376	0.342	0.317	0.296	0.279
n	11	12	13	14	15	16	17	18	19
k	0.265	0.253	0.242	0.233	0.224	0.216	0.210	0.203	0.198

注：如果 $n \geqslant 20$，则 $k=\frac{0.860}{\sqrt{n}}$。

10　试验报告

试验完成后，由试验单位根据试验结果编写试验报告，主要内容包括：

a)　附录 A 规定的柴油机系族源机特征说明及用途；

b)　附录 B 规定的柴油机系族内所有机型清单；

c)　测试设备、仪器和仪表的名称、型号、规格、准确度及制造商；

d)　燃料牌号、机油牌号；

e)　大气温度、压力、相对湿度；

f)　功率、扭矩、转速、每小时燃料消耗量、进气温度、机油温度、冷却水温度；

g)　按公式(1)计算加权燃料消耗量；

h)　试验数据可按附录 C、附录 D、附录 E 和附录 F 所示记录表内容进行填写。

附 录 A
(规范性附录)
柴油机系族源机特征说明[1)]

A.1 柴油机描述

A.1.1 制造商:______________

A.1.2 制造商的发动机型号:______________

A.1.3 用途:______________

A.1.4 循环:四冲程/二冲程[2)]

A.1.5 气缸数和排列:______________

A.1.6 缸径:______________ mm

A.1.7 行程:______________ mm

A.1.8 着火次序:______________

A.1.9 排量:______________ cm^3

A.1.10 容积压缩比[3)]:______________

A.1.11 燃烧室和活塞顶图:______________

A.1.12 进、排气口的最小横截面积:______________ cm^2

A.1.13 燃烧系统的说明:______________

A.1.14 怠速转速:______________ r/min

A.1.15 标定转速:______________ r/min

A.1.16 标定功率:______________ kW

A.1.17 最大扭矩:______________ N·m

A.1.18 最大扭矩转速:______________ r/min

A.1.19 冷却系统

A.1.19.1 液冷

A.1.19.1.1 液体性质:______________

A.1.19.1.2 循环泵:有/无[2)]

A.1.19.1.3 特性或厂牌和型号(如适用):______________

A.1.19.1.4 驱动比(如适用):______________

A.1.19.2 风冷

A.1.19.2.1 风机:有/无[2)]

A.1.19.2.2 特性或厂牌和型号(如适用):______________

A.1.19.2.3 驱动比(如适用):______________

A.1.20 制造商的允许温度

A.1.20.1 液冷:冷却液出口处最高温度:______________ K

A.1.20.2 风冷:基准点:______________基准点处最高温度:______________ K

1) 对于几台源机的情况,应分别提交本附录。

2) 划掉不适用者。

3) 注明分差。

A.1.20.3 进气中冷器(如适用)出口处空气的最高温度:______________ K

A.1.20.4 排气管靠近排气歧管或增压器的出口凸缘处内的最高排气温度:______________ K

A.1.20.5 润滑油温度:最低______________ K,最高______________ K

A.1.21 增压器:有/无2)

A.1.21.1 制造商:______________

A.1.21.2 型号:______________

A.1.21.3 系统描述[如:最高增压压力、废气旁通阀(如有)]:______________

A.1.22 中冷器:有/无2)

A.1.22.1 制造商:______________

A.1.22.2 型号:______________

A.1.23 进气系统

柴油机标定功率标定转速下允许的最大进气压力降:______________ kPa

A.1.24 排气系统

柴油机标定功率标定转速下允许的最大排气背压:______________ kPa

A.2 防治空气污染的措施

附加的污染控制装置(如有,而没有包含在其他项目内):

A.2.1 催化转化器:有/无2)

A.2.1.1 制造商:______________

A.2.1.2 型号:______________

A.2.1.3 催化转化器及其催化单元的数目:______________

A.2.1.4 催化转化器的尺寸、形状和体积:______________

A.2.1.5 催化反应的型式:______________

A.2.1.6 贵金属总含量:______________

A.2.1.7 贵金属的相对浓度:______________

A.2.1.8 载体(结构和材料):______________

A.2.1.9 孔密度:______________

A.2.1.10 催化转化器壳体的型式:______________

A.2.1.11 催化转化器的位置(在排气管路中的位置和基准距离):______________

A.2.2 氧传感器:有/无2)

A.2.2.1 制造商:______________

A.2.2.2 型号:______________

A.2.2.3 位置:______________

A.2.3 空气喷射:有/无2)

类型(脉动空气、空气泵等):______________

A.2.4 EGR:有/无2)

特性(流量等):______________

A.2.5 颗粒物捕集器:有/无2)

A.2.5.1 制造商:______________

A.2.5.2 型号:______________

A.2.5.3 颗粒物捕集器的尺寸、形状和容积:______________

A.2.5.4 颗粒物捕集器的型式和结构:______________

A.2.5.5　位置(排气管道中的基准距离)：＿＿＿＿＿＿

A.2.5.6　再生方法或系统，描述和/或图纸：＿＿＿＿＿＿

A.2.6　其他系统：有/无[2)]

种类和作用：＿＿＿＿＿＿

A.3　燃料供给

A.3.1　输油泵

压力[3)]：＿＿＿＿＿＿ kPa

A.3.2　喷射系统

A.3.2.1　喷油泵

A.3.2.1.1　制造商：＿＿＿＿＿＿

A.3.2.1.2　型号：＿＿＿＿＿＿

在全负荷供油位置，泵转速为：＿＿ r/min(标定功率和最大扭矩)时，供油量[3)]：＿＿ mm^3/冲程(或循环)；或特性曲线(说明所用的试验方法：在柴油机上/在油泵试验台上[2)])。

A.3.2.1.3　喷油提前

A.3.2.1.3.1　喷油提前曲线[3)]：＿＿＿＿＿＿＿＿＿＿＿＿

A.3.2.1.3.2　静态喷油正时[3)]：＿＿＿＿＿＿＿＿＿＿＿＿

A.3.2.1.4　高压油管

A.3.2.1.4.1　长度：＿＿＿＿＿＿ mm

A.3.2.1.4.2　内径：＿＿＿＿＿＿ mm

A.3.2.1.5　喷油器

A.3.2.1.5.1　制造商：

A.3.2.1.5.2　型号：

A.3.2.1.5.3　开启压力：＿＿＿＿＿＿ kPa[3)]

或特性曲线[2)3)]：＿＿＿＿＿＿

A.3.2.1.6　调速器

A.3.2.1.6.1　制造商：＿＿＿＿＿＿

A.3.2.1.6.2　型号：＿＿＿＿＿＿

A.3.2.1.6.3　全负荷开始减油点的转速：＿＿＿＿＿＿ r/min

A.3.2.1.6.4　最高空转转速：＿＿＿＿＿＿ r/min

A.3.2.1.6.5　怠速转速：＿＿＿＿＿＿ r/min

A.3.2.2　冷起动装置

A.3.2.2.1　制造商：＿＿＿＿＿＿

A.3.2.2.2　型号：＿＿＿＿＿＿

A.3.2.2.3　描述：＿＿＿＿＿＿

A.4　气门正时

A.4.1　气门最大升程，开启和关闭角度：＿＿＿＿＿＿

A.4.2　基准值和(或)设定范围：＿＿＿＿＿＿

A.5 试验条件的附加说明

A.5.1 所用的润滑油

A.5.2 制造商：______________________

A.5.3 牌号：______________________

A.6 柴油机性能

柴油机转速：

怠速：______________________ r/min

中间转速(如适用)：______________ r/min

标定转速：__________________ r/min

附 录 B
（规范性附录）
柴油机系族内机型清单

B.1 柴油机系族名称：__________________________

B.2 该系族内柴油机规格（见表 B.1）。

表 B.1 柴油机系族清单

					源机
柴油机型号					
气缸数					
标定转速/(r/min)					
标定功率/kW					
标定功率转速时，每循环供油量/mm^3					
最大扭矩/(N·m)					
最大扭矩转速/(r/min)					
最大扭矩转速时，每循环供油量/mm^3					
低怠速转速/(r/min)					
每缸气缸排量(与源机相比的百分数/%)					100

附　录　C
（资料性附录）
8 工况试验循环用试验记录表

8 工况试验循环用试验记录表见表 C.1。

表 C.1　非道路用柴油机燃料消耗率试验记录表(8 工况用)

共 2 页　　第 1 页　　试验日期：　　年　月　日

<table>
<tr><td rowspan="5">柴油机</td><td rowspan="2">制造商：</td><td rowspan="5">测功器</td><td>型号：</td><td rowspan="5">大气状况</td><td>压力：</td><td>燃油牌号</td><td></td><td>参加人员</td></tr>
<tr><td>编号：</td><td>干温：</td><td>机油牌号</td><td></td><td rowspan="3"></td></tr>
<tr><td>型号：</td><td rowspan="3">功率公式：
$P=$</td><td>相对湿度：</td><td>试验地点</td><td></td></tr>
<tr><td>编号：</td><td rowspan="2">大气因子：
$f_a=$</td><td>记录：</td><td colspan="2">适用试验循环：</td></tr>
<tr><td>用途：</td><td>校对：</td><td colspan="2">中间转速/(r/min)：</td></tr>
</table>

<table>
<tr><td rowspan="3">试验项目</td><td rowspan="3">试验工况</td><td rowspan="2">转速</td><td rowspan="2">测功机读数</td><td>功率</td><td>扭矩</td><td colspan="2">燃料消耗量</td><td colspan="2">燃料消耗率</td><td>进气</td><td>排气</td><td colspan="2">机油</td><td colspan="2">冷却水温度</td></tr>
<tr><td>实测</td><td>实测</td><td>油量</td><td>耗油时间</td><td>小时耗油量</td><td>实测</td><td>干温</td><td>温度</td><td>压力</td><td>温度</td><td>进</td><td>出</td></tr>
<tr><td>r/min</td><td>N</td><td>kW</td><td>N·m</td><td>g</td><td>s</td><td>g/h</td><td>g/(kW·h)</td><td>℃</td><td>℃</td><td>kPa</td><td>℃</td><td>℃</td><td>℃</td></tr>
<tr><td rowspan="16">标定转速/标定功率扭矩 T_{tq}</td><td rowspan="4">1</td><td rowspan="16">标定转速</td><td rowspan="4"></td><td rowspan="4"></td><td rowspan="4">100% T_{tq}</td><td></td><td></td><td></td><td></td><td></td><td></td><td></td><td></td><td></td><td></td></tr>
<tr><td></td><td></td><td></td><td></td><td></td><td></td><td></td><td></td><td></td><td></td></tr>
<tr><td></td><td></td><td></td><td></td><td></td><td></td><td></td><td></td><td></td><td></td></tr>
<tr><td colspan="2">平均值</td><td></td><td></td><td></td><td></td><td></td><td></td><td></td><td></td></tr>
<tr><td rowspan="4">2</td><td rowspan="4"></td><td rowspan="4"></td><td rowspan="4">75% T_{tq}</td><td></td><td></td><td></td><td></td><td></td><td></td><td></td><td></td><td></td><td></td></tr>
<tr><td></td><td></td><td></td><td></td><td></td><td></td><td></td><td></td><td></td><td></td></tr>
<tr><td></td><td></td><td></td><td></td><td></td><td></td><td></td><td></td><td></td><td></td></tr>
<tr><td colspan="2">平均值</td><td></td><td></td><td></td><td></td><td></td><td></td><td></td><td></td></tr>
<tr><td rowspan="4">3</td><td rowspan="4"></td><td rowspan="4"></td><td rowspan="4">50% T_{tq}</td><td></td><td></td><td></td><td></td><td></td><td></td><td></td><td></td><td></td><td></td></tr>
<tr><td></td><td></td><td></td><td></td><td></td><td></td><td></td><td></td><td></td><td></td></tr>
<tr><td></td><td></td><td></td><td></td><td></td><td></td><td></td><td></td><td></td><td></td></tr>
<tr><td colspan="2">平均值</td><td></td><td></td><td></td><td></td><td></td><td></td><td></td><td></td></tr>
<tr><td rowspan="4">4</td><td rowspan="4"></td><td rowspan="4"></td><td rowspan="4">10% T_{tq}</td><td></td><td></td><td></td><td></td><td></td><td></td><td></td><td></td><td></td><td></td></tr>
<tr><td></td><td></td><td></td><td></td><td></td><td></td><td></td><td></td><td></td><td></td></tr>
<tr><td></td><td></td><td></td><td></td><td></td><td></td><td></td><td></td><td></td><td></td></tr>
<tr><td colspan="2">平均值</td><td></td><td></td><td></td><td></td><td></td><td></td><td></td><td></td></tr>
</table>

表 C.1（续）

共 2 页　　第 2 页　　试验日期：　　年　月　日

柴油机	制造商：	测功器	型号：	大气状况	压力：	燃油牌号		参加人员
			编号：		干温：	机油牌号		
	型号：		功率公式： $P=$		相对湿度：	试验地点		
	编号：				大气因子： $f_a=$	记录：	适用试验循环：	
	用途：					校对：	中间转速/(r/min)：	

试验项目	试验工况	转速	测功机读数	功率	扭矩	燃料消耗量		燃料消耗率		进气	排气	机油		冷却水温度	
				实测	实测	油量	耗油时间	小时耗油量	实测	干温	温度	压力	温度	进	出
		r/min	N	kW	N·m	g	s	g/h	g/(kW·h)	℃	℃	kPa	℃	℃	℃
中间转速/最大扭矩 T_{mtq}	5	中间转速			100% T_{mtq}										
						平均值									
	6				75% T_{mtq}										
						平均值									
	7				50% T_{mtq}										
						平均值									
	8	怠速			0										
						平均值									
加权燃料消耗率计算结果						$g_{ew}=$									

附 录 D
（资料性附录）
3 工况试验循环用试验记录表

3 工况试验循环用试验记录表见表 D.1。

表 D.1 非道路用柴油机燃料消耗率试验记录表(3 工况用)

试验日期： 年 月 日

柴油机	制造商：	测功器	型号：	大气状况	压力：	燃油牌号		参加人员
			编号：		干温：	机油牌号		
	型号：		功率公式： $P=$		相对湿度：	试验地点		
	编号：				大气因子： $f_a=$	记录：	适用试验循环：	
	用途：					校对：	中间转速/(r/min)：	

试验项目	试验工况	转速	测功机读数	功率	扭矩	燃料消耗量			燃料消耗率	进气	排气	机油		冷却水温度	
				实测	实测	油量	耗油时间	小时耗油量	实测	干温	温度	压力	温度	进	出
		r/min	N	kW	N·m	g	s	g/h	g/(kW·h)	℃	℃	kPa	℃	℃	℃
标定转速/标定功率扭矩 T_{tq}	1	标定转速			100% T_{tq}										
						平均值									
	2				75% T_{tq}										
						平均值									
	3				50% T_{tq}										
						平均值									
加权燃料消耗率计算结果						$g_{ew}=$									

附　录　E
（资料性附录）
变速4工况试验循环用试验记录表

变速4工况试验循环用试验记录表见表E.1。

表E.1　非道路用柴油机燃料消耗率试验记录表(变速4工况用)

试验日期：　　年　月　日

柴油机	制造商：	测功器	型号：	大气状况	压力：	燃油牌号		参加人员
	型号：		编号：		干温：	机油牌号		
	编号：		功率公式： $P=$		相对湿度：	试验地点		
	用途：				大气因子： $f_a=$	记录：	适用试验循环：	
						校对：	中间转速/(r/min)：	

试验项目	试验工况	转速 n_1	测功机读数	功率 P_1	扭矩	燃料消耗量 油量	燃料消耗量 耗油时间	燃料消耗率 小时耗油量	燃料消耗率 实测	进气干温	排气温度	机油压力	机油温度	冷却水温度 进	冷却水温度 出
		r/min	N	kW	N·m	g	s	g/h	g/(kW·h)	℃	℃	kPa	℃	℃	℃
标定转速/标定功率	1	100% n_1		100% P_1											
						平均值									
	2	91% n_1		75% P_1											
						平均值									
	3	80% n_1		50% P_1											
						平均值									
	4	63% n_1		25% P_1											
						平均值									
加权燃料消耗率计算结果						$g_{ew}=$									

附　录　F
（资料性附录）
恒速 4 工况试验循环用试验记录表

恒速 4 工况试验循环用试验记录表见表 F.1。

表 F.1　非道路用柴油机燃料消耗率试验记录表（恒速 4 工况用）

试验日期：　　年　月　日

柴油机	制造商：	测功器	型号：	大气状况	压力：	燃油牌号		参加人员
			编号：		干温：	机油牌号		
	型号：		功率公式： $P=$		相对湿度：	试验地点		
	编号：				大气因子： $f_a=$	记录：	适用试验循环：	
	用途：					校对：	中间转速/(r/min)：	

试验项目	试验工况	转速	测功机读数	功率	扭矩	燃料消耗量		燃料消耗率		进气	排气	机油		冷却水温度	
				实测	实测	油量	耗油时间	小时耗油量	实测	干温	温度	压力	温度	进	出
		r/min	N	kW	N·m	g	s	g/h	g/(kW·h)	℃	℃	kPa	℃	℃	℃
标定转速/标定功率扭矩 T_{tq}	1	标定转速			100% T_{tq}										
						平均值									
	2				75% T_{tq}										
						平均值									
	3				50% T_{tq}										
						平均值									
	4				25% T_{tq}										
						平均值									
加权燃料消耗率计算结果						$g_{ew}=$									

ICS 25.120.10
J 62

中华人民共和国国家标准

GB 28240—2012

剪板机　安全技术要求

Shears—Safety requirements

2012-03-09 发布　　2013-01-01 实施

中华人民共和国国家质量监督检验检疫总局
中国国家标准化管理委员会　发布

前言

本标准的第3章、第4章和附录B为推荐性的，其余为强制性的。

本标准按照GB/T 1.1—2009给出的规则起草。

本标准由中国机械工业联合会提出。

本标准由全国锻压机械标准化技术委员会(SAC/TC 220)归口。

本标准起草单位：济南铸造锻压机械研究所有限公司、江苏国力锻压机床有限公司、安徽三力机床制造股份有限公司、上海冲剪机床厂、天水锻压机床有限公司。

本标准主要起草人：马立强、骆桂林、陈道宝、符刚、蔡礼泉、李德明。

剪板机　安全技术要求

1　范围

本标准规定了剪板机的安全技术要求和措施。

本标准适用于剪切金属板材或其他板材(如纸板、塑料、橡胶、皮革等)的剪板机及其辅助装置。本标准不适用于非直线剪切机和鳄鱼式剪断机。

2　规范性引用文件

下列文件对于本文件的应用是必不可少的。凡是注日期的引用文件,仅注日期的版本适用于本文件。凡是不注日期的引用文件,其最新版本(包括所有的修改单)适用于本文件。

GB 2894　安全标志及其使用导则

GB/T 3766　液压系统通用技术条件(ISO 4413)

GB 4208　外壳防护等级(IP 代码)

GB 4584　压力机用光电保护装置技术条件

GB 5226.1—2008　机械电气安全　机械电气设备　第1部分:通用技术条件(IEC 60204-1:2005)

GB 7247.1—2001　激光产品的安全　第1部分:设备分类、要求和用户指南(IEC 60825-1:1993)

GB/T 7932　气动系统通用技术条件(ISO 4414)

GB/T 8196　机械安全　防护装置　固定式和活动式防护装置设计与制造一般要求(ISO 14120)

GB/T 9969　工业产品使用说明书　总则

GB/T 14775　操纵器一般人类工效学要求

GB/T 14776　人类工效学　工作岗位尺寸　设计原则及其数值(DIN 33406)

GB/T 15706.1—2007　机械安全　基本概念与设计通则　第1部分:基本术语和方法(ISO 12100-1:2003)

GB/T 15706.2—2007　机械安全　基本概念与设计通则　第2部分:技术原则(ISO 12100-2:2003)

GB 16754—2008　机械安全　急停　设计原则(ISO 13850:2006)

GB/T 16855.1—2008　机械安全　控制系统有关安全部件　第1部分:设计通则(ISO 13849-1:2006)

GB/T 16856.1　机械安全　风险评价　第1部分:原则(ISO 14121-1)

GB 17120　锻压机械　安全技术条件

GB 17888.1　机械安全　进入机械的固定设施　第1部分:进入两级平面之间的固定设施的选择(ISO 14122-1)

GB 17888.2　机械安全　进入机械的固定设施　第2部分:工作平台和通道(ISO 14122-2)

GB 17888.3　机械安全　进入机械的固定设施　第3部分:楼梯、阶梯和护栏(ISO 14122-3)

GB 17888.4　机械安全　进入机械的固定设施　第4部分:固定式直梯(ISO 14122-4)

GB/T 18153　机械安全　可接触表面温度　确定热表面温度限值的工效学数据(EN 563)

GB 18209.2　机械电气安全　指示、标志和操作　第2部分:标志要求(IEC 61310-2)

GB/T 18831　机械安全　带防护装置的联锁装置　设计和选择原则(ISO 14119+Amd.1)

GB/T 19670 机械安全 防止意外启动(ISO 14118)

GB/T 19876—2005 机械安全 与人体部位接近速度相关防护设施的定位(ISO 13855:2002)

GB 23821—2009 机械安全 防止上下肢触及危险区的安全距离(ISO 13857:2008)

GB 24389 剪切机械 噪声限值

3 术语和定义

GB/T 15706.1、GB/T 15706.2 和 GB 17120 界定的以及下列术语和定义适用于本文件。

3.1

辅助装置 ancillary device

与剪板机一起使用并集成到剪板机上的装置(如润滑、送料装置等)。

3.2

刀架 beam

剪板机上装有上刀片的主要往复运动部件。它可以是直线导向式的,也可以是摆动式的。

3.3

压料装置 clamp

剪切过程中将板材压紧在工作台上的装置。

3.4

鳄鱼剪断机 crocodile shears

具有类似剪刀剪切动作的剪板机。动力沿转轴的角度方向施加,刀片的动作只由转轴导向。

3.5

循环 cycle

操作循环 operating cycle

运动部件从循环停止位置(通常为上死点)至下死点,然后回到循环停止位置(通常为上死点)完成的运动过程。操作循环包括这个运动的全过程。

3.6

死点 dead centres

运动刀片在其行程中所处的极限位置。刀片闭合行程的终点位置,称为下死点(BDC);刀片回程运动的终点位置,称为上死点(TDC)。

3.7

剪板机 guillotine shears

由墙板、工作台和运动的上横梁(刀架)组成的机器,工作台上固定着下刀片,上横梁上固定着上刀片。刀片剪切角度可以是固定的,也可以是可调的,通常称为剪床或剪板机。

3.8

有限运动控制装置 limited movement control device

寸动装置 inching device

将剪板机运动部件的行程限制在一定范围内的控制装置,以使风险尽可能减至最小。只有断续地操作该装置,才会有进一步的运动。

[GB/T 15706.1—2007,定义 3.26.9]

3.9

监控 monitoring

一种安全功能,如果一个部件(元件)不再能够行使其功能或由于加工条件的改变使再进行工作过程会产生危险时,发出安全信息。

3.10

抑制 muting

由控制系统的有关安全部件对一种或几种安全功能的暂时自动中止。

3.11

总停止响应时间 overall response time

系统停止性能 overall system stopping performance

指从开始启动安全防护装置到危险运动停止或机器进入安全状态所经历的时间。

3.12

冗余技术 redundancy

多重器件或系统，用于确保一路失效时，另一路能有效地执行所要求的功能。

4 重大危险

4.1 按 GB/T 16856.1 进行风险评价得出的危险清单见表 1，消除危险或减少相应风险的安全技术措施和使用信息见第 5 章和第 7 章。

4.2 风险评价假设可以从各个方向接近剪板机，包括滑块的意外行程和自重下落的风险。风险评价包括对进入危险区的操作人员和其他人员产生的风险，同时应考虑机器使用寿命期内的预定使用条件（如试车、模具调整、加工、保养、维修、停止使用、销毁等，见 GB/T 15706.1—2007 中的 5.3）下可能发生的危险。风险评价还包括对控制系统故障或失效结果的分析。

4.3 本标准的使用者（如设计者、制造商、供应商、使用者）应检查表 1 中所列的重大危险是否都考虑到。如果发现存在附加危险，应按照 GB/T 16856.1 对这些危险进行分析和风险评价，同时应特别注意机器的预定使用和可预见的误用。

4.4 根据风险评价的要求，应采取措施防止产生表 1 所列的危险。

表 1 重大危险、危险区域和安全防护措施

序号	危 险	危 险 区	GB/T 15706.1—2007 的相关章条	安全防护措施（本标准的相关章条）
1	**机械危险** 剪板机零部件或工件产生； 机器内部能量积聚而产生，如： ——弹性元件（弹簧）； ——高压液体和气体	刀片及相关区域： ——运动刀片和工件之间； ——运动刀片和固定刀片之间； ——运动零件和固定零件之间； ——工作台和工件之间； ——压料装置和工作台或工件之间； ——安全防护装置	4.2	5.2.4、5.3、5.5
1.1	挤压危险			
1.2	剪切危险			
1.3	切割或切断危险			
1.4	缠绕危险			
1.5	引入或卷入危险			
1.6	冲击危险	电气、液压、气动设备运动件； 电机和驱动机械； 运动飞轮、皮带、皮带轮和其他电机驱动件； 机械操纵装置		5.6
1.7	高压流体喷射危险	液压系统、气动系统		5.8.3

表 1(续)

序号	危　　险	危　险　区	GB/T 15706.1—2007 的相关章条	安全防护措施（本标准的相关章条）
2	**电气危险**			
2.1	人与带电零件的接触(直接接触)	电气设备	4.3	5.8.1
2.2	人与在故障条件下变成带电零件的接触(间接接触)	电气设备	4.3	5.8.1
3	**热危险**			
3.1	可能的接触引起的烧伤和烫伤	液压系统零部件	4.4	5.2.1.5、5.8.2
4	**噪声产生的危险**			
4.1	造成听力受损(耳聋)	剪板机对听力有伤害的区域	4.5	5.8.5、7.2.2
5	**辐射产生的危险**			
5.1	激光	有激光风险的区域	4.7	5.8.6
6	**使用机械或加工产生的材料和物质危险**			
6.1	与有害液体、气体、尘雾、泡沫和灰尘的接触或吸入造成的危险	剪板机预期使用和制造过程中使用的有毒物质	4.8	5.8.7.1、5.8.7.2
7	**机器设计时忽视人类工效学造成的危险**			
7.1	不健康的姿势或过度费力		4.9	5.8.8、7.2.2
7.2	手臂或腿脚动作设计考虑不合理			
7.4	局部照明不合适			
7.6	人的各种错误			5.4.3、5.4.5、5.4.6
7.7	手动操纵装置设计、位置不合理，难识别			5.4.3、5.4.4、5.4.5、5.8.8
7.8	显示装置设计、位置不合理			5.8.8
8	**意外起动、意外超程、超速**			
8.1	控制系统故障或紊乱			5.2.1、5.2.2、5.4.1
8.2	任何中断后能源供给的恢复	刀片及相关区域： ——运动刀片和工件之间； ——运动刀片和固定刀片之间； ——工作台和工件之间； ——压料装置和工作台或工件之间； ——夹紧装置或定位装置和工件之间； ——防护装置； ——机动挡料处； ——运动工件处； ——剪板机后部零件的飞出与跌落； ——后部板托料装置； ——后部板料输送装置； ——板料堆垛装置		5.4、7.2.2
8.3	外界对电气设备的干扰			5.4
8.4	其他影响(重力等)			

表 1（续）

序号	危 险	危 险 区	GB/T 15706.1—2007 的相关章条	安全防护措施（本标准的相关章条）
8.5	软件错误		4.9	5.4.2
8.6	操作者的人为操作失误		4.9	7.2.2
13	能源供应故障			5.2.1.12
14	控制线路故障			5.4.1
15	装配错误	刀片	4.9	5.5.1、5.5.4
16	操作中断	机械、电气、液压、气动设备	4.2.2	5.2.1、5.2.2
17	跌落、飞出物体或流体	机械零部件、工件和刀片	4.2.2	5.2.4、5.3.11、5.6、5.8
18	机器失稳和机器倾倒	剪板机	4.2.2	5.8.4
19	滑倒、绊倒、跌落危险	高处作业，剪板机周围地面	4.10	5.7

5 安全要求和防护措施

5.1 总则

剪板机应符合 GB 17120 的规定，还应按照 GB/T 15706.1 对本标准未涉及的一般性危险予以考虑。

5.2 基本设计要求

5.2.1 离合器和制动器

5.2.1.1 不允许使用液压或气动装置来操纵制动器制动，除非有措施确保在流体或气体失压的情况下制动器能保持其功能，离合器能脱开。

5.2.1.2 设计应确保：

a) 用于制动器制动或脱开离合器的弹簧应为压缩型；

b) 应使用多个弹簧组件；

c) 弹簧的规格、尺寸、要求应一致；

d) 压紧弹簧调整时，压紧装置应锁定以防止弹簧松弛；

e) 应能防止弹簧的缠绕。

5.2.1.3 离合器和制动器的结合和脱开不应影响其安全功能。

注：一般应采用离合器-制动器组合结构，以减少同时结合的可能性。

5.2.1.4 制动器和离合器设计时应保证任一元件的失效不能引起其他元件失效，以免快速出现危险性的失效。破裂或松动的零件不应引起制动器或离合器失效。

5.2.1.5 产生的热量如能产生危险情况，应采取散热措施。

5.2.1.6 应采取有效措施，防止润滑剂渗入到制动器摩擦表面，制动器设计另有要求的除外。

5.2.1.7 离合器和制动器在设计上，应使破坏或侵蚀密封材料（例如密封圈或密封垫）的水分、灰尘或润滑剂不能对所要求的功能产生不利影响,如堵塞空气管路。

5.2.1.8 不应使用带式制动器制动刀架滑块。

5.2.1.9 离合器在允许的极限使用条件下,应在正确的位置接合和中止行程。

5.2.1.10 应有足够的工作间隙,以确保在允许的极限操作条件下正常动作,不应产生误运动。

5.2.1.11 应采取有效的措施防止摩擦表面产生杂物的堆积,并对其进行有效的去除,以避免引起制动性能的下降。零件的破损或松脱不应引起制动失灵。

5.2.1.12 离合器及其控制系统应确保在气动、液压或电气动力源失效的情况下离合器脱开,制动器立即制动。

5.2.1.13 如果离合器系统使用膜片,应采取措施避免锐边的划伤或粗糙表面的磨损。

5.2.1.14 刚性离合器应符合 GB 17120 的规定。

5.2.2 液压和气动控制系统通用要求

5.2.2.1 液压和气动系统应符合 GB/T 3766 和 GB/T 7932 的安全要求。

5.2.2.2 应有过滤器、调压阀。

5.2.2.3 确保工作压力保持在允许范围内。

5.2.2.4 承受压力的透明器具(如玻璃、塑料)在不影响可视性的情况下应进行防护,以避免意外破损时飞溅物对人员的伤害。

5.2.2.5 所有的管路、管路配件、通道、油箱和加工孔应去除毛刺和杂物。

5.2.2.6 管路连接应通畅,应采取措施防止热膨胀引起的损害,刚性管路应间隔地进行紧固支撑,以避免振动或移动。应特别注意避免软管的缠绕或扭曲。

5.2.2.7 压力下降可能会导致刀架意外危险动作的地方不应使用软管;选择的管子和连接件应能防止压力下降;连接不允许采取压装配、胶结圈或其他类似的连接方法。

5.2.2.8 阀不应依靠连接管路进行支撑。

5.2.2.9 控制阀设计应确保离合器在非工作位置时,离合器操作缸内不应有压力。

5.2.2.10 离合器和制动器控制阀应确保进口和出口不能同时闭合。

5.2.2.11 离合器操作缸和阀之间的排放口和管路应有足够的能力确保流体能从离合器操作缸中快速地排放。应采取措施确保操作阀的排放口有足够的尺寸防止缸体内残余压力。

5.2.2.12 控制阀和其他的控制元件(如调压阀等)应安装在便于接近和不易损坏的位置。

5.2.2.13 在需要手动或通过机械(即非电气的)操纵控制阀时,其在行程结束复位到离合器脱开位置应是强制性的。

注:安全位置可以是阀的开启或关闭位置,这取决于液压或气动回路的原理。

5.2.3 气动系统

5.2.3.1 剪板机气动控制系统的阀和其他需要润滑的零件应提供可视的自动润滑装置将油导入气动管路。

5.2.3.2 若装配有消声装置,应采用无障碍的直接排入大气的消声器,安装和使用应符合制造商对其在安全系统中使用的规定。

5.2.3.3 应有水分离器。

5.2.4 液压系统

5.2.4.1 液压系统回路应使用安全阀进行保护。安全阀应使用工具才能调整,且安全阀的调定压力不得高出系统最大工作压力的10%。

5.2.4.2　当产生压力的机构停止工作时，对带有蓄能器的液压系统，流体压力应能释放，否则处在压力下的回路部分应有手动排放阀以及有关符合蓄能器规定所要求的其他装置(如卸荷阀、压力表等)，并应贴有清晰的警告标志。

5.2.4.3　为了避免工作压力意外剧增而对油缸下腔造成的损害，应设置用于油缸下腔的安全(泄荷)阀。阀的调定压力应至少高出系统最大工作压力10%。

5.2.5　电气系统

5.2.5.1　机器的电气设备应符合GB 5226.1的规定，电源、实际环境和运行条件不同于GB 5226.1—2008中4.3和4.4的规定时应协商解决。

5.2.5.2　急停应为0类急停功能(见GB 5226.1—2008中的9.2.5.4)。急停应停止所有的危险运动(刀架、后挡料、托料等装置)。

5.2.5.3　操作者控制面板的最小防护等级至少为IP54(见GB 4208)。

5.2.5.4　电控箱外壳的防护等级至少为IP54(见GB 4208)。

5.2.5.5　控制柜外面的布线应确保短路时不造成意外起动，应符合GB/T 19670的规定。

5.2.6　维修或修理期间防止刀架的意外重力下落

5.2.6.1　当存在重力下落的伤害风险时，应提供机械保持装置(如止动棒)，在修理时将其放入到剪板机中，或在更换刀具时保证必要的中断。

5.2.6.2　当该机械保持装置不能完全吸收整个剪板机的力时，其应与剪板机控制系统联锁，确保刀架保持在上死点，不得下行，应符合GB/T 19670的规定。

5.3　操作危险区的机械危险

5.3.1　一般要求

剪板机的操作危险区是刀片及其关联区域，应采取安全防护措施来防止危险，当间隙不超过6 mm时，则不需要安全防护。

5.3.2　安全防护措施的选择

设计者、制造者和供应商应选择固定式防护装置保护暴露于危险区的人员。如固定式防护装置不可行，则应根据重大危险和操作方式选择以下安全防护措施：

a)　联锁防护装置；

b)　光电保护装置。

5.3.3　从剪板机前面进入危险区

5.3.3.1　一般要求

所选择保护装置的组合应保护所有暴露在危险区的人员，如在操作、调试、维修、清理和检查过程中进入危险区的人员。

所选择的防护装置和保护装置应至少具有与剪板机控制系统相同的安全类别，并与其兼容。

剪板机前工作台应延伸到保护区域以外。

进料开口A和其到危险区(压料装置/剪切线)的距离B(见图1)应符合表2的规定。对于进料开口A>38 mm的剪板机，其防护装置应使用联锁防护装置或光电保护装置。

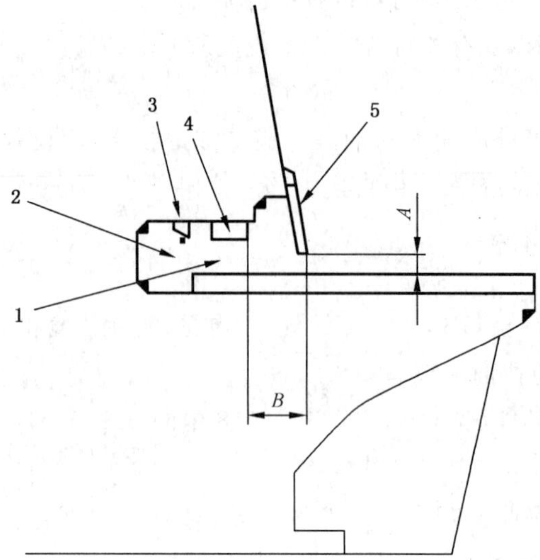

说明：

1——挤压危险；

2——剪切危险；

3——运动刀片；

4——压料脚；

5——固定式防护装置。

A——进料开口；

B——最小安全距离。

图 1　剪板机固定式防装装置的进料开口与最小安全距离

表 2　进料开口 *A* 和最小安全距离 *B*　　单位为毫米

进料开口 *A*	最小安全距离 *B*
A≤6	0
6<*A*≤7	15
7<*A*≤8	20
8<*A*≤10	40
10<*A*≤12	65
12<*A*≤16	90
16<*A*≤20	120
20<*A*≤22	165
20<*A*≤32	190
32<*A*≤35	230
35<*A*≤38	320
38<*A*≤48	400
48<*A*≤55	450
55<*A*≤120	850

5.3.3.2　固定式防护装置

固定式防护装置应防止从剪板机前面接近运动刀片和压料装置所形成的危险区。固定式防护装置应符合 5.3.2、5.3.5、5.3.6.1 和 GB/T 8196 的要求。进料开口 *A* 和最小安全距离 *B* 见表 2。固定式防护装置应牢固地安装在机器上。固定式防护装置自身的开口和相关距离应符合 GB 23821—2009 中

表 4 的规定。

固定式防护装置的设计应确保看清剪切线。

应防止通过工作台上的沟槽和压料装置进入危险区。

5.3.3.3 不带防护锁的联锁防护装置

不带防护锁的联锁防护装置应符合 GB/T 8196 的要求，并与固定式防护装置结合使用，在任何危险运动过程中应能防止进入危险区(压料装置/剪切线)。只有防护装置关闭后才能启动剪切行程。相关联锁装置的设计和制造应符合 GB/T 18831 的规定。剪板机控制系统应满足 GB/T 16855.1—2008 规定的 4 类要求。不带防护锁的联锁防护装置应安装在操作者伤害发生前没有足够时间进入危险区域的位置，安全距离应按照剪板机总响应时间和操作者的速度进行计算，见 GB/T 19876 和附录 A。

5.3.3.4 光电保护装置

采用光电保护装置应满足下列要求：

a) 光电保护装置应符合 GB 4584 的规定。相关联的控制系统部件应满足 GB/T 16855.1—2008 规定的 4 类要求。

b) 只能从光电保护装置的检测区进入危险区。应提供附加的安全防护装置，阻止从其他方向进入危险区。光电保护装置安装的最小安全距离应满足附录 A 的要求。

c) 附加的安全防护装置应确保人或任何身体部位不能进入危险动作区域。参见图 2，最前面的光轴和工作台的间隙 A 应满足最小安全距离 B(见表 2)的要求，从最前面光轴算起的最小安全距离 S^* 应根据附录 A 和表 5 计算。其他光轴算起的最小安全距离 S 应根据附录 A 计算。

d) 如果人体的任一部分引起了光电保护装置动作，任何危险动作应停止，亦不可能启动。

e) 复位装置应放置在可以清楚观察危险区域的位置，每一个检测区域严禁安装多个复位装置。如果后面由光电保护装置防护，每个检测区域应安装一个复位装置。

光电保护装置应安装在操作者接触危险区域、伤害发生前危险运动已经停止的位置。安全距离的计算应根据剪板机的总停止响应时间和操作者接近危险区域的速度计算，见 GB/T 19876 和附录 A。从最前面光轴算起的最小安全距离 S^*(见表 3)不能小于 100 mm，最前面光轴与工作台面的间隙 A 不能超过 100 mm。

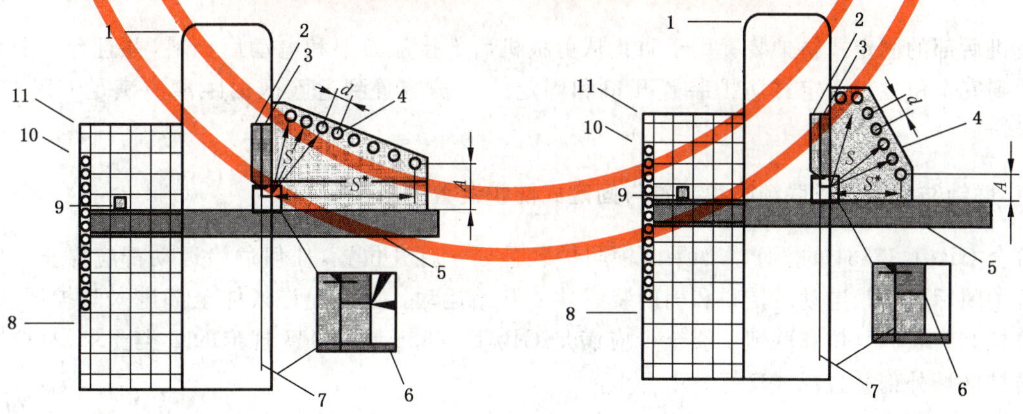

说明：

1——剪板机；
2——滑块；
3——压料脚；
4——光电保护装置；
5——前工作台；
6——危险点；
7——剪切线；
8——背面；
9——后挡料；
10——光电保护装置；
11——固定护栏。

图 2 安全光电保护装置防护示例

表 3

单位为毫米

A	S^{a}
$\leqslant d$	$(K\times T)+C$
$\geqslant d\sim 40$	$(K\times T)+C$
$40<A\leqslant 55$	$(K\times T)+450$
$55<A\leqslant 100$	$(K\times T)+850$

5.3.4 后挡料和前托料

如果剪板机配备了可调整的前托料和后挡料，即使配备了后托料，后挡料的设计也不允许将后挡料调整到刀口之间。

后挡料（电动或非电动）和前托料（如果配备）不能将其调整到刀口下方。

5.3.5 从剪板机侧面进入危险区

应安装固定式防护装置防止进入刀口和压料脚构成的危险区域。

5.3.6 从剪板机后部进入危险区

5.3.6.1 一般要求

应采用下述方法之一防止从后部接触运动的刀口和电动后挡料以及辅助装置（见图 3）：

a） 固定式防护装置；

b） 联锁防护装置或联锁防护装置与固定式防护装置的组合；

c） 光电保护装置。

如果不能安装固定式防护装置，则应配备联锁防护装置或安全光电保护装置。

5.3.6.2 固定防护装置

剪板机后部的固定式防护装置用于防止从剪板机后部接触刀架和电动后挡料，并且允许剪切后的板料移动到安全位置。固定式防护装置开口和固定式防护装置到危险区的距离应满足 GB 23821 的规定。

5.3.6.3 联锁防护装置或联锁防护装置与固定式防护装置的组合

应符合 GB/T 18831 的要求。如果联锁防护装置处于打开位置，任何危险运动都应停止。应确认防护装置关闭后，剪刀、电动后挡料和辅助装置才能开始运动。如果允许人体全部进入防护区域，需要配备复位控制装置。复位和联锁功能至少应满足 GB/T 16855.1—2008 规定的 2 类要求，复位装置应安装在防护区域外部并且视线良好。

5.3.6.4 光电保护装置

光电保护装置应阻止从剪板机后部接触刀口、电动后挡料和辅助装置的危险运动（见图 3）。应采用至少两个光束（见 GB/T 19876—2005 中的 6.1.4）。采用 2 光束时，安全距离最小 1 200 mm，采用 3 光束时，安全距离最小 1 000 mm；应按剪板机的总响应时间和操作者的速度进行计算（见 GB/T 19876 和附录 A），选择较大的数值。

应在剪板机的后部配备复位装置。

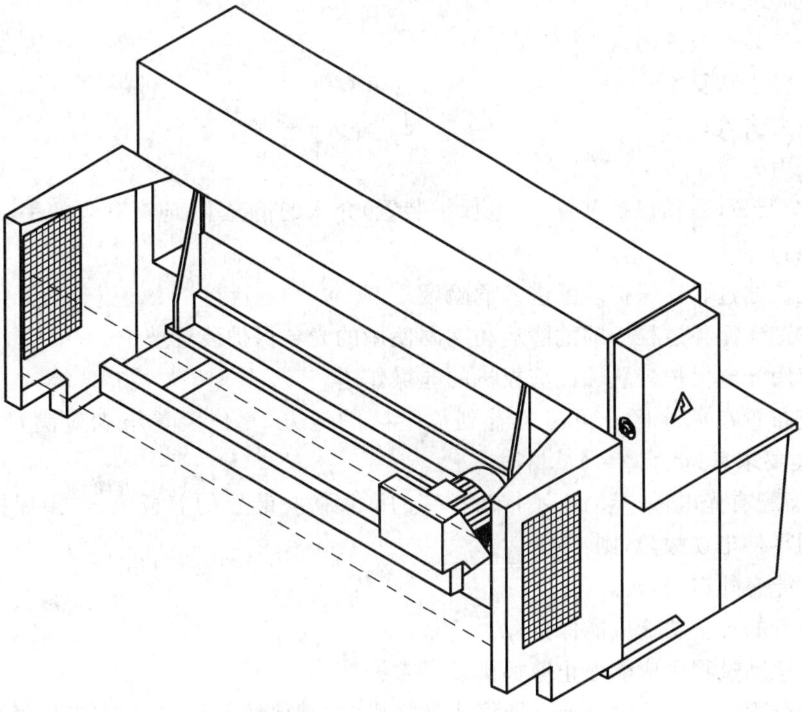

图 3 后侧使用的安全光电保护装置示例

5.3.7 托料装置

在剪板机的后部应有托料装置，防止剪切后的落料造成伤害风险。

5.3.8 多个侧面接触危险区域

如剪板机完成工作需从多个侧面接触危险区域，每一个侧面的防护都应符合5.3.3。

5.3.9 单次行程操作

剪板机应有单次循环模式，选择单次循环操作后，即使控制装置持续有效，刀架和压料脚也只能工作一个行程。

5.3.10 压料装置

应确保剪切之前将剪切材料压紧，压紧后的板料在剪切时不能移动。

5.3.11 其他要求

5.3.11.1 刀片不能仅靠摩擦安装固定。

5.3.11.2 剪板机上的所有紧固件应紧固，并应采取防松措施，以免引起伤害。

5.4 控制系统

5.4.1 控制功能

5.4.1.1 电气系统的设计应符合GB 5226.1的规定，液压、气动和机械系统与安全相关部件的设计应符合GB/T 16855.1的规定。其设计应保证在发生下列情况之一时，控制系统应重新启动，才能使剪板机启动行程：

a) 改变控制或操作模式；

b) 联锁保护装置被关闭；

c) 安全系统手动复位；

d) 操作动力失效；

e) 系统压力失效。

5.4.1.2 在安全装置(联锁保护装置、光电保护装置)介入的情况下，应有独立的手动复位装置，以恢复正常的安全功能：

a) 如果人员通过联锁保护装置进入危险区；

b) 如果在工作循环过程中的危险运动期间使用的光电保护装置被中断；

c) 如果使用光电保护装置保护剪板机的非操作边。

复位装置应布置在危险区外可清楚看到危险区的地方，复位装置至少应满足 GB/T 16855.1—2008 规定的 2 类要求。

5.4.1.3 在前面配有光电保护装置、不带防护锁的联锁防护装置的剪板机，如果保护装置或控制系统中与安全有关的零件出现故障，则：

a) 应不可能意外启动；

b) 保护装置的安全功能应能保持；

c) 在危险运动过程中应能停止剪板机；

d) 在闭合行程的危险阶段应能立即停止剪板机；在其他情况下，至少在操作循环结束时应能停止剪板机；

e) 控制系统在故障消除以前应能防止下一个操作循环的启动。

剪板机控制系统中与联锁保护装置、光电保护装置的启动、停止功能有关的安全部件应采用冗余和监控，应符合 GB/T 16855.1—2008 中的 4 类要求(即应冗余和监控)，启动和停止应通过硬件实现。对于气动控制系统的剪板机，应有压力信号或位置检测或通过本身的监控系统监控阀的故障状态。

5.4.1.4 当需要冗余和监控系统时，其应以两个独立的系统操作。每个系统应能独立地停止危险运动，而与另一个系统的状况无关。任一系统的失效应能通过监控发现，并能防止下一个封闭行程的发生。如果一个系统能自显故障(即：其功能的丧失能防止下一操作循环)，则不需要对系统进行进一步监控。

5.4.1.5 可编程后挡料和动力驱动托料装置的控制系统应至少符合 GB/T 16855.1—2008 中的 B 类要求。

5.4.2 可编程电子系统(PES)和相关安全功能

5.4.2.1 使用 PES 不应降低本标准所规定的安全水平。

5.4.2.2 当用 PES 控制剪板机时，控制系统安全部件不能仅依赖 PES。

5.4.2.3 监控功能可用 PES 来实现。

5.4.3 选择开关

5.4.3.1 剪板机应通过选择开关选择操作模式、循环启动或安全方式(例如：单次模式、自动模式)。应确保在选择开关的操作过程中，控制系统不能启动操作。

5.4.3.2 选择开关可对安全防护模式进行选择，安全防护模式可以是两个或多个防护或保护装置。如果提供了两个或多个选择开关，且安全防护模式与控制系统相连接，被选择的操作模式应能自动与相应的安全防护模式相一致(例如：带防护锁的联锁防护装置在自动模式下和光电保护装置在单次模式下)。

5.4.3.3 如果机器有多个操作者，对每个操作者的保护水平应是相同的。

5.4.3.4 电气选择开关应符合 GB 5226.1—2008 中 9.2.3 的要求。电气选择开关的设计应确保：对于每个非工作位置，线路应通过接触元件的强制断开操作或通过冗余和监控的硬件使其完全隔离。如果开关处在中间位置，则不能进行任何操作。

5.4.3.5 操作规范选择开关应标示清晰，并用钥匙或口令操作。

5.4.4 位置开关

位置开关自身和其操作方式在设计上应能确保调整后保持其和其他位置的正确相互关系，特别是凸轮和行程的关系。对电气位置开关应符合 GB 5226.1—2008 中的 10.1.4。使用气动阀作位置开关时，也应达到同样要求。

应为安装了光电保护装置和/或联锁防护装置的剪板机提供超程检测，如果曲轴超出了制造商给定的停机位置，应立即发出停止信号，剪板机停止在上死点，防止新的行程启动。

5.4.5 控制装置

5.4.5.1 按钮、脚踏开关等起动控制装置应防止意外起动。脚踏开关仅允许从一个方向接近和用一只脚操作。不得使用开式踏板或踏杆（即没有护壳）。

5.4.5.2 急停应满足 GB 16754—2008 规定的 0 类停机功能，停止所有危险动作（例如刀架、后挡料、托料、夹持装置）。装备了自动送料和/或下料装置宜符合 GB 5226.1—2008 中规定的 1 类停机功能。

5.4.6 阀

手动复位装置不应配有阻尼阀。对于其他因为试验或维修的目的而配备了手动控制装置的阀，只有通过使用工具才能对手动控制装置进行操作。

5.5 刀具调试、试车、维修和润滑

5.5.1 设计要求

剪板机的设计应保证刀片更换、维修和润滑的安全。在刀片更换和维修过程中应减少手动介入和接近危险区的需要，如润滑使用自动润滑系统。

5.5.2 安全措施

除非需要在有动力的情况下对机器的零部件进行调整，否则剪板机的设计应确保刀架的维修工作应在切断动力的情况下进行。在维护和润滑时应允许刀架、滑块和后挡料运动，此时防护装置应在工作位置并且维护和润滑具有可操作性，如不可行，至少应提供下述装置之一：

a) 止-动控制装置；

b) 寸动装置。

调整刀具时，上述的装置 a)或 b)应放置在安装位置（前面或后面）且只能控制刀架移动。

5.5.3 硬件实现

止-动控制装置和寸动装置应由硬件实现，控制系统安全部件应符合 GB/T 16855.1—2008 中的 1 类要求。

5.5.4 寸动的运动距离

刀架每次寸动的运动距离不应超过 6 mm。

5.5.5 用手转动曲轴

如果使用盘杆或其他装置用手转动曲轴，则：

a) 当主电机关掉时，应有防止在飞轮停止转动之前离合器结合的装置。该装置可以是一个运动检测装置，其控制系统的安全相关部分应符合 GB/T 16855.1—2008 规定的 1 类要求。

b) 在正常操作中不可能无意地将盘杆留在盘车位置上。

c) 应至少能看到飞轮一部分，以确保判定其是在静止状态。

5.5.6 调整刀片间隙

刀片间隙调整装置应锁紧可靠，设计应确保除非在可控条件下(见 5.5.2)，否则不能沿刀片长度方向在刀片之间塞入塞尺。

5.6 其他机械危险

5.6.1 驱动与传动机构、辅助装置

驱动与传动机构、辅助装置至少应采取下列防护措施之一：

a) 在每班仅需接近一次或少于一次的场合安装固定式防护装置；

b) 每班接近需要超过一次的场合安装与控制装置联锁的活动式防护装置；

c) 在到达危险区前危险不能停止的情况下，应采用带防护锁和延时打开的联锁防护装置；延时打开装置应确保由时间继电器或位移传感器来控制防护锁紧。

d) 只用于安全防护的光电保护装置。

注：d)不适用于驱动和传动机构。

上肢通过上伸、下伸、弧形可及和通过开口触及的安全距离应符合 GB 23821 的规定。

5.6.2 联锁装置

联锁装置应符合 GB/T 18831 的要求，其控制电路至少应达到 GB 16855.1—2008 中规定的类别 1 的要求。

5.6.3 独立动作的辅助装置

独立动作的辅助装置应与剪板机控制系统联琐，以确保不会产生危险。

5.7 滑倒、绊倒和跌落危险

5.7.1 高处工作平台

需要提供高处工作平台时，应提供合适的工作平台防护栏和踏板。在剪板机的高处工作平台应提供适当的防护栏杆和脚踏板并符合 GB 17888.3 的规定。应对进入高处工作位置提供安全通道，进入平台的固定设施可以是直梯或阶梯并应符合 GB 17888.1 的规定，其中阶梯应符合 GB 17888.3 的规定，直梯应符合 GB 17888.4 的规定。剪板机上的工作平台和通道应符合 GB 17888.2 的规定。

注：在高处进行安装调试、日常检查和润滑时应有平台和固定通道，如果只用于维修则可以不要平台。

5.7.2 滑倒、绊倒、跌落

剪板机设计、制造和供应商应尽量将其周围所属区域的滑倒、绊倒、跌落的风险降至最小。

5.8 其他危险的防护

5.8.1 电气危险

所有电气设备的设计、制造和安装应能防止电的危险(如电击)，且应符合 GB 5226.1 的规定。

5.8.2 热危险

应对剪板机上可产生烧伤或烫伤危险(超过 GB/T 18153 规定的温度极限时)的可接近部分提供屏蔽、隔离或其他的防护措施。

5.8.3 高压流体喷射危险

应对靠近操作者工作位置的软管提供附加防护装置(如挡板)。

5.8.4 机械失稳/倾翻

设计者应保证剪板机(包括满负载工作状态)的稳定性。另外应设计和提供相应的安装固定点(即地脚孔)使其与地面或基础紧固连接。

5.8.5 噪声产生的危险

应将噪声的伤害风险降到最低,其噪声应符合 GB 24389 的规定。

5.8.6 激光产生的危险

如剪板机配有激光器(如指示剪切线),其应属于 GB 7247.1—2001 所规定的ⅢA 类或更低的一级,以保证其不致对人身产生伤害。

5.8.7 材料与物质产生的危险

5.8.7.1 离合器和制动器不应使用含有石棉的材料。

5.8.7.2 应采取措施防止能被呼入的颗粒和油雾达到有害健康的浓度。

5.8.8 忽视人类工效学的原理引起的危险

5.8.8.1 在设计剪板机和其控制装置时,应给操作者提供良好的工作姿势。

5.8.8.2 控制装置的位置、标志和照明及材料处理和模具调整应符合人类工效学。

5.8.8.3 剪板机应有局部照明装置。

5.8.8.4 超过 25 kg 的需要起吊的剪板机零件上应有必要的辅助起吊装置。

5.8.8.5 液压油箱的安装布局位置应便于加油和排油。

5.8.8.6 其他有关人类工效学的要求应符合 GB 5226.1、GB/T 14775 和 GB/T 14776 的规定。

6 安全要求和/或保护措施的验证

6.1 检验方法

6.1.1 剪板机安全要求的检验可通过下列方法实施:

a) 目检(即用眼力判断和感觉判断)来检验剪板机和规定部件是否满足规定的要求;
b) 性能试验/检查(测试其性能)来检验剪板机和规定部件功能是否满足规定的要求;
c) 测量(通过检查仪器)来检验剪板机和规定部件功能是否满足规定的要求;
d) 通过图纸/计算/技术数据(零部件设计特征判断)来检验验证剪板机和规定部件功能是否满足规定的要求。

6.1.2 剪板机安全要求的检验方法应按表 4 规定的一种或多种方法检验。

6.2 安全要求和/或保护措施的检验

安全要求和/或保护措施的验证方法见表 4。

表 4　安全要求和/或保护措施的验证方法

本标准的章条	安全要求和/或保护措施	目测	性能检查和试验	测量	图样/计算
5.2	基本设计考虑				
5.2.1	离合器和制动器				
5.2.1.1	压力介质	√	√	√	√
5.2.1.2a)	制动器中的压缩弹簧	√			√
	离合器中的压缩弹簧	√			√
5.2.1.2b)	弹簧组	√			√
5.2.1.2c)	弹簧的一致性	√		√	
5.2.1.2d)	压紧装置	√			√
5.2.1.2e)	弹簧的导向	√			√
5.2.1.3	安全功能	√	√		√
5.2.1.4	失效	√		√	√
5.2.1.5	散热	√			√
5.2.1.6	润滑剂渗入	√			√
5.2.1.7	外来物质	√	√		√
5.2.1.8	带式制动器	√			
5.2.1.9	离合器能力	√	√	√	√
5.2.1.10	工作间隙	√	√	√	
5.2.1.11	制动失灵	√	√		√
5.2.1.12	动力源供给故障	√	√		√
5.2.1.13	膜片	√	√		√
5.2.1.14	刚性离合器		√	√	√
5.2.2	液压和气动系统通用要求				
5.2.2.2	过滤器	√			√
	调压阀	√	√		√
5.2.2.3	压力范围	√	√		√
5.2.2.4	透明压力容器	√			
5.2.2.5	毛刺或杂物	√			√
5.2.2.6	管路连接	√			
	热膨胀	√			√
	刚性管路支撑	√			√
	软管的缠绕	√	√	√	√
5.2.2.7	管的连接	√			√
5.2.2.8	阀支撑	√			√

表 4（续）

本标准的章条	安全要求和/或保护措施	目测	性能检查和试验	测量	图样/计算
5.2.2.9	压力	√	√		
5.2.2.10	进口与出口	√	√		√
5.2.2.11	排放	√	√		√
	阀的排放口	√	√		√
5.2.2.12	控制阀的位置	√			
5.2.2.13	阀的复位	√	√		√
5.2.3	气动系统				
5.2.3.1	润滑的可视性	√			√
5.2.3.2	消声器	√	√		√
5.2.3.3	水分离器	√			√
5.2.4	液压系统				
5.2.4.1	安全阀	√	√		√
5.2.4.2	蓄能器释放	√	√		√
5.2.4.3	泄荷阀	√	√	√	√
5.2.5	电气系统				
5.2.5.2	0 类急停	√			√
5.2.5.3	操作面板防护等级	√			√
5.2.5.4	控制柜防护等级	√			√
5.2.5.5	防止意外起动	√			√
5.2.6	防止刀架意外下落				
5.2.6.1	机械阻止位置	√		√	√
5.2.6.2	联锁	√	√		√
5.3	操作危险区的机械危险				
5.3.1	间隙不超过 6 mm	√	√	√	√
5.3.2	所有暴露人员的防护	√			√
5.3.3	从剪板机前面进入危险区				
5.3.3.1	安全等级		√	√	√
5.3.3.2	固定式防护装置	√	√	√	√
5.3.3.3	不带防护锁的联锁防护装置	√	√		√
5.3.3.4	光电保护装置				
5.3.3.4a)	GB 4584	√			
5.3.3.4b)	进入危险区	√		√	
5.3.3.4c)	附加安全防护装置	√		√	

表 4（续）

本标准的章条	安全要求和/或保护措施	目测	性能检查和试验	测量	图样/计算
5.3.3.4d)	防止启动	√	√		√
5.3.3.4e)	复位功能	√	√	√	√
5.3.4	后挡料调整	√	√		√
	动力驱动后挡料和托料	√	√		√
5.3.5	从剪板机侧面进入危险区				
	固定式防护装置	√		√	√
5.3.6	从剪板机后面进入危险区				
5.3.6.2	固定式防护装置	√		√	√
5.3.6.3	联锁防护装置	√		√	√
5.3.6.4	光电保护装置	√			
	二光束/三光束	√	√	√	√
5.3.7	后部托料配置	√			√
5.3.8	多个侧面接触	√	√		√
5.3.9	单次行程	√	√		
5.3.10	压料装置	√	√		√
5.3.11	其他要求				
5.3.11.1	刀片不能靠摩擦固定	√			√
5.3.11.2	紧固防松	√			
5.4	控制和监控系统				
5.4.1	控制和监控功能				
5.4.1.1	控制装置的重新启动	√	√		√
5.4.1.2	手动复位功能	√	√		√
5.4.1.3	失效保护、冗余和监控功能	√	√		√
5.4.1.4	冗余	√	√		√
5.4.1.5	可编程挡料装置和托料装置	√			√
5.4.2	可编程系统和相关安全功能				
5.4.2.2	安全功能	√			√
5.4.2.3	监控功能	√			√
5.4.3	选择开关				
5.4.3.1	选择模式	√			√
	不能启动	√	√		√
5.4.3.2	安全保护方式的选择	√	√		
	操作/安全保护连接	√	√		

表 4（续）

本标准的章条	安全要求和/或保护措施	目测	性能检查和试验	测量	图样/计算
5.4.3.3	相同的保护水平	√	√		√
5.4.3.4	线路隔离	√	√		√
	强制断开操作	√	√		
	冗余和监控硬件	√	√		
	中间位置	√	√		√
5.4.3.5	标示	√	√		
5.4.4	位置开关和关系	√	√	√	√
5.4.5	控制装置				
5.4.5.1	防止意外启动	√		√	√
5.4.5.2	0 类停机功能	√	√		√
	阀的手动复位工具	√	√		√
5.4.6	阀				
	手动复位	√			
5.5	刀片调整、试车、维修和润滑				
5.5.1	减少接近危险区	√			√
5.5.2	安全措施	√			√
5.5.2a)	止-动控制装置	√	√	√	√
5.5.2b)	寸动装置	√	√	√	√
5.5.3	硬件实现	√			√
5.5.4	寸动不大于 6 mm	√		√	
5.5.5a)	防止离合器重新结合	√	√		√
	时间继电器/位移传感器监控	√	√		√
5.5.5b)	盘车杆	√	√		
5.5.5c)	飞轮观测	√			√
5.5.6	刀片间隙调整	√	√		√
5.6	其他机械危险				
5.6.1	辅助装置				
5.6.1a)	固定式防护装置	√		√	√
5.6.1b)	活动式联锁保护装置	√	√	√	√
5.6.1c)	带保护锁的联锁保护装置	√	√	√	√
5.6.1d)	光电保护装置	√	√	√	√
5.6.2	联锁装置	√	√		√
5.6.3	辅助装置的联锁	√	√		√

表 4（续）

本标准的章条	安全要求和/或保护措施	目测	性能检查和试验	测量	图样/计算
5.7	滑倒、倾倒、跌落危险				
5.7.1	高处工作平台	√	√		√
	进入方式	√	√		√
5.7.2	滑倒、绊倒、跌落	√			√
5.8	其他危险的防护				
5.8.1	电气危险	√	√	√	√
5.8.2	热危险	√			√
5.8.3	高压流体喷射危险	√			√
5.8.4	机械失稳/倾翻				
5.8.5	噪声	√	√	√	√
5.8.6	激光	√			√
5.8.7	材料与物质				
5.8.7.1	石棉	√			√
5.8.7.2	油雾				√
5.8.8	忽视人类工效学	√	√	√	√
7	使用信息				
7.1	标记	√			
7.2	使用说明书	√			
附录 A	安全距离	√	√	√	√
注："√"表示可采用的检验方法。					

7 使用信息

7.1 标记

7.1.1 应符合 GB 2894、GB 18209.2 和 GB/T 15706.2—2007 中 6.4 的规定。

7.1.2 剪板机应有如下信息的标志：

a) 制造者的名称和地址；

b) 制造年份；

c) 产品型号和名称；

d) 剪板机编号；

e) 剪板机质量；

f) 最大剪切厚度；

g) 公称剪切宽度；

h) 电气、液压、气动参数。

7.2 使用说明书

7.2.1 使用说明书应符合 GB/T 9969 和 GB/T 15706.2—2007 中的 6.5 的规定。

7.2.2 使用说明书应包括下列信息：

a) 标注在剪板机上的信息；

b) 剪板机设计时参考和使用的标准；

c) 压力容器报告；

d) 安全运输和安装说明（地面条件、地基、固定点、服务、防震措施、照明等）；

e) 在第一次使用过程中对剪板机进行测试和安全防护装置检查的说明；

f) 控制系统（包括电气、液压和气动系统线路图）的说明，如果提供 PES 或 PPS，线路图应给出硬件和 PES 或 PPS 连接之间的关系；

g) 总停止响应时间和安全距离；

h) 噪声试验中的噪声值；

i) 降低噪声辐射的信息；

j) 对遗留风险进一步保护的详细情况说明，如听力保护、视力保护、脚保护等；

k) 安全使用、与安全使用有关的工件尺寸的限制的说明，剪板机设计用于剪切超尺寸工件时在后部和侧面引起风险的信息；

l) 安全使用、调整、维护、修理、清理、编程（需要时），避免所有危险（包括工件、刀片或其他零件、流体所产生的危险）的说明；

m) 剪板机操作者的培训内容包括：

——剪板机机构；

——更换和调整刀片；

——流体质量的维护和过滤器更换；

——安全防护装置；

——事故原因与预防；

n) 刀具调整和试验后，生产前对安全防护装置检查的详细情况；

o) 液压系统、过滤器、润滑、传送装置对流体介质的要求；

p) 预期故障模式的描述，定期维护发现、预防、排除故障的建议；

q) 更换影响安全功能的零件以后，应进行的试验和检查的说明；

r) 对剪板机、防护装置和保护装置定期维修、试验、检查的说明。

附 录 A
（规范性附录）
最小安全距离的计算

A.1 最小安全距离的计算

不带防护锁的联锁防护装置、不带防护锁的可控防护装置、不带防护锁的超前打开联锁防护装置、光电保护装置、双手操纵装置的最小安全距离应按照 GB/T 19876—2005 中第 5 章给出的公式(A.1)进行计算：

$$S=(K\times T)+C \qquad \cdots\cdots(\text{A.1})$$

式中：

S——最小安全距离(从运动刀片和/或压料装置的危险区到检测点、线、面的距离，不小于 100 mm)，单位为毫米(mm)；

K——人体或人体部位的接近速度导出的参数，单位为毫米每秒(mm/s)；

T——总停止响应时间(整个系统停止性能)，单位为秒(s)；

C——附加距离(以保护装置启动之前闯入危险区的情况给出)，单位为毫米(mm)。

A.2 *K* 值的确定

对于不带防护锁的防护装置，K 值应采用 1 600 mm/s。对于垂直安装的，如果最小距离小于或等于 500 mm，则 K 值应采用 2 000 mm/s；如果最小距离大于 500 mm，则 K 值可采用 1 600 mm/s。

A.3 *C* 值的确定

对使用光电保护装置，C 值的确定见 A.6 和 A.7。采用不带防护锁的超前打开联锁防护装置，C 值可以为零。

A.4 总停止响应时间

A.4.1 总停止响应时间 T 应按公式(A.2)计算：

$$T=t_1+t_2+t_3+\Delta t \qquad \cdots\cdots(\text{A.2})$$

式中：

t_1 ——剪板机本身停止响应时间(包括液压和电气系统的响应时间，见附录 B)；

t_2 ——安全保护装置的响应时间；

t_3 ——其余可测量装置的响应时间；

Δt ——测量方法中的不确定因素。

A.4.2 计算整个系统的停止时间时，考虑下列条件：

a) 最快刀架速度而导致的最长停机时间；

b) 系统有关部件温度的影响；

c) 刀片质量而导致的最长停机时间；

d) 压力大小导致最长的停止时间；

e) 停止功能相关部件的磨损。

A.5 最小安全距离

当与剪板机连接的保护装置的位置可改变时,为保证最小安全距离,该装置应联锁或锁定,只有使用工具或钥匙时才能移动。

A.6 附加距离 C

根据光电保护装置的检测精度,计算最小安全距离 S 时,附加距离 C 值见表 A.1。

表 A.1 附加距离 C

单位为毫米

检测精度	附加距离 C
≤14	0
>14 ≤20	80
>20 ≤30	130
>30 ≤40	240
>40	850

A.7 水平安装的光电保护装置

对于水平安装的光电保护装置的总停止响应时间和相应的安全距离见 5.3.3.4。

附 录 B
（资料性附录）
总停止响应时间的测量

B.1 对于每种型号和规格的剪板机的刀片和压料装置的停止响应时间应单独进行测量，在其制造过程中，每个可能的操作回路的总停止响应时间至少应测量10次。以最大测量值或算术平均值加3倍标准差作比较。

如果总停止响应时间差值超50％，应考虑计算安全距离。

B.2 如果差值小于50％，测量的总响应时间可以用作计算安全距离。

B.3 如果差值大于50％，安全距离计算应按总响应时间的1.3倍计算。测量应对每台剪板机进行。

ICS 25.120.10
J 62

中华人民共和国国家标准

GB 28241—2012

液压机　安全技术要求

Hydraulic presses—Safety requirements

2012-03-09 发布　　2013-01-01 实施

中华人民共和国国家质量监督检验检疫总局
中国国家标准化管理委员会　发布

前　言

本标准的第3章、第4章、附录C、附录D、附录E和附录F为推荐性的，其余为强制性的。

本标准按照GB/T 1.1—2009给出的规则起草。

本标准由中国机械工业联合会提出。

本标准由全国锻压机械标准化技术委员会(SAC/TC 220)归口。

本标准起草单位：合肥锻压机床有限公司、济南铸造锻压机械研究所有限公司、天津天锻压力机有限公司、江苏国力锻压机床有限公司、湖州机床厂有限公司、重庆江东机械有限责任公司。

本标准主要起草人：李贵闪、马立强、王玉山、李森、骆桂林、郑建华、李永革、陈杰、甄冒发。

液压机 安全技术要求

1 范围

本标准规定了金属冷加工用液压机设计、制造和使用的安全技术要求和措施。

本标准适用于金属冷加工用液压机以及加工其他板材(如纸板、塑料、橡胶和皮革)和金属粉末的液压机,也适用于与液压机连接的辅助装置。本标准不适用于下列用途的机器:

a) 金属板材剪切,如剪板机;

b) 紧固、连接,如铆接;

c) 弯曲或折弯,如弯管机、折弯机;

d) 校直或校正,如手动校直液压机;

e) 移动式或回转头冲压,如回转头压力机、移动压头压机或移动式压机;

f) 挤压,如卧式型材挤压机;

g) 锻锤、自由锻压机;

h) 特定的金属粉末成型,如超高压等静液压机;

i) 仅为冲孔设计的机器,如结构件行业的冲孔机。

2 规范性引用文件

下列文件对于本文件的应用是必不可少的。凡是注日期的引用文件,仅注日期的版本适用于本文件。凡是不注日期的引用文件,其最新版本(包括所有的修改单)适用于本文件。

GB/T 1251.2 人类工效学 险情视觉信号 一般要求、设计和检验(ISO 11428)

GB/T 2893.2 图形符号 安全色和安全标志 第2部分:产品安全标签的设计原则(ISO 3864-2)

GB 2894 安全标志及其使用导则

GB/T 3766—2001 液压系统通用技术条件(ISO 4413:1998)

GB 4584 压力机用光电保护装置技术条件

GB 5226.1—2008 机械电气安全 机械电气设备 第1部分:通用技术条件(IEC 60204-1:2005)

GB/T 7932—2003 气动系统通用技术条件(ISO 4414:1998)

GB/T 8196—2003 机械安全 防护装置 固定式和活动式防护装置设计与制造一般要求(ISO 14120:2002)

GB 12265.3—1997 机械安全 避免人体各部位挤压的最小间距(EN 349:1993)

GB/T 15706.1—2007 机械安全 基本概念与设计通则 第1部分:基本术语和方法(ISO 12100-1:2003)

GB/T 15706.2—2007 机械安全 基本概念与设计通则 第2部分:技术原则(ISO 12100-2:2003)

GB 16754—2008 机械安全 急停 设计原则(ISO 13850:2006)

GB/T 16855.1—2008 机械安全 控制系统有关安全部件 第1部分:设计通则(ISO 13849-1:2006)

GB/T 16856.1 机械安全 风险评价 第1部分:原则(ISO 14121-1)

GB 17120 锻压机械 安全技术条件

GB 17888.1　机械安全　进入机械的固定设施　第1部分：进入两级平面之间的固定设施的选择(ISO 14122-1)

GB 17888.2　机械安全　进入机械的固定设施　第2部分：工作平台和通道(ISO 14122-2)

GB 17888.3　机械安全　进入机械的固定设施　第3部分：楼梯、阶梯和护栏(ISO 14122-3)

GB 17888.4　机械安全　进入机械的固定设施　第4部分：固定式直梯(ISO 14122-4)

GB/T 18153　机械安全　可接触表面温度　确定热表面温度限值的工效学数据(EN 563)

GB 18209.2　机械电气安全　指示、标志和操作　第2部分：标志要求(IEC 61310-2)

GB/T 18831—2010　机械安全　带防护装置的联锁装置　设计和选择原则(ISO 14119：1998+Amd.1：2007)

GB/T 19671—2005　机械安全　双手操纵装置　功能状况及设计原则(ISO 13851：2002)

GB/T 19876—2005　机械安全　与人体部位接近速度相关防护设施的定位(ISO 13855：2002)

GB 23821—2009　机械安全　防止上下肢触及危险区的安全距离(ISO 13857：2008)

JB 9967　液压机　噪声限值

3　术语和定义

GB/T 15706.1、GB/T 15706.2 和 GB 17120 界定的以及下列术语和定义适用于本文件。

3.1

辅助装置　ancillary device

与液压机配套使用或与液压机集成在一起的装置，例如润滑装置、送料装置和顶出装置。

3.2

自动循环　cycle-automatic

一种操作方式，启动后不需进入危险区人工干预，即可完成滑块连续运动、间歇性重复运动等所有动作。

3.3

工作循环　cycle-operating

滑块从起始位置(一般在上限位)运行到下限位再回到起始位置(一般在上限位)的运动。工作循环包括运动期间的所有操作。

3.4

单次循环　cycle-single

一种操作方式，滑块的每次工作循环运动都由操作人员启动。

3.5

死点　dead centres

极限滑块位置。滑块与工作台相距最近的点(一般在行程闭合的末端)称为下死点(BDC)；滑块与工作台相距最远的点(一般在行程开启的末端)称为上死点(TDC)。

3.6

下模　die

固定在液压机工作台上的模具部分。

3.7

缓冲垫　die cushion

用于积聚和释放或吸收力的缓冲装置，一般用于板件的冲裁。

3.8

超前打开联锁防护装置 early opening interlocking guard

带有联锁装置的防护装置，在工作危险区所有危险运动结束后打开防护装置时，不中断工作循环。

3.9

防护锁定装置 guard locking device

在机器使用危险功能而可能发生危险时，使联锁防护装置的防护门保持在关闭和锁定位置上的机械装置。当防护装置关闭并锁定机器才能运转，并且在风险没有消除时，防护装置一直保持锁定状态。

3.10

液压机 hydraulic press

以矿物油为传动介质的液压传动方式，通过直线运动的模具闭合传递能量的机器，用于对金属或非金属材料进行压力加工（例如成形）。加工的能量由液压压力产生（见图1和图2）。

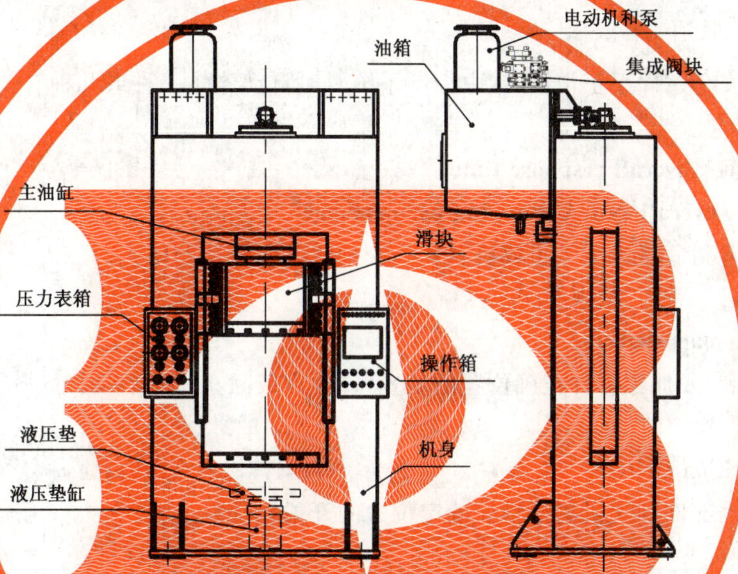

图1 框架液压机示例（没有画出安全保护装置）

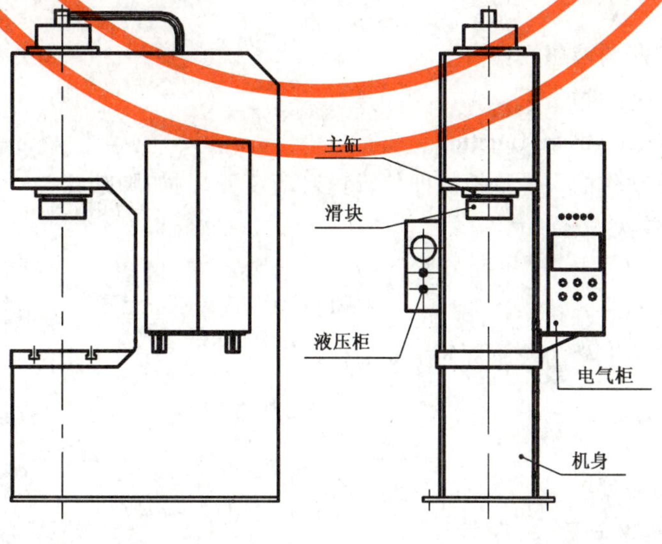

图2 单柱液压机示例（没有画出安全保护装置）

3.11

有限运动控制装置　limited movement control device

寸动装置　inching device

其操作只能使滑块或机器部件限定距离运动的控制装置，在该控制装置重新操作执行之前，机器部件不能再进一步运动。

[GB/T 15706.1—2007，定义 3.26.9]

3.12

监控　monitoring (M)

一种安全功能，如果一个部件(元件)不再能够行使其功能或由于加工条件的改变使再进行工作过程会产生危险时，发出安全信息。

3.13

抑制　muting

当机器在其他安全条件下正常运转，由控制系统暂时自动停止一种或几种有关安全功能。

3.14

总停止响应时间　overall response time

系统停止性能　overall system stopping performance

从激发保护装置到危险运动停止或机器达到安全状态所经历的时间。

3.15

零件检测装置　part detector

检测加工零件和/或加工零件正确位置的装置，以允许或阻止行程启动。

3.16

位置开关　position switch

控制机器的运动部件到达或离开预先确定位置的开关。

3.17

冗余技术　redundancy

多重器件或系统，用于确保一路失效时，另一路能有效地执行所要求的功能。

3.18

支撑阀　restraint valve

防止滑块因自重下落的液压元件。

3.19

单次行程功能　single stroke function

限制模具运动部分动作的一种特性。即使行程启动装置(例如脚踏开关)处在操作位置，滑块也只能运行一个工作循环(单次循环)。

3.20

滑块　slide/ram

完成行程运动并安装上模的液压机的主要部件。

3.21

上模　tool

一般指模具的运动部分。

3.22

上模保护装置　tool protective device

通过停止滑块行程或防止滑块启动，防止模具损坏的保护装置。

3.23

模具 tools

生产上使用的各种模型，一般包括上模和下模，通过液压机合模对工件进行加工。

3.24

闭合模具 tools-closed

设计和制造的模具是本质安全的(见图C.1)。

3.25

上移式液压机 up-stroking press

在模具闭合过程中滑块上行的立式液压机。

3.26

止-动控制装置 hold-to-run control device

只有当手动控制装置(致动机构)动作时才能触发并保持具有危险性的机器功能运行的控制装置。

4 风险评价

4.1 按GB/T 16856.1进行风险评价得出的危险清单见表1，消除危险或者减少相应风险的安全技术措施和液压机的使用信息见第5章、第7章和附录A～附录E。

4.2 风险评价假设可以从各个方向接近液压机，包括滑块的意外行程和自重下落的风险。风险评价包括对进入危险区的操作人员和其他人员产生的风险，应在液压机寿命期内考虑所有可能发生的危险。评价包括对控制系统故障或失效结果的分析。

4.3 本标准的使用者，如设计人员、制造者或供应商应按照GB/T 16856.1进行风险评价，尤其在以下几方面：

——液压机的维修、模具的调整、清洁和可能出现的误操作；

——识别与液压机有关的重要危险(见4.4)。

4.4 根据风险评价的要求，设计人员应采取措施防止产生表1所列的危险。

表1 较重要的危险、危险区域和防止措施

危险种类	危险区域	防护措施 (本标准的有关章条)	GB/T 15706.1—2007 的相关章条
机械危险： ——挤压； ——剪切； ——切割或切断； ——缠绕； ——吸入或卷入	模具范围： ——上、下模具之间； ——移动滑块； ——移动模垫； ——工件顶出器； ——防护区	5.2、5.3、5.4、5.5、 附录C、附录D和附录E	4.2.1
冲击、碰撞危险	电气、液压和气动装置的移动部件； 电机和机械驱动装置； 机械送料装置	5.6.1、5.6.2、5.6.3、5.6.4	4.2.1
零件飞溅出危险	液压机零件； 工件和模具	5.6.5 7.2.2i)	4.2.1

表 1（续）

危险种类	危险区域	防护措施 （本标准的有关章条）	GB/T 15706.1—2007 的相关章条
高压流体喷射危险	液压系统	5.8.3	4.2.1
滑倒、绊倒和跌落	高处工作； 液压机周围地面区域	5.7	4.10
电气危险： ——直接接触； ——间接接触； ——热辐射(灼伤)	电气设备； 电气故障引发的零件通电	5.8.1	4.3
热危险： ——可能导致接触人员被烧伤或灼伤	液压系统部件	5.8.2	4.4
噪声危险： ——导致听力损伤	液压机周围的噪声危险区域	5.8.4	4.5
振动危险	危险发生在液压机的装置上，例如液压站	5.8.5	4.6
材料和物质产生的危险，机器排泄的废料或废气危险： ——接触或吸入有害液体、气体、雾气、烟雾和灰尘	液压系统、气动系统及其控制，有毒的加工材料	5.8.6	4.8
机械设计时忽略人类工效学原则产生的危险： ——机械与人的特征和能力不协调，如不健康的工作姿势、过度或重复用力等	操作人员和维修人员的工作位置和操作状况	5.8.7	4.9

5 安全要求和措施

5.1 总则

液压机的设计、制造应符合 GB 17120 的规定。

5.2 基本设计要求

5.2.1 防止滑块意外下落

5.2.1.1 在手动/自动送料或取料的操作方式中，应提供防止滑块(重力超过 150 N)由于自重产生意外下落的保护措施，见表 2、表 3 和表 4。由于液压系统、机械和电气控制系统的故障会引起滑块意外下落，应采取下列防止滑块意外下落的措施之一：

——机械支撑装置；

——液压支撑装置；

——用液压支撑和机械装置组合支撑。

操作人员可能进入液压机危险区时，无论何时滑块停止，支撑装置应自动工作。

5.2.1.2 仅采用液压支撑时，液压支撑应符合下列要求之一：

a) 两只各带支撑阀的支撑油缸或回程油缸，每个油缸的支撑力都能单独地支撑着滑块；

b) 两只液压支撑阀串联，其中一只应尽量地靠近油缸出油口，连接支撑油缸和支撑阀的管路应采用法兰或焊接管接头连接。

5.2.1.3 液压机仅有下列工作方式之一时允许配备一个液压支撑阀或机械支撑装置：

——全自动操作；

——使用闭合模具；

——使用固定式防护装置；

——慢速接近速度和止-动控制装置。

5.2.1.4 液压机应有一自动检查支撑发挥正确作用的系统。如支撑失效，不允许滑块有压力行程方向的动作(见图 D.1)。

5.2.1.5 防止发生意外行程对控制系统的要求见 5.4.1.2 和 5.4.1.3。

5.2.2 防止维修中滑块的下落

5.2.2.1 在维修过程中或其他需要人体进入滑块与工作台之间时，应设置防止滑块(重力超过 150 N)意外下落的支撑装置或滑块锁紧装置，其应与液压机的控制系统联锁。

5.2.2.2 在行程超过 500 mm 和工作台深度超过 800 mm 的液压机上，应将支撑装置连接在液压机上。如果从操作者位置不易观察到支撑装置或滑块锁紧装置的作用情况时，则应清楚地设置该装置处于工作状态的附加指示装置，如指示灯等。

5.2.2.3 维修时液压机的主防护装置如需移开，则应提供可以手动放置的支撑装置以提供保护。

5.2.3 液压和气动系统的一般要求

5.2.3.1 液压和气动系统的设计应符合 GB/T 3766 和 GB/T 7932 的要求。

5.2.3.2 应配备过滤器、调压阀和低压油路切断装置，如截止阀。

5.2.3.3 应配备将工作压力维持在正常范围的装置，如安全溢流阀等。

5.2.3.4 在不影响可视性的情况下，透明器具(如玻璃、塑料)应有保护措施以避免破裂后飞出碎片伤人。

5.2.3.5 所有的管子、管路连接件、通道或油箱等应去除引起系统损坏的毛刺或杂质。

5.2.3.6 应采取预防措施避免由热膨胀引起的管路损坏。刚性管路应牢靠地支撑，避免液体压力变化时引起振动和位移。应防止软管扭弯，避免液体输送中的困油现象。

5.2.3.7 快速的压力下降会引起滑块出现意外危险运动，该部位不允许使用易破裂的管路连接(如软管和卡套式接头)。管子之间的连接应选用压力损耗低的连接方式。

5.2.3.8 操作阀(如手动换向阀)不能依赖连接管路支撑。

5.2.3.9 控制阀和其他控制元件(如调压阀和压力表)应装在便于接近和防止损坏的位置。

5.2.3.10 手动阀或机械操纵阀(有别于电动控制阀)的动作恢复应灵活可靠，例如当阀的操纵件释放后，阀自动回复到安全位置，见 5.4.7。

5.2.4 液压系统

5.2.4.1 控制滑块下落的油缸中所有支撑滑块的液压油应经由主控阀或带冗余和监控系统的支路流出。

5.2.4.2 当产生压力的装置停止工作时(如主泵电机停止工作)，含有蓄能器的液压回路部分应使液体压力自动下降，蓄存的能量不允许使滑块产生进一步动作。如果做不到，压力回路应配备手动卸荷阀以及有关符合蓄能器规定所要求的其他装置(如安全阀和压力表等),并应贴有清晰的危险标志。

5.2.4.3 液压回路中的压力采用安全压力阀保护时,应使用工具才能改变安全保护压力阀的设定压力,其设定值不能超出最大工作压力的10%。

5.2.4.4 应采取措施防止压力剧增造成缸体下腔的损坏,用于防止超压的安全阀应是直动式的,调整后应锁定,以防止非授权的调节。此安全阀的设定压力至少为该处最大工作压力的1.1倍。缸体应能承受安全阀所设定的压力。安全阀的弹簧应有导向,安全阀调整到设定压力后弹簧两绕圈间的间隙应小于钢丝直径。

5.2.5 气动系统

5.2.5.1 气动控制系统的阀和其他运动零件需要润滑处应提供润滑装置,导入润滑油。

5.2.5.2 消音装置的安装和使用应符合制造商对其在安全系统中使用的规定,并且不能影响安全功能。

5.2.5.3 应配备水分离器。

5.2.6 电气系统

5.2.6.1 电气系统应符合GB 5226.1的规定。

5.2.6.2 液压机设计者应考虑是否有供电、物理环境限制以及某些零部件的工作条件是否不同于GB 5226.1—2008中4.3和4.4的规定,如果有不符合的方面,相关元件应按要求制造和选择。

5.2.6.3 紧急停止功能应属于0类安全停止(见5.4.6.2和GB 5226.1—2008中的9.2.5.4)。

5.2.6.4 双手操纵装置适合手动进料或取料的单次循环生产方式,见5.3.16和表2;模具调整、维修和润滑使用的双手操纵装置要求见5.5.7。

5.2.6.5 操作者界面和悬挂在液压机上的控制装置的防护等级应至少是IP43。

5.2.6.6 控制装置外壳的防护等级至少为IP43。

5.2.6.7 除中线和保护线外,导线或电缆的选择应符合GB 5226.1—2008中13.2.4的规定。

5.3 液压机模具周围的机械危险

5.3.1 设计要求

液压机的主要危险区是在模具周围的工作危险区,应采取有效的措施防止有关危险发生。5.3、5.4和5.5是对模具和有关的区域,如移动工作台、压边圈和工件顶出器,进行安全保护的要求。在各种操作模式下对工作危险区的防护措施,包括对控制系统和监控系统的设计要求如下:

——手工送料和取件的单次循环操作模式时工作危险区安全保护要求汇总见表2;

——手工送料和取件的自动循环操作模式时工作危险区安全保护要求汇总见表3;

——自动送料和取件的自动循环操作模式时工作危险区安全保护要求汇总见表4。

表2 手工送料和取件的单次循环操作模式时工作危险区安全保护要求汇总表

操作者安全防护系统	循环启动方式	启动和停止功能		抑制	备注
		电气	液压		
闭合模具	任意	单系统	单系统	否	见5.3.4和5.3.9
固定封闭式防护装置	任意	单系统	单系统	否	见5.3.4和5.3.10
带防护锁的联锁防护装置	非防护装置本身	冗余和监控	单系统和监控	否	见5.3.11和5.3.13,在液压回路中进行动力联锁作为冗余和监控功能之一

表 2（续）

操作者安全防护系统	循环启动方式	启动和停止功能		抑制	备注
		电气	液压		
不带防护锁的联锁防护装置	非防护装置本身	冗余和监控	冗余和监控	否	见 5.3.11、5.3.13 和 5.3.17
带防护锁的可控防护装置	防护装置本身	冗余和监控	单系统和监控	否	见 5.3.11、5.3.12 和 5.3.13
不带防护锁的可控防护装置	防护装置本身	冗余和监控	冗余和监控	否	见 5.3.11、5.3.12、5.3.13 和 5.3.17
超前打开联锁防护装置	任意	冗余和监控	冗余和监控	是	见 5.3.13 和 5.3.14
光电保护装置	任意	冗余和监控	冗余和监控	是	见 5.3.15，使用适当的安全距离，如果模具间的间隙大得足以使人体某部分伸入，那么应配备单独的行程启动装置
双手操纵装置	双手操纵装置	冗余和监控	冗余和监控	是	见 5.3.16，使用适当的安全距离
止-动控制装置和慢速接近	止-动控制装置	单系统	单系统	是	用于模具的调整，最大的慢速接近速度为 10 mm/s

表 3　手工送料和取件的自动循环操作模式时工作危险区安全保护要求汇总表

操作者安全防护系统	启动方式	启动和停止功能		抑制	备注
		电气	液压		
闭合模具	任意	单系统	单系统	否	见 5.3.4 和 5.3.9
固定封闭式防护	任意	单系统	单系统	否	见 5.3.4 和 5.3.10
带防护锁的联防护锁装置	非防护装置本身	冗余和监控	单系统和监控	否	见 5.3.11 和 5.3.13，在液压回路中进行动力联锁作为冗余和监控功能之一
不带防护锁的联锁防护装置	非防护装置本身	冗余和监控	冗余和监控	否	见 5.3.11、5.3.13 和 5.3.17
光电保护装置	非防护装置本身	冗余和监控	冗余和监控	是	见 5.3.15，使用适当的安全距离

表 4　自动送料和取件的自动循环操作模式时工作危险区安全保护要求汇总表

操作者安全防护系统	启动方式	启动和停止功能		抑制	备注
		电气	液压		
闭合模具	任意	单系统	单系统	否	见 5.3.4 和 5.3.9
固定封闭式防护	任意	单系统	单系统	否	见 5.3.4 和 5.3.10
带防护锁的联防护锁装置	非防护装置本身	单系统	单系统	否	见 5.3.11 和 5.3.13，在液压回路中进行动力联锁作为冗余和监控功能之一
不带防护锁的联锁防护装置	非防护装置本身	冗余和监控	冗余和监控	否	见 5.3.11，5.3.13 和 5.3.17
光电保护装置	非防护装置本身	冗余和监控	冗余和监控	否	见 5.3.15，使用适当的安全距离

5.3.2　安全防护措施的选择

设计者、制造者及供应商在考虑液压机的严重危险和操作模式的基础上，选择 GB/T 15706.1 和 GB/T 15706.2 规定的下列安全防护措施对操作者进行安全防护：

a)　闭合模具(见附录 C)；

b)　固定封闭式防护装置；

c)　带或不带防护锁的联锁防护装置；

d)　带或不带防护锁的可控防护装置；

e)　带或不带防护锁的超前打开联锁防护装置；

f)　光电保护装置(见附录 E)；

g)　双手操纵装置；

h)　带慢速接近速度(不大于 10 mm/s，见 5.3.18)的止-动控制装置，主要用于调整。

5.3.3　安全防护措施组合

选择上述 5.3.2 提到的安全保护措施组合应保护所有暴露在液压机周围的工作人员，例如在危险区操作、模具调整、维修、清洁和检验的人员。

5.3.4　手工上下料的液压机

对于手工上下料的液压机，安全保护措施不能只采取闭合模具或固定式防护装置，闭合模具或固定式防护装置因专门的目的成为液压机的一部分时除外。

5.3.5　安全防护装置要求

5.3.9～5.3.18 规定了对 5.3.2 中列出的安全防护装置的要求。

5.3.6　类别

所提供的安全防护装置与液压机相连接的控制系统应至少与这些安全装置的要求属于同一类别。

5.3.7　多个侧面进入危险区域

如果液压机工作过程中需要从多个侧面进入危险区域，那么每一个侧面都应该提供相同水平的安全保护。

5.3.8 不宜安装防护装置的液压机

用于压制特殊工件(一般为一次性工件或每个工件压制的参数或位置不同)的大型液压机,如压力容器的封头、船板等,如果不宜安装防护装置,设计、制造和销售商应提供该工况下用户可采用的安全措施,例如可移动到安全且有良好视野位置的控制装置,如果需要应根据 GB/T 1251.2 的要求增加声音警告和可视危险信号。

5.3.9 闭合模具

闭合模具应是本质安全的,模具开口和相关间距应符合 GB 23821—2009 中表 4 的要求并且不超过 6 mm;闭合模具外部任何可能造成挤伤的区域应按照 GB 12265.3—1997 中表 1 的要求进行保护(见附录 C)。

5.3.10 固定式防护装置

固定式防护装置应符合 GB/T 8196。该装置牢固安全地连接在机器、其他刚性构件或地面上。开口应符合 GB 23821—2009 的表 4。

5.3.11 联锁防护装置、可控防护装置

联锁防护装置、可控防护装置应符合 GB/T 8196 的要求,并且与固定防护装置一起,避免在任何危险运动过程中人体进入危险区。只有防护装置关闭后才能启动工作行程。联锁装置应按照 GB/T 18831—2010 中 6.2.2 的要求设计和制造,控制系统与安全相关的部分应符合 GB/T 16855.1—2008 规定的 4 类要求。可控防护装置应满足 GB/T 15706.1—2007 中 3.25.6 和 GB/T 15706.2—2007 中 5.3.2.5 的要求。

5.3.12 联锁防护装置作为可控防护装置

如果将联锁防护装置作为可控防护装置使用,则严禁人站在防护装置和危险区域之间,可以使用额外的措施提供保护。这些额外保护措施应是光电保护或固定防护装置,或符合 GB/T 18831—2010 中 6.2.1 要求的联锁防护装置。

可控防护装置只能应用在开口不大于 600 mm 且液压机工作台深度不大于 1 000 mm 的场合。如果可控防护装置由止-动控制装置控制,上述规定可以不执行。可控防护装置打开时应保持安全(例如通过弹簧或插销)以避免因重力等引发工作循环的误动作。

5.3.13 防护锁

联锁防护装置、可控防护装置应符合:

a) 联锁防护装置、可控防护装置带防护锁,防止任何危险动作停止前防护门被打开;
b) 联锁防护装置、可控防护装置不带防护锁,应通过设计保证人员接触危险区域之前停止危险运动。

5.3.14 超前打开功能

当联锁防护装置或可控防护装置要求具有超前打开功能时,它应符合超前打开联锁防护装置的要求。

5.3.15 光电保护装置

光电保护装置应符合下列要求:

a) 光电保护装置应符合 GB 4584 的要求。
b) 只能通过光电保护装置检测区域进入危险区,附加防护措施应能防止从其他方向进入危险区。
c) 如果操作人员有可能站在光电保护装置和危险区之间,则应采取额外的措施,如在该区域内设置识别人的其他光束,最大检测间距不大于 75 mm。
d) 只要身体的任何部分挡住光电保护装置,液压机就不应有危险动作发生。
e) 复位装置应设在能清楚地看到危险区的地方。每个检测区复位装置不超过一个。如果液压机的侧面和后部使用光电保护装置,那么每个检测区都应该有一个复位装置。
f) 不允许采用反射式光电保护装置。
g) 如果采用光电保护装置启动液压机,应采用单次遮光或两次遮光方式并满足下列条件:
   1) 液压机工作台高度高出操作人员站立面不小于 750 mm。如果小于 750 mm,应在压力机工作台附近安装固定防护装置达到这一高度或以上。这些防护装置应固定连接,例如焊接固定或使用联锁防护装置。防护装置应保证人不能站在防护装置和工作台之间。
   2) 液压机行程不大于 600 mm,并且工作台深度不大于 1 000 mm。
   3) 检测精度不超过 30 mm。
   4) 第一次启动液压机动作以前,应执行复位操作。
   5) 从上次操作循环结束起到本次启动动作,预置时间不大于 30 s。如果超过预置时间,光电保护装置应进行复位。
   6) 如果液压机采用多个光电保护装置,那么只有液压机前面的一个光电保护装置可以启动液压机的行程动作。
h) 通过选择开关关闭光电保护装置的同时也应关闭指示灯。

5.3.16 双手操纵装置

双手操纵装置应符合下列要求:
a) 双手操纵装置应符合 GB/T 19671—2005 的表 1 中型式ⅢC 的要求;
b) 双手操纵装置数量应与选择系统中确定的操作者数量相对应;
c) 双手操纵装置的输出信号不能由一只手、手和同一只手的手肘、前臂或手肘、手和身体的其他部分激活。

5.3.17 安全距离

不带防护锁的联锁防护装置、不带防护锁的可控防护装置、不带防护锁的超前开启防护装置、光电保护装置和双手操纵装置应保证在模具区域所有危险运动结束之前,操作者没有足够的时间进入工作危险区,安全距离的计算应以压力机的总停止响应时间和操作者的运动速度为基准,见 GB/T 19876 和附录 A。

5.3.18 止-动控制装置

与止-动控制装置配合的慢速动作不应超过 10 mm/s。如果其他工作方式(见表 2、表 3 和表 4)的速度超过 10 mm/s,那么应通过一个选择开关,该选择开关激活止-动控制装置且设定慢速动作。止-动控制装置动作的速度不会因液压机参数的调整而被更改。

5.3.19 其他要求

5.3.19.1 设计和制造的液压机应使模具牢靠地固定,单个元件失效或动力故障不会引发危险。

5.3.19.2 液压机上的紧固件,如螺钉、螺母或胶接联接,应采用防松装配以避免引起人身伤害。

5.3.19.3 手动调整，例如调整滑块的行程或改变速度，以及可能引起危险的调整动作应具有可靠的锁定装置，只能通过工具、钥匙或电子密码操作。

5.3.19.4 在自动连续工作的液压机中，送料装置是液压机的集成部分，卷料的料端应自动导入渐进冲模。如果不能通过送料装置自动导入冲模，则液压机应装备：

a) 带慢速接近(小于 10 mm/s)的三位止-动控制装置。

单按钮操纵的止-动控制装置有下列几个位置：

——第 1 位置：停止；

——第 2 位置：工作；

——第 3 位置：再停止。

在按钮推到第三个压力触点位置后，按钮只有回到第 1 位置，才能重新启动。

b) 寸动装置。

5.3.19.5 防护装置移开后，应依靠辅助工具(夹杆、夹钳和电磁夹)手工操纵导入料头。

5.3.20 解救围困的操作人员

应有解救被围困在危险区人员的解救措施。

5.4 控制和监控系统

5.4.1 控制和监控功能

电气系统的设计应符合 GB 5226.1 的规定，所有直接或间接控制或监控液压机电气、液压、气动和机构的零部件应符合 GB/T 16855.1 的要求。

5.4.1.1 控制系统应具有安全功能，出现下列情况之一时，应重新操作控制装置，液压机才能执行行程动作：

a) 操纵或工作方式变换后；

b) 联锁防护装置关闭后；

c) 安全系统手动恢复后；

d) 操作动力故障排除后；

e) 主要的压力故障排除后；

f) 模具保护装置或零件检测装置执行后；

g) 机械联锁止落装置移去后。

5.4.1.2 在安全系统(联锁防护装置、光电保护装置)启动的情况下，如果出现下列情况，为了恢复正常工作，需要手动复位功能：

a) 联锁防护装置被中断；

b) 使用光电保护装置启动行程，但又超出了预先设定的时间未启动；

c) 工作中有危险运动时中断了光电保护装置；

d) 使用光电保护装置对液压机的非操作侧进行保护，此光电保护装置被中断后。

复位控制装置应安装在可以看到危险区的范围内并在危险区域外部，不允许进入危险区操作。复位功能至少应满足单通道监控(S&M)。

5.4.1.3 带光电保护装置、联锁防护装置(5.4.1.6 除外)和可控防护装置、用于常规操作的双手操纵装置的液压机，如果安全防护装置或控制装置发生故障，则：

a) 不可能有意外启动；

b) 保护装置的安全功能应该维持；

c) 危险运动期间可以停止机器；

d) 在闭合行程的危险阶段过程中，控制装置应使液压机行程立即停止，或者在其他情况下最迟在工作循环结束时使液压机停车；

e) 故障排除前，控制系统应防止下一工作循环的启动。

为满足以上要求，控制系统的相关安全部件应符合 GB/T 16855.1—2008 中 6.2.5 的类别 4 的规定。液压机控制系统相关安全部件的启动和停止功能应采用硬接线连接、冗余技术和监控技术。

注：本条不适用于自动送料和出料的自动循环、采用带防护锁的联锁防护装置的液压机（见表 4）。

5.4.1.4 考虑液压机的冲击和振动，操纵系统的设计应考虑下列要求：

a) GB/T 15706.2—2007 中的 5.4.3；

b) GB/T 3766—2001 中的 10.2.2；

c) GB/T 7932—2003 中的 10.2.2；

d) GB 5226.1—2008 中的 4.4.8。

5.4.1.5 冗余和监控的液压机控制系统应由两套独立的功能系统组成，每套系统都应具有独立的停止危险运动的能力。一旦通过监控系统检测到任一系统的失效，就应阻止闭合行程动作；如果一套系统能够检测出自身的故障并且阻止下一工作循环，则不需要更进一步的监控。

5.4.1.6 有联锁防护装置的液压机可以装备动力联锁。例如与防护装置连接的手动控制阀可以限制或改变进出执行器液压油的方向，以便在防护装置打开时，可以阻止危险运动（见图 D.2）。

5.4.2 抑制

5.4.2.1 抑制可用于光电保护装置和双手操纵装置。在行程开启或者行程闭合之后没有人身伤害危险时，安全保护装置的功能可以暂停，但是要考虑顶出器、缓冲垫和压边圈周围的危险。滑块下行前，安全保护又一次启动。此外还应符合下列要求：

a) 抑制的设置应是安全的，抑制位置应采用专用工具、钥匙开关或电子密码才能进行调节；

b) 应该防止行程开启时存在的其他危险，例如用固定式防护装置；

c) 监控抑制启动信号。

5.4.2.2 行程闭合后抑制触发点可以是一个位置信号或者是一个压力信号，也可以是两个信号的组合。信号应在模具闭合后、液压机开始施力时发出。

5.4.2.3 安装在液压机上的联锁防护装置也可以具有抑制功能，闭合行程的危险阶段过去后也可采用超前打开防护装置。

5.4.3 可编程的电子系统（PES）、可编程的气动系统（PPS）及其安全

5.4.3.1 PES 和 PPS 的使用不应降低本标准中要求的安全等级。

5.4.3.2 采用 PES 和 PPS 控制液压机，安全功能不能只是依赖于 PES 和 PPS，符合本标准安全要求的 PES 和 PPS 除外。

5.4.4 选择开关

5.4.4.1 如果可对液压机的工作模式、循环启动方式或安全系统进行选择（例如：单次、寸动或连续，前或后，前和后），就应配备选择开关。选择开关在设计上应保证在任一非工作位置，通过强制触点或具有冗余和监控的硬件切断其电路。如果开关处于两档的中间位置，不能进行任何操作。控制系统应确保操作选择开关不能进行启动操作。

5.4.4.2 应用一个选择开关选择安全装置，如两个或多个安全防护装置。提供两个或多个选择开关且安全保护装置的工作模式连接到控制系统时，操作模式的选择应与安全保护装置的相应工作模式自动相关。

5.4.4.3 如果采用符合 5.3.2 的 a）或 b）要求的安全装置而没有其他的安全保护装置时操作（如通过

脚踏开关操作),应通过额外带钥匙的选择开关选择操作模式,选择该模式后应自动在液压机上给出只采用闭合模具或固定式防护装置的明确标识。

5.4.4.4 如果需要多人操作液压机,对每个操作者的保护等级应相同。使用多个双手操纵装置,并且实际连接的双手操纵装置与选择开关相一致时,液压机才能工作。

5.4.4.5 选择开关应符合 GB 5226.1—2008 中 9.2.3 的要求。与安全有关的选择开关应用钥匙操作,选择位置应清晰标识且易于识别。

5.4.5 位置开关

位置开关应符合 GB 5226.1—2008 中 10.1.4 的要求。要正确选择合理的开关操作方式,开关的安装在设计上应保持与另外的开关、撞块的正确位置关系,特别是与行程的正确关系。

5.4.6 操纵装置

5.4.6.1 按钮、脚踏开关和启动控制装置应采取防护措施,以避免意外误操作。脚踏开关只能从一个方向进入而且只能用一只脚,不能使用踏板。只有在操作者得到充分保护的情况下方可使用脚踏开关。

注:踏板指用脚操纵的杆子应用于启动液压机循环,它可以同时被几个人操纵。

5.4.6.2 紧急停止按钮能执行停止一切危险运动功能,符合 GB 16754—2008 中 4.1.4 对 O 类停机的规定。

5.4.6.3 包括液压机后面工作的操作人员在内,每个操作人员能到达的范围内应至少有一个急停按钮。如果某一双手操作站未连接液压机也可以工作,那么本双手操作站不应安装急停按钮。

5.4.6.4 带有启动按钮的移动式控制台或垂挂式控制台应符合 GB 5226.1—2008 中 10.6 的规定。

5.4.7 阀

支撑阀与油缸连接的部分不能安装手动截止阀。手动截止阀应采用工具方可关闭或打开,如果做不到这一点,那么应安装检测截止阀开闭状态的检测开关,并与控制系统联锁,防止截止阀开闭状态被改变后造成危险。

5.5 模具调整、行程调试、维修和润滑

5.5.1 人员接近和手工干预

液压机应能安全地进行模具调整、行程调试、维修和润滑。在调整、维修和润滑时,尽量避免人员接近和手工干预,比如采用自动或者远程控制润滑系统。

5.5.2 允许滑块运动

在安全装置处于防护位置时,模具调整、维护和润滑过程中允许滑块运动。如不能达到这一要求,应至少有下列装置之一:

a) 双手操纵装置(见 5.5.7,其不能用于生产),应使用慢速,且速度不大于 10 mm/s;

b) 止-动控制装置,且速度不大于 10 mm/s;

c) 寸动装置。

5.5.3 调试

调试应满足生产中的所有行程和动作,调试结束后安全保护应满足 5.3 的要求。

5.5.4 手动调整送料装置

在滑块处于静止时,方可手动调整送料装置。

5.5.5 不能使用防护装置

如果在生产作业中不能使用防护装置,制造商应在压力机可接近的各侧上安装控制装置,使每侧至少有一个人员在行程启动时能很好地观察工作进入区。在满足规定使用的前提下,只要可以预见到在侧面有人逗留的话,则应安装辅助装置(如使能控制器件、选择开关、报警信号)。

5.5.6 打开活动式防护装置

如果在模具调整或维修时需要打开活动式防护装置,那么该装置应与主机联锁(见 GB/T 8196—2003 中的 6.4.3)。其最低要求应符合 GB/T 18831—2010 中 5.1 的强制致动模式断开操作的要求。与操纵系统连接的有关元件的安全不能只依赖于一个继电器。

5.5.7 双手操纵装置

双手操纵装置应符合以下要求:

a) 双手操纵装置至少是 GB/T 19671—2005 中表 1 的类型Ⅱ;

b) 不允许只用一只手、同一臂的手和肘激发输出信号。

5.5.8 接线

止-动控制装置和寸动装置接线应硬线连接,并且与安全有关的部分符合 GB/T 16855.1—2008 中的 2 类要求。

5.5.9 寸动控制

寸动控制可以用时间或距离控制滑块的运动。每次寸动滑块的运动量不超过 6 mm。

5.5.10 模具调整的双手操纵装置或止-动控制装置

只用于模具调整的双手操纵装置或止-动控制装置不适用于常规的生产。

5.5.11 安全连接

止-动控制装置、双手操纵装置、寸动装置和操纵系统元件有关的安全连接不应该只依赖于一个继电器。

5.5.12 定期检查

定期检查液压机和液压机的安全防护装置。

5.6 其他机械危险

5.6.1 驱动和传动机械、辅助装置

与液压机组合或配备在一起的驱动和传动机械、辅助装置至少应有以下的保护措施:

a) 固定防护装置,用于每班接近一次或不到一次之处;

b) 和操纵系统联锁的防护装置,用于每班接近一次以上之处;

c) 在到达危险区之前,如危险运动不停止,则应安装带防护锁和延时开锁的联锁防护装置。

如果操作人员够不到危险区(见 GB 23821—2009 中的表 1 和表 2)而且不需要走近进行常规的保养(例如润滑、调整和清洁),可以不使用以上的防护装置。

5.6.2 延时开锁

延时开锁可以用定时器或运动监控装置来控制防护锁。

5.6.3 联锁装置的控制部分

联锁装置的控制部分至少附合 GB/T 16855.1—2008 中的类别 1。

5.6.4 附加联锁

不受液压机控制的辅助装置与液压机之间不采用机械方式操纵控制的,应同液压机控制系统附加联锁,防止发生干涉时产生危险。

5.6.5 飞出的零部件

液压机飞出的零部件产生的危险,应通过适当形式或附加护罩予以消除,护罩应承受可以预料的负荷。

5.7 滑倒、绊倒和跌落

5.7.1 高空作业平台

液压机上的高空作业平台,应装备防护围栏,并符合 GB 17888.3 的规定。进入平台的固定设施可以是直梯或阶梯并应符合 GB 17888.1 的规定,其中阶梯应符合 GB 17888.3 的规定,直梯应符合 GB 17888.4 的规定。液压机上的工作平台和通道应符合 GB 17888.2 的规定。

5.7.2 液压机周围

液压机的设计制造应使液压机周围滑倒、绊倒和跌倒的风险减少到最低限度。

5.8 防止其他危险的保护措施

5.8.1 电击危险

电气设备应符合 GB 5226.1 的规定,防止电气危险,如电击、燃烧等。

5.8.2 热灼危险

应用隔热罩和隔热措施防止液压机上易接近的高温部件灼伤操作人员,例如液压系统元件超过 GB/T 18153 规定的温度极限值。

5.8.3 高压油喷射危险

在操作者工作区域内布置的软管应装有附加护板,以防止因软管爆裂而造成的危险。

5.8.4 噪声引起的危险

5.8.4.1 在液压机设计和制造中,应采取措施降低噪音。

5.8.4.2 液压机的噪声应符合 JB 9967 的要求。

5.8.5 振动产生的危险

液压机的设计应避免能够引起伤害的振动。

5.8.6 材料和物质产生的危险

5.8.6.1 液压机上不应使用会引起伤害或损害人体健康的危险物质材料，例如石棉。

5.8.6.2 应避免液压系统形成烟雾以及有害的油雾。

5.8.7 因忽略人类工效学而引起的危险

5.8.7.1 液压机和操纵装置的设计应保证良好的不容易引起疲劳的工作姿势。

5.8.7.2 操纵装置的布置、标记和照明及材料和模具搬运装置应符合人类工效学原则。

5.8.7.3 质量超过 25 kg 并需要吊运的液压机零部件应设置起吊吊具用的起吊点。

5.8.7.4 液压机的油箱设计应方便加油、放油和过滤油。

6 安全要求和/或措施的检验

6.1 检验方法

6.1.1 液压机安全要求的检验可通过下列方法实施：

a) 目检(即用眼力判断和感觉判断)来检验液压机和规定部件是否满足规定的要求；

b) 性能试验/检查(测试其性能)来检验液压机和规定部件功能是否满足规定的要求；

c) 测量(通过检查仪器)来检验液压机和规定部件功能是否满足规定的要求；

d) 通过图纸/计算/技术数据(零部件设计特征判断)来检验验证液压机和规定部件功能是否满足规定的要求。

6.1.2 液压机的安全要求的检验方法应按表 5 规定的一种或多种方法检验。

6.2 安全要求和/或措施的检验

安全要求和/或措施的检验方法见表 5。

表 5 是否符合安全要求和/或措施的检验方法

本标准的章条	安全要求和/或措施	目检	性能试验/检查	测量	图纸/计算/技术数据
5.2	基本设计要求				
5.2.1	防止滑块意外下落				
5.2.1.1	机械和/或液压支撑装置	√	√		√
5.2.1.2	液压支撑装置要求				
5.2.1.2a)	两只油缸	√	√		√
5.2.1.2b)	液压支撑阀	√	√		√
5.2.1.3	单支撑及条件	√	√		√
5.2.1.4	自动监测支撑	√	√		√
5.2.2	防止维修中滑块意外下落				
5.2.2.1	支撑装置或锁紧装置	√	√	√	√
	联锁	√	√		√

表 5（续）

本标准的章条	安全要求和/或措施	目检	性能试验/检查	测量	图纸/计算/技术数据
5.2.2.2	支撑装置连接于液压机上	√	√		√
	定位可视	√	√		√
5.2.2.3	手动放置的支撑装置	√	√		√
5.2.3	液压和气动系统的一般要求				
5.2.3.2	过滤器	√			√
	调压阀	√		√	√
	低压油路的切断装置	√		√	√
5.2.3.3	压力调节器	√		√	√
5.2.3.4	透明器具	√			
5.2.3.5	毛刺或杂质	√			√
5.2.3.6	热膨胀	√	√		
	管路固定	√			√
	软管扭弯	√	√	√	
5.2.3.7	管路连接	√			√
5.2.3.8	操作阀的支撑	√			√
5.2.3.9	控制阀和其他控制元件的安装	√			√
5.2.3.10	阀的复位	√	√		√
5.2.4	液压系统				
5.2.4.1	控制滑块下落的油缸		√		√
5.2.4.2	蓄能器卸荷	√	√		√
5.2.4.3	限压阀	√	√		√
5.2.4.4	安全阀	√	√		√
5.2.5	气动系统				
5.2.5.1	润滑	√			√
5.2.5.2	消音装置	√	√		√
5.2.5.3	水分离器	√			√
5.2.6	电气系统				
5.2.6.1	符合 GB 5226.1	√			√
5.2.6.2	环境和工作条件	√			√
5.2.6.3	0 类安全停止				√
5.2.6.4	双手操作装置		√	√	√
5.2.6.5	操作、控制装置和界面的防护等级	√			√

表 5（续）

本标准的章条	安全要求和/或措施	目检	性能试验/检查	测量	图纸/计算/技术数据
5.2.6.6	控制装置的防护等级	√			√
5.2.6.7	导线或电缆的选择	√			
5.3	液压机模具周围的机械危险				
5.3.3	保护所有在场人员	√			√
5.3.4	手工上下料的液压机	√	√		√
5.3.6	类别	√	√		√
5.3.7	多侧面的保护措施	√			√
5.3.8	压制特殊工件	√	√		√
5.3.9	闭合模具	√	√	√	
5.3.10	固定式防护装置	√	√	√	√
5.3.11	联锁防护装置和可控防护装置	√	√	√	√
5.3.12	可控防护装置： 行程长度≤600 mm 和 台面深度≤1 000 mm	√		√	√
5.3.13a)	带防护锁	√	√		√
5.3.13b)	不带防护锁	√	√	√	√
5.3.14	超前打开功能	√	√	√	√
5.3.15	光电保护装置				
5.3.15a)	符合标准	√			
5.3.15b)	进入危险区	√	√	√	
5.3.15c)	可能站立的区域	√	√	√	
5.3.15d)	保护激活	√	√		√
5.3.15e)	复位装置	√	√		√
5.3.15f)	非反射式	√	√	√	
5.3.15g)	单次/两次遮光	√	√		√
5.3.15g) 1)	高度≥750 mm	√		√	√
5.3.15g) 2)	行程长度≤600 mm 和工作台深度≤1 000 mm	√		√	√
5.3.15g) 3)	检测能力≤30 mm		√	√	√
5.3.15g) 4)	首次启动前的复位	√	√		√
5.3.15g) 5)	预置时间≤30 s		√	√	
5.3.15g) 6)	只能用一个光电保护装置启动		√		√
5.3.15h)	指示灯	√	√		√

表 5（续）

本标准的章条	安全要求和/或措施	目检	性能试验/检查	测量	图纸/计算/技术数据
5.3.16	双手操纵装置				
5.3.16a)	型式ⅢC	√	√	√	
5.3.16b)	操作者各配备一只装置	√	√		√
5.3.16c)	无效操作	√	√	√	
5.3.17	安全距离	√	√	√	√
5.3.18	止-动控制装置	√	√	√	√
5.3.19	其他要求				
5.3.19.1	模具固定	√	√		√
5.3.19.2	防松	√			√
5.3.19.3	手动调整的锁定	√	√		
5.3.19.4	卷料导入	√	√		√
5.3.19.4a)	慢速的止-动控制装置	√	√	√	√
5.3.19.4b)	寸动装置	√	√	√	√
5.3.20	解救被困的操作人员	√	√		√
5.4	控制和监控系统				
5.4.1	操纵和监控功能				
5.4.1.1	重新操作	√	√		√
5.4.1.2	手动复位功能	√	√		√
5.4.1.3	故障时的安全要求	√	√		√
5.4.1.4	冲击和振动	√	√	√	
5.4.1.5	双功能系统	√	√		√
5.4.1.6	动力联锁	√	√		√
5.4.2	抑制				
5.4.2.1	功能暂停	√	√		
5.4.2.1a)	抑制位置调整	√	√		√
5.4.2.1b)	附加防护	√	√	√	√
5.4.2.1c)	监控抑制信号	√	√		√
5.4.2.2	位置和压力信号	√	√		√
5.4.2.3	联锁防护装置的抑制	√	√		√
5.4.3	编程系统和有关的安全功能				
5.4.3.1	安全等级	√	√		√
5.4.3.2	安全功能	√	√		√

表 5（续）

本标准的章条	安全要求和/或措施	目检	性能试验/检查	测量	图纸/计算/技术数据
5.4.4	选择开关				
5.4.4.1	线路隔离	√	√		√
	强制触点	√	√		
	冗余和监控硬件	√	√		√
	中间位置	√	√		
	不能启动操作	√	√		√
5.4.4.2	安全保护方式的选择	√	√		
	操作/安全的联接	√	√		
5.4.4.3	闭合模具/固定式防护	√	√		√
	指示	√	√		
5.4.4.4	多个双手操纵装置	√	√	√	√
5.4.4.5	钥匙操作选择开关	√	√		
5.4.5	位置开关的操作方式				
	位置关系	√	√	√	√
5.4.6	操纵装置				
5.4.6.1	防护措施	√	√	√	
5.4.6.2	停止一切危险运动	√	√		√
5.4.6.3	急停按钮的位置	√	√	√	√
5.4.6.4	移动控制台或垂挂式控制台	√	√		
5.4.7	阀				
	手动截止阀	√			
	手动截止阀用工具	√	√		√
	监测开关	√		√	√
5.5	模具调整、行程调试、维修和润滑				
5.5.1	减少人员的接近	√	√		
5.5.2	滑块运动带安全防护装置	√			√
5.5.2a)	双手操纵装置	√	√	√	
5.5.2b)	慢速和止-动控制装置	√	√	√	
5.5.2c)	寸动装置	√	√	√	
5.5.3	调试	√	√		√
5.5.4	送料装置	√	√		√

表 5（续）

本标准的章条	安全要求和/或措施	目检	性能试验/检查	测量	图纸/计算/技术数据
5.5.5	接近处的控制装置	√	√		√
	清楚地观察	√			
	辅助装置	√	√		
5.5.6	联锁保护	√	√		√
	强制致动模式	√	√		
	连接	√	√		√
5.5.7	Ⅱ型的双手操纵装置	√	√		√
	无效操作	√	√	√	
5.5.8	止-动控制装置和寸动装置	√	√		√
5.5.9	寸动控制	√	√	√	√
5.5.10	模具调整的控制装置	√	√	√	
5.5.11	连接	√	√		√
5.5.12	定期检查	√	√		
5.6	其他机械危险				
5.6.1	驱动和传送机构及辅助装置				
5.6.1a)	固定防护装置	√	√	√	√
5.6.1b)	可移动的联锁保护装置	√	√	√	√
5.6.1c)	带防护锁的联锁防护装置	√	√	√	√
5.6.2	延时解锁	√	√	√	√
5.6.3	类别 1	√	√		√
5.6.4	辅助装置	√	√		√
5.6.5	射出危险	√	√		√
5.7	滑倒、绊倒和跌落				
5.7.1	防护栏	√	√	√	√
	直梯或阶梯	√	√	√	√
	平台和通道	√	√	√	√
5.7.2	液压机周围	√			
5.8	防止其他危险的保护措施				
5.8.1	电击危险	√	√	√	√
5.8.2	热灼危险	√	√	√	√
5.8.3	高压油喷射危险	√	√		
5.8.4	噪声引起的危险	√	√	√	√

表 5（续）

本标准的章条	安全要求和/或措施	目检	性能试验/检查	测量	图纸/计算/技术数据
5.8.5	振动产生的危险	√	√	√	√
5.8.6	材料和物质产生的危险	√	√	√	√
5.8.7	忽略人类工效学而引起的危险	√	√	√	√
7	使用信息				
7.1	标志	√	√		
7.2	说明书手册	√			
注：“√”表示可采用的检验方法。					

7 使用信息

7.1 标志

7.1.1 应符合 GB/T 2893.2、GB 2894、GB 18209.2 和 GB/T 15706.2—2007 中 6.4 的规定。

7.1.2 液压机上应该标出如下内容：

a) 制造者的名称和地址；

b) 制造年份；

c) 系列和类型说明；

d) 系列编号；

e) 液压机(不包括模具或辅助装置)的质量；

f) 运输和安装时不需要二次拆装的小型液压机起吊点应做标记；

g) 公称力；

h) 液压机最大外形尺寸和质量；

i) 闭合速度和工作速度，如果有速度范围，还应标出最大速度和最小速度；

j) 最大的行程距离；

k) 提供电气、液压和气动系统的参数。

7.2 使用说明书

7.2.1 应符合 GB/T 15706.2—2007 中 6.5 的规定。

7.2.2 使用说明书应包括下列内容：

a) 重复液压机上标出的内容(见 7.1.2)；

b) 列出液压机设计过程使用的本标准和其他标准的标准号和名称；

c) 压力容器或控制系统测试报告；

d) 液压机安装的安全说明(包括地基、辅助设施和防振安装等)；

e) 首次使用液压机前，对如何开始试车、检验和液压机的安全保护系统进行说明；

f) 关于电气电路图、液压和动力系统的说明；在有可编程电子系统或可编程气动系统处，电路图应清楚表明液压机相关元件和可编程电子系统或可编程气动系统之间的连接关系；

g) 液压机噪声值；

h) 对可能有必要处理残余危险的操作者做进一步保护的说明，如听力、眼睛或脚的保护；

i) 对加工材料产生危险物质的保护措施的说明，如吸尘通风装置；

j) 关于安全使用说明；操作方式、启动方式和操作者保护系统的选用（尤其对使用闭合模具或固定封闭式防护装置或几个人操纵的液压机）；调整和行程调试；维修和修理；准备工作、清除和编程（在需要之处）以防止各种危险的发生，包括工件、模具或其零件和液压油的射出危险等等；

k) 对指定的液压机使用者应经过专门的培训，并完全掌握如下内容：

——液压机的机械学；

——液压油质量的维护和过滤器的更换方法；

——安全防护装置；

——意外因素和保护；

——模具调整；

——工具设计；

——闭合模具和固定式防护装置的使用；

l) 模具调整后，保护或防护装置在试生产中的检验细节；

m) 液压系统、润滑系统和传送系统使用的液压油规格；

n) 液压机定期维修时故障判断说明、监控、预防和改正建议；

o) 对影响安全功能的零件更换后，如何对其进行调试或检验的说明；

p) 对于液压机保护和防护装置的定期维修、试验和检查说明，也包括其维修、试验和检查的时间间隔说明；定期维修范围应包括液压机模具或有关模具或输送设备的附带装置；

q) 定期维护、测试和检查液压机、保护和防护装置的说明，包括需要维护、测试和检查的间隔时间；所用的各种模具或正在用的模具或输送设备的定期维护；

r) 解救被困人员办法的说明；

s) 总响应时间和相应的安全距离，见附录A；

t) 对保护装置的形式和工作方式的要求，例如使用闭合模具；液压机装备的保护装置还应标出其参数。

附 录 A
（规范性附录）
最小安全距离的计算

A.1 最小安全距离的计算

不带防护锁的联锁防护装置、不带防护锁的可控防护装置、不带防护锁的超前打开联锁防护装置、光电保护装置、双手操纵装置的最小安全距离应按照GB/T 19876—2005中第5章给出的公式(A.1)计算：

$$S=(K\times T)+C \qquad \cdots\cdots(A.1)$$

式中：

S——最小安全距离(从危险区到检测点、线、平面或区域的距离，不小于100 mm)，单位为毫米(mm)；

K——人体或人体部位的接近速度导出的参数，单位为毫米每秒(mm/s)；

T——总停止响应时间(整个系统停止性能)，单位为秒(s)；

C——附加距离(以保护装置启动之前朝危险区闯入的情况所给出)，单位为毫米(mm)。

A.2 K值的确定

对于水平放置安装的光电保护装置和双手操纵装置，K值应采用1 600 mm/s。对于垂直安装的，如果最小距离小于或等于500 mm，则K值应采用2 000 mm/s；如果最小距离大于500 mm，则K值可采用1 600 mm/s。

A.3 C值的确定

对使用光电保护装置C值的确定见A.6。没有遮盖的双手操纵装置C值至少为250 mm。遮盖的双手操纵装置和不带防护锁的超前打开联锁防护装置，C值可以为零。

A.4 总停止响应时间

A.4.1 总停止响应时间T应按公式(A.2)计算：

$$T=t_1+t_2+t_3+\Delta t \qquad \cdots\cdots(A.2)$$

式中：

t_1——液压机本身停止时间(包括液压和电气系统的响应时间，见附录B)；

t_2——安全保护装置的响应时间；

t_3——所有其他检测装置的响应时间；

Δt——测量方法中的不确定因素。

A.4.2 计算整个系统的停止时间时，考虑下列最苛刻的条件：

a) 滑块以最块的速度闭合；

b) 系统的有关零件受温度的影响；

c) 模具的质量导致最长的停止时间；

d) 压力大小导致最长的停止时间；

e) 停止功能有关零件磨损。

A.5 当与液压机机械联接的保护装置位置改变时，为了保证最小安全距离，保护装置应联锁或定位，用专门的工具或钥匙打开后才能移动。

A.6 根据光电保护器的检测精度，计算最小安全距离S时，附加距离C值见表A.1。

表 A.1　附加距离 *C*

<table>
<tr><th>检测精度/mm</th><th>附加距离 C/mm</th><th>光电保护启动动作</th></tr>
<tr><td>≤14</td><td>0</td><td rowspan="3">允许</td></tr>
<tr><td>>14　≤20</td><td>80</td></tr>
<tr><td>>20　≤30</td><td>130</td></tr>
<tr><td>>30　≤40</td><td>240</td><td rowspan="2">不允许</td></tr>
<tr><td>>40</td><td>850</td></tr>
</table>

附　录　B
（规范性附录）
液压系统的响应时间

B.1　应检测液压机的液压系统阀不同的响应时间。应重复测量核对出系统的停止精度。

B.2　有冗余功能要求时，每路系统的响应时间至少测量10次。最高的测量值或平均值加上3倍的标准偏差值，然后把较大的值用于安全距离计算。

B.3　在给客户的资料中应提供测量每路系统响应时间的间隔时间。

附　录　C
（资料性附录）
液压机上的闭合模具

在模板上冲裁加工并且在一副模具上进行多次加工时，使用闭合模具通常比较实用。模板周围有围板，与模具相连，它有足够的高度防止冲头离开它，见5.3.4和5.3.9。

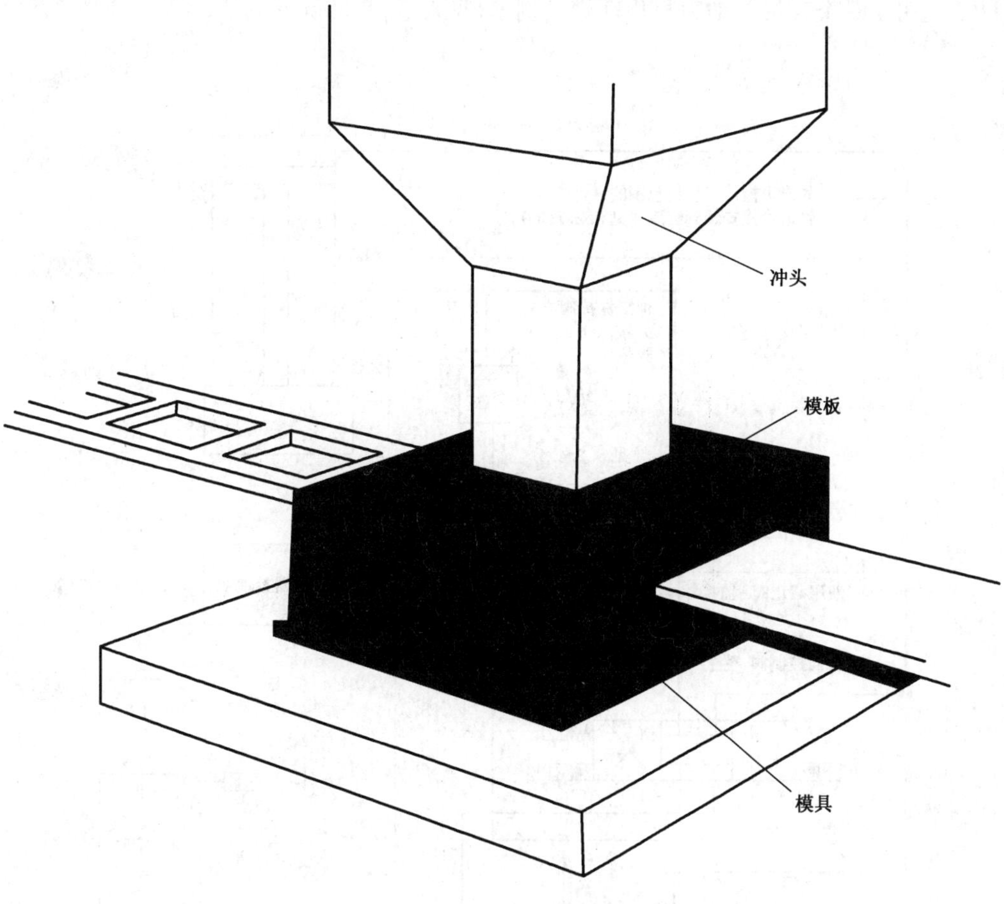

图C.1　液压机上的闭合模具

附　录　D
(资料性附录)
与防护装置关联的联锁装置

D.1　图D.1给出了一个撞块操纵两个开关的联锁例子，一个正向操作的开关和另一个反向操作的开关与具有冗余和监控功能的液压回路联锁。

D.2　图D.2说明了一个直接与动力机构联锁的例子(见表2、表3和表4)。

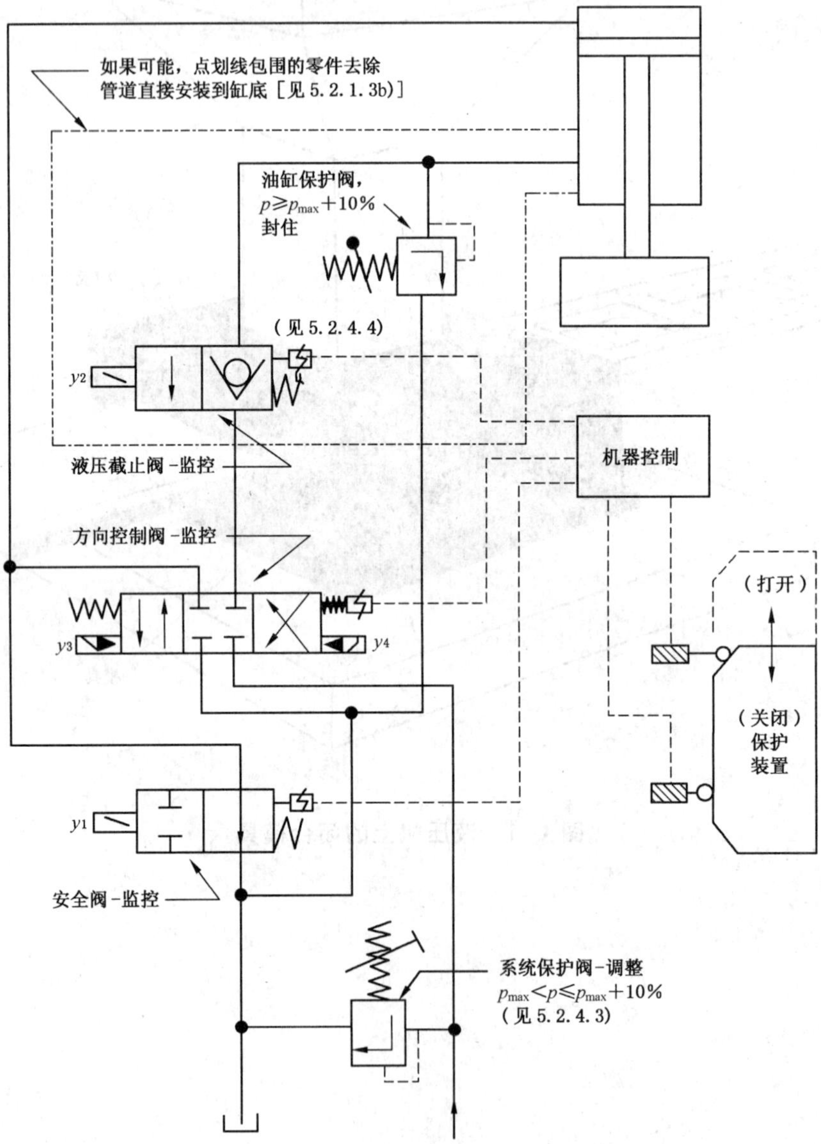

图D.1　具有冗余和监控液压回路的液压机示例

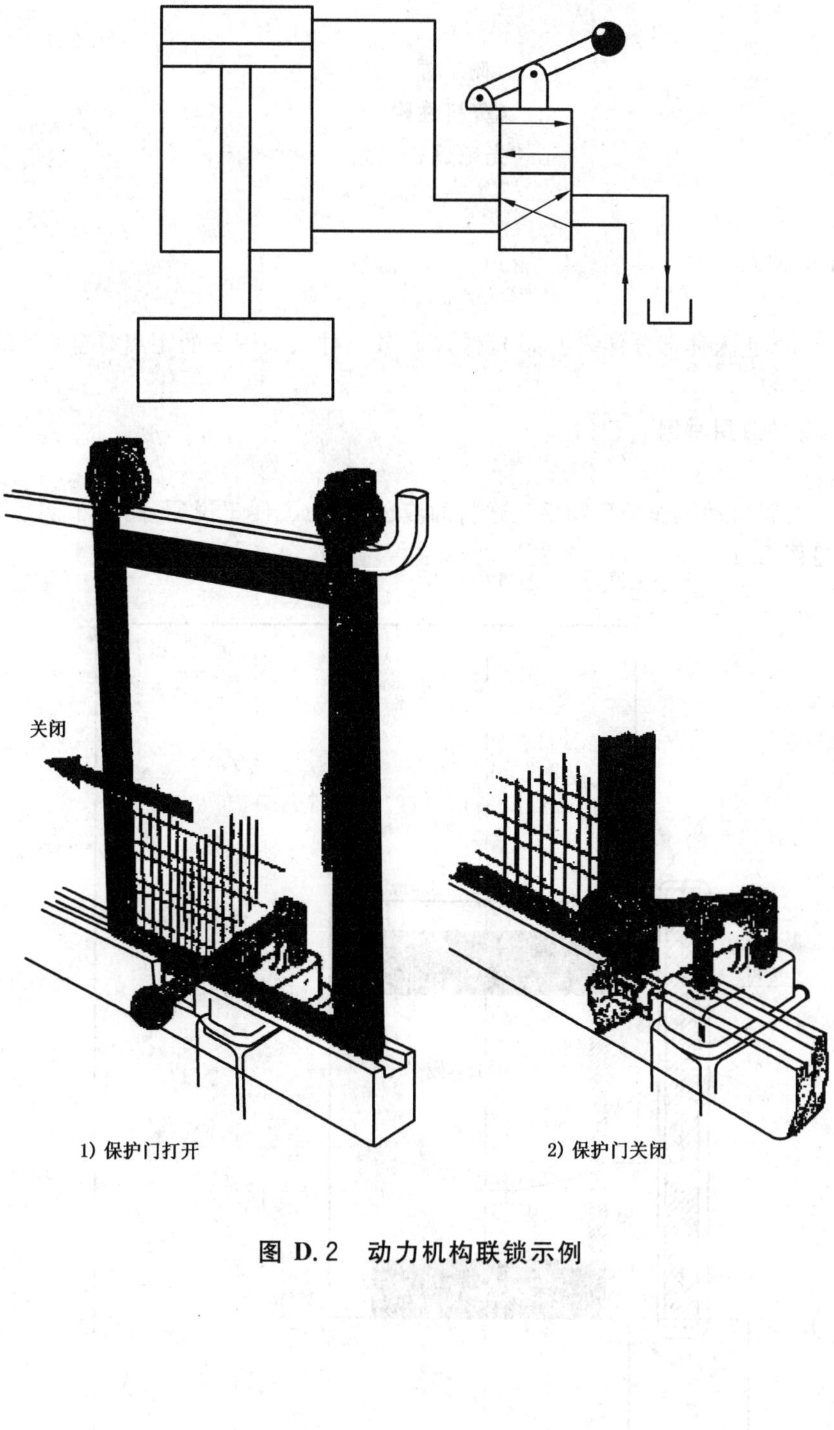

1) 保护门打开　　　　2) 保护门关闭

图 D.2　动力机构联锁示例

附 录 E
（资料性附录）
光电保护装置

E.1 防止人体部分伸入

如图 E.1 所示，防止人体部分伸入上部 1、伸入下部 2、伸入周围 3 的距离符合 GB 23821。

E.2 典型的光电保护应用举例

采用光电保护装置启动工作循环和手工送料的液压机（为了便于说明，略去了侧边保护）的典型光电保护应用示例见图 E.1。

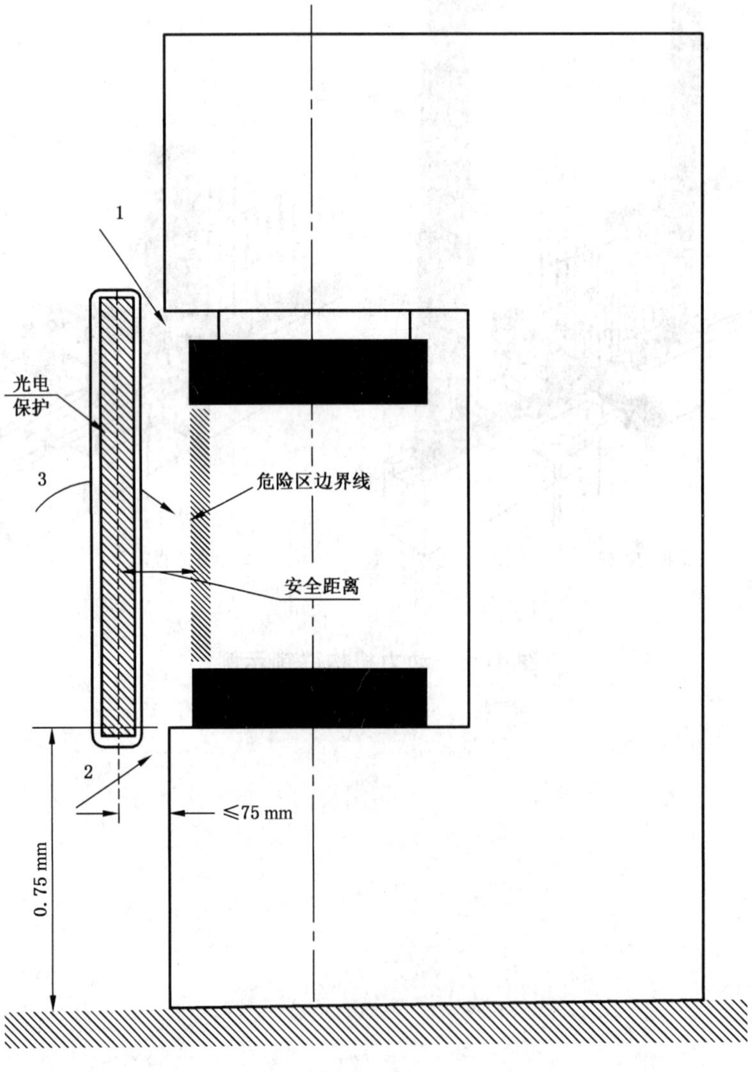

图 E.1 采用光电保护装置启动工作循环和手工送料的液压机的示例

附 录 F
（资料性附录）
测量停止时间设备的连接

F.1 在图 D.1 中，保护装置操纵 y1，y2 和 y4，常规的安全停止依靠 y1，y2 和 y4 换向实现。

F.2 用连接到保护装置上的设备测量停止时间。如果测量设备连接到保护装置的输出上，那么测量时间应加上保护装置的内部响应时间。

F.3 由于阀的响应时间变化范围较大，所以一个阀发生故障可能增长了停止时间，因此应逐个检查每个具有停止功能液压件的响应时间。

F.4 图 D.1 所示的例子中，y1＋y2 先完成停止，然后是 y4。因此，测量设备先只连接 y1 和 y2，测量停止时间。其次，测量设备连接到 y4，测量它的停止时间。

ICS 25.120.10
J 62

中华人民共和国国家标准

GB 28242—2012

螺旋压力机 安全技术要求

Screw presses—Safety requirements

2012-03-09 发布 2013-01-01 实施

中华人民共和国国家质量监督检验检疫总局
中国国家标准化管理委员会 发布

前　言

本标准的第5章和第6章为强制性的，其余为推荐性的。

本标准按照GB/T 1.1—2009给出的规则起草。

本标准由中国机械工业联合会提出。

本标准由全国锻压机械标准化技术委员会(SAC/TC 220)归口。

本标准起草单位：青岛青锻锻压机械有限公司、济南铸造锻压机械研究所有限公司、湖北富升锻压机械有限公司、辽阳锻压机床股份有限公司。

本标准主要起草人：邢吉柏、马立强、吴带生、张元良、廖桂芳、李淑君、刘风琴、朱元胜、刘风华、张华德。

螺旋压力机　安全技术要求

1　范围

本标准规定了螺旋压力机的安全技术要求。

本标准适用于摩擦螺旋压力机、电动螺旋压力机、液压螺旋压力机、离合器式螺旋压力机(以下简称压力机)。

2　规范性引用文件

下列文件对于本文件的应用是必不可少的。凡是注日期的引用文件,仅注日期的版本适用于本文件。凡是不注日期的引用文件,其最新版本(包括所有的修改单)适用于本文件。

GB 150.1　压力容器　第1部分:通用要求

GB 150.2　压力容器　第2部分:材料

GB 150.3　压力容器　第3部分:设计

GB 150.4　压力容器　第4部分:制造、检验和验收

GB 2894—2008　安全标志及其使用导则

GB/T 3766—2001　液压系统通用技术条件(ISO 4413:1998)

GB 4584　压力机用光电保护装置技术条件

GB 5226.1—2008　机械电气安全　机械电气设备　第1部分:通用技术条件(IEC 60204-1:2005)

GB/T 7932—2003　气动系统通用技术条件(ISO 4414:1998)

GB/T 15706.1—2007　机械安全　基本概念与设计通则　第1部分:基本术语和方法(ISO 12100-1:2003)

GB/T 15706.2—2007　机械安全　基本概念与设计通则　第2部分:技术原则(ISO 12100-2:2003)

GB/T 16856.1　机械安全　风险评价　第1部分:原则(ISO 14121-1)

GB 17120　锻压机械　安全技术条件

GB 17888.1　机械安全　进入机械的固定设施　第1部分:进入两级平面之间的固定设施的选择(ISO 14122-1)

GB 17888.2　机械安全　进入机械的固定设施　第2部分:工作平台和通道(ISO 14122-2)

GB 17888.3　机械安全　进入机械的固定设施　第3部分:楼梯、阶梯和护栏(ISO 14122-3)

GB 17888.4　机械安全　进入机械的固定设施　第4部分:固定式直梯(ISO 14122-4)

GB/T 19671　机械安全　双手操纵装置　功能状况及设计原则(ISO 13851)

GB/T 24342　工业机械电气设备　保护接地电路连续性试验规范

GB 26483　机械压力机　噪声限值

3　术语和定义

GB/T 15706.1 和 GB 17120 界定的以及下列术语和定义适用于本文件。

3.1

危险 hazard

潜在的伤害源。

[GB/T 15706.1—2007,定义 3.6]

3.2

风险 risk

伤害发生概率和伤害发生严重程度的综合。

[GB/T 15706.1—2007,定义 3.11]

3.3

危险区 danger zone

使人员暴露于危险的机械内部和/或其周围的任何空间。

[GB/T 15706.1—2007,定义 3.10]

3.4

防护装置 guard

机器的组成部分,用于提供保护的物理屏障。

[GB/T 15706.1—2007,定义 3.25]

3.5

保护装置 safety device

防护装置以外的安全装置。

[GB/T 15706.1—2007,定义 3.26]

3.6

滑块行程 stroke of slide

滑块由上限位置运动至下限位置的位移。

3.7

安全栓 safety scotch;mechanical restraint scotch

在压力机进行模具调整或维修时,放在上下模具或滑块底面与工作台板之间,用以防止滑块意外移动而出现危险的一种支柱或挡块。

4 压力机的危险

4.1 应按 GB/T 15706.1 和 GB/T 16856.1 的规定进行风险评价。

4.2 危险识别时,对于可预见的误用(包括压力机的使用、调整、清理和维护)产生的危险也要进行分析。

4.3 压力机需要考虑的危险见 GB/T 15706.1—2007 的第 4 章。

5 安全要求和/或措施

5.1 一般要求

5.1.1 压力机应符合 GB 17120 的规定。

5.1.2 在确定压力机的预定功能、预定用途、预期寿命时,应考虑安全防护措施。压力机按规定条件制造、安装、调试、维护、修理、贮存、运输和使用时,不应造成危险。

5.1.3 应尽可能的通过设计排除或减小风险,包括单独或组合使用以下措施:

——选用适当的设计结构来避免或减小风险;

——减少操作者进入危险区的需求，限制其面临危险。

5.1.4 通过设计不能避免或充分限制的危险，应采用安全防护装置对人员进行防护。

5.1.5 对于因防护装置不足而残留的风险以及某些不便防护的危险，应通过有效方式告知操作者。如在使用说明书中说明，应在危险部位设置“必须带安全帽”、“注意安全”、“必须带护耳器”警告标志及安全标志标牌。

5.2 机械危险及防护

5.2.1 压力机易接触部分及部件不得有会导致人员伤害的尖棱、尖角、锐边等，以免引起刺伤或扎伤危险。

5.2.2 滑块行程应设置极限上、下位指示。

5.2.3 压力机上单向旋转的部件，如摩擦盘等应有转向指示。

5.2.4 压力机应设置缓冲装置，防止当制动器失灵时滑块上行至极限上位时与机身横梁发生刚性撞击。

5.2.5 离合器式螺旋压力机的离合器与制动器所用空气与液体的压力应符合设计规定，其中制动器所用压力低于设计规定值时，滑块应不能运动。

5.2.6 滑块上行时，在任一位置均可制动，且使滑块不得与横梁发生刚性撞击。

5.2.7 制动器应采用断电制动。

5.2.8 压力机应设置安全栓，在压力机进行模具调整或维修时用以防止滑块意外移动而出现危险，该装置使用时应与控制系统联锁。

5.2.9 公称力大于 4 000 kN 的锻造型压力机应设置超载保护装置。冲压型压力机可除外。

5.2.10 当下顶料装置在极限下位时，活动垫板(或活动工作台)才能运动。单独传动的下顶料器，当其离开下限位置时，滑块不能下行。

5.2.11 有可能造成缠绕、吸入或卷入危险的运动部件和传动装置应设置安全防护装置。

5.2.12 运动部件与运动部件之间或运动部件与静止部件之间存在挤压和/或剪切危险的，应采取安全防护措施。

5.3 安全防护装置

5.3.1 安全防护装置是针对所涉及的机械或其他危险而设置的，它应做到：

——满足所需的机械强度和刚度，性能可靠；

——不增加任何附加(如造成夹伤、剪切等)危险；

——能牢固可靠地固定。

5.3.2 总的配置原则

压力机应根据自身的操作方式，对工作危险区至少配置一种合适的安全防护装置，防止操作者的手或身体的其他部位无意地进入工作危险区。

5.3.3 防护装置

防护装置分为固定式防护装置、活动式防护装置和联锁防护装置等。防护装置应符合 GB/T 15706.2—2007 中 5.3 的规定。

5.3.4 安全装置

5.3.4.1 双手操纵按钮

采用双手操纵按钮应符合 GB/T 19671 的规定。

5.3.4.2 光电保护装置

采用光电保护装置应符合 GB 4584 的规定。

5.4 操纵控制系统

5.4.1 压力机运动部件的操纵控制系统应功能可靠，并确保所有功能不相互干扰。

5.4.2 设置控制器件时应考虑到误操作所带来的附加危险，容易出现误操作的控制器件应在设计上考虑容错。防止由于无意或偶然触及控制器件所引起的意外起动。

5.4.3 每个“起动”控制器件附近均应设置一个“停止”控制器件。压力机的每个操作位置均应设置急停器件。急停器件应符合 GB 5226.1—2008 中 10.7 的规定。

5.4.4 操纵系统必须灵敏、可靠，操纵手柄的操纵力不得大于 50 N，脚踏操纵装置的操纵力不得大于 80 N。

5.4.5 工作规范与调整规范的操纵应联锁。

5.4.6 脚踏操纵与手动操纵应联锁，脚踏操纵与双手操纵的转换开关应是带钥匙的。脚踏操纵不得用于自动工作规范和调整工作规范。

5.5 电气危险与防护

5.5.1 应符合 GB 5226.1 的规定。

5.5.2 应防止电击危险和意外危险。

5.5.3 压力机的导电电缆应连接可靠。导电电缆和连接处的导电面积要与承载的电流相匹配并保证导电良好。

5.5.4 保护接地电路连续性应符合 GB 5226.1—2008 中 18.2 的规定，检验按 GB/T 24342 进行。

5.5.5 压力机与电气连接应可靠绝缘。绝缘电阻试验应符合 GB 5226.1—2008 中 18.3 的规定。

5.5.6 耐压试验应符合 GB 5226.1—2008 中 18.4 的规定。

5.5.7 电气设备的功能应符合压力机的要求。其试验应符合 GB 5226.1—2008 中 18.6 的规定。

5.6 液压系统

5.6.1 液压系统应符合 GB/T 3766—2001 中 4.3 的要求。

5.6.2 管路和管接头材料的选取应考虑安全、防腐，接头处和外露结合处不得渗漏。

5.6.3 管道设置应安全、合理，为避免震动和撞击，管道间应有一定的间隙。

5.6.4 整个工作周期内，液位应保持安全工作高度，并有足够的空间以便热膨胀和分离空气。

5.6.5 油泵与驱动电机联结处外露时应设有安全防护装置。

5.6.6 液压系统失去正常压力可能产生不安全因素时，应在系统中设置报警信号或指示信号乃至停机。

5.6.7 液压系统蓄能器应符合 GB 150.1～150.4 的规定。

5.7 气动系统

5.7.1 气动系统应符合 GB/T 7932—2003 中 4.3 的要求。

5.7.2 系统应有过压、失压和排气保护措施。管路不应有泄漏现象。

5.7.3 控制阀应有失效保护措施。电控阀应能手动操作。

5.7.4 储气罐应符合 GB 150.1～150.4 的规定。

5.8 噪声

5.8.1 压力机运转时不应有不正常的尖叫声。

5.8.2 压力机整机空运转噪声声压级不应超过 GB 26483 的规定。

5.9 工作平台、梯子、栏杆

5.9.1 当需要进入压力机离地面 3 m 以上的高处进行操作、维修和保养时，应设置工作平台、通道、阶梯或直梯和护栏。

5.9.2 在平台的入口处或梯子离地面 1 m 以上的至少一节处，应设置与压力机主传动或与操纵系统联锁的防护装置，并设置相应的警示标牌。

5.9.3 进入设施的选择应符合 GB 17888.1 的规定。

5.9.4 工作平台和通道应符合 GB 17888.2 的规定。

5.9.5 阶梯和护栏应符合 GB 17888.3 的规定。

5.9.6 固定式直梯应符合 GB 17888.4 的规定。

6 使用信息

6.1 标志和符号

6.1.1 压力机应有产品标志(铭牌)，主要包括下列信息：

——制造厂名称；

——产品名称；

——产品型号；

——生产日期或出厂日期；

——产品编号。

6.1.2 压力机的润滑点应有润滑标志。

6.1.3 压力机易发生危险的部位应有警告操作者注意各种危险的安全标志，如“注意安全”、“禁止攀登”、“必须带耳麦”、“必须带安全帽”、“当心坠落”等。

6.1.4 滑块的前后表面应涂以黑黄间隔条纹色或黄色安全色。

6.1.5 警告标志应符合 GB 2894—2008 中 4.2 的规定。

6.1.6 机床电气设备的标志应符合 GB 5226.1—2008 中第 16 章的规定。

6.1.7 压力机的标志应采用防腐材料制作，安装牢固，内容应保持清晰可见。

6.2 使用说明书

使用说明书中关于安全方面的要求应内容全面、具体、明确提醒操作者在操作中可能面临的危险，并有防范措施和防护方法的说明。使用说明书的安全内容如下：

a) 压力机的运输、搬运和贮存信息：

——压力机的安全贮存条件；

——压力机的尺寸、质量规格；

——压力机的搬运说明；

——压力机的包装及包装图示标志。

b) 压力机交付试运转的信息：

——压力机固定和基础的要求；

——装配和安装要求；

——压力机动力源的连接说明(包括接地装置的要求)。

c) 压力机自身的信息：

——噪声限值数据；

——各部分说明和图表。

d) 压力机使用信息：
——使用前的准备和检查；
——安全和安全防护、警告标志及说明；
——运行过程中的操作程序、方法、注意事项及防范措施；
——运行中可能出现的故障及排除措施。

e) 压力机维修信息：
——提出维修人员进行维修的安全技术要求。

7 安全要求的检验

7.1 检验方法

7.1.1 压力机的安全要求的检验可通过下列方法实施：
a) 通过目检来检验压力机和规定部件是否满足规定的要求；
b) 通过性能检查/试验来检验压力机和规定部件功能是否满足规定的要求；
c) 通过检查仪器来测量检验压力机和规定部件功能是否满足规定的要求；
d) 通过图纸/计算来检验压力机和规定部件功能是否满足规定的要求。

7.1.2 压力机的安全要求的检验方法应按表1规定的一种或多种方法检验。

7.2 安全要求和/或措施的检验

第5章和第6章中的安全要求和/或措施的检验方法见表1。

表 1

本标准的章条	检验方法			
	目检	测量	性能检查和试验	图纸/计算
5.1	√	√	√	√
5.1.1	√	√	√	√
5.1.2			√	√
5.1.3				√
5.1.4			√	√
5.1.5	√			
5.2	√	√	√	√
5.2.1	√	√		
5.2.2	√	√		
5.2.3	√			
5.2.4			√	√
5.2.5			√	√
5.2.6			√	
5.2.7			√	
5.2.8	√		√	

表 1（续）

本标准的章条	检验方法			
	目检	测量	性能检查和试验	图纸/计算
5.2.9			√	√
5.2.10			√	
5.2.11	√	√		
5.2.12	√	√		
5.3		√	√	√
5.3.1			√	√
5.3.2				√
5.3.3			√	√
5.3.4			√	√
5.3.4.1		√	√	
5.3.4.2			√	
5.4	√	√	√	√
5.4.1			√	
5.4.2			√	√
5.4.3	√		√	√
5.4.4		√		
5.4.5			√	
5.4.6			√	√
5.5	√	√	√	√
5.5.1	√	√	√	√
5.5.2			√	√
5.5.3			√	√
5.5.4			√	
5.5.5			√	
5.5.6			√	
5.5.7			√	
5.6	√	√	√	√
5.6.1	√	√	√	√
5.6.2	√			√
5.6.3	√	√		√
5.6.4	√	√		√
5.6.5	√			√
5.6.6	√			√

表 1（续）

本标准的章条	检验方法			
	目检	测量	性能检查和试验	图纸/计算
5.6.7			√	√
5.7	√	√	√	√
5.7.1	√	√	√	√
5.7.2	√		√	√
5.7.3			√	√
5.7.4			√	√
5.8			√	
5.8.1			√	
5.8.2			√	
5.9	√	√	√	√
5.9.1		√		√
5.9.2		√	√	√
5.9.3				√
5.9.4		√	√	√
5.9.5		√	√	√
5.9.6		√	√	√
6.1	√	√		
6.1.1	√			
6.1.2	√			√
6.1.3	√			
6.1.4	√	√		
6.1.5	√	√		
6.1.6	√	√		
6.1.7	√	√		√
6.2	√			
注：“√”表示可采用的检验方法。				

ICS 25.120.10
J 62

中华人民共和国国家标准

GB 28243—2012

液压板料折弯机　安全技术要求

Hydraulic press brakes—Safety requirements

2012-03-09 发布　　2013-01-01 实施

中华人民共和国国家质量监督检验检疫总局
中国国家标准化管理委员会　发布

前　言

本标准的第3章、第4章、附录B和附录C为推荐性的，其余为强制性的。

本标准按照GB/T 1.1—2009给出的规则起草。

本标准由中国机械工业联合会提出。

本标准由全国锻压机械标准化技术委员会(SAC/TC 220)归口。

本标准起草单位：佛山市南海力丰机床有限公司、南京埃斯顿数字技术有限公司、济南铸造锻压机械研究所有限公司、江苏国力锻压机床有限公司、上海冲剪机床厂、安徽三力机床制造股份有限公司。

本标准主要起草人：周建军、吴波、马立强、骆桂林、符刚、陈道宝、杨敏哲、王其、陈文进。

液压板料折弯机　安全技术要求

1　范围

本标准规定了液压板料折弯机的安全技术要求和措施。

本标准适用于冷加工金属或部分是金属材料的液压板料折弯机(以下简称折弯机),也适用于使用相同工艺加工其他材料(如纸板或塑料)的折弯机。本标准还适用于折弯机的附属装置。

2　规范性引用文件

下列文件对于本文件的应用是必不可少的。凡是注日期的引用文件,仅注日期的版本适用于本文件。凡是不注日期的引用文件,其最新版本(包括所有的修改单)适用于本文件。

GB/T 2893.2　图形符号　安全色和安全标志　第2部分:产品安全标签的设计原则(ISO 3864-2)

GB 2894　安全标志及其使用导则

GB/T 3766　液压系统通用技术条件(ISO 4413)

GB 4208　外壳防护等级(IP代码)

GB 4584　压力机用光电保护装置技术条件

GB 5226.1—2008　机械电气安全　机械电气设备　第1部分:通用技术条件(IEC 60204-1:2005)

GB 7247.1—2001　激光产品的安全　第1部分:设备分类、要求和用户指南(IEC 60825-1:1993)

GB/T 7932　气动系统通用技术条件(ISO 4414)

GB/T 8196　机械安全　防护装置　固定式和活动式防护装置设计与制造一般要求(ISO 14120)

GB 12265.3—1997　机械安全　避免人体各部位挤压的最小间距(EN 349:1993)

GB/T 14775　操纵器一般人类工效学要求

GB/T 14776　人类工效学　工作岗位尺寸　设计原则及其数值(DIN 33406)

GB/T 15706.1—2007　机械安全　基本概念与设计通则　第1部分:基本术语和方法(ISO 12100-1:2003)

GB/T 15706.2—2007　机械安全　基本概念与设计通则　第2部分:技术原则(ISO 12100-2:2003)

GB 16754—2008　机械安全　急停　设计原则(ISO 13850:2006)

GB/T 16855.1—2008　机械安全　控制系统有关安全部件　第1部分:设计通则(ISO 13849-1:2006)

GB/T 16856.1　机械安全　风险评价　第1部分:原则(ISO 14121-1)

GB 17120　锻压机械　安全技术条件

GB 17888.1　机械安全　进入机械的固定设施　第1部分:进入两级平面之间的固定设施的选择(ISO 14122-1)

GB 17888.2　机械安全　进入机械的固定设施　第2部分:工作平台和通道(ISO 14122-2)

GB 17888.3　机械安全　进入机械的固定设施　第3部分:楼梯、阶梯和护栏(ISO 14122-3)

GB 17888.4　机械安全　进入机械的固定设施　第4部分:固定式直梯(ISO 14122-4)

GB/T 18153　机械安全　可接触表面温度　确定热表面温度限值的工效学数据(EN 563)

GB 18209.2　机械电气安全　指示、标志和操作　第2部分:标志要求(IEC 61310-2)

GB/T 18831—2010 机械安全 带防护装置的联锁装置 设计和选择原则(ISO 14119:1998+Amd.1:2007)

GB/T 19671—2005 机械安全 双手操纵装置 功能状况及设计原则(ISO 13851:2002)

GB/T 19876—2005 机械安全 与人体部位接近速度相关防护设施的定位(ISO 13855:2002)

GB 23821 机械安全 防止上下肢触及危险区的安全距离(ISO 13857)

GB 24388 折弯机械 噪声限值

3 术语和定义

GB/T 15706.1、GB/T 15706.2 和 GB 17120 界定的以及下列术语和定义适用于本文件。

3.1

滑块 beam

装有模具的做往复运动的折弯机工作部件。

3.2

消隐 blanking

光电保护装置的可选功能之一,可以使光电保护装置的部分检测区域受到抑制(即成为检测盲区,部分光束被禁用)。

3.3

自动循环 cycle-automatic

操作循环可以连续或间断地重复操作模式,在此模式下,折弯机启动后所有功能在无需手动介入的情况下完成。

3.4

工作循环 cycle-operating

滑块从循环的起点(通常为上死点)到下死点再回到循环终点(通常为上死点)完成的运动过程为一个循环。工作循环包括上述运动过程中的所有操作。

3.5

单次循环 cycle-single

滑块的每一操作循环必须由操作者强制启动的操作模式。

3.6

死点 dead centres

滑块运动轨迹的极限位置。对上动式折弯机,滑块运动轨迹的最下极限位置,称为下死点(BDC);滑块运动轨迹的最上极限位置,称为上死点(TDC);对下动式折弯机,死点与上述相反。

3.7

液压板料折弯机 hydraulic press brake

通过液压传动方式将能量传送给运动模具部件,沿直线在狭长模具上将板材折弯成型的一种机器。

3.8

有限运动控制装置 limited movement control device

寸动装置 inching device

将折弯机运动部件的行程限制在一定范围内的控制装置,以使风险尽可能减至最小。只有断续地操作该装置,才会有进一步的运动。

[GB/T 15706.1—2007,定义 3.26.9]

3.9

监控 monitoring

一种安全功能,如果一个部件(元件)不再能够行使其功能或由于加工条件的改变使再进行工作过程会产生危险时，发出安全信息。

3.10

抑制 muting

由控制系统的有关安全部件对一种或几种安全功能的暂时自动中止。

3.11

总停止响应时间 overall response time

系统停止性能 overall system stopping performance

指从开始启动保护装置到危险运动停止或机器进入安全状态所经历的时间。

3.12

冗余技术 redundancy

多重器件或系统，用于确保一路失效时，另一路能有效地执行所要求的功能。

3.13

支撑阀 restraint valve

防止滑块因重力而下落的液压阀。

3.14

单次行程功能 single stroke function

限制滑块动作一个工作循环的特性，即使行程控制装置(如脚踏开关)始终处于操作位置，滑块也只能运动一个工作循环。

3.15

下动式折弯机 up-stroking press brank

工作行程时滑块向上运动的折弯机(与上动式折弯机相反)。

4 重要危险

4.1 按 GB/T 16856.1 进行风险评价得出的重要危险清单见表 1。

4.2 风险评价包括对进入危险区的操作人员和其他人员产生的风险，同时应考虑预定使用条件(见 GB/T 15706.1—2007 中的 5.3)下可能发生的危险。

4.3 应按照 GB/T 16856.1 对其他危险进行分析和风险评价。

表 1 重要危险、危险区域和保护措施

<table>
<tr><th>序号</th><th>危 险</th><th>危 险 区 域</th><th>GB/T 15706.1—2007 中的章节</th><th>保护措施(本标准的相应章节)</th></tr>
<tr><td rowspan="2">1</td><td>机械危险
机床部件或工件产生的危险</td><td rowspan="7">操作危险区：
——上下模之间；
——折弯机的运动部件和固定部件之间；
——移动的工件；
——翘起的工件和其他部件之间；
——运动的定位或计量装置(如挡料或推料装置)；
——运动的托料装置；
——防护装置；
操作危险区以外：
——运动的物体形成的危险区域</td><td>4.2</td><td>5.1、5.3～5.5</td></tr>
<tr><td>机械内部能量积聚而产生的危险，例如：
——弹性元件(弹簧)；
——高压液体和气体</td><td>4.2</td><td>5.8.3</td></tr>
<tr><td>1.1</td><td>挤压危险</td><td rowspan="5">4.2.1</td><td rowspan="5">5.3～5.6、7.1.2h)～7.1.2i)</td></tr>
<tr><td>1.2</td><td>剪切危险</td></tr>
<tr><td>1.3</td><td>切割或切断危险</td></tr>
<tr><td>1.4</td><td>缠绕危险</td></tr>
<tr><td>1.5</td><td>吸入或卷入危险</td></tr>
</table>

表 1（续）

序号	危　　险	危　险　区　域	GB/T 15706.1—2007 中的章节	保护措施（本标准的相应章节）
1.6	冲击危险	电气、液压和气动设备运动部分； 电机和其他驱动机械装置； 机械操纵装置	4.2.1	5.6
1.7	高压流体喷射危险	液压系统、气动系统	4.2.1	5.2.2.4、5.8.3
2	**电气危险**			
2.1	人体与带电体接触（直接接触）	电气设备	4.3	5.8.1
2.2	人体与由于故障条件下而变成带电体零件的接触（间接接触）	电气设备		
3	**热危险**			
3.1	热危险对可能触及的人员产生烧伤和烫伤	液压系统零部件	4.4	5.8.2
4	**噪声危险**			
4.1	噪声危险会导致听力受损	折弯机存在损害听力风险的区域	4.5	5.8.5
5	**辐射危险**			
5.1	激光	折弯机存在激光风险的区域	4.7	5.8.6
6	**机械设计时忽略人类工效学原则而产生的危险**			
6.1	由于不利于健康的姿势或过度劳累而导致的危险	工作位置，控制、调整、维修保养和操纵的任何区域	4.9	5.8.8
6.2	没有合理考虑手-臂、脚-腿而导致的危险			
6.3	不合理的局部照明而产生的危险			5.8.8.2、7.2.2d)
6.4	人为差错、人为习惯而产生的危险			5.4.5.1、5.4.5.4、5.4.3、5.4.6
6.5	由于手动操纵装置不合理的设计、安装位置和识别而产生的危险			5.4.5、5.8.8.2
6.6	由于显示装置不合理的设计或安装位置而产生的危险			5.8.8.2

表 1（续）

序号	危　　险	危　险　区　域	GB/T 15706.1—2007 中的章节	保护措施（本标准的相应章节）
7	**意外起动，意外超程/超速**			
7.1	控制系统失效/错误指令	模具及其关联区域： ——上下模之间； ——折弯机的运动部件和固定部件之间； ——移动的工件； ——翘起的工件和其他部件之间； ——运动的定位或计量装置（如挡料或推料装置）； ——运动的托料装置； ——防护装置		5.2～5.5
7.2	任何中断后能量供给的恢复			5.4.1.1
7.3	外界对电气设备的干扰			5.4.1
7.4	软件出错			5.4.2、 5.3.12.1f)
7.5	操作者的人为操作失误		4.9	5.3、7.2.2
8	动力供给故障			5.4.1.1
9	控制回路故障			5.2～5.5
10	安装错误	模具	4.9	5.3.24
11	操作过程中的突然解体（断裂或破裂）	机械、电气、液压和气动设备	4.2.2	5.2.2.4、 5.2.2.7、 5.2.2.8、 5.2.2.9、 5.4.4
12	坠落或飞出的物体或液体	机器元件、工件和模具		5.3.24
13	机器失稳/过度倾斜	折弯机周围的地面		5.8.4、 7.2.2d)
14	人员的滑倒、绊倒或跌落（与机器有关）	所有相关的高处作业； 折弯机周围的地面	4.10	5.7

5　安全要求和/或保护措施

5.1　总则

折弯机的设计、制造应符合 GB 17120 的规定，还应按照 GB/T 15706.1 对本标准未涉及的一般性危险予以考虑。

5.2　基本设计要求

5.2.1　防止滑块意外下落（上动式折弯机）

5.2.1.1　应采取以下措施之一防止工作过程中滑块的意外下落（重力超过 150 N）而产生的危险：

——机械支撑装置；

——液压支撑装置；

——只有一个支撑阀的液压支撑装置与一个机械支撑装置的组合。

操作人员可能进入模具危险区时，无论何时滑块停止，支撑装置应能自动工作。

5.2.1.2　未采用机械支撑装置而又存在滑块意外下落的风险时，液压支撑装置应由以下之一组成：

a)　采用两个独立的支撑滑块或回程的油缸，每个油缸的支撑装置都具有支撑滑块质量的能力。

b) 每个独立动作的油缸设置两个串联的液压支撑阀(即每个独立动作的油缸应设置冗余的支撑阀)。液压支撑阀应采用法兰或焊接等形式的硬管与油缸油口连接,不应采取压装配、胶结圈或其他类似方法。

5.2.1.3 如果折弯机仅有下列工作方式之一时允许配备一个液压支撑阀或机械支撑装置:

——自动操作;

——固定的封闭式防护装置;

——低闭合速度的止-动控制装置。

5.2.1.4 应有可自动检测支撑装置是否正确运行的系统,且系统故障时折弯机不应行程动作。

5.2.2 液压和气动系统的通用要求

5.2.2.1 液压和气动系统应符合 GB/T 3766 和 GB/T 7932 中的安全要求。

5.2.2.2 应配置有过滤器和压力调节阀。

5.2.2.3 设计应确保工作压力保持在允许范围内。

5.2.2.4 承受压力的透明器具(如玻璃、塑料)在不影响可视性的情况下,应进行防护,以免意外破损时对人员的伤害。

5.2.2.5 所有的管路、管路配件、气液通道、油箱和加工孔应去除毛刺和残渣。

5.2.2.6 管路应保持连接通畅,应采取措施防止热膨胀引起的损害,刚性管路应间隔地进行固定支撑,以避免振动或移动。应避免软管的缠绕、非正常的扭曲。

5.2.2.7 压力下降可能会导致滑块意外危险动作处不应使用软管;管子和连接件应能防止压力下降。

5.2.2.8 阀不应仅依靠连接管路支撑。

5.2.2.9 控制阀和其他控制或显示元器件(如调压阀、压力表等)应安装在便于接近和不易损坏处。

5.2.2.10 手动阀或机械操纵阀(有别于电动控制阀)的动作恢复应灵活可靠,如当阀的操纵件释放后,阀自动回复到安全位置。

5.2.3 液压系统

5.2.3.1 如采用可控重力下落使模具快速闭合,用以支撑滑块的油缸内所有的液压油应流经主控制阀或带冗余和监控系统的阀。

5.2.3.2 当产生压力的机构停止工作时,含有蓄能器的液压系统蓄存的能量不允许产生任何危险动作,应允许流体压力下降,如不可能,压力回路应配备有手动卸荷阀以及有关符合蓄能器规定所要求的其他装置(如安全阀和压力表等),并应贴有清晰的危险警告标志。

5.2.3.3 液压系统回路应使用安全阀进行保护。安全阀应使用工具才能调整,且安全阀的调定压力不应高出系统最大工作压力的10%。

5.2.3.4 对于上动式折弯机,为了避免工作压力意外剧增而对油缸下腔造成的损害,应设置一个用于油缸下腔的安全阀。该阀应带锁定装置(如铅封)以防止未被授权的调整。阀的调定压力应至少高出系统最大工作压力10%。

5.2.4 电气系统

5.2.4.1 折弯机的电气设备应符合 GB 5226.1 的规定。如电源、实际环境和工作条件不同于 GB 5226.1—2008 中 4.3 和 4.4 的规定时,应由制造者和用户协商解决。

5.2.4.2 急停应属于0类停止(见 GB 5226.1—2008 中的 9.2.5.4),急停应能停止所有危险动作(如滑块、后挡料、托料等)。

5.2.4.3 双手操纵装置应符合 GB/T 19671 的规定。

5.2.4.4 操作面板和悬挂在折弯机上的控制装置的最低防护等级为 IP54(见 GB 4208)。

5.2.4.5 控制装置外壳的防护等级为IP54(见GB 4208)。

5.2.4.6 除中线及保护接地导线外,其余导线的标识应符合GB 5226.1—2008中的13.2.4。

5.2.4.7 止-动控制装置、寸动装置和控制系统的操作部分间的连接,不应只靠一个继电器。短路不应造成意外起动。

5.3 操作危险区的机械危险

5.3.1 一般要求

折弯机的操作危险区主要为折弯机正面的模具及其关联区域,如运动托料、运动挡料和翘起的工件,应采取保护措施防止相应的危险。

5.3.2 安全防护装置

设计者、制造者及供应商在考虑折弯机的严重危险和操作模式的基础上,选择符合GB/T 15706.1和GB/T 15706.2规定的能将风险降至最低的安全防护装置对操作者进行安全防护:

a) 封闭式模具;
b) 固定防护装置;
c) 带或不带防护锁的联锁防护装置;
d) 光电保护装置;
e) 止-动控制装置与低速闭合(不大于10 mm/s)联合使用;
f) 扫描系统。

5.3.3 安全防护措施组合

所选用的安全防护措施组合应能保护所有暴露于危险区域的人员,如正在进行操作、调试、保养、维修、清洁和检查活动时所有可能进入危险区域的人。

5.3.4 从前面(正面)进入危险区

5.3.4.1 手动上料和/或手动下料的折弯机,其安全防护系统不应只使用封闭式模具和固定式防护装置,应配有一个或多个安全防护系统,如带或不带防护锁的联锁防护装置、光电保护装置(包括激光保护装置)、止-动控制装置、扫描系统等可靠的安全防护装置,在安全系统未连接的情况下,折弯机不应以超过10 mm/s的速度运行。

5.3.4.2 自动循环且带有自动送料和下料的折弯机应配有一个或多个安全防护系统,如带或不带防护锁的联锁防护装置、光电保护装置(包括激光保护装置)、止-动控制装置、扫描系统等可靠的安全防护装置。应防止人员进入或站立在安全防护区域内。

5.3.4.3 仅有自动循环模式且带有自动送料和下料的折弯机,工作和调整模式不需人员介入情况下才可设计为只使用封闭式模具或固定防护装置。

5.3.5 连接类别

与安全防护装置相连接的控制系统应至少与这些安全装置的要求属于同一类别。

5.3.6 封闭式模具

封闭式模具应是本质安全的,模具开口和相关间距应符合GB 23821的要求且应避免任何附加的挤压危险。封闭式模具外部任何可能造成挤伤的区域应按照GB 12265.3—1997中表1的要求进行防护。

5.3.7 固定式防护装置

固定式防护装置应符合 GB/T 8196 的规定。该装置牢固安全地连接在机器、其他刚性构件或地面上。开口应符合 GB 23821 的要求。

5.3.8 联锁防护装置

联锁防护装置应符合 GB/T 8196 的要求，避免在任何危险运动过程中人体进入危险区；只有防护装置关闭后才能启动工作行程；联锁装置应按照 GB/T 18831 的要求设计和制造，控制系统与安全相关的部件应符合 GB/T 16855.1—2008 规定的 4 类要求。

5.3.9 防护锁

联锁防护装置应符合：

a) 带防护锁的联锁防护装置应能防止在任何危险运动解除之前开启防护门；

b) 不带防护锁的联锁防护装置应设计成在进入危险区域前停止危险动作。

5.3.10 超前打开功能

当联锁防护装置要求具有超前打开功能时，应符合超前打开联锁防护装置的要求。

5.3.11 联锁防护装置作为可控防护装置

如将联锁防护装置作为可控防护装置使用，应禁止人员站在防护装置和危险区域之间，应附加安全防护装置保护。附加的安全防护装置可是光电保护装置或固定式防护装置，或是符合 GB/T 15706.2—2007 中 5.3.2.5、GB/T 18831 规定的联锁防护装置。

5.3.12 光电保护装置

5.3.12.1 光电保护装置应符合以下要求：

a) 光电保护装置应符合 GB 4584 的要求。

b) 只能通过光电保护装置检测区进入危险区，应提供附加的安全防护装置，阻止从其他方向进入危险区(5.3.22 和 5.3.23 规定的除外)。

c) 如果操作人员可能站在光电保护装置和危险区之间，则应采取附加措施，间隙不大于 75 mm。

d) 只要身体的任何部分挡住光电保护装置，任何危险动作应停止，亦不可能启动。

e) 复位装置应设在能清楚地看到危险区的地方。每个检测区复位装置不超过一个。如果折弯机的侧面和后部使用光电保护装置，则每个检测区都应该有一个复位装置。

f) 使用消隐功能以后相应的安全距离应足够，以保证在危险消失之前不能到达危险区域(见附录 A 中的表 A.1)。应采取措施防止用户擅自增大消隐范围。

g) 如果光电保护装置使用附加反射器，且附加反射器放在检测区内，则附加反射器的结构形式应保证在整个检测区域内探测到不小于试件尺寸的物体。

h) 用光电保护装置循环启动时：

   1) 检测精度应不超过 30 mm(见附录 A)；

   2) 如果在折弯机前面使用了附加的安全防护装置，它们应当是永久固定的(比如焊接)固定式防护装置或联锁防护装置；如果身体的任何一部分在危险区内，光电保护装置应处于遮光状态，工作循环不得启动；

   3) 第 1 个循环开始前，应手动执行复位功能(如按按钮、踩脚踏)；

   4) 折弯机启动工作运动应受到预置时间的限制，从上次操作循环结束起到本次启动动作，预置时间不大于 30 s；如果超过预置时间，光电保护装置应进行复位；

5） 如采用多个光电保护装置，只能选择在折弯机前面的一个进行循环启动。

i） 通过选择开关关闭光电保护装置的同时也应关闭其指示灯。

5.3.12.2 光电保护装置可采用以下定位和安装方式：

a） 垂直方式。定位和安装如图 1 所示，要求如下：

1） 工作台高度 a 不低于 850 mm 时，光电保护装置的有效保护高度最小为 800 mm。如果工作台的高度低于 850 mm，则光电保护装置应增加相应的保护高度。工作台与光电保护装置底部垂直方向的重叠尺寸 b 至少应为 50 mm(见图 1)。

2） 光电保护装置的顶部离水平基准面的最小高度 c 为 1 600 mm。如果有附加安全防护装置能防止靠近危险区，则相应光电保护装置的保护高度或尺寸 c 可以减小。

3） 如果没有附加距离 C(见附录 A)时，光电保护装置的检测精度不应大于 14 mm。

4） 最小安全距离 d 应按附录 A 中的公式计算，但不能小于 100 mm。

5） 当垂直光电保护装置不能安装在折弯机的本身机体上时，产生的缝隙或缺口应采用固定式防护装置或联锁防护装置或附加光束防护。

6） 固定式防护装置的防护栏杆间、机体与固定式防护装置或联锁防护装置或光束的边缘之间的距离应符合 GB 23821 的规定。

说明：

a——工作台高度；
b——重叠距离；
c——光电保护装置顶部高度；
d——安全距离。
1——托料；
2——附加的光束或防护装置；
3——最大距离。

图 1 垂直方式光电保护装置的定位和安装

b） 水平方式。定位和安装如图 2 所示，要求如下：

1） 工作台的高度 a 不小于 800 mm 且不超过 1 200 mm 时，光电保护装置可采用水平安装形式，如图 2 所示；工作台与光电保护装置下边缘的重叠尺寸 b 最小为 50 mm。

2） 总停止响应时间小于或等于 200 ms 时，最小安全距离 d 应至少为 1 000 mm。总停止响应时间超过 200 ms 时，响应时间每增加 10 ms，安全距离应在 1 000 mm 的基础上增加 20 mm。

3) 从折弯中心线开始 550 mm 以内距离，光电保护装置的检测精度不应超过 40 mm；超过 550 mm，检测精度不应超过 75 mm。

4) 当光电保护装置不能水平安装在折弯机的本身机体上时，产生的缝隙或缺口应采用固定式防护装置或联锁防护装置或采用附加光束防护。

5) 固定式防护装置的防护栏杆之间、机体与固定式防护装置或联锁防护装置或光束的边缘之间的距离应符合 GB 23821 的规定。

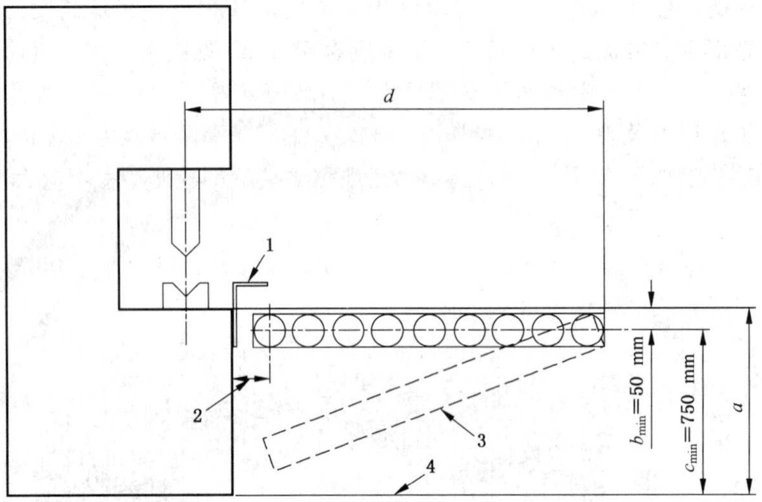

说明：

a——工作台高度；
b——重叠距离；
c——光电保护装置高度；
d——安全距离。
1——托料；
2——最大距离；
3——光电保护装置可能的安装位置；
4——水平基准面。

图 2 水平方式光电保护装置的定位和安装

c) 有角度方式。当使用有角度方式定位和安装时，光电保护装置在垂直和水平位置时应符合 a)和 b)的规定。如果光电保护装置能从垂直位置调整到小于 45°，其检测精度应满足表 A.1。

d) 组合方式。当使用组合方式定位和安装时，它应达到上述 a)和 b)所能达到的防护水平。

对于下动式折弯机，从工作台位置的最低点开始计算。

5.3.12.3 激光(光电)保护装置

5.3.12.3.1 激光(光电)保护装置应和机器的工作台长度相匹配。

5.3.12.3.2 激光(光电)保护装置适用于"V"型模具，制造商提供的机器说明书中应说明可以使用的模具。应提供附加的安全防护装置，阻止从其他方向进入危险区。

5.3.12.3.3 激光(光电)保护装置应符合下列要求：

a) 激光(光电)保护装置应符合 GB 4584 的光学要求。

b) 保护区须靠近上模。该保护区域应符合以下要求：

1) 检测精度不大于 14 mm，保护区域在上模中心线的下延垂直平面，向下延长面的误差不能超过垂直面(折弯线)后 2.5 mm；

2) 保护区域至少能保护折弯前 15 mm 的区域。

c) 抑制或消隐保护区域，其折弯速度不大于 10 mm/s 并且有止-动控制装置；速度超过 10 mm/s 时能保证机器停止折弯动作。

d) 对于特别的操作模式，如盒子模式折弯，在消隐区域时需采取下列保护措施：

1） 通过模式选择方可切换到特殊运行模式；

2） 当特殊模式被激活时，应提供特殊的指示装置；

3） 和止-动控制装置配合使用的情况下，折弯机下压过程中，只有在闭合速度不大于 10 mm/s 时才可能使用消隐功能；

4） 特殊运行模式在以下情形时应能自动解除：

——机器每次打开电源时；

——改变操作模式后；

——改变数控系统的程序后；

5） 消隐也可在快速下压（速度超过 10 mm/s）的闭合过程中使用，在每次折弯过程中由控制系统激活（如由数控系统发出控制信息决定消隐或者不消隐折弯）；每次折弯需要消隐时，消隐功能运行之前操作员需要单独地确认操作（如按压按钮或者踩踏脚踏开关）。

e） 操作者能通过显示器看到激光（光电）保护装置的操作模式。

f） 在选定合适的操作模式下，在检测区域存在任何中断时，折弯机运行速度应不能超过 10 mm/s。

5.3.13 安全距离

不带防护锁的联锁防护装置、光电保护装置的安装位置应保证操作危险区内的危险运动结束前操作者不能到达危险区。安全距离应根据折弯机总停止响应时间和操作者接近危险区域的运动速度来计算，见 GB/T 19876 和附录 A。

5.3.14 止-动控制装置

止-动控制装置与低闭合速度联合使用时，应采取措施确保速度不能超过 10 mm/s。如果其他操作模式允许速度高于 10 mm/s，则低速应通过操作选择开关来进行手动选择，此选择开关应能在启动止-动控制装置的同时自动设置低速。

止-动控制装置应由有如下动作位置的单一操作器组成：

——位置 1：停止；

——位置 2：运行；

——位置 3：再停止。

操作器处于位置 3 后，操作器必须回到位置 1 才能重新启动。

当止-动控制装置是脚踏开关时，操作力应超过某一压力才能使其到达位置 3，但不能超过 350 N。

止-动操作装置和控制系统的操作部件之间应硬件连接且不能仅依靠一条连接线路。应防止由于止-动控制装置与控制系统之间的短路而引起的意外启动和无法停止的危险。

5.3.15 抑制

5.3.15.1 只有在非危险的闭合行程时才能抑制安全防护装置的安全功能。

5.3.15.2 如果安全防护装置受到抑制，到达抑制作用点以后，低速闭合的止-动控制装置应自动启动。下次闭合行程的抑制作用点外，安全防护装置应再次有效。

5.3.16 自动交替的安全防护方法

作为止-动控制装置使用的脚踏开关可以和高闭合速度以及光电保护装置或不大于 10 mm/s 的低闭合速度联合使用。

对于使用脚踏开关实现循环启动的自动交替的安全防护方法，应提供如下条件：

a） 在选定 TDC 处的交替启动条件为：

1） 光电保护装置未被遮光时，高闭合速度；

2） 光电保护装置被遮光时，仅低闭合速度。

b） 高速闭合时，光电保护装置被遮光或放开脚踏开关，滑块应停止或返回上死点。

c） 遮光后重新启动，开始条件为在选定上死点处。

还应提供抑制功能。

5.3.17 滑块行程停止

滑块快速闭合行程过程中，停止信号发出后滑块应停止或返程；滑块折弯过程中，停止信号发出后滑块行程应停止。折弯机在运动过程中以及下列情况下，滑块应在最短的时间内停止：

——闭合行程过程中，安全防护装置动作；

——急停装置动作；

——选择装置动作；

——止-动控制装置停止。

行程停止后，在启动和复位安全功能之前应保持停止状态。

5.3.18 工件翘起造成伤害的防护

应采取措施减少折弯过程中金属板料运动对人员造成伤害的风险。因此，危险闭合运动过程中应激活相关保护装置。同时可采用如下措施：

a） 降低折弯速度；

b） 降低回程速度，直至运动的模具部件与工件不接触；

c） 使运动的模具部件无自动返程功能，避免模具抬起时工件落下造成伤害；

d） 提供工件支撑和/或夹持装置，例如机动或数控托料装置。

5.3.19 同等水平的保护

对每个操作者都应提供同等水平的保护。如果折弯机只是设计用于低速闭合（不大于 10 mm/s）和可能有多于一个的操作者，则应为折弯机提供下述装置：

a） 对每个操作者都提供一个止-动控制装置；或

b） 采用保证对每个操作者进行同等水平的保护装置。

5.3.20 后挡料（包括后托料）

5.3.20.1 后挡料（包括前托料）的设计应确保操作者不能通过将手臂越过模具对其进行调整。

5.3.20.2 应采取以下措施保护操作者免受运行的后挡料的伤害，既可单独使用，也可联合使用：

a） 应通过操作者启动才能运行。

b） 可实现速度区域划分，在规定区域内可降低运行速度（小于等于 2 m/min）或限制撞击力（不大于 150 N）。此降速点离可能造成伤害的点（例如后挡料与工件定位点之间、后挡料与模具之间）应至少为 50 mm。

5.3.21 从侧面进入操作危险区

折弯机应提供防护装置，防止从折弯机侧面到达危险区域（见附录 C 中的示例）。应按照 GB/T 18831 的规定与控制系统联锁，当防护装置被打开时闭合行程不能启动，且当闭合行程运行时防护装置被打开，则闭合行程应能立即停止，应符合 GB/T 16855.1—2008 中的类别 1。折弯机和关闭的侧防护装置之间应不能站人。联锁装置应能中止所有危险动作（如滑块、后挡料、托料、必要的操纵装置）。如需在联锁的侧防护装置打开时工作，则应提供与低闭合速度（不大于 10 mm/s）联合使用的止-动控制装置。

5.3.22 **从后面进入操作危险区**

5.3.22.1 应采取如下方法防止从后面进入危险区域，可单独使用，也可联合使用：

a) 联锁防护装置或联锁防护装置与固定式防护装置的组合；

b) 光电保护装置。

5.3.22.2 如采用光电保护装置从后面对滑块的危险动作和后面的辅助装置的定位动作进行安全防护，光电保护装置应至少有两光束(见 GB/T 19876—2005 中的 6.1.4)。当采用两光束时，它离最近的可能造成伤害点的安全距离应至少为 1 200 mm；当采用三光束时，安全距离至少为 1 000 mm。光电保护装置应能自动自检，并应在折弯机的后面提供复位装置。

5.3.23 **其他要求**

5.3.23.1 折弯机的设计应确保上模安全和牢固的锁紧。模具可采用机械紧固装置或其他可靠的方法进行固定，确保在某一零件损坏或动力失效的情况下无危险。

5.3.23.2 折弯机上所有紧固件应采取防松措施。

5.3.24 **对被困人员的解救措施**

应提供对被困人员的解救措施，如通过特殊操作使模具能够开启。

5.4 **控制系统**

5.4.1 **控制功能**

5.4.1.1 液压、气动和电气控制系统的有关安全部件应符合 GB/T 16855.1 的规定，控制系统应具有安全功能，其设计应保证发生下列情况后，控制系统应重新启动，才能执行折弯工作：

a) 改变循环启动、生产或操作的安全系统模式；

b) 任何一个联锁防护装置关闭；

c) 安全系统手动复位；

d) 任何一个操纵动力失效；

e) 去除任何一个联锁的机械抑制装置。

5.4.1.2 在下列情况下，如安全系统(如联锁防护装置、光电保护装置等)介入，应有手动复位装置，恢复其给定的安全功能，复位装置应布置在可清楚地看到危险区域的地方，但应在危险区外。复位功能应符合 GB/T 16855.1 的 2 类：

a) 如果有人通过联锁防护装置，且进入危险区。

b) 如果在工作循环的危险运动过程中光电保护装置被中断。光电保护装置用于单次行程模式下进料侧的防护，而不用于循环启动，复位功能与启动装置联合使用时除外。

c) 如果使用光电保护装置保护折弯机的侧面。

5.4.1.3 在操作侧装有光电保护装置、联锁防护装置的折弯机，如果光电保护装置、联锁防护装置或控制系统中的任何一个安全相关部件出现故障，则应符合下列要求：

a) 不能出现意外启动；

b) 安全防护装置的安全功能应保持；

c) 危险运行过程中应能停止折弯机；

d) 控制系统在危险的闭合行程时应能立即停止折弯机，但如果是在非危险的闭合行程中，或冗余控制系统中的一路出现故障，最迟可在操作循环结束后停止折弯机；

e) 控制系统在故障消除前应能防止下一个操作循环的启动。

控制系统中用于滑块启动和停止功能的安全相关部件应符合 GB/T 16855.1—2008 中的 4 类要求（即应冗余和监控）。启动和停止功能应通过硬件实现。

注：本条不适用于只在自动循环工作中自动送料和出料并装有带防护锁的联锁防护装置的折弯机和设计为只用于与低闭合速度联合使用的进行止-动控制的折弯机，也不适用于动力驱动的托料装置和后挡料。

5.4.1.4 冗余和监控应是两个功能系统。任一系统都应可以独立停止危险运动，而与另一系统的状况无关。若监控到系统失效，应防止启动下一闭合行程。如果系统能自显故障（即其功能的丧失能防止下一操作循环），则不需要监控。每个独立动作的油缸应具有冗余和监控功能。

注：机械连接同步的多个油缸（如使用同步扭轴），应被视作一个油缸。

5.4.1.5 应对抑制功能进行监控。

5.4.1.6 可编程后挡料和动力驱动的托料装置的控制系统应至少达到 GB/T 16855.1—2008 中的 B 类要求。

5.4.2 可编程电气系统（PES）及其安全相关功能

5.4.2.1 PES 的使用不应降低本标准中要求的安全功能。

5.4.2.2 采用 PES 控制滑块的运行时，相关的安全功能不应仅仅依赖于 PES，PES 能满足本标准安全要求的除外。

5.4.2.3 监控功能可通过 PES 来实现。

5.4.3 选择开关

5.4.3.1 折弯机上应有对循环启动或安全系统不同操作模式进行选择的选择开关。选择开关在设计上应保证在任一非工作位置，应通过接触元件的强制断开操作或冗余和监控硬件将其完全隔离。如开关处于中间位置，则机器不可能操作。控制系统应确保在选择操作规范时不可能对机器进行任何起动操作。

5.4.3.2 选择开关可以对合适的安全防护模式进行选择，安全防护模式可以是两个或多个防护/保护装置。如果提供了两个或多个选择开关，并且安全防护模式与控制系统相连接，则被选择的操作模式应能自动地与相应的安全防护模式连接。

5.4.3.3 如果折弯机由多个操作人员操作时，应对每个操作者提供相同等级的保护。如果安装了两个止-动控制装置，只有两个都被执行相同的操作选择后，折弯机才能被操作。

5.4.3.4 安全相关功能的选择开关应符合 GB 5226.1—2008 中 9.2.3 的规定。与安全有关的选择开关应用钥匙操作，选择位置应清楚标识且易于识别。

5.4.4 位置开关

位置开关应符合 GB 5226.1—2008 中 10.1.4 的要求，自身和其操作方式在设计上应确保其调整后能保持和其他位置的正确关系，并应符合 GB/T 18831 的规定。

5.4.5 控制装置

5.4.5.1 按钮、脚踏开关等启动控制装置应能防止意外操作。脚踏开关只能用一只脚和从一个方向进入操作。严禁使用踏板或踏杆（即没有护壳的脚踏开关）。

5.4.5.2 急停应符合 GB 16754—2008 中的 0 类停机。急停应能停止所有危险动作（如滑块、后挡料、活动托料装置等）。

5.4.5.3 主控面板、每一个操作者的操作范围内应至少配备一个急停按钮。如果折弯机通过能够断开的控制站操作，则该控制站不允许配备急停按钮。

5.4.5.4 为了避免意外启动，含有启动按钮的便携式或悬挂式按钮站应稳定并可靠地进行固定和支撑。

5.4.6 阀

用于支撑滑块的液压支撑阀不允许安装手动控制装置(如手动按钮)。对于其他的因试验或维修的目的而配备了手动控制装置的阀,也应通过使用工具才能对手动控制装置进行操作。

5.5 操作模式

5.5.1 基本要求

折弯机应有调整模式以及下列工作模式或其一:

——单次循环;

——自动循环。

5.5.2 调整模式

5.5.2.1 调整模式适用于模具调整、试车、维修和润滑,应安全地进行模具调整、试车、维修和润滑。

5.5.2.2 在防护装置和保护装置到位和可操作的情况下,模具调整、维修和润滑时允许滑块运动。如不可行,则应采取下述安全措施之一:

a) 止-动控制装置与低闭合速度联合使用(不大于 10 mm/s);

b) 寸动装置。

5.5.2.3 在调整模式下应满足单次行程功能。

5.5.2.4 在模具安装或调整后的所有试车,其安全防护应满足 5.3 的要求。

5.5.3 工作模式

5.5.3.1 单次循环模式的每一循环应通过启动装置启动。

5.5.3.2 自动循环模式的第一个循环应由手动操作装置启动。

5.5.4 活动式防护装置的联锁

如果活动式防护装置只在进行模具调整或维修保养时才被打开,其应是联锁防护装置。联锁的最低要求应符合 GB/T 18831—2010 中 5.1 的强制致动模式断开操作的要求。与控制系统有关部件的安全不能只依赖于一个继电器连接。

5.5.5 双手操纵装置

双手操纵装置应符合以下要求:

a) 至少应达到 GB/T 19671—2005 中表 1 的Ⅱ类;

b) 用一只手或用同一只臂的手及其肘部不能使双手操作装置输出启动信号。

5.5.6 硬线连接

止-动控制装置和寸动装置应硬线连接,且应符合 GB/T 16855.1—2008 中的 1 类要求。

5.5.7 寸动装置

寸动装置产生的移动距离应小到足以防止危险。寸动应通过时间或距离来控制。寸动时滑块每次移动的距离不能超过 6 mm。

5.5.8 定期检查

应能使用通用工具或随机提供的工具进行定期检查。

5.6 其他机械危险

5.6.1 驱动和传动机构、辅助装置的安全防护

驱动和传动机构、辅助装置应进行安全防护，至少应采取下列一种防护措施：

a) 在每班次只需要去一次或少于一次的地方应装有固定式防护装置；

b) 在每班次需要去一次以上的地方应装有与控制系统联锁的活动式防护装置；

c) 在到达危险区前危险运动不能停止的情况下，应采用带防护锁定和延迟开锁的联锁防护装置；

d) 用于安全防护的光电保护装置。

上肢通过上伸、下伸、弧形可及和通过开口触及的安全距离应符合 GB 23821 的规定。

注：d) 不适用于驱动和传动机构。

5.6.2 联锁要求

应符合 GB/T 18831 的要求，其控制电路应至少符合 GB/T 16855.1—2008 中规定的类别 1 的要求。

5.7 滑倒、绊倒和跌落

5.7.1 高处工作

在折弯机的高处工作平台应提供适当的防护栏杆和脚踏板，应符合 GB 17888.3 的规定；对进入高处工作位置提供安全通道，进入平台的固定设施可以是直梯或阶梯并应符合 GB 17888.1 的规定，其中阶梯应符合 GB 17888.3 的规定，直梯应符合 GB 17888.4 的规定；折弯机上的工作平台和通道应符合 GB 17888.2 的规定。

注：如果只用于维修则可以不要平台。

5.7.2 相关操作区域

折弯机的设计、制造和使用应将折弯机相关操作区域内滑倒、绊倒和跌落的风险降至最低。

5.8 其他危险的防护

5.8.1 电气危险

所有电气设备的设计、制造和安装应能防止电的危险(如电击)，且应符合 GB 5226.1 的规定。

5.8.2 热危险

应对折弯机上可产生烧伤或烫伤危险(超过 GB/T 18153 规定的温度极限时)的可接近部分提供屏蔽、隔离或其他的防护措施。

5.8.3 高压流体喷射危险

应对靠近操作者工作位置的软管和管接头部位提供附加防护装置(如挡板)，降低由于油管失效而产生的危险。

5.8.4 机器失稳/过度倾斜

应保证折弯机(包括满负载工作状态)的稳固性。另外应设计和提供相应的固定点(如地脚孔)使其与地面或基础紧固连接。

5.8.5 噪声产生的危险

应将噪声的伤害风险降到最低等级，其噪声应符合 GB 24388 的规定。

5.8.6 激光产生的危险

如果折弯上使用有激光时(如为了显示折弯线或测量角度)，激光应属于 GB 7247.1—2001 所规定的ⅢA 类或更低的一级，以保证不致对人身产生伤害。

5.8.7 材料和物质产生的危险

不应使用对人体产生危害的材料。

5.8.8 忽略人类工效学原则而产生的危险

5.8.8.1 在设计折弯机及其控制装置时，应给操作者提供良好的工作姿势。

5.8.8.2 操作控制装置的位置、标志和照明(如需要)、材料和模具调整、装卸等应符合人类工效学原则。

5.8.8.3 折弯机上重于 25 kg 的需用起重装置进行起吊的零部件应方便起吊。

5.8.8.4 液压油箱的安装位置应便于加油、排油。

5.8.8.5 应符合 GB 5226.1、GB/T 14775 和 GB/T 14776 的规定。

6 安全要求和/或保护措施的验证

6.1 检验方法

6.1.1 折弯机安全要求的检验可通过下列方法实施：

a) 目检(即用眼力判断和感觉判断)来检验折弯机和规定部件是否满足规定的要求；

b) 性能试验/检查(测试其性能)来检验折弯机和规定部件功能是否满足规定的要求；

c) 测量(通过检查仪器)来检验折弯机和规定部件功能是否满足规定的要求；

d) 通过图纸/计算/技术数据(零部件设计特征判断)来检验验证折弯机和规定部件功能是否满足规定的要求。

6.1.2 应按表 2 规定的一种或多种方法检验。

6.2 安全要求和/或措施的检验

安全要求和/或保护措施的验证方法见表 2。

表 2 安全要求和/或保护措施的验证方法

本标准的章条	安全要求和/或保护措施	目检	性能试验/检查	测量	图纸/计算/技术数据
5.2	**基本设计原则**				
5.2.1	**防止滑块意外下落(上动式折弯机)**				
5.2.1.1	机械和/或液压支撑装置	√	√		√
	自动工作	√	√		√
5.2.1.2	液压支撑装置	√	√		√
	使用法兰或焊接式硬管连接	√			√
	油缸和第一个支撑阀之间的连接	√			√

表 2（续）

本标准的章条	安全要求和/或保护措施	目检	性能试验/检查	测量	图纸/计算/技术数据
5.2.1.3	机械或液压支撑装置	√	√		√
5.2.1.4	自动检查支撑装置	√	√		√
5.2.2	**液压和气动系统的通用要求**				
5.2.2.2	过滤器	√			√
	压力调节阀	√	√		√
5.2.2.3	压力范围	√	√		√
5.2.2.4	承受压力的透明器具的防护	√			
5.2.2.5	毛刺或残渣	√			√
5.2.2.6	连接通畅的管道	√			
	防止热膨胀造成的伤害	√	√		
	刚性管道的固定支撑	√			√
	软管的缠绕、非正常的扭曲	√	√	√	
5.2.2.7	管路及其连接	√			√
5.2.2.8	操作阀的固定及支撑	√			√
5.2.2.9	控制阀和其他控制及显示元器件的安装	√			√
5.2.2.10	阀的复位	√	√		√
5.2.3	**液压系统**				
5.2.3.1	可控重力下落		√		√
5.2.3.2	蓄能器卸荷	√	√		√
5.2.3.3	安全阀	√	√		√
5.2.3.4	油缸下腔安全阀	√	√	√	√
5.2.4	**电气系统**				
5.2.4.2	急停——0 类停止		√		√
5.2.4.3	双手操纵装置	√	√		√
5.2.4.4	操作界面的防护等级	√	√		√
5.2.4.5	控制装置外壳的防护等级	√	√		√
5.2.4.6	导线的标识	√			
5.2.4.7	控制装置/控制系统的连接	√	√		√
5.3	**操作危险区的机械危险**				
5.3.3	对所有暴露于危险区域人员的保护	√			√
5.3.4	从前面进入危险区	√			√
5.3.5	连接类别	√	√		√
5.3.6	封闭式模具	√	√	√	
5.3.7	固定式防护装置	√	√	√	
5.3.8	联锁防护装置	√	√	√	√
5.3.9a)	带防护锁的联锁防护装置	√	√		√
5.3.9b)	不带防护锁的联锁防护装置	√	√	√	√
5.3.10	超前打开功能	√	√	√	√

表 2（续）

本标准的章条	安全要求和/或保护措施	目检	性能试验/检查	测量	图纸/计算/技术数据
5.3.11	不可能站立人	√	√	√	√
	可靠的打开方式	√	√		√
5.3.12	**光电保护装置**				
5.3.12.1a)	GB 4584	√			
5.3.12.1b)	只能通过光电保护装置的检测区进入危险区	√	√	√	
5.3.12.1c)	附加措施	√	√	√	
5.3.12.1d)	光电保护装置中断时危险动作停止，亦不可能启动	√	√		√
5.3.12.1e)	复位功能	√	√		√
5.3.12.1f)	消隐	√	√	√	
5.3.12.1g)	附加反射器	√	√	√	
5.3.12.1h)	**循环启动**				
5.3.12.1h)1)	检测精度≤30 mm	√		√	√
5.3.12.1h)2)	永久固定的固定式防护装置或联锁防护装置	√		√	√
5.3.12.1h)3)	手动复位	√	√		√
5.3.12.1h)4)	预置时间≤30 s		√	√	
5.3.12.1h)5)	只能使用折弯机正前方的一个进行循环启动		√		√
5.3.12.1i)	关闭光电保护装置	√	√		√
5.3.12.2	**光电保护装置的定位和安装**				
5.3.12.2a)	**垂直方式**				
	光电保护装置的有效保护高度≥800 mm	√		√	√
	工作台高度≥850 mm	√		√	√
	重叠距离≥50 mm	√		√	√
	光电保护装置的顶部离水平基准面的最小高度≥1 600 mm	√		√	√
	附加安全防护装置	√	√	√	√
	检测精度≤14 mm	√	√	√	√
	安全距离≥100 mm	√		√	√
	缝隙，固定/联锁防护装置、附加光束	√	√	√	√
5.3.12.2b)	**水平方式**				
	工作台高度 800 mm～1 200 mm	√		√	√
	重叠距离≥50 mm	√		√	√
	安全距离/整机响应时间	√		√	√
	检测精度	√	√	√	√
	缝隙或缺口的防护	√	√	√	√
5.3.12.2c)	**带角度方式** 按 5.3.12.2a)和 5.3.12.2b)				
	与垂直方向的角度≤45°时，检测能力应符合表 A.1	√		√	√

表 2（续）

本标准的章条	安全要求和/或保护措施	目检	性能试验/检查	测量	图纸/计算/技术数据
5.3.12.2d)	**组合方式** 按 5.3.12.2a)和 5.3.12.2b)				
5.3.12.3	激光(光电)保护装置	√	√	√	√
5.3.13	安全距离	√	√	√	√
5.3.14	止-动控制装置与低闭合速度联合使用	√	√	√	√
	选择开关	√	√		√
	三个位置	√	√	√	√
	连接	√			√
5.3.15	**抑制**				
5.3.15.1	非危险的闭合行程	√	√		√
5.3.15.2	止-动控制装置(与低闭合速度联合使用)的自动启动	√	√		√
	安全防护系统再次有效	√	√		√
5.3.16	**自动交替的安全防护方法**				
	在 TDC 处的交替启动条件	√	√		√
	光电保护装置的遮光或松开脚踏	√	√		√
	中断后的重新启动	√	√		√
5.3.17	滑块行程停止	√	√		√
5.3.18	**工件翘起而造成伤害的防护**				
	激活相关保护装置	√	√		√
5.3.18a)	降低折弯速度	√	√		√
5.3.18b)	降低返程速度	√	√		√
5.3.18c)	无自动返程功能	√	√		√
5.3.18d)	动力驱动的工件支撑和/或夹持装置	√	√		√
5.3.19	**同等水平的保护**				
5.3.19a)	每个操作者一个止-动装置	√	√		√
5.3.19b)	同等水平的保护	√	√		
5.3.20	**后挡料**	√	√		√
5.3.20.1	手臂越过模具调整				
5.3.20.2a)	由操作者启动	√	√		√
5.3.20.2b)	可编程后挡料，降低速度(≤2 m/min)或限制(撞击)力(≤150 N)	√	√	√	√
5.3.21	**从侧面进入操作危险区**				
	联锁	√	√		√
	使用止-动控制装置	√	√	√	√
5.3.22	**从后面进入操作危险区**				
5.3.22.1	联锁防护装置	√	√	√	√
	光电保护装置	√	√	√	√
5.3.22.2	安全距离	√	√	√	√
	复位装置	√	√		√

表 2（续）

本标准的章条	安全要求和/或保护措施	目检	性能试验/检查	测量	图纸/计算/技术数据
5.3.23	**其他要求**				
5.3.23.1	模具的紧固，锁紧方式、机械式紧固装置	√	√		√
5.3.23.2	紧固件	√			√
5.3.24	**对被困人员的解救措施**	√	√		√
5.4	**控制系统**				
5.4.1	**控制功能**				
5.4.1.1	控制系统的重新启动	√	√		√
5.4.1.2	手动复位	√	√	√	√
5.4.1.3	安全相关部件故障，冗余和监控功能	√	√		√
5.4.1.4	两个独立的功能系统	√	√		√
5.4.1.5	抑制功能的监控	√	√		√
5.4.1.6	可编程后挡料/托料	√	√		
5.4.2	**可编程电气系统（PES）及其安全相关功能**				
5.4.2.2	安全功能	√	√		√
5.4.2.3	监控功能	√	√		
5.4.3	**选择开关**				
5.4.3.1	隔离	√	√		√
	强制断开操作	√	√		
	冗余和监控硬件	√	√		√
	中间位置	√	√		
	选择操作规范	√	√		
5.4.3.2	安全防护模式的选择	√	√		
	操作/安全防护的连接	√	√		
5.4.3.3	止-动控制装置选择	√	√		√
5.4.3.4	带钥匙的选择开关	√	√		
5.4.4	**位置开关**	√	√	√	√
5.4.5	**控制装置**				
5.4.5.1	防止意外操作	√	√	√	
5.4.5.2	急停	√	√		√
5.4.5.3	急停按钮的位置	√	√	√	
5.4.5.4	便携式启动按钮站	√	√		
5.4.6	**阀**				
	支撑阀无手动控制装置	√	√		
	其他阀的手动控制装置应使用工具操作	√	√		√
5.5	**操作模式**				
5.5.2	调整模式				
5.5.2.2	在防护装置和保护装置到位和可操作的条件下，允许滑块运行	√			√

表 2（续）

本标准的章条	安全要求和/或保护措施	目检	性能试验/检查	测量	图纸/计算/技术数据
5.5.2.2	止-动控制装置(与低闭合速度联合使用)	√	√	√	
	寸动装置	√	√	√	
5.5.2.3	单次行程功能				
5.5.3	工作模式	√	√		√
5.5.4	联锁防护装置	√	√		√
	断开操作	√	√		
	连接	√	√		√
5.5.5	Ⅱ类双手操纵装置	√	√		√
	防止不当操作	√	√	√	
5.5.6	硬线连接	√	√		√
5.5.7	寸动	√	√	√	√
5.5.8	定期检查	√	√		
5.6	**其他机械危险**				
5.6.1	**驱动和传动机构、辅助装置**				
5.6.1a)	固定式防护装置	√	√	√	√
5.6.1b)	活动式联锁防护装置	√	√	√	√
5.6.1c)	带有防护锁定和延迟开锁的联锁防护装置	√	√	√	√
5.6.2	联锁要求	√	√		√
5.7	**滑倒、绊倒和跌落**				
5.7.1	防护栏杆和脚踏板	√	√	√	√
	到达高处工作位置	√	√	√	
5.7.2	相关操作区域	√			
5.8	**其他危险的防护**				
5.8.1	电气危险	√	√	√	√
5.8.2	热危险	√	√	√	√
5.8.3	高压流体喷射危险	√	√		
5.8.4	机器失稳/过度倾斜	√	√		√
5.8.5	噪声产生的危险	√	√	√	√
5.8.6	激光产生的危险	√	√		√
5.8.7	材料和物质产生的危险	√	√	√	√
5.8.8	忽略人类工效学原则而产生的危险	√	√	√	√
7	**使用信息**				
7.1	标志	√	√		
7.2	使用说明书	√			
附录 A	安全距离	√	√	√	√
附录 B	液压系统的响应时间		√	√	
注：“√”表示可采用的检验方法。					

7 使用信息

7.1 标志

7.1.1 应符合 GB/T 2893.2、GB 2894、GB 18209.2 和 GB/T 15706.2—2007 中 6.4 的规定。

7.1.2 折弯机应有如下标志：

a) 制造厂的名称和地址；

b) 产品型号和名称；

c) 生产序列编号；

d) 制造年份；

e) 折弯机的质量(不包括模具或辅助装置)；

f) 公称力；

g) 电气、液压和气动系统的重要参数；

机床前应有：

h) 解救被困人员的特定操作方法；

i) 对工件与机床部件之间的挤压和伸出的工件翘起导致伤害的遗留风险的警告。

随机提供的保护装置应有识别标志。

7.2 使用说明书

7.2.1 使用说明书应符合 GB/T 15706.2—2007 中 6.5 和 GB 17120 的规定。

7.2.2 使用说明书应包含以下信息：

a) 折弯机上的标志应在使用说明书中重复说明；

b) 折弯机设计时参考和使用的标准；

c) 获得的安全认证证书的复印件，压力容器的测试报告；

d) 应有对安全运输和安装的操作指南(地面条件、地基、固定位置、防震措施、照明等)；

e) 应有第一次使用之前和使用中如何对折弯机和防护装置进行测试和检查的操作指南；

f) 控制系统的说明，包括电气原理图、液压系统和气动系统；如果配备了 PES，电气原理图应清楚显示 PES 与其他硬件连接之间的关系；

g) 总停止响应时间和相应的安全距离(见附录 A 和附录 B)；

h) 保护装置类型和操作模式的限制；

i) 噪声测试的信息；

j) 对因遗留风险而需对操作者进行更深层次保护的详细说明，如听力、视力、脚部保护等；

k) 对安全使用、安装、调试、维护、修理、清洁和编程(如需要)时避免危险的说明(如重力下落、由工件和模具或机床部件飞出等造成的危险、流体喷射、伸出的工件翘起等)；

l) 对折弯机的使用和维修人员应进行培训内容的详细说明：

——折弯机和辅助装置的结构；

——液压油和过滤器的维护及更换；

——保护装置；

——事故的起因和预防；

——模具的调整；

——模具设计；

——工件的操作；

m) 安装或调整模具后，应对防护装置或保护装置进行生产前检查的详细说明；

n) 液压系统、滤油器、润滑、传动系统对其流体介质具体规格的要求；
o) 对可预见故障类型的描述，对通过定期维护达到发现、预防和排除故障的建议；
p) 在更换能影响安全功能的零部件后，应进行的试验或检查的说明；
q) 对折弯机、防护装置和保护装置的定期保养、试验和检查的说明，包括保养、试验和检查的时间间隔；
r) 运输及安装时的起吊位置；
s) 最大的模具尺寸和质量；
t) 需要用起重设备拆装的较大部件和辅助装置的质量；
u) 快进、工进、回程速度，可变速度的最大和最小范围；
v) 最大行程；
w) 对从机床侧面工作时和可能必须采取的辅助措施的说明，如防止靠近、可听见或可看见的警告。

附 录 A
（规范性附录）
最小安全距离的计算

A.1 最小安全距离的计算

在折弯机前面安装的不带防护锁的联锁防护装置、光电保护装置、双手操纵装置的最小安全距离应按照 GB/T 19876—2005 中第 5 章给出的公式(A.1)计算：

$$S=(K\times T)+C \qquad \text{(A.1)}$$

式中：

S——最小安全距离(从危险区到检测区、线、平面或区域的距离，不小于 100 mm)，单位为毫米(mm)；

K——人体或人体部位的接近速度的参数，单位为毫米每秒(mm/s)；

T——总停止响应时间(整个系统停止性能)，单位为秒(s)；

C——附加距离(以保护装置启动之前朝危险区闯入的情况所给出)，单位为毫米(mm)。

A.2 K 值的确定

对于双手操纵装置和不带防护锁的防护装置，K 值应采用 1 600 mm/s。对于垂直安装的光电保护装置，如果最小距离小于或等于 500 mm，则 K 值应采用 2 000 mm/s；如果最小距离大于 500 mm，则 K 值可采用 1 600 mm/s。

A.3 总停止响应时间

A.3.1 总停止响应时间 T 应按公式(A.2)计算：

$$T=t_1+t_2+t_3+\Delta t \qquad \text{(A.2)}$$

式中：

t_1——折弯机本身停止响应时间(包括液压和电气系统的响应时间，见附录 B)；

t_2——安全保护装置的响应时间；

t_3——其余可测量装置的响应时间；

Δt——测量方法中的不确定因素。

A.3.2 计算整个系统的停止时间时，考虑下列条件：

a) 滑块最快速度而导致的最长停机时间；

b) 系统有关部件温度的影响；

c) 模具质量而导致的最长停机时间；

d) 压力大小导致最长的停止时间；

e) 停止功能相关部件的磨损。

A.4 最小安全距离

当与折弯机连接的保护装置的位置可改变时，为保证最小安全距离，该装置应联锁或锁定，只有使用工具或钥匙时才能移动。

A.5 附加距离 *C*

根据光电保护装置的检测精度，计算最小安全距离 *S* 时，附加距离 *C* 值见表 A.1。采用没有护壳的双手操纵装置和不带防护锁的防护装置时，*C* 值至少为 250 mm。在采用有护壳的双手操纵装置时，*C* 值可以为零。

表 A.1 附加距离 *C*

检测精度/mm	附加距离 *C*/mm	光电保护启动动作
≤14	0	允许
>14 ≤20	80	
>20 ≤30	130	
>30 ≤40	240	不允许
>40	850	

A.6 水平安装的光电保护装置

对于水平安装的光电保护装置的总停止响应时间和相应的安全距离见 5.3.12.2b)。

A.7 带角度安装的光电保护装置

对于带角度安装的光电保护装置的检测能力见 5.3.12.2c)。

附 录 B
（资料性附录）
折弯机的停止响应时间的测量

B.1 在测量停止响应时间时，当速度低于 5 mm/s 时，认为折弯机为停止状态。

对每种类型和每个规格的折弯机滑块的停止响应时间都应进行单独的测量。每种可能操作回路分别测量不应少于 10 次。取最高测量值或算术平均值加 3 倍的标准偏差值比较。

如果总响应时间差值超 50%，应考虑计算安全距离。

B.2 如果差值小于 50%，测量的总响应时间可以用作计算安全距离。

B.3 如果差值大于 50%，安全距离计算应按 B.2 总响应时间的 1.3 倍计算。测量应对每台折弯机进行。

附 录 C
（资料性附录）
手动送料折弯机的侧边安全防护

C.1 带有防止进入模具区域的侧防护装置的上动式折弯机见图 C.1。

单位为毫米

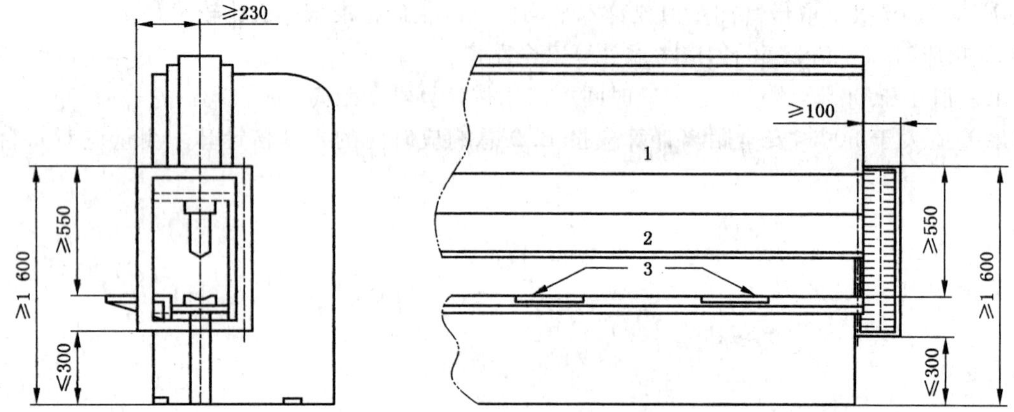

说明：

1——滑块；

2——上模；

3——前托料装置。

图 C.1 带有防止进入模具区域的侧防护装置的上动式折弯机

ICS 25.120.10
J 62

中华人民共和国国家标准

GB 28244—2012

自动锻压机　安全技术要求

Automatic metalforming machinery—Safety requirements

2012-03-09 发布　　　　2013-01-01 实施

中华人民共和国国家质量监督检验检疫总局
中国国家标准化管理委员会　发布

前　言

本标准的第3章为推荐性的，其余为强制性的。

本标准按照GB/T 1.1—2009给出的规则起草。

本标准由中国机械工业联合会提出。

本标准由全国锻压机械标准化技术委员会(SAC/TC 220)归口。

本标准起草单位：嵊州市金狮弹簧机械有限公司、宁波思进机械有限公司、浙江锻压机械集团有限公司、青岛生建机械厂、齐齐哈尔二机床集团有限责任公司。

本标准主要起草人：李宏良、李忠明、郑全钢、楼宇、黄桥。

自动锻压机　安全技术要求

1　范围

本标准规定了自动锻压机的安全技术要求。

本标准适用于自动锻压机(以下简称机器),包括各类冷镦机和冷成形机,如:自动冷镦机,钢球、滚柱冷镦机,螺母冷镦机,螺栓联合自动机,自动切边机,自动搓丝机,滚丝机,滚轧机,制钉机,卷簧机,弹簧垫圈机,自动弯曲机以及多工位冷成形机等。

2　规范性引用文件

下列文件对于本文件的应用是必不可少的。凡是注日期的引用文件,仅注日期的版本适用于本文件。凡是不注日期的引用文件,其最新版本(包括所有的修改单)适用于本文件。

GB 150.1　压力容器　第1部分:通用要求

GB 150.2　压力容器　第2部分:材料

GB 150.3　压力容器　第3部分:设计

GB 150.4　压力容器　第4部分:制造、检验和验收

GB 2894　安全标志及其使用导则

GB/T 3766—2001　液压系统通用技术条件(ISO 4413:1998)

GB 4584　压力机用光电保护装置技术条件

GB 5092　压力机用感应式安全装置技术条件

GB 5226.1—2008　机械电气安全　机械电气设备　第1部分:通用技术条件(IEC 60204-1:2005)

GB/T 7932—2003　气动系统通用技术条件(ISO 4414:1998)

GB/T 8196　机械安全　防护装置　固定式和活动式防护装置设计与制造一般要求(ISO 14120)

GB/T 9969　工业产品使用说明书　总则

GB/T 15706.1—2007 机械安全　基本概念与设计通则　第1部分:基本术语和方法(ISO 12100-1:2003)

GB/T 15706.2　机械安全　基本概念与设计通则　第2部分:技术原则(ISO 12100-2)

GB 16754　机械安全　急停　设计原则(ISO 13850)

GB/T 16856.1　机械安全　风险评价　第1部分:原则(ISO 14121-1)

GB 17120　锻压机械　安全技术条件

GB 17888.1　机械安全　进入机械的固定设施　第1部分:进入两级平面之间的固定设施的选择(ISO 14122-1)

GB 17888.2　机械安全　进入机械的固定设施　第2部分:工作平台和通道(ISO 14122-2)

GB 17888.3　机械安全　进入机械的固定设施　第3部分:楼梯、阶梯和护栏(ISO 14122-3)

GB 17888.4　机械安全　进入机械的固定设施　第4部分:固定式直梯(ISO 14122-4)

GB 18209.2　机械电气安全　指示、标志和操作　第2部分:标志要求(IEC 61310-2)

GB/T 18569.1　机械安全　减小由机械排放的危害性物质对健康的风险　第1部分:用于机械制造商的原则和规范(ISO 14123-1)

GB/T 18831　机械安全　带防护装置的联锁装置　设计和选择原则(ISO 14119+Amd.1)

GB/T 19671 机械安全 双手操纵装置 功能状况及设计原则(ISO 13851)

GB/T 24342 工业机械电气设备 保护接地电路连续性试验规范

JB 9972 滚丝机、卷簧机、制钉机 噪声限值

JB 9975 自动镦锻机、自动切边机、自动搓丝机、自动弯曲机 噪声限值

3 术语和定义

GB/T 15706.1 界定的以及下列术语和定义适用于本文件。

3.1

警示护栏 awareness barrier

通过物体接触警告接近或进入危险区人员的一种装置。

3.2

警示信号(装置) awareness signal (device)

一种装置或信号,通过可听得见的声音或可视灯光对进入或接近危险区进行警告。

3.3

制动器 brake

一种用于停止、减慢或防止动作的机构。

3.4

自动锻压机 automatic metalforming machinery

能自动完成工作循环,并能自动送进坯料和输出制品的锻压机械。

3.5

冷镦锻机 cold header

将线材镦锻成形的自动锻压机。

3.6

冷成形机 cold fomer

冷加工或温加工成形的自动锻压机。

3.7

冷加工 cold working

指金属材料在未经预热的条件下进行的塑性变形。

3.8

模具 die(s)

机器上用的模具,用于金属或其他材料的剪切、冲压、成形、挤压、切边、模锻等。

3.9

模座 die block

装在机身上,用于支撑模具。

3.10

启动控制装置 startup control device

操作人员按照预选方式启动机器的控制机构。

3.11

挤压 extruding

通过将金属或其他材料置于模具中,改变其形状特征以得到所需要形状的处理过程。

3.12

防护装置　guard

防止进入操作区或其他危险区的保护屏障，是机器的组成部分。

［GB/T 15706.1—2007，定义 3.25］

3.13

手动工具　hand feeding tool

在操作危险区用于放置或取出原料、工件的手持工具。

3.14

危险　hazard

潜在的伤害源。

［GB/T 15706.1—2007，定义 3.6］

3.15

点动　jog

给予瞬间的移动。

3.16

夹紧点　pinch point

机器及其相关设备或机械设备的运转部分暴露在外将产生危险的区域，不包括操作点。

3.17

操作区　point of operation

机器中放置原料或坯料进行加工的区域。

3.18

感应装置　presence sensing device

产生感应的区域，用于监控操作人员的手或身体其他部位并可以及时向控制系统发出信号的装置。

3.19

滑块　ram

机器中进行往复运动的主要部件。

3.20

风险　risk

伤害发生概率和伤害发生严重程度的综合。

［GB/T 15706.1—2007，定义 3.11］

3.21

运行　run

机器的连续操作或连续行程。

3.22

安全防护　safeguarding

用防护装置、安全装置或安全操作程序以避免人员伤亡的措施。

3.23

安全块(装置)　block (device)

在机器进行模具调整或维修时，放在滑块与模座或工作台中间，用以防止滑块意外移动的装置。

3.24

调整　set-up

调整机器正常运转的过程，以确保镦机的安全运转。

3.25

单次循环　single cycle

单次行程　single stroke

滑块从起始位置工作一次后返回到原位置的全过程。

3.26

停止控制装置　stop control

用于停止机器危险运动的控制装置。

3.27

盘杆　turnover bar

用于手动转动飞轮或曲轴的杆。

3.28

危险区　danger zone

使人员暴露于危险的机械内部和/或其周围的任何空间。

[GB/T 15706.1—2007,定义 3.10]

3.29

保护装置　safety device

防护装置以外的安全装置。

[GB/T 15706.1—2007,定义 3.26]

4　责任

4.1　供应商的责任

4.1.1　供应商应按照第 5 章、第 6 章和第 8 章的规定设计和制造机器。

4.1.2　供应商应识别所存在的危险(见 5.1)。

4.1.3　供应商应消除危险或提供预防危险的方法(见 5.2)。

4.1.4　供应商应提供安装、调试、保养、使用、安全防护和维修的说明文件。

4.1.5　改造或再制造的机器或其相关设备的供应提供改造或再制造资料的文件,包括改造或再制造的机器的安装、检查、调试、保养、使用、安全防护的新的或修改过的技术文件。

4.1.6　每台新机器应提供使用说明书。

4.1.7　所有新机器应有维修说明或手册;改造的应提供改造的说明文件。维修说明或手册应至少包括以下信息:

——所有控制的功能和位置;

——功率和滑块行程;

——润滑;

——电气、液压、润滑和气动系统;

——维修保养周期;

——安全介绍。

4.1.8　每台机器应有一种或多种合适的安全防护装置。

4.2　用户的责任

4.2.1　用户应检查由供应商提供的机器及其辅助装置,确保它符合第 5 章、第 7 章、第 8 章和第 9 章的要求。

4.2.2　用户应确保符合以下要求:

——机器工作时所存在的危险已识别(见 5.1);
——安全防护应能消除、控制或避免已识别的危险,使用和维修应遵守第 8 章的规定;
——应建立检查和维护机器的程序,确保零部件(如起动器、联锁开关等)和安全防护装置处于安全运行状态;
——建立工作日记制度,并应遵守使用说明书的规定。

4.2.3 用户应确保调试和维护人员、操作人员接受培训,至少要培训以下内容:
——所有控制的功能和位置;
——安装、拆卸和调整模具的安全方法;
——所有急停装置的位置;
——所有保护装置和防护装置的位置、安装和调整方法及安全使用规程;
——本标准及有关的安全规程;
——所有安全防护装置的正确使用;
——不允许改变、拆除、调整安全装置,使其低于本标准的规定;
——未经许可,不允许改变、拆除、破坏任何安全防护装置;
——安全检查方法和检查频率;
——暴露于危险区内与人身有关的危险状态;
——运转零件有关的危险状态;
——由固定部件、夹钳、模具转换机构、工件转换机构和保护装置等产生的夹紧点。

4.2.4 用户应提供操作区安全防护装置和确保使用。

4.3 操作者的责任

操作者应遵守安全操作规程。

5 危险和危险控制

5.1 危险

5.1.1 风险评价

应按 GB/T 15706.1 和 GB/T 16856.1 的规定进行风险评价。

5.1.2 可预见的误用

危险识别时,对于可预见的误用(包括机器的使用、调整、清理和维护)产生的危险也要进行分析。

5.1.3 危险种类

机器应考虑的危险种类见 GB/T 15706.1—2007 的第 4 章。

5.2 危险控制

5.2.1 危险消除

机器应符合本质安全设计的原则,通过设计消除危险。本质安全设计应符合 GB/T 15706.1 和 GB/T 15706.2 的规定。

5.2.2 安全防护装置

不能通过设计消除的危险,应采取安全防护措施,并应符合第 8 章的规定。

5.2.3 安全工作规范

不适合使用安全防护装置防止危险时，应制定安全工作规范，以防止危险的产生。

5.2.4 警示

在安全保护措施不能有效避免危险时，供应商应提供对未加安全保护(机器)部件的安全标志。用户应通过安全工作规程、人员培训等警示操作人员。安全标志应符合 GB 2894 和 GB 18209.2 的规定。

6 设计和制造

6.1 一般要求

6.1.1 设计和制造

机器的设计和制造应符合 GB 17120 的规定。

6.1.2 防松措施

机器上易松动部位用的螺栓连接、楔连接及其他零件连接，应采取可靠的防松措施。

6.1.3 弹簧的安装

弹簧的安装应使其在工作、装配和拆卸时不会飞出。

6.1.4 盘车

用盘杆或用其他机构盘车时，应采取可靠的安全措施。

6.1.5 较重的零部件

对较重的零部件应设有吊架或起吊螺孔。

6.1.6 安全栓装置

当需要操作人员进入滑块与凹模座间进行维修或调整时，应有能与电机启动电路联锁的安全栓装置。

6.1.7 保险机构

机器上的保险机构应可靠、灵敏。当保险机构起作用时，应防止被损坏零件飞出伤人，并使机器停止运转。

6.1.8 润滑

采用压力润滑时应确保正常润滑。润滑点应有标志。

6.1.9 人类工效学

应符合人类工效学原则。

6.1.10 材料和其他物质危险

材料和其他物质不应产生危险。设计、制造不允许使用可能造成危害人体健康的材料，如石棉等。

应采取措施防止达到危害人体健康浓度气体的形成，其设计制造应符合 GB/T 18569.1 的有关规定。

6.1.11 使用说明书

使用说明书应符合 GB/T 9969 和 GB 17120 的规定。

6.2 控制系统

控制系统应有停止装置。

6.3 操作模式

6.3.1 连续运转操作模式

启动连续运转模式时，应能完成一系列加工零件的功能和重复工作循环过程，无需人工干预更换加工零件。

6.3.2 点动操作模式

点动操作模式时，能点动控制驱动装置，当点动控制解除，驱动装置应立即停止。点动控制应能防止意外操作。在点动模式下，所有镦锻、成形功能应由操作者操作才能启动。点动模式下应有前进和后退模式的选择。

6.4 电气设备

6.4.1 一般要求

电气设备应符合 GB 5226.1 的要求。

6.4.2 电击危险和意外危险

应防止电击危险和意外危险。

6.4.3 导电电缆

导电电缆应连接可靠。导电电缆和连接处的导电面积要与承载的电流相匹配并保证导电良好。

6.4.4 保护接地电路连续性

保护接地电路连续性应符合 GB 5226.1—2008 中 18.2 的规定，检验按 GB/T 24342 进行。

6.4.5 绝缘

自动锻压机与电气连接应可靠绝缘。绝缘电阻试验应符合 GB 5226.1—2008 中 18.3 的规定。

6.4.6 耐压试验

耐压试验应符合 GB 5226.1—2008 中 18.4 的规定。

6.4.7 功能

电气设备的功能应符合机器的要求。其试验应符合 GB 5226.1—2008 中 18.6 的规定。

6.4.8 选择开关

应有点动、连续等操作模式(工作规范)的选择开关。

6.5 气动和液压系统

6.5.1 一般要求

气动系统应符合 GB/T 7932—2003 中 4.3 的要求。液压系统应符合 GB/T 3766—2001 中 4.3 的要求。

6.5.2 停止工作

机器的工作压力应保持在规定的范围内，当压力小于或高于所规定的压力时，机器应能自动停止工作。

6.5.3 压力供给的中断

应提供在运行时压力供给中断和安全地消除储存压力的保护措施。

6.5.4 过滤和分离

应提供过滤和分离措施。

6.5.5 兼容性

液体或气体工作介质应与元件兼容，使机器能安全可靠运行。

6.5.6 液压、气动储能器和空气储存器

液压、气动储能器和空气储存器应符合 GB 150.1～150.4 的规定。应提供防止储能器中压力排放时造成机器意外动作的措施。

6.5.7 工作压力

液压、气动系统中的最大额定压力不应超过系统中任何元件的额定压力。

6.6 电源的波动或中断

外部电源的波动和中断应：
——不能导致危险的产生；
——立即停止危险状况。
电源恢复时机器不应自动启动。

6.7 储存能量

电源中断时不能由于储存能量的释放而导致危险，如气压或液压、重力、回弹力、平衡器、飞轮等。应有中断连接或控制储存能量释放的措施。

6.8 外部干扰

设计控制系统和电源系统时，应保证外部干扰不能影响机器的正常运行。

6.9 控制元件失效保护(可靠性)

装有可编程电气系统的控制系统中某个安全控制的元件失效时机器应能正常、可靠工作。当系统失效后，得电时应不能重启。

6.10 机器的启动

机器驱动应由所选择的操作模式按钮[如运行(连续)、点动向前、点动向后]来激活。机器应由安装在危险区域外的控制站来控制。

6.11 停止功能

6.11.1 一般要求

6.11.1.1 每台机器应有急停按钮,其应能停止所有的危险运动,并应符合 GB 16754 中对 0 类停机的规定。

6.11.1.2 0 类停机功能优先于其他所有停止功能。

6.11.1.3 停止回路应优先于启动回路。

6.11.1.4 停止功能的恢复应不能产生危险动作。

6.11.2 急停功能

6.11.2.1 机器应具有一个或多个急停装置。

6.11.2.2 急停功能应在所有操作模式下都能执行。

6.11.2.3 一旦激活,急停功能应一直起作用。只有通过手动复位后才能恢复急停功能。

6.11.2.4 急停功能不能用于代替安全防护装置。

6.11.3 一般停止

6.11.3.1 操纵控制系统应有停止控制功能。

6.11.3.2 停止功能可由硬件或程序来完成,也可由 PES 系统来完成。

6.12 操作控制站

操作控制站应放在操作者容易到达的地方。当有一个以上的操作站时,在同一时间里只有操作者预先设定的操作控制站才能起作用。从一个操作控制站转换到另一个操作控制站时不应产生危险。每个操作控制站应装单独的停止按钮和复位按钮(其复位不得重新开动机器)。

6.13 手动操作控制装置

6.13.1 一般要求

手动操作控制装置应符合下列要求:

——符合人类工效学;

——易于识别和标记;

——操作者易接近,其位置不应与运动部件接触或碰撞;

——应避免操作者正常操作或工作时的误操作。

6.13.2 停止控制装置

停止控制装置应安装在操作人员在其操作位置就容易到达的地方,而且不需要经过危险区域。停止装置应为红色,标识清晰,应能在瞬间切断动力源。

6.13.3 急停控制装置

应有急停控制装置并应能清晰地识别,应安装在易到达且没有危险的区域,其安装位置要醒目、安全,便于在紧急情况下停机。急停器件应符合 GB 5226.1—2008 中 10.7 的规定。

6.13.4 点动控制装置

点动控制应能防止意外操作。

当点动控制被解除,机器执行机构的动力应中断。

6.13.5 运行控制装置

运行控制装置用于启动机床的连续运转,装置应能防止意外操作。

6.13.6 脚踏控制装置

脚踏控制装置(制动器除外)应有保护防止由于落下/运动的物体或意外踩踏而造成的意外操作。脚踏接触面应防滑。

6.13.7 双手操纵控制装置

如有双手操纵控制装置,其应能防止意外操作,并便于双手协同操作。

6.13.8 离合器与制动器

机器上的离合器与制动器控制系统应联锁。

机器应装有制动系统来阻碍滑块的运动和支撑滑块,应具备在任何位置均可制动滑块及其附属装置的能力。

6.14 指示信号安全标志

指示器、显示器和监控器应是安全的,无论是可视或声音的信号,应便于操作者识别并应符合 GB 18209.2 的规定,安全标志应符合 GB 2894 的规定。

6.15 噪声

自动锻压机噪声应符合 JB 9972、JB 9975 和技术文件的规定。

6.16 工作平台、梯子、栏杆

6.16.1 操纵平台的铺板和梯子应防滑,平台上应设有栏杆,超过 5 个台阶的阶梯应设护栏。

6.16.2 当需要进入机器离地面 3 m 以上的高处进行操作、维修和保养时,应设置工作平台、通道、阶梯或直梯和护栏。

6.16.3 在平台的入口处或梯子离地面 1 m 以上的至少一节处,应设置与机器主传动或与操纵系统联锁的防护装置,并设置相应的警示标牌。

6.16.4 进入设施的选择应符合 GB 17888.1 的规定。

6.16.5 工作平台和通道应符合 GB 17888.2 的规定。

6.16.6 阶梯和护栏应符合 GB 17888.3 的规定。

6.16.7 固定式直梯应符合 GB 17888.4 的规定。

7 布局、安装、测试和启动

7.1 一般要求

机器及其辅助设备的布局、安装、测试和启动应正确、合理。

7.2 布局和安装

7.2.1 布局范围的评估

应对机床的安装布局进行评估，以确保布局与机器的预期操作相协调。

7.2.2 地基

机器及其辅助设备的地基应能承受动态载荷。

7.2.3 空间分配

布局应方便人员操作、维护机器。

7.2.4 照明

照明设备的安装应能确保工作人员能安全完成工作。

7.3 测试和启动

7.3.1 测试和启动程序

用户应使用测试和启动程序。

7.3.2 人员培训

在测试和启动过程中只有受过培训的人员才能操作机器。

7.3.3 其他安全防护措施

如果测试和启动过程中不能进行安全防护，则应提供和使用其他安全防护措施。

8 安全防护

8.1 一般要求

应提供以下一种或多种安全防护措施，以防止操作人员处于危险：
——防护装置；
——安全保护装置；
——警示装置；
——安全工作规程。

8.2 防护装置

防护装置包括固定式和活动式防护装置。防护装置的设计、制造和使用应符合 GB/T 8196 的规定。防护装置应符合以下要求：

a) 防护装置应能防止人体或某部分进入危险区域；
b) 防护装置与机器的运动部件之间应无夹紧点；
c) 应把误用或意外拆除的可能性降至最低。

8.3 联锁防护装置

当使用联锁防护装置，联锁装置处于联锁(闭合前)位置时，机器不能进行正常生产操作。其设计、制造应符合 GB/T 18831 的规定。

8.4 安全保护装置

8.4.1 一般要求

安全保护装置应保护工作人员远离危险。

8.4.2 感应和光电保护装置

当使用感应和光电保护装置时，如一只手或身体的其他部分进入感应区域，应能够停止或防止机器运行，并应符合下列要求：

a) 自身应不能产生危险；

b) 感应装置应符合 GB 5092 的规定，光电保护装置应符合 GB 4584 的规定。

8.4.3 双手操作控制装置

双手操作控制应符合 GB/T 19671 的规定。

8.5 警示装置

8.5.1 警示护栏

使用警示护栏时，应警告当接触到这些裸露物体的任何部分，会面临或邻近危险，也应防止进入或接近危险区域，并应有适当的警告标志。

8.5.2 警示信号

警示信号装置应符合下列要求：

a) 能发出警示声音，警告处于危险中的操作者或其他人员；

b) 同时应提供警示灯警告处于危险中的操作者或其他人员。

8.6 安全工作规程

安全工作规程应在拆除必要的防护进行维护和使用机器时保护操作人员安全。

8.7 操作中的安全防护

8.7.1 操作模式

操作危险区的防护应符合以下要求：

a) 在运行模式下，防护装置应与滑块运转的机构联锁；

b) 如果操作人员试图通过、或者从上、下或周围绕过防护装置时，应能防止其身体的任何部分进入操作危险区；

c) 防护装置本身与机床的运动部件之间无夹紧点；

d) 如果要求操作危险区是可视的，则要求符合 a)和 b)的要求；

e) 当操作危险区防护装置不适用时，应采用操作区安全(保护)装置。

8.7.2 调整或点动模式

每个操作点的安全防护(例如防护罩、防护栏、防护装置、双手控制、感应装置)应符合以下要求：

a) 当滑块运行时，应能防止操作者身体的任何部分进入操作危险区；

b) 当危险无法消除时，应能防止破裂的模具、零部件飞出；

c) 防护装置自身与运动部件之间无挤压点；

d) 如果要求操作危险区是可视的，则要求符合 a)和 c)的要求。

8.7.3 手动进料、单循环

应提供操作危险区的安全防护装置。单循环、手动进料操作要求在进料过程中，使用工具从操作危险区处装载和卸下零件。

8.7.4 手动工具

手动工具是用于从机器中放入或取出材料。手动工具不能作为操作危险区防护和保护装置。

9 维护和使用

9.1 一般要求

本章规定了操作和维护机器及其辅助设备的要求。

9.2 模具的安装

9.2.1 规程

用户应确定模具安装流程，并应符合第 8 章的规定。

9.2.2 盘杆

当使用盘杆时，应防止卡住。

9.2.3 模具润滑

用户应提供装置，使操作者或模具安装人员在机器运行时，进行模具润滑或除油污时不需进入操作区或其他危险区域。

9.2.4 安全块装置

用户应在滑块与下模/床身之间提供和强制使用安全块装置或其他方法，当有人的身体在滑块区域内时，防止滑块动作。

9.3 机床的操作

只有满足下列条件时才能操作：

——选择模式；

——相关的安全装置都在其工作位置并起作用；

——危险区域无人。

9.4 设备范围标志

机床及其相关设备的范围应进行详细说明或标志。

9.5 维护

用户应确保制定和执行机器的维护说明、规程。

用户应确保机器及其相关设备按要求进行检查和维护，使机器能够持续安全运行。

用户应确保所有影响安全的必要修理优先于机器及其相关设备的操作。

9.6 安全标志

用户应确保供应商提供的和其他适当的安全标识和标记齐全、完整，并保持清晰易读。

ICS 25.120.10
J 62

中华人民共和国国家标准

GB 28245—2012

自动锻压机　噪声限值

Noise limits for automatic metalforming machinery

2012-03-09 发布　　　　2013-01-01 实施

中华人民共和国国家质量监督检验检疫总局
中国国家标准化管理委员会　发布

前言

本标准的3.1.2、3.2.2、3.3.2、3.4.3、3.5.2、3.6.2和3.7.2为强制性的，其余为推荐性的。

本标准按照GB/T 1.1—2009给出的规则起草。

本标准由中国机械工业联合会提出。

本标准由全国锻压机械标准化技术委员会(SAC/TC 220)归口。

本标准起草单位：浙江锻压机械集团有限公司、浙江嵊州市金狮弹簧机械有限公司、深圳市华测检测技术股份有限公司、青岛生建机械厂。

本标准主要起草人：楼宇、李宏良、朱平、钱功、梅松芳、孙华山。

自动锻压机　噪声限值

1　范围

本标准规定了自动锻压机的声功率级和声压级的噪声限值。

本标准适用于各种类型的自动锻压机，包括各种类型的滚丝机、卷簧机、制钉机、自动镦锻机、自动切边机、自动搓丝机、自动弯曲机。

2　规范性引用文件

下列文件对于本文件的应用是必不可少的。凡是注日期的引用文件，仅注日期的版本适用于本文件。凡是不注日期的引用文件，其最新版本(包括所有的修改单)适用于本文件。

GB/T 23281　锻压机械噪声声压级测量方法(ISO 11202)

GB/T 23282　锻压机械噪声声功率级测量方法(ISO 3746)

3　噪声限值

3.1　滚丝机的噪声限值

3.1.1　滚丝机的声功率级限值

连续空运转时的噪声 A 计权声功率级 L_{WA} 不应超过表 1 的规定。

表 1

滚压力/kN	声功率级限值 L_{WA}/dB(A)
≤63	97
＞63～200	98
＞200～5 000	100

3.1.2　滚丝机的声压级限值

连续空运转时在规定位置的噪声 A 计权声压级 L_{PA} 不应超过表 2 的规定。

表 2

滚压力/kN	声压级限值 L_{PA}/dB(A)
≤63	83
＞63～200	84
＞200	85

3.2 卷簧机的噪声限值

3.2.1 卷簧机的声功率级限值

卷簧机连续空运转时的噪声A计权声功率级 L_{WA} 不应超过表3的规定。

表 3

钢丝直径/mm	声功率级限值 L_{WA}/dB(A)
≤4	91
>4～8	95
>8	99

3.2.2 卷簧机的声压级限值

卷簧机连续空运转时在规定位置的噪声A计权声压级 L_{PA} 不应超过表4的规定。

表 4

钢丝直径/mm	声压级限值 L_{PA}/dB(A)
≤4	76
>4～8	80
>8	85

3.3 制钉机的噪声限值

3.3.1 制钉机的声功率级限值

制钉机连续空运转时的噪声A计权声功率级 L_{WA} 不应超过105 dB(A)。

3.3.2 制钉机的声压级限值

制钉机在连续空运转时在规定位置的噪声A计权声压级 L_{PA} 不应超过90 dB(A)。

3.4 自动镦锻机的噪声限值

3.4.1 自动镦锻机的分类

自动镦锻机包括双击整模冷镦机、螺母自动镦锻机、螺栓自动镦锻机(包括带倒角和搓丝等机构的自动制螺栓机)、钢球自动镦锻机、多工位冷成形机。

3.4.2 自动镦锻机的声功率级限值

各种自动镦锻机连续空运转时的噪声A计权声功率级 L_{WA} 不应超过表5的规定。

表 5

机器名称	机器的主参数	机器的主参数值	声功率级限值 L_{WA}/dB(A)
自动冷镦机	最大直径/mm	≤8	100
		>8~16	103
		>16	105
多工位自动镦锻机	最大直径/mm	≤8	100
		>8~16	103
		>16	105
滚珠、钢球自动冷镦机	最大直径/mm	≤16	103
		>16	105
多工位冷成形机	公称镦锻力/kN	≤2 000	105
		>2 000	108

3.4.3 **自动镦锻机的噪声 A 计权声压级**

各种自动镦锻机连续空运转时在规定位置的噪声 A 计权声压级 L_{PA} 不应超过表 6 的规定。

表 6

机器名称	机器的主参数	机器的主参数值	声压级限值 L_{WA}/dB(A)
自动冷镦机	最大直径/mm	≤8	85
		>8~16	87
		>16	89
多工位自动镦锻机	最大直径/mm	≤8	85
		>8~16	87
		>16	89
滚珠、钢球自动冷镦机	最大直径/mm	≤16	87
		>16	89
多工位冷成形机	公称镦锻力/kN	≤2 000	87
		>2 000	89

3.5 **自动切边机的噪声限值**

3.5.1 **自动切边机的声功率级限值**

自动切边机连续空运转时的噪声 A 计权声功率级 L_{WA} 不应超过表 7 的规定。

表 7

制件杆部最大直径/mm	声功率级限值 L_{WA}/dB(A)
≤8	100
>8～16	103
>16	105

3.5.2 自动切边机的声压级限值

自动切边机连续空运转时在规定位置的噪声 A 计权声压级 L_{PA} 不应超过表 8 的规定。

表 8

制件杆部最大直径/mm	声压级限值 L_{PA}/dB(A)
≤8	85
>8～16	87
>16	89

3.6 自动搓丝机的噪声限值

3.6.1 自动搓丝机的声功率级限值

自动搓丝机连续空运转时的噪声 A 计权声功率级 L_{WA} 不应超过表 9 的规定。

表 9

加工螺纹最大直径/mm	声功率级限值 L_{WA}/dB(A)
≤6	98
>6～12	100
>12	104

3.6.2 自动搓丝机的声压级限值

自动搓丝机连续空运转时在规定位置的噪声 A 计权声压级 L_{PA} 不应超过表 10 的规定。

表 10

加工螺纹最大直径/mm	声压级限值 L_{PA}/dB(A)
≤6	83
>6～12	85
>12	88

3.7 自动弯曲机的噪声限值

3.7.1 自动弯曲机的声功率级限值

自动弯曲机连续空运转时的噪声 A 计权声功率级 L_{WA} 不应超过表 11 的规定。

表 11

最大直径/mm	声功率级限值 L_{WA}/dB(A)
≤4	94
>4	97

3.7.2 自动弯曲机的声压级限值

自动弯曲机连续空运转时在规定位置的噪声 A 计权声压级 L_{PA} 不应超过表 12 的规定。

表 12

最大直径/mm	声压级限值 L_{PA}/dB(A)
≤4	79
>4	84

4 测量方法

4.1 声压级测量方法

自动锻压机的噪声声压级测量方法应符合 GB/T 23281 的规定。

4.2 声功率级测量方法

自动锻压机的噪声声功率级测量方法应符合 GB/T 23282 的规定。

4.3 噪声测量说明

4.3.1 出厂检验只测量噪声声压级。

4.3.2 新设计或改进设计、工艺、材料后的新产品以及进行性能试验的产品均应测量噪声声压级，也可再测量噪声声功率级，以噪声声压级为合格评定依据。

ICS 23.140
J 72

中华人民共和国国家标准

GB/T 28246—2012

高炉煤气能量回收透平膨胀机

Top gas pressure recovery turbine expander

2012-03-09 发布　　2012-07-01 实施

中华人民共和国国家质量监督检验检疫总局
中国国家标准化管理委员会　发布

前　言

本标准按照 GB/T 1.1—2009 给出的规则起草。

本标准由中国机械工业联合会提出。

本标准由全国风机标准化技术委员会(SAC/TC 187)归口。

本标准起草单位:西安陕鼓动力股份有限公司、沈阳鼓风机集团股份有限公司。

本标准主要起草人:梁淑雯、梅元平、柳黎光、陈凤义、郑华、丁如义。

高炉煤气能量回收透平膨胀机

1 范围

本标准规定了轴流式高炉煤气能量回收透平膨胀机(以下简称膨胀机)的基本设计、联轴器和护罩、控制和仪表、检查与试验、保证、涂装和包装与运输的最低要求。

本标准适用于介质为高炉煤气,其粉尘含量不大于 10 mg/Nm^3 的膨胀机。

2 规范性引用文件

下列文件对于本文件的应用是必不可少的。凡是注日期的引用文件,仅注日期的版本适用于本文件。凡是不注日期的引用文件,其最新版本(包括所有的修改单)适用于本文件。

GB/T 191　包装储运图示标志

GB/T 2888　风机和罗茨鼓风机噪声测量方法

GB/T 3766　液压系统通用技术条件

GB/T 6557　挠性转子机械平衡的方法和准则

GB/T 9239.1　机械振动　衡态(刚性)转子平衡品质要求　第1部分:规范与平衡允差的检验

GB/T 12467.3　金属材料熔焊质量要求　第3部分:一般质量要求

GB/T 13306　标牌

GB/T 26137—2010　高炉煤气能量回收透平膨胀机热力性能试验

JB/T 1265　25 MW～200 MW 汽轮机转子体和主轴锻件技术条件

JB/T 4365　专用的润滑、轴密封和控制油系统

JB/T 6887　风机用铸铁件技术条件

JB/T 8467　锻钢件　超声波探伤方法

3 术语和定义

下列术语和定义适用于本文件。

3.1

高炉煤气能量回收透平膨胀机　top gas pressure recovery turbine expander

利用高炉煤气的绝热膨胀将其压力能和热能转化为机械能的透平机械。

3.2

工作转速 n_r　working speed

在设计工况下膨胀机功率输出轴的转速。

3.3

最高连续工作转速 n_{max}　max. continuous operating speed

膨胀机在规定工况范围内允许连续运行的最高转速(r/min)。一般情况下,该转速依据被驱动的耗功机械的最高连续工作转速来确定,$n_{max} \leqslant 1.05\ n_r$。

3.4

最低连续工作转速 n_{min}　min. continuous operating speed

膨胀机转子在规定工况范围内允许连续运行的最低转速(r/min)。

3.5

跳闸转速 n_t　trip speed

膨胀机的独立超速紧急装置动作，自动切断气源时的运行转速(r/min)。电气控制跳闸取 $n_t=1.08n_r$；机械控制跳闸 $n_t=1.10n_r$。

3.6

超速试验转速 n_s　overspeed test speed

对膨胀机转子的安全可靠性进行验证时的转速(r/min)，一般取 $n_s=1.15n_r$。

3.7

膨胀机转子　rotor of expander

含有一定能量的高炉煤气经膨胀加速推动转子作旋转运动，将获得的机械功以旋转方式传递给耗功机械的部件。

3.8

危急遮断器　emergency breaker

当转子转速达到超速设定值时，立即能触发超速保护系统的控制或遮断的部件。

3.9

盘车装置　barring gear

膨胀机启动时提供扭矩使转子从静止进入低速运转状态，或在膨胀机热运行停机时，带动转子以低转速旋转，以防止冷却不均匀造成转子弯曲变形的驱动部件。

3.10

设计运行工况　design operation condition

在设计工作转速下所对应的运行参数为设计运行工况。该工况通常是卖方提供性能保证的运行点。

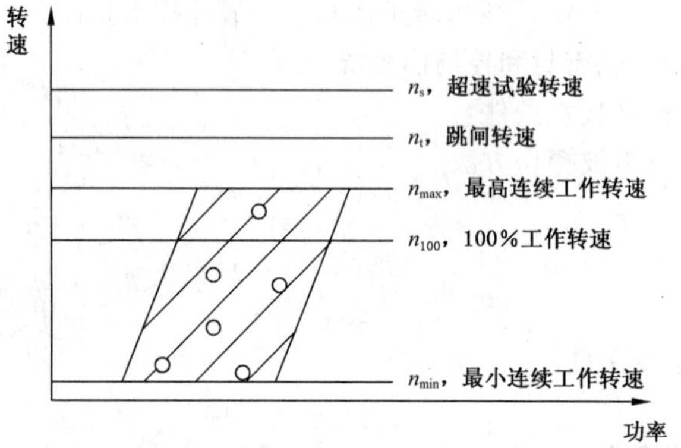

说明：

○——工作点；

//——允许工作范围。

图1　速度定义示意图

4　基本设计

4.1　通则

4.1.1　根据进气状态，膨胀机可分为湿式、干式和干湿两用膨胀机。其结构一般设计为下进气、下排气或径向进气、轴向排气的单吸双支结构，下进气、下排气双吸双支结构等。

4.2 一般要求

4.2.1 膨胀机的进口工况应稳定，其压力波动值应保持在±10.0 kPa范围内。

4.2.2 膨胀机及其辅助设备应确保在启动、停机及瞬时超负荷的情况下安全运行，在规定的使用条件下，连续工作时间应不少于三年。

4.2.3 静叶调节机构、轴承结构、轴端密封及油系统的设计应考虑在膨胀机及其辅助设备运行或停机期间能防止湿气、粉尘及杂质的侵入。

4.2.4 膨胀机应提供起吊环、吊环螺钉、顶起螺钉及导杆。在中分面上顶起螺钉接触处，应加工出凹坑或采取其他措施，以防顶起上半机壳时损坏结合表面。

4.2.5 膨胀机及其辅助设备的布置及结构应便于操作及维护，并留有足够的空间。

4.2.6 润滑、动力油系统及其相关部件应按有关规定配备有加热、冷却功能，其设计规范按表1。

表1 冷却系统水程设计规范

项目		设计参数
管内水速		1.5 m/s～2.5 m/s
最高允许工作压力(表压)		0.7 MPa
试验压力(1.5倍最高允许工作压力)(表压)		1.05 MPa
最大压力降		0.1 MPa
最高进口温度		35 ℃
最高出口温度		50 ℃
最大温升		20 ℃
最小温升		10 ℃
水程污垢系数	封闭循环(净化)水	0.85×10^{-4} m^2K/W
	一般冷却水	1.7×10^{-4} m^2K/W
	碱水	3.4×10^{-4} m^2K/W
碳钢壳体腐蚀裕度		3 mm

4.2.7 当对膨胀机及其配套设备的噪声有要求，需要提供消声、隔声装置时应由买卖双方协商。

4.3 铸件

膨胀机铸件的技术要求应按JB/T 6887规定。

4.4 焊接件

焊接零件(包括管道)的材料应具有良好的焊接性能，焊接辅料必须与母材相熔。焊接件的检查和试验应按GB/T 12467.3执行。

4.5 机壳

4.5.1 机壳一般采用水平剖分结构，铸造或钢板焊接而成。

4.5.2 在设计机壳厚度时，如果机壳不是耐腐蚀材料，则至少应预留有3.2 mm的裕度。

4.5.3 应对机壳和接管所构成的系统进行热应力和热平衡计算，以保证其始终处于稳定状态。

4.5.4 与机壳相连接的部件，连接前应进行消除应力处理。

4.5.5 机壳加工完成后应进行水压试验，其试验压力(表压)不低于最高工作压力的1.5倍。

4.5.6 机壳支腿应有一定的稳定性，并具有吸收(或减少)由于热膨胀而引起的机壳热变形的功能。机壳的四个支腿应设置在下机壳的中分面附近，并布置在膨胀机轴线两侧。

4.5.7 上下机壳之间应用预紧螺柱联结。预紧螺柱的预紧应力应不超过螺柱材料最小屈服极限的0.75倍。

4.5.8 机壳上的接管应采用法兰连接或加工出平面后用螺柱连接。

4.5.9 应避免采用螺栓贯通孔。当选用双头螺柱连接时，螺纹孔不应穿透机壳，其剩余母材应有足够的厚度和腐蚀裕度。

4.6 静叶承缸

4.6.1 双支撑结构机壳内置有水平剖分结构的静叶承缸，其两端与机壳支撑连接：

a) 进气端与机壳之间采用止口定位，排气端沿机壳定位孔可轴向自由滑动；

b) 排气端另外还配备有扩压段，与机壳之间采用止口定位连接，构成排气通道。

4.6.2 静叶承缸与机壳之间应形成一个密闭的调节腔，进、排气室的煤气不得泄入调节腔。

4.6.3 在工作温度下，材料的力学性能应稳定，热变形小。

4.7 静叶调节机构

4.7.1 静叶调节机构为水平剖分结构，内置于由机壳和静叶承缸所形成的密闭调节腔内。在液力的驱动下，调节机构相对膨胀机主轴作圆周或轴向移动，带动曲柄转动，达到调节静叶角度。

4.7.2 可调静叶的套筒轴承应具有自润滑功能，不得采用润滑油。

4.7.3 可调静叶与静叶承缸之间的装配应保证稳固，在气流的多次冲击作用下不得出现摇摆，但在驱动力的作用下应能保持转动。

4.7.4 调节机构一般采用液力驱动或电力驱动。静叶应能双向灵活转动，并在明显部位设置有显示静叶旋转角度的刻度盘。

4.7.5 调节机构贯穿机壳处应防止粉尘侵入。

4.8 转子

4.8.1 一般要求

4.8.1.1 膨胀机转子由主轴、动叶和动叶锁紧块等组成。

4.8.1.2 膨胀机的转子可以采用挠性转子或刚性转子。在运转条件下，刚性转子的临界转速$\geqslant 1.25\ n_r$；挠性转子的一阶临界转速$\leqslant 0.85 n_{min}$，二阶临界转速$n_{cr2} \geqslant 1.25 n_r$。

4.8.1.3 动叶通过沿轮毂圆周方向均匀分布的轴向叶根槽嵌镶在轮毂上，并用锁紧装置轴向定位。

4.8.1.4 转子需进行横向振动及扭曲振动分析计算，装配后应进行动平衡校正。

4.8.2 主轴

4.8.2.1 由经热处理的整体锻钢件加工而成，也可采用焊接空心轴结构：

a) 锻钢制主轴应进行化学成分分析和力学性能检验；

b) 膨胀机的主轴件应符合JB/T 1265的规定。其超声波检查可按JB/T 8467执行。

4.8.2.2 在主轴上测量径向轴振动和轴向位移的传感环面，应与轴承相配合的轴颈同轴，其表面不得用硬物刻划符号，不得有造成表面不连续的油孔或键槽。该环面不得喷镀、涂镀或装设轴套，其最终表面粗糙度Ra值应为0.4 μm～0.8 μm。该环面应进行退磁处理，其电的和机械的综合跳动值应不超过最大许可峰—峰振幅值的25%或下列值(两值中取较大者)：

a） 径向振动探头监测的传感环面：6 μm。

b） 轴位移探头探测的传感环面：13 μm。

4.8.2.3 经过退磁或其他方法处理的轴振动测量环面，其剩磁不得超过 0.000 5 T(5 Gs)。

4.8.2.4 推力盘两止推表面的表面粗糙度 *Ra* 值应不大于 0.4 μm，推力盘任一侧表面总的轴向圆跳动不应超过 13 μm。

4.8.3 动叶

4.8.3.1 应根据叶片承受的静载荷、动载荷、温度、振动、腐蚀等因素综合考虑材料选取。

4.8.3.2 叶片的固有频率不应与最小允许转速之下 10%起到最高连续转速之上 10%的任何激励源频率相重合。

4.8.3.3 动叶材质应采用耐高温(>250 ℃)、高强度的优质碳素结构钢或不锈钢材料制造，并应进行化学成分分析、力学性能检验和裂纹检验。成型后的叶片需进行增加抗疲劳强度处理。

4.9 轴承和轴承箱

4.9.1 一般要求

4.9.1.1 在不拆卸上半机壳的情况下应能更换轴承。

4.9.1.2 当无特殊规定时，轴承应安装有温度传感元件。

4.9.2 径向轴承

在整个允许的间隙范围内，径向轴承应能提供足够的阻尼，以保证膨胀机在规定的运行转速范围内(包括临界转速)空载或负载运行时，转子的振动不超过规定的最大峰—峰振幅值。

4.9.3 止推轴承

4.9.3.1 止推轴承应采用在轴衬体上镶有轴承合金(巴氏合金)的多块瓦结构，以承受双向相等的轴向推力。当瓦块之间的厚度有较小的误差时，有自调特性的、两侧摆动的瓦块能保证每块瓦承受相等的推力载荷。

4.9.3.2 止推轴承的推力盘可与主轴为一整体，也可是可更换的分体式。分体式推力盘与主轴之间的配合应采用过盈配合。

4.9.3.3 瓦块的几何形状和尺寸精度要高，以便安装或大修时可任意选择瓦块。

4.9.3.4 止推轴承负荷应按不超过轴承最大额定负荷的 50%选取。最大额定负荷为连续运行产生最小允许油膜厚度的负荷或瓦块上的最高温度处不超过巴氏合金蠕变或屈服强度时的负荷，取两者之中的较小值。

4.9.4 轴承箱

4.9.4.1 轴承箱一般采用分体式结构，通过一定的连接方式与机壳连为一体，以确保轴承对中的可靠性和重复性。

4.9.4.2 在轴承箱中，润滑油的泡沫应最少，回油管路截面要大，排油系统要使轴承箱中的油位和泡沫面始终低于油封。

4.9.4.3 在最不利的规定运行条件下，当进油口油温低于 49 ℃时，经过轴承和轴承箱的油温升应低于 28 ℃，出油口最高油温不超过 82 ℃。

4.9.4.4 轴承箱上应能安装测振仪表，并在每一副轴承附近留有放置非接触式测振探头的空间和位置。当使用两个非接触式测振探头时应沿圆周方向相隔 90° 布置。

4.9.5 轴承箱内安装有油封,用以阻止润滑油外泄和外部灰尘侵入,同时阻止由轴端密封处外泄的高温气体进入轴承箱,造成润滑油老化。

4.9.6 为保证热胀过程中轴承箱与机壳同轴,轴承箱体在轴向、径向应设有导向键,以便在底座上可以定向滑动。

4.10 轴端密封

4.10.1 一般采用迷宫密封加注入一定压力氮气的充气密封,或其他型式的轴端密封。

4.10.2 密封应适宜于在启动、停车和买方规定的其他各种特殊运行工况下密封工作条件的变化。

4.10.3 为限制过量密封气体进入工作介质,密封的充气压力应与机组的内部压力进行差压控制。最高密封充气压力应大于或至少应等于机壳中的滞留压力。

4.10.4 充气密封的充气系统应能在工艺流程投产之前投入运行。

4.10.5 双向进气膨胀机的两段之间应用密封将其分开,防止互相之间产生气流干扰。

4.11 底座

为便于安装找正,底座多采用钢板焊接,底座上设有导向键和调整螺钉。

4.12 外力及外力矩

机组各管口所能承受的外力和外力矩应按公式(A.1)和公式(A.2)计算选取,并以表格的形式列表给出。

4.13 润滑油和动力油系统

4.13.1 润滑油系统

4.13.1.1 润滑油系统应符合 JB/T 4365 的规定。

4.13.1.2 膨胀机应配备保证安全停机的高位油箱。其储油量不得少于正常运行期间 3 min 的用油量。

4.13.1.3 为了防止杂质流入膨胀机及其他润滑点,高位油箱下部的出油管接口应高出油箱内部底平面 25 mm。

4.13.1.4 高位油箱上排放阀和溢流管接头的内径不得小于 20 mm。

4.13.1.5 高位油箱上部应留有内径不小于 150 mm 的开孔,用于调整和检查。

4.13.1.6 为了保证停机时膨胀机及其辅助设备各供油点对油压的最低要求,高位油箱出油管中心距膨胀机轴线的高度不得少于 5 000 mm。

4.13.2 动力油系统

4.13.2.1 动力油系统符合 GB/T 3766 的规定。

4.13.2.2 动力油系统应设置有蓄能器。当伺服控制在 1 s 内产生全冲击时,蓄能器能将控制压力维持在 90%的系统工作压力。在备用油泵启动过程,该压力最少应保持 15 s。

4.13.2.3 应提供压力表接头便于检查蓄能器的预充气压力。

4.14 喷射装置

4.14.1 可配备冲洗叶面和流道积灰的喷射装置,在运行中能连续或断续地向叶面和流道喷射液体进行清洗。

4.14.2 喷嘴喷射出去的液体应分布均匀,液粒细微。

4.14.3 机壳上应预留有安装喷射装置的凸台。

4.14.4 根据粉尘、结垢的化学成分和性质选择不同的喷射液。

4.15 盘车装置

4.15.1 应配备有电动或液动的盘车装置。

4.15.2 盘车装置投入运行时,应设置手动或自动啮合。

4.15.3 在启动膨胀机时,盘车装置将转子升速到某一定值后,应能自动脱开。

4.15.4 正常运行停机时,防止冷却不均匀造成转子弯曲与不平衡,启动盘车装置使转子在低转速下旋转至常温状态。

4.16 污水排放装置

4.16.1 机壳及管路部件中易积水处应设有排、放水装置。

4.16.2 排泄管道应带有截止阀,旁通管带有冷凝水排放器,所有排污口不得发生污水倒灌。

4.17 平衡与振动

4.17.1 平衡校正

4.17.1.1 膨胀机转子组装后应进行动平衡校正。刚性转子的动平衡校正可按 GB/T 9239.1 进行。

4.17.1.2 转子进行动平衡校正时,其剩余不平衡量应不超过公式(1)的计算值或质量偏心矩 250 μm,两值中取较大值。

$$U = 6\,350\ W/n_{max} \qquad \cdots\cdots(1)$$

式中:

U ——剩余不平衡量,单位为克毫米(g·mm);

W ——轴颈处静载荷,单位为千克(kg);

n_{max}——最高工作转速,单位为转每分(r/min)。

当质量偏心矩单位用 μm 表示,其计算公式为剩余不平衡量/轴颈处的静态质量载荷[U/1 000 W]。

4.17.1.3 动平衡校正过程中,当剩余不平衡量超过要求时,可在轮毂端面用配置调整块、调整条或调整螺钉的方法进行平衡,并用螺钉紧固。

4.17.1.4 挠性转子的平衡方法可按 GB/T 6557 进行。

4.17.2 振动测量

4.17.2.1 在规定工作转速范围内的任一转速下进行机械运转试验时,在靠近径向轴承的任意环面上所测得的未滤波的峰—峰振幅值不应超过公式(2)的计算值或 25 μm 两值中取较小值。

$$A = 25.4\sqrt{\frac{12\,000}{n_{max}}} \qquad \cdots\cdots(2)$$

式中:

A——未滤波的轴振动振幅值,单位为 μm,是真实的峰—峰振幅值。

在最高工作转速与跳闸转速之间的任意转速下运行时,其振幅值应不超过 1.5 倍最高连续转速下记录的最大振幅值。

4.17.2.2 主轴存在电的或机械的径向圆跳动,则在进行机械运转试验时,从测得的振幅信号中可以矢量地减去 0.25A,A 值由公式(2)计算取得。

4.18 标牌及旋转方向箭头

4.18.1 膨胀机标牌应为耐腐蚀材料制成,尺寸规格按 GB/T 13306 执行,包括下列内容:

a) 产品名称；
b) 产品编号；
c) 产品型号；
d) 介质；
e) 进口流量，m^3/min；
f) 进口温度，℃；
g) 进口压力，MPa(绝)；
h) 出口压力，MPa(绝)；
i) 最大输出功率，kW；
j) 工作转速，r/min；
k) 制造日期；
l) 制造厂名称。

4.18.2 在机壳易看到的位置钉旋转方向箭头。

5 联轴器和护罩

5.1 联轴器

5.1.1 膨胀机与耗功机械之间连接的联轴器可选用刚性或挠性联轴器。联轴器应能在机组中连续运转三年以上。

5.1.2 联轴器与轴的联结，应能在机组运行中承受最大连续扭矩的175%。

5.1.3 当采用挠性联轴器时，轴向位移达到额定值的125%时能正常连续运转。

5.2 联轴器护罩

5.2.1 联轴器及主轴的外露部分应用护罩屏蔽。

5.2.2 联轴器护罩不得妨碍两半联轴器的联接。当需要检查、维护时，护罩应易拆卸。

5.2.3 护罩整体应有足够的刚度，当承受900 N的静载荷时，其挠曲变形量不超过护罩无支撑长度的0.000 5倍。

6 控制和仪表

6.1 控制调节

6.1.1 超速保护

6.1.1.1 应安装有电气或机械式的超速保护装置。

6.1.1.2 当机组用于驱动发电机时，应该同时安装电气和机械式的超速保护装置。

6.1.1.3 当发生超速现象，超速保护装置应能立即切断气源、停机，并能自动开启旁通阀将气流导入旁通管。

6.1.2 转速控制

应设有转速控制调节装置，以保证在启动过程中按特定的升速曲线升速，并应能将转速控制在一定的范围内。

6.1.3 粉尘监测控制

在机组的进气管路上应有粉尘监测控制装置。当进口煤气中的粉尘浓度大于 20 mg/Nm³ 时，粉尘监测系统应发出报警信号。

当进口煤气中的粉尘浓度大于 30 mg/Nm³，而且有继续发展趋势时，买卖双方应协商粉尘监测控制装置切断气源，并开启旁通阀将气流导入旁通管。

6.2 仪表

6.2.1 压力测量仪应适合膨胀机的工作介质。量程应使正常工作压力值处在压力表量程的 1/2 处。

6.2.2 温度测量可采用温度计，也可采用热电偶和电阻式温度检测仪。

6.2.3 转速测量仪可附加远控读数装置和连续记录、打印转速功能。

6.3 控制监测

膨胀机可按表 2 设置控制监测项目。

表 2 推荐设置控制监测项目

项　　目	仪表显示	报警(H)	报警(L)	停机
工作介质控制监测项目：				
进口压力	T	—	—	—
进口温度	T	(H)	—	—
出口温度	(T)	(H)	(L)	—
出口压力	T	(H)	—	—
密封介质压力	T	—	(L)	—
粉尘浓度	T	(H)	—	—
润滑油系统与动力油系统控制监测项目：				
主油箱油位	T	—	L	—
主油箱油温	(T)	H	—	—
冷却器前润滑油压	(T)	—	—	—
滤油器压差	T	(H)	—	—
进油管最远点润滑油压	T	—	L	LL
膨胀机每一个轴承温度	T	(H)	—	HH△
冷却器进口油温	T	—	—	—
冷却器出口油温	T	—	—	—
动力油压力	T	—	L	LL△
轴位移和轴振动控制监测项目：				
轴向位移	(T)	(H)	—	HH
主轴或轴承箱振动	(T)	(H)	—	HH
主轴转速	T	(H)	—	HH

注："H"、"L"、"T"为必须设置；"—"表示不必设置；"(H)"、"(L)"、"(T)"可以根据买卖双方协商来设置。"H"表示上限报警；"L"下限报警；"T"表示仪表显示。"LL"表示下下限停机；"HH"表示上上限停机；"△"表示需买卖双方协商。

7 检查与试验

7.1 检查

7.1.1 在规定的检查完成前，承压件不得涂漆。

7.1.2 轴承箱及辅助设备中的油箱在内外清理干净后，做煤油渗漏，在30 min持续时间内不得有渗漏现象。

7.2 试验

7.2.1 机械运转试验

7.2.1.1 膨胀机出厂时应进行机械运转试验。

7.2.1.2 试验前应首先调整好机械式超速保护装置的整定值。

7.2.1.3 机械运转试验可不在工作载荷的情况下进行，在最高连续工作转速下润滑油温度稳定后进行轴振动测量，其取值应包括整个工作转速范围(含达到快速切断阀动作前的转速)。

7.2.1.4 进行机械运转试验时，膨胀机在最高工作转速下运转不得少于2 h。

7.2.1.5 可采用下述方法之一测量膨胀机的径向振动值：

a) 在径向轴承附近，用非接触式传感器测量轴振动；

b) 在轴承箱处用接触式传感器测量轴承箱振动。

7.2.1.6 膨胀机在规定的最高工作转速下进行机械运转试验时，测量轴承部位的均方根振动速度值不大于4 mm/s。

7.2.1.7 机械运转试验后应对轴承进行检查、并记录所有测量值。

7.2.1.8 机械运转试验后，如不符合要求需要拆卸修整时，修整后应重新进行试验。

7.2.2 超速保护试验

电气式超速保护装置，应根据转速控制要求，并按工作转速的1.08倍设定超速跳闸值。

机械式超速保护装置，应首先调整好危急遮断器超速跳闸值，并至少连续三次断开危急遮断器油门进行验证，每次的转速误差要求在机械跳闸转速的±1.5%范围内。

7.2.3 水压试验

7.2.3.1 承压件(包括辅助设备)应进行水压试验，其试验压力应为该承压件最高工作压力的1.5倍，但不得低于0.14 MPa(表压)。

7.2.3.2 水压试验时间一般应持续30 min。在此期间，壳体表面或结合处应无渗漏现象发生。对于大型壁厚铸件(壁厚超过30 mm)，可适当延长试验时间。

7.2.4 系统试验

7.2.4.1 机组在正式投运前应进行电气、仪表系统试验。

7.2.4.2 在试运行期间应做中、低负荷的甩负荷试验，并检查膨胀机的安全连锁报警和停机控制装置。

7.2.4.3 满足要求后连续运行时间不少于72 h。

7.2.5 性能试验

性能试验应符合GB/T 26137—2010的规定。

7.2.6 噪声测量

噪声测量方法可按 GB/T 2888 进行。

8 保证

保证期从机组投入运行之日起为 12 个月，但不超过从卖方厂(或发货港)发货之日起 18 个月。

9 涂装和包装与运输

9.1 涂装

9.1.1 所有零、部件的不加工表面(除有特殊规定或要求外)均应涂漆；若膨胀机主、辅机及管路的外观油漆颜色无特殊要求时，应符合卖方的有关规定。加工表面应进行防护处理。

9.1.2 零件的外形应光洁平整，总装后不应有油污、划伤、碰伤等缺陷。

9.1.3 涂层必须牢固。装饰性涂层不允许有流挂、起泡、发白、失光、划伤、碰伤等缺陷，最终达到外观平整、美观，而且色泽均匀一致。

9.1.4 外露的螺柱、螺栓、螺母、垫圈均须经氧化处理。螺柱和螺栓的外露长度在把紧螺母、垫圈后应保留有(3～5)扣。

9.2 包装与运输

9.2.1 膨胀机的全部试验和检查合格、清洁处理后方可进行包装。

9.2.2 产品可采用箱包或简包型式，但应保证多次装卸、长途运输，并应采取防潮、防振措施。

9.2.3 各种仪表及受振易损件应作专门包装，并加填料保护。

9.2.4 包装箱的设计应考虑排水流畅、通风条件良好。

9.2.5 包装箱上应明显地标出被包装物的质量、质心点位置和起吊点等标识，指示标识应符合 GB/T 191 的规定。

9.2.6 包装箱的设计应符合水路、铁路、陆路、海路等运输的有关规定。

9.3 随机技术文件

9.3.1 膨胀机及主要配套辅助设备安装使用说明书。

9.3.2 膨胀机及主要配套辅助设备合格证明书(或合格证)。

9.4 贮存

9.4.1 产品各包装件存放时应垫平放稳，离开地面高度应不少于 200 mm～300 mm。

9.4.2 室外存放时应有防雨淋、日晒及积水的保护措施。

9.4.3 产品在贮存期间应每半年(经船运第一次为三个月)开箱检查一次，并注意：

a) 各机件保护层是否失去保护作用，装饰性涂层是否有变色、剥蚀现象，必要时应更换保护层；

b) 包装件的标志是否有模糊不清现象，必要时应重新涂刷标志。

附 录 A
（规范性附录）
外力和外力矩

设计膨胀机机壳时，必须考虑对机壳进、出气管法兰上的管路载荷加以限定。为了保证系统安全具有最大的可靠性，管路施加给机壳进、出气管法兰上的管路载荷应尽可能地小，这与膨胀机的承载能力大小无关。作为规范，由进口和出口接管法兰作用于膨胀机上的外力和外力矩限定如下：

a） 在任何接管法兰处施加于膨胀机的总合力和总合力矩应不超过公式（A.1）的计算值。

$$F_r + 1.09M_r \leqslant 54.1D_e \qquad \text{(A.1)}$$

式中：

F_r——合力，单位为牛顿（N）（见图 A.1），其值按公式（A.2）计算：

$$F_r = \sqrt{F_x^2 + F_y^2 + F_z^2} \qquad \text{(A.2)}$$

M_r——合力矩，单位为牛顿米（N·m）（见图 A.1），其值按公式（A.3）计算：

$$M_r = \sqrt{M_x^2 + M_y^2 + M_z^2} \qquad \text{(A.3)}$$

对于直径≤200 mm 的接管：

D_e——标称接管直径，单位为毫米（mm）。

对于直径＞200 mm 的接管，应使用下式计算接管的当量直径：

$$D_c = \frac{400 + D_{nom}}{3} \qquad \text{(A.4)}$$

式中：

D_c ——接管的当量直径，单位为毫米（mm）；

D_{nom}——标称管径，单位为毫米（mm）。

b） 在最大连接管中心线上分解的进口和出口接管法兰处的合力和合力矩不应超过下列值：

1） 合力不超过：

$$F_c + 1.64M_c \leqslant 40.4D_c \qquad \text{(A.5)}$$

式中：

F_c ——分解给进口和出口的合力，单位为牛顿（N）；

M_c——进口和出口的合力矩，单位为牛顿米（N·m）；

D_c ——一个圆形开口直径，单位为毫米（mm）。等于进口和出口的开口的总面积。如果当量管口直径＞230 mm 时，使用下列 D_c 值：

$$D_c = \frac{460 + \text{当量直径}}{3}$$

2） 各合力、合力矩的分力和分力矩（见图 A.1）应不超过下列各式的计算值：

$$F_x = 16.1D_c\text{；} M_x = 24.6D_c$$

式中：

F_x ——F_c 的水平分力，其方向与膨胀机轴线平行，单位为牛顿（N）；

M_x——M_c 绕水平轴线的分力，单位为牛顿·米（N·m）。

$$F_y = 40.5D_c\text{；} M_y = 12.3D_c$$

式中：

F_y ——F_c 的垂直分力，单位为牛顿（N）；

M_y——M_c 围绕垂直轴线的分力，单位为牛顿·米（N·m）；

$$F_z = 32.4D_c\text{；} M_z = 12.3D_c$$

式中：

F_z ——F_c 的水平分力，其方向与膨胀机轴线成直角，单位为牛顿(N)；

M_z——M_c 围绕与膨胀机轴线直角的水平轴线的分力，单位为牛顿·米(N·m)。

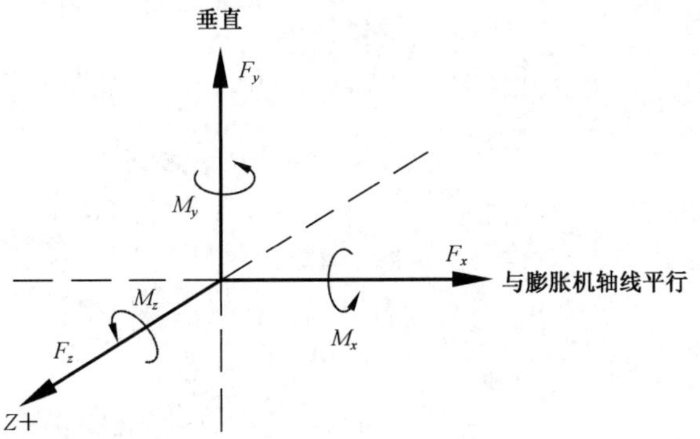

图 A.1 经修正的合力与合力矩

c) 许用力和力矩的大小只与膨胀机结构有关，与连接管路、法兰和法兰螺栓连接的力和力矩无关，其值应不超过本标准所规定的许用应力。

ICS 25.100.20
J 41

中华人民共和国国家标准

GB/T 28247—2012

盘形齿轮铣刀

Rotary gear milling cutters

2012-03-09 发布 2012-07-01 实施

中华人民共和国国家质量监督检验检疫总局
中国国家标准化管理委员会 发布

前　言

本标准按照 GB/T 1.1—2009 给出的规则起草。

本标准由中国机械工业联合会提出。

本标准由全国刀具标准化技术委员会(SAC/TC 91)归口。

本标准起草单位:重庆工具厂有限责任公司、成都工具研究所有限公司。

本标准主要起草人:丁卫东、沈士昌。

盘形齿轮铣刀

1 范围

本标准规定了盘形齿轮铣刀的基本型式和尺寸、技术条件、标志和包装的基本要求。

本标准适用于基准齿形角为20°,模数为0.3 mm～16 mm(按GB/T 1357)的盘形齿轮铣刀。

2 规范性引用文件

下列文件对于本文件的应用是必不可少的。凡是注日期的引用文件,仅注日期的版本适用于本文件。凡是不注日期的引用文件,其最新版本(包括所有的修改单)适用于本文件。

GB/T 1357 通用机械和重型机械用圆柱齿轮 模数

GB/T 6132 铣刀和铣刀刀杆的互换尺寸(GB/T 6132—2006,ISO 240:1994,IDT)

3 型式和尺寸

3.1 盘形齿轮铣刀的基本型式和尺寸按图1和表1的规定。

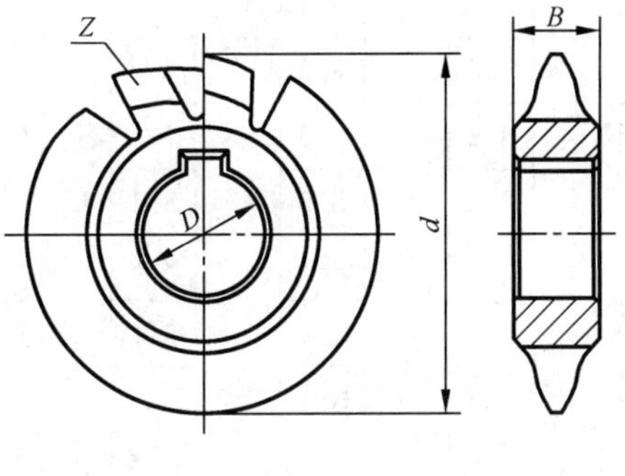

a) m0.3～m0.9

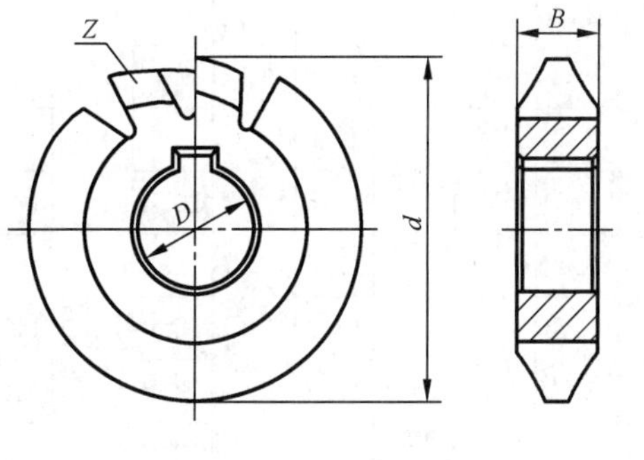

b) m1～m6.5

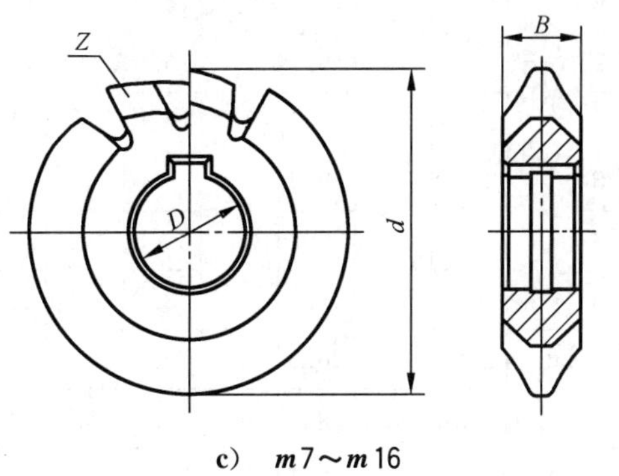

c) m7～m16

图 1

表 1

单位为毫米

模数系列		d	D	B															齿数 Z	铣切深度
				铣刀号																
1	2			1	$1\frac{1}{2}$	2	$2\frac{1}{2}$	3	$3\frac{1}{2}$	4	$4\frac{1}{2}$	5	$5\frac{1}{2}$	6	$6\frac{1}{2}$	7	$7\frac{1}{2}$	8		
0.3		40	16	4	—	4	—	4	—	4	—	4	—	4	—	4	—	4	20	0.66
	0.35																			0.77
0.40																				0.88
0.50																			18	1.10
0.60																				1.32
	0.70																		16	1.54
0.80																				1.76
	0.90																			1.98
1.00		50	22																14	2.20
1.25				4.8		4.6		4.4		4.2		4.1		4.0		4.0		4.0		2.75
1.50		55		5.6		5.4		5.2		5.1		4.9		4.7		4.5		4.2		3.30
	1.75	60		6.5		6.3		6.0		5.8		5.6		5.4		5.2		4.9	12	3.85
2.00				7.3		7.1		6.8		6.6		6.3		6.1		5.9		5.5		4.40
	2.25			8.2		7.9		7.6		7.3		7.1		6.8		6.5		6.1		4.95
2.50		65		9.0		8.7		8.4		8.1		7.8		7.5		7.2		6.8		5.50
	2.75	70	27	9.9		9.6		9.2		8.8		8.5		8.2		7.9		7.4		6.05
3.00				10.7		10.4		10.0		9.6		9.2		8.9		8.5		8.1		6.60
	3.25	75		11.5		11.2		10.7		10.3		9.9		9.6		9.3		8.8		7.15
	3.50			12.4		12.0		11.5		11.1		10.7		10.3		9.9		9.4		7.70
	3.75	80		13.3		12.8		12.3		11.9		11.4		11.0		10.5		10.0		8.25
4.00				14.1		13.7		13.1		12.6		12.2		11.7		11.2		10.7		8.80
	4.50			15.3		14.9		14.4		13.9		13.6		13.1		12.6		12.0		9.90
5.00		90	32	16.8		16.3		15.8		15.4		14.9		14.5		13.9		13.2	11	11.00
	5.50	95		18.4		17.9		17.3		16.7		16.3		15.8		15.3		14.5		12.10
6.00		100		19.9		19.4		18.8		18.1		17.6		17.1		16.4		15.7		13.20
	6.50	105		21.4		20.8		20.2		19.4		19.0		18.4		17.8		17.0		14.30
	7.00			22.9		22.3		21.6		20.9		20.3		19.7		19.0		18.2		15.40
8.00		110		26.1		25.3		24.4		23.7		23.0		22.3		21.5		20.7		17.60
	9.00	115		29.2	28.7	28.3	28.1	27.6	27.0	26.6	26.1	25.9	25.4	25.1	24.7	24.3	23.9	23.3	10	19.80
10		120		32.2	31.7	31.2	31.0	30.4	29.8	29.3	28.7	28.5	28.0	27.6	27.2	26.7	26.3	25.7		22.00
	11	135	40	35.3	34.8	34.3	34.0	33.3	32.7	32.1	31.5	31.3	30.7	30.3	29.9	29.3	28.9	28.2		24.20
12		145		38.3	37.7	37.2	36.9	36.1	35.5	35.0	34.3	34.0	33.4	33.0	32.4	31.7	31.3	30.6		26.40
	14	160		44.7	44.0	43.4	43.0	42.1	41.3	40.6	39.8	39.5	38.8	38.4	37.7	37.0	36.3	35.5		30.80
16		170		50.7	49.9	49.3	48.7	47.8	46.8	46.1	45.1	44.8	44.0	43.5	42.8	41.9	41.3	40.3		35.20

3.2　每一种模数的铣刀，均由 8 个或 15 个刀号组成一套。每一刀号的铣刀所铣齿轮的齿数范围列于表 2 中。

表 2

铣刀号		1	$1\frac{1}{2}$	2	$2\frac{1}{2}$	3	$3\frac{1}{2}$	4	$4\frac{1}{2}$	5	$5\frac{1}{2}$	6	$6\frac{1}{2}$	7	$7\frac{1}{2}$	8
齿轮齿数	8 个一套	12～13		14～16		17～20		21～25		26～34		35～54		55～134		≥135
	15 个一套	12	13	14	15～16	17～18	19～20	21～22	23～25	26～29	30～34	35～41	42～54	55～79	80～134	

3.3　铣刀的键槽尺寸和公差按 GB/T 6132 的规定。对于模数不大于 2 mm 的铣刀，允许不作键槽。

3.4　铣刀齿形应符合附录 A 的规定。

3.5　标记示例：

模数 $m=10$ mm，3 号的盘形齿轮铣刀标记为：

盘形齿轮铣刀 *m*10-3　GB/T 28247—2012

4　技术要求

4.1　铣刀用 W6Mo5Cr4V2 或其他同等性能的高速钢制造。

4.2　铣刀工作部分硬度为 63 HRC～66 HRC。

4.3　铣刀表面不得有裂纹、崩刃、烧伤及其他影响使用性能的缺陷。

4.4　铣刀表面粗糙度的上限值按表 3 规定。

表 3

单位为微米

检查表面	表面粗糙度参数
内孔表面	*Ra*1.25
两端面	*Ra*1.25
刀齿前面	*Ra*1.25
齿形铲背面（$m\leqslant 16$ mm）	*Rz*12.5
齿形铲背面（$m>16$ mm）	*Rz*25

4.5 铣刀外径 d 的极限偏差按 h16,厚度 B 的极限偏差按 h13。

4.6 铣刀内孔 D 的极限偏差按 H7。

4.7 铣刀的其余制造公差不应超过表 4 的规定。

表 4

单位为毫米

序号	检查项目		模数						
			0.3~0.75	>0.75~2.00	>2.00~3.50	>3.50~6.30	>6.30~10.00	>10.00~16.00	>16.00~25.00
1	在切深范围内刀齿前面的径向性		0.05	0.07	0.10	0.13	0.16	0.25	0.35
2	周刃对内孔轴心线的径向圆跳动	铣刀一转	0.04	0.05	0.05	0.06	0.07	0.07	0.09
		相邻齿	0.06	0.07	0.07	0.08	0.10	0.10	0.13
3	侧刃的法向圆跳动		0.06	0.08	0.08	0.10	0.10	0.12	0.15
4	两端面的平行度		0.01	0.015	0.02	0.02	0.025	0.03	0.035
5	铣刀两端面到同一直径上任意齿形点的距离差		0.20	0.20	0.25	0.25	0.25	0.30	0.35
6	齿形公差	渐开线部分	0.05	0.06	0.08	0.08	0.10	0.12	0.14
		齿顶及圆角部分	0.08	0.10	0.12	0.12	0.16	0.16	0.18

5 标志和包装

5.1 标志

5.1.1 铣刀端面应标有:制造厂商标、模数、基准齿形角、铣刀号数、所铣齿轮齿数范围。

5.1.2　在包装盒上应标有:制造厂名称、地址和商标、产品名称、模数、基准齿形角、铣刀号数、材料、制造年份、本标准编号。

5.2　包装

铣刀包装前应经防锈处理,并应采取措施防止在包装、运输中产生损伤。

附　录　A
（规范性附录）
铣刀过渡曲线的齿形坐标及渐开线各点的坐标
（$m=100$　$\alpha=20°$　$f^*=1$　$c^*=0.2$）

A.1　铣刀过渡曲线图按图 A.1，齿形坐标按表 A.1，渐开线坐标按表 A.2。

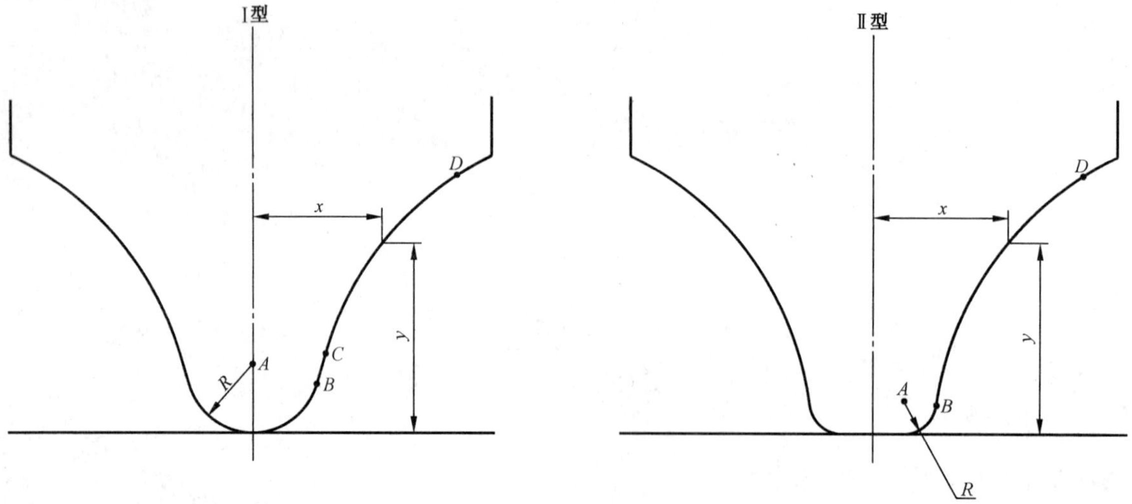

说明：

B　——齿底圆弧与直线（Ⅰ型）或渐开线（Ⅱ型）衔接点坐标；

C　——直线与渐开线衔接点坐标；

D　——顶圆与渐开线交点坐标；

x、y——渐开线各点的坐标；

A　——齿底圆弧中心；

R　——圆弧半径。

图 A.1

表 A.1　铣刀过渡曲线的齿形坐标

单位为毫米

铣刀	计算齿形时所依据齿数	分组后每一铣刀所适用的齿数		齿形上过渡曲线部分的各点坐标							
				B 点		C 点		圆弧中心		D 点	
		8 个的一组	15 个的一组	y_B	x_B	y_C	x_C	$y_r=R$	x_r	y_D	x_D
1	12	12～13	12	58.777	64.144	85.848	66.512	64.388	0	203.516	151.018
$1\frac{1}{2}$	13		13	58.071	63.373	82.032	65.469	61.615	0	205.142	148.545
2	14	14～16	14	57.423	62.676	78.205	64.493	62.915	0	206.492	146.391
$2\frac{1}{2}$	15		15～16	56.851	62.042	74.397	63.577	62.279	0	207.628	144.499
3	17	17～20	17～18	55.829	60.927	66.956	61.900	61.160	0	209.429	141.329
$3\frac{1}{2}$	19		19～20	53.806	59.728	61.249	60.506	60.045	0	210.877	138.779

表 A.1（续）

单位为毫米

铣刀	计算齿形时所依据齿数	分组后每一铣刀所适用的齿数		齿形上过渡曲线部分的各点坐标							
				B 点		*C* 点		圆弧中心		*D* 点	
		8 个的一组	15 个的一组	y_B	x_B	y_C	x_C	$y_r=R$	x_r	y_D	x_D
4	21	21～25	21～22	51.548	58.760	57.152	59.299	59.060	0	211.849	136.682
$4\frac{1}{2}$	23		23～25	49.719	57.612	53.789	58.213	58.238	0	212.697	134.927
5	26	26～34	26～29	47.551	56.417	49.740	56.793	57.243	0	213.700	132.773
$5\frac{1}{2}$	30		30～34	45.388	55.174	45.635	55.222	56.228	0	214.666	130.536
6	35	35～54	35～41	41.857	53.656			53.286	1.600	215.537	128.427
$6\frac{1}{2}$	42		42～54	38.114	51.988			49.890	5.307	216.373	126.284
7	55	55～134	55～79	33.736	49.886			45.768	5.796	217.314	123.704
$7\frac{1}{2}$	80		80～134	29.376	47.621			41.190	8.162	218.213	121.042
8	135	≥135	≥135	25.518	45.471			36.953	10.332	218.973	118.600

表 A.2 渐开线各点的坐标

单位为毫米

铣刀号	1		$1\frac{1}{2}$		2		$2\frac{1}{2}$		3		$3\frac{1}{2}$		4		$4\frac{1}{2}$	
	y	x	y	x	y	x	y	x	y	x	y	x	y	x	y	x
渐开线各点的坐标	85.848	66.512	82.032	65.467	78.205	64.493	74.397	63.577	66.956	61.900	61.249	60.506	57.152	59.299	53.789	58.213
	90.000	67.729	90.000	67.716	80.000	64.883	80.000	64.780	70.000	62.358	70.000	62.006	60.000	59.717	60.000	59.300
	100.000	71.381	100.000	71.368	90.000	67.705	90.000	67.697	80.000	64.635	80.000	64.537	70.000	61.769	70.000	61.594
	110.000	75.865	110.000	75.766	100.000	71.357	100.000	71.348	90.000	67.684	90.000	67.675	80.000	64.465	80.000	64.409
	120.000	81.078	120.000	80.826	110.000	75.684	110.000	75.617	100.000	71.335	100.000	71.325	90.000	67.669	90.000	67.663
	130.000	86.972	130.000	86.506	120.000	80.618	120.000	80.445	110.000	75.511	110.000	75.432	100.000	71.317	100.000	71.311
	140.000	93.525	140.000	92.785	130.000	86.122	130.000	85.800	120.000	80.172	120.000	79.966	110.000	75.371	110.000	75.323
	150.000	100.730	150.000	99.656	140.000	92.175	140.000	91.663	130.000	85.290	130.000	84.906	120.000	79.807	120.000	79.679
	160.000	108.594	160.000	107.117	150.000	98.769	150.000	98.025	140.000	90.851	140.000	90.237	130.000	84.606	130.000	84.365
	170.000	117.130	170.000	115.179	160.000	105.901	160.000	104.881	150.000	96.845	150.000	95.951	140.000	89.756	140.000	89.370
	180.000	126.362	180.000	123.855	170.000	113.576	170.000	112.234	160.000	103.265	160.000	102.042	150.000	95.251	150.000	94.687
	190.000	136.322	190.000	133.167	180.000	121.803	180.000	120.089	170.000	110.112	170.000	108.507	160.000	101.083	160.000	100.310
	200.000	147.053	200.000	143.144	190.000	130.596	190.000	128.457	180.000	117.386	180.000	115.346	170.000	107.250	170.000	106.237
	210.000	158.606	210.000	153.820	200.000	139.976	200.000	137.350	190.000	125.093	190.000	122.561	180.000	113.750	180.000	112.465
	220.000	171.050	220.000	165.239	210.000	149.966	210.000	146.787	200.000	133.238	200.000	130.155	190.000	120.582	190.000	118.993
	230.000	184.466	230.000	177.455	220.000	160.597	220.000	156.789	210.000	141.832	210.000	138.133	200.000	127.751	200.000	125.821
	240.000	198.959	240.000	190.534	230.000	171.905	230.000	167.382	220.000	150.886	220.000	146.502	210.000	135.257	210.000	132.952
	250.000	214.664	250.000	204.556	240.000	183.935	240.000	178.597	230.000	160.415	230.000	155.270	220.000	143.104	220.000	140.387
	260.000	231.754	260.000	219.621	250.000	196.739	250.000	190.471	240.000	170.435	240.000	164.448	230.000	151.297	230.000	148.129
	270.000	250.461	270.000	235.857	260.000	210.383	260.000	203.048	250.000	180.967	250.000	174.047	240.000	159.844	240.000	156.182
					270.000	224.943	270.000	216.380	260.000	192.034	260.000	184.081	250.000	168.751	250.000	164.552
									270.000	203.662	270.000	194.567	260.000	178.027	260.000	173.243
													270.000	187.682	270.000	182.263

表 A.2（续）

单位为毫米

铣刀号	5		$5\frac{1}{2}$		6		$6\frac{1}{2}$		7		$7\frac{1}{2}$		8	
	y	x	y	x	y	x	y	x	y	x	y	x	y	x
渐开线各点的坐标	49.740	56.793	45.635	55.222	41.857	53.656	33.114	51.988	33.736	49.886	29.376	47.621	25.518	45.471
	50.000	56.837	50.000	56.123	50.000	55.555	40.000	52.450	40.000	51.615	30.000	47.808	30.000	46.935
	60.000	58.871	60.000	58.490	60.000	58.172	50.000	55.050	50.000	54.511	40.000	50.864	40.000	50.243
	70.000	61.403	70.000	61.225	70.000	61.073	60.000	57.882	60.000	57.567	50.000	54.017	50.000	53.609
	80.000	64.347	80.000	64.288	80.000	64.236	70.000	60.931	70.000	60.776	60.000	57.274	60.000	57.030
	90.000	67.657	90.000	67.652	90.000	67.646	80.000	64.188	80.000	64.134	70.000	60.630	70.000	60.507
	100.000	71.304	100.000	71.297	100.000	71.291	90.000	67.641	90.000	67.636	80.000	64.083	80.000	64.039
	110.000	75.266	110.000	75.211	110.000	75.161	100.000	71.285	100.000	71.279	90.000	67.631	90.000	67.626
	120.000	79.529	120.000	79.381	120.000	79.249	110.000	75.113	110.000	75.059	100.000	71.273	100.000	71.267
	130.000	84.081	130.000	83.800	130.000	83.547	120.000	79.120	120.000	78.974	110.000	75.007	110.000	74.962
	140.000	88.914	140.000	88.461	140.000	88.052	130.000	83.302	130.000	83.021	120.000	78.832	120.000	78.710
	150.000	94.021	150.000	93.358	150.000	92.760	140.000	87.655	140.000	87.199	130.000	82.748	130.000	82.511
	160.000	99.397	160.000	98.488	160.000	97.665	150.000	92.176	150.000	91.504	140.000	86.752	140.000	86.364
	170.000	105.040	170.000	103.848	170.000	102.767	160.000	96.862	160.000	95.935	150.000	90.845	150.000	90.269
	180.000	110.946	180.000	109.434	180.000	108.063	170.000	101.711	170.000	100.491	160.000	95.024	160.000	94.227
	190.000	117.115	190.000	115.245	190.000	113.550	180.000	106.721	180.000	105.171	170.000	99.289	170.000	98.235
	200.000	123.545	200.000	121.280	200.000	119.228	190.000	111.891	190.000	109.973	180.000	103.640	180.000	102.295
	210.000	130.237	210.000	127.539	210.000	125.096	200.000	117.220	200.000	114.896	190.000	108.076	190.000	106.406
	220.000	137.191	220.000	134.021	220.000	131.153	210.000	122.706	210.000	119.939	200.000	112.596	200.000	110.567
	230.000	144.410	230.000	140.727	230.000	137.399	220.000	128.438	220.000	125.102	210.000	117.199	210.000	114.778
	240.000	151.894	240.000	147.656	240.000	143.833	230.000	134.174	230.000	130.384	220.000	121.885	220.000	119.039
	250.000	159.647	250.000	154.811	250.000	150.456	240.000	140.101	240.000	135.784	230.000	126.653	230.000	123.350
	260.000	167.672	260.000	162.193	260.000	157.269	250.000	146.210	250.000	141.302	240.000	131.504	240.000	127.711
	270.000	175.973	270.000	169.804	270.000	164.272	260.000	152.473	260.000	146.937	250.000	136.436	250.000	132.121
							270.000	158.893	270.000	152.689	260.000	141.449	260.000	136.580
											270.000	146.543	270.000	141.087

ICS 25.100.30
J 41

中华人民共和国国家标准

GB/T 28248—2012

印制板用硬质合金钻头

Cemented carbide drills for printed boards

2012-03-09 发布　　2012-07-01 实施

中华人民共和国国家质量监督检验检疫总局
中国国家标准化管理委员会　发布

前　言

本标准按照GB/T 1.1—2009给出的规则起草。

本标准由中国机械工业联合会提出。

本标准由全国刀具标准化技术委员会(SAC/TC 91)归口。

本标准起草单位:深圳市金洲精工科技股份有限公司。

本标准主要起草人:屈建国、肖真健、付连宇、王志兴。

印制板用硬质合金钻头

1 范围

本标准规定了加工印制板用的直径为 0.05 mm 至 6.5 mm 硬质合金钻头(以下简称钻头)的术语和定义、尺寸、技术要求、检验、包装、储存、运输。

2 规范性引用文件

下列文件对于本文件的应用是必不可少的。凡是注日期的引用文件,仅注日期的版本适用于本文件。凡是不注日期的引用文件,其最新版本(包括所有的修改单)适用于本文件。

GB/T 4340.4—2009 金属材料 维氏硬度试验 第 4 部分:硬度值表

YB/T 5349—2006 金属弯曲力学性能试验方法

3 分类

3.1 按前端形状分

按前端形状可分为 ST 型(Straight Type)和 UC 型(Undercut Type)。ST 型是钻体母线为直线的普通钻头(钻尖形状如图 1)。UC 型是将钻体后端外径加工成较小直径的钻头(钻尖形状如图 2)。

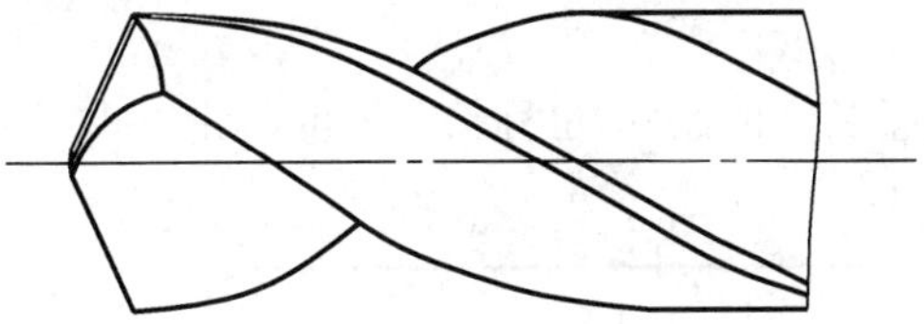

图 1 ST 型钻尖

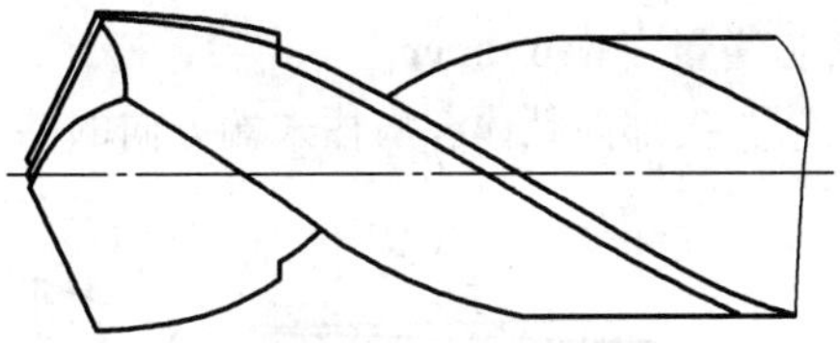

图 2 UC 型钻尖

3.2 按外形尺寸分

按外形尺寸可分为常规型和 ID(Inverse Drill)型。常规型指钻径小于柄径的钻头(如图 3),ID 型指钻径大于柄径的钻头(如图 4)。

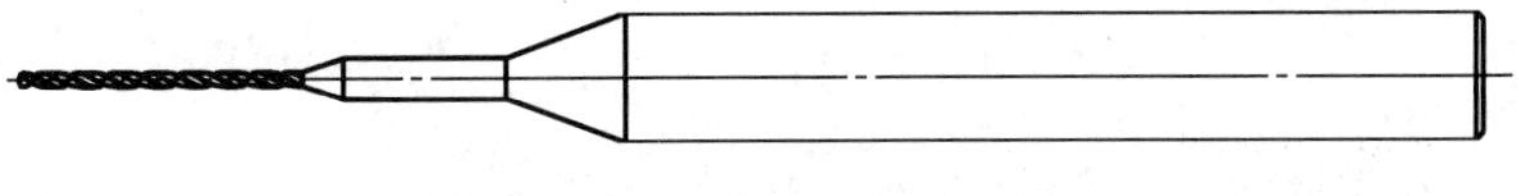

图 3 常规型

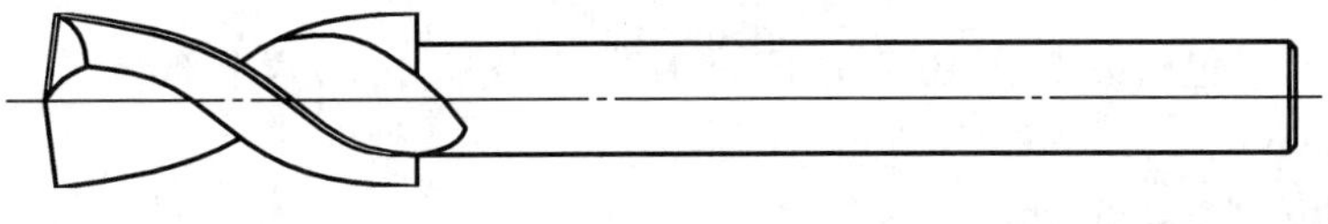

图 4 ID 型

3.3 按柄径分

按柄径可分为 3.175 mm 柄径和 2 mm 柄径两种钻头。

3.4 按用途分

按用途可分为常规钻孔的钻头和用于加工狭槽的槽钻两种。

4 术语和定义

下列术语和定义适用于本文件。

4.1

横刃 chisel edge

由两个后刀面相交所形成的刀刃(见图 5 中 X)。

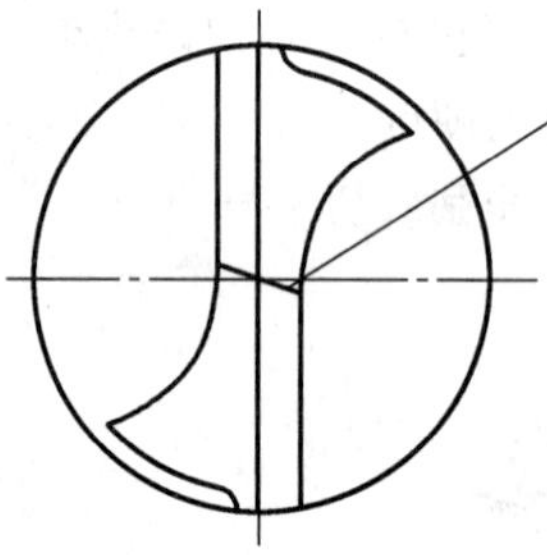

图 5 横刃

4.2

钻芯增量 web taper

从钻头尖部向钻体容屑槽末端方向的钻芯增量值与测量长度的比率,也称钻芯梯度(见图 6 中 H)。

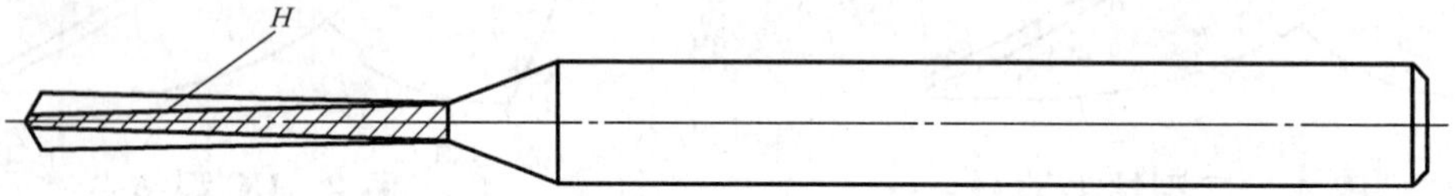

图 6 钻芯增量

4.3

钻柄倒角/圆角 chamfer angle

钻柄末端处的角度或圆弧,在钻柄末端处进行倒角或倒圆角,是为了方便装卸钻头(见图 7 中 C)。

4.4

钻径 drill diameter

钻体的实际尺寸,在靠近钻尖处测量(见图 7 中 d)。

4.5

刃瓣 land

钻体的螺旋部分,它包括刃带(见图 7 中 E)和刃背(见图 7 中 F)两个部分。

4.6

刃瓣宽度 width of fluted land

相邻容屑槽之间钻体周边部分的宽度,也即刃带导向刃和后刃间的距离,在垂直于刃带的导向刃方向测量(见图 7 中 S_t)。

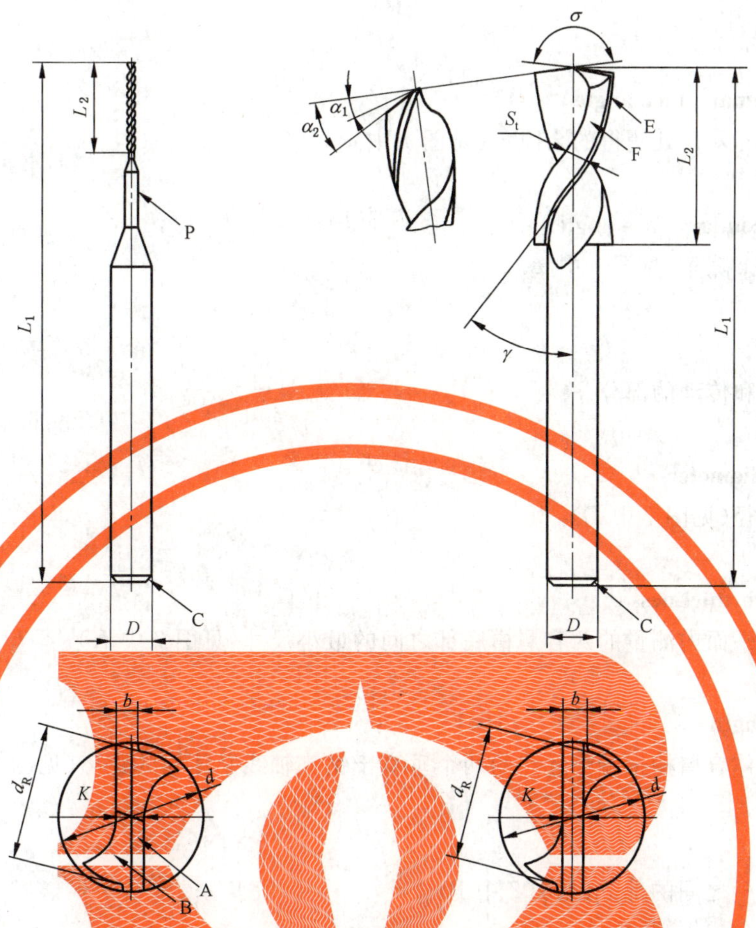

图7 钻头参数示意图

4.7

沟幅比 flute land ratio

钻体某一位置处容屑槽宽度和刃瓣宽度的比率。

4.8

刃带宽度 width of margin

在垂直于刃带边缘(即副切削刃)的方向上测量的刃带的宽度(见图7中 b)。

4.9

刃背直径 body clearance diameter

刃带后面的刃背的直径(见图7中 d_R)。

4.10

总长 overall length

分别通过钻头的横刃和柄部末端的两个垂直于钻头轴线平面间的距离(见图7中 L_1)。

4.11

后面 flank

在钻尖上由主切削刃、刃瓣边界线、另一容屑槽边界线和横刃所形成的表面,称为后面,它包括第一后面(见图7中A)和第二后面(见图7中B)两部分。

4.12

顶角 point angle

两主切削刃投影间的夹角,在通过轴线且平行于主切削刃的平面内,主切削刃与轴线的夹角值的两倍为顶角值(见图 7 中 σ)。

4.13

第一后角　primary face angle

在钻尖切削刃的外角处测得的余隙角(见图 7 中 α_1)。

4.14

第二后角　secondary face angle

第一后刀面的余隙角(见图 7 中 α_2)。

4.15

柄　shank

用于钻机夹固和传动的部分。

4.16

柄径　shank diameter

钻头柄部的直径(见图 7 中 D)。

4.17

钻芯厚度　web thickness

在垂直于轴线平面内测量的两容屑槽底部之间的最小尺寸(见图 7 中 K)。

4.18

槽长　flute length

钻尖顶点和钻体容屑槽末端最远点的两个垂直于钻头轴线平面间的距离(见图 7 中 L_2)。

4.19

过渡台　step

连接钻体与钻柄之间的部分(见图 7 中 P)。

4.20

螺旋角　helix angle

刃带导向刃上一点的切线与钻体轴线之间的夹角(见图 7 中 γ)。

4.21

缺口　chips

钻尖切削刃口上有缺口、裂纹、孔隙等(见图 8 中箭头标注)。

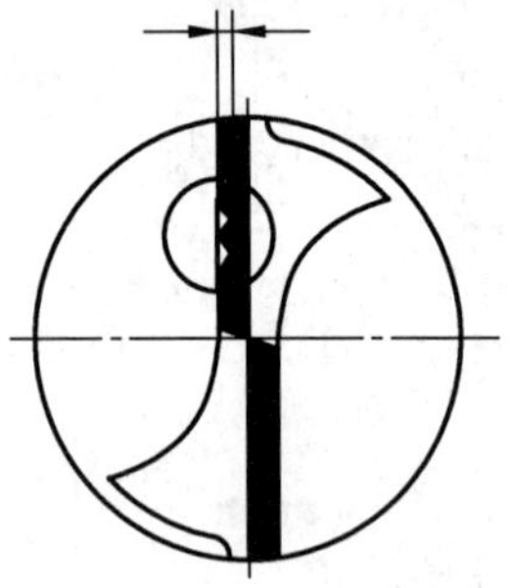

图 8　缺口

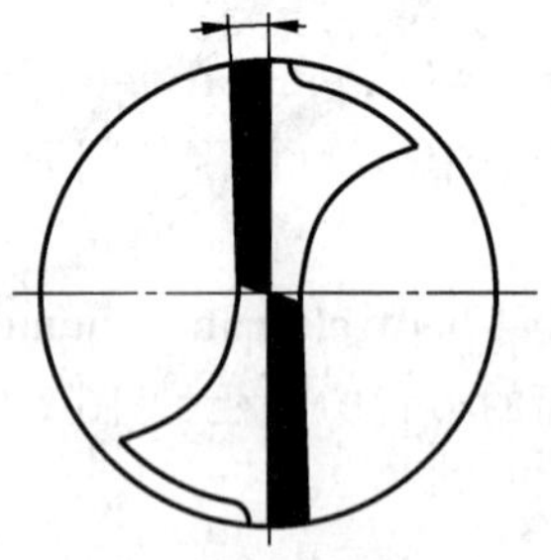

图 9　外倾

4.22

外倾(或称头大)　flare

第一后刀面在钻头周边处的宽度大于其在钻尖中心处的宽度(见图 9 中箭头标注)。

4.23

内倾(或称头小)　negative

第一后刀面在钻头周边处的宽度小于其在钻尖中心处的宽度(见图 10 中箭头标注)。

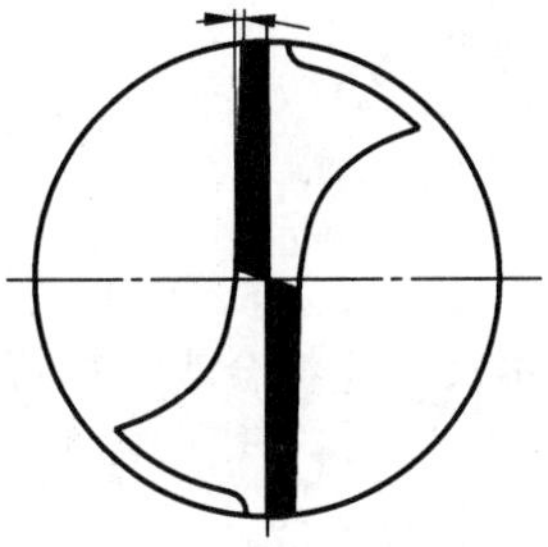

图 10　内倾

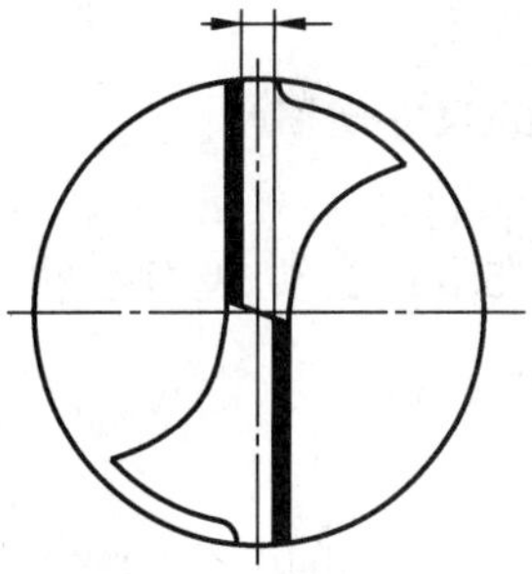

图 11　分离

4.24

分离　gap

钻尖第一后面与第二后面之间交线的一种错位情况，两个第一后面互不接触(见图 11 中箭头标注)。

4.25

重叠　overlap

钻尖第一后面与第二后面交线的一种错位情况，两个第二后面互不接触(见图 12 中箭头标注)。

4.26

钩形　hook

钻尖主切削刃出现凹的情形(见图 13 中箭头标注)。

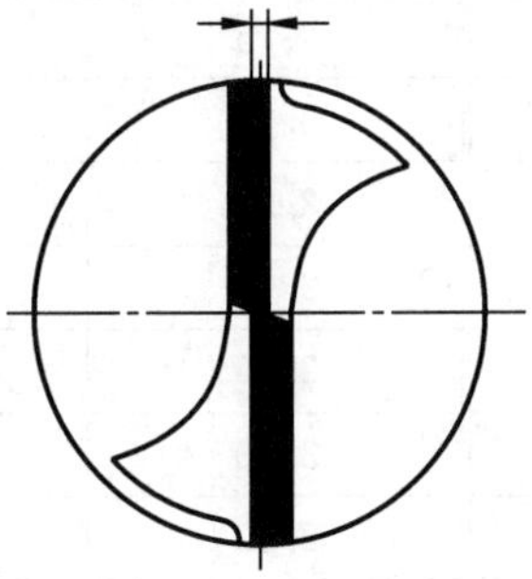

图 12　重叠

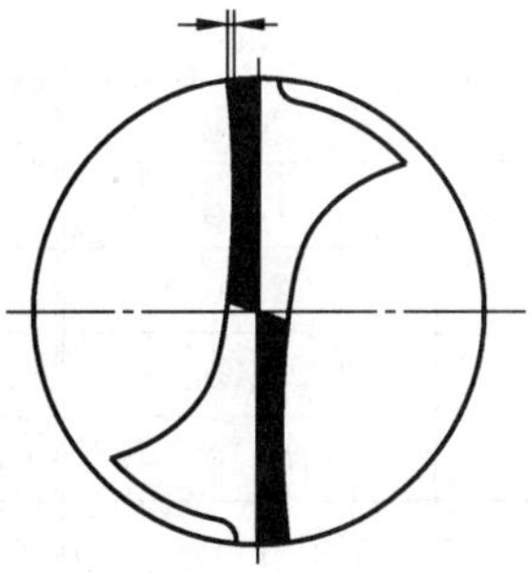

图 13　钩形

4.27

后弯　layback

钻尖主切削刃出现凸的情形(见图 14 中箭头标注)。

4.28

大小面　offset

第一后刀面宽度出现不一致的情形，可用大面宽度(*M*)与小面宽度(*N*)的差衡量(见图 15 中箭头标注)。

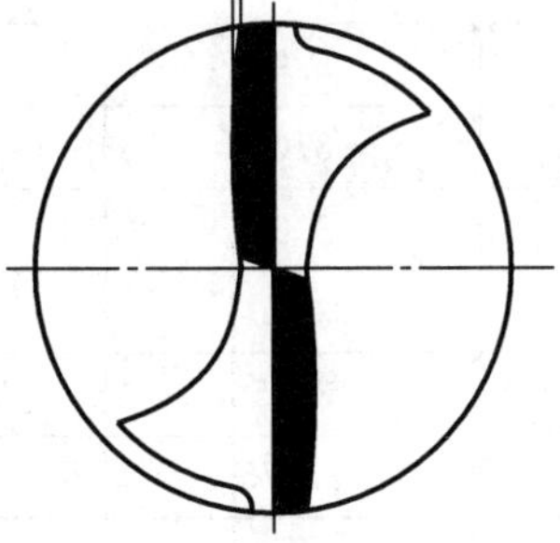

图 14　后弯

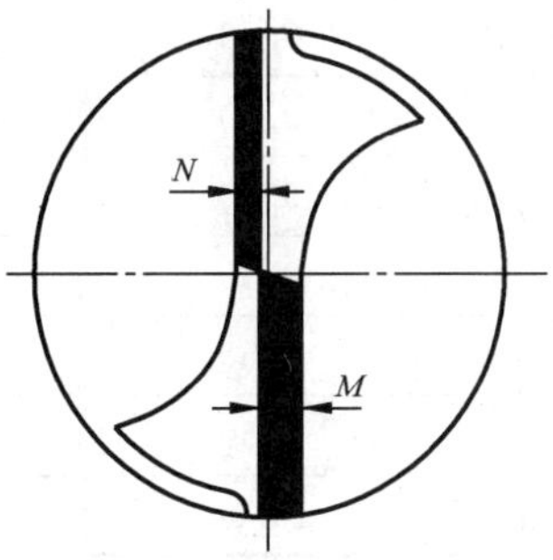

图 15　大小面

5 通用钻头的尺寸规格

5.1 d≤3.175 mm 钻头(常规型钻头)

d≤3.175 mm 钻头(常规型钻头)基本尺寸示意图如图 16,基本尺寸应符合表 1 的规定。

单位为毫米

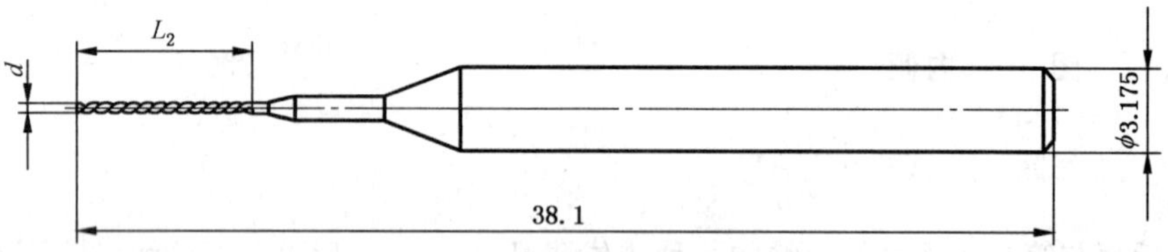

图 16 d≤3.175 mm 钻头(常规型钻头)的基本尺寸示意图

表 1 d≤3.175 mm 钻头(常规型钻头)的基本尺寸

单位为毫米

d	L_2	d	L_2	d	L_2
0.05	0.60	1.05	10.50	2.15	10.50
0.08	0.80	1.10	10.50	2.20	10.50
0.10	1.20	1.15	10.50	2.25	10.50
0.12	2.00	1.20	10.50	2.30	10.50
0.15	2.00	1.25	10.50	2.35	10.50
0.20	3.50	1.30	10.50	2.40	10.50
0.25	4.00	1.35	10.50	2.45	10.50
0.30	5.50	1.40	10.50	2.50	10.50
0.35	5.50	1.45	10.50	2.55	10.50
0.40	7.00	1.50	10.50	2.60	10.50
0.45	7.00	1.55	10.50	2.65	10.50
0.50	8.50	1.60	10.50	2.70	10.50
0.55	8.50	1.65	10.50	2.75	10.50
0.60	9.50	1.70	10.50	2.80	10.50
0.65	9.50	1.75	10.50	2.85	10.50
0.70	9.50	1.80	10.50	2.90	10.50
0.75	9.50	1.85	10.50	2.95	10.50
0.80	9.50	1.90	10.50	3.00	10.50
0.85	9.50	1.95	10.50	3.05	10.50
0.90	9.50	2.00	10.50	3.10	10.50
0.95	9.50	2.05	10.50	3.15	10.50
1.00	10.50	2.10	10.50	3.175	10.50

注 1:上述尺寸为推荐值,可根据使用要求确定。

注 2:2 mm 柄径钻头基本尺寸可参照此表。

5.2 *d*>3.175 mm 钻头(ID 型钻头)

d>3.175 mm 钻头(ID 型钻头)基本尺寸示意图如图 17,基本尺寸应符合表 2 的规定。

单位为毫米

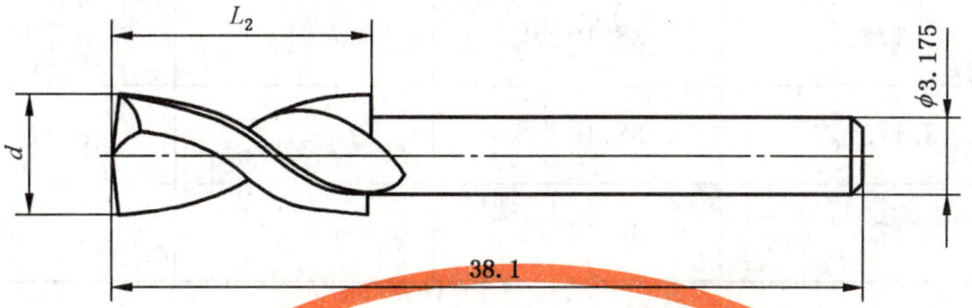

图 17 *d*>3.175 mm 钻头(ID 型钻头)的基本尺寸示意图

表 2 *d*>3.175 mm 钻头(ID 型钻头)的基本尺寸

单位为毫米

d	L_2	d	L_2	d	L_2	d	L_2
3.20		4.05		4.90		5.75	
3.25		4.10		4.95		5.80	
3.30		4.15		5.00		5.85	
3.35		4.20		5.05		5.90	
3.40		4.25		5.10		5.95	
3.45		4.30		5.15		6.00	
3.50		4.35		5.20		6.05	
3.55		4.40		5.25		6.10	
3.60	13	4.45	13	5.30	13	6.15	13
3.65		4.50		5.35		6.20	
3.70		4.55		5.40		6.25	
3.75		4.60		5.45		6.30	
3.80		4.65		5.50		6.35	
3.85		4.70		5.55		6.40	
3.90		4.75		5.60		6.45	
3.95		4.80		5.65		6.50	
4.00		4.85		5.70			
注:上述尺寸为推荐值。							

6 要求

6.1 尺寸极限偏差

6.1.1 柄径为 3.175 mm 的钻头,尺寸极限偏差应符合表 3 要求。

表 3　柄径为 3.175 mm 钻头的尺寸极限偏差

单位为毫米

钻头直径	柄径	总长	钻径		槽长
			ST 型	UC 型	
$d \leqslant 0.35$	$3.175_{-0.010}^{0}$	$38.10_{-0.30}^{+0.20}$	$d_{-0.008}^{0}$	$d_{0}^{+0.010}$	$L_{2}{}_{-0.20}^{+0.35}$
$0.35 < d \leqslant 3.175$	$3.175_{-0.010}^{0}$	$38.10_{-0.30}^{+0.20}$	$d_{-0.010}^{0}$	$d_{0}^{+0.012}$	$L_{2}{}_{-0.20}^{+0.35}$
$d > 3.175$	$3.175_{-0.012}^{0}$	$38.10_{-0.40}^{+0.20}$	$d_{-0.012}^{0}$	—	$L_{2}{}_{-0.5}^{+0.5}$

6.1.2　2 mm 柄径钻头，尺寸极限偏差应符合表 4 要求。

表 4　2 mm 柄径钻头的尺寸极限偏差

单位为毫米

钻头直径	柄径	总长	钻径		槽长
			ST 型	UC 型	
$d \leqslant 0.35$	$2.00_{-0.010}^{0}$	$31.80_{-0.30}^{+0.20}$	$d_{-0.008}^{0}$	$d_{0}^{+0.010}$	$L_{2}{}_{-0.5}^{+0.5}$
$0.35 < d \leqslant 2.0$	$2.00_{-0.010}^{0}$	$31.80_{-0.30}^{+0.20}$	$d_{-0.010}^{0}$	$d_{0}^{+0.012}$	$L_{2}{}_{-0.5}^{+0.5}$
$d > 2.0$	$2.00_{-0.012}^{0}$	$31.80_{-0.40}^{+0.20}$	$d_{-0.012}^{0}$	—	$L_{2}{}_{-0.5}^{+0.5}$

6.2　柄部圆度

柄部圆度小于等于 0.004 mm。

6.3　径向跳动

对 $d \leqslant 3.175$ mm，钻体对钻柄的径向跳动不应大于 0.010 mm；对 $d > 3.175$ mm，钻体对钻柄的径向跳动不应大于 0.020 mm。

6.4　螺旋角

根据钻头型号规格和应用不同，一般螺旋角为 20°～50°，偏差为±3°。

6.5　顶角

一般顶角为 100°～170°，偏差为±3°。

6.6　第一后角

一般第一后角为 5°～20°，偏差为±5°。

6.7　第二后角

一般第二后角为 15°～40°，偏差为±5°。

6.8　外观

在下列放大倍数的光学显微镜下观察时，钻头表面不应有脏污、氧化、裂纹等缺陷：

——钻头直径 0.05 mm～0.35 mm，放大 30 倍；
——钻头直径 0.40 mm～1.60 mm，放大 20 倍；
——钻头直径 1.65 mm～6.50 mm，放大 15 倍。

6.9 头形检验

钻头尖部头形缺陷应符合表 5 要求，$d \leqslant 3.175$ mm 钻头头形缺陷检验方法见图 7～图 14，$d > 3.175$ mm 的分离、重叠缺陷检验方法见图 18、图 19，其余缺陷检验方法同 $d \leqslant 3.175$ mm 钻头之检验方法。

表 5 钻头尖部头形允许最大缺陷

单位为毫米

钻头直径 d	缺陷形式与要求							
	缺口	外倾	内倾	重叠	分离	后弯	钩形	大小面
$0.05 \leqslant d \leqslant 0.35$	≤0.004	≤5°	≤4°	≤0.006	≤0.007	≤0.010	≤0.012	≤0.008
$0.40 \leqslant d \leqslant 0.65$	≤0.006	≤5°	≤4°	≤0.008	≤0.010	≤0.012	≤0.015	≤0.012
$0.70 \leqslant d \leqslant 1.60$	≤0.008	≤5°	≤4°	≤0.012	≤0.015	≤0.015	≤0.018	≤0.018
$1.65 \leqslant d \leqslant 3.175$	≤0.010	≤5°	≤4°	≤0.018	≤0.020	≤0.018	≤0.020	≤0.020
$3.20 \leqslant d \leqslant 6.50$	$\leqslant 1\% \times d$	≤5°	≤4°	$\leqslant 1.5\% \times d$	$\leqslant 2\% \times d$	$\leqslant 2\% \times d$	$\leqslant 2\% \times d$	$\leqslant 2\% \times d$
注：外倾和内倾的要求可根据表中角度值换算成相应的距离。								

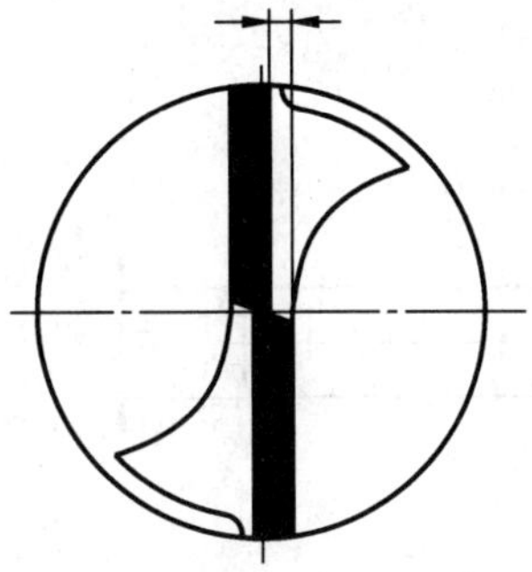

图 18 分离（$d > 3.175$ mm）

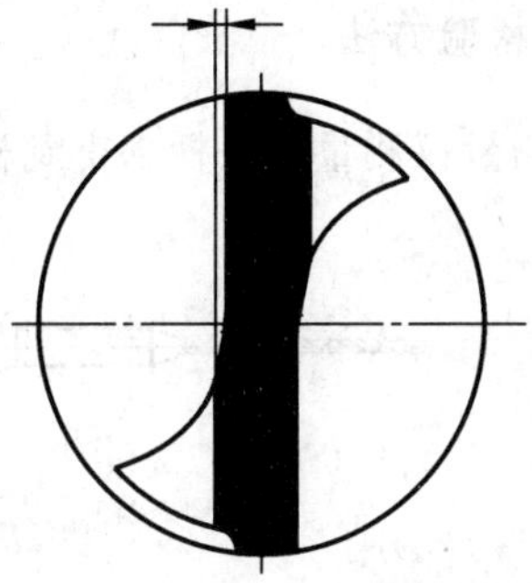

图 19 重叠（$d > 3.175$ mm）

6.10 钻头材料性能

钻头的材料为钨钴类硬质合金，其横向断裂强度（TRS）应大于 2 300 MPa，硬度应大于 1 600 HV30（91.5 HRA）。

7 检验

7.1 检验项目及检验工具

检验项目及检验工具如表 6 所示。

表 6 检验项目及检验工具

序号	检验项目	要求的章条编号	检验方法章条编号	推荐使用工量具(准确度或放大倍数)
1	柄径	6.1	7.2.1	激光测量仪(0.001 mm)
2	总长	6.1	7.2.2	工具显微镜(10′)
3	钻头直径	6.1	7.2.3	激光测量仪(0.001 mm)
4	槽长	6.1	7.2.4	工具显微镜(10′)
5	柄部圆度	6.2	7.2.5	圆度测量仪(0.0001 mm)
6	径向跳动	6.3	7.2.6	光学投影仪(0.001 mm)
7	螺旋角	6.4	7.2.7	工具显微镜(10′)
8	顶角	6.5	7.2.8	万能工具显微镜(10′)
9	第一后角	6.6	7.2.9	万能工具显微镜(10′)
10	第二后角	6.7	7.2.9	万能工具显微镜(10′)
11	外观	6.8	7.2.10	光学显微镜(30×/20×/15×)
12	头型检验	6.9	7.2.11	光学显微镜(30×/20×/15×)或自动检测机
13	横向断裂强度	6.10	7.2.12	万能材料试验机
14	材料硬度	6.10	7.2.13	硬度计

7.2 检验方法

7.2.1 柄径检验方法

用激光测量仪测量钻头柄部得到柄径值,其测量示意图如图 20。

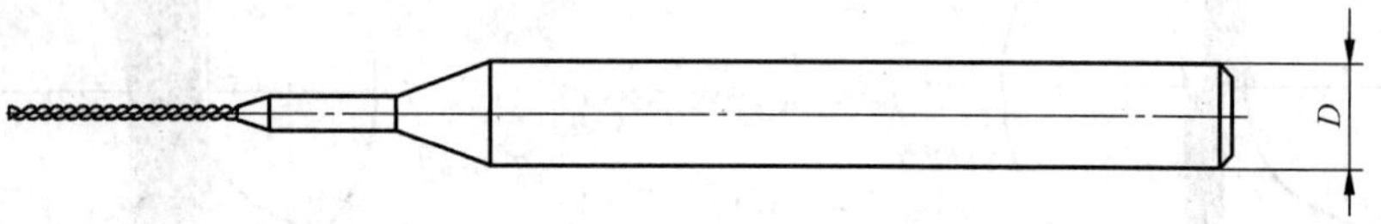

图 20 柄径测量

7.2.2 总长检验方法

将钻头柄部置于工具显微镜 V 型槽中,测量钻头柄部端面至钻头尖部长度即为总长 L_1,其测量示意图如图 21。

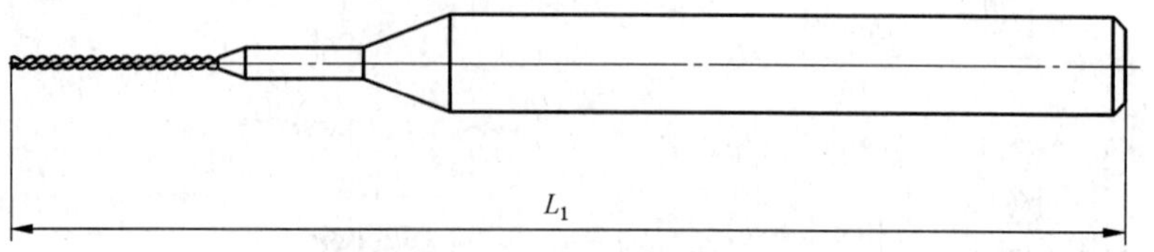

图 21 总长测量

7.2.3 钻头直径检验方法

用激光测量仪检测，激光照在钻头头部直径最大处，钻头旋转一周所得最大值即为钻头直径，其测量示意图如图22。

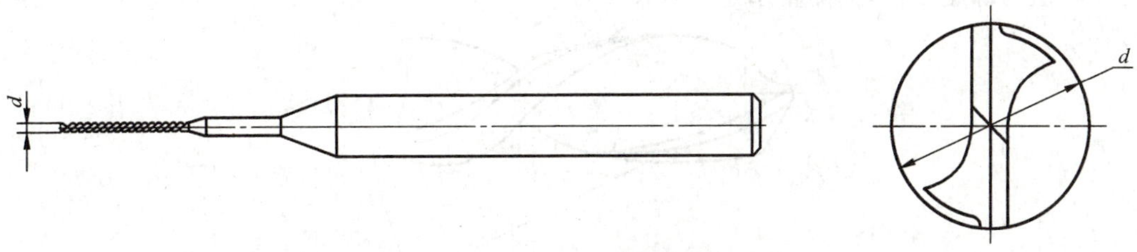

图22 钻头直径测量

7.2.4 槽长检验方法

将钻头柄部放入工具显微镜V型槽中，测量钻头螺旋槽末端最远点与钻头尖部顶点的距离，即为槽长 L_2，其测量示意图如图23。

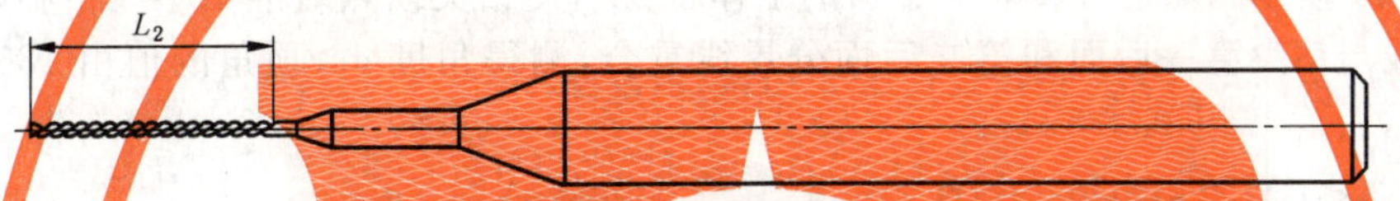

图23 槽长测量

7.2.5 柄部圆度检验方法

用圆度测量仪三爪夹头固定钻头柄部，探针绕柄部旋转一周，测得的数据为柄部圆度值，如图24。

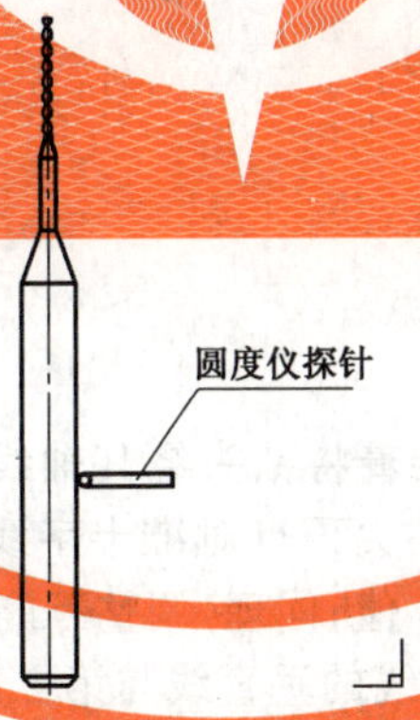

图24 柄部圆度检验方法

7.2.6 径向跳动检验方法

将钻头柄部放在光学投影仪V型块中间，以柄部外圆定位，旋转钻头，测量钻径上母线最高点与最低点之差，即为径向跳动值，其测量示意图如图25。

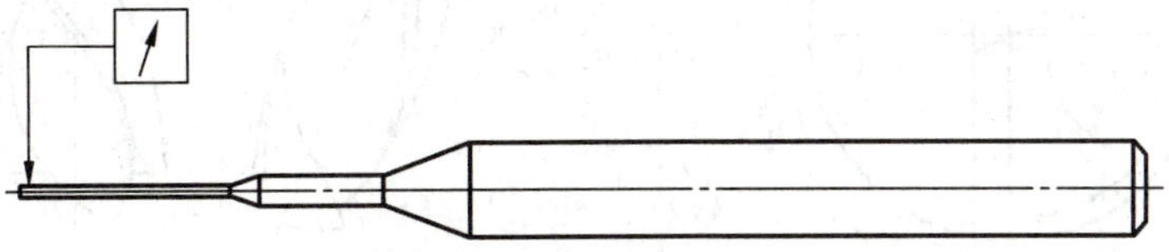

图25 径向跳动检验方法

7.2.7 螺旋角检验方法

将钻头的轴线与工具显微镜十字线的水平线重合，旋转刻度盘使十字线的垂直线与刃带相切所测得的角度偏转值为螺旋角值，其测量示意图如图26。

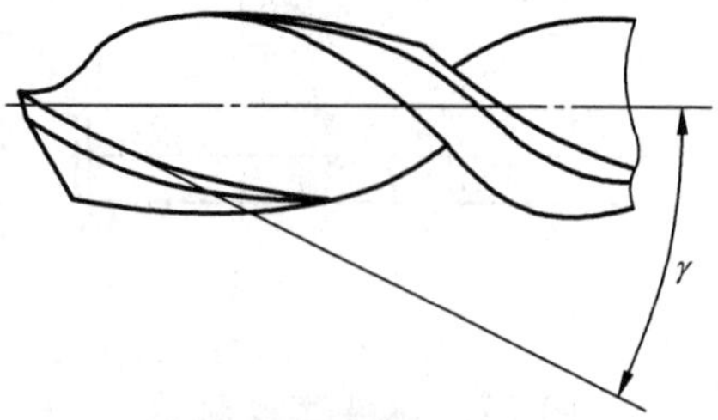

图26 螺旋角测量

7.2.8 顶角检验方法

将钻头柄部装夹在万能工具显微镜夹头中，使物镜十字线的垂直线与钻头第一后面和第二后面分界线重合（如图27所示），然后旋转装夹钻头的工作台90°，使钻尖顶点对准十字线中心，旋转刻度盘使十字线的垂直线与钻尖第一后面和第二后面分界线重合，测得角度 σ_1，顶角的值由 $180° - 2\sigma_1$ 计算可得，如图28所示。

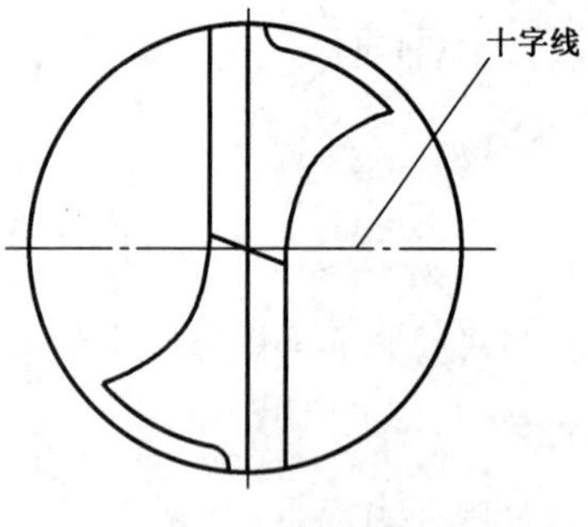

图27 十字线位置

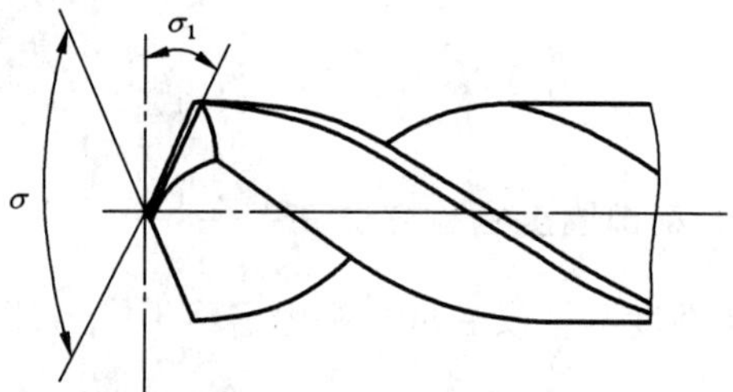

图28 顶角测量

7.2.9 第一后角和第二后角检验方法

首先测量钻头顶角，方法如7.2.8，接着将钻头绕其轴线旋转90°，调零刻度盘，然后逆时针旋转工作台 σ_1 角度值，调整万能工具显微镜使钻尖顶点对准十字线中心，旋转刻度盘使十字线的垂直线与第一后面重合，所测得的角度为第一后角 α_1 值；同理，调整万能工具显微镜使十字线的中心与第一后面和第二后面相接点重合，旋转刻度盘使十字线的垂直线与第二后面重合，所测得角度为第二后角 α_2 值，其测量示意图如图29。

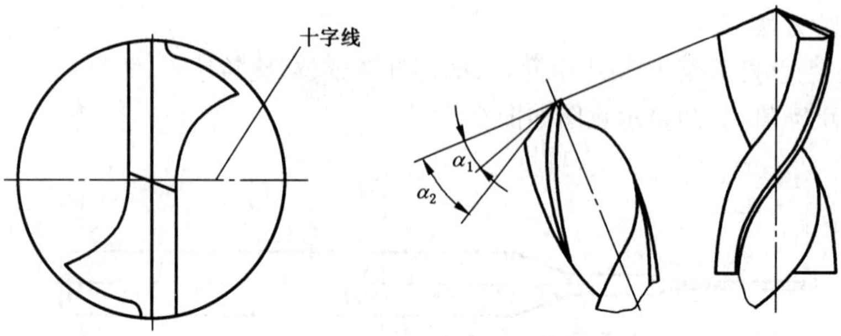

图29 第一后角 $\boldsymbol{\alpha}_1$ 和第二后角 $\boldsymbol{\alpha}_2$

7.2.10 外观检验方法

根据 6.8 外观要求选择合适倍率的显微镜，将钻头垂直装夹，观察对应的检验项目；再将钻头水平装夹，观察相对应的检验项目。

7.2.11 头形检验方法

将钻头装夹在垂直定位装置中，调整显微镜使影像清晰居中，观察对应的检验项目。

7.2.12 材料横向断裂强度检验方法

用三点弯曲法在万能材料试验机上测量钻头横向断裂强度（如图 30）：首先将精磨至表面粗糙度 *Ra*0.4 以上的硬质合金圆棒试样平放在相距一定距离 *L* 的两支点上，在试样跨距中点施加瞬间静态作用力 *F*，均匀地增加负荷，直至试样断裂，从试验机读取数据即为横向断裂强度值。检验方法按 YB/T 5349—2006。

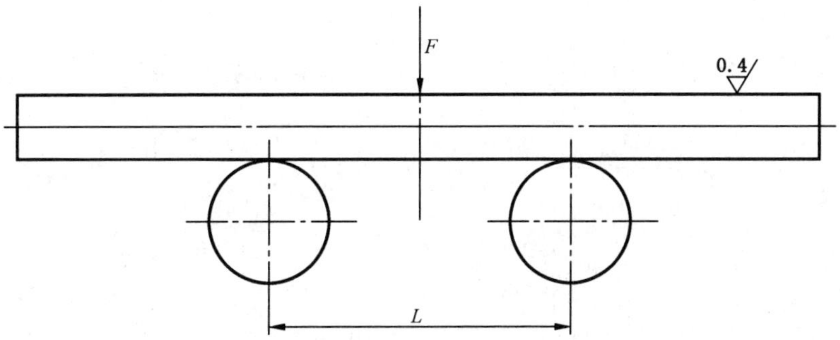

图 30 横向断裂强度检验示意图

7.2.13 材料硬度检验方法

精磨试样至表面粗糙度 *Ra*0.4 以上，用维氏硬度检验机测得金刚石正四棱锥压头压出的两条对角线长度的平均值，从 GB/T 4340.4—2009 的硬度值表中查出相应的维氏硬度值。如果以洛氏硬度评价材料性能，则硬度检验需在洛氏硬度计上进行。

7.3 合格评定的内容

任何一项检验结果不符合第 6 章要求中相对应项时，判定为不合格。

8 包装、储存和运输

8.1 包装

钻头的包装应采用能起到较好防护作用的包装盒，包装盒应不容易变形，能很好的固定各支钻头在包装盒里的位置，包装后应能很好的保护钻头尖部不受碰损，外包装箱应印有防撞击、防水、向上的标记。

产品供应商应提供产品的标签标识在产品包装盒上，标签内容包括：

——产品生产厂家信息；

——产品型号、尺寸、批号和检验情况；

——产品数量。

8.2 储存

钻头应放置于常温干燥处，避免化学药剂的侵蚀。

8.3 运输

钻头的运输应严格按照外包装的要求执行，保持向上、防水、轻拿、轻放。

参 考 文 献

［1］ CPCA 4404—2010 印制板用硬质合金钻头通用规范

［2］ IPC-DR-572A Drilling guidelines for printed boards

［3］ IPC-DR-570A General specification for 1/8 inch diameter shank carbide drills for printed boards

［4］ GB/T 20954—2007 金属切削刀具 麻花钻术语

［5］ JB/T 10231.2—2001 刀具产品检测方法 第2部分:麻花钻

ICS 25.100
J 41

中华人民共和国国家标准

GB/T 28249—2012

带轮滚刀　型式和尺寸

The types and dimensions of timing belt wheel hobs

2012-03-09 发布　　2012-07-01 实施

中华人民共和国国家质量监督检验检疫总局
中国国家标准化管理委员会　发布

前　言

本标准按照 GB/T 1.1—2009 给出的规则起草。

本标准由中国机械工业联合会提出。

本标准由全国刀具标准化技术委员会(SAC/TC 91)归口。

本标准起草单位:哈尔滨第一工具制造有限公司。

本标准主要起草人:董英武、于继龙、宋铁福、王家喜、张强、孙先君。

带轮滚刀 型式和尺寸

1 范围

本标准规定了带轮滚刀的型式和尺寸。

本标准适用于加工节距 5.080 mm～31.750 mm，基本齿廓按加工 GB/T 11361 的带轮用的带轮滚刀。

2 规范性引用文件

下列文件对于本文件的应用是必不可少的。凡是注日期的引用文件，仅注日期的版本适用于本文件。凡是不注日期的引用文件，其最新版本(包括所有的修改单)适用于本文件。

GB/T 6132 铣刀和铣刀刀杆的互换尺寸

GB/T 11361 同步带传动 梯形齿带轮

GB/T 28251 带轮滚刀和带模滚刀 技术条件

3 型式和尺寸

3.1 滚刀型式分为Ⅰ型、Ⅱ型。Ⅰ型用于加工渐开线齿廓带轮，Ⅱ型用于加工直边齿廓带轮。

3.2 滚刀的型式和尺寸按图 1 和表 1 的规定。

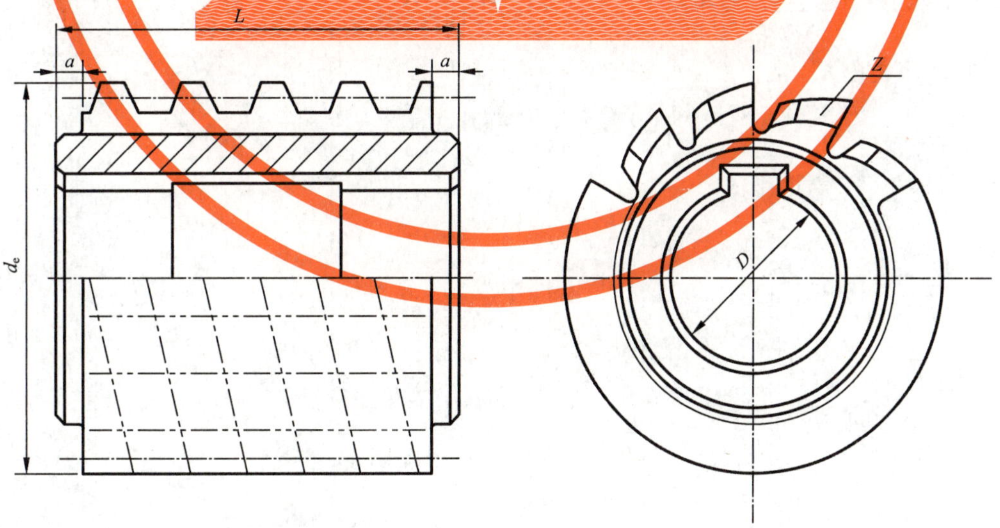

图 1

表 1

单位为毫米

节距 P_b	带轮型号	d_e	L	d	a	槽数 Z
5.080	XL	50	50	22	5	14
9.525	L	63	71	27		
12.700	H	80	90	32		
22.225	XH	118	125	40		
31.750	XXH	150	170	50		12

3.3 滚刀做成单头、右旋、容屑槽为平行于其轴线的直槽。

3.4 滚刀前角为 0°。

3.5 Ⅰ型滚刀的法向齿形尺寸按附录 A 的规定，Ⅱ型滚刀的轴向齿形尺寸按附录 B 的规定。滚刀的计算尺寸按附录 C 的规定。

3.6 键槽的尺寸和偏差按 GB/T 6132 的规定。

3.7 标记示例：

节距 P_b=12.700 mm，用于加工带轮齿数范围 14～19 的Ⅰ型带轮滚刀标记为：

带轮滚刀 12.700 14～19 Ⅰ GB/T 28249—2012

3.8 滚刀的技术要求按 GB/T 28251 的规定。

附 录 A
（规范性附录）
Ⅰ型带轮滚刀的齿形尺寸

A.1 滚刀的法向齿形尺寸按图 A.1 和表 A.1 的规定。

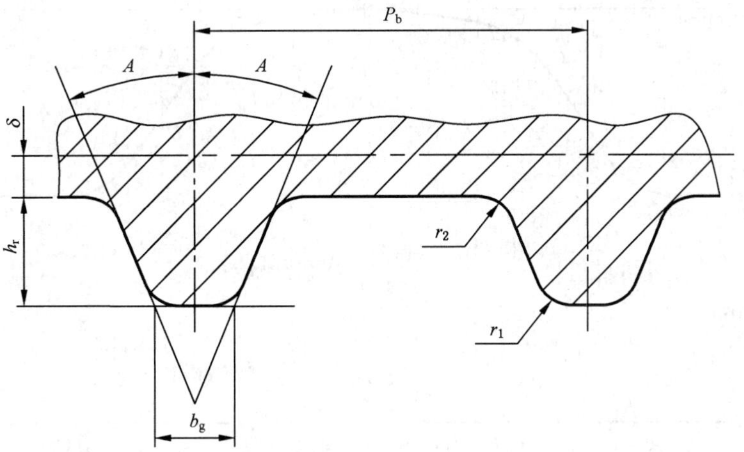

图 A.1

表 A.1 单位为毫米

<table>
<tr><td>节距 P_b</td><td>5.080</td><td>9.525</td><td colspan="2">12.700</td><td>22.225</td><td>31.750</td></tr>
<tr><td>带轮型号</td><td>XL</td><td>L</td><td colspan="2">H</td><td>XH</td><td>XXH</td></tr>
<tr><td>带轮齿数 Z</td><td colspan="2">≥10</td><td>14～19</td><td>>19</td><td colspan="2">≥18</td></tr>
<tr><td>齿半角 A</td><td>25°</td><td colspan="5">20°</td></tr>
<tr><td>齿高 h_r</td><td>1.45</td><td>2.18</td><td colspan="2">2.64</td><td>6.93</td><td>10.34</td></tr>
<tr><td>齿顶厚 b_g</td><td>1.295</td><td>3.125</td><td colspan="2">4.265</td><td>7.615</td><td>11.635</td></tr>
<tr><td>齿顶圆角半径 r_1</td><td>0.61</td><td>0.86</td><td colspan="2">1.47</td><td>2.01</td><td>2.69</td></tr>
<tr><td>齿根圆角半径 r_2</td><td>0.61</td><td>0.53</td><td>1.04</td><td>1.42</td><td>1.93</td><td>2.82</td></tr>
<tr><td>两倍节根距 2δ</td><td>0.508</td><td>0.762</td><td colspan="2">1.372</td><td>2.794</td><td>3.048</td></tr>
</table>

附 录 B
（规范性附录）
Ⅱ型带轮滚刀齿形尺寸

B.1 滚刀的轴向齿形尺寸按图 B.1 和表 B.1 的规定。

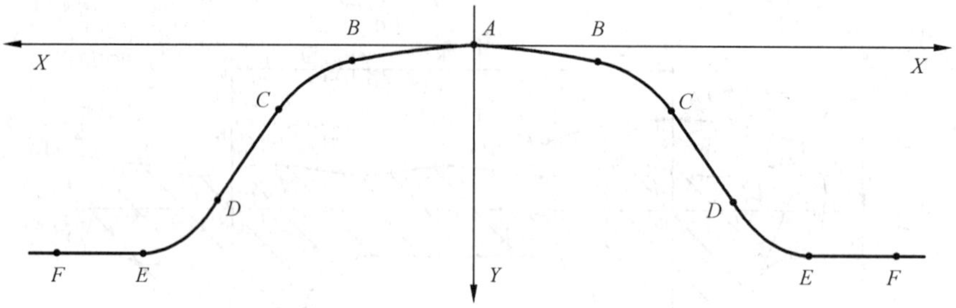

图 B.1

表 B.1

单位为毫米

节距 P_b	加工齿数范围	AB 段		BC 段		CD 段		DE 段		EF 段	
		X	Y	X	Y	X	Y	X	Y	X	Y
5.080	10～20	0.000 0	0.000 0	0.454 3	0.007 6	0.636 4	0.143 6	1.196 4	1.149 4	1.881 5	1.650 0
		0.050 5	0.000 1	0.485 0	0.010 4	0.744 6	0.313 7	1.314 5	1.354 7	2.227 5	1.650 0
		0.101 0	0.000 4	0.514 4	0.016 6	0.847 3	0.483 5	1.409 6	1.461 5	2.488 3	1.650 0
		0.151 5	0.000 8	0.541 5	0.025 8	0.944 2	0.652 6	1.502 1	1.534 6		
		0.202 0	0.001 5	0.564 4	0.036 9	1.034 9	0.820 5	1.594 7	1.586 5		
		0.252 4	0.002 4	0.579 6	0.046 7	1.119 2	0.986 4	1.688 6	1.622 0		
		0.302 9	0.003 4					1.784 0	1.643 0		
		0.353 4	0.004 6								
		0.403 9	0.006 0								
	21～72	0.000 0	0.000 0	0.432 5	0.003 8	0.678 4	0.192 6	1.214 4	1.189 4	1.879 6	1.650 0
		0.096 1	0.000 2	0.469 2	0.006 7	0.777 1	0.362 0	1.329 3	1.376 3	2.257 6	1.650 0
		0.144 2	0.000 4	0.505 1	0.013 9	0.872 3	0.530 4	1.424 5	1.476 7	2.541 5	1.650 0
		0.192 2	0.000 8	0.539 2	0.025 4	0.963 7	0.697 6	1.515 9	1.544 8		
		0.240 3	0.001 2	0.570 3	0.040 6	1.051 3	0.863 4	1.606 4	1.592 6		
		0.288 4	0.001 7	0.595 5	0.057 5	1.134 9	1.027 5	1.696 9	1.624 9		
		0.336 4	0.002 3	0.607 7	0.068 2			1.787 9	1.643 8		
		0.384 5	0.003 0								
9.525	12～20	0.000 0	0.000 0	0.765 1	0.011 0	1.548 1	0.390 4	2.100 4	1.599 9	3.414 6	2.670 0
		0.085 0	0.000 1	0.908 1	0.023 5	1.636 7	0.566 0	2.352 0	2.092 1	4.148 2	2.670 0
		0.170 1	0.000 5	1.037 1	0.053 6	1.722 3	0.741 0	2.532 9	2.306 5	4.701 0	2.670 0
		0.255 1	0.001 2	1.169 9	0.101 8	1.804 7	0.915 2	2.706 6	2.449 0		
		0.340 1	0.002 2	1.298 5	0.169 5	1.883 9	1.088 5	2.880 1	2.549 0		
		0.425 1	0.003 4	1.419 3	0.257 6	1.959 7	1.260 5	3.055 4	2.616 8		
		0.501 2	0.004 9	1.521 9	0.361 1	2.031 9	1.431 1	3.233 3	2.656 7		
		0.595 2	0.006 6								
		0.689 3	0.008 7								

表 B.1（续）

单位为毫米

节距 P_b	加工齿数范围	AB 段		BC 段		CD 段		DE 段		EF 段	
		X	Y	X	Y	X	Y	X	Y	X	Y
9.525	21～120	0.000 0	0.000 0	0.733 7	0.005 5	1.598 1	0.462 5	2.133 6	1.700 1	3.390 4	2.670 0
		0.081 5	0.000 1	0.876 7	0.016 9	1.681 5	0.643 0	2.362 9	2.131 7	4.178 2	2.670 0
		0.163 1	0.000 3	1.018 7	0.047 1	1.762 6	0.822 4	2.540 7	2.332 8	4.769 8	2.670 0
		0.244 6	0.000 6	1.158 9	0.097 2	1.841 6	1.000 7	2.711 3	2.466 3		
		0.326 1	0.001 1	1.296 1	0.169 1	1.918 2	1.177 8	2.880 2	2.559 3		
		0.407 6	0.001 7	1.427 3	0.265 5	1.992 4	1.353 5	3.049 2	2.621 7		
		0.489 2	0.002 5	1.544 3	0.386 4	2.064 2	1.527 6	3.219 2	2.658 0		
		0.570 7	0.003 3								
		0.652 2	0.004 4								
12.700	14～20	0.000 0	0.000 0	1.074 8	0.016 4	2.251 6	0.670 0	2.645 7	1.548 7	4.489 3	3.050 0
		0.119 5	0.000 2	1.267 1	0.034 6	2.311 9	0.796 9	3.017 6	2.254 1	5.499 7	3.050 0
		0.238 9	0.000 8	1.457 8	0.077 9	2.370 9	0.923 4	3.273 3	2.552 3	6.261 2	3.050 0
		0.358 4	0.001 8	1.646 0	0.147 5	2.428 6	1.049 5	3.515 0	2.748 1		
		0.477 8	0.003 2	1.829 9	0.246 3	2.485 0	1.175 1	3.754 7	2.885 0		
		0.597 2	0.005 1	2.006 3	0.378 0	2.540 0	1.300 3	3.996 1	2.977 5		
		0.716 6	0.007 3	2.165 5	0.543 8	2.593 5	1.424 8	4.240 5	3.031 8		
		0.836 0	0.009 9								
		0.955 4	0.013 0								
	21～156	0.000 0	0.000 0	1.024 6	0.006 7	2.311 8	0.771 3	2.721 9	1.754 0	4.423 5	3.050 0
		0.113 8	0.000 1	1.225 1	0.022 4	2.373 4	0.913 6	3.029 7	2.326 4	5.529 4	3.050 0
		0.227 7	0.000 3	1.424 7	0.065 0	2.433 9	1.055 4	3.271 9	2.597 0	6.359 5	3.050 0
		0.341 5	0.000 7	1.622 8	0.136 2	2.493 5	1.196 5	3.504 0	2.776 8		
		0.455 4	0.001 3	1.818 2	0.239 9	2.552 1	1.336 9	3.733 5	2.901 8		
		0.569 2	0.002 1	2.008 6	0.382 0	2.609 7	1.476 7	3.962 6	2.985 5		
		0.683 1	0.003 0	2.187 2	0.571 3	2.666 3	1.615 7	4.192 4	3.034 0		
		0.796 9	0.004 0								
		0.910 8	0.005 3								
22.225	18～26	0.000 0	0.000 0	2.821 7	0.046 9	3.690 2	0.377 8	5.776 7	5.004 2	8.428 2	7.140 0
		0.313 6	0.000 6	3.013 4	0.064 8	3.798 7	0.661 1	6.278 4	5.985 1	9.913 6	7.140 0
		0.627 2	0.002 3	3.195 3	0.105 5	4.175 4	1.400 9	6.648 5	6.416 9	11.030 0	7.140 0
		0.940 8	0.005 2	3.367 7	0.168 0	4.534 4	2.136 7	7.002 8	6.702 2		
		1.254 4	0.009 3	3.523 1	0.249 2	4.875 0	2.866 9	7.354 9	6.901 4		
		1.567 9	0.014 5	3.645 7	0.336 9	5.196 3	3.589 7	7.708 8	7.035 5		
		1.881 5	0.020 9			5.497 2	4.303 1	8.066 2	7.113 9		
		2.194 9	0.028 4								
		2.508 3	0.037 1								
	27～120	0.000 0	0.000 0	2.735 2	0.026 7	3.794 9	0.475 0	5.820 4	5.145 4	8.394 2	7.140 0
		0.303 9	0.000 3	2.943 5	0.044 1	3.985 0	0.911 5	6.293 1	6.040 4	9.961 2	7.140 0
		0.607 9	0.001 3	3.148 2	0.088 2	4.323 0	1.634 6	6.658 8	6.453 1	11.137 4	7.140 0
		0.911 8	0.003 0	3.346 3	0.159 0	4.648 7	2.352 0	7.008 5	6.726 0		
		1.215 8	0.005 3	3.531 8	0.256 0	4.961 7	3.062 9	7.354 2	6.915 4		
		1.519 7	0.008 2	3.692 9	0.373 2	5.261 7	3.766 2	7.699 3	7.042 2		
		1.823 6	0.011 9			5.548 1	4.460 8	8.045 7	7.115 7		
		2.127 5	0.016 2								
		2.431 4	0.021 1								

表 B.1（续）

单位为毫米

节距 P_b	加工齿数范围	AB 段		BC 段		CD 段		DE 段		EF 段	
		X	Y	X	Y	X	Y	X	Y	X	Y
31.750	18～120	0.000 0	0.000 0	3.562 2	0.036 4	6.519 7	2.098 1	8.879 6	7.628 6	12.305 5	10.310 0
		0.395 8	0.000 5	4.016 6	0.074 8	6.956 8	3.043 6	9.501 5	8.830 1	14.372 0	10.310 0
		0.791 7	0.001 8	4.466 3	0.172 1	7.377 3	3.981 5	9.985 1	9.383 5	15.923 4	10.310 0
		1.187 5	0.004 1	4.907 3	0.330 6	7.780 4	4.910 5	10.450 0	9.750 5		
		1.583 3	0.007 2	5.333 0	0.554 1	8.165 6	5.829 2	10.911 2	10.006 0		
		1.979 2	0.011 2	5.728 9	0.843 9	8.532 2	6.735 9	11.373 0	10.177 4		
		2.375 0	0.016 2	6.053 8	1.175 6			11.837 3	10.277 1		
		2.770 7	0.022 0								
		3.166 5	0.028 8								

附 录 C
（规范性附录）
滚刀的计算尺寸

C.1 滚刀的计算尺寸按图 C.1 所示，表 C.1 给出Ⅰ型滚刀计算尺寸数据，表 C.2 给出Ⅱ型滚刀计算尺寸数据。

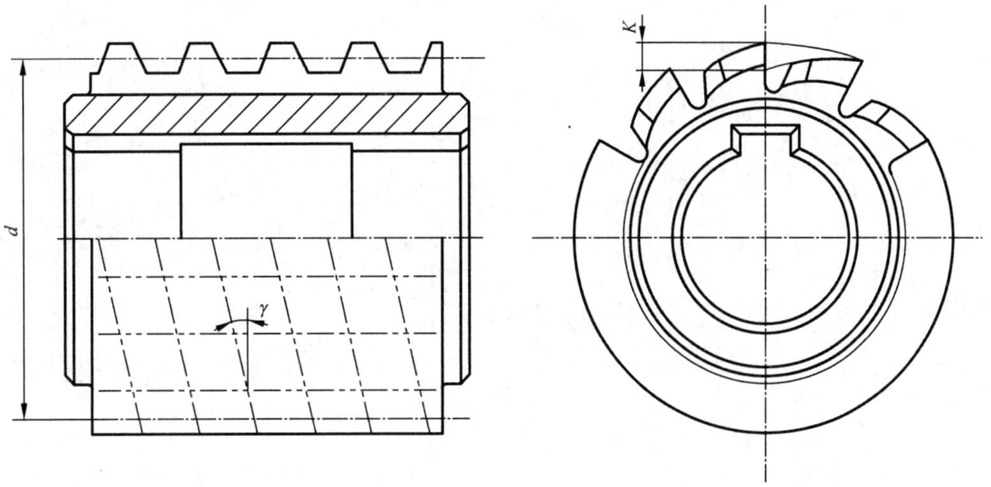

图 C.1

表 C.1

单位为毫米

节距	加工齿数范围	d	γ	K
5.080	≥10	46.692	1°59′	2.5
9.525		57.978	3°00′	3.0
12.700	≥14	73.448	3°09′	4.0
22.225	≥18	101.446	4°00′	5.0
31.750		126.372	4°35′	8.0

表 C.2

单位为毫米

节距	加工齿数范围	d	γ	K
5.080	10～20	46.700	1°57′	2.5
	21～27	46.192	2°00′	
9.525	12～20	57.598	2°58′	3.0
	21～120	56.898	3°03′	
12.700	14～20	73.582	3°06′	4.0
	21～156	72.582	3°12′	
22.225	18～26	102.426	3°55′	5.0
	27～120	100.926	4°01′	
31.750	18～120	126.332	4°35′	8.0

ICS 25.100
J 41

中华人民共和国国家标准

GB/T 28250—2012

带模滚刀　型式和尺寸

The types and dimensions of timing belt mold hobs

2012-03-09 发布　　2012-07-01 实施

中华人民共和国国家质量监督检验检疫总局
中国国家标准化管理委员会　发布

前　言

本标准按照 GB/T 1.1—2009 给出的规则起草。

本标准由中国机械工业联合会提出。

本标准由全国刀具标准化技术委员会(SAC/TC 91)归口。

本标准起草单位:哈尔滨第一工具制造有限公司。

本标准主要起草人:董英武、于继龙、宋铁福、王家喜、张强、孙先君。

带模滚刀　型式和尺寸

1　范围

本标准规定了带模滚刀的型式和尺寸。

本标准适用于加工节距5.080 mm～31.750 mm，基本齿廓按加工GB/T 11616同步带的带模用的带模滚刀。

2　规范性引用文件

下列文件对于本文件的应用是必不可少的。凡是注日期的引用文件，仅注日期的版本适用于本文件。凡是不注日期的引用文件，其最新版本(包括所有的修改单)适用于本文件。

GB/T 6132　铣刀和铣刀刀杆的互换尺寸

GB/T 11616　同步带尺寸

GB/T 28251　带轮滚刀和带模滚刀　技术条件

3　型式和尺寸

3.1　滚刀的型式和尺寸按图1和表1的规定。

3.2　滚刀用于加工直边齿廓带模。

3.3　滚刀做成单头、右旋、容屑槽为平行于其轴线的直槽。

3.4　滚刀前角为0°。

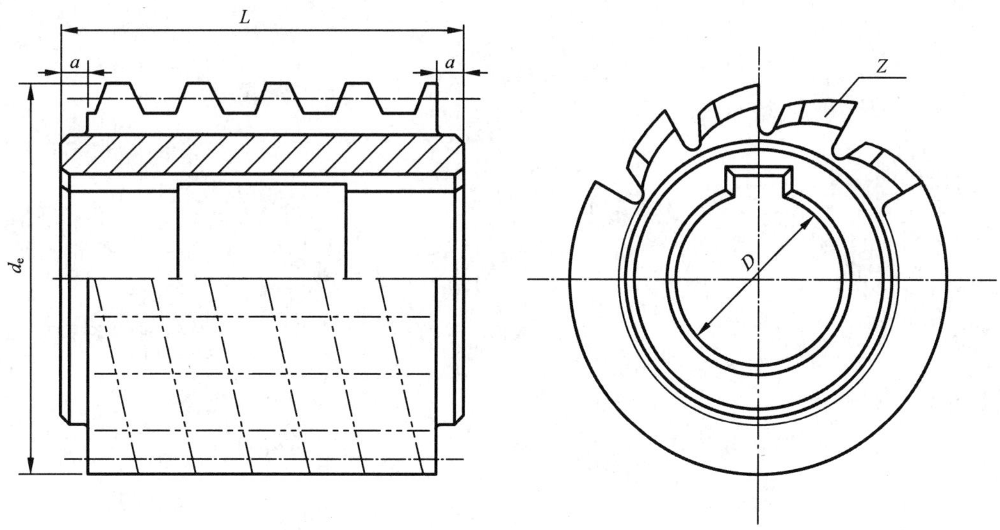

图 1

表 1

单位为毫米

<table>
<tr><th>节距 P_b</th><th>带型号</th><th>d_e</th><th>L</th><th>D</th><th>a</th><th>槽数 Z</th></tr>
<tr><td>5.080</td><td>XL</td><td>50</td><td>50</td><td>22</td><td rowspan="5">5</td><td rowspan="4">14</td></tr>
<tr><td>9.525</td><td>L</td><td>63</td><td>71</td><td>27</td></tr>
<tr><td>12.700</td><td>H</td><td>80</td><td>90</td><td>32</td></tr>
<tr><td>22.225</td><td>XH</td><td>118</td><td>125</td><td>40</td></tr>
<tr><td>31.750</td><td>XXH</td><td>150</td><td>170</td><td>50</td><td>12</td></tr>
</table>

3.5 滚刀的轴向齿形尺寸按附录 A 的规定，滚刀的计算尺寸按附录 B 的规定。

3.6 键槽的尺寸和偏差按 GB/T 6132 的规定。

3.7 标记示例：

节距 P_b=12.700 mm 的带模滚刀标记为：带模滚刀 12.700 GB/T 28250—2012。

3.8 滚刀的技术要求按 GB/T 28251 的规定。

附　录　A
（规范性附录）
带模滚刀齿形尺寸

A.1　滚刀的轴向齿形尺寸按图 A.1 和表 A.1 的规定。

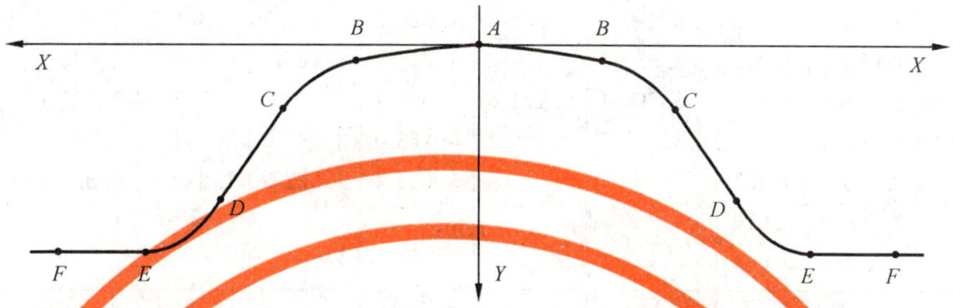

图 A.1

表 A.1

单位为毫米

节距 P_b	加工齿数范围	AB 段		BC 段		CD 段		DE 段		EF 段	
		X	Y	X	Y	X	Y	X	Y	X	Y
5.080	30～130	0.000 0	0.000 0	0.469 8	0.002 9	0.725 5	0.130 3	1.169 6	1.021 2	1.540 3	1.270 0
		0.052 2	0.000 0	0.512 8	0.006 1	0.794 2	0.260 5	1.228 1	1.117 1	2.112 2	1.270 0
		0.104 4	0.000 1	0.555 4	0.014 9	0.861 1	0.389 8	1.281 1	1.172 6	2.541 5	1.270 0
		0.156 6	0.000 3	0.597 3	0.029 3	0.926 3	0.518 3	1.333 1	1.210 9		
		0.208 8	0.000 6	0.638 1	0.049 9	0.989 8	0.645 7	1.384 8	1.237 8		
		0.261 0	0.000 9	0.676 6	0.076 9	1.051 6	0.772 1	1.436 5	1.256 0		
		0.313 2	0.001 3	0.710 0	0.109 5	1.111 5	0.897 3	1.488 3	1.266 5		
		0.365 4	0.001 8								
		0.417 6	0.002 3								
9.525	33～160	0.000 0	0.000 0	1.312 7	0.011 0	1.663 2	0.182 0	2.189 6	1.529 5	2.701 0	1.910 0
		0.145 9	0.000 1	1.374 0	0.016 1	1.745 0	0.380 0	2.271 5	1.687 5	3.882 6	1.910 0
		0.291 7	0.000 5	1.434 7	0.029 3	1.824 6	0.576 4	2.344 2	1.769 7	4.769 4	1.910 0
		0.437 6	0.001 2	1.494 5	0.051 2	1.902 1	0.771 1	2.415 6	1.825 3		
		0.583 5	0.002 2	1.552 6	0.082 5	1.977 4	0.963 9	2.486 8	1.864 0		
		0.729 3	0.003 4	1.607 4	0.124 0	2.050 4	1.154 6	2.558 0	1.890 0		
		0.875 2	0.004 9	1.654 1	0.174 0	2.121 1	1.343 2	2.629 4	1.905 1		
		1.021 0	0.006 7								
		1.169 6	0.008 7								
12.700	48～340	0.000 0	0.000 0	1.542 0	0.007 2	2.419 6	0.571 3	2.794 4	1.553 3	3.804 0	2.290 0
		0.171 3	0.000 1	1.674 2	0.017 2	2.475 0	0.713 3	2.954 0	1.854 6	5.263 9	2.290 0
		0.342 7	0.000 4	1.806 0	0.045 3	2.529 7	0.854 8	3.098 0	2.015 2	6.359 1	2.290 0
		0.514 0	0.000 8	1.937 2	0.092 9	2.583 9	0.995 7	3.239 7	2.124 1		
		0.685 4	0.001 4	2.067 3	0.162 7	2.637 5	1.136 1	3.380 6	2.200 1		
		0.856 7	0.002 2	2.195 4	0.260 2	2.690 4	1.275 8	3.521 6	2.251 0		
		1.028 0	0.003 2	2.318 7	0.395 1	2.742 7	1.414 9	3.662 6	2.280 3		
		1.199 4	0.004 4								
		1.370 7	0.005 7								

表 A.1（续）

单位为毫米

节距 P_b	加工齿数范围	*AB* 段		*BC* 段		*CD* 段		*DE* 段		*EF* 段	
		X	*Y*	*X*	*Y*	*X*	*Y*	*X*	*Y*	*X*	*Y*
22.225	50～200	0.000 0	0.000 0	3.226 0	0.016 6	3.968 9	0.355 8	5.879 9	5.205 4	7.441 0	6.350 0
		0.358 5	0.000 2	3.363 4	0.027 1	4.236 2	0.996 9	6.128 1	5.676 2	9.552 6	6.350 0
		0.716 9	0.000 8	3.499 4	0.055 9	4.529 2	1.715 3	6.350 7	5.925 1	11.136 6	6.350 0
		1.075 4	0.001 9	3.632 5	0.103 7	4.814 7	2.427 5	6.569 5	6.093 6		
		1.433 8	0.003 3	3.760 4	0.171 6	5.092 7	3.133 1	6.787 2	6.211 1		
		1.792 3	0.005 1	3.877 8	0.259 4	5.363 0	3.831 6	7.004 8	6.289 7		
		2.150 7	0.007 4			5.625 4	4.522 5	7.222 6	6.335 1		
		2.509 2	0.010 1								
		2.867 6	0.013 1								
31.750	56～144	0.000 0	0.000 0	5.147 1	0.033 4	6.014 8	0.413 8	8.944 4	7.865 5	11.215 7	9.530 0
		0.571 9	0.000 4	5.314 4	0.046 5	6.375 6	1.306 4	9.300 2	8.544 9	13.904 9	9.530 0
		1.143 8	0.001 7	5.479 4	0.081 7	6.839 4	2.430 7	9.623 3	8.907 8	15.922 2	9.530 0
		1.715 8	0.003 7	5.639 7	0.139 5	7.289 4	3.544 0	9.941 9	9.154 1		
		2.287 7	0.006 6	5.791 1	0.220 0	7.725 2	4.645 2	10.259 6	9.326 2		
		2.859 6	0.010 3	5.924 8	0.319 9	8.146 5	5.733 2	10.577 6	9.441 4		
		3.431 5	0.014 8			8.553 0	6.807 1	10.896 2	9.508 1		
		4.003 4	0.020 2								
		4.575 2	0.026 4								

附　录　B
（规范性附录）
滚刀的计算尺寸

B.1　滚刀的计算尺寸按图 B.1 所示，表 B.1 给出滚刀计算尺寸数据。

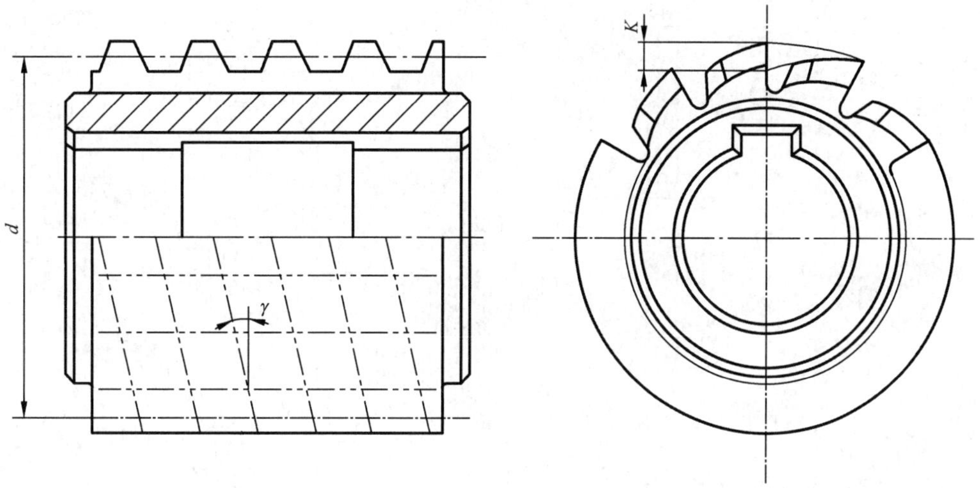

图 B.1

表 B.1

单位为毫米

节距	加工齿数范围	d	γ	K
5.080	30～130	46.952	1°58′	2.5
9.525	33～160	58.418	2°58′	3.0
12.700	48～340	74.048	3°08′	4.0
22.225	50～200	104.506	3°53′	5.0
31.750	56～144	127.892	4°32′	8.0

ICS 25.100
J 41

中华人民共和国国家标准

GB/T 28251—2012

带轮滚刀和带模滚刀　技术条件

The technical specifications for timing belt wheel hobs and timing belt mold hobs

2012-03-09 发布　　2012-07-01 实施

中华人民共和国国家质量监督检验检疫总局
中国国家标准化管理委员会　发布

前　言

本标准按照GB/T 1.1—2009给出的规则起草。

本标准由中国机械工业联合会提出。

本标准由全国刀具标准化技术委员会(SAC/TC 91)归口。

本标准起草单位:哈尔滨第一工具制造有限公司。

本标准主要起草人:董英武、于继龙、宋铁福、王家喜、张强、孙先君。

带轮滚刀和带模滚刀　技术条件

1　范围

本标准规定了带轮滚刀和带模滚刀的技术要求、标志和包装的基本要求。

本标准适用于按 GB/T 28249 和 GB/T 28250 加工的带轮滚刀和带模滚刀。

2　规范性引用文件

下列文件对于本文件的应用是必不可少的。凡是注日期的引用文件，仅注日期的版本适用于本文件。凡是不注日期的引用文件，其最新版本(包括所有的修改单)适用于本文件。

GB/T 28249　带轮滚刀　型式和尺寸

GB/T 28250　带模滚刀　型式和尺寸

3　技术要求

3.1　滚刀表面不得有裂纹、烧伤及其他影响使用性能的缺陷。

3.2　滚刀表面粗糙度的上限值按表 1 规定。

表 1

单位为微米

检查表面	表面粗糙度参数	表面粗糙度值
内孔表面	*Ra*	0.63
轴台端面		
轴台外圆表面		1.25
刀齿前面		0.63
刀齿后面		
刀齿顶面		

3.3　滚刀外圆直径的极限偏差按 h 15，总长的极限偏差按 js 15。

3.4　滚刀制造的主要公差按表 2 的规定。

表 2

单位为毫米

序号	检查项目	公差代号	节距		
			5.080,9.525	12.700	22.225,31.750
			公差		
1	孔径极限偏差	δ_{D}	H6		
2	轴台对内孔轴线的径向圆跳动	δ_{dir}	0.008	0.010	0.012
3	轴台对内孔轴线的端面圆跳动	δ_{dix}	0.006	0.008	0.010

表 2(续)

单位为毫米

序号	检查项目	公差代号	节距		
			5.080,9.525	12.700	22.225,31.750
			公差		
4	刀齿对内孔轴线的径向圆跳动	δ_{der}	0.045	0.053	0.065
5	刀齿前面的径向性	δ_{fr}	0.036	0.043	0.054
6	容屑槽的相邻周节差	δ_{fp}	0.045	0.054	0.065
7	容屑槽周节的最大累积误差	δ_{Fp}	0.085	0.100	0.125
8	刀齿前面对内孔轴线的平行度	δ_{fx}	0.049	0.058	0.073
9	齿形公差	δ_{ff}	0.030	0.040	0.060
10	齿厚极限偏差	δ_{Sx}	±0.025	±0.030	±0.040
11	全齿高极限偏差	δ_{h}	0 −0.040	0 −0.050	0 −0.065
12	齿距极限偏差	δ_{Px}	±0.009	±0.011	±0.014
13	任意三个齿距长度内齿距的最大累积误差	Δ_{Px3}	±0.013	±0.016	±0.020
14	齿顶圆角半径极限偏差	δ_{r1}	±0.03		
15	齿根圆角极限偏差	δ_{r2}	±0.03		
14、15 项只适用于Ⅰ型带轮滚刀。					

3.5　滚刀用普通高速钢制造,也可用高性能高速钢制造。

3.6　滚刀切削部分硬度:普通高速钢为 63 HRC～66 HRC;高性能高速钢为不低于 64 HRC。

4　标志和包装

4.1　标志

4.1.1　滚刀端面上应标志:制造厂商标、型式、节距、带轮型号或带型号、螺旋升角、加工齿数范围、材料(普通高速钢不标)及制造年份。

4.1.2　包装盒上应标志:产品名称、标准号、制造厂名称、地址、商标、型式、节距、带轮型或带型号、加工齿数范围、材料、件数及制造年份。

4.2　包装

滚刀包装前应经防锈处理,包装应牢固,防止在运输过程中受到损伤。

ICS 25.100
J 41

中华人民共和国国家标准

GB/T 28252—2012

磨前齿轮滚刀

Hobs for pre-grinding gear

2012-03-09 发布　　2012-07-01 实施

中华人民共和国国家质量监督检验检疫总局
中国国家标准化管理委员会 发布

前　　言

本标准按照 GB/T 1.1—2009 给出的规则起草。

本标准由中国机械工业联合会提出。

本标准由全国刀具标准化技术委员会(SAC/TC 91)归口。

本标准起草单位:重庆工具厂有限责任公司、成都工具研究所有限公司。

本标准主要起草人:沈宏、沈士昌。

磨前齿轮滚刀

1 范围

本标准规定了整体磨前齿轮滚刀的基本型式和尺寸、技术条件、标志和包装的基本要求。

本标准适用于模数 1 mm～10 mm(按 GB/T 1357)的滚刀。

2 规范性引用文件

下列文件对于本文件的应用是必不可少的。凡是注日期的引用文件,仅注日期的版本适用于本文件。凡是不注日期的引用文件,其最新版本(包括所有的修改单)适用于本文件。

GB/T 1357 通用机械和重型机械用圆柱齿轮 模数

GB/T 6132 铣刀和铣刀刀杆的互换尺寸

GB/T 9943 高速工具钢

3 型式和尺寸

3.1 滚刀的型式和尺寸按图 1 和表 1 的规定。

3.2 滚刀做成零度前角、单头、右旋、容屑槽为平行于轴线的直槽。按用户要求,滚刀可做成左旋。

3.3 滚刀的轴台直径及偏差由制造厂决定,其尺寸尽可能取大些。

3.4 滚刀的键槽尺寸及偏差应符合 GB/T 6132 的规定。

3.5 滚刀的计算尺寸应符合附录 A 的规定,滚刀的轴向齿形尺寸应符合附录 B 的规定。

3.6 标记示例:

模数 m=2.5 mm 齿顶凸角为Ⅱ型的左旋磨前齿轮滚刀标记为:

磨前齿轮滚刀 m2.5Ⅱ L GB/T 28252—2012

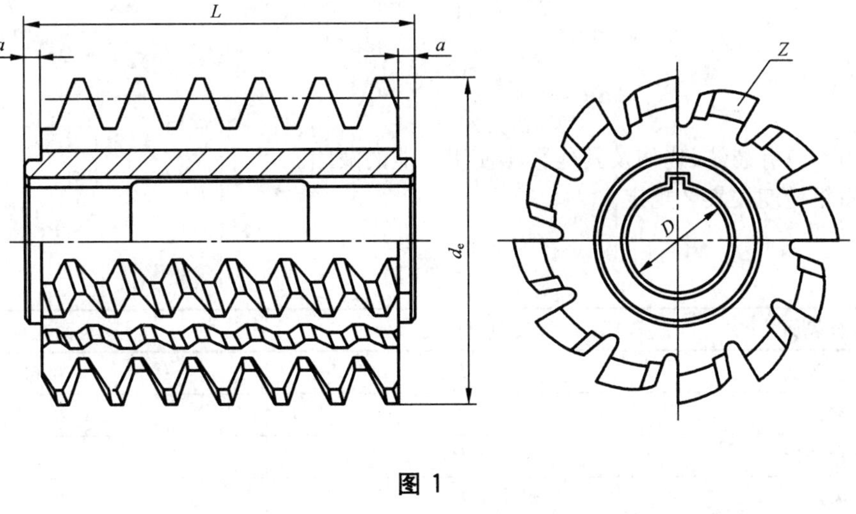

图 1

表 1

单位为毫米

<table>
<tr><th colspan="2">模数系列</th><th rowspan="2">外径
d_e</th><th rowspan="2">全长
L</th><th rowspan="2">孔径
D</th><th rowspan="2">轴台长度
a</th><th rowspan="2">槽数
Z</th></tr>
<tr><th>Ⅰ</th><th>Ⅱ</th></tr>
<tr><td>1</td><td rowspan="2"></td><td rowspan="2">50</td><td>32</td><td rowspan="2">22</td><td rowspan="22">5</td><td rowspan="11">12</td></tr>
<tr><td>1.25</td><td>40</td></tr>
<tr><td>1.5</td><td></td><td rowspan="3">63</td><td rowspan="3">50</td><td rowspan="6">27</td></tr>
<tr><td></td><td>1.75</td></tr>
<tr><td>2</td><td></td></tr>
<tr><td></td><td>2.25</td><td rowspan="3">71</td><td rowspan="2">56</td></tr>
<tr><td>2.5</td><td></td></tr>
<tr><td></td><td>2.75</td><td>63</td></tr>
<tr><td>3.00</td><td></td><td rowspan="3">80</td><td rowspan="3">71</td><td rowspan="7">32</td></tr>
<tr><td></td><td>3.25</td></tr>
<tr><td></td><td>3.5</td></tr>
<tr><td></td><td>3.75</td><td rowspan="3">90</td><td rowspan="2">80</td><td rowspan="11">10</td></tr>
<tr><td>4</td><td></td></tr>
<tr><td></td><td>4.5</td><td>90</td></tr>
<tr><td>5</td><td></td><td>100</td><td>100</td></tr>
<tr><td></td><td>5.5</td><td rowspan="2">112</td><td rowspan="2">112</td><td rowspan="6">40</td></tr>
<tr><td>6</td><td></td></tr>
<tr><td></td><td>6.5</td><td rowspan="2">118</td><td>118</td></tr>
<tr><td></td><td>7</td><td>125</td></tr>
<tr><td>8</td><td></td><td>125</td><td>132</td></tr>
<tr><td></td><td>9</td><td>140</td><td>152</td></tr>
<tr><td>10</td><td></td><td>150</td><td>170</td><td>50</td></tr>
</table>

4 技术条件

4.1 滚刀表面不应有裂纹、烧伤及其他影响使用性能的缺陷。

4.2 滚刀表面粗糙度按表 2 规定。

表 2

单位为微米

检查表面	表面粗糙度参数	表面粗糙度
内孔表面	*Ra*	0.63
端面	*Ra*	0.63
轴台外圆	*Ra*	1.25
刀齿前面	*Ra*	0.63
刀齿侧面	*Ra*	0.63
刀齿顶圆及圆角部分	*Rz*	3.2

4.3 滚刀的外径偏差为 h15,总长偏差为 js15,其余制造精度应符合表 3 的规定。

表 3

单位为微米

序号	检查项目及示意图	公差代号	模数/mm			
			1~2	>2~3.5	>3.5~6	>6~10
1	孔径偏差 1. 内孔表面上超出公差的喇叭口长度应小于每边配合长度的 25%。键槽两侧超出公差部分的宽度,每侧不应大于键宽的一半。 2. 在对孔作精度检查时,具有公称孔径的基准心轴(按 GB/T 1957 通端)应能通过孔	δ_D	H6			
2	轴台的径向圆跳动 	δ_{d1r}	7	8	10	12
3	轴台的端面圆跳动 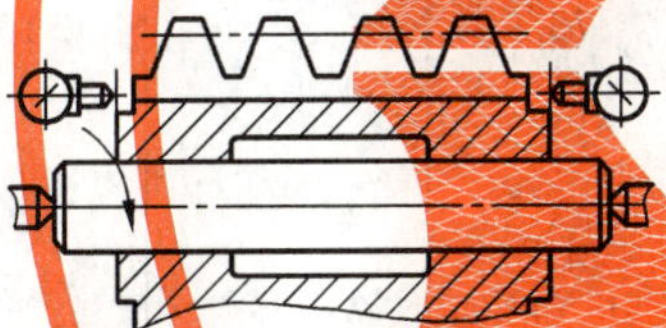	δ_{d1x}	6	6	8	10
4	刀齿的径向圆跳动  滚刀一转内,齿廓到内孔中心距离的最大差值	δ_{der}	40	45	53	65
5	刀齿前面的径向性 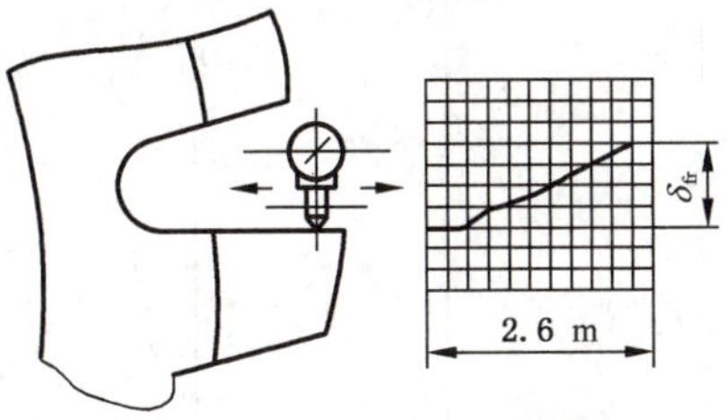 在测量范围内,容纳实际刀齿前面的两个平行于理论的平面间的距离	δ_{fr}	32	36	42	53

表 3（续）　　单位为微米

序号	检查项目及示意图	公差代号	模数/mm			
			1～2	>2～3.5	>3.5～6	>6～10
6	容屑槽的相邻周节差 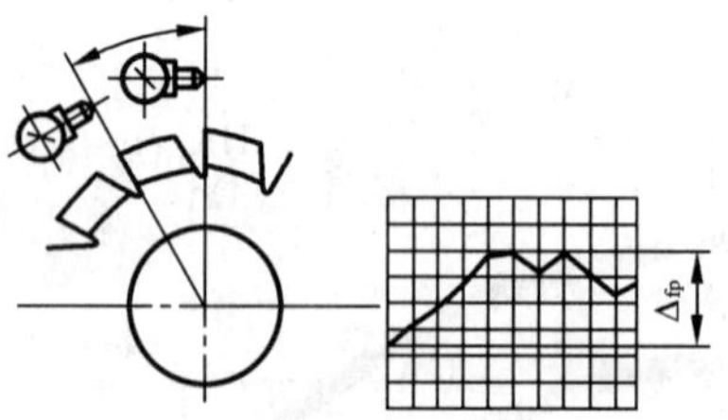 在滚刀分圆附近的同一圆周上，任意两个刀齿前面相互位置的最大偏差	δ_{fp}	40	45	53	65
7	容屑槽周节的最大累积误差 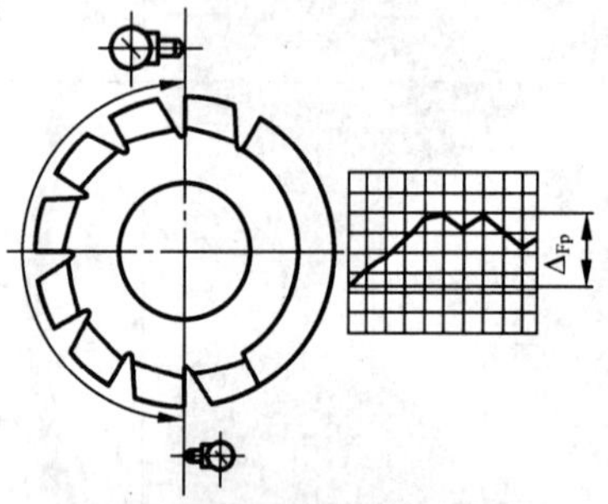 在滚刀分圆附近的同一圆周上，任意两个刀齿前面间相互位置的最大偏差	δ_{Fp}	75	85	100	125
8	刀齿前面于内孔轴线的平行度 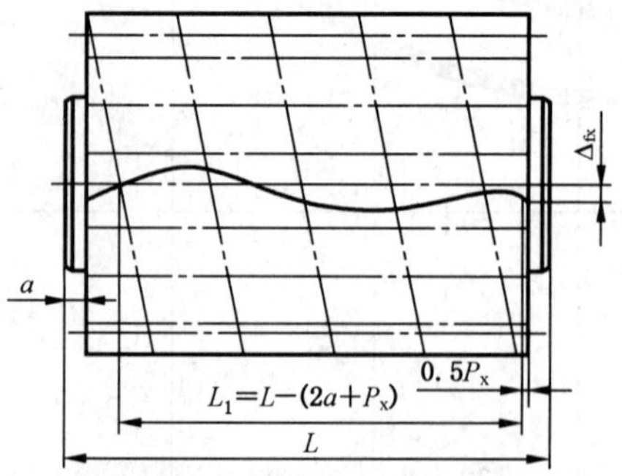 在靠近分圆处的测量范围内，容纳实际前面的两个平行于理论前面间之距离	δ_{fx}	40	65	80	110

表 3（续）

单位为微米

序号	检查项目及示意图	公差代号	模数/mm			
			1～2	＞2～3.5	＞3.5～6	＞6～10
9	**齿形误差** 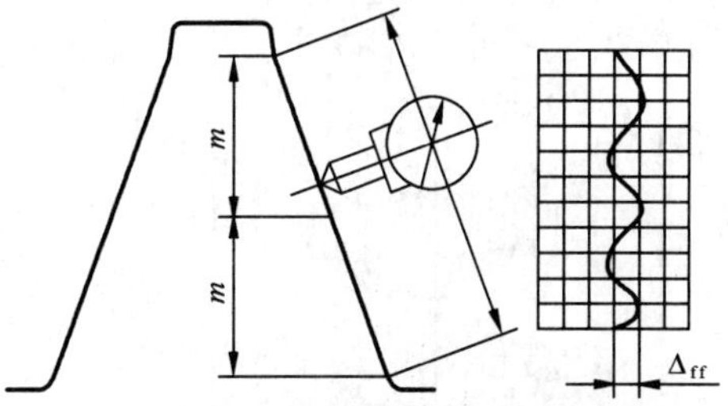 **在检查截面中的测量范围内，容纳实际齿形的两条理论直线齿形间的法向距离**	δ_{ff}	14	16	19	24
10	**齿厚偏差** 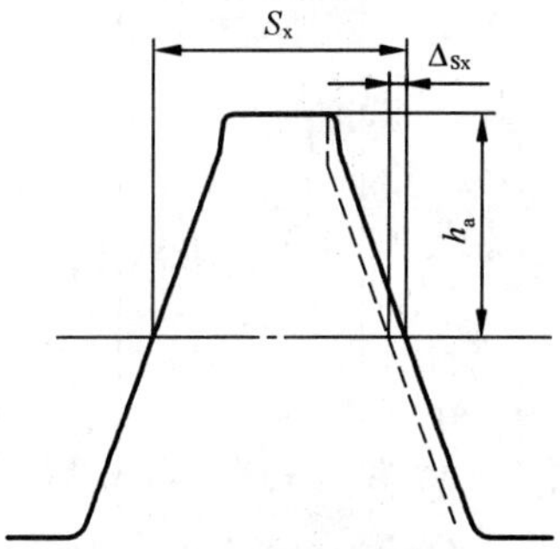 **在滚刀理论齿高处测量的齿厚对公称齿厚的偏差**	δ_{Sx}	0 −60	0 −70	0 −85	0 −105
11	**齿距最大偏差** 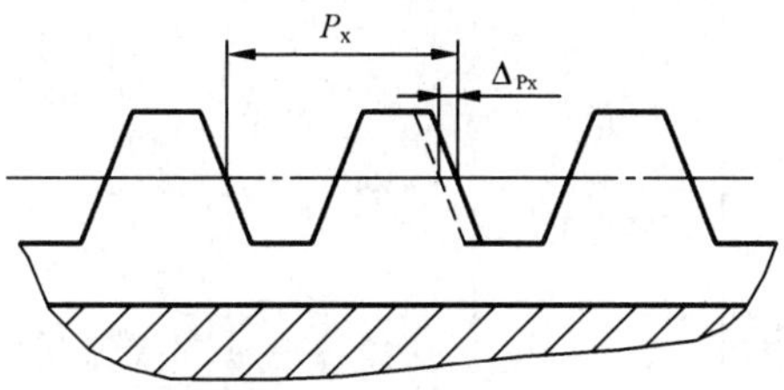 **在任意一排齿上，相邻刀齿轴向齿距的最大偏差**	δ_{Px}	±13	±14	±16	±21
12	**任意三个齿距内齿距的最大累积误差** 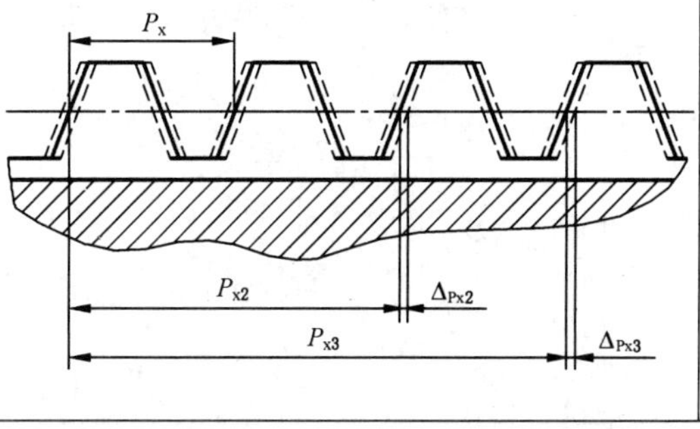	δ_{Px3}	±21	±22	±26	±34

表 3（续） 单位为微米

序号	检查项目及示意图	公差代号	模数/mm			
			1～2	＞2～3.5	＞3.5～6	＞6～10
13	**相邻切削刃的螺旋线误差** 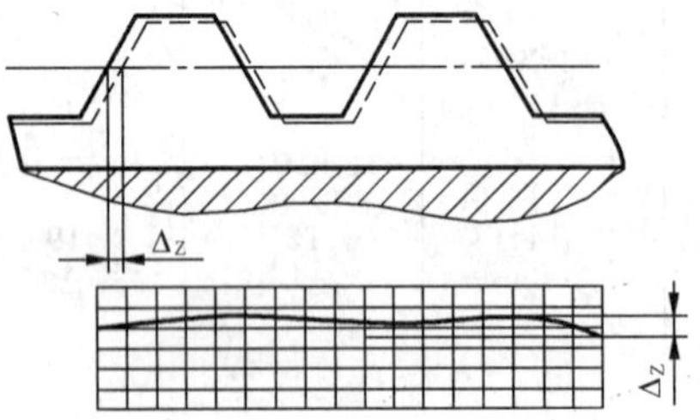 **相邻切削刃与内孔同心圆柱表面的交点对滚刀理论螺旋线的最大轴向误差**	δ_Z	12	14	17	21
14	**滚刀一转内切削刃的螺旋线误差** 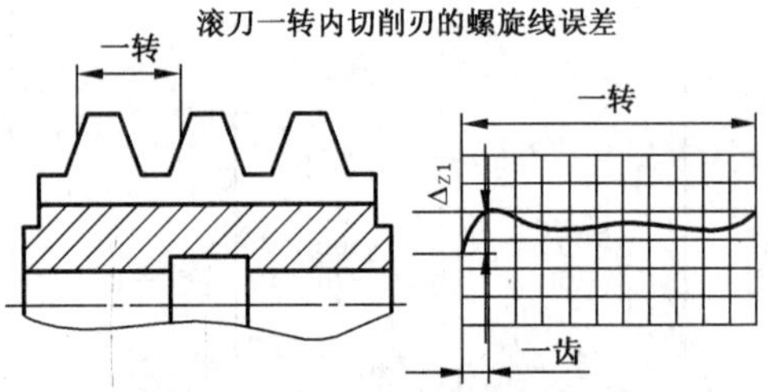 **在滚刀一转内，切削刃与内孔同心圆柱表面的交点对理论螺旋线的最大轴向误差**	δ_{Z1}	22	25	30	38
15	**滚刀三转内切削刃的螺旋线误差** 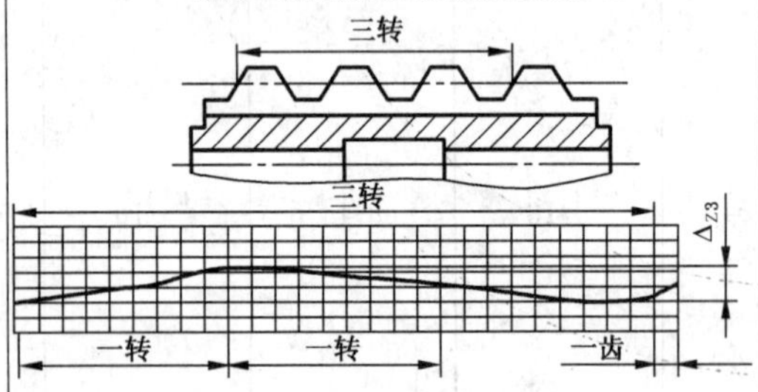	δ_{Z3}	40	45	53	65
16	**凸角厚度的偏差** 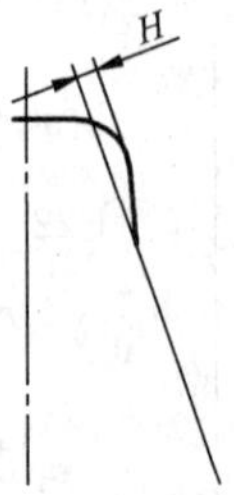	δ_H	±20			

4.4 滚刀的精度采用第一组检查方法检查，当生产条件不具备时，可采用第二组方法检查。

第一组：δ_{Z}、δ_{Z1}、δ_{Z3}、δ_{ff}、δ_{fr}、δ_{fp}、δ_{Fp}、δ_{d1r}、δ_{d1x}、δ_{D}、δ_{der}、δ_{Sx}、δ_{H}、δ_{hc}。

第二组：δ_{Px}、δ_{Px3}、δ_{ff}、δ_{fr}、δ_{fx}、δ_{fp}、δ_{Fp}、δ_{d1r}、δ_{d1x}、δ_{D}、δ_{der}、δ_{Sx}、δ_{H}、δ_{hc}。

4.5 滚刀齿侧面的磨光长度，当 $m \leqslant 4$ 时不少于齿长的二分之一；当 $m > 4$ 时不少于齿长的三分之一。

4.6 滚刀用 W6Mo5Cr4V2 等同性能普通高速钢或其他高性能高速钢制造，其金相组织应符合 GB/T 9943 的规定：其碳化物均匀度对于直径不大于 100 mm 的滚刀应不大于 4 级，对于直径大于 100 mm 的滚刀应不大于 5 级。

4.7 滚刀切削部分硬度：普通高速钢为 63 HRC～66 HRC；高性能高速钢为≥64 HRC。

5 标志和包装

5.1 滚刀端面上应标志：

——制造厂商标；

——模数；

——基准齿形角；

——滚刀分圆柱上的螺旋角；

——螺旋方向（右旋不标）；

——材料（普通高速钢不标）；

——制造年份；

——磨前代号。

5.2 包装盒上应标志：

——制造厂名称、地址和商标；

——产品标记；

——材料代号或牌号；

——制造年份。

5.3 包装

滚刀包装前应经防锈处理，包装应牢固，防止运输过程中产生损伤。

附　录　A
（规范性附录）
滚刀的基本计算尺寸

A.1　滚刀的计算尺寸按图 A.1 和表 A.1 的规定。

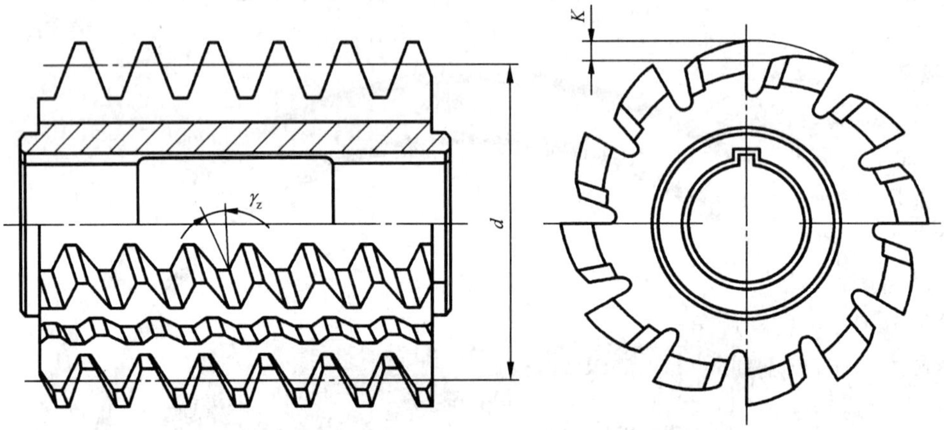

图 A.1

表 A.1　　　　单位为毫米

模数系列		d		K	γ_z	
		齿形系列			齿形系列	
Ⅰ	Ⅱ	Ⅰ、Ⅱ	Ⅲ		Ⅰ、Ⅱ	Ⅲ
1		46.60	46.5	2.5	1°14′	1°14′
1.25		45.93	45.8		1°34′	1°34′
1.5		58.11	57.96	3	1°29′	1°29′
	1.75	57.44	57.26		1°45′	1°45′
2		56.76	56.56		2°01′	2°02′
	2.25	63.88	63.66	4		
2.5		63.21	62.96		2°16′	2°17′
	2.75	62.54	62.26		2°31′	2°32′
3.00		70.76	70.46	4.5	2°26′	2°26′
	3.25	70.09	69.76		2°39′	2°40′
	3.5	69.41	69.06		2°53′	2°54′
	3.75	78.60	78.22	5	2°44′	2°45′
4		77.92	77.52		2°57′	2°57′
	4.5	76.37	75.92	6	3°23′	3°24′
5		84.92	84.42	6.5		

表 A.1（续）

单位为毫米

模数系列		d		K	γ_z	
		齿形系列			齿形系列	
Ⅰ	Ⅱ	Ⅰ、Ⅱ	Ⅲ		Ⅰ、Ⅱ	Ⅲ
	5.5	95.47	94.92	7	3°18′	3°19′
6		94.12	93.52		3°39′	3°41′
	6.5	98.57	97.92	8	3°47′	3°48′
	7	97.22	96.52		4°08′	4°10′
8		101.48	100.68		4°31′	4°33′
	9	113.58	112.68	9	4°33′	4°35′
10		120.68	119.68	10	4°45′	4°48′

附　录　B
（规范性附录）
滚刀轴向齿形尺寸

B.1　滚刀轴向齿形尺寸按图 B.1 和表 B.1 的规定。

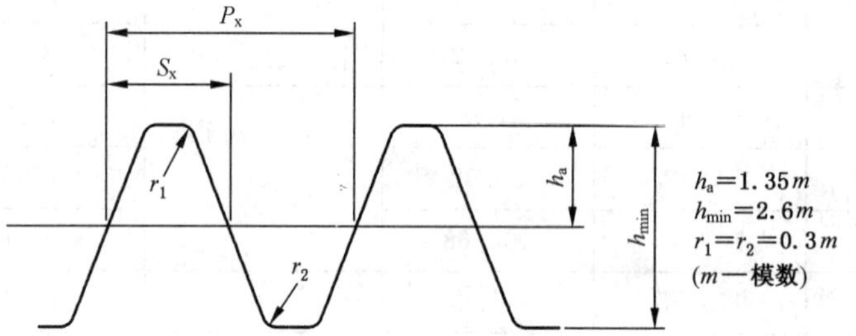

Ⅰ型(适用于Z<20)

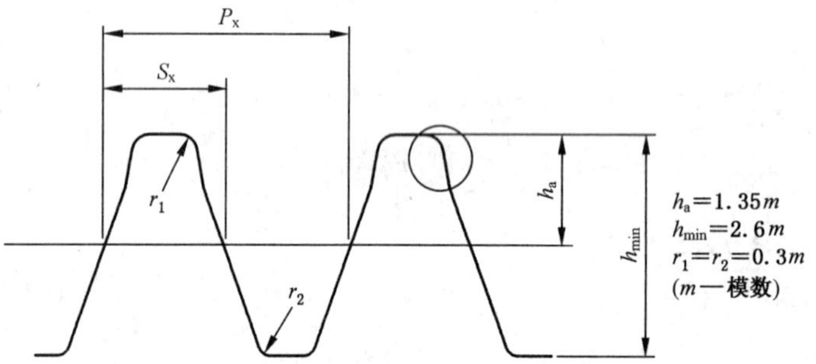

Ⅱ型(适用于Z≥20)

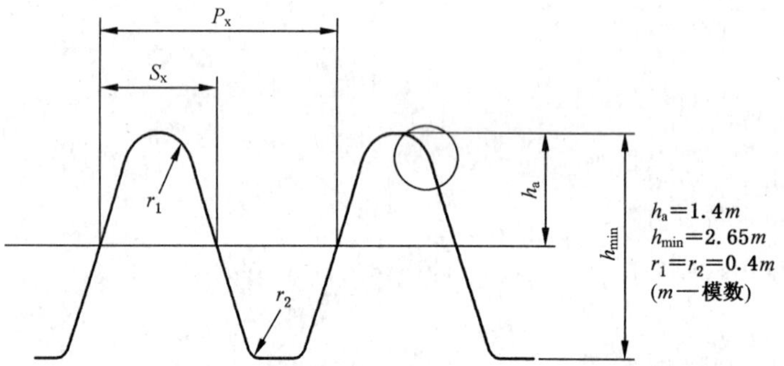

Ⅲ型(适用于加工Z≥20齿根全圆)

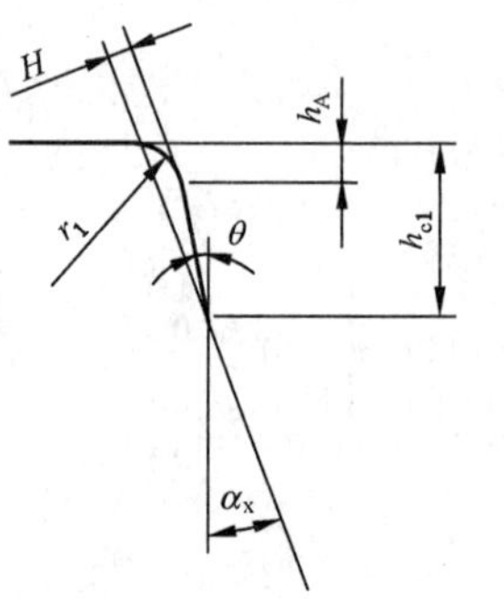

Ⅱ型放大图

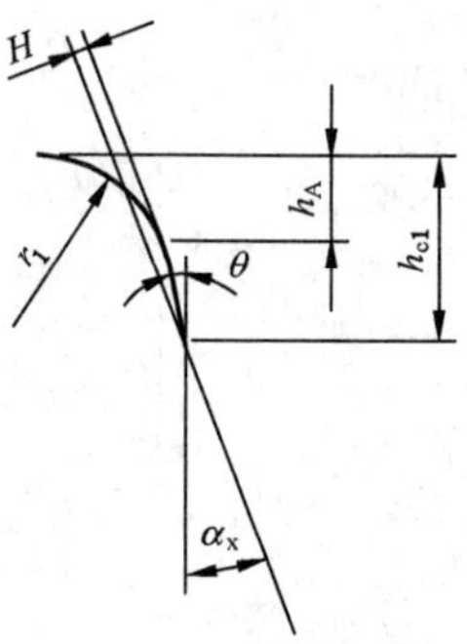

Ⅲ型放大图

图 B.1

表 B.1

单位为毫米

模数系列		α_x	P_x	S_x	H	h_A	h_{c1}		留磨量Δ（单面）	θ
Ⅰ	Ⅱ						Ⅱ型	Ⅲ型		
1			3.142	1.358		0.197	1.009	0.906		
1.25		20°	3.928	1.751	0.125	0.247	1.084	0.956	0.10	10°
1.5			4.714	2.144		0.296	1.159	1.005		
	1.75		5.500	2.537		0.345	1.234	1.054		
2			6.287	2.824		0.395	1.855	1.650		
	2.25		7.073	3.217		0.444	1.907	1.699		
2.5			7.860	3.611		0.493	1.980	1.748		
	2.75		8.648	4.005	0.2	0.543	2.025	1.798		
3		20°1′	9.433	4.397		0.592	2.095	1.847	0.15	
	3.25		10.221	4.791		0.642	2.149	1.897		
	3.5		11.010	5.186		0.691	2.200	1.946		11°
	3.75		11.795	5.578		0.740	2.249	1.995		
4			12.583	5.866		0.790	2.610	2.359		
	4.5		14.162	6.655		0.888	2.716	2.457		
5			15.735	7.442		0.987	2.819	2.556		
	5.5	20°2′	17.308	8.228	0.250	1.086	2.917	2.655	0.20	
6			18.888	9.018		1.184	3.469	3.183		
	6.5		20.465	9.807		1.283	3.582	3.282		
	7		22.048	10.492		1.382	4.353	4.020		
8		20°3′	25.211	12.073	0.330	1.579	4.558	4.217	0.25	13°
	9		28.364	13.650		1.777	4.734	4.415		
10		20°4′	31.524	15.230		1.974	4.968	4.612		

ICS 25.100.50
J 41

中华人民共和国国家标准

GB/T 28253—2012

挤 压 丝 锥

Thread forming tap

2012-03-09 发布　　2012-07-01 实施

中华人民共和国国家质量监督检验检疫总局
中国国家标准化管理委员会　发布

前　言

本标准按照GB/T 1.1—2009给出的规则起草。

本标准由中国机械工业联合会提出。

本标准由全国刀具标准化技术委员会(SAC/TC 91)归口。

本标准起草单位:上海工具厂有限公司。

本标准主要起草人:俞毛弟。

挤 压 丝 锥

1 范围

本标准规定了挤压丝锥(高性能级和普通级)的型式尺寸、螺纹公差、技术要求、标志和包装等的基本要求。

本标准适用于在有色金属及低强度黑色金属零件上加工公称直径 1 mm～27 mm 的普通螺纹(GB/T 192、GB/T 193、GB/T 196、GB/T 197)的挤压丝锥。挤压丝锥加工螺纹时,预制孔的尺寸参见附录 B。

本标准的丝锥螺纹公差带分为 H1、H2、H3、H4,其中 H4 通常为非磨牙丝锥。

2 规范性引用文件

下列文件对于本文件的应用是必不可少的。凡是注日期的引用文件,仅注日期的版本适用于本文件。凡是不注日期的引用文件,其最新版本(包括所有的修改单)适用于本文件。

GB/T 192 普通螺纹 基本牙型

GB/T 193 普通螺纹 直径与螺距系列

GB/T 196 普通螺纹 基本尺寸

GB/T 197 普通螺纹 公差

GB/T 4267 直柄回转工具 柄部直径和传动方头的尺寸

3 丝锥的型式和尺寸

3.1 粗柄挤压丝锥按图 1 和表 1、表 2 的规定。

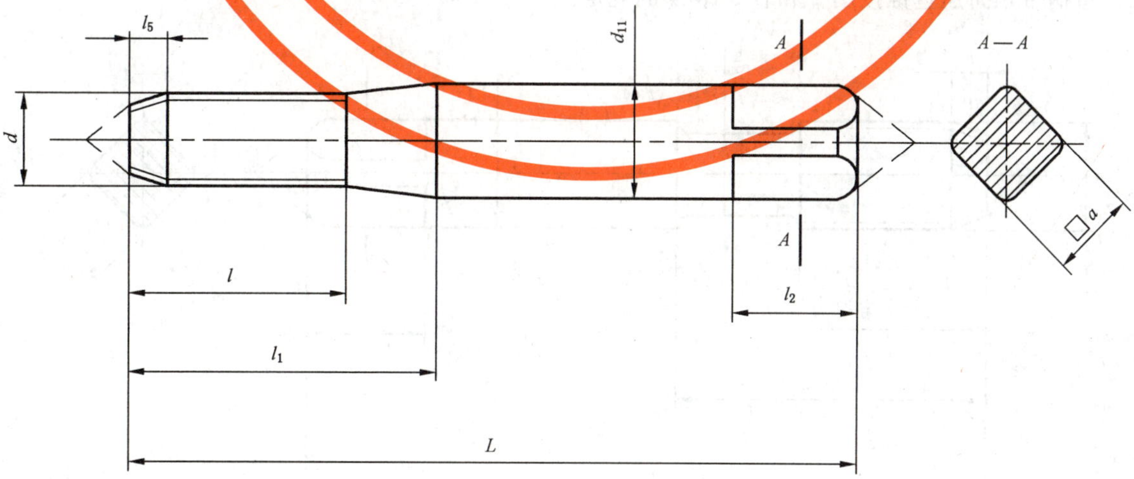

图 1

表 1　粗牙普通螺纹粗柄挤压丝锥

单位为毫米

代号	公称直径 d	螺距 P	d_{11}	l	L	l_1	l_5	a	l_2
M1	1	0.25	2.5	5.5	38.5	10	见 3.6	2	4
M1.1	1.1								
M1.2	1.2								
M1.4	1.4	0.3		7	40	12			
M1.6	1.6	0.35		8	41	13			
M1.8	1.8								
M2	2	0.4				13.5			
M2.2	2.2	0.45	2.8	9.5	44.5	15.5		2.24	5
M2.5	2.5								

表 2　细牙普通螺纹粗柄挤压丝锥

单位为毫米

代号	公称直径 d	螺距 P	d_{11}	l	L	l_1	l_5	a	l_2
M1×0.2	1	0.2	2.5	5.5	38.5	10	见 3.6	2	4
M1.1×0.2	1.1								
M1.2×0.2	1.2								
M1.4×0.2	1.4			7	40	12			
M1.6×0.2	1.6			8	41	13			
M1.8×0.2	1.8								
M2×0.25	2	0.25				13.5			
M2.2×0.25	2.2		2.8	9.5	44.5	15.5		2.24	5
M2.5×0.35	2.5	0.35							

3.2　粗柄带颈挤压丝锥按图 2 和表 3、表 4 的规定。

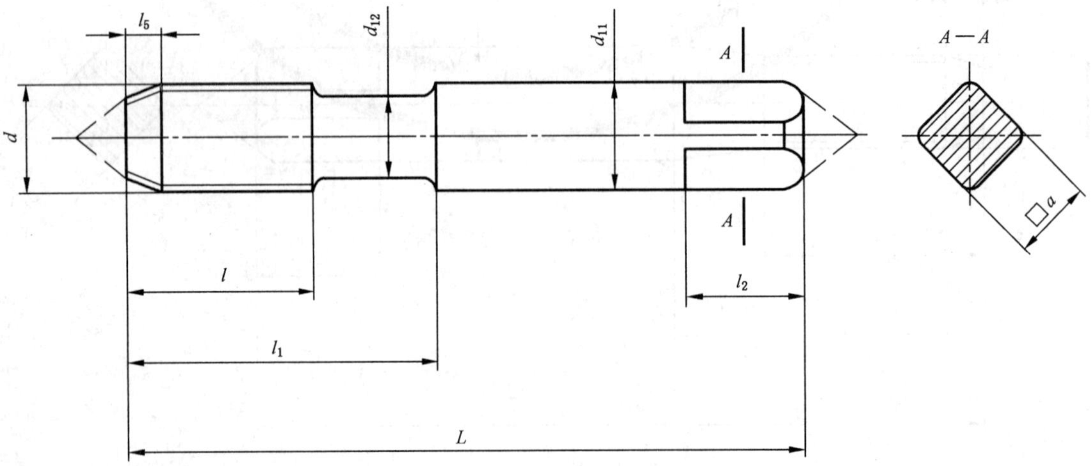

图 2

表 3　粗牙普通螺纹粗柄带颈挤压丝锥

单位为毫米

代号	公称直径 d	螺距 P	d_{11}	l	L	d_{12} min	l_1	l_5	a	l_2
M3	3	0.5	3.15	11	48	2.12	18	见 3.6	2.50	5
M3.5	3.5	0.6	3.55	13	50	2.50	20		2.80	
M4	4	0.7	4		53	2.8	21		3.15	6
M4.5	4.5	0.75	4.5			3.15			3.55	
M5	5	0.8	5	16	58	3.55	25		4	7
M6	6	1	6.3	19	66	4.5	30		5	8
M7	7		7.1			5.3			5.6	
M8	8	1.25	8	22	72	6	35		6.3	9
M9	9		9			7.1	36		7.1	10
M10	10	1.50	10	24	80	7.5	39		8	11
允许无空刀槽，无空刀槽时螺纹部分长度尺寸应为 $l+(l_1-l)/2$。										

表 4　细牙普通螺纹粗柄带颈挤压丝锥

单位为毫米

代号	公称直径 d	螺距 P	d_{11}	l	L	d_{12} min	l_1	l_5	a	l_2
M3×0.35	3	0.35	3.15	11	48	2.12	18	见 3.6	2.50	5
M3.5×0.35	3.5		3.55	13	50	2.50	20		2.80	
M4×0.5	4	0.5	4		53	2.8	21		3.15	6
M4.5×0.5	4.5		4.5			3.15			3.55	
M5×0.5	5		5	16	58	3.55	25		4	7
M5.5×0.5	5.5		5.6	17	62	4	26		4.5	
M6×0.5	6		6.3	19	66	4.5	30		5	8
M6×0.75		0.75								
M7×0.75	7		7.1			5.3			5.6	
M8×0.5	8	0.50	8			6	32		6.3	9
M8×0.75		0.75								
M8×1		1		22	72		35			
M9×0.75	9	0.75	9	19	66	7.1	33		7.1	10
M9×1		1		22	72		36			
M10×0.75	10	0.75	10	20	73	7.5	35		8	11
M10×1		1		24	80		39			
M10×1.25		1.25								
允许无空刀槽，无空刀槽时螺纹部分长度尺寸应为 $l+(l_1-l)/2$。										

3.3 细柄挤压丝锥按图 3 和表 5、表 6 的规定。

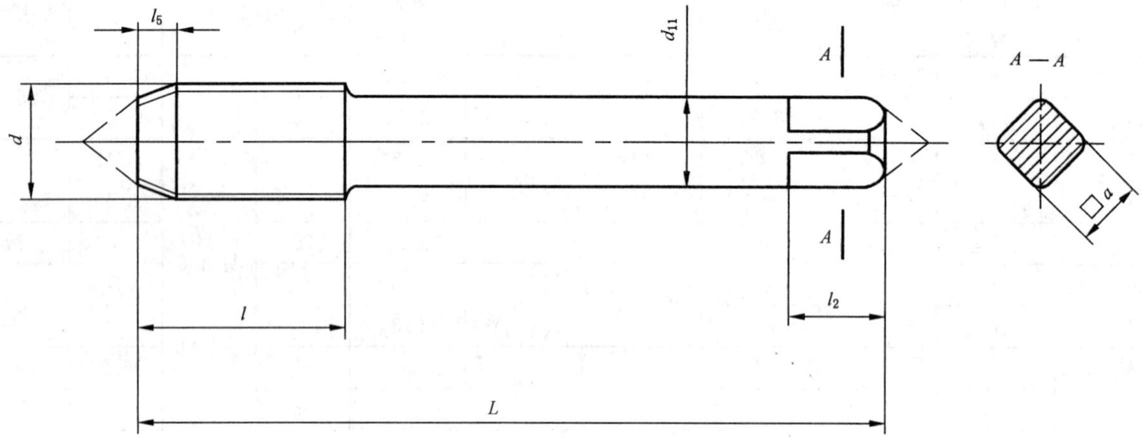

图 3

表 5 粗牙普通螺纹细柄挤压丝锥

单位为毫米

<table>
<tr><th>代号</th><th>公称直径
d</th><th>螺距
P</th><th>d_{11}</th><th>l</th><th>L</th><th>l_5</th><th>a</th><th>l_2</th></tr>
<tr><td>M3</td><td>3</td><td>0.5</td><td>2.24</td><td>11</td><td>48</td><td rowspan="19">见 3.6</td><td>1.8</td><td rowspan="2">4</td></tr>
<tr><td>M3.5</td><td>3.5</td><td>0.6</td><td>2.5</td><td rowspan="3">13</td><td>50</td><td>2</td></tr>
<tr><td>M4</td><td>4</td><td>0.7</td><td>3.15</td><td rowspan="2">53</td><td>2.5</td><td rowspan="2">5</td></tr>
<tr><td>M4.5</td><td>4.5</td><td>0.75</td><td>3.55</td><td>2.8</td></tr>
<tr><td>M5</td><td>5</td><td>0.8</td><td>4</td><td>16</td><td>58</td><td>3.15</td><td rowspan="2">6</td></tr>
<tr><td>M6</td><td>5.5</td><td rowspan="2">1</td><td>4.5</td><td rowspan="2">19</td><td rowspan="2">66</td><td>3.55</td></tr>
<tr><td>M7</td><td>7</td><td>5.6</td><td>4.5</td><td>7</td></tr>
<tr><td>M8</td><td>8</td><td rowspan="2">1.25</td><td>6.3</td><td rowspan="2">22</td><td rowspan="2">72</td><td>5</td><td rowspan="2">8</td></tr>
<tr><td>M9</td><td>9</td><td>7.1</td><td>5.6</td></tr>
<tr><td>M10</td><td>10</td><td rowspan="2">1.5</td><td rowspan="2">8</td><td>24</td><td>80</td><td rowspan="2">6.3</td><td rowspan="2">9</td></tr>
<tr><td>M11</td><td>11</td><td>25</td><td>85</td></tr>
<tr><td>M12</td><td>12</td><td>1.75</td><td>9</td><td>29</td><td>89</td><td>7.1</td><td>10</td></tr>
<tr><td>M14</td><td>14</td><td rowspan="2">2</td><td>11.2</td><td>30</td><td>95</td><td>9</td><td>12</td></tr>
<tr><td>M16</td><td>16</td><td>12.5</td><td>32</td><td>102</td><td>10</td><td>13</td></tr>
<tr><td>M18</td><td>18</td><td rowspan="3">2.5</td><td rowspan="2">14</td><td rowspan="2">37</td><td rowspan="2">112</td><td rowspan="2">11.2</td><td rowspan="2">14</td></tr>
<tr><td>M20</td><td>20</td></tr>
<tr><td>M22</td><td>22</td><td>16</td><td>38</td><td>118</td><td>12.5</td><td>16</td></tr>
<tr><td>M24</td><td>24</td><td rowspan="2">3</td><td>18</td><td rowspan="2">45</td><td>130</td><td>14</td><td>18</td></tr>
<tr><td>M27</td><td>27</td><td>20</td><td>135</td><td>16</td><td>20</td></tr>
</table>

表 6 细牙普通螺纹细柄挤压丝锥

单位为毫米

代号	公称直径 d	螺距 P	d_{11}	l	L	l_5	a	l_2
M3×0.35	3	0.35	2.24	11	48	见 3.6	1.8	4
M3.5×0.35	3.5		2.5	13	50		2	
M4×0.5	4	0.5	3.15		53		2.5	5
M4.5×0.5	4.5		3.55				2.8	
M5×0.5	5		4	16	58		3.15	6
M5.5×0.5	5.5			17	62			
M6×0.5	6		4.5				3.55	
M6×0.75		0.75						
M7×0.75	7		5.6	19	66		4.5	7
M8×0.5	8	0.5	6.3				5	8
M8×0.75		0.75						
M8×1		1		22	72			
M9×0.75	9	0.75	7.1	19	66		5.6	
M9×1		1		22	72			
M10×0.75	10	0.75	8	20	73		6.3	9
M10×1		1		24	80			
M10×1.25		1.25						
M11×0.75	11	0.75		22				
M11×1		1						
M12×1	12		9				7.1	10
M12×1.25		1.25		29	89			
M12×1.5		1.5						
M14×1	14	1	11.2	22	87		9	12
M14×1.25		1.25		30	95			
M14×1.5		1.5						
M15×1.5	15							
M16×1	16	1	12.5	22	92		10	13
M16×1.5		1.5		32	102			
M17×1.5	17	1.5						
M18×1	18	1	14	22	97		11.2	14
M18×1.5		1.5		37	112			
M18×2		2						
M20×1	20	1		22	102			
M20×1.5		1.5		37	112			
M20×2		2						

表 6（续）

单位为毫米

代号	公称直径 d	螺距 P	d_{11}	l	L	l_5	a	l_2
M22×1	22	1	16	24	109	见 3.6	12.5	16
M22×1.5		1.5		38	118			
M22×2		2						
M24×1	24	1	18	24	114		14	18
M24×1.5		1.5		45	130			
M24×2		2						
M25×1.5	25	1.5						
M25×2		2						
M26×1.5	26	1.5		35	120			
M27×1	27	1	20	25			16	20
M27×1.5		1.5		37	127			
M27×2		2						

3.4 公称直径 $d \leqslant 10$ mm 的丝锥可制成外顶尖。非磨牙挤压丝锥的螺纹部分长度可增加到表 1～表 4 中 l 值的 1.5 倍。

3.5 挤压锥的小端直径应为 $d-0.7P$（d 为螺纹公称直径，P 为螺距），公差为 h13。

3.6 挤压丝锥一般按单锥生产，挤压锥长度推荐采用 D 型。必要时也可生产成组不等径（或成组等径）丝锥：粗锥（或初锥）的挤压锥长度推荐按 A 型；精锥（或底锥）的挤压锥长度推荐按 C 型。各型的挤压锥 l_5 的长度按表 7。

表 7 各型的挤压锥长度

型号	l_5（挤压锥牙数）	型号	l_5（挤压锥牙数）
A	$\geqslant 6P$	D	$3.5 \sim 5.5P$
C	$2 \sim 3P$	E	$< 2P$

3.7 标记示例如下：

a) 右螺纹的粗牙普通螺纹，公称直径 $d=10$ mm，螺距 $P=1.5$ mm，H2 公差带，单支 A 型高性能通用柄挤压丝锥标记为：

挤压丝锥 GA M10-H2 GB/T 28253—2012

b) 右螺纹的细牙普通螺纹，公称直径 $d=10$ mm，螺距 $P=1$ mm，H2 公差带，单支 E 型普通级通用柄挤压丝锥标记为：

挤压丝锥 E M10×1-H2 GB/T 28253—2012

c) 左螺纹的粗牙普通螺纹，公称直径 $d=12$ mm，螺距 $P=1.75$ mm，H2 公差带，两支（初锥和底锥）一组普通级等径通用柄挤压丝锥标记为：

挤压丝锥 初底 M12LH-H2 GB/T 28253—2012

d) 右螺纹的粗牙普通螺纹，公称直径 $d=2.5$ mm，螺距 $P=0.45$ mm，H4 公差带，单支 D 型搓制螺纹通用柄挤压丝锥标记为：

挤压丝锥　M2.5　　GB/T 28253—2012

e) 右螺纹的粗牙普通螺纹，公称直径 $d=27$ mm，螺距 $P=3$ mm，H2 公差带，两支一组普通级不等径通用柄挤压丝锥标记为：

挤压丝锥(不等径)　2-M27-H2　　GB/T 28253—2012

注：直径 3 mm～10 mm 的丝锥，有粗柄和细柄两种结构同时存在。在需要明确指定柄部结构的场合，丝锥名称前应加“粗柄”或“细柄”字样。

4　丝锥螺纹公差

丝锥螺纹牙型和尺寸极限偏差按图 4 和表 8 的规定，其计算尺寸参见附录 A。

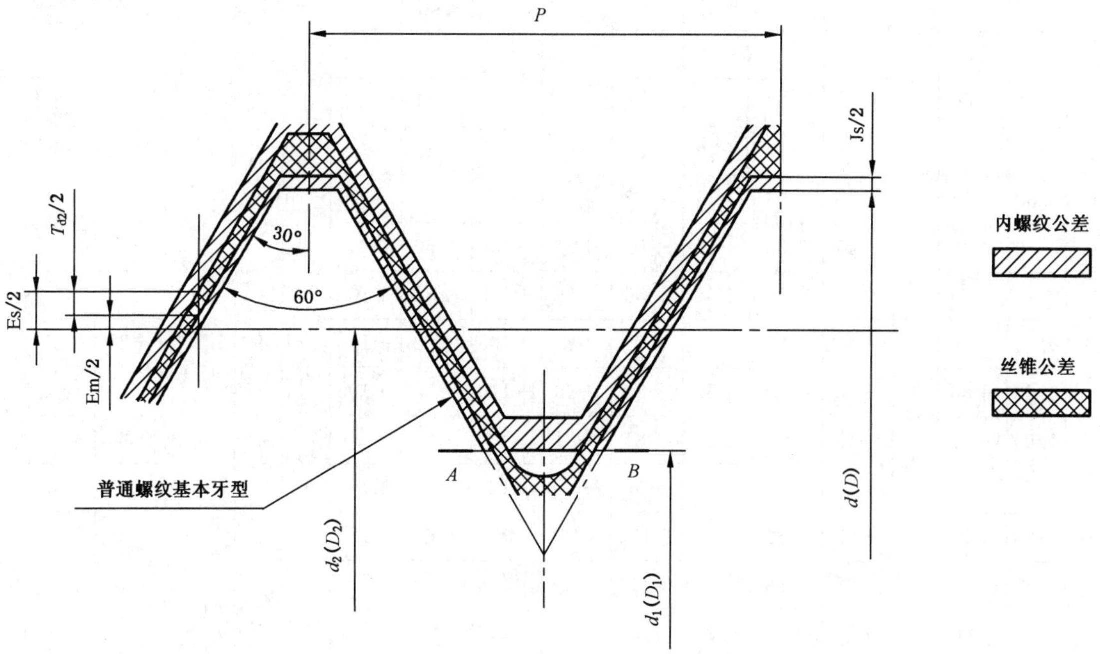

$d(D)$——大径(公称直径)；

$d_2(D_2)$——中径；

$d_1(D_1)$——小径；

Es——中径上偏差；

Em——中径下偏差；

Js——大径下偏差；

T_{d2}——中径公差。

图 4

表 8

单位为微米

公称直径 d mm	螺距 P mm	大径 d		中径 d_2 公差带 H1		H2		H3		H4		小径 d_1	螺距偏差			牙侧角偏差	
		下偏差 Js	上偏差	下偏差 Em	上偏差 Es	下偏差 Em	上偏差 Es	下偏差 Em	上偏差 Es	下偏差 Em	上偏差 Es	上下偏差	测量牙个数	H1、H2、H3	H4	H1、H2、H3	H4
>0.99～1.4	0.20	+40	自行规定	+25	+35	—	—	—	—	+28	+53	自行规定	12	±8	±20	±70′	±70′
	0.25	+45		+28	+40					+31	+59						
	0.30	+48		+30	+42	+42	+54			+33	+63					±50′	±60′
>1.4～2.8	0.20	+42		+27	+37	—	—			+29	+56					±70′	±70′
	0.25	+48		+30	+42					+33	+63						
	0.35	+54		+34	+47	+47	+60			+37	+70					±50′	±60′
	0.40	+57		+36	+50	+50	+64			+39	+75						
	0.45	+60		+38	+53	+53	+68			+41	+79					±35′	
>2.8～5.6	0.35	+57		+36	+50	+50	+64			+39	+75					±50′	
	0.50	+64		+40	+56	+56	+72	+72	+88	+44	+84					±35′	±50′
	0.60	+72		+45	+63	+63	+81	+81	+99	+50	+95						
	0.70	+76		+48	+67	+67	+86	+86	+105	+52	+100		9		±25	±30′	
	0.75	+76		+48	+67	+67	+86	+86	+105	+52	+100						
	0.80	+80		+50	+70	+70	+90	+90	+110	+55	+105						
>5.6～11.2	0.50	+72		+45	+63	+63	+81	+81	+99	+50	+95		12		±20	±35′	
	0.75	+85		+53	+74	+74	+95	+95	+117	+58	+111		9		±25	±30′	
	1.00	+94		+59	+83	+83	+106	+106	+130	+65	+124					±25′	
	1.25	+100		+63	+88	+88	+113	+113	+138	—	—						
	1.50	+112		+70	+98	+98	+126	+126	+154				7		±35		±45′
>11.2～22.4	1.00	+100		+63	+88	+88	+113	+113	+138				9		±25		±50′
	1.25	+112		+70	+98	+98	+126	+126	+154								
	1.50	+120		+75	+105	+105	+135	+135	+165				7		±35		±45′
	1.75	+128		+80	+112	+112	+144	+144	+176					±9		±20′	
	2.00	+136		+85	+119	+119	+153	+153	+187					±10			±40′
	2.50	+144		+90	+126	+126	+162	+162	+198						±50		
>22.4～27	1.00	+106		+66	+92	+92	+119	+119	+145				9	±8	±25	±25′	±50′
	1.50	+128		+80	+112	+112	+144	+144	+176				7		±35		±45′
	2.00	+144		+90	+126	+126	+162	+162	+198					±10		±20′	±40′
	3.00	+170		+106	+148	+148	+191	+191	+233					±12	±50		±35′

注：各级丝锥小径 d_1 均应小于被加工内螺纹的最小小径，而且丝锥牙底圆弧亦不应超过内螺纹的最小小径，即图 4 中 AB 线位置。

5 技术要求

5.1 丝锥表面不得有裂纹、刻痕、锈迹以及磨削烧伤等影响使用性能的缺陷。

5.2 丝锥表面粗糙度的最大允许值按表 9 的规定。

表 9

单位为微米

项　目	表面粗糙度	
	H1、H2、H3	H4
螺纹表面	*Rz*3.2	*Rz*12.5
柄部	*Ra*0.8	*Ra*1.6

5.3 丝锥柄部直径 d_{11} 的公差按表 10 的规定。

表 10

丝锥公差带	柄部直径 d_{11} 的公差
H1、H2、H3	h9
H4	h11

5.4 丝锥各部分对公共轴线的圆跳动应不大于表 11 的规定。

表 11

单位为毫米

<table>
<tr><th rowspan="2">公称直径 d</th><th colspan="2">挤压锥的斜向圆跳动</th><th colspan="2">校准部分的径向圆跳动</th><th rowspan="2">柄部径向圆跳动</th></tr>
<tr><th>高性能级</th><th>普通级</th><th>高性能级</th><th>普通级</th></tr>
<tr><td>d<10</td><td>0.018</td><td rowspan="2">0.03</td><td rowspan="2">0.018</td><td rowspan="2">0.02</td><td rowspan="2">0.03</td></tr>
<tr><td>10≤d<18</td><td>0.022</td></tr>
<tr><td>18≤d≤27</td><td>0.026</td><td>0.04</td><td>0.022</td><td>0.03</td><td>0.04</td></tr>
</table>

5.5 高性能挤压丝锥方头尺寸 *a* 的公差按 GB/T 4267 的规定。普通挤压丝锥方头尺寸 *a* 的公差为 h12，方头对柄部轴线的对称度不应超过其尺寸公差的二分之一。按 H4 精度生产的非磨牙丝锥方头尺寸 *a* 的公差为 h12。

5.6 丝锥螺纹部分应有倒锥度。中径在校准部分起点处检查。

5.7 丝锥总长 *L* 的公差按 h16，螺纹部分长度 *l* 的公差按表 12 的规定。

表 12

单位为毫米

公称直径 *d*	螺纹部分长度 *l* 的极限偏差
～5.5	0 −2.5
＞5.5～12	0 −3.2
＞12～27	0 −5.0

5.8　丝锥材料

5.8.1　普通挤压丝锥的螺纹部分应采用 W6Mo5Cr4V2 或同等性能的其他牌号高速钢制造。H4 挤压丝锥的螺纹部分应采用 9SiCr、T12A 或同等性能的其他牌号合金工具钢、碳素工具钢制造，按用户需求也可用高速工具钢制造。

5.8.2　高性能挤压丝锥的螺纹部分应采用 W2Mo9Cr4VCo8 或同等性能的其他牌号高性能高速钢制造。

5.8.3　丝锥允许采用氮化钛涂层或其他类型的涂层进行表面强化处理。

5.9　丝锥硬度

a）挤压丝锥螺纹部分硬度允许的最低值应按表 13 的规定。

表 13

公称直径 d	合金工具钢、碳素工具钢丝锥	高速钢丝锥	高性能高速钢丝锥
$d \leqslant 3$	664 HV	750 HV	830 HV
$3 < d \leqslant 6$	60 HRC	62 HRC	65 HRC
$d > 6$	61 HRC	63 HRC	

b）丝锥柄部离柄端两倍方头长度上的硬度应不低于 30 HRC。

6　标志和包装

6.1　标志

6.1.1　丝锥上应标志：

a）制造厂商标；

b）螺纹代号；

c）螺纹公差带代号(H4 允许不标)；

d）成组不等径丝锥的粗锥记号(第一粗锥 1 条圆环，第二粗锥 2 条圆环或顺序号Ⅰ、Ⅱ)；

e）材料代号(用高速钢制造的标“HSS”；用高性能高速钢制造的标“HSS-E”；用合金工具钢或碳素工具钢制造的丝锥可不标)。

注：柄径小于等于 5 mm 的丝锥，允许只标螺纹代号和公差带代号，且“M”也可不标。

6.1.2　包装盒上应标志：

a）制造厂或销售商的名称、商标和地址；

b）相应丝锥标记示例规定的项目；

c）材料牌号或代号；

d）件数；

e）制造年月。

6.2　包装

丝锥在包装前应经防锈处理，包装应牢靠，并能防止运输过程中的损伤。

附　录　A
（资料性附录）
关于丝锥螺纹公差的若干说明

A.1　丝锥中径

A.1.1　丝锥中径公差 T_{d2}，下偏差 Em，上偏差 Es 数值是按 t（5 级内螺纹中径公差 T_{D2}）的百分比计算得出。如表 A.1 所示。

表 A.1

	丝锥中径下偏差 Em	丝锥中径公差 T_{d2}	丝锥中径上偏差 Es
H1	0.5 t	0.2 t	0.7 t
H2	0.7 t		0.9 t
H3	0.9 t		1.1 t
H4	0.55 t	0.5 t	1.05 t

A.1.2　本部分规定的丝锥中径公差带相对于内螺纹中径公差带关系如图 A.1 所示。

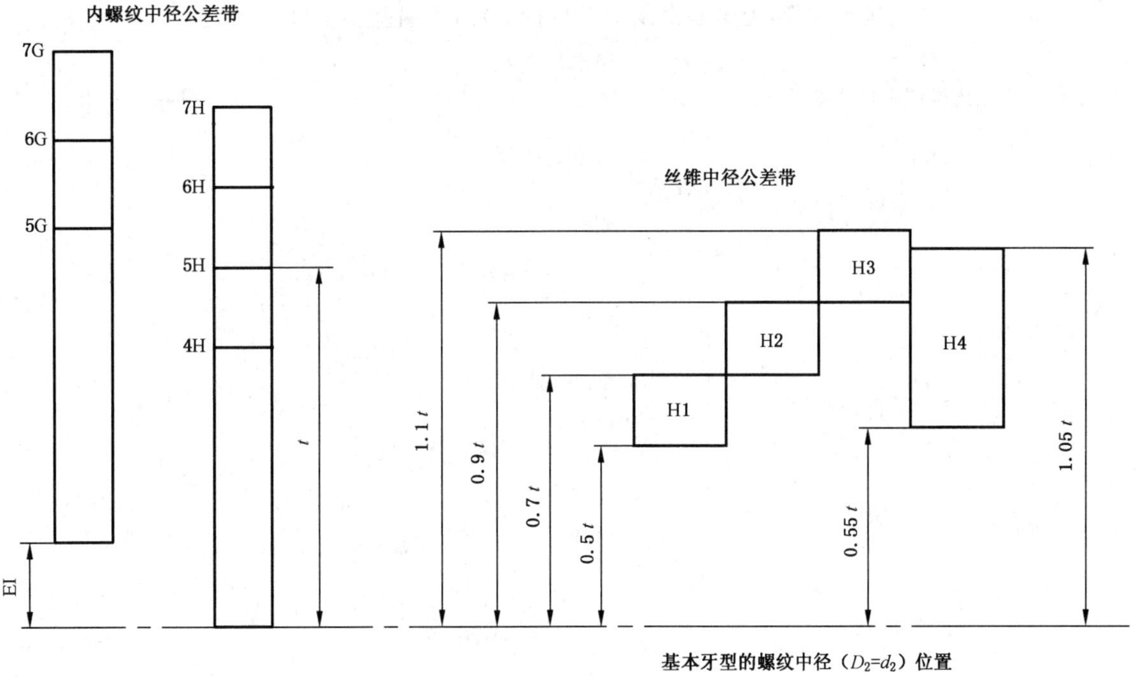

说明：

EI——内螺纹 G 公差带基本偏差。

图 A.1

A.1.3 各种中径公差带的丝锥所能加工的内螺纹公差带如表 A.2 所示。

表 A.2

丝锥公差带代号	适用于内螺纹公差带代号
H1	4H、5H
H2	5G、6H
H3	6G、7H、7G
H4	6H、7H

由于影响攻丝尺寸的因素很多，诸如攻丝材料性质、机床条件、丝锥装卡方法、切削速度、润滑冷却液种类等。因此，表 A.2 中所列各种公差带的丝锥所能加工的内螺纹公差等级，只能作为选择丝锥时的参考，使用者可按加工条件根据生产经验或通过试验，在标准所列范围内选择最适当的丝锥。

A.2 丝锥小径公差

丝锥小径公差由各制造厂自行规定，其中开放式加工的丝锥，其小径 d_1（包括丝锥牙底圆弧）均应小于被加工内螺纹的最小小径（图 4 中的 AB 线位置）。封闭式加工的小径位置可适当提高，但应注意封闭加工可能引起的挤压扭矩增大，严重时可能引起断锥。

A.3 丝锥大径公差

本标准规定的各级丝锥大径，上偏差由制造厂自行决定，下偏差 Js 按下式确定：

$$Js = 0.8\ t$$

注：t——5 级内螺纹中径公差 T_{D2}。

附 录 B
（资料性附录）
螺纹预制孔尺寸

B.1 一般说明

B.1.1 正确选择螺纹预制孔尺寸，是保证工件质量和提高丝锥寿命的重要条件。预制孔的尺寸主要与工件材料的塑性等有关。因此，当选用不同的材料时应选用不同的预制孔尺寸。

B.1.2 用户使用挤压丝锥时，可根据自身的加工条件通过试验作进一步优选。当选用的预制孔尺寸增大时，可能会引起螺孔小径的增大和螺纹牙型高度的降低，而丝锥的寿命相对延长；而当选用的预制孔尺寸减小时，则可能导致挤压扭矩增大、丝锥卡住以致断锥。因此，建议用户在增大（或减小）预制孔尺寸时，其增大（或减小）的量不要超过 0.1 P（P 为螺距）。

B.2 普通螺纹挤压预制孔尺寸

B.2.1 普通螺纹预制孔尺寸一般按式(B.1)计算，其值见表 B.1。

预制孔尺寸计算式为：

$$d_0 = d - 0.45\,P \qquad \text{(B.1)}$$

式中：

d_0——螺纹预制孔尺寸，单位为毫米(mm)；

d——大径，单位为毫米(mm)；

P——螺距，单位为毫米(mm)。

表 B.1

单位为毫米

公称直径	螺距	预制孔直径	公称直径	螺距	预制孔直径
1	0.20	0.9	2.2	0.25	2.1
	0.25	0.88		0.45	2.0
1.1	0.20	1.0	2.5	0.35	2.35
	0.25	0.98		0.45	2.3
1.2	0.20	1.1	3.0	0.35	2.85
	0.25	1.08		0.5	2.8
1.4	0.20	1.3	3.5	0.35	3.35
	0.30	1.25		0.6	3.25
1.6	0.20	1.5	4.0	0.5	3.8
	0.35	1.45		0.7	3.7
1.8	0.20	1.7	4.5	0.5	4.3
	0.35	1.65		0.75	4.15
2.0	0.25	1.9	5.0	0.5	4.8
	0.4	1.82		0.8	4.65

表 B.1（续）

单位为毫米

公称直径	螺距	预制孔直径	公称直径	螺距	预制孔直径
5.5	0.5	5.3	15.0	1.50	14.35
6.0	0.5	5.8	16.0	1.00	15.55
	0.75	5.65		1.50	15.35
	1.00	5.55		2.00	15.1
7.0	0.75	6.65	17.0	1.50	16.35
	1.00	6.55	18.0	1.00	17.55
8.0	0.5	7.8		1.50	17.35
	0.75	7.65		2.00	17.1
	1.00	7.55		2.50	16.9
	1.25	7.45	20.0	1.00	19.55
9.0	0.75	8.65		1.50	19.3
	1.00	8.55		2.00	19.1
	1.25	8.45		2.50	18.9
10.0	0.75	9.65	22.0	1.00	21.55
	1.00	9.55		1.50	21.35
	1.25	9.45		2.00	21.1
	1.50	9.35		2.50	20.9
11.0	0.75	10.65	24.0	1.00	23.55
	1.00	10.55		1.50	23.35
	1.50	10.35		2.00	23.1
12.0	1.00	11.55		3.00	22.65
	1.25	11.45	25.0	1.50	24.35
	1.50	11.35		2.00	24.1
	1.75	11.2	26.0	1.50	25.35
14.0	1.00	13.55	27.0	1.00	26.55
	1.25	13.45		1.50	26.35
	1.50	13.35		2.00	26.1
	2.00	13.1		3.00	25.65

ICS 25.100.50
J 41

中华人民共和国国家标准

GB/T 28254—2012

螺 尖 丝 锥

Spiral pointed taps

2012-03-09 发布　　2012-07-01 实施

中华人民共和国国家质量监督检验检疫总局
中国国家标准化管理委员会　发布

前　言

本标准按照 GB/T 1.1—2009 给出的规则起草。

本标准由中国机械工业联合会提出。

本标准由全国刀具标准化技术委员会(SAC/TC 91)归口。

本标准起草单位:成都工具研究所有限公司、成都成量工具集团有限公司、上海工具厂有限公司、哈尔滨量具刃具集团有限责任公司。

本标准主要起草人:邓智光、黄华新、俞毛弟、徐丽彦。

螺　尖　丝　锥

1　范围

本标准规定了通用柄螺尖丝锥(高性能级和普通级)的型式尺寸、标记、技术要求、标志和包装的基本要求。

本标准适用于加工普通螺纹(GB/T 192、GB/T 193、GB/T 196、GB/T 197)的通用柄螺尖丝锥。

2　规范性引用文件

下列文件对于本文件的应用是必不可少的。凡是注日期的引用文件,仅注日期的版本适用于本文件。凡是不注日期的引用文件,其最新版本(包括所有的修改单)适用于本文件。

GB/T 192　普通螺纹　基本牙型

GB/T 193　普通螺纹　直径与螺距系列

GB/T 196　普通螺纹　基本尺寸

GB/T 197　普通螺纹　公差

GB/T 968　丝锥螺纹公差

GB/T 969　丝锥技术条件

3　丝锥的型式和尺寸

3.1　粗柄螺尖丝锥按图1和表1、表2的规定。

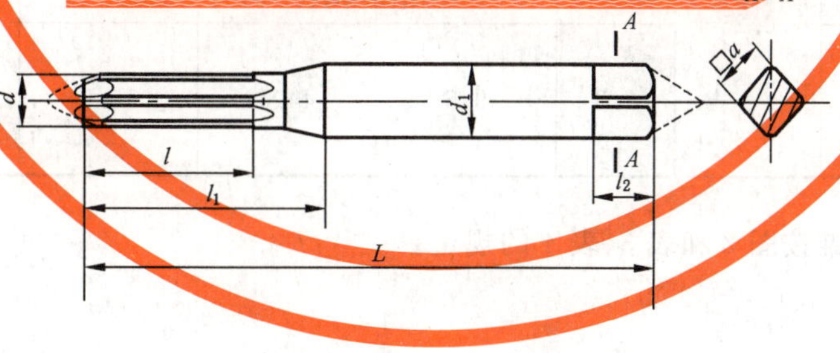

图 1

表 1　粗牙普通螺纹粗柄螺尖丝锥　　单位为毫米

代号	公称直径 d	螺距 P	d_1	l	L	l_1	方头 a	方头 l_2
M1	1	0.25	2.5	5.5	38.5	10	2	4
M1.1	1.1							
M1.2	1.2							
M1.4	1.4	0.3		7	40	12		

表 1（续） 单位为毫米

<table>
<tr><th rowspan="2">代号</th><th rowspan="2">公称直径
d</th><th rowspan="2">螺距
P</th><th rowspan="2">d_1</th><th rowspan="2">l</th><th rowspan="2">L</th><th rowspan="2">l_1</th><th colspan="2">方头</th></tr>
<tr><th>a</th><th>l_2</th></tr>
<tr><td>M1.6</td><td>1.6</td><td rowspan="2">0.35</td><td rowspan="3">2.5</td><td rowspan="3">8</td><td rowspan="3">41</td><td rowspan="2">13</td><td rowspan="3">2</td><td rowspan="3">4</td></tr>
<tr><td>M1.8</td><td>1.8</td></tr>
<tr><td>M2</td><td>2</td><td>0.4</td><td>13.5</td></tr>
<tr><td>M2.2</td><td>2.2</td><td rowspan="2">0.45</td><td rowspan="2">2.8</td><td rowspan="2">9.5</td><td rowspan="2">44.5</td><td rowspan="2">15.5</td><td rowspan="2">2.24</td><td rowspan="2">5</td></tr>
<tr><td>M2.5</td><td>2.5</td></tr>
</table>

表 2 细牙普通螺纹粗柄螺尖丝锥 单位为毫米

<table>
<tr><th rowspan="2">代号</th><th rowspan="2">公称直径
d</th><th rowspan="2">螺距
P</th><th rowspan="2">d_1</th><th rowspan="2">l</th><th rowspan="2">L</th><th rowspan="2">l_1</th><th colspan="2">方头</th></tr>
<tr><th>a</th><th>l_2</th></tr>
<tr><td>M1×0.2</td><td>1</td><td rowspan="6">0.2</td><td rowspan="7">2.5</td><td rowspan="3">5.5</td><td rowspan="3">38.5</td><td rowspan="3">10</td><td rowspan="7">2</td><td rowspan="7">4</td></tr>
<tr><td>M1.1×0.2</td><td>1.1</td></tr>
<tr><td>M1.2×0.2</td><td>1.2</td></tr>
<tr><td>M1.4×0.2</td><td>1.4</td><td>7</td><td>40</td><td>12</td></tr>
<tr><td>M1.6×0.2</td><td>1.6</td><td rowspan="3">8</td><td rowspan="3">41</td><td rowspan="2">13</td></tr>
<tr><td>M1.8×0.2</td><td>1.8</td></tr>
<tr><td>M2×0.25</td><td>2</td><td rowspan="2">0.25</td><td>13.5</td></tr>
<tr><td>M2.2×0.25</td><td>2.2</td><td rowspan="2">2.8</td><td rowspan="2">9.5</td><td rowspan="2">44.5</td><td rowspan="2">15.5</td><td rowspan="2">2.24</td><td rowspan="2">5</td></tr>
<tr><td>M2.5×0.35</td><td>2.5</td><td>0.35</td></tr>
</table>

3.2 粗柄带颈螺尖丝锥按图 2 和表 3、表 4 的规定。

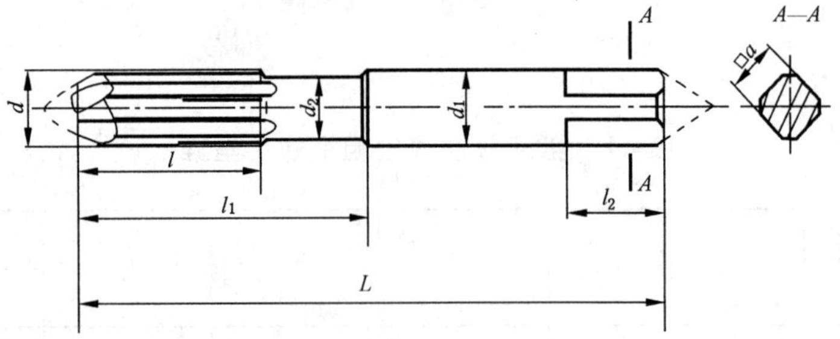

图 2

表 3　粗牙普通螺纹粗柄带颈螺尖丝锥

单位为毫米

<table>
<tr><th rowspan="2">代号</th><th rowspan="2">公称直径
d</th><th rowspan="2">螺距
P</th><th rowspan="2">d_1</th><th rowspan="2">l</th><th rowspan="2">L</th><th rowspan="2">d_2
min</th><th rowspan="2">l_1</th><th colspan="2">方头</th></tr>
<tr><th>a</th><th>l_2</th></tr>
<tr><td>M3</td><td>3</td><td>0.5</td><td>3.15</td><td>11</td><td>48</td><td>2.12</td><td>18</td><td>2.5</td><td rowspan="2">5</td></tr>
<tr><td>M3.5</td><td>3.5</td><td>0.6</td><td>3.55</td><td rowspan="3">13</td><td>50</td><td>2.5</td><td>20</td><td>2.8</td></tr>
<tr><td>M4</td><td>4</td><td>0.7</td><td>4</td><td rowspan="2">53</td><td>2.8</td><td rowspan="2">21</td><td>3.15</td><td rowspan="2">6</td></tr>
<tr><td>M4.5</td><td>4.5</td><td>0.75</td><td>4.5</td><td>3.15</td><td>3.55</td></tr>
<tr><td>M5</td><td>5</td><td>0.8</td><td>5</td><td>16</td><td>58</td><td>3.55</td><td>25</td><td>4</td><td>7</td></tr>
<tr><td>M6</td><td>6</td><td rowspan="2">1</td><td>6.3</td><td rowspan="2">19</td><td rowspan="2">66</td><td>4.5</td><td rowspan="2">30</td><td>5</td><td rowspan="2">8</td></tr>
<tr><td>M7</td><td>7</td><td>7.1</td><td>5.3</td><td>5.6</td></tr>
<tr><td>M8</td><td>8</td><td rowspan="2">1.25</td><td>8</td><td rowspan="2">22</td><td rowspan="2">72</td><td>6</td><td>35</td><td>6.3</td><td>9</td></tr>
<tr><td>M9</td><td>9</td><td>9</td><td>7.1</td><td>36</td><td>7.1</td><td>10</td></tr>
<tr><td>M10</td><td>10</td><td>1.5</td><td>10</td><td>24</td><td>80</td><td>7.5</td><td>39</td><td>8</td><td>11</td></tr>
<tr><td colspan="10">允许无空刀槽，无空刀槽时螺纹部分长度尺寸应为 $l+(l_1-l)/2$。</td></tr>
</table>

表 4　细牙普通螺纹粗柄带颈螺尖丝锥

单位为毫米

<table>
<tr><th rowspan="2">代号</th><th rowspan="2">公称直径
d</th><th rowspan="2">螺距
P</th><th rowspan="2">d_1</th><th rowspan="2">l</th><th rowspan="2">L</th><th rowspan="2">d_2
min</th><th rowspan="2">l_1</th><th colspan="2">方头</th></tr>
<tr><th>a</th><th>l_2</th></tr>
<tr><td>M3×0.35</td><td>3</td><td rowspan="2">0.35</td><td>3.15</td><td>11</td><td>48</td><td>2.12</td><td>18</td><td>2.5</td><td rowspan="2">5</td></tr>
<tr><td>M3.5×0.35</td><td>3.5</td><td>3.55</td><td rowspan="3">13</td><td>50</td><td>2.5</td><td>20</td><td>2.8</td></tr>
<tr><td>M4×0.5</td><td>4</td><td rowspan="5">0.5</td><td>4</td><td rowspan="2">53</td><td>2.8</td><td rowspan="2">21</td><td>3.15</td><td rowspan="2">6</td></tr>
<tr><td>M4.5×0.5</td><td>4.5</td><td>4.5</td><td>3.15</td><td>3.55</td></tr>
<tr><td>M5×0.5</td><td>5</td><td>5</td><td>16</td><td>58</td><td>3.55</td><td>25</td><td>4</td><td rowspan="2">7</td></tr>
<tr><td>M5.5×0.5</td><td>5.5</td><td>5.6</td><td>17</td><td>62</td><td>4</td><td>26</td><td>4.5</td></tr>
<tr><td>M6×0.5</td><td rowspan="2">6</td><td rowspan="2">6.3</td><td rowspan="5">19</td><td rowspan="5">66</td><td rowspan="2">4.5</td><td rowspan="3">30</td><td rowspan="2">5</td><td rowspan="3">8</td></tr>
<tr><td>M6×0.75</td><td rowspan="2">0.75</td></tr>
<tr><td>M7×0.75</td><td>7</td><td>7.1</td><td>5.3</td><td>5.6</td></tr>
<tr><td>M8×0.5</td><td rowspan="3">8</td><td>0.5</td><td rowspan="3">8</td><td rowspan="3">6</td><td rowspan="2">32</td><td rowspan="3">6.3</td><td rowspan="3">9</td></tr>
<tr><td>M8×0.75</td><td>0.75</td></tr>
<tr><td>M8×1</td><td>1</td><td>22</td><td>72</td><td>35</td></tr>
<tr><td>M9×0.75</td><td rowspan="2">9</td><td>0.75</td><td rowspan="2">9</td><td>19</td><td>66</td><td rowspan="2">7.1</td><td>33</td><td rowspan="2">7.1</td><td rowspan="2">10</td></tr>
<tr><td>M9×1</td><td>1</td><td>22</td><td>72</td><td>36</td></tr>
<tr><td>M10×0.75</td><td rowspan="3">10</td><td>0.75</td><td rowspan="3">10</td><td>20</td><td>73</td><td rowspan="3">7.5</td><td>35</td><td rowspan="3">8</td><td rowspan="3">11</td></tr>
<tr><td>M10×1</td><td>1</td><td rowspan="2">24</td><td rowspan="2">80</td><td rowspan="2">39</td></tr>
<tr><td>M10×1.25</td><td>1.25</td></tr>
<tr><td colspan="10">允许无空刀槽，无空刀槽时螺纹部分长度尺寸应为 $l+(l_1-l)/2$。</td></tr>
</table>

3.3　细柄螺尖丝锥按图 3 和表 5、表 6 的规定。

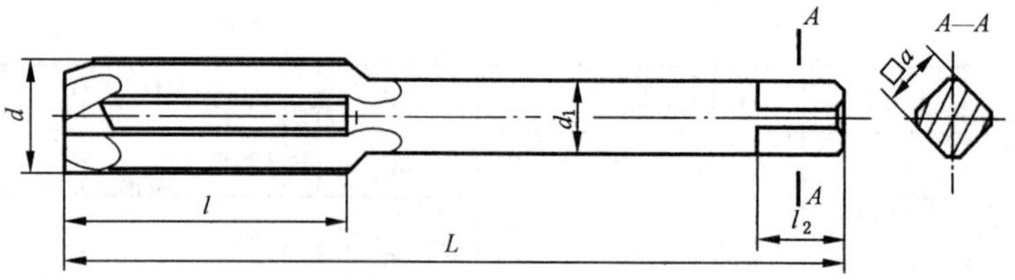

图 3

表 5　粗牙普通螺纹细柄螺尖丝锥

单位为毫米

代号	公称直径 d	螺距 P	d_1	l	L	方头 a	方头 l_2
M3	3	0.5	2.24	11	48	1.8	4
M3.5	3.5	0.6	2.5	13	50	2	
M4	4	0.7	3.15		53	2.5	5
M4.5	4.5	0.75	3.55			2.8	
M5	5	0.8	4	16	58	3.15	6
M6	6	1	4.5	19	66	3.55	
M7	7		5.6			4.5	7
M8	8	1.25	6.3	22	72	5	8
M9	9		7.1			5.6	
M10	10	1.5	8	24	80	6.3	9
M11	11			25	85		
M12	12	1.75	9	29	89	7.1	10
M14	14	2	11.2	30	95	9	12
M16	16		12.5	32	102	10	13
M18	18	2.5	14	37	112	11.2	14
M20	20						
M22	22		16	38	118	12.5	16
M24	24	3	18	45	130	14	18
M27	27		20		135	16	20
M30	30	3.5		48	138		
M33	33		22.4	51	151	18	22
M36	36	4	25	57	162	20	24
M39	39		28	60	170	22.4	26
M42	42	4.5					
M45	45		31.5	67	187	25	28
M48	48	5					
M52	52		35.5	70	200	28	31
M56	56	5.5					
M60	60		40	76	221	31.5	34
M64	64	6		79	224		
M68	68		45		234	35.5	38

表 6　细牙普通螺纹细柄螺尖丝锥

单位为毫米

代号	公称直径 d	螺距 P	d_1	l	L	方头	
						a	l_2
M3×0.35	3	0.35	2.24	11	48	1.8	4
M3.5×0.35	3.5		2.5	13	50	2	
M4×0.5	4	0.5	3.15		53	2.5	5
M4.5×0.5	4.5		3.55			2.8	
M5×0.5	5		4	16	58	3.15	6
M5.5×0.5	5.5			17	62		
M6×0.75	6	0.75	4.5	19	66	3.55	
M7×0.75	7		5.6			4.5	7
M8×0.75	8		6.3			5	8
M8×1		1		22	72		
M9×0.75	9	0.75	7.1	19	66	5.6	
M9×1		1		22	72		
M10×0.75	10	0.75	8	20	73	6.3	9
M10×1		1		24	80		
M10×1.25		1.25					
M11×0.75	11	0.75	8	22	80	6.3	9
M11×1		1					
M12×1	12	1	9			7.1	10
M12×1.25		1.25		29	89		
M12×1.5		1.5					
M14×1	14	1	11.2	22	87	9	12
M14×1.25		1.25		30	95		
M14×1.5		1.5					
M15×1.5	15						
M16×1	16	1	12.5	22	92	10	13
M16×1.5		1.5		32	102		
M17×1.5	17						
M18×1	18	1	14	22	97	11.2	14
M18×1.5		1.5		37	112		
M18×2		2					
M20×1	20	1		22	102		
M20×1.5		1.5		37	112		
M20×2		2					
M22×1	22	1	16	24	109	12.5	16
M22×1.5		1.5		38	118		
M22×2		2					
M24×1	24	1	18	24	114	14	18
M24×1.5		1.5		45	130		
M24×2		2					
M25×1.5	25	1.5					

表 6（续）

单位为毫米

<table>
<tr><th rowspan="2">代号</th><th rowspan="2">公称直径
d</th><th rowspan="2">螺距
P</th><th rowspan="2">d_1</th><th rowspan="2">l</th><th rowspan="2">L</th><th colspan="2">方头</th></tr>
<tr><th>a</th><th>l_2</th></tr>
<tr><td>M25×2</td><td>25</td><td>2</td><td rowspan="2">18</td><td>45</td><td>130</td><td rowspan="2">14</td><td rowspan="2">18</td></tr>
<tr><td>M26×1.5</td><td>26</td><td>1.5</td><td>35</td><td rowspan="2">120</td></tr>
<tr><td>M27×1</td><td rowspan="3">27</td><td>1</td><td rowspan="10">20</td><td>25</td><td rowspan="10">16</td><td rowspan="10">20</td></tr>
<tr><td>M27×1.5</td><td>1.5</td><td rowspan="2">37</td><td rowspan="2">127</td></tr>
<tr><td>M27×2</td><td>2</td></tr>
<tr><td>M28×1</td><td rowspan="3">28</td><td>1</td><td>25</td><td>120</td></tr>
<tr><td>M28×1.5</td><td>1.5</td><td rowspan="2">37</td><td rowspan="2">127</td></tr>
<tr><td>M28×2</td><td>2</td></tr>
<tr><td>M30×1</td><td rowspan="4">30</td><td>1</td><td>25</td><td>120</td></tr>
<tr><td>M30×1.5</td><td>1.5</td><td rowspan="2">37</td><td rowspan="2">127</td></tr>
<tr><td>M30×2</td><td>2</td></tr>
<tr><td>M30×3</td><td>3</td><td>48</td><td>138</td></tr>
<tr><td>M32×1.5</td><td rowspan="2">32</td><td>1.5</td><td rowspan="5">22.4</td><td rowspan="4">37</td><td rowspan="4">137</td><td rowspan="5">18</td><td rowspan="5">22</td></tr>
<tr><td>M32×2</td><td>2</td></tr>
<tr><td>M33×1.5</td><td rowspan="3">33</td><td>1.5</td></tr>
<tr><td>M33×2</td><td>2</td></tr>
<tr><td>M33×3</td><td>3</td><td>51</td><td>151</td></tr>
<tr><td>M35×1.5</td><td>35</td><td rowspan="2">1.5</td><td rowspan="4">25</td><td rowspan="3">39</td><td rowspan="3">144</td><td rowspan="4">20</td><td rowspan="4">24</td></tr>
<tr><td>M36×1.5</td><td rowspan="3">36</td></tr>
<tr><td>M36×2</td><td>2</td></tr>
<tr><td>M36×3</td><td>3</td><td>57</td><td>162</td></tr>
<tr><td>M38×1.5</td><td>38</td><td rowspan="2">1.5</td><td rowspan="4">28</td><td rowspan="3">39</td><td rowspan="3">149</td><td rowspan="4">22.4</td><td rowspan="4">26</td></tr>
<tr><td>M39×1.5</td><td rowspan="3">39</td></tr>
<tr><td>M39×2</td><td>2</td></tr>
<tr><td>M39×3</td><td>3</td><td>60</td><td>170</td></tr>
<tr><td>M40×1.5</td><td rowspan="3">40</td><td>1.5</td><td rowspan="7">28</td><td rowspan="2">39</td><td rowspan="2">149</td><td rowspan="7">22.4</td><td rowspan="7">26</td></tr>
<tr><td>M40×2</td><td>2</td></tr>
<tr><td>M40×3</td><td>3</td><td>60</td><td>170</td></tr>
<tr><td>M42×1.5</td><td rowspan="4">42</td><td>1.5</td><td rowspan="2">39</td><td rowspan="2">149</td></tr>
<tr><td>M42×2</td><td>2</td></tr>
<tr><td>M42×3</td><td>3</td><td rowspan="2">60</td><td rowspan="2">170</td></tr>
<tr><td>M42×4</td><td>4</td></tr>
<tr><td>M45×1.5</td><td rowspan="4">45</td><td>1.5</td><td rowspan="8">31.5</td><td rowspan="2">45</td><td rowspan="2">165</td><td rowspan="8">25</td><td rowspan="8">28</td></tr>
<tr><td>M45×2</td><td>2</td></tr>
<tr><td>M45×3</td><td>3</td><td rowspan="2">67</td><td rowspan="2">187</td></tr>
<tr><td>M45×4</td><td>4</td></tr>
<tr><td>M48×1.5</td><td rowspan="4">48</td><td>1.5</td><td rowspan="2">45</td><td rowspan="2">165</td></tr>
<tr><td>M48×2</td><td>2</td></tr>
<tr><td>M48×3</td><td>3</td><td rowspan="2">67</td><td rowspan="2">187</td></tr>
<tr><td>M48×4</td><td>4</td></tr>
</table>

表 6（续）

单位为毫米

代号	公称直径 d	螺距 P	d_1	l	L	方头	
						a	l_2
M50×1.5	50	1.5	31.5	45	165	25	28
M50×2		2					
M50×3		3		67	187		
M52×1.5	52	1.5	35.5	45	175	28	31
M52×2		2					
M52×3		3		70	200		
M52×4		4					
M55×1.5	55	1.5		45	175		
M55×2		2					
M55×3		3		70	200		
M55×4		4					
M56×1.5	56	1.5		45	175		
M56×2		2					
M56×3		3		70	200		
M56×4		4					
M58×1.5	58	1.5	40	76	193	31.5	34
M58×2		2					
M58×3		3			209		
M58×4		4					
M60×1.5	60	1.5			193		
M60×2		2					
M60×3		3			209		
M60×4		4					
M62×1.5	62	1.5			193		
M62×2		2					
M62×3		3			209		
M62×4		4					
M64×1.5	64	1.5		79	193		
M64×2		2					
M64×3		3			209		
M64×4		4					
M65×1.5	65	1.5			193		
M65×2		2					
M65×3		3			209		
M65×4		4					
M68×1.5	68	1.5	45		203	35.5	38
M68×2		2					
M68×3		3			219		
M68×4		4					

表 6（续）

单位为毫米

代号	公称直径 d	螺距 P	d_1	l	L	方头	
						a	l_2
M70×1.5	70	1.5	45	79	203	35.5	38
M70×2		2					
M70×3		3			219		
M70×4		4					
M70×6		6			234		
M72×1.5	72	1.5			203		
M72×2		2					
M72×3		3			219		
M72×4		4					
M72×6		6			234		
M75×1.5	75	1.5			203		
M75×2		2					
M75×3		3			219		
M75×4		4					
M75×6		6			234		
M76×1.5	76	1.5	50	83	226	40	42
M76×2		2					
M76×3		3			242		
M76×4		4					
M76×6		6			258		
M78×2	78	2			226		
M80×1.5	80	1.5			226		
M80×2		2					
M80×3		3			242		
M80×4		4					
M80×6		6			258		
M82×2	82	2		86	226		
M85×2	85	2					
M85×3		3			242		
M85×4		4					
M85×6		6			261		
M90×2	90	2			226		
M90×3		3			242		
M90×4		4					
M90×6		6			261		
M95×2	95	2	56	89	244	45	46
M95×3		3			260		
M95×4		4					
M95×6		6			279		

表 6（续）

单位为毫米

代号	公称直径 d	螺距 P	d_1	l	L	方头	
						a	l_2
M100×2	100	2	56	89	244	45	46
M100×3		3			260		
M100×4		4					
M100×6		6			279		

3.4 螺尖的型式、几何角度参见附录 A 和附录 B。

3.5 公称直径 $d \leqslant 10$ mm 的丝锥可制成外顶尖。

3.6 标记示例如下：

a) 粗牙普通螺纹，公称直径 12 mm，螺距 1.75 mm，H2 公差带的螺尖丝锥标记为：
螺尖丝锥 M12-H2 GB/T 28254—2012

b) 细牙普通螺纹，公称直径 12 mm，螺距 1 mm，H1 公差带的螺尖丝锥标记为：
螺尖丝锥 M12×1-H1 GB/T 28254—2012

注：丝锥公称直径小于或等于 10 mm，有粗柄和细柄两种结构。在需要明确指定柄部结构的场合，丝锥名称前应加“粗柄”或“细柄”字样。

4 螺纹公差

螺尖丝锥螺纹公差按 GB/T 968 的规定。

5 技术要求

螺尖丝锥技术条件按 GB/T 969 的规定。

附 录 A
（资料性附录）
螺尖丝锥型式及参数推荐

A.1 集中生产的螺尖丝锥，其切削锥斜刃长度、刃倾角、切削锥长度及校准部分型式、参数、槽数推荐如图 A.1 和表 A.1 所示。

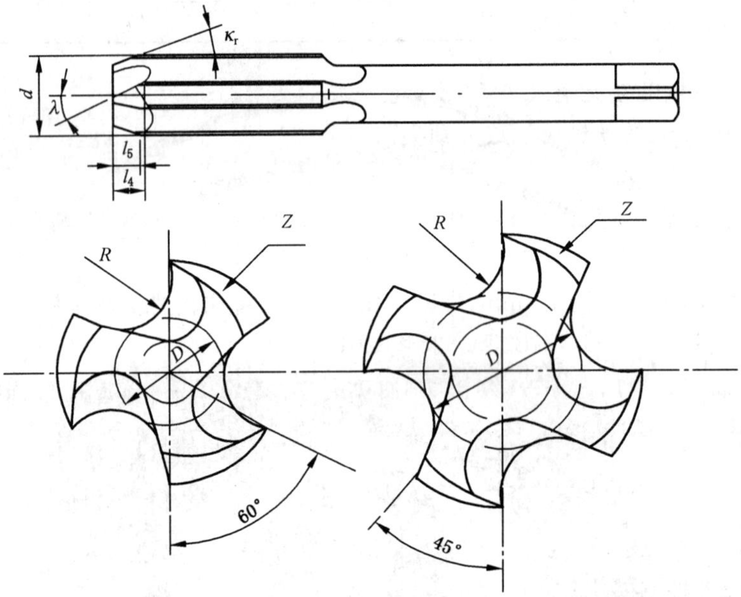

图 A.1

表 A.1

单位为毫米

参数名称	切削锥角 K_r	切削锥长度 l_5	刃倾角 λ	斜刃长度 l_4	校准部分芯部直径 D	校准部分沟槽圆弧 R
推荐值	8°30′	4P	10°～25°	6P	当 $Z=3$，$D=0.6d$；当 $Z=4$，$D=0.72d$	当 $Z=3$，$R=(0.27\sim0.3)d$；当 $Z=4$，$R=(0.18\sim0.23)d$
刃倾角 λ 在 $l_5/2$ 处测量，其值按被加工材料性质而定，韧性越大的材料取较大值，集中生产的丝锥可取中间值。						

附　录　B
（资料性附录）
螺尖丝锥前、后角推荐

B.1　螺尖丝锥前、后角在切削锥长中点($l_5/2$)处的径向平面内测量，其值推荐如表B.1。

表 B.1

被加工材料	前角 γ_P	后角 α_P
碳钢及合金结构钢	12°～18°	4°～6°
不锈钢及轻合金	20°～25°	

ICS 25.100.50
J 41

中华人民共和国国家标准

GB/T 28255—2012

内容屑丝锥

Taps with the hollow interior to deposit the swarf

2012-03-09 发布　　　　2012-07-01 实施

中华人民共和国国家质量监督检验检疫总局
中国国家标准化管理委员会　发布

前　言

本标准按照 GB/T 1.1—2009 给出的规则起草。

本标准由中国机械工业联合会提出。

本标准由全国刀具标准化技术委员会(SAC/TC 91)归口。

本标准起草单位:成都成量工具集团有限公司、四川天虎工具有限责任公司。

本标准主要起草人:黄华新、熊建、王裔孝。

内 容 屑 丝 锥

1 范围

本标准规定了内容屑丝锥的型式尺寸、技术要求和标志包装的基本要求。

本标准适用于加工普通螺纹(GB/T 192、GB/T 193、GB/T 196、GB/T 197)的机用内容屑丝锥,丝锥螺纹精度按 H1、H2、H3 三种公差带制造。

2 规范性引用文件

下列文件对于本文件的应用是必不可少的。凡是注日期的引用文件,仅注日期的版本适用于本文件。凡是不注日期的引用文件,其最新版本(包括所有的修改单)适用于本文件。

GB/T 192 普通螺纹 基本牙型

GB/T 193 普通螺纹 直径和螺距系列

GB/T 196 普通螺纹 基本尺寸

GB/T 197 普通螺纹 公差

3 内容屑丝锥的型式和尺寸

3.1 整体式内容屑丝锥

3.1.1 整体式内容屑丝锥型式按图 1 所示,尺寸在表 1 中给出。切削锥的参数参见附录 B 和附录 C。

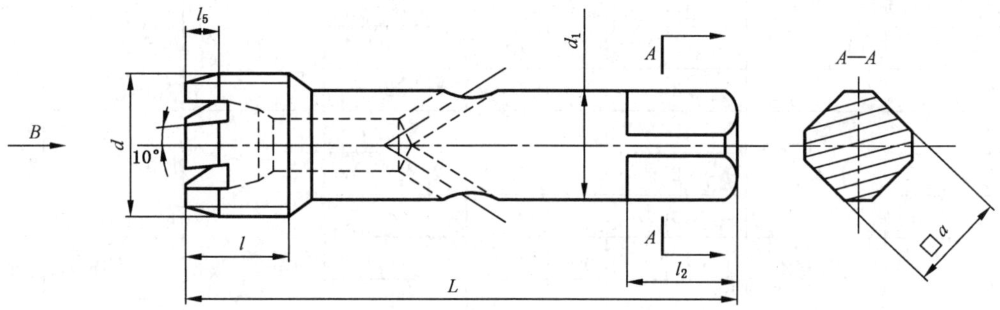

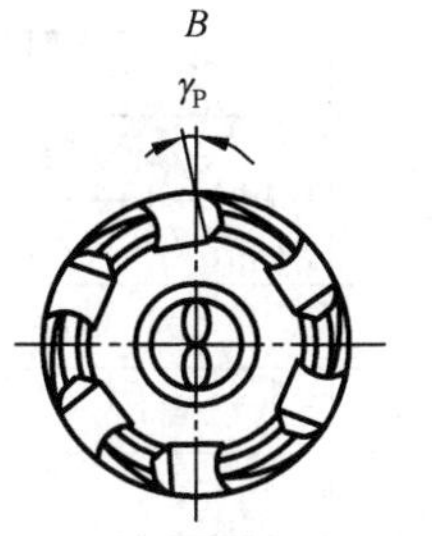

图 1 整体式内容屑丝锥

表 1 整体式内容屑丝锥

单位为毫米

代号	公称直径 d	螺距 P	L	l	d_1	方头	
						a	l_2
M10×1	10	1	100	16	8	6.3	9
M10		1.5		20			
M12×1	12	1		18	9	7.1	10
M12×1.5		1.5		22			
M12		1.75	110				
M14×1	14	1	100	18	11.2	9	12
M14×1.5		1.5		22			
M14		2	110	25			
M16×1	16	1	100	18	12.5	10	13
M16×1.5		1.5		22			
M16		2	110	28			
M18×1.5	18	1.5		25	14	11.2	14
M18×2		2		28			
M18		2.5	125	32			
M20×1.5	20	1.5		25			
M20×2		2		28			
M20		2.5	140	32			
M22×1.5	22	1.5	125	25	16	12.5	16
M22×2		2		28			
M22		2.5	140	32			
M24×1.5	24	1.5	125	25	18	14	18
M24×2		2		28			
M24		3	160	32			
M27×1.5	27	1.5	150	25	20	16	20
M27×2		2		32			
M27		3	160	36			
M30×1.5	30	1.5	150	28			
M30×2		2	160	32			
M30×3		3		36			
M30		3.5	180	40			
M33×1.5	33	1.5	160	28	22.4	18	22
M33×2		2	170	32			
M33×3		3		36			
M33		3.5	180	40			
M36×1.5	36	1.5	170	28	25	20	24
M36×2		2	180	32			
M36×3		3	190	36			
M36		4	200	45			

表 1（续）

单位为毫米

代号	公称直径 d	螺距 P	L	l	d_1	方头 a	方头 l_2
M39×1.5	39	1.5	170	28	28.0	22.4	26
M39×2		2	180	32			
M39×3		3	190	36			
M39		4	200	45			
M42×1.5	42	1.5	180	32			
M42×2		2	190	36			
M42×3		3	200	40			
M42		4.5	220	50			
M45×2	45	2	190	36	31.5	25	28
M45×3		3	200	40			
M45		4.5	220	50			
M48×2	48	2	200	36			
M48×3		3	220	40			
M48		5	250	56			
M52×2	52	2	200	36	35.5	28	31
M52×3		3	220	40			
M52		5	250	56			
M56×2	56	2	200	36			
M56×3		3	220	40			
M56×4		4		45			
M56		5.5	250	56			
M60×2	60	2	200	36	40	31.5	34
M60×3		3	220	40			
M60×4		4	230	45			
M60		5.5	250	56			
M64×2	64	2	220	36			
M64×3		3		40			
M64×4		4	250	56			
M64		6	280				
M68×2	68	2	220	36	45	35.5	38
M68×3		3	230	45			
M68×4		4	250	56			
M68		6	280	63			
M70×2	70	2	230	36			
M70×3		3	250	45			
M70×4		4	280	56			
M70×6		6	300	63			

表 1（续）

单位为毫米

代号	公称直径 d	螺距 P	L	l	d_1	方头 a	方头 l_2
M72×2	72	2	230	36	45	35.5	38
M72×3		3	250	45			
M72×4		4	280	56			
M72×6		6	300	63			
M76×2	76	2	230	36	50	40	42
M76×3		3	250	45			
M76×4		4	280	56			
M76×6		6	300	63			
M80×2	80	2	250	36			
M80×3		3		45			
M80×4		4	280	56			
M80×6		6	300	63			
M90×2	90	2	250	36			
M90×3		3		45			
M90×4		4	280	56			
M90×6		6	300	63			
M100×2	100	2	250	36	56	45	46
M100×3		3		45			
M100×4		4	280	56			
M100×6		6	300	63			
注：整体式内容屑丝锥切削锥齿数 Z 推荐为：M10～M16（$Z=3$）；M18～M39（$Z=4$）；M42～M80（$Z=6$）；M90～M100（$Z=8$）。							

3.1.2 标记示例如下：

a) 细牙普通螺纹，直径 64 mm、螺距 4 mm、H1 公差带、单支整体式内容屑丝锥标记为：
整体式内容屑丝锥 M64×4-H1 GB/T 28255—2012

b) 粗牙普通螺纹，直径 64 mm、螺距 6 mm、H2 公差带、2 支一组整体式内容屑丝锥标记为：
整体式内容屑丝锥 2-M64-H2 GB/T 28255—2012

3.2 套式内容屑丝锥

3.2.1 套式内容屑丝锥型式按图 2 所示，尺寸在表 2 中给出。切削锥的参数参见附录 B 和附录 C。

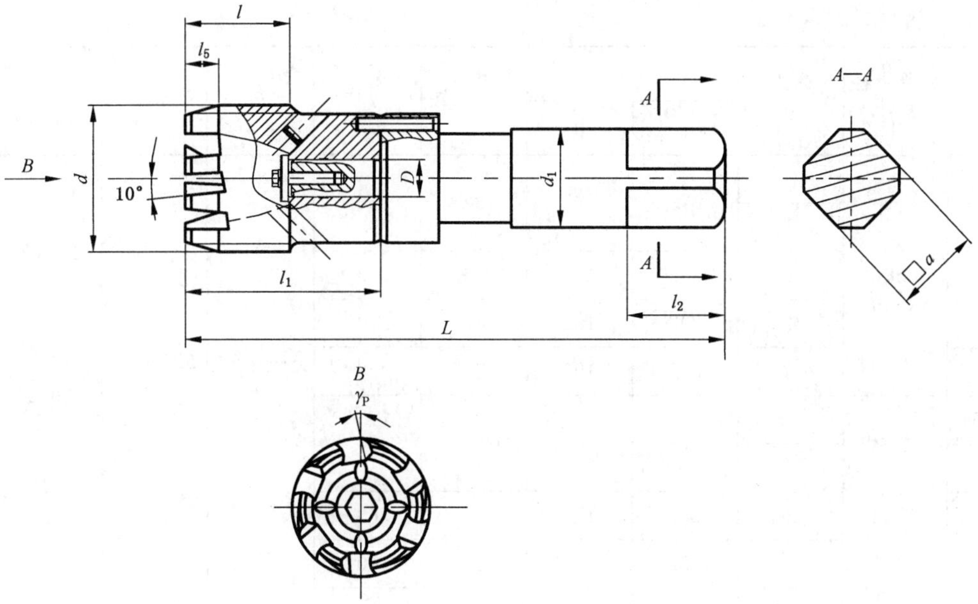

图 2　套式内容屑丝锥

表 2　套式内容屑丝锥

单位为毫米

代号	公称直径 d	螺距 P	L		l	l_1	D	d_1	方头尺寸	
			Ⅰ	Ⅱ					a	l_2
M56×1.5	56	1.5	225	145	28	50	19	35.5	28	31
M56×2		2			32					
M56×3		3	238	158	36	63				
M56×4		4			40					
M56		5.5	255	175	56	80				
M60×1.5	60	1.5	225	145	28	50	22	40	31.5	34
M60×2		2			32					
M60×3		3	238	158	36	63				
M60×4		4			40					
M60		5.5	255	175	56	80				
M64×1.5	64	1.5	272	162	28	50				
M64×2		2			32					
M64×3		3	285	175	36	63				
M64×4		4	292	182	45	70				
M64		6	302	192	56	80				

表 2（续） 单位为毫米

代号	公称直径 d	螺距 P	L		l	l_1	D	d_1	方头尺寸	
			Ⅰ	Ⅱ					a	l_2
M68×1.5	68	1.5	278	168	32	56	22	45	35.5	38
M68×2		2								
M68×3		3	285	175	36	63				
M68×4		4	292	182	45	70				
M68		6	302	192	56	80				
M72×1.5	72	1.5	278	168	32	56				
M72×2		2								
M72×3		3	285	175	36	63				
M72×4		4	292	182	45	70				
M72×6		6	302	192	56	80				
M76×1.5	76	1.5	296	186	32	56	27	50	40	42
M76×2		2	303	193	36	63				
M76×3		3								
M76×4		4	320	210	56	80				
M76×6		6	330	220	63	90				
M80×1.5	80	1.5	296	186	32	56				
M80×2		2	303	193	36	63				
M80×3		3								
M80×4		4	320	210	56	80				
M80×6		6	330	220	63	90				
M85×2	85	2	342	212	36	70	32			
M85×3		3	352	222	40	80				
M85×4		4			50					
M85×6		6	362	232	63	90				
M90×2	90	2	342	212	36	70				
M90×3		3	352	222	40	80				
M90×4		4			50					
M90×6		6	362	232	63	90				
M95×2	95	2	342	212	36	70				
M95×3		3	352	222	40	80				
M95×4		4			50					
M95×6		6	362	232	63	90				

表 2（续）

单位为毫米

代号	公称直径 d	螺距 P	L Ⅰ	L Ⅱ	l	l_1	D	d_1	方头尺寸 a	方头尺寸 l_2
M100×2	100	2	379	249	36	70	40	56	45	46
M100×3		3	389	259	40	80				
M100×4		4	399	269	56	90				
M100×6		6	409	279	63	100				
M105×2	105	2	379	249	36	70				
M105×3		3	389	259	40	80				
M105×4		4	399	269	56	90				
M105×6		6	409	279	63	100				
M110×2	110	2	379	249	36	70				
M110×3		3	389	259	40	80				
M110×4		4	399	269	56	90				
M110×6		6	409	279	63	100				
M115×2	115	2	379	249	36	70				
M115×3		3	389	259	40	80				
M115×4		4	399	269	56	90				
M115×6		6	409	279	63	100				
M120×2	120	2	379	249	36	70				
M120×3		3	389	259	40	80				
M120×4		4	399	269	56	90				
M120×6		6	409	279	63	100				
M125×2	125	2	422	272	36	70	50			
M125×3		3	432	282	40	80				
M125×4		4	442	292	56	90				
M125×6		6	452	302	63	100				
M130×2	130	2	422	272	36	70				
M130×3		3	432	282	40	80				
M130×4		4	442	292	56	90				
M130×6		6	452	302	63	100				
M140×2	140	2	422	272	36	70				
M140×3		3	432	282	40	80				
M140×4		4	442	292	56	90				
M140×6		6	452	302	63	100				
M150×2	150	2	422	272	36	70				
M150×3		3	432	282	40	80				
M150×4		4	442	292	56	90				
M150×6		6	452	302	63	100				
M160×3	160	3	432	282	40	80				
M160×4		4	442	292	56	90				
M160×6		6	452	302	63	100				

表 2（续）

单位为毫米

代号	公称直径 d	螺距 P	L		l	l_1	D	d_1	方头尺寸	
			Ⅰ	Ⅱ					a	l_2
M170×3	170	3	424	324	40	80	60	63	50	51
M170×4		4	434	334	56	90				
M170×6		6	444	344	63	100				
M180×3	180	3	424	324	40	80				
M180×4		4	434	334	56	90				
M180×6		6	444	344	63	100				
M190×3	190	3	424	324	40	80				
M190×4		4	434	334	56	90				
M190×6		6	444	344	63	100				
M200×3	200	3	424	324	40	80				
M200×4		4	434	334	56	90				
M200×6		6	444	344	63	100				
M210×3	210	3	424	324	40	80				
M210×4		4	434	334	56	90				
M210×6		6	444	344	63	100				
M220×3	220	3	424	324	40	80				
M220×4		4	434	334	56	90				
M220×6		6	444	344	63	100				
M230×3	230	3	424	324	40	80				
M230×4		4	434	334	56	90				
M230×6		6	444	344	63	100				
M240×3	240	3	424	324	40	80				
M240×4		4	434	334	56	90				
M240×6		6	444	344	63	100				
M250×3	250	3	424	324	40	80				
M250×4		4	434	334	56	90				
M250×6		6	444	344	63	100				

注：套式内容屑丝锥切削锥齿数 Z 推荐为：M56～M80(Z=6)；M85～M110(Z=8)；M115～M140(Z=10)；M150～M200(Z=12)；M210～M250(Z=14)。

3.2.2　标记示例如下：

a)　细牙普通螺纹，直径 64 mm、螺距 4 mm、H1 公差带、Ⅱ型单支套式内容屑丝锥标记为：

套式内容屑丝锥　Ⅱ　M64×4-H1　GB/T 28255—2012

b)　粗牙普通螺纹，直径 64 mm、螺距 6 mm、H2 公差带、Ⅰ型 2 支一组套式内容屑丝锥标记为：

套式内容屑丝锥　2-Ⅰ　M64-H2　GB/T 28255—2012

4 内容屑丝锥的技术要求

4.1 内容屑丝锥的尺寸公差

4.1.1 内容屑丝锥柄部直径 d_1 的公差为 h9。

4.1.2 内容屑丝锥总长 L 的公差为 h16。

4.1.3 内容屑丝锥螺纹部分长度 l 的公差按表 3 的规定。

表 3 内容屑丝锥螺纹部分长度公差

单位为毫米

公称直径 d	螺纹部分长度 l 的公差
>5.5～12	0
	−3.2
>12～39	0
	−5.0
>39	0
	−6.3

4.1.4 内容屑丝锥方头 a 的公差为 h12，方头对柄部轴线的对称度应不超过其尺寸公差的二分之一。

4.1.5 套式内容屑丝锥刀柄与丝锥头内孔的装配尺寸 D 公差为 H7/g6。

4.1.6 套式内容屑丝锥丝锥头长度 l_1 公差为 h16。

4.2 内容屑丝锥的位置公差

内容屑丝锥的位置公差按表 4 所示。

表 4 内容屑丝锥的位置公差

单位为毫米

项　目	公　差				
	d≤18	d>18～30	d>30～80	d>80～180	d>180
切削锥对公共轴线的斜向圆跳动	0.03	0.04	0.05	0.06	0.07
校准部分对公共轴线的径向圆跳动	0.02	0.03		0.04	
柄部对公共轴线的径向圆跳动	0.02	0.03		0.04	

4.3 内容屑丝锥的螺纹部分

4.3.1 内容屑丝锥的螺纹部分应有倒锥度，螺纹牙型应进行铲磨。

4.3.2 内容屑丝锥的螺纹公差按附录 A 的规定，中径在校准部分起点检测。

4.3.3 内容屑丝锥的切削锥后角应进行铲磨，在切削锥长中点($l_5/2$)处的径向平面内测量，其值推荐为 6°±2°。

4.4 内容屑丝锥的材料和硬度

4.4.1 内容屑丝锥材料

内容屑丝锥的螺纹部分用 W6Mo5Cr4V2 或同等性能的其他牌号高速钢制造，也可以采用高性能高速钢制造。

整体式内容屑丝锥焊接柄部和套式内容屑丝锥刀柄用 40Cr 钢或同等性能的其他牌号钢材制造。

4.4.2 内容屑丝锥硬度

内容屑丝锥工作部分硬度:普通高速钢不低于 63 HRC;高性能高速钢不低于 64 HRC。

内容屑丝锥柄部硬度应不低于 40 HRC。

4.5 内容屑丝锥的外观和表面粗糙度

4.5.1 内容屑丝锥表面不得有裂纹、刻痕、锈迹及磨削烧伤等影响使用性能的缺陷。

4.5.2 内容屑丝锥表面粗糙度的最大允许值按表 5 规定。

表 5 内容屑丝锥表面粗糙度

单位为微米

检查表面	表面粗糙度
螺纹表面	*Rz*3.2
前面	*Rz*3.2
柄部	*Ra*0.8

5 内容屑丝锥的标志和包装

5.1 标志

5.1.1 产品上应标志:

a) 制造厂商标;

b) 螺纹代号;

c) 丝锥公差带代号;

d) 不等径成组丝锥的粗锥记号(第一粗锥 1 条圆环,第二粗锥 2 条圆环或顺序号Ⅰ、Ⅱ);

e) 材料代号(用高速钢制造的标“HSS”,用高性能高速钢制造的标“HSS-E”)。

5.1.2 包装盒上应标志:

a) 制造厂的名称、地址和商标;

b) 相应丝锥标记示例规定的项目;

c) 材料牌号或代号;

d) 件数;

e) 制造年月。

5.2 包装

丝锥在包装前应经防锈处理,包装应牢靠,并能防止运输过程中的损伤。

附 录 A
（规范性附录）
内容屑丝锥螺纹公差

A.1 内容屑丝锥直径 $\phi 10$ mm～250 mm 螺纹尺寸极限偏差按表 A.1 规定。

表 A.1 内容屑丝锥螺纹公差

单位为微米

公称直径 d mm	螺距 P mm	大径 d 下偏差 Js	大径 d 上偏差	中径 d_2 公差带 H1 下偏差 Em	H1 上偏差 Es	H2 下偏差 Em	H2 上偏差 Es	H3 下偏差 Em	H3 上偏差 Es	小径 d_1 上下偏差	螺距偏差 测量牙数（个）	螺距偏差 H1、H2、H3	牙侧角偏差 H1、H2、H3
>10～11.2	0.75	+42	自行规定	+11	+32	+32	+53	+53	+74	自行规定	9	±8	±30′
	1	+47		+12	+35	+35	+59	+59	+83				±25′
	1.25	+50		+13	+38	+38	+63	+63	+88				
	1.5	+56		+14	+42	+42	+70	+70	+98		7		
>11.2～22.4	1	+50		+13	+38	+38	+63	+63	+88		9		
	1.25	+56		+14	+42	+42	+70	+70	+98				
	1.5	+60		+15	+45	+45	+75	+75	+105		7		
	1.75	+64		+16	+48	+48	+80	+80	+112			±9	±20′
	2	+68		+17	+51	+51	+85	+85	+119			±10	
	2.5	+72		+18	+54	+54	+90	+90	+126				
>22.4～45	1	+53		+13	+40	+40	+66	+66	+92		9	±8	±25′
	1.5	+64		+16	+48	+48	+80	+80	+112		7		
	2	+72		+18	+54	+54	+90	+90	+126			±10	±20′
	3	+85		+21	+64	+64	+106	+106	+148			±12	
	3.5	+90		+22	+67	+67	+112	+112	+157			±13	±15′
	4	+94		+24	+71	+71	+118	+118	+165			±14	
	4.5	+100		+25	+75	+75	+125	+125	+175			±15	
>45～90	1.5	+68		+17	+51	+51	+85	+85	+119			±8	±25′
	2	+76		+19	+57	+57	+95	+95	+133			±10	±20′
	3	+90		+22	+67	+67	+112	+112	+157			±12	
	4	+100		+25	+75	+75	+125	+125	+175			±14	±15′
	5	+106		+27	+80	+80	+133	+133	+186			±16	
	5.5	+112		+28	+84	+84	+140	+140	+196			±17	
	6	+120		+30	+90	+90	+150	+150	+210			±18	
>90～180	2	+80		+20	+60	+60	+100	+100	+140			±10	±20′
	3	+94		+24	+71	+71	+118	+118	+165			±12	
	4	+106		+27	+80	+80	+133	+133	+186			±14	±15′
	6	+126		+32	+95	+95	+158	+158	+221			±18	
>180～250	2	+90		+22	+67	+67	+112	+112	+157			±10	±20′
	3	+106		+27	+80	+80	+133	+133	+186			±12	
	4	+120		+30	+90	+90	+150	+150	+210			±14	±15′
	6	+134		+34	+101	+101	+168	+168	+235			±18	

附 录 B
（资料性附录）
内容屑丝锥切削锥长度

B.1 内容屑丝锥切削锥长度 l_5 为推荐尺寸，见表 B.1。

表 B.1 内容屑丝锥切削锥长度

单位为毫米

螺距 P	锥别	切削锥长度 l_5	
		单支	成组
≤6	一锥	—	$3P$
	二锥	$3P$	$2.5P$
>6	一锥	—	$3P$
	二锥	—	$2.5P$
	精锥	$3.5P$	$2P$

附　录　C
(资料性附录)
内容屑丝锥前角推荐

C.1　内容屑丝锥前角在切削锥长中点($l_5/2$)处的径向平面内测量，其值推荐如表 C.1。

表 C.1　内容屑丝锥前角

被加工材料	前角 $\gamma_P \pm 2^\circ$
加工铸铁	6°
加工铸钢及合金钢	11°
加工低碳钢	16°
加工有色金属	22°

ICS 25.100.50
J 41

中华人民共和国国家标准

GB/T 28256—2012

梯形螺纹丝锥

Trapezoidal taps

2012-03-09 发布　　　　2012-07-01 实施

中华人民共和国国家质量监督检验检疫总局
中国国家标准化管理委员会　发布

前　言

本标准按照GB/T 1.1—2009给出的规则起草。

本标准由中国机械工业联合会提出。

本标准由全国刀具标准化技术委员会(SAC/TC 91)归口。

本标准起草单位:上海工具厂有限公司。

本标准主要起草人:俞毛弟。

梯形螺纹丝锥

1 范围

本标准规定了梯形螺纹丝锥(高性能级和普通级)的型式和尺寸、螺纹公差、技术要求、标志和包装等基本要求。

本标准适用于加工普通梯形螺纹(GB/T 5796.1～GB/T 5796.4)用的梯形螺纹丝锥(以下简称丝锥)。

丝锥的型式分为Ⅰ型(短型)、Ⅱ型(长型)。

2 规范性引用文件

下列文件对于本文件的应用是必不可少的。凡是注日期的引用文件，仅注日期的版本适用于本文件。凡是不注日期的引用文件，其最新版本(包括所有的修改单)适用于本文件。

GB/T 4267 直柄回转工具 柄部直径和传动方头的尺寸

GB/T 5796.1 梯形螺纹 第1部分:牙型

GB/T 5796.2 梯形螺纹 第2部分:直径与螺距系列

GB/T 5796.3 梯形螺纹 第3部分:基本尺寸

GB/T 5796.4 梯形螺纹 第4部分:公差

3 丝锥的型式和尺寸

3.1 丝锥的型式和尺寸按图1和表1的规定。

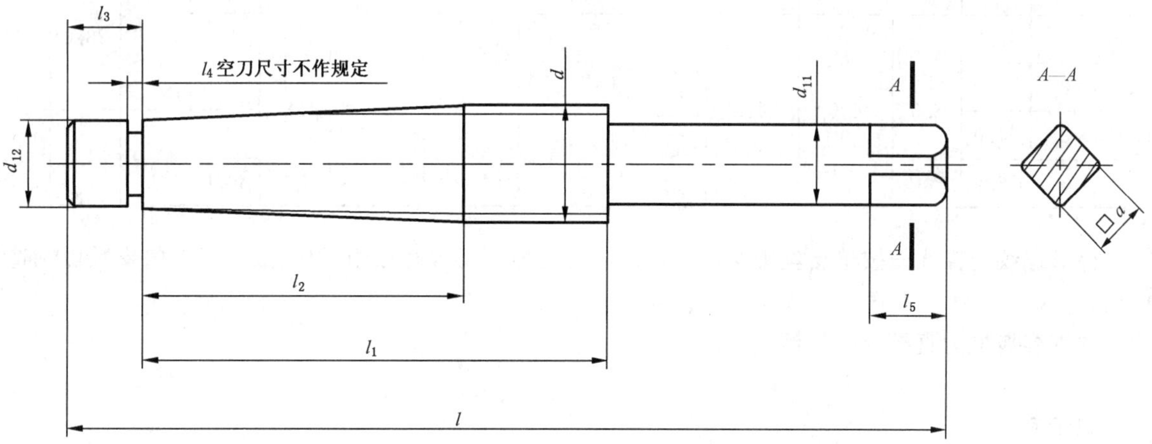

图 1

表 1

单位为毫米

<table>
<tr><th rowspan="2">代号</th><th rowspan="2">大径
d</th><th rowspan="2">螺距
P</th><th colspan="3">Ⅰ型(短型)</th><th colspan="3">Ⅱ型(长型)</th><th rowspan="2">l_3</th><th rowspan="2">d_{12}</th><th rowspan="2">d_{11}</th><th colspan="2">方头</th></tr>
<tr><th>l</th><th>l_1</th><th>l_2
推荐</th><th>l</th><th>l_1</th><th>l_2
推荐</th><th>a</th><th>l_5</th></tr>
<tr><td>Tr8×1.5</td><td>8.3</td><td>1.5</td><td>60</td><td>24</td><td>15</td><td>80</td><td>30</td><td>20</td><td>8</td><td>6.5</td><td>6.3</td><td>5.0</td><td rowspan="2">8</td></tr>
<tr><td>Tr10×2</td><td>10.5</td><td>2.0</td><td>80</td><td>40</td><td>28</td><td>110</td><td>56</td><td>40</td><td>10</td><td>8.0</td><td>7.1</td><td>5.6</td></tr>
<tr><td>Tr12×3</td><td>12.5</td><td rowspan="2">3.0</td><td rowspan="2">115</td><td rowspan="2">63</td><td rowspan="2">45</td><td rowspan="2">160</td><td rowspan="2">85</td><td rowspan="2">65</td><td rowspan="2">12</td><td>9.0</td><td>8.0</td><td>6.3</td><td>9</td></tr>
<tr><td>Tr14×3</td><td>14.5</td><td>11.0</td><td>10.0</td><td>8.0</td><td>11</td></tr>
<tr><td>Tr16×4</td><td>16.5</td><td rowspan="3">4.0</td><td rowspan="3">170</td><td rowspan="3">100</td><td rowspan="3">75</td><td rowspan="3">220</td><td rowspan="3">125</td><td rowspan="3">100</td><td rowspan="3">16</td><td>12.0</td><td>11.2</td><td>9.0</td><td>12</td></tr>
<tr><td>Tr18×4</td><td>18.5</td><td>14.0</td><td>12.5</td><td>10.0</td><td>13</td></tr>
<tr><td>Tr20×4</td><td>22.5</td><td>16.0</td><td>14.0</td><td>11.2</td><td>14</td></tr>
<tr><td>Tr22×5</td><td>22.5</td><td rowspan="4">5.0</td><td rowspan="4">250</td><td rowspan="4">155</td><td rowspan="4">125</td><td rowspan="4">290</td><td rowspan="4">170</td><td rowspan="4">140</td><td rowspan="4">20</td><td>17</td><td>16.0</td><td>12.5</td><td>16</td></tr>
<tr><td>Tr24×5</td><td>24.5</td><td>19.0</td><td>18.0</td><td>14.0</td><td>18</td></tr>
<tr><td>Tr26×5</td><td>26.5</td><td>21.0</td><td>20.0</td><td>16.0</td><td>20</td></tr>
<tr><td>Tr28×5</td><td>28.5</td><td>23.0</td><td rowspan="2">22.4</td><td rowspan="2">18.0</td><td rowspan="2">22</td></tr>
<tr><td>Tr30×6</td><td>31.0</td><td rowspan="4">6.0</td><td rowspan="4">300</td><td rowspan="4">170</td><td rowspan="4">135</td><td rowspan="4">350</td><td rowspan="4">216</td><td rowspan="4">180</td><td rowspan="4">24</td><td>24.0</td></tr>
<tr><td>Tr32×6</td><td>33.0</td><td>26.0</td><td rowspan="2">25.0</td><td rowspan="2">20.0</td><td rowspan="2">24</td></tr>
<tr><td>Tr34×6</td><td>35.0</td><td>28.0</td></tr>
<tr><td>Tr36×6</td><td>37.0</td><td>30.0</td><td rowspan="2">28.0</td><td rowspan="2">22.4</td><td rowspan="2">26</td></tr>
<tr><td>Tr38×7</td><td>39.0</td><td rowspan="4">7.0</td><td rowspan="4">360</td><td rowspan="4">220</td><td rowspan="4">175</td><td rowspan="4">420</td><td rowspan="4">250</td><td rowspan="4">210</td><td rowspan="4">28</td><td>31.0</td></tr>
<tr><td>Tr40×7</td><td>41.0</td><td>33.0</td><td rowspan="2">31.0</td><td rowspan="2">25.0</td><td rowspan="2">28</td></tr>
<tr><td>Tr42×7</td><td>43.0</td><td>35.0</td></tr>
<tr><td>Tr44×7</td><td>45.0</td><td>37.0</td><td rowspan="3">35.5</td><td rowspan="3">28.0</td><td rowspan="3">31</td></tr>
<tr><td>Tr46×8</td><td>47.0</td><td rowspan="4">8.0</td><td rowspan="4">400</td><td rowspan="4">240</td><td rowspan="4">190</td><td rowspan="4">490</td><td rowspan="4">290</td><td rowspan="4">240</td><td rowspan="4">32</td><td>38.0</td></tr>
<tr><td>Tr48×8</td><td>49.0</td><td>40.0</td></tr>
<tr><td>Tr50×8</td><td>51.0</td><td>42.0</td><td rowspan="2">40.0</td><td rowspan="2">31.5</td><td rowspan="2">34</td></tr>
<tr><td>Tr52×8</td><td>53.0</td><td>44.0</td></tr>
</table>

3.2 梯形螺纹丝锥优先按单支丝锥生产。根据需要可生产不等径成组丝锥,成组丝锥的支数由制造厂决定。

3.3 丝锥容屑槽为直槽或螺旋槽。

4 标记示例

a) Tr8×1.5 右螺纹,H8 公差带,单支,单线,Ⅰ型长度的梯形螺纹丝锥标记为:
梯形螺纹丝锥 Tr8×1.5 Ⅰ-H8 GB/T 28256—2012

b) Tr8×1.5 右螺纹,H8 公差带,单支,单线,Ⅱ型长度的梯形螺纹丝锥标记为:
梯形螺纹丝锥 Tr8×1.5 Ⅱ-H8 GB/T 28256—2012

c) Tr30×12(P6)左螺纹，H8 公差带，两支组，双线，Ⅰ型长度的梯形螺纹丝锥标记为：
梯形螺纹丝锥 两支组 Tr30×12(P6) Ⅰ LH-H8 GB/T 28256—2012

5 螺纹公差

5.1 丝锥的螺纹牙型和尺寸极限偏差按图 2 和表 2 规定，其计算尺寸参见附录 A。

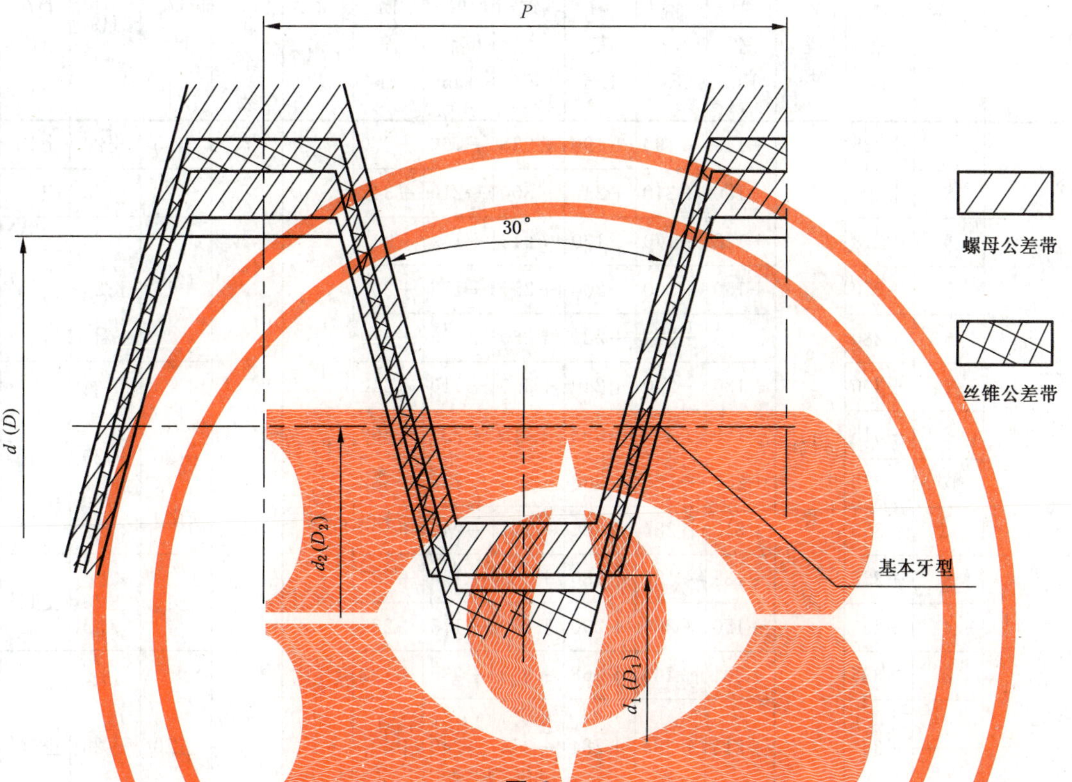

图 2

表 2

单位为微米

公称直径 d mm	螺距 P mm	大径 d 下偏差 Js	大径 d 上偏差 Es	中径 d_2 公差带 H7 下偏差 Em	H7 上偏差 Es	H8 下偏差 Em	H8 上偏差 Es	H9 下偏差 Em	H9 上偏差 Es	小径 d_1 上下偏差	螺距偏差 测量牙个数	螺距偏差 H7、H8	螺距偏差 H9	牙侧角偏差 H7、H8	牙侧角偏差 H9
>5.6~11.2	1.5	+140	自行规定	+84	+112	+112	+140	+98	+150	自行规定	7	±15	±20	±20′	±25′
	2	+158		+95	+126	+126	+158	+110	+180						
	3	+178		+107	+142	+142	+178	+124	+202					±15′	±20′
>11.2~22.4	2	+168		+101	+134	+134	+168	+117	+191					±20′	±25′
	3	+188		+113	+150	+150	+188	+131	+214					±15′	±20′
	4	+225		+135	+180	+180	+225	+158	+257						

表 2（续）

单位为微米

公称直径 d mm	螺距 P mm	大径 d		中径 d_2 公差带						小径 d_1	螺距偏差			牙侧角偏差	
				H7		H8		H9							
		下偏差 Js	上偏差 Es	下偏差 Em	上偏差 Es	下偏差 Em	上偏差 Es	下偏差 Em	上偏差 Es	上下偏差	测量牙个数	H7、H8	H9	H7、H8	H9
>11.2~22.4	5	+238	自行规定	+143	+190	+190	+238	+166	+270	自行规定	7	±15	±20	±15′	±20′
	8	+300		+180	+240	+240	+300	+210	+342			±20	±25	±10′	±15′
>22.4~45	3	+213		+128	+170	+170	+213	+149	+242			±15	±20	±15′	±20′
	5	+250		+150	+200	+200	+250	+175	+285						
	6	+280		+168	+224	+224	+280	+196	+319						
	7	+300		+180	+240	+240	+300	+210	+342			±20	±25	±10′	±15′
	8	+315		+189	+252	+252	+315	+221	+359						
	10	+335		+201	+268	+268	+335	+235	+382						
	12	+355		+213	+284	+284	+355	+249	+405						
>45~52	3	+225		+135	+180	+180	+225	+158	+257			±15	±20	±15′	±15′
	4	+250		+150	+200	+200	+250	+175	+285						
	8	+335		+201	+268	+268	+335	+235	+382			±20	±25	±10′	±15′
	9	+355		+213	+284	+284	+355	+249	+405						
	10														
	12	+400		+240	+320	+320	+400	+280	+456						

注 1：丝锥小径 d_1 应小于被加工螺母的最小小径，而丝锥牙底圆弧亦不应超过螺母的最小小径。

注 2：丝锥大径 d、中径 d_2、小径 d_1 的基本尺寸分别和梯形内螺纹基本尺寸 D、D_2、D_1 相同。

5.2 多线梯形螺纹丝锥中径公差是在单线螺纹中径公差带基础上按线数不同分别乘以一系数而得，各不同线数的系数由表 3 给出。

表 3

螺纹线数	2	3	4	≥5
系数	1.12	1.25	1.4	1.6

6 技术条件

6.1 丝锥表面不得有裂纹、刻痕、锈迹以及磨削烧伤等影响使用性能的缺陷。

6.2 丝锥表面粗糙度的最大允许值按表 4 的规定。

表 4

单位为微米

项目	丝锥公差带	
	H7/H8	H9
螺纹表面	Rz3.2	Rz6.3
前　面	Rz3.2	Rz6.3
后　面	Rz3.2	Rz6.3
前导部表面	Ra0.63	Ra1.25
柄　部	Ra1.25	Ra1.25

6.3　丝锥的前面与容屑槽的连接应圆滑。

6.4　丝锥螺纹公差应符合 5.1 的规定。中径应在校准部分起点处测量。

6.5　丝锥螺纹牙型应进行铲磨，校准部分应有倒锥度。

6.6　丝锥的不完整齿应修除。

6.7　丝锥的前导部 d_{12} 及柄部直径 d_{11} 公差按表 5 的规定。

表 5

丝锥公差带	前导部 d_{12}	柄部直径 d_{11} 的公差
H7、H8、H9	h8	h9

6.8　丝锥对公共轴线的圆跳动应不大于表 6 的规定。

表 6

单位为毫米

公称直径 d	切削锥的斜向圆跳动		校准部分的径向圆跳动		前导部分的径向圆跳动	柄部径向圆跳动
	高性能级	普通级	高性能级	普通级		
≤24	0.022	0.03	0.018	0.02	0.015	0.02
>24～52	0.03	0.04	0.022	0.03	0.02	

6.9　高性能梯形螺纹丝锥方头尺寸 a 的公差按 GB/T 4267 的规定。普通梯形螺纹丝锥方头尺寸 a 的公差为 h12，方头对柄部轴线的对称度不应超过其尺寸公差的二分之一。

6.10　丝锥总长 l 的公差按 h16，螺纹部分长度 l_1 的公差按表 7 的规定。

表 7

单位为毫米

公称直径 d	螺纹部分长度 l_1 的极限偏差
>5.5～12	$^{0}_{-3.2}$
>12～39	$^{0}_{-5.0}$
>39～52	$^{0}_{-6.3}$

6.11　丝锥的螺纹部分用 W6Mo5Cr4V2 或同等性能的其他牌号高速钢制造。焊接柄部用 45 钢或同等性能的其他钢材制造。高性能梯形螺纹丝锥的螺纹部分用 W2Mo9Cr4VCo8 或同等性能的其他牌号

高性能高速钢制造。

6.12 丝锥硬度：

a) 丝锥螺纹部分以及前导部的硬度允许的最低值应按表8的规定。

表8

公称直径 d/mm	高速钢梯形螺纹丝锥	高性能高速钢梯形螺纹丝锥
>5.5～52	63 HRC	65 HRC

b) 丝锥柄部离柄端两倍方头长度上的硬度应不低于40 HRC。

6.13 丝锥允许进行表面强化处理。

7 标志和包装

7.1 标志

7.1.1 丝锥上应标志：

a) 制造厂商标；

b) 螺纹代号；

c) 丝锥公差带代号；

d) 不等径成组丝锥的粗锥记号(第一粗锥1条圆环，第二粗锥2条圆环……)；

e) 材料代号(用高速钢制造的标“HSS”；用高性能高速钢制造的标“HSS-E”)。

7.1.2 包装盒上应标志：

a) 制造厂或销售商的名称、商标和地址；

b) 相应丝锥标记示例规定的项目；

c) 材料牌号或代号；

d) 件数；

e) 制造年月。

7.2 包装

丝锥在包装前应经防锈处理，包装应牢靠，并能防止运输过程中的损伤。

附 录 A
（资料性附录）
关于丝锥螺纹公差带若干说明

A.1 丝锥中径

A.1.1 丝锥中径公差 T_{d2}，下偏差 Em，上偏差 Es 数值是按 t（8 级内螺纹中径公差 T_{D2}）的百分比计算得出。如表 A.1 所示。

表 A.1

丝锥公差带	丝锥中径 下偏差 Em	丝锥中径 公差 T_{d2}	丝锥中径 上偏差 Es
H7	0.30t	0.10t	0.40t
H8	0.40t		0.50t
H9	0.35t	0.22t	0.57t

A.1.2 本标准规定的丝锥中径公差带相对于内螺纹中径公差带关系如图 A.1 所示。

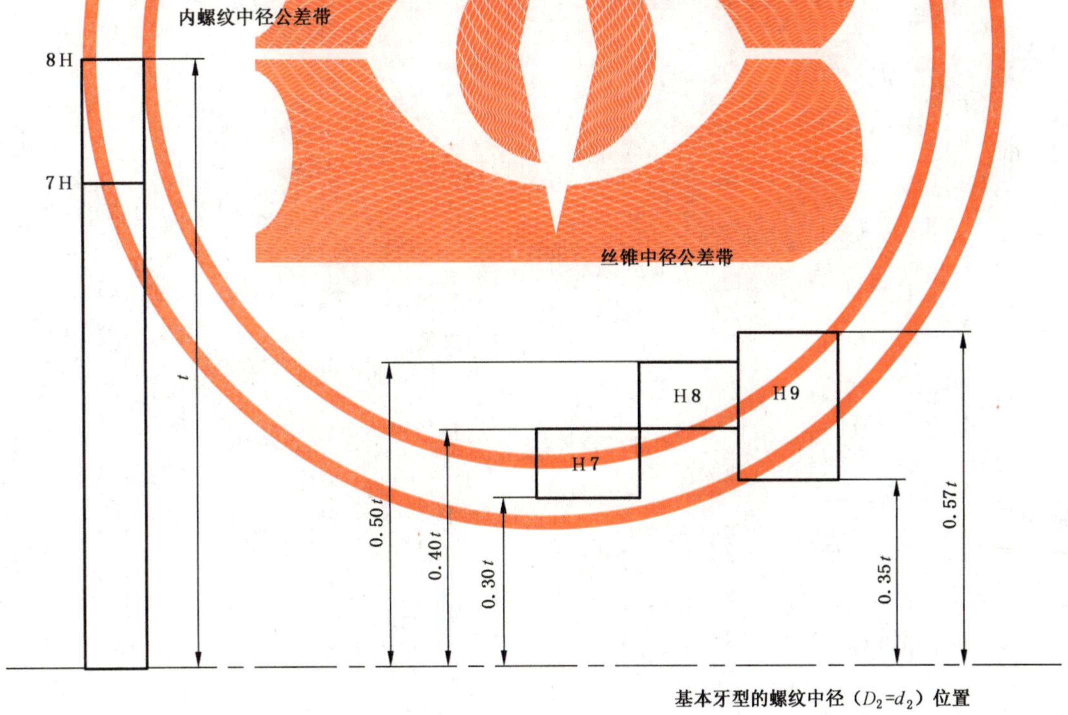

说明：

t——8 级内螺纹中径公差 T_{D2}。

图 A.1

A.1.3 各种中径公差带的丝锥所能加工的内螺纹公差带如表 A.2 所示。

表 A.2

丝锥公差带代号	适用于内螺纹公差带代号
H7	7H
H8	7H、8H
H9	8H

由于影响攻丝尺寸的因素很多，诸如攻丝材料性质、机床条件、丝锥装卡方法、切削速度、润滑冷却液种类等。因此，表 A.2 中所列各种公差带的丝锥所能加工的内螺纹公差等级，只能作为选择丝锥时的参考，使用者可按加工条件根据生产经验或通过试验，在标准所列范围内选择最适当的丝锥。

A.2　丝锥大径公差

本标准规定的各级丝锥大径，上偏差由制造厂自行决定，下偏差 Js 按下式确定：

$$Js = 0.5t$$

注：t——8 级内螺纹中径公差 T_{D2}。

ICS 25.100.50
J 41

中华人民共和国国家标准

GB/T 28257—2012

长柄螺母丝锥

Long shank nut taps

2012-03-09 发布

2012-07-01 实施

中华人民共和国国家质量监督检验检疫总局
中国国家标准化管理委员会 发布

前　言

本标准按照 GB/T 1.1—2009 给出的规则起草。

本标准由中国机械工业联合会提出。

本标准由全国刀具标准化技术委员会(SAC/TC 91)归口。

本标准起草单位:成都成量工具集团有限公司。

本标准主要起草人:黄华新、熊建。

长柄螺母丝锥

1 范围

本标准规定了长柄螺母丝锥的型式、尺寸和标记等的基本要求。

本标准适用于加工普通螺纹(GB/T 192、GB/T 193、GB/T 196、GB/T 197)的长柄螺母丝锥。

2 规范性引用文件

下列文件对于本文件的应用是必不可少的。凡是注日期的引用文件，仅注日期的版本适用于本文件。凡是不注日期的引用文件，其最新版本(包括所有的修改单)适用于本文件。

GB/T 192 普通螺纹 基本牙型

GB/T 193 普通螺纹 直径和螺距系列

GB/T 196 普通螺纹 基本尺寸

GB/T 197 普通螺纹 公差

GB/T 968 丝锥螺纹公差

GB/T 969 丝锥技术条件

3 丝锥的型式和尺寸

3.1 丝锥的型式按图1所示，尺寸在表1、表2中给出。

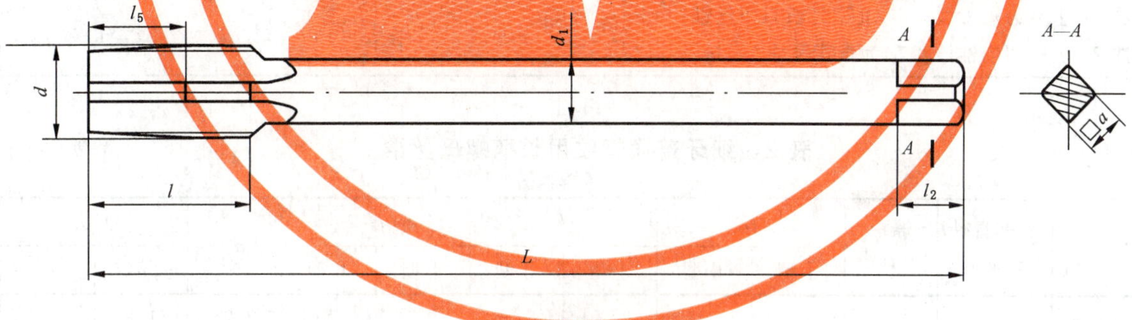

图 1

表 1 粗牙普通螺纹用长柄螺母丝锥

单位为毫米

代号	公称直径 d	螺距 P	L		l		l_5		d_1	方头	
			Ⅰ型	Ⅱ型	Ⅰ型	Ⅱ型	Ⅰ型	Ⅱ型		a	l_2
M3	3	0.5	80	120	10	15	6	10	2.24	1.8	4
M3.5	3.5	0.6			12	18	7	12	2.5	2	
M4	4	0.7	100	140	14	21	8	14	3.15	2.5	5
M4.5	4.5	0.75		160	15	22	9	15	3.55	2.8	

表 1（续）

单位为毫米

<table>
<tr><th rowspan="2">代号</th><th rowspan="2">公称直径
d</th><th rowspan="2">螺距
P</th><th colspan="2">L</th><th colspan="2">l</th><th colspan="2">l_5</th><th rowspan="2">d_1</th><th colspan="2">方头</th></tr>
<tr><th>Ⅰ型</th><th>Ⅱ型</th><th>Ⅰ型</th><th>Ⅱ型</th><th>Ⅰ型</th><th>Ⅱ型</th><th>a</th><th>l_2</th></tr>
<tr><td>M5</td><td>5</td><td>0.8</td><td rowspan="3">115</td><td rowspan="3">180</td><td>16</td><td>24</td><td>10</td><td>16</td><td>4</td><td>3.15</td><td rowspan="2">6</td></tr>
<tr><td>M6</td><td>6</td><td rowspan="2">1</td><td rowspan="2">20</td><td rowspan="2">30</td><td rowspan="2">12</td><td rowspan="2">20</td><td>4.5</td><td>3.55</td></tr>
<tr><td>M7</td><td>7</td><td>5.6</td><td>4.5</td><td>7</td></tr>
<tr><td>M8</td><td>8</td><td rowspan="2">1.25</td><td rowspan="2">130</td><td rowspan="2">200</td><td rowspan="2">25</td><td rowspan="2">38</td><td rowspan="2">15</td><td rowspan="2">25</td><td>6.3</td><td>5</td><td rowspan="2">8</td></tr>
<tr><td>M9</td><td>9</td><td>7.1</td><td>5.6</td></tr>
<tr><td>M10</td><td>10</td><td rowspan="2">1.5</td><td rowspan="2">150</td><td rowspan="2">220</td><td rowspan="2">30</td><td rowspan="2">45</td><td rowspan="2">18</td><td rowspan="2">28</td><td rowspan="2">8</td><td rowspan="2">6.3</td><td rowspan="2">9</td></tr>
<tr><td>M11</td><td>11</td></tr>
<tr><td>M12</td><td>12</td><td>1.75</td><td>170</td><td rowspan="2">250</td><td>35</td><td>53</td><td>21</td><td>35</td><td>9</td><td>7.1</td><td>10</td></tr>
<tr><td>M14</td><td>14</td><td rowspan="2">2</td><td>190</td><td rowspan="2">40</td><td rowspan="2">60</td><td rowspan="2">24</td><td rowspan="2">40</td><td>11.2</td><td>9</td><td>12</td></tr>
<tr><td>M16</td><td>16</td><td rowspan="2">200</td><td rowspan="2">280</td><td>12.5</td><td>10</td><td>13</td></tr>
<tr><td>M18</td><td>18</td><td rowspan="3">2.5</td><td rowspan="3">50</td><td rowspan="3">75</td><td rowspan="3">30</td><td rowspan="3">50</td><td rowspan="2">14</td><td rowspan="2">11.2</td><td rowspan="2">14</td></tr>
<tr><td>M20</td><td>20</td><td rowspan="2">220</td><td rowspan="2">320</td></tr>
<tr><td>M22</td><td>22</td><td>16</td><td>12.5</td><td>16</td></tr>
<tr><td>M24</td><td>24</td><td rowspan="2">3</td><td rowspan="2">250</td><td rowspan="4">340</td><td rowspan="2">60</td><td rowspan="2">90</td><td rowspan="2">36</td><td rowspan="2">60</td><td>18</td><td>14</td><td>18</td></tr>
<tr><td>M27</td><td>27</td><td rowspan="2">20</td><td rowspan="2">16</td><td rowspan="2">20</td></tr>
<tr><td>M30</td><td>30</td><td rowspan="2">3.5</td><td rowspan="2">280</td><td rowspan="2">70</td><td rowspan="2">105</td><td rowspan="2">42</td><td rowspan="2">70</td></tr>
<tr><td>M33</td><td>33</td><td>22.4</td><td>18</td><td>22</td></tr>
<tr><td colspan="12">注 1：Ⅰ型为短刃型丝锥，Ⅱ型为长刃型丝锥。
注 2：表中切削锥长度 l_5 为推荐尺寸。</td></tr>
</table>

表 2　细牙普通螺纹用长柄螺母丝锥

单位为毫米

<table>
<tr><th rowspan="2">代号</th><th rowspan="2">公称直径
d</th><th rowspan="2">螺距
P</th><th colspan="2">L</th><th colspan="2">l</th><th colspan="2">l_5</th><th rowspan="2">d_1</th><th colspan="2">方头</th></tr>
<tr><th>Ⅰ型</th><th>Ⅱ型</th><th>Ⅰ型</th><th>Ⅱ型</th><th>Ⅰ型</th><th>Ⅱ型</th><th>a</th><th>l_2</th></tr>
<tr><td>M3×0.35</td><td>3</td><td rowspan="2">0.35</td><td rowspan="2">75</td><td rowspan="2">115</td><td rowspan="2">7</td><td rowspan="2">10.5</td><td rowspan="2">4</td><td rowspan="2">7</td><td>2.24</td><td>1.8</td><td rowspan="2">4</td></tr>
<tr><td>M3.5×0.35</td><td>3.5</td><td>2.5</td><td>2</td></tr>
<tr><td>M4×0.5</td><td>4</td><td rowspan="4">0.5</td><td rowspan="2">95</td><td>130</td><td rowspan="4">10</td><td rowspan="4">15</td><td rowspan="4">6</td><td rowspan="4">10</td><td>3.15</td><td>2.5</td><td rowspan="2">5</td></tr>
<tr><td>M4.5×0.5</td><td>4.5</td><td>150</td><td>3.55</td><td>2.8</td></tr>
<tr><td>M5×0.5</td><td>5</td><td rowspan="2">105</td><td rowspan="4">170</td><td rowspan="2">4</td><td rowspan="2">3.15</td><td rowspan="3">6</td></tr>
<tr><td>M5.5×0.5</td><td>5.5</td></tr>
<tr><td>M6×0.75</td><td>6</td><td rowspan="2">0.75</td><td rowspan="2">110</td><td rowspan="3">15</td><td rowspan="3">22</td><td rowspan="3">9</td><td rowspan="3">15</td><td>4.5</td><td>3.55</td></tr>
<tr><td>M7×0.75</td><td>7</td><td>5.6</td><td>4.5</td><td>7</td></tr>
<tr><td>M8×0.75</td><td rowspan="2">8</td><td>0.75</td><td rowspan="2">120</td><td rowspan="2">190</td><td rowspan="2">6.3</td><td rowspan="2">5</td><td rowspan="2">8</td></tr>
<tr><td>M8×1</td><td>1</td><td>20</td><td>30</td><td>12</td><td>20</td></tr>
</table>

表 2（续）

单位为毫米

代号	公称直径 d	螺距 P	L		l		l_5		d_1	方头	
			Ⅰ型	Ⅱ型	Ⅰ型	Ⅱ型	Ⅰ型	Ⅱ型		a	l_2
M9×0.75	9	0.75	120	190	15	22	9	15	7.1	5.6	8
M9×1		1			20	30	12	20			
M10×0.75	10	0.75	140	210	15	22	9	15	8	6.3	9
M10×1		1			20	30	12	20			
M10×1.25		1.25			25	38	15	25			
M11×0.75	11	1			15	22	9	15			
M11×1		0.75			20	30	12	20			
M12×1	12	1	160	240	20	30	12	20	9	7.1	10
M12×1.25		1.25			25	38	15	25			
M12×1.5		1.5			30	45	18	30			
M14×1	14	1	180	240	20	30	12	20	11.2	9	12
M14×1.25		1.25			25	38	15	25			
M14×1.5		1.5			30	45	18	30			
M15×1.5	15										
M16×1	16	1	190	260	20	30	12	20	12.5	10	13
M16×1.5		1.5			30	45	18	30			
M17×1.5	17										
M18×1	18	1			20	30	12	20	14	11.2	14
M18×1.5		1.5			30	45	18	30			
M18×2		2			40	60	24	40			
M20×1	20	1	210	300	20	30	12	20			
M20×1.5		1.5			30	45	18	30			
M20×2		2			40	60	24	40			
M22×1	22	1	210	300	20	30	12	20	16	12.5	16
M22×1.5		1.5			30	45	18	30			
M22×2		2			40	60	24	40			
M24×1	24	1	230	310	20	30	12	20	18	14	18
M24×1.5		1.5			30	45	18	30			
M24×2		2			40	60	24	40			
M25×1.5	25	1.5	230	310	30	45	18	30			
M25×2		2			40	60	24	40			
M26×1.5	26	1.5			30	45	18	30			

表 2（续）

单位为毫米

代号	公称直径 d	螺距 P	L Ⅰ型	L Ⅱ型	l Ⅰ型	l Ⅱ型	l_5 Ⅰ型	l_5 Ⅱ型	d_1	方头 a	方头 l_2
M27×1	27	1	230	310	20	30	12	20	20	16	20
M27×1.5		1.5			30	45	18	30			
M27×2		2			40	60	24	40			
M28×1	28	1			20	30	12	20			
M28×1.5		1.5			30	45	18	30			
M28×2		2			40	60	24	40			
M30×1	30	1	270	320	20	30	12	20			
M30×1.5		1.5			30	45	18	30			
M30×2		2			40	60	24	40			
M30×3		3			60	90	36	60			
M32×1.5	32	1.5			30	45	18	30	22.4	18	22
M32×2		2			40	60	24	40			
M33×1.5	33	1.5			30	45	18	30			
M33×2		2			40	60	24	40			
M33×3		3			60	90	36	60			
M35×1.5	35	1.5	280	340	30	45	18	30	25	20	24
M36×1.5	36										
M36×2		2			40	60	24	40			
M36×3		3			60	90	36	60			
M38×1.5	38	1.5			30	45	18	30	28	22.4	26
M39×1.5	39	1.5			30	45	18	30			
M39×2		2			40	60	24	40			
M39×3		3			60	90	36	60			
M40×1.5	40	1.5			30	45	18	30			
M40×2		2			40	60	24	40			
M40×3		3			60	90	36	60			
M42×1.5	42	1.5			30	45	18	30			
M42×2		2			40	60	24	40			
M42×3		3			60	90	36	60			
M42×4		4			80	120	48	80			
M45×1.5	45	1.5			30	45	18	30	31.5	25	28
M45×2		2			40	60	24	40			
M45×3		3			60	90	36	60			

表 2（续）

单位为毫米

代号	公称直径 d	螺距 P	L		l		l_5		d_1	方头	
			Ⅰ型	Ⅱ型	Ⅰ型	Ⅱ型	Ⅰ型	Ⅱ型		a	l_2
M45×4	45	4	280	340	80	120	48	80	31.5	25	28
M48×1.5	48	1.5			30	45	18	30			
M48×2		2			40	60	24	40			
M48×3		3			60	90	36	60			
M48×4		4			80	120	48	80			
M50×1.5	50	1.5			30	45	18	30			
M50×2		2			40	60	24	40			
M50×3		3			60	90	36	60			
M52×1.5	52	1.5			30	45	18	30	35.5	28	31
M52×2		2			40	60	24	40			
M52×3		3			60	90	36	60			
M52×4		4			80	120	48	80			

注 1：Ⅰ型为短刃型丝锥，Ⅱ型为长刃型丝锥。

注 2：表中切削锥长度 l_5 为推荐尺寸。

3.2 公称直径 $d \leqslant 10$ mm 的丝锥可制成外顶尖。

3.3 集中生产的丝锥切削角度，在径向平面内测量，推荐如下：

a) 前角 γ_p 为 $8° \sim 10°$；

b) 后角 α_p 为 $4° \sim 6°$。

3.4 标记示例：

a) 右螺纹的粗牙普通螺纹，公称直径 $d=12$ mm，螺距 $P=1.75$ mm，Ⅰ型，公差带 H2 的长柄螺母丝锥的标记为：

长柄螺母丝锥 M12-H2-Ⅰ型　GB/T 28257—2012

b) 右螺纹的细牙普通螺纹，公称直径 $d=12$ mm，螺距 $P=1.5$ mm，Ⅱ型，公差带 H4 的长柄螺母丝锥的标记为：

长柄螺母丝锥 M12×1.5-H4-Ⅱ型　GB/T 28257—2012

c) 左螺纹（左螺纹代号 LH）的粗牙普通螺纹，公称直径 $d=16$ mm，螺距 $P=2$ mm，Ⅰ型，公差带 H1 的长柄螺母丝锥的标记为：

长柄螺母丝锥 M16 LH-H1-Ⅰ型　GB/T 28257—2012

4 螺纹公差

丝锥螺纹公差按 GB/T 968 的规定。

5 技术条件

丝锥技术条件按 GB/T 969 的规定。

ICS 11.120
C 90

中华人民共和国国家标准

GB/T 28258—2012

制药机械产品分类及编码

Classification and codes for pharmaceutical machinery products

2012-03-09 发布　　2012-07-01 实施

中华人民共和国国家质量监督检验检疫总局
中国国家标准化管理委员会　发布

前　言

本标准按照 GB/T 1.1—2009 给出的规则起草。

本标准由全国制药装备标准化技术委员会(SAC/TC 356)提出并归口。

本标准起草单位:中国制药装备行业协会、全国制药装备标准化技术委员会。

本标准主要起草人:孙金莲、董春亮。

制药机械产品分类及编码

1 范围

本标准规定了制药机械产品分类原则、方法与依据、代码结构和编码方法，制药机械产品类别代码和制药机械产品代码。

本标准适用于制药机械产品生产和流通领域的信息分类管理和经济统计管理等。

2 规范性引用文件

下列文件对于本文件的应用是必不可少的。凡是注日期的引用文件，仅注日期的版本适用于本文件。凡是不注日期的引用文件，其最新版本(包括所有的修改单)适用于本文件。

GB/T 7027—2002 信息分类和编码的基本原则与方法

GB/T 15692—2008 制药机械 术语

GB/T 20001.3—2001 标准编写规则 第3部分：信息分类编码

3 分类原则、方法与依据

3.1 分类原则

依据 GB/T 7027—2002 第5章信息分类的基本原则对制药机械产品分类。

3.2 分类方法

采用 GB/T 7027—2002 中规定的线分类方法(即层级分类法)。

3.3 分类依据

参照 GB/T 15692—2008 的内容，进行产品类别、产品类目及其所属产品的划分和代码编排。

4 代码结构和编码方法

4.1 代码结构

制药机械产品代码结构共分为三个层级，第一层级为制药机械产品类别码，第二层级为制药机械产品类目码，第三层级为制药机械产品码。每个层级均由两位阿拉伯数字表示。

```
××  ××  ××
│   │   └────────制药机械产品码
│   └────────────制药机械产品类目码
└────────────────制药机械产品类别码
```

4.2 编码方法

4.2.1 层级编码设置

按照 GB/T 20001.3—2001 信息分类编码规则进行层级编码。

制药机械产品编码的上、下层级之间为隶属关系；同一类别码下的各类目码或同一类目码下的各产品码均为并列关系，类目和产品的编码均从"01"开始按升序编排，最多编至"99"。

4.2.2 层级编码的组成

产品类别代码：由产品类别组成第一层级码，即由两位阿拉伯数字表示。

产品类目代码：由第一层级的产品类别码和第二层级的产品类目码组合而成，即由四位阿拉伯数字表示。

产品代码：由第一层级的产品类别码、第二层级的产品类目码和第三层级的产品码组合而成，由六位阿拉伯数字表示（亦称"全码"）。

4.2.3 产品代码设置

制药机械产品代码均用全码表示。若产品代码在第二层级的类目中不再细分时，则在其后补"0"至代码的第 6 位。

4.2.4 收容码设置

在类目代码和产品代码的每个层级中均设置了收容码，用以囊括尚未规划到的和不断扩充的制药机械类目或产品。收容码均用两位阿拉伯数字"99"表示。

4.2.5 制药机械代码示例

制药机械的代码及其含义：

a) 0101 为类目代码。表示原料药机械及设备类中，反应设备的类目代码。
b) 010101 为产品代码。表示原料药机械及设备类，属于反应设备类目中的机械搅拌反应器的产品代码。
c) 030400 为第二层级类目中不再细分的产品代码。表示药用粉碎机械类中的低温粉碎机的产品代码。
d) 010199 为收容产品代码。表示原料药机械及设备类，属于反应设备类目中尚未有编码的收容产品代码。
e) 0299 为收容类目代码。表示制剂机械及设备类中，尚未有编码的收容类目代码。
f) 019900 为收容类目中的产品代码。表示原料药机械及设备类中，收容类目中不再细分的产品代码。

5 制药机械产品类别代码

制药机械产品类别代码，见表 1。

表 1 制药机械产品类别代码

类别名称	代码
原料药机械及设备	01
制剂机械及设备	02
药用粉碎机械	03
饮片机械	04

表 1（续）

类别名称	代码
制药用水、气(汽)设备	05
药品包装机械	06
药物检测设备	07
其他制药机械及设备	08

6 制药机械产品代码

6.1 原料药机械及设备产品代码

原料药机械及设备产品代码，见表 2。

表 2 原料药机械及设备产品代码

代码	产品名称
01	原料药机械及设备
0101	反应设备
010101	机械搅拌反应设备
010102	气流搅拌反应设备
010103	磁力搅拌反应设备
010104	流化床反应器
010105	摇瓶机
010106	机械搅拌式发酵罐
010107	气流搅拌式发酵罐
010108	机械自吸式发酵罐
010109	气升式发酵罐
010110	塔式发酵罐
010111	固体发酵设备
010112	流化床发酵器
010113	固定床发酵器
010114	中空纤维发酵器
010115	固定化细胞流化床发酵器
010116	培养罐
010117	培养基连消塔
010118	培养基配料罐
010119	机械搅拌式动物细胞培养罐
010120	非鼓泡传氧生物反应器

表 2（续）

代码	产品名称
010199	其他反应设备
0102	塔设备
010201	筛板塔
010202	浮阀塔
010203	泡罩塔
010204	流化床吸附塔
010205	乱堆填料塔
010206	规整填料塔
010299	其他塔设备
0103	结晶设备
010301	敞槽结晶器
010302	摇篮式结晶器
010303	鼓式结晶器
010304	内循环搅拌式结晶器
010305	长槽搅拌式连续结晶器
010306	外循环结晶器
010307	回转结晶器
010308	传导式结晶器
010309	蒸发结晶器
010310	反应结晶器
010399	其他结晶设备
0104	分离机械及设备
010401	上部卸料三足式离心机
010402	下部自动卸料三足式离心机
010403	直联三足式离心机
010404	上悬式离心机
010405	卧式刮刀卸料离心机
010406	虹吸刮刀式离心机
010407	卧式活塞推料离心机
010408	锥篮式离心机
010409	振动卸料离心机

表 2（续）

代码	产品名称
010410	进动卸料离心机
010411	螺旋卸料过滤离心机
010412	翻袋式离心机
010413	管式过滤离心机
010414	三足式沉降离心机
010415	刮刀卸料沉降离心机
010416	螺旋卸料沉降离心机
010417	室式离心机
010418	管式沉降离心机
010419	冷冻离心机
010420	螺旋卸料沉降过滤离心机
010421	蝶式分离机
010422	人工排渣蝶式分离机
010423	喷嘴排渣蝶式分离机
010424	环阀排渣蝶式分离机
010425	回转水平滤板过滤机
010426	叶滤机
010427	厢式压滤机
010428	卧式明流板框压滤机
010429	卧式暗流板框压滤机
010430	立式暗流板框压滤机
010431	转鼓真空过滤机
010432	转鼓加压过滤机
010433	吸附型转鼓过滤机
010434	圆盘过滤机
010435	微孔膜过滤器
010436	超微过滤器
010437	纳米过滤器
010438	真空筒式滤芯过滤器
010439	加压筒式滤芯过滤器
010440	真空筒式填料过滤器
010441	加压筒式填料过滤器
010442	压榨过滤机
010443	管式过滤器

表 2（续）

代码	产品名称
010444	板式过滤器
010445	沉降分离器
010446	惯性分离器
010447	旋风分离器
010448	袋式除尘器
010449	烧结管除尘器
010450	金属丝网除尘器
010451	破碎振动筛
010452	卧式滚筒筛
010453	振荡筛
010454	旋涡式振动筛
010455	往复式振动筛
010456	磁力滚筒式分选机
010499	其他分离机械及设备
0105	萃取设备
010501	填料萃取塔
010502	板式萃取塔
010503	喷淋萃取塔
010504	搅拌萃取塔
010505	脉动萃取塔
010506	离心萃取塔
010207	动态提取罐
010508	热回流提取罐(机组)
010509	平转式连续提取器
010510	微波提取罐
010511	超声波提取罐
010512	提取浓缩罐
010513	超临界萃取设备
010514	固定床吸附装置
010515	循环流化床吸附装置
010599	其他萃取设备
0106	换热设备
010601	直接混合式换热器

表 2（续）

代码	产品名称
010602	固定管板式换热器
010603	外浮头式换热器
010604	内浮头式换热器
010605	U 形管式换热器
010606	波纹管式换热器
010607	双管板换热器
010608	翅片管式换热器
010609	套管式换热器
010610	沉浸式蛇管换热器
010611	喷淋式蛇管换热器
010612	板翅式换热器
010613	螺旋板式换热器
010614	伞板式换热器
010615	夹套式换热器
010699	其他换热器
0107	蒸发设备
010701	中央循环管式蒸发器
010702	水平列管式蒸发器
010703	悬筐式蒸发器
010704	外加热式蒸发器
010705	管外沸腾式蒸发器
010706	强制循环蒸发器
010707	升膜式蒸发器
010708	降膜式蒸发器
010709	升-降膜式蒸发器
010710	回转式薄膜蒸发器
010711	刮板式薄膜蒸发器
010712	转子式薄膜蒸发器
010713	离心式薄膜蒸发器
010714	板式蒸发器
010715	多效蒸发器
010716	热泵蒸发器
010717	真空浓缩罐

表 2（续）

代码	产品名称
010799	其他蒸发设备
0108	蒸馏设备
010801	分子蒸馏设备
010802	蒸馏釜
010803	精馏塔
010899	其他蒸馏设备
0109	干燥机械及设备
010901	气流干燥器
010902	卧式多室(连续)流化床干燥器
010903	内加热流化床干燥器
010904	振动流化床干燥器
010905	真空振动流化床干燥器
010906	惰性粒子流化床干燥器
010907	离心流化床干燥器
010908	旋流流化床干燥器
010909	搅拌流化床干燥器
010910	旋转闪蒸干燥机
010911	离心喷雾干燥器
010912	压力式喷雾干燥器
010913	转筒干燥器
010914	热风循环烘箱
010915	真空干燥箱
010916	圆盘干燥机
010917	带式翻板干燥机
010918	隧道式干燥器
010919	耙式真空干燥器
010920	真空带式干燥机
010921	真空圆盘干燥机
010922	滚筒干燥器
010923	空心桨叶干燥机
010924	搅拌干燥机
010925	双锥回转式真空干燥机

表 2（续）

代码	产品名称
010926	冷冻干燥器
010927	红外干燥器
010928	远红外干燥器
010929	电磁干燥器
010930	介电加热干燥器
010931	微波干燥器
010932	声波干燥器
010933	热泵干燥器
010934	沸腾干燥机
010999	其他干燥机械及设备
0110	贮存设备
011001	立式平底平盖容器
011002	立式平盖无折边锥形底容器
011003	立式平底锥盖容器
011004	立式无折边球形封头容器
011005	立式 90°折边锥形底椭圆形封头盖容器
011006	立式椭圆形封头容器
011007	卧式无折边球形封头容器
011008	卧式椭圆形封头容器
011009	真空贮存器
011010	保温贮存器
011099	其他贮存设备
0111	灭菌设备
011101	湿热灭菌柜
011102	干热灭菌柜
011103	臭氧灭菌柜
011104	隧道式灭菌箱
011105	辐射灭菌器
011106	微波灭菌器
011107	环氧乙烷灭菌器
011108	紫外线灭菌器
011109	电子束灭菌器

表 2（续）

代码	产品名称
011199	其他灭菌设备
0199	其他原料药机械及设备
019900	其他原料药机械及设备产品

6.2 制剂机械及设备产品代码

制剂机械及设备产品代码，见表 3。

表 3 制剂机械及设备产品代码

代码	产品名称
02	制剂机械及设备
0201	颗粒剂机械
020101	槽形混合机
020102	V 形混合机
020103	双锥形混合机
020104	摇滚式混合机
020105	万向式混合机
020106	行星锥形混合机
020107	固定料斗混合机
020108	提升料斗混合机
020109	对夹式料斗混合机
020110	单臂提升料斗混合机
020111	单臂固定料斗混合机
020112	柱式料斗混合机
020113	实验室料斗混合机
020114	气流混合机
020115	湿法混合制粒机
020116	整粒湿法混合制粒机
020117	高位湿法混合制粒机
020118	实验室湿法混合制粒机
020119	沸腾制粒机
020120	多功能沸腾制粒机
020121	实验室多功能制粒机
020122	摇摆式制粒机

表 3（续）

代码	产品名称
020123	旋压式制粒机
020124	挤压式制粒机
020125	离心式制粒机
020126	干法制粒机
020127	旋转流化床制粒机
020128	旋流流化床制粒机
020129	喷雾干燥制粒机
020130	流化床制粒包衣机
020131	离心流化床制粒包衣机
020132	旋流流化床制粒包衣机
020133	流化喷动床制粒包衣机
020134	提升整粒机
020135	门式整粒机
020136	固定真空整粒机
020137	固定提升整粒转料机
020138	多功能制粒机
020199	其他颗粒剂机械
0202	片剂机械
020201	单冲式压片机
020202	旋转式压片机
020203	高速旋转式压片机
020204	旋转式包芯压片机
020205	荸荠式包衣机
020206	滚筒式有孔包衣机
020207	滚筒式无孔包衣机
020299	其他片剂机械
0203	胶囊剂机械
020301	半自动硬胶囊充填机
020302	间歇插管式全自动硬胶囊充填机
020303	连续插管式全自动硬胶囊充填机
020304	填塞式全自动硬胶囊充填机
020305	胶囊抛光机

表 3（续）

代码	产品名称
020306	胶囊开囊取粉机
020307	溶胶锅
020308	明胶液桶
020309	软胶囊配料设备
020310	胶体磨
020311	滴制式软胶囊机
020312	脉冲切割滴制式软胶囊机
020313	滚模式软胶囊机
020314	软胶囊输送机
020315	软胶囊转笼式定型干燥机
020316	软胶囊清洗机
020317	滚模式软胶囊联动线
020318	网胶粉碎机
020399	其他胶囊剂机械
0204	粉针剂机械
020401	抗生素玻璃瓶清洗机
020402	抗生素玻璃瓶道轨式清洗机
020403	抗生素玻璃瓶立式清洗机
020404	抗生素玻璃瓶行列式清洗机
020405	热风循环型隧道式灭菌干燥机
020406	远红外辐射型隧道式灭菌干燥机
020407	抗生素玻璃瓶螺杆分装机
020408	抗生素玻璃瓶气流分装机
020409	抗生素玻璃瓶滚压式轧盖机
020410	抗生素玻璃瓶开合式轧盖机
020411	抗生素玻璃瓶粉针联动线
020412	药用胶塞转笼式清洗机
020413	药用胶塞多功能清洗机
020414	药用铝盖清洗机
020415	药用铝塑复合盖臭氧灭菌柜
020416	冻干粉针配液设备
020417	抗生素玻璃瓶半加塞液体灌封机
020418	抗生素玻璃瓶冻干粉针联动线

表 3（续）

代码	产品名称
020419	药用真空冷冻干燥机
020499	其他粉针剂机械
0205	小容量注射剂机械及设备
020501	浓配罐
020502	稀配罐
020503	自动配液设备
020504	安瓿直线式清洗机
020505	安瓿回转式清洗机
020506	安瓿卧式清洗机
020507	安瓿立式清洗机
020508	安瓿立式超声波清洗机
020509	安瓿热风循环隧道式灭菌干燥机
020510	安瓿直线式灌封机
020511	安瓿旋转式灌封机
020512	安瓿洗、烘、灌、封联动线
020513	塑料安瓿制瓶灌装封口一体机
020514	安瓿水针剂水浴式灭菌器
020515	安瓿水针剂动态水浴式灭菌器
020516	安瓿水针剂蒸汽灭菌器
020517	安瓿水针剂蒸汽快冷式灭菌器
020518	抗生素玻璃瓶全加塞灌封机
020519	抗生素玻璃瓶水针剂联动线
020520	卡式瓶玻璃套筒清洗机
020521	卡式瓶玻璃套筒隧道式灭菌干燥机
020522	卡式瓶灌封机
020523	卡式瓶水针剂联动线
020524	卡式瓶用活塞清洗机
020525	卡式瓶用铝盖清洗机
020526	预灌液注射器注射剂机械
020527	预灌液注射器玻璃针管清洗机
020528	预灌液注射器玻璃针管隧道式灭菌干燥机
020529	预灌液注射器灌封机
020530	预灌液注射器活塞清洗机

表3(续)

代码	产品名称
020599	其他小容量注射剂机械及设备
0206	大容量注射剂机械及设备
020601	玻璃输液瓶理瓶机
020602	玻璃输液瓶外清洗机
020603	玻璃输液瓶滚筒式内洗机
020604	玻璃输液瓶行列式清洗机
020605	玻璃输液瓶箱式清洗机
020606	玻璃输液瓶超声波清洗机
020607	玻璃输液瓶直线式灌装机
020608	玻璃输液瓶回转式灌装机
020609	玻璃输液瓶负压灌装机
020610	玻璃输液瓶压力时间式灌装机
020611	玻璃输液瓶灌装压塞机
020612	玻璃输液瓶充氮压塞机
020613	玻璃输液瓶压塞机
020614	玻璃输液瓶翻塞机
020615	玻璃输液瓶塞塞、翻塞机
020616	玻璃输液瓶轧盖机
020617	玻璃输液瓶铝盖振荡落盖机
020618	玻璃输液瓶铝盖落盖揿盖机
020619	玻璃输液瓶多功能轧盖机
020620	玻璃输液瓶精洗、灌装、塞封一体机
020621	玻璃输液瓶洗、灌、封联动线
020622	玻璃输液瓶灭菌车上瓶机
020623	玻璃输液瓶灭菌车卸瓶机
020624	塑料输液瓶瓶坯注塑机
020625	塑料输液瓶半自动焊环机
020626	塑料输液倒立袋一步法吹塑成形机
020627	塑料输液瓶转盘式吹塑成形机
020628	塑料输液瓶直线式吹塑成形机
020629	塑料输液瓶清洗机
020630	塑料输液瓶组盖机
020631	塑料输液瓶灌封机

表 3（续）

代码	产品名称
020632	塑料输液瓶洗灌封联动线
020633	塑料输液瓶吹瓶、洗灌封一体机
020634	瓶盖胶塞垫清洗机
020635	塑料输液瓶盖清洗机
020636	塑料输液瓶干燥机
020637	非PVC膜软袋管口注塑机
020638	非PVC膜软袋管口清洗机
020639	非PVC膜软袋制袋机
020640	非PVC膜软袋大容量注射剂灌封机
020641	非PVC膜单室袋大容量注射剂制造机
020642	非PVC膜多室袋大容量注射剂制造机
020643	非PVC膜粉/液袋大容量注射剂制造机
020644	非PVC膜软袋灭菌车上袋机
020645	非PVC膜软袋灭菌车下袋机
020646	非PVC膜软袋烘干机
020647	大容量注射剂水浴式灭菌器
020648	大容量注射剂动态水浴式灭菌器
020649	玻璃输液瓶大容量注射剂蒸汽灭菌器
020650	玻璃输液瓶大容量注射剂蒸汽快冷式灭菌器
020699	其他大容量注射剂机械及设备
0207	丸剂机械
020701	配料罐
020702	离心式制丸机
020703	小蜜丸机
020704	大蜜丸机
020705	小丸机
020706	离心滚圆机(抛丸机)
020707	选丸机
020708	丸粒干燥机
020709	丸粒滚筒式筛选机
020710	滴丸机
020711	擦丸机
020712	滴丸离心去油机

表 3（续）

代码	产品名称
020713	滴丸筛选干燥机
020714	滴丸联动线
020799	其他丸剂机械
0208	栓剂机械
020801	基质熔融罐
020802	真空乳化搅拌机(真空均质机)
020803	冷挤压制栓机
020804	热熔式制栓机
020805	栓壳成形制栓机
020899	其他栓剂机械
0209	软膏剂机械
020901	膏体配料罐
020902	滚辗式制膏机
020903	高压均质器
020904	乳化罐
020905	金属软管管座链回转式灌封机
020906	金属复合管管座链回转式灌封机
020907	塑料软管管座链回转式灌封机
020908	金属软管圆盘回转式灌封机
020909	金属复合管圆盘回转式灌封机
020910	塑料软管圆盘回转式灌封机
020911	盒装软膏灌封机
020912	袋装软膏灌封机
020999	其他软膏剂机械
0210	口服液体制剂机械
021001	熔糖罐
021002	清糖浆保温过滤器
021003	糖浆配制罐
021004	酒剂配制罐
021005	合剂配制罐
021006	玻璃口服液瓶道轨式清洗机

表 3（续）

代码	产品名称
021007	玻璃口服液瓶立式清洗机
021008	玻璃口服液瓶行列式清洗机
021009	玻璃口服液瓶旋转式清洗机
021010	玻璃口服液瓶隧道式灭菌干燥机
021011	玻璃口服液瓶直线式灌装机
021012	玻璃口服液瓶回转式灌装机
021013	玻璃口服液瓶轧盖机
021014	玻璃口服液瓶旋盖机
021015	玻璃口服液瓶灌封机
021016	玻璃口服液瓶联动线
021017	玻璃口服液瓶外壁清洗烘干机
021018	塑料口服液瓶制瓶灌封机
021019	塑料口服液瓶灌装旋盖机
021020	易折塑料瓶口服液剂灌封机
021021	铝箔封口机
021099	其他口服液体制剂机械
0211	气雾剂机械
021101	药液灌装机
021102	喷雾阀门轧口机
021103	抛射剂压装机
021104	稳压罐
021105	气雾剂旋转式灌封机
021106	气雾剂冷灌装机
021199	其他气雾剂机械
0212	眼用制剂机械
021201	配液设备
021202	滴眼剂瓶清洗机
021203	滴眼剂瓶内嘴(塞)清洗机
021204	眼用液体制剂灌装压塞旋盖机
021205	塑料滴眼剂瓶成形灌封机
021206	眼用液体制剂联动线
021207	软膏灌封机

表 3（续）

代码	产品名称
021299	其他眼用制剂机械
0213	药膜剂机械
021301	纸型药膜机
021302	纸型药膜分格包装机
021303	制膜机
021304	药膜包装机
021399	其他药膜剂机械
0299	其他制剂机械及设备
029900	其他制剂机械及设备产品

6.3 药用粉碎机械产品代码

药用粉碎机械产品代码，见表 4。

表 4 药用粉碎机械产品代码

代码	产品名称
03	药用粉碎机械
0301	机械式粉碎机械
030101	齿式粉碎机
030102	锤式粉碎机
030103	刀式粉碎机
030104	涡轮式粉碎机
030105	压磨式粉碎机
030106	铣削式粉碎机
030107	碾压式破碎机
030108	鄂式破碎机
030199	其他机械式粉碎机
0302	气流粉碎机械
030201	粗粉气流粉碎机
030202	细粉气流粉碎机
030203	超细气流粉碎机
030204	超微气流粉碎机

表 4（续）

代码	产品名称
030299	其他气流粉碎机
0303	研磨机械
030301	微粒研磨机
030302	球磨机
030303	乳钵研磨机
030399	其他研磨机械
030400	低温粉碎机
030499	其他低温粉碎机
0399	其他药用粉碎机械
039900	其他药用粉碎机械产品

6.4 饮片机械产品代码

饮片机械产品代码，见表 5。

表 5 饮片机械产品代码

代码	产品名称
04	饮片机械
0401	净制机械
040101	挑选机
040102	立式风选机
040103	卧式风选机
040104	吹送式风选机
040105	吸送式风选机
040106	变频式风选机
040107	水选机
040108	滚筒式洗药机
040109	转鼓式洗药机
040110	回转筛
040111	往复筛
040112	斜面筛
040113	旋涡式振动筛

表 5（续）

代码	产品名称
040114	柔性筛选机
040115	振动筛选机
040116	带式磁选机
040117	棒式磁选机
040118	圆筒形干洗机
040119	多角筒干洗机
040120	脱壳机
040199	其他净制机械
0402	切制机械
040201	真空润药机
040202	加压润药机
040203	常压润药机
040204	气相置换浸润设备
040205	软化设备
040206	剁刀式切药机
040207	多功能切药机
040208	往复式切药机
040209	旋料式切药机
040210	转盘式切药机
040211	刨片机
040299	其他切制机械
0403	炮炙机械
040301	煎煮前处理设备
040302	中药汤剂煎煮机
040303	中药汤剂包装机
040304	中药汤剂煎煮包装组合机
040305	可倾式蒸煮锅
040306	蒸汽型蒸药箱
040307	电热型蒸药箱
040308	常压蒸药箱
040309	加压蒸煮罐
040310	红外在线检测炒药机

表 5（续）

代码	产品名称
040311	转筒式炒药机
040312	转鼓式炒药机
040313	立式炒药机
040314	煅药炉
040315	中温煅药锅
040316	高温煅药炉
040399	其他炮炙机械
0404	药材烘干机械
040401	转筒烘干机
040402	热风循环烘箱
040403	真空烘箱
040404	真空热辐射烘箱
040405	隧道式烘箱
040406	转鼓式烘焙箱
040407	带式翻板烘干机
040408	敞开式烘干箱
040409	密闭式烘干箱
040410	远红外烘干机
040411	微波烘干机
040499	其他药材烘干机械
0405	辅助中药机械
040501	静态制霜机
040502	动态制霜机
040503	静态发芽罐
040504	呼吸式发芽罐
040505	飞水机械
040599	其他辅助中药机械
0499	其他饮片机械
049900	其他饮片机械产品

6.5 制药用水、气(汽)设备产品代码

制药用水、气(汽)设备产品代码,见表6。

表6 制药用水、气(汽)设备产品代码

代码	产品名称
05	制药用水、气(汽)设备
0501	制药工艺用气(汽)设备
050101	药用高纯度制氮机
050102	纯蒸汽发生器
050103	电加热纯蒸汽发生器
050104	臭氧发生器
050105	充气装置
050199	其他制药工艺用气(汽)设备
0502	纯化水设备
050201	电渗析设备
050202	EDI电离子交换装置
050203	反渗透设备
050299	其他纯化水设备
0503	注射用水设备
050301	列管式多效蒸馏水机
050302	电加热列管式多效蒸馏水机
050303	盘管式多效蒸馏水机
050304	热压式蒸馏水机
050399	其他注射用水设备
0504	离子交换设备
050400	离子交换机
050499	其他离子交换设备
0599	其他制药用水、气(汽)设备
059900	其他制药用水、气(汽)设备产品

6.6 药品包装机械产品代码

药品包装机械产品代码,见表7。

表 7　药品包装机械产品代码

代码	产品名称
06	药品包装机械
0601	药品直接包装机械
060101	药片印字机
060102	胶囊印字机
060103	理瓶机
060104	瓶装容器(袋)计数充填机
060105	转盘式计数充填机
060106	履带式计数充填机
060107	电子计数充填机
060108	量杯式计量充填机
060109	塞纸机
060110	塞棉机
060111	塞带机
060112	塞塞机
060113	电磁感应铝箔封口机
060114	旋盖机
060115	压盖机
060116	微丸装瓶机
060117	小丸剂装瓶机
060118	筒管瓶片剂装瓶机
060119	玻璃瓶包装联动线
060120	塑料瓶包装联动线
060121	三边封袋包装机
060122	四边封袋包装机
060123	背封袋包装机
060124	三角袋包装机
060125	带状包装机
060126	软双铝包装机
060127	行列式袋包装机
060128	滚筒式泡罩包装机
060129	平板式泡罩包装机
060130	滚板式泡罩包装机
060131	铝、铝泡罩包装机
060132	铝、塑、铝泡罩包装机

表 7（续）

代码	产品名称
060133	泡罩包装机、装盒机组成的联动线
060134	泡罩包装机、装盒机、裹包机组成的联动线
060135	泡罩包装机、装盒机、裹包机、装箱机组成的联动线
060136	泡罩包装机、卧式制袋充填封口包装机组成的联动线
060137	蜡壳包装机
060138	饮片包装机械
060139	链斗式饮片包装机
060140	称量式饮片包装机
060141	容积式饮片包装机
060199	其他药品直接包装机械
0602	药品包装物外包装机械
060201	说明书折叠机
060202	多功能折纸机
060203	连续式插舌装盒机
060204	间歇式插舌装盒机
060205	连续式浆糊粘贴装盒机
060206	间歇式浆糊粘贴装盒机
060207	卧式软袋包装机
060208	安瓿印字机
060209	安瓿色标机
060210	安瓿印字装盒机
060211	安瓿印字包装机
060212	安瓿印字制盒包装机
060213	标签/塑料袋批号印字机
060214	纸盒批号印字机
060215	不干胶药用瓶贴标签机
060216	不干胶外盒贴标签机
060217	转鼓式贴标签机
060218	龙门式贴标签机
060219	外盒贴标签机
060220	四边封热收缩包装机
060221	六面封热收缩包装机
060222	开式六面封热收缩包装机

表 7（续）

代码	产品名称
060223	药用透明膜包装机
060224	药用枕式包装机
060225	捆盒包装机
060226	捆箱包装机
060227	装箱机
060228	胶带封箱机
060229	多功能装箱机
060230	大包装联动线
060299	其他药品包装物外包装机
0603	药包材制造机械
060301	立式安瓿制造机
060302	卧式安瓿制造机
060303	管制瓶制造机
060304	模制瓶制造机
060305	预灌液注射器用玻璃针管退火装置
060306	预灌液注射器用玻璃针管切割成型机
060307	卡式瓶玻璃套筒制造机
060308	塑料瓶制造机
060309	塑料盖制造机
060310	药用塑料管膜制造机
060311	药用铝管制造机
060312	退火炉
060313	铝管冲挤机
060314	铝管螺纹机
060315	铝管印刷机
060316	铝管烘干机
060317	金属复合铝管制造机
060318	卷材制造机
060319	螺纹头铝管制造机
060320	铝盖制造机
060321	铝塑复合盖制造机
060322	铝管旋盖机
060323	空心胶囊制造机

表 7（续）

代码	产品名称
060324	空心胶壳制造机
060399	其他药包材制造机
0699	其他药品包装机械
069900	其他药品包装机械产品

6.7 药物检测设备产品代码

药物检测设备产品代码，见表 8。

表 8 药物检测设备产品代码

代码	产品名称
07	药物检测设备
0701	片剂检测仪器
070101	硬度测试仪
070102	硬度手动测试仪
070103	硬度自动测试仪
070104	溶出度试验仪
070105	自动溶出取样紫外分析检测系统
070106	药物溶出液体取样仪
070107	崩解仪
070108	脆碎仪
070109	片剂外观检查机
070110	厚度测试仪
070111	片剂综合测试仪
070199	其他片剂检测仪器
0702	胶囊剂检测仪器
070201	台式胶囊厚度测试仪
070202	冻力仪
070203	勃氏粘度测试仪
070204	明胶透明度测试仪
070205	胶囊重量分选机
070299	其他胶囊剂检测仪器

表 8（续）

代码	产品名称
0703	金属检测仪器
070301	金属隧道式检出机
070302	金属输送带式检出机
070303	药片及胶囊用金属检出机
070304	重金属检测仪
070399	其他金属检测仪
0704	水质测试仪
070401	水分测试仪
070402	水质分析仪
070403	溶氧测量仪
070404	水中臭氧、余氯在线监测仪
070405	便携式余氯仪
070499	其他水质测试仪
0705	pH 值测量仪
070501	笔式 pH 计
070502	数字酸度计
070599	其他 pH 值测量仪
0706	臭氧浓度检测仪
070601	空气中臭氧探测器
070602	便携式臭氧检测仪
070699	其他臭氧浓度检测仪
0707	各类药物检测仪
070701	融变时限测试仪
070702	粒度分析仪
070703	除气仪
070704	真空脱气仪
070705	电导率仪
070706	半自动圆盘旋光仪
070707	自动旋光仪
070708	澄明度测试仪

表 8（续）

代码	产品名称
070709	微粒检测仪
070710	热原测定仪
070711	精密恒温水浴槽
070712	细菌内毒素测定仪
070713	内毒素凝胶法测定仪
070714	振实仪
070715	渗透压测定仪
070716	无菌检查仪
070717	集菌仪
070718	稀释分配仪
070719	酶测定仪
070720	膏药软化点测定仪
070721	黏稠度测定仪(锥入度计)
070722	药物稳定性检查仪
070723	药物透皮扩散试验仪
070724	远红外光谱分析仪
070725	动态重量检查秤
070726	泡罩包装检测器
070799	其他各类药物检测仪器
0708	中药检测仪器
070801	药材硬度计
070802	电子眼测色仪
070803	比较测色仪
070804	电子舌味觉仪
070805	电子鼻气味仪
070806	中药密度测量仪
070807	中药松脆度检测仪
070899	其他中药检测仪器
0709	熔点测试仪
070901	显微熔点仪
070902	药物熔点仪
070903	数字熔点仪

表 8（续）

代码	产品名称
070904	滴点软化点测定仪
070905	阿贝折射仪
070906	数字阿贝折射仪
070999	其他熔点测试仪
0710	安瓿注射液异物检查设备
071001	X 射线异物检查机
071002	安瓿注射液异物半自动检查机
071003	安瓿注射液异物自动检查机
071099	其他安瓿注射液异物检查设备
0711	大容量注射剂异物检查设备
071101	玻璃输液瓶大容量注射剂异物半自动检查机
071102	玻璃输液瓶大容量注射剂异物自动检查机
071103	塑料输液瓶大容量注射剂检漏器
071104	非 PVC 膜软袋大容量注射剂检漏机
071105	F_0 值监测仪
071199	其他大容量注射剂异物检查机
0712	其他检测设备
071201	在线多点洁净环境检测系统
071202	洁净度、温湿度、风速、压差远程多点监测系统
071203	尘埃粒子多点监测系统
071204	大流量激光尘埃粒子计数器
071205	浮游微生物采样器
071206	浮游菌采样器
071207	风量仪
071208	风速仪
071209	数显风速、风温、风量仪
071210	手持式数字压差计
071211	数显式压差计
071212	温湿度计
071213	红外温度计

表 8（续）

代码	产品名称
071214	过滤器检漏仪(光度计)
071299	其他制药环境监测仪器
0799	其他药物检测设备
079900	其他药物检测设备产品

6.8 其他制药机械及设备产品代码

其他制药机械及设备产品代码,见表 9。

表 9 其他制药机械及设备产品代码

代码	产品名称
08	其他制药机械及设备
0801	输送机械及装置
080101	机械输送机
080102	平板链式输送机
080103	皮带输送机
080104	螺旋输送机
080105	振动输送机
080106	料斗提升机
080107	固定提升加料机
080108	移动提升加料机
080109	移动伸缩提升加料机
080110	层间提升机
080111	气流输送机
080112	吸送式气流输送机
080113	压送式输送机
080114	液体输送机
080115	离心泵
080116	轴流泵
080117	旋涡泵
080118	齿轮泵
080119	螺杆泵
080199	其他输送机械及装置
0802	辅助机械

表 9（续）

代码	产品名称
080201	十字小车
080202	料桶小车
080203	料斗
080204	提升式混合料斗
080205	移动式混合料斗
080206	圆形周转料斗
080207	方形周转料斗
080208	电动料斗搬运车
080209	手动料斗搬运车
080210	料桶
080211	料桶搬运车
080212	料斗清洗机
080213	料桶清洗机
080214	移动清洗机
080215	组合式清洗机
080216	在位清洗泵站
080217	在位清洗、灭菌设备
080218	玻璃输液瓶揭盖机
080219	安瓿擦瓶机
080220	中药切刀磨刀机
080221	标准型净化工作台
080222	水平单向流工作台
080223	垂直流洁净工作台
080224	生物洁净工作台
080225	生物洁净安全柜
080226	风淋室
080227	悬挂式洁净层流罩
080228	超净工作台
080229	标准传递窗
080230	洁净传递窗
080231	高效送风口
080232	空气自净器
080299	其他辅助机械

表 9（续）

代码	产品名称
0803	产品备件
080301	压片冲模
080302	软胶囊滚模
080399	其他产品备件
0899	其他制药机械及设备
089900	其他制药机械及设备产品

ICS 75.180.10
E 92

中华人民共和国国家标准

GB/T 28259—2012

石油天然气工业　井下设备
井下安全阀

Petroleum and natural gas industries—Downhole equipment—Subsurface safety valve equipment

(ISO 10432:2004,MOD)

2012-03-09 发布　　2012-07-01 实施

中华人民共和国国家质量监督检验检疫总局
中国国家标准化管理委员会　发布

前　言

本标准按照 GB/T 1.1—2009 给出的规则起草。

本标准使用重新起草法修改采用 ISO 10432:2004《石油天然气工业　井下设备　井下安全阀》(英文版)。

本部分与 ISO 10432:2004 的技术性差异如下：

——关于规范性引用文件，本部分做了具有技术性差异的调整，以适应我国的技术条件，调整的情况集中反映在第 2 章“规范性引用文件”中，具体调整如下：

- 用修改采用国际标准的 GB/T 228.1 代替了 ISO 6892-1(见 7.2.2.1)；
- 用修改采用国际标准的 GB/T 230.1 代替了 ISO 6508-1(见 7.2.2.1)；
- 用修改采用国际标准的 GB/T 231.1 代替了 ISO 6506-1(见 7.2.2.1)；
- 用等同采用国际标准的 GB/T 1040.1 代替了 ISO 527-1(见 7.2.2.2)；
- 用等同采用国际标准的 GB/T 2828.1 代替了 ISO 2859-1(见 7.6.3)；
- 用修改采用国际标准的 GB/T 3452.1 代替了 ISO 3601-1(见 7.6.3)；
- 用等同采用国际标准的 GB/T 3452.2 代替了 ISO 3601-3(见 7.6.3)；
- 用修改采用国际标准的 GB/T 4340.1 代替了 ISO 6507-1(见 7.2.2.1)；
- 用等同采用国际标准的 GB/T 6031 代替了 ISO 48(见 7.2.2.2、7.6.3)；
- 用等同采用国际标准的 GB/T 9253.2 代替了 API SPEC 5B(见 7.6.5.1)；
- 用等同采用国际标准的 GB/T 9445 代替了 ISO 9712(见 7.6.7.1.1、7.6.8.1、7.6.8.2)；
- 用等同采用国际标准的 GB/T 15481 代替了 ISO 17025(见 A.1)；
- 用等同采用国际标准的 GB/T 16783.1 代替了 ISO 10414-1(见 A.2、B.12.4、B17.4)；
- 用等同采用国际标准的 GB/T 19000 代替了 ISO 9000(见第 3 章)；
- 用 GB/T 20972(所有部分)代替 ISO 15156(所有部分)，两项标准各部分之间的一致性程度如下：
  - GB/T 20972.1《石油天然气工业　油气开采中用于含硫化氢环境的材料　第 1 部分：选择抗裂纹材料的一般原则》(GB/T 20972.1—2007，ISO 15156-1:2001，IDT)；
  - GB/T 20972.2《石油天然气工业　油气开采中用于含硫化氢环境的材料　第 2 部分：抗开裂碳钢、低合金钢和铸铁》(GB/T 20972.2—2008，ISO 15156-2:2003，MOD)；
  - GB/T 20972.3《石油天然气工业　油气开采中用于含硫化氢环境的材料　第 3 部分：抗开裂耐蚀合金和其他合金》(GB/T 20972.3—2008，ISO 15156-3MOD)。
- 用等同采用国际标准的 GB/T 21410 代替了 ISO 16070(见 6.3.2.5)；
- 用等同采用国际标准的 GB/T 21412.3 代替了 ISO 13628-3(见 6.3.6)；
- 用等同采用国际标准的 GB/T 22342 代替了 ISO 10417(见 7.10.1、8.2)。

本标准做了下列编辑性修改：

——删除了 ISO 10432:2004 的前言和引言；

——删除了 ISO 10432:2004 中有关该标准引用的文件与其他可用文件关系说明的“条文的注”。

本标准由全国石油钻采设备和工具标准化技术委员会(SAC/TC 96)提出并归口。

本标准负责起草单位：浙江惟其信石油机械有限公司、中国石油化工股份有限公司石油勘探开发研究院。

本标准参加起草单位：石油工业井控装置质量监督检验中心、胜利油田采油工艺研究院、中国海洋石油总公司、德州大陆架石油工程技术有限公司。

本标准主要起草人：胡定清、姜向东、尚绪兰、谢梅波、蒋海军、胡风涛、吴姬昊、孙宝全、贺光清。

石油天然气工业　井下设备
井下安全阀

1　范围

本标准提出了可接受的井下安全阀(SSSV)的最低要求,涉及井下安全阀的所有零部件,这些零部件的公差和间隙可影响井下安全阀的性能或互换性,也包括维修作业和与流量控制设备相关的接口,但不涉及与井下管柱的连接。

注:井下安全阀是一种应急安全装置,不是为降低产量/注入量、停产等作业目的而设计,也不可用作回流阀。

2　规范性引用文件

下列文件对于本文件的应用是必不可少的。凡是注日期的引用文件,仅注日期的版本适用于本文件。凡是不注日期的引用文件,其最新版本(包括所有的修改单)适用于本文件。

GB/T 228.1　金属材料　拉伸试验　第一部分　室温试验方法(GB/T 228.1—2010,ISO 6892-1:2009,MOD)

GB/T 230.1　金属洛氏硬度试验　第 1 部分:试验方法(A、B、C、D、E、F、G、H、K、N、T 标尺)(GB/T 230.1—2004,ISO 6508-1:1999,MOD)

GB/T 231.1　金属布氏硬度试验　第 1 部分:试验方法(GB/T 231.1—2009,ISO 6506-1:2005,MOD)

GB/T 1040.1　塑料　拉伸性能的测试　第 1 部分　总则(GB/T 1040.1—2006,ISO 527-1:1993,IDT)

GB/T 2828.1　计数抽样检验程序　第 1 部分:按接收质量限(AQL)检索的逐批检验抽样计划(GB/T 2828.1—2003,ISO 2859-1:1999,IDT)

GB/T 3452.1　液压气动用 O 形橡胶密封圈　第 1 部分　尺寸系列及公差(GB/T 3452.1—2005,ISO 3601-1:2001,MOD)

GB/T 3452.2　液压气动用 O 形橡胶密封圈　第 2 部分　外观质量检验规范(GB/T 3452.2—2007,ISO 3601-3:2005,IDT)

GB/T 4340.1　金属维氏硬度试验　第 1 部分:试验方法(GB/T 4340.1—2009,ISO 6507-1:2005,MOD)

GB/T 6031　硫化橡胶或热塑性橡胶硬度的测定(10～100IRHD)(GB/T 6031—1998,ISO 48:1994,IDT)

GB/T 9253.2　石油天然气工业　套管、油管和管线管螺纹的加工、测量和检验(GB/T 9253.2—1999,API SPEC 5B—1996 第 14 版,IDT)

GB/T 9445　无损检测　人员资格鉴定与认证(GB/T 9445—2008,ISO 9712:2005,IDT)

GB/T 15481　检测和校准实验室能力的通用要求(GB/T 15481—2000,ISO 17025:1999,IDT)

GB/T 16783.1　石油天然气工业　钻井液现场测试　第 1 部分:水基钻井液(GB/T 16783.1—1997,ISO 10414-1:1996,IDT)

GB/T 19000　质量管理体系　基础和术语(GB/T 19000—2008,ISO 9000:2005,IDT)

GB/T 20972.1　石油天然气工业　油气开采中用于含硫化氢环境的材料　第 1 部分:选择抗裂纹

材料的一般原则(GB/T 20972.1—2007,ISO 15156-1:2001,IDT)

GB/T 20972.2 石油天然气工业油气开采中用于含硫化氢环境的材料 第2部分:抗开裂碳钢、低合金钢和铸铁(GB/T 20972.2—2008,ISO 15156-2:2003,MOD)

GB/T 20972.3 石油天然气工业油气开采中用于含硫化氢环境的材料 第3部分:抗开裂耐蚀合金和其他合金(GB/T 20972.3—2008,ISO 15156-3:2003,MOD)

GB/T 21410 石油天然气工业 井下工具 锁定心轴与定位接头(GB/T 21410—2008,ISO 16070:2001,IDT)

GB/T 21412.3 石油天然气工业 水下生产系统的设计与操作 第3部分:过出油管(TFL)系统(GB/T 21412.3—2009,ISO 13628-3:2000,IDT)

GB/T 22342 石油天然气工业 井下安全阀系统 设计、安装、操作和维护(GB/T 22342—2008,ISO 10417:2004,IDT)

ISO 13665 无缝和焊接压力钢管—检测表面缺陷的管体磁粉探伤检查(Seamless and welded steel tubes for pressure purposes—Magnetic particle inspection of the tube body for the detection of surface imperfections)

ANSI/NCSL Z540-1:1994 对校准实验室和测量及测试设备的一般要求(General requirements for calibration laboratories and measuring and test equipment)

API 石油测量标准手册,第10.4章,原油中水和沉淀物的离心测定法(现场规程)(Determination of sediment and water in crude oil by the centrifuge method (field procedure))

API Spec 14A 井下安全阀装置的技术规范(Specification for subsurface safety valve equipment)

ASME 锅炉和压力容器规范,第Ⅱ卷,材料规范(Materials specification)

ASME 锅炉和压力容器规范,第Ⅴ卷,无损检测(Nondestructive examination)

ASME 锅炉和压力容器规范,第Ⅷ卷:2001,压力容器(Pressure vessels)

ASME 锅炉和压力容器规范,第Ⅸ卷,焊接和钎接工艺,焊接和钎接操作工评定标准(Welding and brazing qualifications)

ASTM A 388/A 388M 重型钢锻件超声波检测的标准操作规程(Standard practice for ultrasonic examination of heavy steel forgings)

ASTM A 609/A 609M 铸件、碳、低合金和马氏体不锈钢及超声波检测的标准操作规程(Standard practice for castings, carbon, low-alloy, and martensitic stainless steel, ultrasonic examination thereof)

ASTM D 395 橡胶特性的标准测试方法 压缩形变(Standard test methods for rubber property—Compression set)

ASTM D 412 硫化橡胶和热塑合成橡胶的标准测试方法 拉伸试验(Standard test methods for vulcanized rubber and thermoplastic elastomers—Tension)

ASTM D 1414 橡胶O形圈的标准测试方法(Standard test methods for rubber O-rings)

ASTM D 2240 橡胶特性的标准测试方法 计示硬度(Standard test methods for rubber propert—Durometer hardness)

ASTM E 94 射线照相检查的标准指南(Standard guide for radiographic examination)

ASTM E 140 金属的标准硬度换算表(布氏硬度、维氏硬度、洛氏硬度、表面硬度、努氏硬度和回跳硬度之间的相互关系)(Standard hardness conversion tables for metals. (Relationship among Brinell hardness, Vickers hardness, Rockwell hardness, superficial hardness, Knoop hardness, and scleroscope hardness))

ASTM E 165 液体渗透检查的标准测试方法(Standard test method for liquid penetrant examination)

ASTM E 186　厚壁[2～4.5 in(51～114 mm)]钢铸件的标准参考射线照片(Standard reference radiographs for heavy-walled[2 to 4 1/2 in.(51 to 114 mm)]steel castings)

ASTM E 280　厚壁[4.5～12 in(114～305 mm)]钢铸件的标准参考射线照片(Standard reference radiographs for heavy-walled[4 1/2 to 12 in.(114 to 305 mm)]steel castings)

ASTM E 428　超声波检查用对比钢试块制作和控制标准(Standard practice for fabrication and control of steel reference blocks used in ultrasonic inspection)

ASTM E 446　厚度达到 2 in (51 mm)的铸钢件的标准参考射线照片(Standard reference radiographs for steel castings up to 2 in.(51 mm) in thickness)

ASTM E 709　磁粉监测的标准指南(Standard guide for magnetic particle examination)

BS 2M 54:1991　金属热处理的温度控制(Temperature control in the heat treatment of metals)

SAE-AMS-H-6875:1998　钢材原材料的热处理(Heat treatment of steel raw materials)

3　术语和定义

GB/T 19000 界定的以及下列术语和定义适用于本文件。

3.1

节流孔板　bean orifice

在速度型井下控制井下安全阀(SSCSV)中,为造成压力降而设计的节流装置。

3.2

设计验收标准　design acceptance criteria

为实现材料或产品的符合性,由组织、顾客或适用的规范规定的材料、产品或服务特性的限制条件。

3.3

设计确认　design validation

通过测试验证设计方案符合产品设计要求的过程。

3.4

设计验证　design verification

检查特定设计或开发活动的结果,以确定是否符合规定的要求的过程。

3.5

端口　end connection

为设备和管路之间提供接口的螺纹或其他机构。

3.6

环境　environment

产品暴露在其中的各种条件。

3.7

失效　failure

使设备无法满足功能规范要求的设备状况。

3.8

配合　fit

零件之间的几何关系。

注:其中包括零件及其配件(包括密封件)设计期间所使用的公差标准。

3.9

形状　form

产品(包括其全部零部件)的基本轮廓。

3.10

功能　function

产品在其工作期间发挥的作用。

3.11

功能测试　functional test

为确认设备是否正常运行而进行的测试。

3.12

热处理　heat treatment/heat treating

为改变材料的力学性能而对材料进行可控制的加热和冷却的交替操作过程。

3.13

互换性　interchangeable

形状可以不同，但在规定的公差范围内各方面都满足安全设计的配合和功能要求。

3.14

制造商　manufacturer

按本标准设计、制造和提供设备的主要代理商。

3.15

制造　manufacturing

为了满足用户（买方）的需求，并且达到供应商（制造商）的标准，由提供成品零部件、组件和相关文件的设备供应商（制造商）完成的制作工序和活动。

注：制造在供应商（制造商）收到订单时开始，在零部件、组件和相关文件提交给运输提供商时结束。

3.16

腐蚀质量损失　mass loss corrosion

腐蚀重量损失（拒用）　weight loss corrosion

在含水或盐水及二氧化碳（CO_2）、氧气（O_2）或其他腐蚀性物质的流体中暴露区域的重量损失。

注："重量"通常被误用来表示质量，但本标准不推荐这种使用方式。

3.17

型号　model

指配备专用零部件、具有区别于同类型其他井下安全阀（SSSV）操作性能的井下安全阀（SSSV）。

注：相同型号可以采用任何一种端口。

3.18

操作手册　operating manual

制造商发布的包括设备结构、性能、安装、操作和维护等相关详细数据和操作指南的出版物。

3.19

沟槽　profile

为接受锁紧机构而设计的特征。

3.20

验证试验　proof test

制造商规定的、用于验证井下安全阀（SSSV）是否满足确认测试性能相关技术规范之要求而进行的测试。

3.21

合格零件　qualified part

按认可质量保证体系制造且符合设计要求的零件以及达到或超过原设备制造商（OEM）生产的原装零件性能的替代零件。

注：GB/T 19001 就是一种得到认可的质量保证体系。

3.22

维护 redress

对设备以清洗、调整为主的相关作业。

对比修理(3.23)。

注:详见第8章。

3.23

修理 repair

对设备以零件更换、修补、焊接、调试为主的相关作业。

对比维护(3.22)。

注:详见第8章。

3.24

密封装置 sealing device

防止液体或气体进入锁紧轴和坐落短节间接口的装置。

3.25

尺寸 size

制造商定义的与设备相关的三维特征。

3.26

酸性环境应用 sour service

在标准 GB/T 20972 中提及的可使材料产生开裂的、暴露在含 H_2S 腐蚀的油田环境中。

注:根据 ISO GB/T 20972.1 改写。

3.27

特殊功能件 special feature

具有未按照6.5执行的确认测试中规定验证功能的特殊零部件或配件。

3.28

井下安全阀(SSSV) subsurface safety valve (SSSV)

具有在关闭时能防止失控井流体流动的设计功能的设备。

注:井下安全阀(SSSV)可采用钢丝或泵送方法安装和回收(由钢丝回收式),或作为油管柱的组成部分(油管回收式)。

3.29

井下安全阀装置(SSSV 装置) subsurface safety valve equipment (SSSV equipment)

井下安全阀及其因公差和间隙影响安全阀的性能和互换性的的全部零部件。

3.30

应力腐蚀裂纹(SCC) stress corrosion cracking (SCC)

在水和 H_2S 存在时,局部阳极腐蚀和拉应力(残余和外加)导致的金属裂纹。

注:氯化物或氧化剂伴随高温可增加金属对这种腐蚀机制的敏感度。

3.31

应力裂纹 stress cracking

应力腐蚀或硫化物所致的裂纹,或二者共同所致的裂纹。

3.32

应力消除 stess relief

为了减少残余应力,在受控条件下将材料加热到预期温度等过程。

3.33

硫化物导致应力裂纹(SSC) sulfide stress cracking (SSC)

水和 H_2S 并存时的腐蚀和拉应力(残余应力和外加应力)造成的金属裂纹。

注:SSC是一种氢化应力裂纹(HSC),与金属表面酸腐蚀产生的氢原子所造成的金属脆性有关。硫化物会导致氢浓度增加。氢原子可扩散到金属中,降低其延展性并增加其易裂性。高强度金属材料和硬焊接区易发生SSC。

3.34

检测机构　test agency

提供测试设施并执行符合本标准的确认测试体系要求的检测组织。

注：有关检测机构的要求，参见附录 A。

3.35

测试压力　test pressure

根据相关设计标准对设备进行测试时的压力。

3.36

测试单元　test section

装入井下安全阀(SSSV)并提供连接到测试设备进行确认测试的试验装置。

3.37

类型　type

具备区别于其他有类似功能的井下安全阀(SSSV)的独特特性的井下安全阀(SSSV)装置。

示例：地面控制井下安全阀(SCSSV)、速度型井下控制井下安全阀(SSCSV)和管压型井下控制井下安全阀(SSCSV)都是井下安全阀(SSSV)的具体类型。

3.38

确认测试　validation test

为验证某种尺寸、类型和型号的设备满足特定的工作状态而进行的测试。

注：详见附录 B。

3.39

工作压力　working pressure

井下安全阀(SSSV)内部压力值，包括阀门关闭时的额定压力。

4　缩略语

AQL	可接受质量极限
NDE	无损检测
TFL	过出油管
SCSSV	地面控制井下安全阀
SSCSV	井下控制井下安全阀
SSSV	井下安全阀
TRSV	油管回收式安全阀
WRSV	钢丝回收式安全阀

5　功能规范

5.1　总则

5.1.1　功能要求

用户(买方)应编制符合本标准要求的产品的功能规范，并说明使用要求和运行条件，以符合供应商(制造商)的特定产品。这些要求和运行条件可借助图纸、数据表或其他合适的资料予以说明。

5.1.2 适用等级

按本标准制造的 SSSV 装置应达到以下一种或多种适用等级。用户(买方)应指定适用的等级。

——1 级:适用于标准环境。该等级的 SSSV 专用于预期不会出现 2、3 或 4 级定义的有害后果的井中。

——2 级:适用于砂质环境。该等级的 SSSV 专用于出砂等颗粒物可能导致 SSSV 失效的井中。

——3 级:适用于应力腐蚀开裂环境。该等级的 SSSV 专用于含腐蚀性物质的液体会导致应力开裂的井中。3 级设备应满足 1 级或 2 级设备的要求,并采用通过验证能抗硫化物导致应力裂纹和应力腐蚀裂纹的金属材料制造。

供应商(制造商)应确保 3 级设备的金属材料满足 GB/T 20972.1、GB/T 20972.2、GB/T 20972.3 对酸性环境应用的冶金要求和/或应适合在会导致应力腐蚀裂纹的非酸性环境中使用。

用户(买方)应确保 3 级设备中所含的特定金属材料适合实际应用场合。

3 级设备又分为以下两个类型:

1) 3S,适用于酸性环境中存在硫化物导致应力裂纹和应力腐蚀裂纹条件。适合 3S 环境的金属材料应符合 GB/T 20972.1、GB/T 20972.2、GB/T 20972.3 的规定。

2) 3C,适用于非酸性环境的应力腐蚀裂纹条件。适合 3C 级非酸性应用的金属材料取决于特定井条件;此类条件应用的金属材料,没有相应的国家标准。

——4 级:适用于质量损失腐蚀环境(见 3.16)。该等级的 SSSV 专用于因腐蚀性物质可能导致质量损失腐蚀的井中。4 级设备应满足 1 级或 2 级的要求并采用耐质量损失腐蚀的材料制造。适合 4 级应用场合的金属材料取决于特定井的条件;适用此类应用的金属材料,还没有相应的国家或国际标准。

5.2 SSSV 的功能特征

SSSV 的功能特征应包括但不限于以下几种:

a) SSSV 控制类型(地面控制、井下控制);
b) SSSV 回收类型(油管回收、钢丝回收、连续油管回收、TFL 回收等);
c) SSSV 关闭装置类型(球、挡板等);
d) 内部自平衡能力的要求;
e) 在不进行初始操作(临时或永久性闭锁系统)的情况下使 SCSSV 保持敞开状态的要求;
f) 提供 SCSSV 与任何其他井下装置(如:可回收的过油管二级阀)控制液体信号的要求;
g) 提供泵通过能力的要求;
h) 独立备用操作系统的要求;
i) 功能测试期间的引起泄漏的最小泄漏量要求(根据 6.7.2)。

5.3 井参数

应说明以下特征:

a) 井位(陆上、平台、海底);
b) 套管和油管的尺寸、质量、钢级和材料;
c) 下入深度(应用中可以下入的最大深度)和控制系统参数(控制液类型和性质、液压源压力、输送管路和连接效率等);
d) 套管柱和油管柱的结构、轨迹、偏差、最大狗腿度;
e) SSSV 可通过的极限尺寸和 SSSV 维修工具(辅件)通过的极限尺寸;
f) 在安全阀外径和套管内径之间环空建立附加通道(电气管线、液压管线)的要求。

5.4 操作参数

5.4.1 SSSV

适用时，应指明 SSSV 的以下操作参数：

a) 额定工作压力；

b) 额定温度范围；

c) 最大流速下，SSSV 的最大允许压降；

d) 负荷条件，包括复合载荷(压力、拉伸或受压载荷、扭矩、弯曲)和井下安全阀可能遇到的相应极限温度；

e) 井的增产措施，包括参数，如酸化处理(给出酸溶液的组成)、压力、温度、酸溶液的流速和暴露时间以及增产措施使用的其他化学物质；

f) 固砂和压裂作业，包括砂(支撑剂)类型、液体流速、支撑剂和液体的比例或砂和液体的比例、化学成分、压力和温度；

g) 过安全阀的油井维护作业：通过安全阀的其他装置的尺寸、类型和形状。

5.4.2 SSCSV

应说明 SSCSV 的运行条件(流动条件)和阀门关闭条件(请参阅 GB/T 22342)：

a) 阀门下入深度处产量和注入压力的最小值、最大值和正常值以及预定流速下的温度；

b) 产出液(气、油、水)的成分和各自的密度。

5.5 环境兼容性

使用 SSSV 时，应核实以下情况，以确保其环境兼容性：

a) SSSV 寿命周期内，暴露其中的生产液、注入液、环空液体的化学和物理组成，包括固体(产砂量、结垢类型等)；

b) 在用户(买方)已获得可用于标准中的历史腐蚀数据或研究成果时，应向制造商说明哪些材料能按要求在类似腐蚀环境中使用。

5.6 与相关油井设备的兼容性

为确保 SSSV 与相关油井设备的兼容性，在适用的情况下，应附加说明以下信息：

a) SSSV 尺寸、类型、材料、连接方式(这些连接点不适用复合载荷的评估范围内)；

b) 内套形状、密封孔尺寸、外径、内径和各自的位置；

c) 管路通道(电气/液压通道)对阀门外径和套管内径的要求。

6 技术规范

6.1 技术要求

供应商(制造商)应按功能规范的要求编写技术规范，并提供给用户(买方)。

6.2 SSSV 的技术性能

应达到以下标准：

a) 除了有特别规定外，SSSV 应安置于井下特定位置并保持密封；

b) 安装时,SSSV 应根据功能规范的规定进行安装;

c) 使用时,SSSV 不能影响修井作业,如 5.4 所述;

d) 运行时,SSSV 应满足功能规范中的要求。

6.3 设计准则

6.3.1 总则

SSSV 的设计应允许对速度、压力或关闭安全阀需要的其他条件进行预测,并且具有重复性。

6.3.2 设计要求

6.3.2.1 设计的文档资料应包括方法、假设条件、计算和设计要求。设计要求应包括但不限于设计所依据的尺寸标准、测试标准、工作和运行压力标准、材料标准和环境标准(温度极限、适用等级、化学物质)以及设计所依据的其他要求。设计文件应由除原设计人以外的其他有资质人员审查并验证。

6.3.2.2 应按照与已通过确认测试的 SSSV 的尺寸、类型和型号完全相同的图纸和说明书制造符合本标准规定的 SSSV 装置。

6.3.2.3 制造商应核实除端部接头外各零件的内部屈服压力、破裂压力和最小抗拉强度、温度极限和额定工作压力。制造商应识别确定产品的危险应力零部件和应力类型。制造商应根据设计输入要求中的最大负荷,计算已确定零部件的临界应力水平。计算中,应采用最低可接受材料条件和最低可接受材料屈服点,计算应考虑极限温度和热循环的影响。应根据 ASME 锅炉和压力容器规范第Ⅱ章第 D 部分下调金属力学性能的额定值。

设计应考虑压力控制和压力所致载荷的影响。还应考虑采用临时测试插入堵头的压力测试等特殊条件。

6.3.2.4 制造商应提供各等级、尺寸、类型和型号安全阀零部件和配件的验证和互换性证明,包括 SSSV 装置的工作压力水平。零部件的附加尺寸公差应确保 SSSV 装置能够正常运行。这一要求适用于由制造商组装的设备和更换用零部件或配件。

6.3.2.5 与 GB/T 21410 规定的锁紧和密封装置接触的 TRSV 的沟槽应满足该标准的要求。

6.3.3 降低额定工作压力值

6.3.3.1 在满足本条款和本标准要求的情况下,允许应按照已成功通过确认测试的产品(基本设计)降低相同标称尺寸、类型和型号的 SSSV 的额定工作压力值。降低额定工作压力时,设计的额定工作压力最多可比基本型设计的额定工作压力降低 50%。

6.3.3.2 降低额定值后进行设计时,制造商在基本型的设计中应确定出临界应力零部件,确定这些零部件在最大额定条件下的最大应力系数和应力的类别。基本型设计及其零部件所采用的各项设计考虑因数和应力系数应用于降低额定值后的设计评估。

制造商应确定降低额定值后的设计中等效零部件的最大应力系数,最低的可接受材料条件、可接受的材料最小屈服强度以及材料能承受的最高与最低温度。

6.3.3.3 降低额定值后的设计评估应包括以基本型设计零部件材料屈服强度百分数表示的最大计算应力系数的比较,这些最大计算应力系数不得超过基本型设计零部件的最大应力系数;两种产品的同类零部件应采用同样的应力类型和相同的计算/评估方法。

材料厚度或屈服强度的调整不得对最大应力系数产生负面影响。制造商要对降低额定值后的产品进行评估,以确保达到确认测试的要求。

6.3.3.4 降低额定值后的每个产品应评估、判定变更情况,应对设计进行验证。设计验证文件应包含在产品的设计记录中。

6.3.4 材料

6.3.4.1 总则

a) 材料和/或适用等级应由供应商(制造商)加以说明,并应适合功能规范中规定的适用等级和环境。制造商应提供所有材料的书面说明书,使用的各种材料应达到制造商书面说明书的要求;
b) 用户(买方)可指明用于功能规范中规定腐蚀环境的材料。如果制造商推荐使用另一种材料,制造商应说明该材料的性能特征符合使用井和操作参数中规定的全部参数。此要求对金属和非金属零部件同样适用;
c) 如果有文件证明制造商的材料选用标准,并满足本标准的所有其他要求,那么合格 SSSV 中允许使用未经确认测试的代用材料。

6.3.4.2 金属

6.3.4.2.1 制造商的技术规范应包括:

a) 化学成分要求;
b) 热处理条件;
c) 力学性能要求:
   1) 抗拉强度;
   2) 屈服强度;
   3) 延伸率;
   4) 硬度。

6.3.4.2.2 在 6.3.4.2.1c)中规定的可追溯金属零部件的力学性能应通过对同一热处理材料得到的材料样品进行测试加以验证。材料样品应与合格零部件进行相同的热处理工艺处理。之后,在相同材料温度下进行热处理的材料应在加工后做硬度测试,以确保达到制造商技术规范中的硬度要求。硬度测试结果应通过相关文件确认被测材料的力学性能是否达到 6.3.4.2.1c)中的要求。热处理工艺参数应在热处理规程中予以定义。硬度测试是应力释放后要求进行的唯一力学性能测试。材料供应商或制造商提供的材料测试报告是可以认可的证明文件。

6.3.4.2.3 应按制造商书面技术说明中的规定对每个焊接零部件进行应力释放,必要时,应符合 ASME 锅炉和压力容器规范 C 篇第 1 部分第Ⅷ卷 UCS-56 和 UHA-32 章的规定。此外,3S 级 SSSV 上所用的碳钢和低合金钢焊缝应按照 GB/T 20972(所有部分)的规定进行应力释放处理。

6.3.4.3 非金属

6.3.4.3.1 制造商应编制程序文件(包括验收标准),用于评估或测试密封材料或其他非金属件在额定条件下的极限值。

6.3.4.3.2 评估(或测试)工作应验证所用材料是否适用于特定结构、环境和用途。评估工作包括以下组合情况:压力、温度、几何密封设计方案及用途,以及与预期应用场合的流体参数的相似性。

6.3.4.3.3 依据 ISO 10432 前期版本或 API Spec 14A 判定为适用于相关应用领域的合格密封装置和材料,应视为满足本标准的设计要求。

6.3.4.3.4 制造商有关非金属化合物的书面技术规范应包括搬运、存放和标记要求,包括保存日期、批次号、化合物标志和各化合物的保存期,还应确定材料性能的主要性能参数,如:

a) 化合物类型;
b) 力学性能,至少包括:
   1) 抗拉强度(断裂时);

2） 伸长率(断裂时)；

3） 拉伸模量(50%或100%时,若适用)；

c） 压缩变形；

d） 硬度。

6.3.5 性能数据

6.3.5.1 SCSSV 性能等级评定

供应商(制造商)应说明特定产品适用的压力、温度和额定轴向载荷。这些信息应标注在容易发现的位置;实例参见附录E。

6.3.5.2 SSCSV 性能等级评定

需要时,供应商(制造商)应提供以下信息,以明确特定产品的关闭条件：

a） 截流面积；

b） 定位弹簧；

c） 需用垫圈数；

d） 压力负荷。

6.3.6 过出油管(TFL)设备

在过出油管(TFL)应用中,对这些设备的附加要求请参见GB/T 21412.3。

6.4 设计验证

为了确保各SSSV的设计满足供应商(制造商)技术规范的要求,应进行设计验证。设计验证工作包括设计评审、设计计算、物理测试、与类似设计和相同运行条件下的历史记录进行对比等。

6.5 设计确认

6.5.1 总则

按本标准生产的SSSV应通过下列条款规定的确认测试：

a） SSSV应通过附录B中规定的适用确认测试,并应由检测机构进行测试；

b） 密封件应满足6.3.4.3的要求。

本标准中的确认测试要求并不代表井的实际条件。

这些条款涉及的确认测试要求的目的是证明SSSV装置适合特定适用等级(1级或2级)。根据本标准提供的SSSV装置需要进行确认测试,以证明SSSV的尺寸、类型和型号是合格的。2级适用的合格性测试应包括1级适用的测试。通过综合测试中1级要求但未通过2级要求的SSSV只能判定为1级适用等级。

确认测试过程成功完成后,相同尺寸、类型和型号的SSSV将被判定为已通过测试的SSSV。

如果确认测试(本标准所指)有重大改变,则要求对更改生效日前三年内被判定为合格的SSSV进行重新评定。

经检测机构和制造商共同同意,可采用比附录B规定值更高的流速对所有流量进行测试。

6.5.2 制造商要求

a） SSSV应进行验收测试,以确保井下安全阀达到技术规范中的要求和制造商规定的安全系数。制造商应向检测机构提供一个最近生产的SSSV及其操作手册、验收测试记录以及与各尺寸、类型和型号的适用等级及确认测试所需工作压力相关的证明文件。

b) 制造商应保存各确认测试过程的确认测试文件,包括为证明 SSSV 和密封件合格而要求进行的重新测试。在制造商生产线停止生产 SSSV 和密封件后,该文件应由制造商保存十年时间。

c) 为了满足在测试设施内安装特殊 SSSV 的要求并完成确认测试,制造商应提供检测机构一般不提供的设备。

d) 制造商应针对每个带确认测试的 SSSV 向检测机构提交一份确认测试申请,其中包括附录 A.1 中要求制造商提供的测试申请。

e) 如果特殊 SSSV 的设计或运行特性与本标准所要求的测试设备和测试规程不兼容,那么制造商应向检测机构说明这些不兼容的特点,并在测试申请或其附件中提出并详细说明测试 SSSV 所需要的设备或规程。该设备的供货、安装和测试责任应由检测机构和制造商共同协商确定。制造商应负责保证该设备或规程至少与本标准一样严格。

f) 当确认测试结果不合格时,制造商应负责确定不合格的原因。检测机构应与制造商合作,以确定不合格是产品原因还是检测机构的原因造成的。如果不合格被确定为是 SSSV 原因造成的,则判定产品未通过测试;如果不合格被判定为是检测机构方面的原因造成的,制造商和检测机构应共同确定特定阀门的确认测试规程,使之至少达到本标准的确认测试要求。检测机构应在测试数据表中记录测试不合格的情况。

g) 如果特殊尺寸、类型和型号的 SSSV 未能通过确认测试,那么在被制造商判定为可以重新测试并用文件形式加以确认之前,该 SSSV 和任何其他具有相同基本设计和结构材料的 SSSV 不得提交进行重新测试。制造商应进行相应的分析,并将结果记录在文件中,信息应包括所采取的纠正措施。这些信息不需要提交给检测机构,但应在提交 SSSV 重新测试前由制造商记录在针对该 SSSV 的测试文件中。

h) 制造商应对实用临界尺寸进行测试前和测试后的尺寸验证,并编制相应的测试文件。尺寸应在标准规定的范围内。

6.5.3 检测机构的要求

检测机构的要求见附录 A。

6.5.4 特定功能的确认

制造商应在设计文档中说明产品设计中所包含的、未按本标准进行设计确认试验的全部特定功能,特定功能的额定限制值应通过测试予以确认;特定功能的确认试验可由制造商执行。

制造商应确定功能测试中应包含的特定功能。

制造商的设计确认文件应包括特定功能的设计要求、测试规程和测试结果。

6.6 设计变更

SSSV 设计验收标准出现会影响确认测试性能或互换性的变更时,应要求对 SSSV 设计重新进行设计验证。满足 6.3.4.3 中要求的密封件应在任何制造商制造的 SSSV 装置中可以互换。

在进行设计变更时,制造商/供应商至少应考虑以下几个方面:修改或变更后零部件的应力水平;材料变化和功能变化。所有设计变更和修改在执行前都必须进行确认、证明、审查和批准。设计变更和设计文件的变更应具有已通过适用本标准确认测试要求的控制特性。

6.7 功能测试

6.7.1 每一个 SSSV 都应根据附录 C 的规定进行测试。

6.7.2 允许的最小泄漏量的非强制性要求参见附录 D。

7 供应商(制造商)要求

7.1 总则

第7章详细阐述了证明各产品符合本标准并满足功能与技术规范要求的条款。

7.2 原材料

7.2.1 证书

零部件制造所采用的原材料需要提供:

a) 证明原材料满足制造商书面技术规范之要求的合格证明;

b) 材料测试报告,以便制造商可以证明原材料满足其书面技术说明中提出的要求。

7.2.2 力学性能和物理性能

7.2.2.1 金属

应按照 GB/T 228.1 的规定对可追溯零部件所适用的金属材料进行抗拉测试。应根据 GB/T 231.1 或 GB/T 230.1 的规定实施硬度测试;如果 GB/T 231.1 或 GB/T 230.1 因为尺寸、可用性或其他方面的限制而不适用,则可采用 GB/T 4340.1 标准进行测试。应根据 ASTM E140 将硬度换算为其他测量单位,但 GB/T 20972.1(所有部分)中有关用于存在可致应力腐蚀裂纹的腐蚀性物质井的材料除外。

7.2.2.2 非金属

应对非金属进行测试,以确定它们的以下力学性能:

a) 拉伸性能、伸长率、模量:

   1) 根据 ASTM D 1414 测试 O 形圈;

   2) 根据 ASTM D 412(必要时可采用待用 ISO 或 ASTM 方法)测试其他合成橡胶;

   3) 根据 GB/T 1040.1 测试非合成橡胶。

注: 对这些规定,ASTM D 638 等效于 GB/T 1040.1。

b) 压缩形变(仅同质橡胶合成物):

   1) 根据 ASTM D 1414 测试 O 形圈;

   2) 根据 ASTM D 395 测试其他合成物。

c) 硬度:

   1) 根据 GB/T 6031 或 ASTM D 2240 并按邵尔硬度检测方法测试 O 形圈;

   2) 根据 ASTM D 2240 测试其他合成橡胶(塑料和其他材料可在必要时采用罗克韦尔法进行测试)。

7.3 热处理设备的要求

7.3.1 热处理炉的校准

产品零件热处理炉应满足以下要求:

a) 产品零件的热处理应利用已经过校准和测量的热处理设备进行;

b) 每个炉在热处理操作前一年内进行了测量。当炉被修理或改造时,热处理前要进行新的检验;

c) 分批式和连续式热处理炉应根据以下规程之一进行校准:

   1) SAE-AMS-H-6875:1998 第5部分规定的规程;

2） BS 2M 54：1991 第 7 部分规定的规程；

3） 制造商的书面技术规范，包括比上述规程更为严格的验收标准。

7.3.2 热处理炉检测仪表

炉检测仪表应满足以下要求：

a） 应使用自动控制和记录仪表；

b） 热电偶应设置在炉的工作区内并避免受环境影响；

c） 热处理工艺所采用的控制和记录仪表的精度应达到满刻度量程的±1%；

d） 温度控制和记录仪表应至少每隔三个月校准一次，以便可以创建校准历史记录文件；校准间隔应根据可重现性、使用程度和校准历史文件而设定；

e） 生产设备校准用设备的精度应达到满刻度量程的±0.25%。

7.4 可追溯性

7.4.1 SSSV 装置的所有零部件、焊缝、配件和组件除以下几个方面均应可追溯：

a） 用于设置 SSCSV 关闭参数的定位弹簧；

b） SSCSV 的节流孔板；

c） 螺母、螺栓、固定螺丝和垫圈等常用部件。

7.4.2 可追溯性应符合制造商规程文件的规定。所供设备的全部组件、零部件（包括密封件）、焊缝和配件都应可按任务批次和材料测试报告进行追溯。零部件和焊缝还应标记其包含的热处理或批次。对于需要多次处理和多批次处理的零部件和焊缝，如有任何热处理或批次不符合制造商制定的要求，就要废弃。

7.4.3 如果 SSSV 装置出厂时满足本标准的要求，则应充分考虑装置的可追溯性。

7.5 经过特殊处理的零部件

7.5.1 涂层和保护层

涂层和保护层的应按文件规程和说明书进行控制，确保达到最低标准。

7.5.2 焊接和钎焊

焊接和钎焊应满足以下要求：

a） 焊接和钎焊的规程和人员资质应符合 ASME 锅炉和压力容器规范第Ⅸ卷的要求；

b） ASME 锅炉和压力容器规范第Ⅸ卷中没有列出的材料和做法，应按照该部分规定的规程进行合格的焊接处理。

7.6 质量控制

7.6.1 总则

以下给出了符合本标准的最低质量控制要求，所有质量控制工作都应按照包含验收标准的说明文件进行管理。

7.6.2 零部件的尺寸检查

所有可追溯零部件（非金属密封件除外）都应进行尺寸检查，以确保能正常使用并符合设计标准和技术规范的规定。除非因进行适当测量需要而进行组装外，检查工作都应在零部件制造期间或制造完毕和组装之前进行。

7.6.3 非金属的检查

a) 每批货物的抽样程序及其验收或报废依据应符合 GB/T 2828.1 的规定，O 形圈的一般Ⅱ级检验水平应达到 2.5 AQL、其他密封件应达到 1.5 AQL，直到建立形成文件的历史变更纪录。之后，应根据形成文件的历史变更纪录建立抽样程序；

b) O 形圈应根据 GB/T 3452.2 进行目测检查。其他密封件应根据制造商的备有证明文件的技术说明进行目测检查；

c) O 形圈的尺寸公差应符合 GB/T 3452.1 的规定。其他密封件应达到制造商书面技术说明中的尺寸公差要求；

d) O 形圈或其他合成橡胶密封件的示值硬度应根据 GB/T 6031 或 ASTM D 2240 进行测定，可使用任意一批制造的试样。

7.6.4 表面检查

在组装 SSSV 前，供应商(制造商)应编制涉及各表面缺陷和损坏情况检查的规程文件和验收标准。

7.6.5 螺纹检查

7.6.5.1 所有石油管材连接锥形螺纹的公差、检测要求、测量、测量方法、表的校准证明都应符合 GB/T 9253.2 的规定。

7.6.5.2 所有其他螺纹公差、检查要求、测量、测量方法、量规的校准和证明都应符合指定螺纹制造商书面说明书中的规定。

7.6.6 测量(测试)设备的校准

7.6.6.1 每隔一定时间，根据书面技术规范、ANSI/NCSL Z540-1 和本标准的规定，对验收用测量和测试设备进行验证、检查、校准和调整。

7.6.6.2 压力测量装置应：

a) 至少达到满刻度量程±0.5%的读数精度；

b) 经过校准使精度达到满刻度量程的±2%。

7.6.6.3 压力测量装置只能在校准量程范围内使用。

7.6.6.4 压力测量装置应利用主压力测量装置或负载测试仪进行校准。到建立校准历史记录为止，压力测量装置的校准时间间隔不超过三个月。校准时间间隔根据重复性、使用程度和校准历史文件确定。

7.6.7 无损检测

7.6.7.1 要求

7.6.7.1.1 所有无损检测(NDE)都应由符合 GB/T 9445 标准规定的Ⅲ级资质检测员批准。

7.6.7.1.2 所有主关闭弹簧都应采用磁粉或液体渗透检测方法检测表面缺陷，以确保符合制造商书面技术说明的规定。

7.6.7.1.3 所有承压焊缝都应采用磁粉或液体渗透检测方法进行表面缺陷检测，并应采用射线照相或超声波检测技术进行内部检查，以确保符合制造商书面技术说明的规定。

7.6.7.1.4 所有承压铸件和锻件都应采用磁粉或液体渗透检测法进行表面缺陷检测，并应采用射线照相或超声波检测技术进行内部检测，以确保符合制造商书面技术说明的规定。制造商可根据形成文件的变更历史记录确定 AQL 检测水平。

7.6.7.2 方法和验收标准

7.6.7.2.1 液体渗透检测

按以下要求进行液体渗透检测：

a) 方法：应按照 ASTM E 165 的规定。

b) 验收标准：根据 ASME 锅炉和压力容器规范第Ⅷ卷第 1 部分附录 8。

7.6.7.2.2 湿法磁粉探伤检测

按以下要求执行湿法磁粉探伤检测：

a) 方法：应按照 ISO 13665 或 ASTM E 709 的规定。

b) 显示结果应按以下方式之一描述：

1) 相关显示：只有主要尺寸大于 1.6 mm(1/16 in)的显示结果才考虑为相关显示，而与表面裂纹无关的内在显示(如磁导率变化量、非金属夹渣物等)应视其无关；

2) 线性显示：任何程度等于或大于宽度三倍时的显示；

3) 圆形显示：长度小于三倍宽度的圆形或椭圆形显示。

c) 验收标准

1) 相关显示大于或等于 4.8 mm(3/16 in)，应视其不可接受；

2) 焊缝不允许有非相关线性显示；

3) 在 39 cm^2(6 in^2)的区域内不允许 10 个以上的相关显示；

4) 一条线上小于 1.6 mm(1/16in)的范围存在四个或更多圆形相关显示，应视其不可接受。

7.6.7.2.3 焊缝的超声波检测

按以下要求采用超声波检测焊缝：

a) 方法：应按 ASME 锅炉和压力容器规范第Ⅴ卷第 5 章。

b) 验收标准：应按 ASME 锅炉和压力容器规范第Ⅷ卷第 1 部分附录 12。

7.6.7.2.4 铸件的超声波检测

按以下要求采用超声波检测铸件：

a) 方法：应按 ASTM E 428 和 ASTM A 609。

b) 验收标准：应按 ASTM A 609，应至少达到超声波测试质量水平 1 级。

7.6.7.2.5 锻件和锻造产品的超声波检测

采用超声波检测锻件和锻造产品，应满足以下要求：

a) 方法：应按照 ASTM E 428 和 ASTM A 388 的规定。

b) 校准：

1) 底波法：调整仪器，传感器放置在锻件或锻造产品无缺陷处时，第一波底波高度为满量程高度的 75%±5%；

2） 平底孔法：距离振幅曲线（DAC）应基于厚度达到（包括）101.6 mm（4 in）的 3.2 mm（1/8 in）平底孔或厚度超过 101.6 mm（4 in）的 6.4 mm（1/4 in）平底孔；

3） 斜角探伤法：距离振幅曲线（DAC）应基于深度等于 9.5 mm（3/8 in）或正常截面厚度[最大 9.5 mm（3/8 in）]的 3%（取二者中较小者）、长度大约为 25.4 mm（1 in）、宽度不超过深度两倍的沟槽。

c） 验收标准：如果锻件或锻造产品存在以下任何一种缺陷，则应被拒收：

1） 底波法：指示值超过伴随有全部背射损失的参考背射的 50%；

2） 平底孔法：指示值等于或大于从校准平底孔观测到的指示值；

3） 斜角探伤法：不连续振幅超过规定沟槽的宽度。

7.6.7.2.6 焊缝的射线照相检查

焊缝的射线照相检查应满足以下要求：

a） 方法：应按照 ASTM E 94 的规定。

b） 验收标准：应按照 ASME 锅炉和压力容器规范第Ⅷ章第 1 部分 UW-51。

7.6.7.2.7 铸件的射线照相检查

铸件的射线照相检查应满足以下要求：

a） 方法：应按照 ASTM E 94 的规定。

b） 验收标准：

1） 应按照 ASTM E 186 规定；

2） 应按照 ASTM E 280 规定；

3） 应按照 ASTM E 446 规定。

1）、2）和 3）项的最大缺陷严重程度见表 1。

表 1 铸件的最大缺陷严重程度

缺陷类别	最大缺陷严重程度
A	3
B	2
C（所有类型）	2
D	都不可接受
E	都不可接受
F	都不可接受
G	都不可接受
注：缺陷类别、类型和严重程度的定义见 ASTM E 186、ASTM E 280 和 ASTM E 446。	

7.6.7.2.8 锻件的射线照相检查

锻件的射线照相检查应满足以下要求：

a） 方法：应按照 ASTM E 94 规定；

b） 验收标准，符合以下任何一条，就拒收：

1） 任何类型的裂缝或缝隙；

2） 任何长度 L 和壁厚 t 达到以下水平的其他延长显示：

——$L>6.4$ mm(1/4 in)，而 $t\leqslant 19$ mm(3/4 in)；

——$L>1/3\ t$，而 19 mm$<t\leqslant 57.2$ mm(3/4 in$<t\leqslant$2 1/4 in)；

——$L>19$ mm(3/4 in)，而 $t>57.2$ mm(2 1/4 in)；

3) 一条线上所有显示的组合，12 t 长度上累计长度大于 t。

7.6.8 人员资格审查

7.6.8.1 无损检测评估和解释人员应具有 GB/T 9445 中要求的最低Ⅱ级的资格或同等资格。

7.6.8.2 目视检测人员每年都应按照 GB/T 9445 的规定接受视力检查。

7.6.8.3 所有从事验收检查工作的其他人员应具备符合文件要求的资格。

7.6.9 证明文件

须在分包商处进行外部处理(如热处理、焊接或涂层处理)的零部件应提交以下证明文件：

a) 证明材料和/或工艺满足制造商技术规范要求的合格证。

b) 必要时，还应提交证明材料和/或工艺满足供应商技术规范书要求的材料测试报告。

7.6.10 不合格品的处理

应严格按制造商的规程文件对不合格品进行处理。焊接修复应仅限于焊缝。

7.7 SSSV 的功能测试

7.7.1 根据本标准，由制造商对制造的每一个新 SSSV 进行功能测试。

7.7.2 按 7.9.1.1 保留功能测试结果，功能测试结果应可追溯。

7.7.3 功能测试数据应由测试操作者员记录备案并注明日期和签字。应按 F.1.20 或 F.1.21 中记录所需要的数据。

7.7.4 如果用户(买方)指出需要对最小泄漏量进行功能测试，则应满足附录 D 中给出的要求。

7.8 产品标识

符合本标准的 SSSV 装置，应根据制造商的书面技术说明进行永久性标识。标识的内容应包含：

a) 制造商的名称或商标；

b) 产品的尺寸和型号；

c) 制造商的零件编号；

d) 唯一识别序列号；

e) 额定工作压力；

f) 最小内径[仅限于 TRSV]；

g) 适用等级标志。

可结合使用以下适用等级标志来指示产品的适用等级。例如，2、4 表示适用于砂质环境和质量损失腐蚀条件。

1—适用于标准条件；

2—适用于含砂条件；

3S—适用于应力腐蚀裂纹条件(酸性环境)；

3C—适用于应力腐蚀裂纹条件(非酸性环境)；

4—适用于质量损失腐蚀条件。

h) 对采用节流孔板的速度型 SSCSV 的节流孔板直径进行标识。

7.9 文件和数据管理

7.9.1 存档文件

7.9.1.1 总则

供应商(制造商)应编写并保存与本标准要求相关的所有文件和数据的管理规程文件。这些文件和数据应清晰易懂并能与相关具体要求一致,并保存在可防止损坏、变质或丢失的地方。文件和数据可以采用包括硬拷贝或电子介质等在内的方式保存,供用户(买方)在提出申请后一周内使用和查阅,并于制造完毕后保存至少五年。

7.9.1.2 设计文件

在制造完毕后,各种尺寸、类型和型号的设计标准、验证文件和确认文件以及下列信息应保存10年:

a) 功能和技术规范;
b) 全套图纸、书面技术说明和标准;
c) 安全组装和拆卸 SSSV 的方法指南,可防止故障或功能与性能不符出现的许可操作说明书;
d) 材料类型、屈服强度和与 SSSV 同时提供的端口连接标志;
e) 操作手册;
f) 本条款对文件的最低数据要求见 F.1.20 或 F.1.21 和 F.1.22 的规定;
g) 确认试验文件应包含识别和检索以下信息的文档:
   1) 制造时可使用的所有图纸和说明书;
   2) 确认测试或重新测试的各种申请;
   3) 所有未通过确认测试的 SSSV 装置和密封件的全部设计和/或材料变更或其他证明需要重新测试的证据;
   4) 本条款要求的所有测试数据。

7.9.2 供货文件

7.9.2.1 总则

制造商的出厂报告和操作手册应同 SSSV 装置一起交付。SSSV 出厂报告要求参见 F.1.22 的规定。

7.9.2.2 操作手册内容

a) 尺寸、类型和型号;
b) 适用等级;
c) 操作数据如下:
   ——工作压力;
   ——温度范围;
   ——内部屈服压力;
   ——破坏压力[适用于最大额定温度下的油管回收式的 SSSV];
   ——抗拉强度[适用于最大额定温度下的油管回收式的 SSSV];
   ——作业范围,若用户(买方)指定(实例参见附录 E);

d) 尺寸数据，包括塞规和环规的尺寸（若适用）；

e) 计算如下：

——SCSSV—用以确定最大安全下深的计算程序（若适用）；

——SSCSV—速度型的节流孔板系数、弹簧力、最佳压差操作范围等。

f) 图纸和说明；

g) 包含所有再订购信息的零件清单，以及制造商联系信息；

h) 如果采用的测试设备或测试规程与本标准中提出的设备或规程明显不同，则应附上相关功能测试的详细信息；

i) 下入说明；

j) 起出说明；

k) 检查和测试规程；

l) 安装和操作规程；

m) 故障检修和维护规程；

n) 维修限制；

o) 维护拆卸和重新组装要求；

p) 操作要求如下：

——SCSSV：

1) 打开和关闭压力下的开启与关闭操作规程；

2) 平衡操作规程，包括推荐的最大非平衡开启压力；

——SSCSV：

3) 打开或平衡操作规程；

4) 避免不当关闭和节流的最佳条件；

q) 贮存建议。

7.10 故障报告与分析

7.10.1 本条规定了 GB/T 22342 明确的对用户（买方）提出的故障报告的处理要求。供应商（制造商）应制定相应的规程文件规定要求采取的措施。

7.10.2 制造商应在收到故障报告后 30 日内将收到通知送达提交该报告的用户（买方）联系人，该通知应包含请求收集所需数据的要求和评估工作的计划完成日期，这些数据有助于制造商成功实现评估；如果所请求的数据或设备未能按要求提供，那么该故障报告在通知提交给用户（买方）后 30 日内无效。

7.10.3 在得到需要的数据和设备并进行分析后，应尽量及时完成评估工作。应在评估工作完成后 15 个自然日内，给用户（买方）提交评估报告。评估工作应包括用户（买方）为解决问题而要求采取的措施和为延长产品使用寿命而提出的建议（适当时）。根据对所有受影响的 SSSV 的故障分析，制造商对产品进行必要的设计修改，如果要求或建议采取的措施适用于类似产品，则应在其评估过程中予以采纳。

7.10.4 应将针对故障报告进行的评估及随后发出的通知编制成文件，并保存三年。

8 修理（维护）

8.1 修理

SSSV 的修理操作应包括使产品恢复到满足本标准或原始制造时生效的本标准版本规定要求的状态。

8.2 维护

维护操作的范围超越本标准确定的范围。GB/T 22342 对 SSSV 装置的维护要求进行了规定。

9 存放和运输准备

9.1 SSSV 应按设备制造商的书面技术说明的规定进行存放,应防止在运输前发生损坏(例如,大气条件、碎屑、射线等引起的损坏)。

9.2 SSSV 应按设备制造商的书面技术说明的规定进行包装运输,以防止设备在搬运或污染等情况下损坏。这些说明书应对可以保护外部密封件、密封表面、外露螺纹连接、入口密封和防止被流体和碎屑等污染加以说明。

9.3 用于运输途中保护的所有包装材料都应在 SSSV 使用前全部清除。

9.4 运输后的贮存,参阅操作手册。

附 录 A
（规范性附录）
检测机构要求

A.1 总则

为了进行确认测试，检测机构应符合附录A的规定，并具有完成附录B中涉及的各项检测任务的能力。任何检测机构对本标准确认测试要求的任何变动都应标注在检测申请中，并记录在确认测试的信息资料的摘要中（参见F.1.13）。

测试应该按着F.1.1中生产商的检测申请中所规定的要求进行确认测试，并依照F.1.13中的指定要求记录测试结果。如果适用，附录F的内容则是附属条款中规定文件的最低数据要求。检测完成后30天内，检测机构应向生产商提供一份确认测试报告，这份报告应由生产商与检测机构共同保留。并且用户（买方）可以向生产商要求提供该测试报告。

检测机构应按GB/T 15481的规定进行确认。

检测机构应以书面形式向生产商或用户（买方）提供报告，该报告至少应包含以下内容：

a) 设备的详细说明，包括大小、长度、重量、类型、额定压力、额定温度等方面的内容，以及SSSV可能的适用等级；
b) SSSV的每种类型及其适用等级的实际测试流程及方式；
c) 用于确认测试设备的维修和校正过程，以及校正记录；
d) 申请检测的流程，SSSV设备的运送，SSSV设备首次安装与检验以及其他相关信息；
e) 靠近设备的任何限制（这些限制不应妨碍生产商或用户（买方）接近设备并进行合理检测）；
f) 接收专有信息方面的限制。

检测机构无论是接受还是拒绝，都应尽快对检测申请做出答复。如果数据不完全、不准确或自相矛盾，则检测申请可能会被拒绝。任何被拒绝的申请都应给出详细的拒绝理由。

A.2 检测设备的要求

A.2.1 在设备大小及压力等级等方面，检测设备系统的构件应该满足要进行检测的SSSV所需要求。典型的检测设备图表、SSSV气体流量设备、液体检测设备和温度控制检测设备等如图F.1、F.2和F.4所示。

压力控制系统应至少包括下列设备：

a) 出口带有过滤的液压储液罐；
b) 蓄能器；
c) 液压泵；
d) 泵的控制系统；
e) 保护系统的减压设备。

A.2.2 对于氮气的供应，有相应规定进行氮气泄漏的检测，并通过气体流量计来指示泄漏速率。

应提供一套配有可测量参数和气体排放设备的气体存储器。

检测设备至少应包括下列部分：

a) 检测设备的管道系统，它的通称直径至少为50.8 mm(2 in)；
b) 清水罐；

c） 泥浆罐；

d） 符合 GB/T 16783.1 规范的马氏漏斗型黏度计、计时器和有刻度的烧杯；

e） 依据 API 石油测量手册第 10.4 章的要求，配备带基本沉淀物与水样(BS&W)烧瓶的离心机；

f） 循环气泵；

g） 流量计；

h） 压力测量系统；

i） 可同时按要求记录气压与流量的实时记录仪；

j） 反向压力调节器；

k） 如图 F.5 中所示的丙烷系统；

l） 高压水泵和蓄能器系统。

A.3 确认测试报告

由检测机构按本标准要求完成的检测报告应可追溯到具体的被检测设备，需包括以下内容：

a） 基本信息(日期，位置，生产商，型号，序列号，大小，额定值等)；

b） 检测结果的概要；

c） 检测设备性能的详细说明；

d） 观察到的数据(包括相关计算和检测人员的详细信息)；

e） 测试条件(符合标准的规定)；

f） 检测方法与流程的标识；

g） 辅助数据(记录表等)；

h） 操作压力变化的图解描述；

i） 检测中使用仪器的标识；

j） 来自 F.1.1 的确认测试申请文件的备份；

k） 若适用，F.1 要求的数据内容；

l） 与国家或国际所公认的标准规定(如 ISO/IEC 指南 22)相符合的合格证书；

m） 按照要求，实时检测数据记录。

A.4 检测机构记录

除非有指定的参考标准，否则检测机构应在完成所有检测后，应将下列记录至少保留 10 年：

a） 如适用，采用附录 F 的检测数据与检测报告；

b） 检测设备的测量与校准数据；

c） 不符合报告；

d） 校正与维护操作记录；

e） 人员资质记录；

f） 检测流程；

g） 任何特殊检测的数据。

附 录 B
（规范性附录）
确认测试要求

B.1 总则

为了通过确认测试，SSSV 应在指定范围内按指定要求完成确认测试流程的各个步骤。

在检测的任何步骤中，如果 SSSV 在指定的限制条件下未能通过检测，除了测试失败是由检测机构做出决定或是由于检测设备造成的，则确认测试过程都将终止。检测机构应将终止检测的原因以及在终止检测时或之前的任何异常的情况都记录在检测数据表中。

除了另有规定，所有的压力值都指表压，并采用那些实时记录仪器进行记录。

在进行液压检测前，要先净化检测液体并除掉其中的空气。

应按生产商的要求进行气体减压（排放）操作。

在确认测试中，用液压进行 SSSV 设备操作期间，可以使用控制线路流量测定法来进行流量测定。关于用液压控制的开启与关闭的实测压力与时间的关系如图 F.6 所示。

当 SSSV 的确认测试数据值不在表 F.1、F.2 和 F.3 的规定范围内时，则流量可通过直径与相关参数的商平方的比率进行内插或外推而得到。

WRSV 应完全装入测试单元，TRSV 应是检测设备的一个组成部分。测试单元的额定压力不得低于 SSSV 的额定工作压力。

测试单元的端部、长度和液压控制接口都应该与检测机构的设备相互兼容。

每份数据表都应由执行检测的人员签字并标注具体日期。包含有 F.1.13 中规定要求数据的表格应由检测机构认可的指定人签字，并标注具体日期。

B.2 SCSSV 确认测试流程

B.2.1 总则

核对被检测阀门上的型号和序列号与生产商申请中的型号和序列号是否相符。

B.2.2 一级检测

B.2.2.1 进行 SCSSV 设备气体流量测试（参见 B.3）。

B.2.2.2 打开被检测井下安全阀，如 F.1.4 中所示，记录完全开启的液压控制压力数值。

B.2.2.3 将水充入到被检测井下安全阀中，循环水将测试单元中的气体替换出来。一旦测试单元中的气体被完全替换之后，就停止水的循环。

B.2.2.4 关闭被检测井下安全阀，如 F.1.4 所示，记录完全关闭时的液压控制的压力数值。

B.2.2.5 进行液体泄漏检测（参见 B.5）。

B.2.2.6 进行非均衡开启检测（参见 B.6）。

B.2.2.7 进行工作压力检测（参见 B.7）。

B.2.2.8 进行丙烷检测（参见 B.8）。

B.2.2.9 进行氮气泄漏检测（参见 B.9）。

B.2.2.10 重复进行工作压力检测（参见 B.7）。

B.2.2.11 进行 SCSSV 一级流量检测(参见 B.10)。

B.2.2.12 重复进行 B.2.2.9 到 B.2.2.11 的检测过程四次。

B.2.2.13 进行液体泄漏检测(参见 B.5)。

B.2.2.14 进行温度控制检测(参见 B.11)。

B.2.2.15 如果被检测井下安全阀仅用于一级操作,则继续进行 B.2.3.6 检测。

B.2.3 二级检测

B.2.3.1 进行氮气泄漏检测(参见 B.9)。

B.2.3.2 进行工作压力的检测(参见 B.7)。

B.2.3.3 进行二级流量检测(参见 B.12),二级流量检测连续不断地持续 2 h。

B.2.3.4 将从 B.2.3.1~B.2.3.3 的检测重复进行 6 次。

B.2.3.5 进行液体泄漏检测(参见 B.5)。

B.2.3.6 进行通径检测(参见 B.4)。

注:如果阀门未通过二级检测,则确认该阀门具有一级资格,进行一级通径检测以确定其一级的资格。

B.2.3.7 如果阀门在规定的限制条件下完成了检测,则该阀门就通过了该确认测试。

B.2.3.8 汇总 F.1.13 中指定的确认测试数据。

B.3 SCSSV 气体流量检测

B.3.1 如 F.1.2 中所要求的记录检测数据。

B.3.2 将被检测井下安全阀安装在气体流量检测台上,可采用空气、氮气或任何其他适合的气体进行检测。

B.3.3 将控制线路阻抗设置为表 F.1 中的相应值。

——在表 F.1 中规定的检测流速是在阀门关闭时,在第 1 次测试流量与第 4 次测试流量中的压力值为 13.8 MPa(2 000 psi)和油管中的流速为 6.10 m/s(20 ft/s),在第 2 次测试流量中的速率为 9.15 m/s(30 ft/s),第 3 次测试流量中的速率为 3.05 m/s(10 ft/s)。

——检测流速应维持在表 F.1 中给出的标称值的−5%~15%范围内,或者是$-(0.01\times10^6)\ m^3/d$~$(0.04\times10^6)\ m^3/d$[每天$-(0.5\times10^6)$scf~(1.5×10^6)scf]之间。控制线路低阻抗检测应使用一个内径至少为 9.6 mm(0.38 in),最大总长度为 7.6 m(25 ft)的液压控制线路进行检测。

——控制线路高阻抗的配置将在低阻抗配置的基础上增加一个内径 0.5 mm±0.05 mm(0.020 in±0.002 in),长度 25.4 mm±2.5 mm(1.0 in±0.1 in)的成直角的孔。

B.3.4 开启与关闭被检测井下安全阀,记录全开启与全关闭时的控制压力。

B.3.5 关闭流量控制阀门和减压阀(参见图 F.1),依据 F.3 表要求的测试供气量调节相应的测试流量控制阀门。

B.3.6 将测试系统中的气压增加到 13.8 MPa(2 000 psi)~17.3 MPa(2 500 psi)之间。

B.3.7 开启被检测井下安全阀,记录完全开启时的控制压力。

B.3.8 根据表 F.1 中规定的数值保持气体流速,记录控制线路压力与气体流速值后,关闭被检测井下安全阀。

B.3.9 当液压控制压力值达到零后,被检测井下安全阀应在 5.0 s 或更短的时间内将规定流量至少阻断 95%,否则,视为被检测井下安全阀没有通过此次检测。记录被检测井下安全阀阻断规定流量的时间,如果被检测井下安全阀未通过检测,则终止测试。

B.3.10 将阀门下游的压力泄压为零,将被检测井下安全阀上游的压力值调整到 8.3 MPa±0.4 MPa

(1 200 psi±60 psi)，记录被检测井下安全阀上游的压力值和气体泄漏速率。如果气体泄漏速率超过0.14 m^3/min(5 scf/min)，则判定被检测井下安全阀不能通过测试。如果被检测井下安全阀没有通过测试，则终止测试。

B.3.11 将所有的压力泄压为零，重复执行步骤B.3.3～B.3.10的操作，直到所有表F.1中规定的四个关闭检测都成功完成或被检测井下安全阀未通过检测为止。

B.4 SCSSV通径检测

B.4.1 总则

生产商应为检测机构提供一套适合被检阀尺寸的环规(用于检测WRSV)和塞规(用于检测TRSV和WRSV)。每件塞规(环规)都应有一个唯一的标识符作为永久标记。记录阀门(TRSV和WRSV)的最小规定内径和最大规定外径，以及塞规尺寸(测量用的)和其唯一标识符。

塞规的外径比阀门的最小规定内径小0.76 mm(0.030 in)；环规的内径比阀门的最大规定外径大0.76 mm(0.030 in)，对偏差值应全面记录。

每个塞规的长度应适当，以确保在产品的整个长度内都能进行检测；并且长度不小于该产品内径的4倍，或者长度取值610 mm(24 in)，使用时以较高者为准。

每个环规的长度应适当，以确保产品有合适的长度插入环规容腔；环规的长度不低于该产品外径的两倍。

B.4.2 TRSV通径检测

B.4.2.1 按F.1.3的规定记录检测数据。

B.4.2.2 开启与关闭被检测井下安全阀，记录完全开启时的液压控制压力值。

B.4.2.3 调节被检测井下安全阀的方向，使阀门处于向上、向下或正常的打开位置。在重新定位之前，阀门可处于开启状态。

B.4.2.4 将塞规以不会打开被检测井下安全阀关闭装置的方式完全穿过被检测井下安全阀。在塞规向下穿过或反向通过被检测井下安全阀时，可以施加一个不超过其重量的力。如果塞规不能完全自由地通过被检测井下安全阀，则判定该被检测井下安全阀没有通过检测。

B.4.3 WRSV通径检测

B.4.3.1 按F.1.3的规定记录检测数据。

B.4.3.2 打开被检测井下安全阀，记录完全开启的液压控制压力值。调节被检测井下安全阀的方向，使阀门处于向上、向下或标准的打开位置。

B.4.3.3 将塞规以不会打开被检测井下安全阀关闭装置的方式完全穿过被检测井下安全阀。在塞规向下穿过和反向通过被检测井下安全阀时，可以施加一个不超过其重量的力。如果塞规不能完全自由地通过被检测井下安全阀，则判定该被检测井下安全阀没有通过检测。

B.4.3.4 除封隔和密封部分以外，将环规以不会打开被检测井下安全阀关闭装置的方式完全通过被检测井下安全阀的整个长度。

注：如果控制杆或控制套已位于适当的位置，则可以得到阀的局部偏差。

关闭被检测井下安全阀，记录关闭压力值。如果有外径的局部偏差，则用环规检测井下安全阀其余部分的外径偏差。在环规向下穿过或反向通过被检测井下安全阀时，可以施加一个不超过其重量的力。除封隔和密封部分以外，如果环规不能完全自由地通过被检测井下安全阀，则判定该井下安全阀没有通过检测。

B.5 SSSV 液体密封检测

B.5.1 按 F.1.5 中的规定记录检测数据。

B.5.2 确认被检测井下安全阀处于关闭位置，仅在阀门的上部与下部有液体。

B.5.3 按阀门关闭额定工作压力值的 100%（允差范围为 95%～100%）在被检测井下安全阀上游施加压力，记录阀门上的试验压力及加压时间。

B.5.4 按阀门关闭额定工作压力值的 100%在被检测井下安全阀上游施加压力后至少持续 3 min，再检查阀门下游的漏失。

检查水的泄漏，持续 5 min，记录开始收集与结束收集的时间，以及收集的水量。计算并记录平均泄漏的速率。如果在检测期间，水的平均漏失速率超过了 10 cm^3/min，或者如果检测到外部泄漏（仅适用于油管回收式阀门），则判定为被检测井下安全阀没有通过检测；如果被检测井下安全阀未通过检测，则终止检测。

B.6 SCSSV 非均衡打开检测

B.6.1 按 F.1.6 的要求记录检测数据。

B.6.2 按生产商规定的最大开启压差在被检测井下安全阀的关闭机构上游施加水压。

B.6.3 按照被检测井下安全阀操作手册中所推荐的压力打开阀门，记录平衡压力值和全开启液压控制压力值。

B.7 SCSSV 工作压力检测

B.7.1 按 F.1.7 的规定记录检测数据。

B.7.2 在整个测试单元上游施加的压力设定为阀门额定工作压力的 25%（允差范围为额定工作压力的 20%到 30%），记录被检测井下安全阀的压力值（基准压力）。

B.7.3 在指定范围内，保持在 B.7.2 中的测试单元压力的情况下关闭与打开被检测井下安全阀五次。

注：由于液压活塞差动引起的的容量差异，在打开阀门时，测试单元的压力会增加，而关闭时，测试单元的压力会降低。

全开启（全关闭）液压控制压力值应根据压力控制测量过程中测试单元压力变化进行调整。调整后的控制压力值为实际控制压力值加上（减去）每次测量开启（关闭）压力值时记录的基准压力与实际测试单元压力的差值。如果 5 次调整的液压控制压力值的较大值不在其平均值的±10%或±0.7 MPa（±100 psi）的范围内，或检测到任何部件联结处存在泄漏（仅适用于油管可回收阀门），则判定该被检测井下安全阀未通过检测。

B.7.4 在 75%的额定工作压力下，重复进行 B.7.2 和 B.7.3 项操作（允许范围为额定工作压力的 70%～80%）。

B.8 SCSSV 丙烷检测[SSCSV 也适用]

B.8.1 按 F.1.8 中要求记录检测数据。

B.8.2 打开被检测井下安全阀，在下游用氮气替出检测部件内的液体，直到氮气的压力为 0。

B.8.3 连续关闭与打开被检测井下安全阀 3 次，最后打开被检测井下安全阀。记录全关闭与全开启的液压控制压力值。如果 3 次调整的液压控制压力值中的较大值不在其平均值的±10%或±0.7 MPa（±100 psi）的范围内，则判定该被检测井下安全阀未通过检测。

B.8.4 将丙烷输入到测试单元中，直到测试单元的压力达到 2.8 MPa±0.14 MPa(400 psi±20 psi)。

B.8.5 打开下游的排放阀门直到液体丙烷被排出为止，关闭丙烷排放阀门，将压力值调整到 2.8 MPa±0.14 MPa(400 psi±20 psi)，记录被检测井下安全阀的压力值。

B.8.6 关闭与开启被检测井下安全阀 3 次，每次关闭或开启的间隔时间不低于 15 min，记录全开启与全关闭情况下，液压控制压力值。

注：由于液压活塞差动引起的的容量差异，在打开阀门时，测试单元的压力会增加，而关闭时，测试单元的压力会降低。

全开启(全关闭)液压控制压力值应根据控制压力测量过程中测试单元压力变化进行调整。调整后的控制压力值为实际控制压力值加上(减去)每次测量开启(关闭)压力值时记录的基准压力与实际测试单元压力的差值。如果五次调整的液压控制压力值中的较大值不在其平均值的±10%或±0.7 MPa(±100 psi)的范围内，或检测到任何部件联结处存在泄漏(仅适用于油管回收式阀门)，则判定该被检测井下安全阀未通过检测。

B.8.7 将被检测井下安全阀打开，在丙烷中放置至少 2 h，记录开始与结束时间及 2 h 后阀腔的压力值。

B.8.8 将测试单元的压力释放为 0。

B.8.9 用氮气清洗测试单元。

B.8.10 关闭被检测井下安全阀并记录全关闭液压控制的压力值。

B.9 SCSSV 氮气泄漏检测[SSCSV 也适用]

B.9.1 按 F.1.9 的规定记录检测数据。

B.9.2 在被检测井下安全阀的上游将氮气压力设定为 1.4 MPa±0.07 MPa(200 psi±10 psi)，1 min 后，关闭阀门，检测氮气漏失。记录被检测井下安全阀的压力值，泄漏速率和等待时段的开始与结束的时间。如果泄漏速率超过 0.14 m^3/min(5 scf/min)，或在联结处检测到泄漏(仅适用于油管回收式阀门)，则判定该被检测井下安全阀未通过检测。

B.9.3 以 25%的被检测井下安全阀额定工作压力重复进行 B.9.2 操作(允差范围为额定工作压力的 20%～30%)。

B.9.4 将被检测井下安全阀上游的压力排放为零。

B.9.5 打开被检测井下安全阀，记录完全开启情况下的液压控制压力值。

B.10 SCSSV 一级流量检测

B.10.1 按 F.1.10 的规定记录检测数据。

B.10.2 打开旁通阀，用清水循环，直到测试系统中的气体全部被清水替换为止。

B.10.3 调整清水通过被检测井下安全阀的流量，使阀门处的流量稳定在表 F.2 中规定的流量。记录水直接流过被检测井下安全阀的时间，以规定流量通过被检测井下安全阀的时间不低于 5min。

B.10.4 关闭被检测井下安全阀，记录开始关闭时水通过阀门的流量和全关闭时液压控制压力值。第一次关闭时，液体控制压力值达到零后的 15.0 s 内，被检测井下安全阀至少应阻断 95%的额定水流量，否则判定被检测井下安全阀未通过检测，记录被检测井下安全阀阻断额定水流的时间。

B.10.5 打开被检测井下安全阀，记录完全开启的液压控制压力数值。

B.10.6 按要求重复 3 次从 B.10.2～B.10.4 的操作，或者确定被检测井下安全阀未通过检测。

B.11　SCSSV 温度控制检测

B.11.1　按 F.1.11 的规定记录检测数据。

B.11.2　将被测阀门安装在温度控制检测台，在被测阀门的控制线路进入端口区域测量温度。

B.11.3　将被测阀门加热到稳定的温度 38 ℃±3 ℃(100 ℉±5 ℉)。

B.11.4　将氮气压力设定在被测阀门额定工作压力的 25%(允差范围为额定工作压力的 20%～30%)。保持被测阀门温度稳定，记录被测阀门的温度和阀腔的压力值(基准压力值)。

B.11.5　在指定的范围内，按 B.11.4 中设定的压力和温度，重复进行 10 次检测。

注：由于液压活塞差动引起的容量差异，在打开阀门时，测试单元的压力会增加，而关闭时，测试单元的压力会降低。

全开启(全关闭)液压控制压力值应根据压力测量过程中测试单元的压力变化进行调整。调整后的控制压力值为实际控制压力值加上(减去)每次测量开启(关闭)压力值时记录的基准压力与实际测试单元压力的差值。如果 10 次调整的液压控制压力值中的较大值在其平均值的±10%或±0.7 MPa(±100 psi)的范围内未出现重复，或检测到任何部件联结处存在泄漏(仅适用于油管可回收阀门)，则判定该被检测井下安全阀未通过检测。

B.11.6　在液压控制端口和一个盛水容器之间联上一根管子，调整这根管子以便可以观察到来自液压控制线路端口的任何气泡。

B.11.7　在规定的温度与压力下，将被检测井下安全阀充满氮气，至少 3 min 后，在不少于 5 min 的时间连续观测气体泄漏情况，记录测试的起止时间，5 min 以上的连续检测泄漏起止时间。观察期间，如果连续泄漏时间超过 1 min，或在本体的连接部位检测到泄漏(仅适于用油管回收式安全阀)，则判定该被检测井下安全阀未通过检测。

B.11.8　将测试压力调整到额定工作压力的 75%，重复进行 B.11.3～B.11.7 的操作(容许范围为额定工作压力的 70%～80%)。

B.11.9　将关闭机构上方的氮气压力调整到 0，将关闭机构下方的压力调整并稳定在额定工作压力 75%(允差范围为额定工作压力的 70%到 80%)，至少 1 min 后，然后测量关闭机构的氮气泄漏情况，记录关闭装置下面的被测阀门压力，泄漏情况，以及等待时段的起止时间。如果泄漏速率超过 0.14 m^3/min(5 scf/min)，或在本体的连接部位检测到泄漏(仅适于用油管回收式阀门)，则判定该被检测井下安全阀未通过检测。

B.11.10　使用 82 ℃±3 ℃(180 ℉±5 ℉)的稳定温度重复进行 B.11.3～B.11.8 的操作。

B.11.11　将所有压力排放为零，让被检测井下安全阀冷却。从控制温度检测台上取下被检测井下安全阀。

B.12　SCSSV 二级流量检测

B.12.1　按 F.1.12 中的规定记录检测数据。

B.12.2　准备好由砂子和水组成的泥浆。

B.12.3　依据 API 石油测量标准手册第 10.4 章的规定，确定泥浆中砂的含量，通过添加粒径从 150 μm～180 μm(100 目～80 目)砂子或用清水对泥浆进行稀释的方法来将沙子的含量调整为 2%±0.5%。

B.12.4 依据 GB/T 16783.1 的规定,使用马氏漏斗型黏度计确定泥浆样本的黏度,通过添加稠化剂或用清水对泥浆进行稀释的方式来将黏度调整到 70 s±5 s。

B.12.5 在进行下一步工作之前,要确保泥浆的黏度和砂的含量符合要求。

B.12.6 将泥浆循环流量调整到表 F.2 规定的数值,记录泥浆循环流量、砂子含量、泥浆的黏度和开始循环泥浆的时间。

B.12.7 在指定流量下让泥浆通过被检测井下安全阀,持续时间不得低于 1 h,然后关闭被检测井下安全阀。

B.12.8 关闭被检测井下安全阀时,记录开始关闭时泥浆通过阀门的流速和全关闭时液压控制压力值。第一次尝试关闭时,液压控制压力值达到 0 后的 15.0 s 内,被检测井下安全阀至少应阻断 95% 的额定流量,否则判定被检测井下安全阀未通过检测,记录被检测井下安全阀阻断额定流量的时间。如果被检测井下安全阀失效,则终止检测。

B.12.9 在完成流量检测期间,记录泥浆中砂的含量和泥浆的黏度。

B.13 SSCSV 确认测试流程

B.13.1 核对被测阀门的型号与序列号与生产商申请表中所列的型号与序列号是否一致。

B.13.2 进行 SSCSV 气体密封性检测(B.14),对于速度型的 SSCSV 设备,则使用气体流量检测台进行检测。

B.13.3 前期的液体密封性检测以清水作为检测介质(B.15)。

B.13.4 进行液体密封性检测(B.5)。

B.13.5 进行丙烷检测(B.8),省略了 B.8.2 和 B.8.5,将 B.8.9 替换为"使用清水作为检测介质进行液体密封性检测(B.15)",按表 F.1.16 的规定记录结果。速度型 SSCSV 设备的关闭流速或管压型 SSCSV 设备的关闭压力应在关闭流速或 B.13.3 中规定压力值的 15% 范围内重现;若不能在该范围重现,则判定被检测井下安全阀未通过检测。如果被检测井下安全阀未通过检测,则终止检测。

B.13.6 进行氮气密封性检测(B.9),省略 B.9.4,按 F.1.17 的规定记录检测结果。

B.13.7 进行 SSCSV 设备一级流量检测(B.16)。

B.13.8 再重复 14 次 B.13.6 和 B.13.7 规定的步骤。速度型 SSCSV 设备的关闭流速或管压型 SSCSV 设备的关闭压力应在关闭流速或 B.13.3 中规定压力值的 15% 范围内,否则,视被检测井下安全阀未通过检测。如果被检测井下安全阀没有通过检测,则终止检测。

B.13.9 进行液体密封检测(参见 B.5),如果被测阀门仅被授予一级适用的资格,则继续进行 B.13.14 操作。

B.13.10 进行氮气密封检测(参见 B.9),省略 B.9.4.规定的步骤。

B.13.11 进行二级流量检测(参见 B.17),二级流量检测应该连续进行,间隔不得超过 2 h。

B.13.12 再重复 6 次 B.13.10 与 B.13.11 规定的步骤。速度型 SSCSV 设备的关闭流速或管压型 SSCSV 设备的关闭压力应在关闭流速或 B.13.3 中规定压力值的 15% 范围内重现;若不能在该范围重现,则判定被检测井下安全阀未通过检测。

B.13.13 进行液体密封性检测(参见 B.5)。

B.13.14 如果被检测井下安全阀在规定的条件下完成检测,则判定该阀门通过确认测试。

B.13.15 按 F.1.13 中的规定对被检测数据进行汇总。

B.14 SSCSV 气体关闭检测

B.14.1 按 F.1.14 的规定记录检测数据。

B.14.2 将测试系统的气压值增加到 13.8 MPa(2 000 psi)～17.3 MPa(2 500 psi)之间。

B.14.3 按如下步骤及要求关闭被检测井下安全阀：

a) 速度型 SSCSV：提高通过被检测井下安全阀的气体流量直到被检测井下安全阀关闭。当流量达到 F.1.1 中规定的关闭流量的±25%之间时，被检测井下安全阀应在 30 s 内关闭；否则，被检测井下安全阀被视为未通过检测。如果被检测井下安全阀未通过检测，则终止检测。记录被检测井下安全阀上游的初始压力值，被检测井下安全阀关闭机构的压差，关闭时通过被检测井下安全阀的气体流量。

b) 管压型 SSCSV：调整被检测井下安全阀下游的气压以确保被检测井下安全阀处于打开状态，下调下游压力直到被检测井下安全阀关闭为止。当压力达到或超过 F.1.1 中规定的工作压力的 75%时，被检测井下安全阀应关闭。下游允许的最小压力为 0.35 MPa(50 psi)，被检测井下安全阀应在达到该值后 30 s 以内关闭，否则，视被检测井下安全阀未通过检测。记录被检测井下安全阀下游的初始压力值以及在关闭时被检测井下安全阀下游的压力值。如果被检测井下安全阀未通过，则终止检测。

B.14.4 将阀门下游的压力释放为 0，将被检测井下安全阀上游压力值调整为 8.3 MPa(1 200 psi)±5%，至少 1 min 后，测试通过关闭机构的气体泄漏情况。记录被检测井下安全阀的压力值，泄漏速率以及等待开始与结束的时间。如果泄漏速率超过 0.14 m^3/min(5 scf/min)，则该被检测井下安全阀就不能通过检测。如果被检测井下安全阀未通过，则终止检测。

B.14.5 将所有压力释放为零。

B.15 SSCSV 液体关闭检测

B.15.1 按 F.1.15 的规定记录检测数据。

B.15.2 将被检测井下安全阀通过旁通管线使液体循环通过测试系统，直到测试系统中的气体完全被顶替出来为止。

B.15.3 调整通过被检测井下安全阀的液体循环流量以获得表 F.3 中所规定的流量。

B.15.4 按下列步骤关闭被检测井下安全阀。

a) 速度型 SSCSV：将被检测井下安全阀下游的压力值调整到 0.35 MPa～0.38 MPa(50 psi～55 psi)之间，提高通过阀门的液体循环流量直到阀门被关闭；在此过程中应提高液体循环流量使被检测井下安全阀下游的压力值能够保持在 0.35 MPa～0.38 MPa(50 psi～55 psi)之间。当流量达到 F.1.1 中规定的关闭流量的±25%之间时，被检测井下安全阀应在 30 s 内关闭；否则，被检测井下安全阀被视为未通过检测。如果被检测井下安全阀未通过检测，则终止检测。记录被检测井下安全阀上游的初始压力值，被检测井下安全阀关闭装置的压差，关闭时通过被检测井下安全阀的气体流量。

b) 管压型 SSCSV：减小下游压力值直到被检测井下安全阀关闭.当压力达到或超过 F.1.1 中规定的工作压力的 75%时，被检测井下安全阀应关闭。下游允许的最小压力为 0.35 MPa(50 psi)，被检测井下安全阀应在达到该值后 30 s 以内关闭，否则，判定被检测井下安全阀未通过检测。记录被检测井下安全阀下游的初始压力值以及在关闭时下游的压力值。如果被检测井下安全阀未通过，则终止检测。

B.16 SSCSV 一级流量检测

B.16.1 按 F.1.18 的规定记录检测数据。

B.16.2 将被检测井下安全阀通过旁通管线使液体循环通过测试系统，直到测试系统中的气体完全被顶替出来为止。

B.16.3 调整通过被检测井下安全阀的循环流量以获得表 F.3 中所规定的流量，记录清水流过被检测井下安全阀的时间和它的循环流量，让清水以规定的流量循环通过被检测井下安全阀至少 1 h。

B.16.4 使用液体关闭检测流程(B.15)关闭被检测井下安全阀，使用清水作为检测介质，省略了 B.15.1 和 B.15.2。

B.17 SSCSV 二级流量检测

B.17.1 按 F.1.19 中所规定的记录检测数据。

B.17.2 准备一份由 150 μm～180 μm(100 目～80 目)砂子和水组成的泥浆。

B.17.3 依照 API 石油测量标准手册第 10.4 章的规定要求确定泥浆中砂子的含量，通过添加 150 μm～180 μm(100 目～80 目)的砂子或用水对砂子进行稀释来调节砂子的含量到 2%±0.5%。

B.17.4 依照 GB/T 16783.1 的规定，用马氏漏斗型黏度计来确定泥浆样本的黏度，通过添加稠化剂或用清水对泥浆进行稀释来将黏度调整到 70 s±5 s。

B.17.5 在进行检测之前，要确保泥浆的黏度和砂的含量符合要求。

B.17.6 将泥浆循环流量调整到表 F.3 规定的数值，记录泥浆的循环流量，砂子的含量和泥浆的黏度。此外，记录泥浆循环开始的时间。

B.17.7 以规定的流量让泥浆循环通过被检测井下安全阀至少 1 h，然后使用液体关闭流程(参见 B.15)关闭被检测井下安全阀，使用泥浆作为检测介质，省略了 B.15.1 和 B.15.2。

B.17.8 在循环期完成时，测量并记录砂子的含量和泥浆的黏度。

附 录 C
（规范性附录）
功能测试要求

C.1 总则

为了通过功能测试，SSSV 应完全按规定的功能测试流程和顺序及相关要求进行。制造商的测试设备应装配可以显示和记录测试过程数据的仪器。

在测试的任何环节中，如果 SSSV 在规定的限制条件下未能通过测试，则测试过程都将终止。终止测试的原因以及在终止检测时或之前的出现的任何异常情况都应记录在测试数据表中。

若测试失败是由测试设备故障引起，则可以从已经成功通过测试的最后一个环节开始重新对阀进行功能测试。

除非另外规定，所有的压力值都指表压，并采用那些实时记录设备进行记录。

在进行液压检测前，要先净化检测液体并除掉其中的空气。

应按各生产商的要求进行气体减压（排放）操作。

在用液压测试 SSSV 功能期间，可以使用控制线路流量测定法来进行流量测定。关于用液压控制的开启与关闭的特征压力与时间的关系如图 F.6 所示。

钢丝回收式 SSSV 应完全装入测试单元中，油管回收式 SSSV 应是检测系统的一个组成部分。检测元器件的额定压力不得低于 SSSV 的额定工作压力。

C.2 SCSSV 功能测试

C.2.1 测试设备

典型的测试系统如图 F.7 所示，包括：

a） 垂直安装的测试单元；

b） 测试单元和液压控制线路的压力测量设备；

c） 压缩气源；

d） 液压控制系统；

e） 流量计；

f） 加压系统；

g） 记录测试数据的实时记录仪器；

h） 塞规和环规。

C.2.2 SCSSV 功能检测流程

所有测试单元的压力值都应采用校准以后的标准设备并记录，具体流程如下：

a） 按表 F.1.20 中规定的要求记录测试数据；

b） 记录序列号；

c） 将 SCSSV 设备安放在一个能够保持阀在垂直位置下处于关闭状态的固定设备上；

d） 在测试单元中的压力值为零的情况下，打开 SCSSV 设备，调整液体控制压力并使其稳定在生产商建议的开启压力值上。切断压力源，监控压力变化，时间不得低于 5 min；如果在压力稳定后，监测到的压力损失超过初始压力的5%，则判定该SCSSV设备未通过功能检测；

e) 在测试单元中的压力值为零的情况下，关闭并打开SCSSV设备5次，记录全关闭和全开启液体控制压力值。每次控制压力值都不应该超出阀门连续开关操作5次的平均压力值±5%的范围，每次控制压力值还应处于生产商规定的控制压力允许值范围内。如果出现压力值不在这些限制值范围内，则判定该SCSSV设备未通过功能测试；

f) 向检测部件中注入清水或其他合适的液体以替换出其中的空气，再按以下步骤继续进行：

  1) 钢丝回收式SCSSV：关闭SCSSV，对于额定工作压力小于或等于69 MPa(10 000 psi)的SCSSV设备，向整个测试单元施加压力，并使其稳定在额定工作压力的150%(允许的范围为额定工作压力的145%～155%)，对于额定工作压力大于69 MPa(10 000 psi)的SCSSV的设备，检测压力应在额定工作压力值的基础上再增加至少34.5 MPa(5 000 psi)，该压力的稳定时间不得少于5 min。之后，将测试单元的压力泄压到零，再重复进行一次测试。如果在液压控制线路的端口存在着泄漏，则判定该被测SCSSV未通过功能检测；

  2) 油管回收式SCSSV：关闭SCSSV，将被测阀门的外部完全擦干。对于额定工作压力小于或等于69 MPa(10 000 psi)的SCSSV设备，向整个检测系统施加压力，并使其稳定在额定工作压力的150%(允许的范围为额定工作压力的145%～155%)，对于额定工作压力大于69 MPa(10 000 psi)的SCSSV设备，测试压力应在额定工作压力值的基础上再增加至少34.5 MPa(5 000 psi)，该压力的稳定时间不得少于5 min。之后，将测试单元的压力泄压到零，再重复进行一次测试。如果在液压控制线路的端口或外部检测到泄漏，则判定该被测SCSSV未通过功能检测。

g) 在测试单元中的压力值为零时，打开(关闭)被测SCSSV设备，记录全开启与全关闭的液体控制压力值。打开被测SCSSV。

h) 在整个测试单元上，施加被测SCSSV额定工作压力的50%(允许范围为额定压力的45%～55%)的压力。记录被测阀腔的压力值(基准压力)。

i) 在规定的范围内，保持在(C.2.2h)中设定的测试单元压力的情况下，打开和关闭被测阀门5次。

注：由于液压活塞差动引起的容量差异，在打开阀门时，测试单元的压力会增加，而关闭时，测试单元的压力会降低。

全开启(全关闭)液压控制压力值应根据液压控制压力测量过程中测试单元压力变化进行调整。调整后的控制压力值为实际控制压力值加上(减去)每次测量开启(关闭)压力值时记录的基准压力与实际测试单元压力的差值。如果5次调整后的液压控制压力值中的较大值不在其平均值的±10%或±0.7 MPa(±100 psi)的范围内出现，或检测到任何部件连接处存在泄漏(仅适用于油管回收式阀门)，则判定该被检测井下安全阀未通过测试。

j) 向测试单元施加压力，使其稳定在SCSSV设备的额定工作压力的100%(允许范围为额定工作压力的95%～105%)，关闭SCSSV，记录全关闭液体控制压力值，然后将液体控制压力释放为零。

k) 向测试单元施加压力，使其稳定在SCSSV设备的额定工作压力的100%(允许范围为额定工作压力的95%～105%)，监控液压控制线路端口处的泄漏，时间不得低于5 min，如果检测到泄漏，则判定该SCSSV设备未通过功能测试。

l) 将SCSSV关闭机构上面的压力释放为零，向关闭机构下面施加压力，使其稳定在SCSSV的额定压力的100%(允许范围为额定工作压力的95%～105%)，测量液体泄漏，时间不得低于5 min，如果泄漏速率超过了10 cm^3/min，则判定该SCSSV设备未通过功能测试。

m) 排出测试单元中的液体。

n) 打开 SCSSV 设备，记录全开启液压控制压力值。
o) 向测试单元施加气压，使测试单元的压力稳定在 1.4 MPa±0.07 MPa(200 psi±10 psi)。关闭 SCSSV，记录全关闭液压控制压力值，将所有液压控制压力释放为零。
p) 向测试单元施加气压，使测试单元的压力稳定在 1.4 MPa±0.07 MPa(200 psi±10 psi)。监控液压控制线路端口处的泄漏，时间不得低于 5 min，如果检测到泄漏，则判定该 SCSSV 设备未通过功能测试。
q) 将 SCSSV 关闭机构上面的压力释放为零，向关闭机构下面施加压力，使其压力稳定在 1.4 MPa±0.07 MPa(200 psi±10 psi)，测量气体泄漏，时间不得低于 5 min，如果泄漏速率超过 0.14 m^3/min(5 scf/min)，则判定该 SCSSV 设备未通过功能测试。
r) 在 8.3 MPa±0.41 MPa(1 200 psi±60 psi)的压力范围内，重复进行第 o)和第 p)项过程。
s) 将所有压力释放为零。
t) 打开与关闭 SCSSV 两次，记录全开启与全关闭液压控制压力值。
u) 准备 SCSSV 设备，进行通径检测，打开 SCSSV 设备，然后，按以下步骤继续进行：
   1) 使用生产商指定的塞规测试 SCSSV 的内径偏差，让塞规完全穿过被测阀门；
   2) 使用生产商指定的环规测试可回收式 SCSSV 设备的外径偏差，如果 SCSSV 设备没有通过通径检测，则判定其未通过功能测试；
   3) 记录环规(塞规)的唯一标识符及其公称尺寸。
v) 依照生产商的操作手册，对于生产商的特定 SCSSV 的特性进行检测。不能满足这些检测要求的 SCSSV 是不合格的，这些检测可以按现有的功能检测程序进行；在检测报告中，要对这种特殊的特性检测流程、检测程序以及结果进行详细的描述说明。
w) 如果 SCSSV 设备在功能测试的限制条件下通过了全部检测，则判定其通过了此次功能测试。将所有记录数据信息附加到生产商的测试表中，让相关的生产商签字确认，标注上具体日期。

C.3 SSCSV 功能测试

C.3.1 测试设备

典型的测试设备如图 F.8 所示，包括以下设备：
a) 垂直安装的测试单元。
b) 测试单元的压力测量设备。
c) 压缩气源。
d) 流量计。
e) 加压系统。
f) 记录所有数据的实时数据记录器。
g) 塞规和环规。

C.3.2 速度型 SSCSV 功能测试流程

继续如下步骤：
a) 按照 F.1.21 中的规定记录测试数据。
b) 记录序列号。
c) 将 SSCSV 设备安放在一个能够使阀门保持垂直位置并处于密封状态的固定设备中。
d) 注入清水，使其最少能平衡 0.35 MPa(50 psi)的背压。
e) 检查可记录流量、上游压力值和下游压力值的记录器。

f) 增加流量,直到 SSCSV 设备关闭。

g) 在阀门关闭时,记录流量和上游与下游的压力值。如果关闭流量和压力差值超过生产商规定数值的±5%,则判定该 SSCSV 设备未通过此次功能测试。

h) 向 SSCSV 设备上游施加压力,使其稳定在额定工作压力值的 100%±5%。

i) 保持上游压力,时间不得低于 5 min,测量泄漏流量;如果泄漏流量超过 10 cm^3/min,则判定该 SSCSV 设备未通过功能测试。

j) 将 SSCSV 下面的压力释放为大于关闭压力 0.7 MPa(100 psi)的压力值。

k) 调节气压值,直到该值达到比关闭压力大 1.4 MPa±0.07 MPa(200 psi±10 psi)的范围。

l) 测量气体泄漏量,持续 5 min。如果泄漏流量超过 0.14 m^3/min(5 scf/min),则判定该 SSCSV 未通过此次功能测试。

m) 将所有的压力释放为零。

n) 进行 SSCSV 通径检测。使用生产商指定的环规测试钢丝回收式 SSCSV 设备的外径偏差,如果 SSCSV 设备没有通过通径检测,则判定其未通过功能测试。记录环规的公称尺寸和唯一的标识符。

o) 如果 SSCSV 设备在功能测试的限制条件下通过了全部检测,则判定其通过了此次功能测试。将所有记录数据信息附加到生产商的测试表中,让相关的生产商签字确认,并标注具体日期。

C.3.3 管压型 SSCSV 功能测试流程

按以下步骤继续进行:

a) 按 F.1.21 中的规定记录测试数据。

b) 记录序列号。

c) 将 SSCSV 设备安放在一个能够使阀门保持垂直位置并处于密封状态的固定设备中。

d) 依照表 F.3 的规定要求调整流速。

e) 降低下游的压力值,直到 SSCSV 设备关闭。

f) 阀门关闭时,记录流速和下游的压力值,如果关闭时下游的压力值不在生产商规定的压力值的±5%的范围或 0.7 MPa(100 psi)以内(取二者的较大值),则判定该 SSCSV 设备未通过此次功能测试。

g) 将下游压力释放为零。

h) 向 SSCSV 设备上游施加压力,使其稳定在 SSCSV 设备额定工作压力值的 100%±5%的范围内。

i) 保持上游压力,时间不得低于 5 min,测量泄漏的流量。如果泄漏流量超过了 10 cm^3/min,则判定该 SSCSV 设备未能通过本次功能测试。

j) 将 SSCSV 上游的压力释放为大于关闭压力 0.7 MPa(100 psi)的压力值。

k) 在 SSCSV 上游施加气压,压力值为超过关闭压力 1.4 MPa±0.07 MPa(200 psi±10 psi)的范围。

l) 对气体泄漏流量进行测量,时间不得低于 5 min,如果泄漏流量超过 0.14 m^3/min (5 scf/min),则判定该 SSCSV 设备未能够通过此次功能测试。

m) 将所有的压力释放为零。

n) 进行 SSCSV 通径检测,使用环规测试钢丝回收式 SSCSV 设备的外径偏差,如果 SSCSV 设备没有通过通径检测,则判定其未通过功能测试。

o) 如果 SSCSV 设备在功能测试的限制条件下通过了全部检测,则判定其通过了此次功能测试。将所有记录数据信息记录到生产商的测试表中,让相关的生产商签字确认,并标注上具体日期。

C.3.4 其他类型SSSV功能测试

应该遵循以下步骤：

a) 生产商对功能检测流程进行文件说明并记录相关的检测数据。

b) 对于特殊的SSSV，若要求的项目未包含在上述附属条款中，则其设备和测试流程应遵循生产商的特殊说明。

c) 生产商负责保证检测流程的准确性不会低于国际标准中的相关规定要求。

附 录 D
（资料性附录）
对关闭后的最小泄漏量的非强制性要求

D.1 总则

最小泄漏量仅应用于功能检测中，如果用户（买方）对最小泄漏量标准未提出特殊要求，则供应商将严格遵照 D.2 和 D.3 的要求。

注：这些测试都是非强制性的，未设定任何 SSSV 设备的最低泄漏量标准。

D.2 气体泄漏检测要求

如果泄漏量超过了 14.2 dm^3/min(0.5 scfm)，则判定该 SSSV 未通过本次功能测试。

D.3 液体泄漏检测要求

如果泄漏量超过了 1 cm^3/min(0.034 fl oz/min)，则判定该 SSSV 未通过本次功能测试。

附 录 E
（资料性附录）
作 业 范 围

E.1 总则

参考 GB/T 21267 或 API Bull 5C3、API Bull 5C5 或其他国内国际公认的标准。需要注意的是，GB/T 21267 或 API Bull 5C5 中的流程和测试要求适合对复合负载进行检测。

E.2 范围确定

如果用户（买方）提出要求，就该为其提供油管回收式井下安全阀的作业范围，该作业范围涵盖压力，温度和轴向载荷的共同作用，以及为用户在完井或生产过程中提供可以参考的其他信息等。作业范围的数据可以基于实验结果和理论计算。

图 E.1 示出了一个作业范围的情形，边界内的区域就是作业范围，而边界则是 SCSSV 设备产生各种故障的分界线。

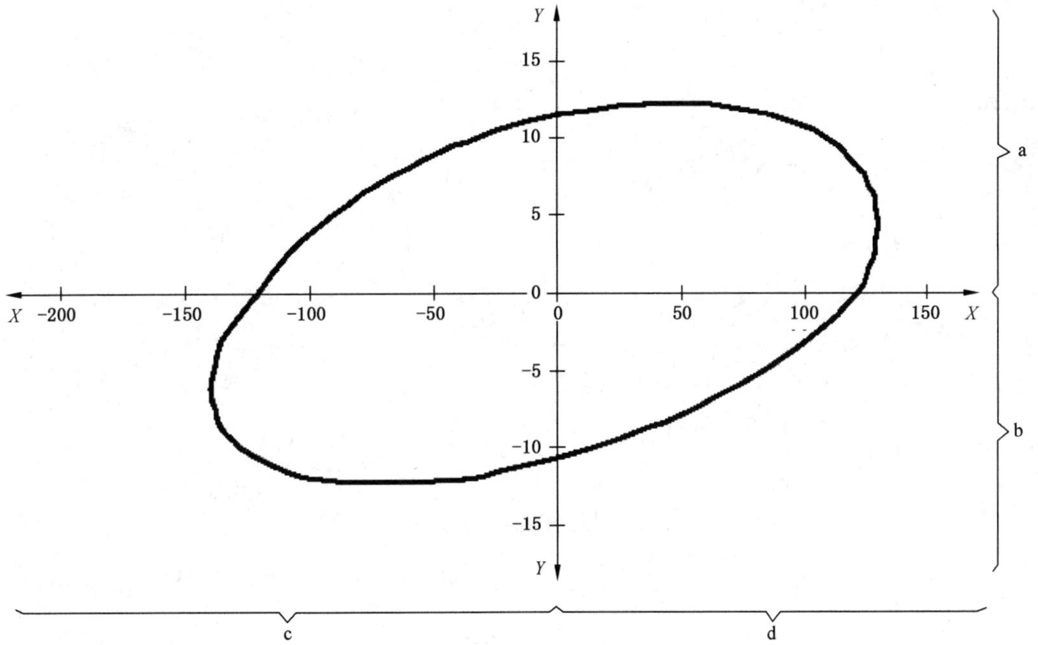

X——坐标轴向载荷；

Y——坐标压力。

a 仅为爆裂（＋VME）；

b 仅为挤毁（－VME）；

c 压缩（－VME）；

d 张力（＋VME）。

图 E.1 操作包络线实例

E.3 范围要求

作业范围应满足以下要求：

作业范围的边界代表制造商的最大许可使用情况。

如果在作业范围中引入图标，则作业范围内可能出现多条曲线，比如计算值与实测值的对比。

符合作业范围要求的阀门应在作业范围中进行标示。

附　录　F
（规范性附录）
数据要求、图（示意图）和表格

F.1　数据要求

F.1.1　SSSV 确认测试的申请（参见 6.5.2）

a)　一般要求如下：
   1)　检测机构的信息（公司名称、设备名称，地址，相关的部门等）。
   2)　产品生产商（公司名称，地址，相关的部门，联系人姓名和电话号码，等）。
   3)　确认测试的日期和报告的日期。
   4)　确认测试的编号（由检测设备提供）。
   5)　如果再次测试，参考以前的测试编号。
   6)　测试申请应包含一份对 SSSV 和提供的部件进行预先的负载测试的证明。

b)　对需要进行测试的设备应按如下要求进行鉴定：
   1)　设备类型：SCSSV，SSCSV（地面控制还是井下控制等）；
   2)　型号名称或生产商指定的其他标识；
   3)　带有唯一序列编号的产品编号；
   4)　油管的标称尺寸；
   5)　额定工作压力等级；
   6)　测试部分的长度；
   7)　对于 SCSSV 设备：
      ⅰ）　规定的最小内径；
      ⅱ）　最大的液压控制线路压力（大于阀腔压力）；
      ⅲ）　最大不平衡开启压力。
   8)　对于 SSCSV 设备：
      ⅰ）　关闭参数（流速、压力、设计的关闭流速等，按实际情况而定）；
      ⅱ）　油管压力：设计的关闭压力。

c)　应说明以下流程与特殊要求：
   1)　适用于一级或二级；
   2)　测试需要的非专用设备和流程；
   3)　准确详细说明对检测机构检测流程任何要求的改变，以及在实行测试过程中执行这些变化的具体测试点。作为申请的一部分，还要提供一份要求变更的特殊流程描述以及一份报告，以确保要求变更后检测的严格性不会比申请报告中所要求的那些参考标准低；
   4)　如果是新设备，则可能需要提供检测方法与实际操作的特殊详细信息。

d)　检测机构应提供用于填写以下信息的位置：
   1)　测试日期（年、月、日）；
   2)　测试地点；
   3)　通知申请者日期（年、月、日）。

F.1.2　SCSSV 气体流动检测(参见 B.3)

应记录以下数据信息：

a)　确认测试编号。

b)　日期(年、月、日)。

c)　检测开始时间、检测结束时间。

d)　每次流量检测应采集并记录以下的数据信息：

　1)　在阀腔压力值为零时的液压开启压力值；

　2)　在阀腔压力值为零时的液压关闭压力值；

　3)　在阀腔压力值从 13.8 MPa～17.2 MPa(2 000 psi～2 500 psi)之间的液压开启压力值；

　4)　有关关闭的数据信息：

　　ⅰ)　气体流动流量；

　　ⅱ)　全关闭液压控制压力；

　　ⅲ)　关闭的时间。

　5)　氮气泄漏的数据：

　　ⅰ)　测试压力；

　　ⅱ)　泄漏流量；

　　ⅲ)　在部件连接处是否检测到泄漏?(是或否)。

e)　是否通过检测?(是或否)。

f)　操作者(打印的姓名和签名)、日期(年、月、日)。

F.1.3　SCSSV 通径检测(参见 B.4)

应记录以下信息：

a)　确认测试编号。

b)　与通径有关的数据：

　1)　被测井下安全阀的最小内径或最大外径(标称 ID 或 OD)；

　2)　塞规外径或环规内径(标称 ID 或 OD)；

　3)　塞规或环规的长度；

　4)　塞规或环规的唯一标识。

c)　每次通径检测，应记录以下数据：

　1)　检测日期(年、月、日)；

　2)　全开启状态下，液压控制压力值(5 次)；

　3)　全关闭状态下，液压控制压力值(5 次)；

　4)　通径检测是否通过?(是或否)。

d)　操作者(打印的姓名和签名)、日期(年、月、日)。

F.1.4　SCSSV 首次开启与关闭检测(参见 B.2.2.2 和 B.2.2.4)

应记录以下信息：

a)　确认测试编号。

b)　试验台(或仪器)标识。

c)　日期(年、月、日)。

d)　检测开始时间，检测结束时间。

e)　在阀腔压力值为零时，进行打开与关闭测试：

1） 全开启的液压控制压力（测试值）；
2） 全关闭的液压控制压力（测试值）。

f） 操作者（打印的姓名和签名）、日期（年、月、日）。

F.1.5 SSSV 液体泄漏检测（参见 B.5）

应记录以下各项数据：

a） 确认测试编号。
b） 试验台（或仪器）标识。
c） 对于液体泄漏的每次重复检测（B.2.2.5，B.2.2.13 和 B.2.3.5），应记录以下数据：
1） 正在执行的检测步骤的标识（还要标注上一操作步骤）；
2） 检测日期（年、月、日）；
3） 阀腔的测试压力（100％额定工作压力）；
4） 试验压力的加压时间；
5） 泄漏检测开始时间；
6） 泄漏检测结束时间；
7） 在试验压力下的平均泄漏率（100％额定工作气压）；
8） 外壳是否泄漏（仅 TRSV）？（是或否）；
9） 测试是否通过？（是或否）。
d） 操作者（打印的姓名和签名）、日期（年、月、日）。

F.1.6 SCSSV 非均衡开启检测（参见 B.6）

应记录以下各项数据：

a） 确认测试编号。
b） 检测台（或仪器）标识。
c） 日期（年、月、日）。
d） 正在检测的 SCSSV 设备的额定工作压力。
e） 生产商建议的最大非均衡开启压力值（来自操作手册）。
f） 对于每次非均衡开启检测，应记录以下数据：
1） 检测开始时间；检测完成时间；
2） 阀腔上游的检测压力值（测量值）；
3） 平衡检测压力值（测量值）；
4） 全开启液压控制压力值（测量值）。
g） 测试是否通过？（是或否）。
h） 操作者（打印的姓名和签名）、日期（年、月、日）。

F.1.7 SCSSV 工作压力检测（参见 B.7）

应记录以下各项数据：

a） 确认测试编号。
b） 试验台（或仪器）标识。
c） 对工作压力检测的每次重复操作（B.2.2.7，B.2.2.10，B.2.2.12，B.2.3.2 和 B.2.3.4），记录以下信息：
1） 日期（年、月、日）；
2） 在 25％的工作压力下，SCSSV 的初始压力（基础压力）；

3） 全开启，液压控制压力（实际测试单元的压力）；

4） 全关闭，液压控制压力（实际测试单元的压力）；

5） 按 B.7 的规定记录重复测试结果；

6） 在 75%的工作压力下，重复进行上述测试。

d） 计算以下的值：

1） 调整后的全关闭状态下，液压控制压力；

2） 调整后的全关闭状态下，液压控制压力的平均值；

3） 调整后的全开启状态下，液压控制压力；

4） 调整后的全开启状态下，液压控制压力的平均值。

e） 外壳是否泄漏（仅 TRSV 检测）？（是/否）。

f） 测试是否通过？（是/否）。

g） 操作者（打印的姓名和签名）、日期（年、月、日）。

F.1.8 SSSV 丙烷检测（参见 B.8）

应记录以下内容：

a） 确认测试编号。

b） 检测标准（或仪器）标识。

c） 日期（年、月、日）。

d） 每个开启（关闭）周期内，在被测阀腔压力值为零的状态下，记录以下内容：

1） 全关闭状态下，液压控制压力值；

2） 全开启状态下，液压控制压力值。

e） 在每个周期刚刚结束时，计算得到下列数值：

1） 全关闭状态下，调整后的液压控制压力值的平均值；同加 10%；同减 10%；

2） 全开启状态下，调整后的液压控制压力值的平均值；同加 10%；同减 10%。

f） 对每个开启（关闭）周期，在 2.8 MPa(400 psi)压力下，检测阀的公称压力值，应记录如下数据：

1） 阀关闭时间；

2） 全关闭状态下，液压控制压力值；

3） 阀开启时间；

4） 全开启状态下，液压控制压力值。

g） 在每个周期刚刚结束时，计算得到下列数值：

1） 全关闭状态下，调整后的液压控制压力值的平均值；同加 10%；同减 10%；

2） 全开启状态下，调整后的液压控制压力值的平均值；同加 10%；同减 10%。

h） 丙烷浸泡期间，应记录以下内容：

1） 丙烷浸泡开始时间；

2） 丙烷浸泡结束时间；

3） 结束丙烷浸泡时的阀腔压力值。

i） 丙烷检测结束时，记录最后的全关闭液压控制压力值。

j） 测试是否通过？（是/否）。

k） 操作者（打印的姓名和签名）、日期（年、月、日）。

F.1.9 SSSV 氮泄漏检测（参见 B.9）

应记录以下内容：

a） 确认测试编号。

b) 试验台(或设备)标识。
c) 每次重复测试氮泄漏时(B. 2. 2. 9, B. 2. 2. 12, B. 2. 3. 1, 以及 B. 2. 3. 4), 应记录以下内容:
   1) 日期(年、月、日);
   2) SCSSV 的阀腔压力值[1. 33 MPa～1. 47 MPa(190 psi～210 psi)];
   3) 开始等待的时间;
   4) 结束等待的时间;
   5) 测量气体泄漏流量;
   6) 本体是否泄漏(仅 TRSV 检测)? (是/否);
   7) SCSSV 的阀腔压力值[20%～30%的额定工作压力(RWP)];
   8) 全开启液压控制压力值;
   9) 开始等待的时间;
   10) 结束等待的时间;
   11) 测量气体泄漏流量;
   12) 本体是否泄漏(仅 TRSV 检测)? (是/否);
   13) 测试是否通过? (是/否)。
d) 操作者(打印的姓名和签名)、日期(年、月、日)。

F. 1. 10 SCSSV 一级流量测试(参见 B. 10)

应记录以下内容:
a) 确认测试编号。
b) 试验台(或设备)标识。
c) 在每次重复进行一级流量测试的过程中(B. 2. 2. 11 和 B. 2. 2. 12), 应记录以下内容:
   1) 检测日期(年、月、日);
   2) 对每个循环流量, 应记录以下数据:
      ⅰ) 开始循环的时间;
      ⅱ) 阀关闭时间;
      ⅲ) 阀关闭前的水的流量;
      ⅳ) 全关闭时的液压控制压力;
      ⅴ) 液压控制压力为零时, 持续流动 15 s;
      ⅵ) 关闭时间;
      ⅶ) 全打开的液体控制压力。
d) 测试是否通过? (是/否)。
e) 操作者(打印的姓名和签名)、日期(年、月、日)。

F. 1. 11 SCSSV 温度控制检测(参见 B. 11)

应记录以下内容:
a) 确认测试编号:
b) 试验台(或仪器)标识。
c) SCSSV 的温度稳定性测试。
d) 每次温度控制的重复测试, 应记录以下信息:
   1) 日期(年、月、日);
   2) 在 25%的工作压力, 温度为 38 ℃(100 ℉)和 82 ℃(180 ℉)下, SCSSV 的阀腔初始压力(基础压力);

3） 全开启状态下，液压控制压力(实际测试单元的压力)；
4） 全关闭状态下，液压控制压力(实际测试单元的压力)；
5） 按照 B.11.4 的规定，记录重复测试的相关结果；
6） 在 75%工作压力下，重复进行上述测试。

e） 计算下列数值：
1） 全关闭状态下，调整后的液压控制压力；
2） 全关闭状态下，调整后液压控制压力的平均值；
3） 全开启状态下，调整后的液压控制压力；
4） 全开启状态下，调整后液压控制压力的平均值。

f） 对于每个控制管线的泄漏检测(在指定的温度和压力下)，记录以下信息：
1） 开始等待的时间；
2） 结束等待的时间；
3） 泄漏检查？(是/否)；
4） 本体是否泄漏(仅 TRSV 检测)？(是/否)。

g） 对于每个关闭机构的泄漏测试(在指定的温度和压力值下的关闭机构)，应记录以下信息：
1） 测试温度；
2） 关闭机构上方的阀腔压力降到零时的时间；
3） 关闭机构下方的阀腔的压力；
4） 开始等待的时间；
5） 结束等待的时间；
6） 泄漏量。

h） 测试是否通过？(是/否)。

i） 操作者(打印的姓名和签名)、日期(年、月、日)。

F.1.12 SCSSV 二级流量检测(参见 B.12)

应记录以下内容：

a） 确认测试编号。

b） 试验台(或仪器)标识。

c） 在每次重复进行二级流量测试的过程中(B.2.3.3 和 B.2.3.4)，应记录以下内容：
1） 测试日期(年、月、日)；
2） 泥浆循环通过阀的起始时间；
3） 循环期间的流量；
4） 循环开始时的含砂量(%)；
5） 循环开始时的泥浆黏度；
6） 阀关闭的时间(阻止泥浆流动)；
7） 泥浆流量；
8） 全关闭状态下，液压控制压力；
9） 液压控制压力达到零时，持续 15 s；
10） 关闭的时间；
11） 循环结束的含砂量(%)；
12） 循环结束时的泥浆黏度；
13） 测试是否通过？(是/否)。

d） 操作者(打印的姓名和签名)、日期(年、月、日)。

F.1.13　SSSV 确认测试总结(参见 A.1、B.2.3.8 和 B.13.15)

应记录以下内容：

a)　确认检测机构(公司、设备名称、地址、相关部门等)。

b)　确认产品制造商(公司、设备名称、地址、相关部门、联系人及电话等)。

c)　确认测试日期和报告日期。

d)　确认测试编号(通过检测设备提供)。

e)　设备类型:SCSSV,SSCSV(地面控制与井下控制等)。

f)　型号名称或由制造商确定的其他标识。

g)　产品的唯一序列号。

h)　油管的公称尺寸。

i)　额定工作压力。

j)　测试的适用等级(一级或二级)。

k)　测试通过的适用等级(一级或二级)。

l)　如果阀门没有通过测试,标明发生问题的环节以及失效的原因。

m)　备注(阀门制造商提出的任何未规定的设备或程序,在测试过程中观察到的任何非正常情况等,应详细描述)。

n)　测试批准(测试授权机构)、日期(年、月、日)。

F.1.14　SSCSV 气体密封检测(参见 B.14)

应记录以下内容：

a)　确认测试编号。

b)　试验台(或仪器)标识。

c)　检测开始时间。

d)　检测完成时间。

e)　日期(年、月、日)。

f)　针对速度型 SSCSV：

　1)　被测阀门上游的初始压力；

　2)　关闭流量(介质为气体的情况下)；

　3)　关闭压差；

　4)　计算的最大关闭流量；

　5)　计算的最小关闭流量。

g)　针对管压型 SSCSV：

　1)　被测阀门下游的初始压力；

　2)　关闭时下游压力；

　3)　设计的关闭压力；

　4)　计算最大关闭流量；

　5)　计算最小关闭流量。

h)　氮泄漏数据：

　1)　被测阀腔压；

　2)　泄漏流量。

i)　测试是否通过?(是/否)。

j)　操作者(打印的姓名和签名)、日期(年、月、日)。

F.1.15　SSCSV 液体密封检测(参见 B.15)

应记录以下内容：

a)　确认测试编号。

b)　试验台(或仪器)标识。

c)　测试开始时间。

d)　测试完成时间。

e)　测试日期(年、月、日)。

f)　针对速度型 SSCSV：

　1)　被测阀门下游的初始压力；

　2)　关闭流量(介质为水的情况下)；

　3)　关闭压差；

　4)　设计关闭流量(以液体为介质的情况下)；

　5)　最大关闭流量:设计关闭流量的 125%(以液体为介质的情况)；

　6)　最小关闭流量:设计关闭流量的 75%(以液体为介质的情况)。

g)　针对管压型 SSCSV：

　1)　被测阀门下游的初始压力；

　2)　关闭时的下游压力；

　3)　最大关闭流量:设计关闭流量的 125%(以液体为介质的情况)；

　4)　最小关闭流量:设计关闭流量的 75%(以液体为介质的情况)。

h)　测试是否通过?(是/否)。

i)　操作者(打印的名字和签名)、日期(年、月、日)。

F.1.16　SSCSV 丙烷检测(参见 B.13.5)

应记录以下内容：

a)　确认测试编号。

b)　试验台(或仪器)标识。

c)　丙烷浸泡时间

　1)　日期；

　2)　浸泡 2 h：

　　i)　开始时间；

　　ii)　停止时间；

　3)　在丙烷中浸泡 2 h 后,阀腔的压力值。

d)　丙烷浸泡后关闭：

　1)　检测开始时间；

　2)　检测完成时间；

　3)　日期(年、月、日)。

e)　针对速度型 SSCSV：

　1)　被测试阀门下游的初始压力；

　2)　关闭流量(以水为介质的情况)：

　　i)　在 F.1.15 f)2)记录的关闭流量上+15%；

　　ii)　在 F.1.15 f)2)记录的关闭流量上−15%；

　3)　关闭压差。

f) 针对管压型 SSCSV：

1) 测试阀下游的初始压力；

2) 关闭时，下游压力：

ⅰ) 在 F.1.15g)2)记录的下游关闭压力上＋15％；

ⅱ) 在 F.1.15g)2)记录的下游关闭压力上－15％。

g) 测试是否通过？(是/否)。

h) 操作者(打印的姓名和签名)、日期(年、月、日)。

F.1.17 SSCSV 氮泄漏检测(参见 B.13.6)

应记录以下内容：

a) 确认测试编号。

b) 试验台(或仪器)标识。

c) 在每次重复进行井下控制井下安全阀(SSCSV)氮泄漏的测试过程中(参考 B.13.6 和 B.13.8)，应记录以下内容：

1) 日期(年、月、日)；

2) 被测试阀门的阀腔压力值[1.33 MPa 至 1.47 MPa(190 psi 至 210 psi)]；

3) 开始等待的时间；

4) 结束等待的时间；

5) 测定的气体泄漏量；

6) 阀腔的测试压力(20％～30％ RWP)；

7) 开始等待的时间；

8) 结束等待的时间；

9) 测定的气体泄漏量；

10) 测试是否通过？(是/否)。

d) 操作者(打印的姓名和签名)、日期(年、月、日)。

F.1.18 SSCSV 一级流量检测(参见 B.16)

应记录以下内容：

a) 确认测试编号。

b) 试验台(或仪器)标识。

c) 针对速度型的 SSCSV：

1) 在 F.1.15 f)2)记录的关闭流量上＋15％；

2) 在 F.1.15 f)2)记录的关闭流量上－15％。

d) 针对管压型 SSCSV：

1) 在 F.1.15 g)2)记录的下游关闭压力上＋15％；

2) 在 F.1.15 g)2)记录的下游关闭压力上－15％。

e) 在每次重复进行的 SSCSV 一级流量测试过程中(参考 B.13.6 和 B.13.8)，应记录以下内容：

1) 检测日期(年、月、日)；

2) 对每个循环流量下，都应记录以下内容：

ⅰ) 循环开始通过阀门的时间；

ⅱ) 循环开始时的流量；

ⅲ) 阀关闭的时间；

3) 针对速度型 SSCSV：

ⅰ) 下游的初始压力；

ⅱ) 关闭时，水的流量；

ⅲ) 关闭时，阀门两端的压差；

4) 针对管压型 SSCSV：

ⅰ) 下游的初始压力；

ⅱ) 关闭时的下游压力；

5) 测试是否通过？(是/否)。

f) 操作者(打印的姓名和签名)、日期(年、月、日)。

F.1.19 SSCSV 二级流量测试(参见 B.17)

应记录以下内容：

a) 确认测试编号。

b) 试验台(或仪器)标识。

c) 针对速度型 SSCSV：

1) 在 F.1.15f)2)记录的关闭流量上＋15％；

2) 在 F.1.15f)2)记录的关闭流量上－15％。

d) 针对管压型 SSCSV：

1) 在 F.1.15g)2)记录的下游关闭压力上＋15％；

2) 在 F.1.15g)2)记录的下游关闭压力上－15％。

e) 在每次重复进行的 SSCSV 二级流量测试过程中(参考 B.13.11 和 B.13.12)，应记录以下容：

1) 检测日期(年、月、日)；

2) 在每个循环流量下，记录下列信息：

ⅰ) 循环开始通过阀门的时间；

ⅱ) 循环开始时的流量；

ⅲ) 循环开始的含砂量(％)；

ⅳ) 循环开始时的泥浆黏度(马氏漏斗)；

ⅴ) 阀关闭的时间(阻止泥浆流动)；

3) 针对速度型 SSCSV：

ⅰ) 下游初始压力；

ⅱ) 关闭时的泥浆流量；

ⅲ) 关闭时，阀门两端的压差；

4) 针对管压型 SSCSV：

ⅰ) 下游初始压力；

ⅱ) 关闭时的下游压力；

ⅲ) 循环结束时的含砂量(％)；

ⅳ) 循环结束时的泥浆黏度；

5) 测试是否通过？(是/否)。

f) 操作者(打印的姓名和签名)、日期(年、月、日)。

F.1.20 SCSSV 功能测试文件(参见 C.2)

应记录以下信息：

a) 阀门制造商。

b) 阀门名称。

c) SSSV 的类型和尺寸。

d) 产品(材料)编号和唯一序列号。

e) 额定工作压力。

f) 静水压测试:

   1) 加压开始的时间;

   2) 加压结束的时间;

   3) 开始时的控制压力;

   4) 结束时的控制压力;

   5) 计算最少 5 min 时间的压力损失;

   6) 测试是否通过?(是/否)。

g) 压力控制的可重复性:

   1) 零位时,阀腔压力值;

   2) 全开启时的液体控制压力;

   3) 全关闭时的液体控制压力;

   4) 重复进行 5 次循环;

   5) 计算 5 次循环的平均值;

   6) 测试是否通过?(是/否)。

h) 静水压检测(重复进行):

   1) 加压开始的时间;

   2) 加压结束的时间;

   3) 开始时的压力;

   4) 结束时的压力;

   5) 5 min 时是否泄漏?(是/否);

   6) 测试是否通过?(是/否)。

i) 记录全开启(全关闭)状态下的压力。

j) SCSSV 的操作压力测试:

   1) 每次进行操作压力测试,应记录如下信息:

      ⅰ) 将 SCSSV 的初始阀腔压力值(基础压力),设定在额定工作压力的 50%;

      ⅱ) 全开启时的液体控制压力(测试实际压力);

      ⅲ) 全关闭时的液体控制压力(测试实际压力);

      ⅳ) 按照 C.2.2h)的规定,记录重复实验的结果;

   2) 计算以下数值:

      ⅰ) 全关闭状态下,调整后的液压控制压力;

      ⅱ) 全关闭状态下,调整后的平均液压控制压力;

      ⅲ) 全开启状态下,调整后的液压控制压力;

      ⅳ) 全开启状态下,调整后的平均液压控制压力;

   3) 本体连接处是否泄漏(仅 TRSV)?(是/否)。

k) 在 100%的测试压力下,记录全开启(全关闭)状态下的液体控制压力。

l) 在100%的测试压力和零液压控制压力情况下：
   1) 5 min 内控制口是否出现泄漏？(是/否)；
   2) 测试是否通过？(是/否)。
m) 在关闭机构下方，采用100%的压力测试关闭机构的泄漏：
   1) 5 min 内是否测到泄漏，泄漏量以 cm^3/min 为单位？(是/否)；
   2) 测试是否通过？(是/否)。
n) 记录全打开状态下的液体控制压力。
o) 在测试部分上方施加 1.4 MPa(200 psi)的气压：
   1) 记录全关闭状态下的液体压力；
   2) 5 min 内控制口是否出现泄漏？(是/否)；
   3) 测试是否通过？(是/否)。
p) 在测试部分压力为零和关闭装置下方压力为 1.4 MPa(200 psi)的情况下：
   1) 5 min 内是否测到泄漏，泄漏量以 cm^3/min 为单位？(是/否)；
   2) 测试是否通过？(是/否)。
q) 在 8.3 MPa(1 200 psi)压力下，重复 o)和 p)的过程，记录结果。
r) 记录全开启(全关闭)状态下的液控压力两次。
s) 内部(外部)通径检测。测试是否通过？(是/否)。
t) 专用特征检测结果。测试是否通过？(是/否)。
u) 检测日期。
v) 操作者(打印的姓名和签名)、日期(年、月、日)。

F.1.21 SSCSV 功能检测文件(参见 C.3)

应记录以下内容：

a) 阀门制造商。
b) 阀门名称。
c) SSSV 的类型和尺寸。
d) SSSV 名称(材料)编号和唯一序列号。
e) 安全阀锁，序列号，以及尺寸(如适用)。
f) 额定工作压力。
g) 针对速度型 SSCSV：
   1) 初始流量；
   2) 上游初始压力；
   3) 下游初始压力；
   4) SSCSV 关闭时的流量；
   5) SSCSV 关闭时的上游压力；
   6) SSCSV 关闭时的下游压力；
   7) 在上游压力与 SSCSV 的额定压力一样的情况下，5 min 内的泄漏量；
   8) 在上游气压为 1.4 MPa(200 psi)下，5 min 内的气体泄漏量；
   9) 通径测试结果(参考 B.4)；
   10) 测试是否通过？(是/否)。

h) 针对管压型 SSCSV：
   1) 表 F.3 规定的液体流量；
   2) SSCSV 关闭时的流量；
   3) SSCSV 关闭时的下游压力；
   4) 在上游压力与 SSCSV 的额定压力一样的情况下，5 min 内的泄漏量；
   5) 在上游气压为 1.4 MPa(200 psi)下，5 min 内的气体泄漏量；
   6) 通径测试结果(参考 B.4)；
   7) 测试是否通过？(是/否)。
i) 操作者(打印的姓名和签名)、日期(年、月、日)。

F.1.22 SSSV 出厂文件(参见 7.9.2.1)

应记录以下内容：
a) 与制造商相关的数据：
   1) 制造商的名称和生产地址；
   2) 产品(材料)序号；
   3) 阀门名称；
   4) 序列号；
   5) 尺寸；
   6) 适用等级。
b) 与 SSSV 相关的数据：
   1) 额定压力；
   2) 最高额定温度；
   3) 最低额定温度；
   4) 确认检测机构；
   5) 确认测试编号；
   6) 报告日期(年、月、日)；
   7) 按本标准的要求的测试。
c) SSSV 功能检测概要：
   1) 在测试单元压力为零时的最大打开压力和最小打开压力；
   2) 在测试单元压力为零时的最大关闭压力和最小关闭压力；
   3) 操作者(打印的姓名和签名)、日期(年、月、日)；
   4) 检查人(打印的姓名和签名)、日期(年、月、日)。

F.2 图形(图表)

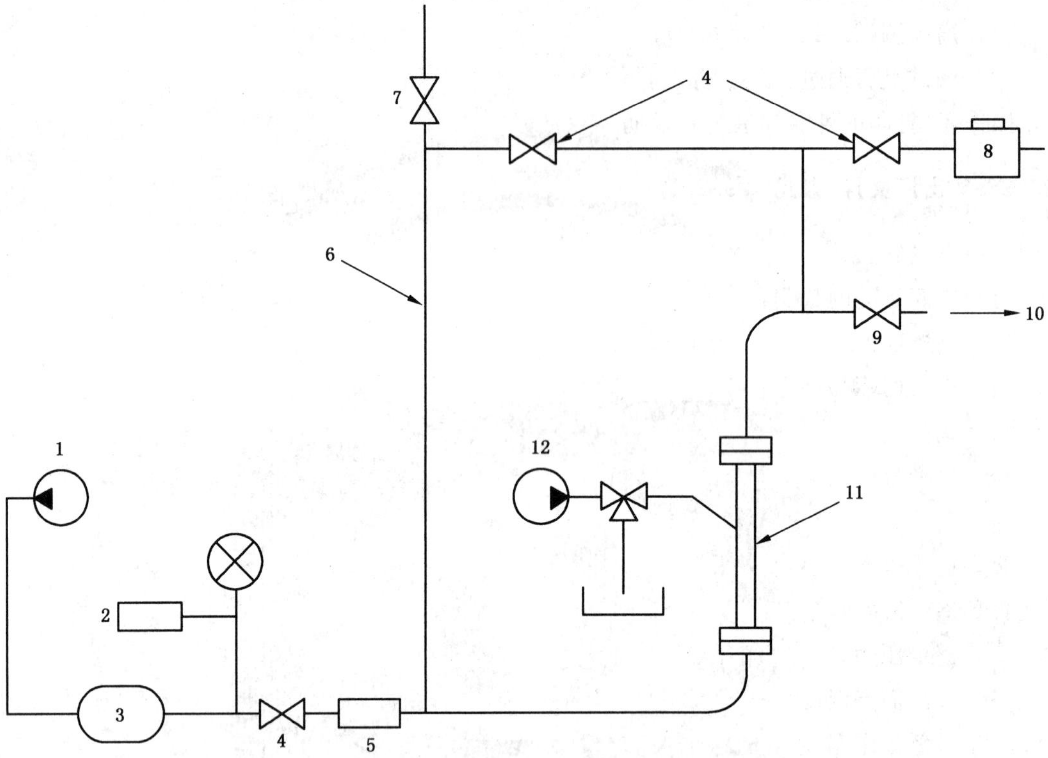

说明:

1——气源;
2——压力测量设备;
3——储气罐;
4——截止阀;
5——流量计;
6——平衡连通管;
7——泄压阀;
8——泄漏检测流量计;
9——流量控制阀;
10——排气口;
11——SSSV测试单元;
12——压力水源[仅适用于SCSSV]。

图 F.1 气体流动测试设备示例图

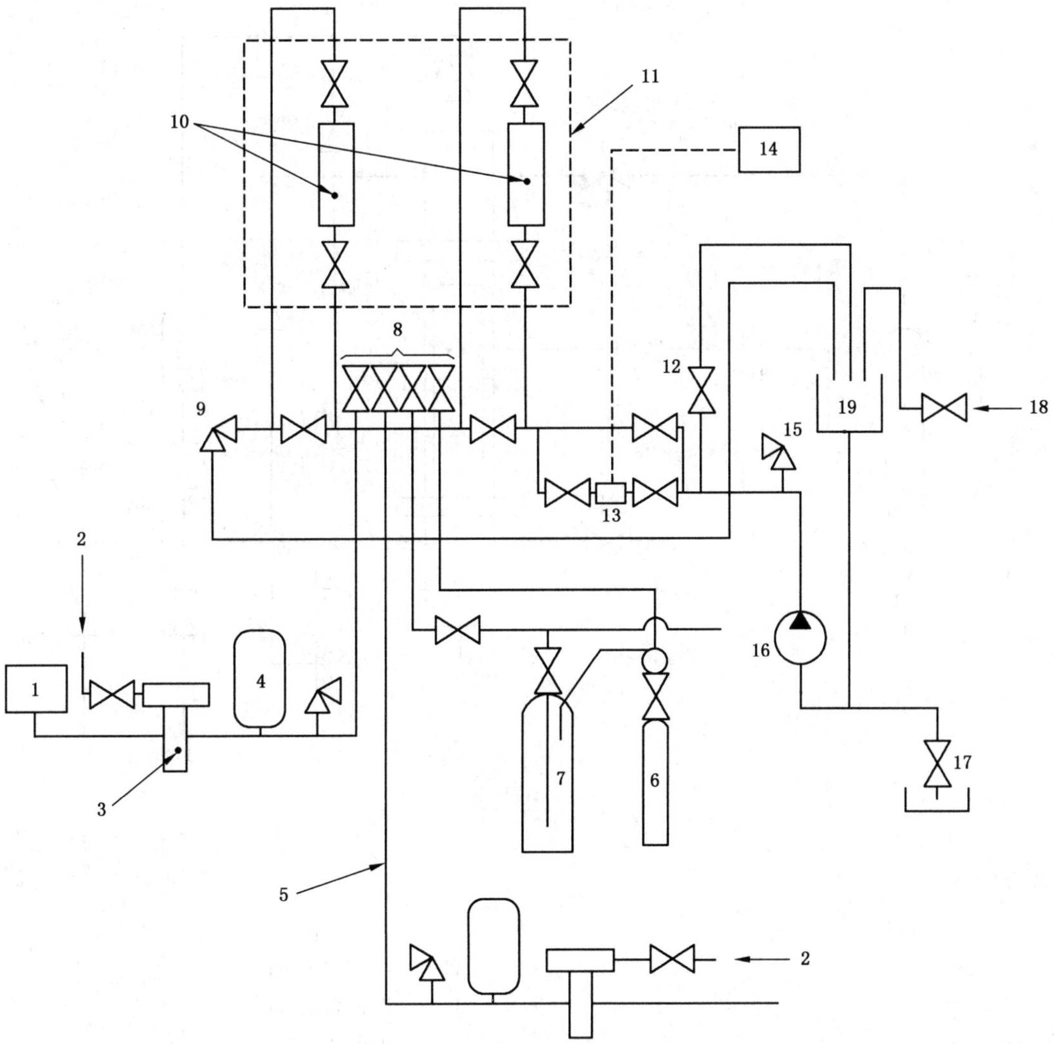

说明：

1——液压油；
2——气源；
3——液压源；
4——液控系统；
5——高压水系统；
6——氮气源；
7——丙烷气源；
8——管汇阀组；
9——节流阀；
10——测试单元；
11——见图 F.3；
12——旁通阀；
13——流量计；
14——记录仪器；
15——泄压阀；
16——泵；
17——排出阀；
18——水源；
19——供液罐。

图 F.2　液体测试设备示例图

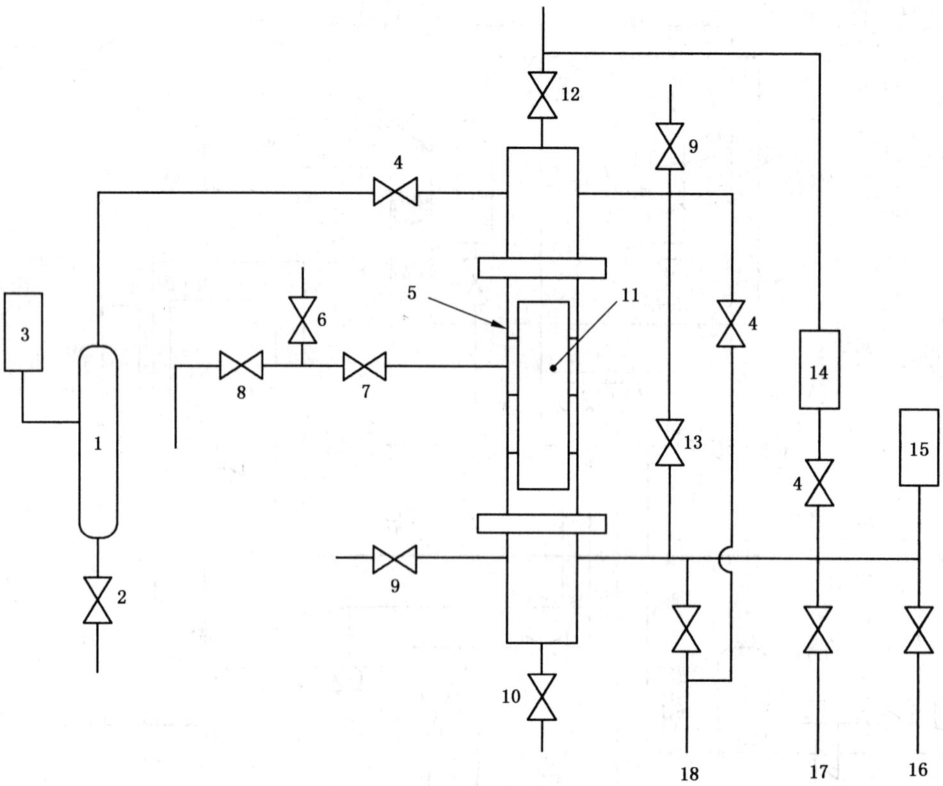

说明：

1——气液分离器；
2——排液阀；
3——氮流量计；
4——截止阀；
5——测试单元；
6——液压控制管路泄压阀；
7——计量阀；
8——液压控制阀；
9——泄压阀；
10——上游截止阀；
11——井下安全阀；
12——下游截止阀；
13——平衡阀；
14——压差测量设备；
15——压力测量设备；
16——高压水管汇阀组；
17——丙烷管汇阀；
18——氮气管汇阀。

图 F.3　液体测试设备实例详解

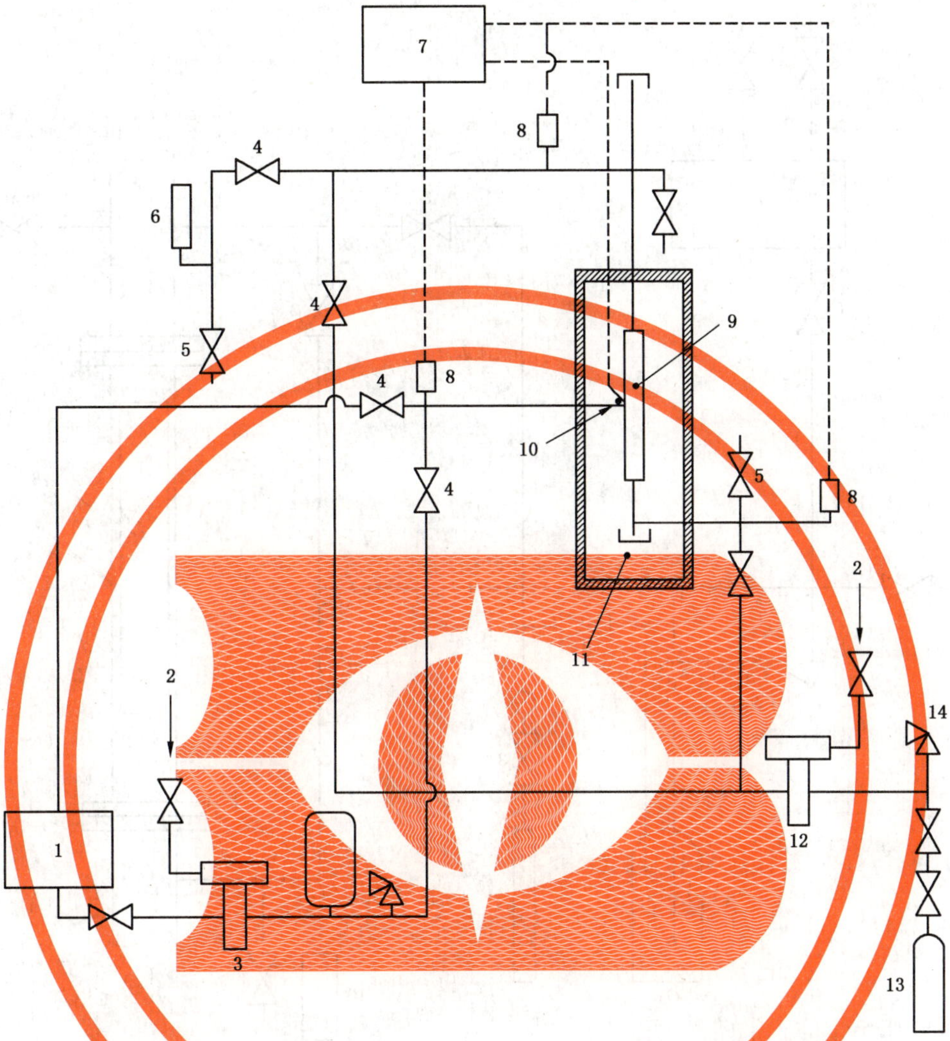

说明：

1——液压油；
2——气源；
3——液压源[仅用于 SCSSV]；
4——截止阀；
5——排放阀；
6——氮流量计；
7——记录器；
8——测压装置；
9——测试单元；
10——热电偶；
11——加热箱；
12——氮增压器；
13——氮增压源；
14——泄压阀。

图 F.4　温控测试设备示意图

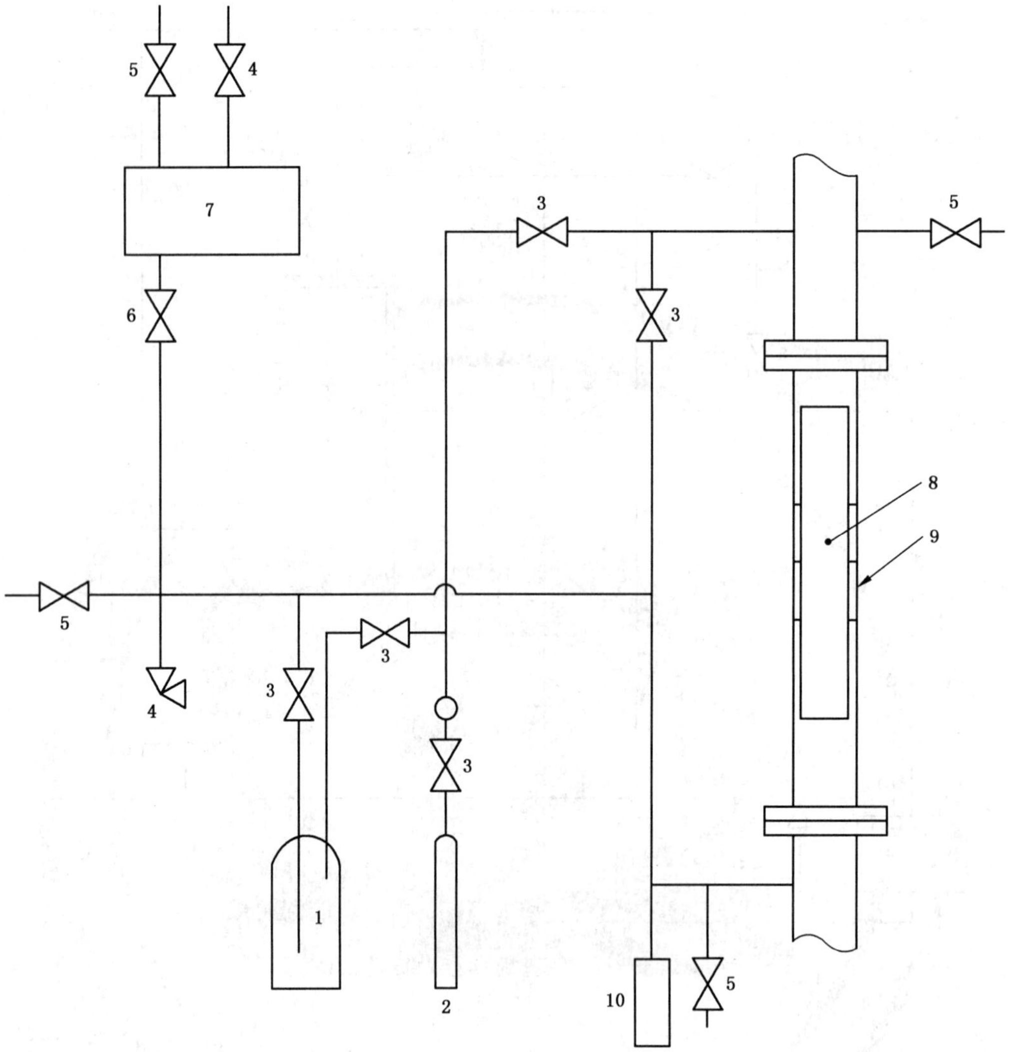

说明：

1——高压丙烷储罐；
2——氮气罐；
3——截止阀；
4——安全阀；
5——排放阀；
6——液体截止阀；
7——低压丙烷储罐；
8——SSSV；
9——测试单元；
10——压力计。

图 F.5 丙烷测试设备示例图

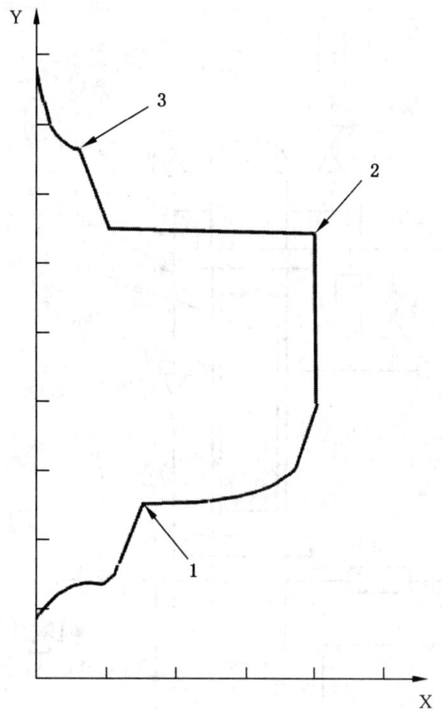

说明：
X——液压，向右逐渐增加；
Y——时间，随液压施加或释放，向上逐渐增加。
1——SSSV 完全打开；
2——液压系统压力；
3——SSSV 完全关闭。

图 F.6 SSSV 的液压控制压力特征曲线示例

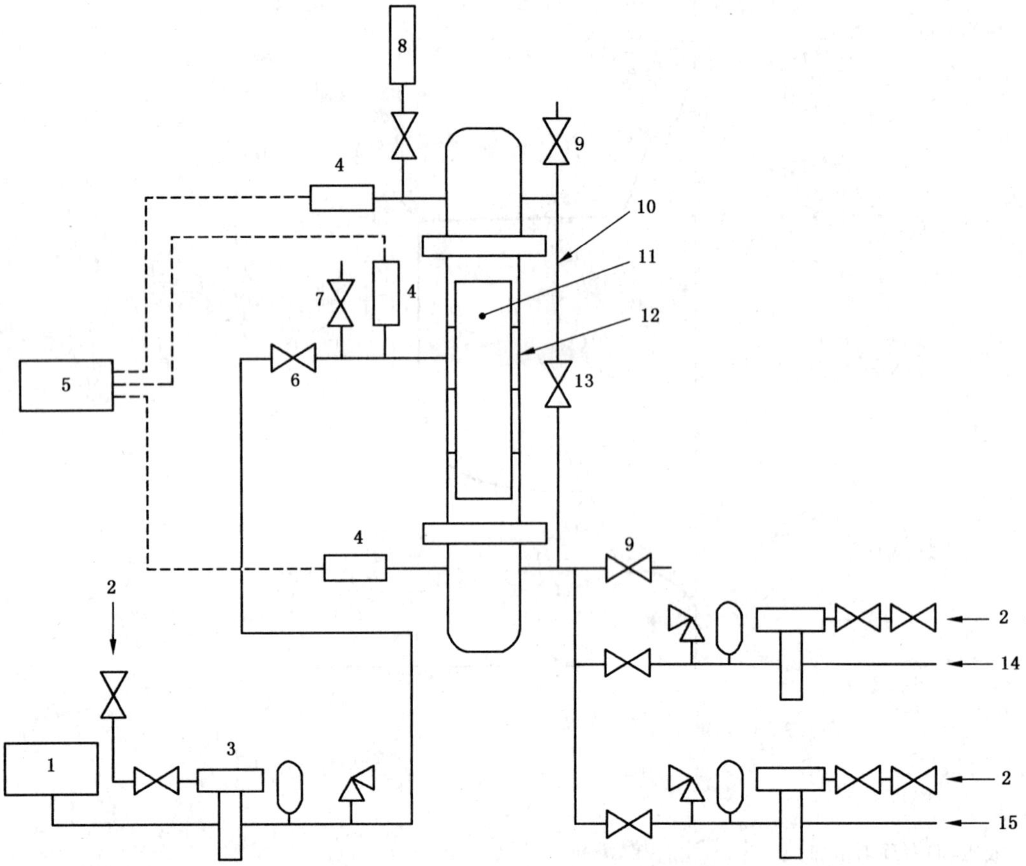

说明：

1——液压油；
2——气源；
3——液控系统；
4——压力计；
5——记录器；
6——液压控制阀；
7——液压控制管线排出阀；
8——氮流量计；
9——排出阀；
10——平衡连通管；
11——SSSV；
12——测试单元；
13——平衡阀；
14——测试液源；
15——测试气源。

图 F.7　液压控制 SSSV 的功能测试设备示例图

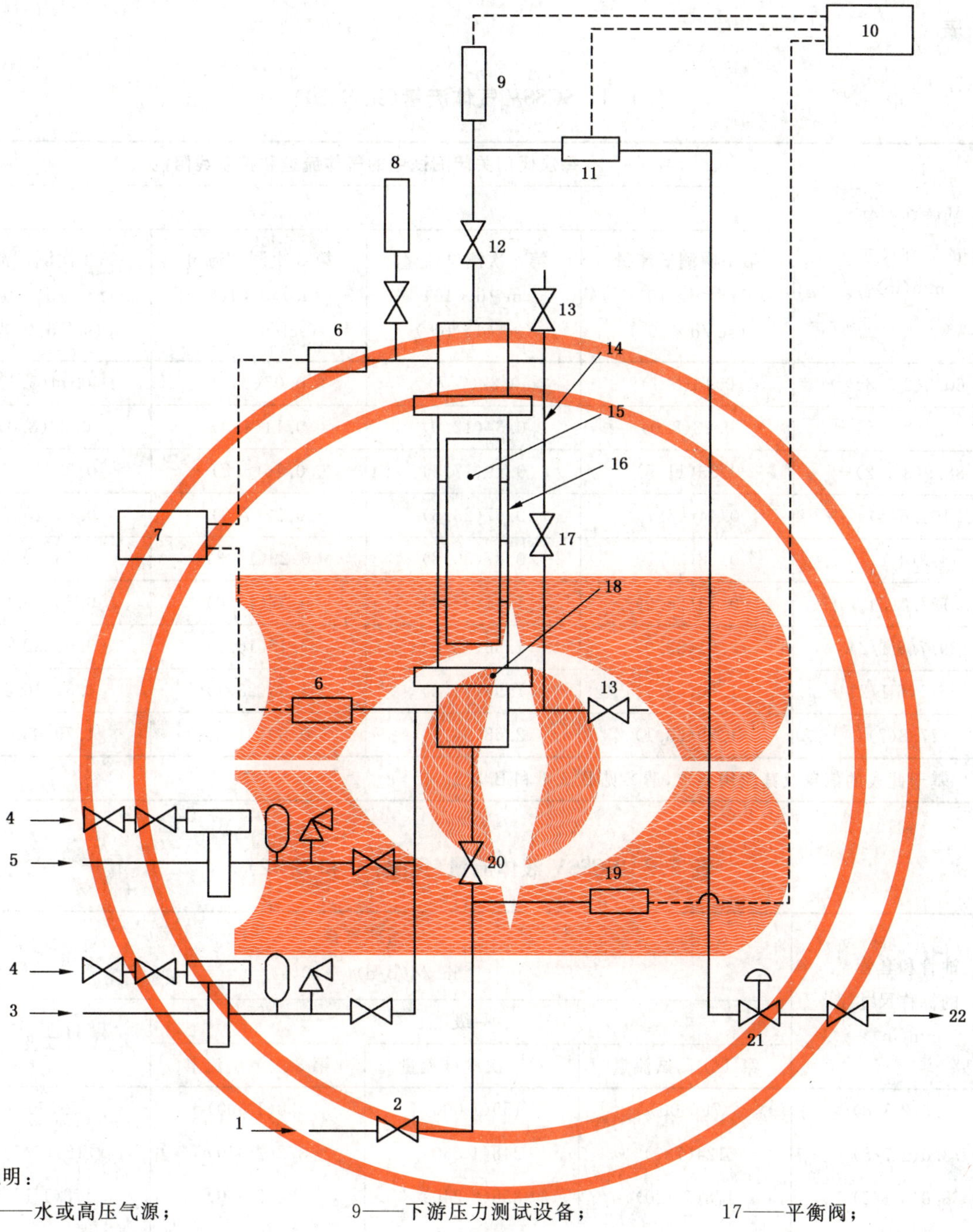

说明：

1——水或高压气源；
2——流量控制阀；
3——测试气源；
4——气源；
5——测试液源；
6——测压设备；
7——记录器；
8——氮流量计；
9——下游压力测试设备；
10——纸带记录器；
11——流量计；
12——下游隔离阀；
13——泄压阀；
14——平衡连通管；
15——SSSV；
16——测试单元；
17——平衡阀；
18——接头；
19——上游压力测试设备；
20——上游隔离阀；
21——下游压力调节器；
22——水或气回路。

图 F.8 速度型和管压型 SSSV 的功能测试设备的示例图

F.3 表

表 F.1 SCSSV 气体流量(见 B.3)[a]

油管和套管的标称尺寸 mm(in)	每次阀门关闭测试中的气体流速和控制线阻抗			
	低阻	高阻		
	第 1 次测试流量 $m^3/d\times10^6$ ($scf/d\times10^6$)	第 2 次测试流量 $m^3/d\times10^6$ ($scf/d\times10^6$)	第 3 次测试流量 $m^3/d\times10^6$ ($scf/d\times10^6$)	第 4 次测试流量 $m^3/d\times10^6$ ($scf/d\times10^6$)
60.3(2 3/8)	0.14(5.1)	0.22(7.7)	0.07(2.6)	0.14(5.1)
73.0(2 7/8)	0.23(8.0)	0.34(12.0)	0.11(4.0)	0.23(8.0)
88.9(3 1/2)	0.33(11.5)	0.49(17.3)	0.16(5.8)	0.33(11.5)
101.6(4)	0.44(15.7)	0.67(23.6)	0.22(7.9)	0.44(15.7)
114.3(4 1/2)	0.58(20.5)	0.87(30.8)	0.29(10.3)	0.58(20.5)
127.0(5)	0.73(25.9)	1.10(38.9)	0.37(13.0)	0.73(25.9)
139.7(5 1/2)	0.91(32.0)	1.36(48.0)	0.45(16.0)	0.91(32.0)
165.1(6 1/2)	1.30(46.1)	1.96(69.2)	0.65(23.1)	1.30(46.1)
177.8(7)	1.79(63.1)	2.68(94.7)	0.89(31.6)	1.79(63.1)

[a] 基于此表的信息及其应用要求，请参见 B.3.1 和 B.3.2。

表 F.2 SCSSV 液体流量(见 B.10 和 B.12)

油管和套管的标称尺寸 mm(in)	循环流量 $m^3/d(B/d)(\pm10\%)$			
	一级			二级
	第 1 次测试流量	第 2 次测试流量	第 3 次测试流量	
60.3(2 3/8)	79(500)	159(1 000)	238(1 500)	79(500)
73.0(2 7/8)	124(780)	248(1 560)	372(2 340)	124(780)
88.9(3 1/2)	178(1 120)	356(2 240)	534(3 360)	178(1 120)
101.6(4)	238(1 500)	477(3 000)	715(4 500)	238(1 500)
114.3(4 1/2)	305(1 920)	610(3 840)	915(5 760)	305(1 920)
127.0(5)	386(2 430)	772(4 860)	1 159(7 290)	386(2 430)
139.7(5 1/2)	477(3 000)	954(6 000)	1 431(9 000)	477(3 000)
165.1(6 1/2)	686(4 320)	1 373(8 640)	2 060(12 960)	686(4 320)
177.8(7)	935(5 880)	1 869(11 760)	2 804(17 640)	935(5 880)

注：若制造商生产设备的尺寸不在本表所列，则假定循环流量取决于公称尺寸的平方，通过内插或外推法得出。

表 F.3　SSCSV 液体流量(见 B.15、B.16 和 B.17)

油管和套管 的标称尺寸 mm(in)	循环流量 m^3/d(B/d)(±10%) 一级和二级
60.3(2 3/8)	79(500)
73.0(2 7/8)	124(780)
88.9(3 1/2)	178(1 120)
101.6(4)	238(1 500)
114.3(4 1/2)	305(1 920)
127.0(5)	386(2 430)
139.7(5 1/2)	477(3 000)
165.1(6 1/2)	687(4 320)
177.8(7)	935(5 880)
注:若制造商生产设备的尺寸不在本表所列,则假定循环流量取决于标称尺寸的平方,通过内插或外推法得出。	

参 考 文 献

［1］ GB/T 21267—2007 石油天然气工业 套管及油管螺纹连接试验规程

［2］ ISO/IEC Guide 22:1996 供应商合格声明通用标准

［3］ ISO/TS 29001:2003 石油,化工和天然气工业-部门专用质量管理系统 产品和服务机构的要求

［4］ API Bull 5C3 套管、油管、钻杆和管线性能的公式和计算

［5］ API Bull 5C5 检测套管和油管连接程序的推荐规程

［6］ API RP 13B1 水基钻探液现场测试的标准程序

［7］ ASNT SNT-TC-1A,无损检测中人员资格认定和认证

［8］ ASTM D 638 塑料抗拉强度的标准试验方法

［9］ ASTM D 1415 橡胶特性的标准试验方法 国际硬度

［10］ NACE MR0175/ISO 15156-1-2-3 石油和天然气工业 在油气生产中,应用于含 H2S 环境中的材料

［11］ SAE AS 568B O 形圈航天尺寸标准

［12］ MIL STD 413 人造橡胶 O 形圈目视检查指导

ICS 71.100.30
G 89

中华人民共和国国家标准

GB 28261—2012

安全气囊气体发生器用点火具生产安全技术条件

Technical specification of safety production for gas generator initiator for air inflator

2012-03-09 发布　　2013-01-01 实施

中华人民共和国国家质量监督检验检疫总局
中国国家标准化管理委员会　发布

前 言

本标准的3.2、3.5、3.6、表1的部分指标、表2为强制性的，其余为推荐性的。

本标准依据GB/T 1.1—2009的规则起草。

本标准由中华人民共和国工业和信息化部提出。

本标准由工业和信息化部民爆器材标准化技术委员会归口。

本标准起草单位：兵器工业安全技术研究所、陕西庆华汽车安全系统有限公司、浙江高田(长兴)汽车安全装置有限公司。

本标准主要起草人：白春光、魏新熙、李芙慈、陈保伟、陈瑞民、梁丽华、陈肇明。

安全气囊气体发生器用点火具
生产安全技术条件

1 范围

本标准规定了安全气囊气体发生器用点火具生产、贮存、运输和销毁的安全技术要求。

本标准适用于安全气囊气体发生器用点火具生产、贮存、运输和销毁。使用单位参照执行。

2 规范性引用文件

下列文件对于本文件的应用是必不可少的。凡是注日期的引用文件,仅注日期的版本适用于本文件,凡是不注日期的引用文件,其最新版本(包括所有的修改单)适用于本文件。

GB 50016 建筑设计防火规范

GB 50089 民用爆破器材工程设计安全规范

GB 28263 民用爆炸物品生产、销售企业安全管理规程

WJ 1912 电火工品生产防静电安全规程

WJ 2470 小量火药、炸药及其制品危险性建筑设计安全规范

《爆破器材运输车安全技术条件》(国防科学技术工业委员会科工爆[2001]156号)

3 安全技术要求

3.1 危险性建筑物的计算药量应按建筑物内能同时爆炸或燃烧的危险品药量之和计算,危险性建筑物的存药量应按其计算药量折合成 TNT 当量计算。

3.2 危险性工房内炸药及其制品的存药量不超过 10 kg、危险性库房不超过 50 kg,危险性建筑物内火药及其制品的存药量不超过 100 kg 的工程建设应符合 WJ 2470 的要求。超过上述存药量的工程建设应符合 GB 50089 的要求。

3.3 安全气囊气体发生器用点火具生产工序及仓库的危险等级见表1。危险性建筑物的危险等级应根据建筑物内生产工序危险等级最高的或危险品危险等级确定。其他非危险性建筑物应按照 GB 50016 的要求确定其火灾危险类别。

表1 安全气囊气体发生器用点火具生产工序及仓库的危险等级

序号	危险等级	生产工序(或仓库)名称	技术要求
1	1.2(Bx)	点火药、引火药的混药、暂存、装药、压药	**应在抗爆间室或防护装置下进行**
2	1.4(Dx)	装配(含焊封、注塑等)、检验、包装	—
		点火药、引火药、点火具的试验和检测	
3	1.4(Dx)	点火具仓库	—
4	1.1(Ax)	点火药、引火药中转库	—

注1:危险等级中括号内为 WJ 2470 对应的危险等级。

注2:黑体字为强制性内容。

3.4 危险性生产工序与相邻工序之间应采取防护隔离措施。危险品仓库应单独设置。

3.5 生产防静电应符合 WJ 1912 的要求。危险等级为 1.2 级(Bx 级)的生产工序工作间应采用不发火、防（导)静电地面。

3.6 危险性建筑物工作间内裸露、干态的危险品存药量超过 1 kg 时,应设置符合 WJ 2470 要求的消防雨淋系统。

3.7 危险性生产工序工作间在生产过程中温度宜为 16 ℃～30 ℃,相对湿度宜为 50%～70%。

3.8 各工作间(或建筑物)电气危险场所分类和防雷类别见表 2。

表 2 工作间(或建筑物)危险场所分类和防雷类别

序号	工作间(或建筑物)名称	危险场所分类	防雷类别
1	混药、暂存、装药、压药	F1	一类
2	装配(含焊封、注塑等)、检验、包装	F2	一类
3	点火具仓库	F2	一类
4	点火药、引火药中转库	F0	一类

3.9 产品在包装箱内应分隔放置并固定。

3.10 产品厂外道路运输应采用符合《爆破器材运输车安全技术条件》要求的专用运输车。

3.11 废品应采用烧毁法(含点火具通电引爆法)进行销毁。

3.12 除上述要求外,安全气囊气体发生器用点火具生产工程建设的总平面布置和内外部距离、工艺布置、建筑结构、电气、消防给水与废水处理、采暖通风和空气调节等应符合 GB 50089 或 WJ 2470 的要求。生产安全管理应符合 GB 28263 的要求。

ICS 71.100.30
G 89

中华人民共和国国家标准

GB/T 28262—2012

火工品及药剂专用测试仪

Special testing equipment of explosive and medecament

2012-03-09 发布 2012-07-01 实施

中华人民共和国国家质量监督检验检疫总局
中国国家标准化管理委员会 发布

前　言

本标准依据 GB/T 1.1—2009 的规则起草。

本标准由中华人民共和国工业和信息化部安全生产司提出。

本标准由工业和信息化部民爆器材标准化技术委员会归口。

本标准起草单位:中国兵器工业第二一三研究所。

本标准主要起草人:郑文力、范星海、丁茂元、倪静玲、王魁全、刘天新、宋国亮、曹敏忠、郭崇星、王崇伟、王锐、梁楷文、杨远生、雷印玉、王丽萍、丁敏、张春婷。

火工品及药剂专用测试仪

1 范围

本标准规定了火工品及药剂专用测试仪的使用条件、要求，检验方法，检验规则以及标志、包装、运输和存放等内容。

本标准适用于静电感度测试仪、爆发点测试仪、机械撞击感度仪、机械冲击感度仪、摆式摩擦感度仪和气体比容测试仪的制造和验收。

2 规范性引用文件

下列文件对于本文件的应用是必不可少的。凡是注日期的引用文件，仅注日期的版本适用于本文件。凡是不注日期的引用文件，其最新版本(包括所有的修改单)适用于本文件。

GB/T 191　包装储运图示标志

GB/T 213—2003　煤的发热量测定方法

GB/T 710　优质碳素结构钢热轧薄钢板和钢带

GB/T 1298　碳素工具钢

GB/T 1299　合金工具钢

GB/T 12325　电能质量　供电电压允许偏差

GB/T 12326　电能质量　电压波动和闪变

GB/T 15945　电能质量　电力系统频率允许偏差

GJB 772A—1997　炸药试验方法

GJB 5891.24—2006　火工品药剂试验方法　第24部分:摩擦感度试验

GJB 5891.30—2006　火工品药剂试验方法　第30部分:气体比容测定　压力传感器法

3 术语和定义

下列术语和定义适用于本文件。

3.1

气体比容　gas special volume

单位质量的物质在真空定容的氧弹内爆炸(或燃烧)所产生的气体在标准状态下的体积。

4 使用条件

4.1 机械撞击感度仪

应在温度为15 ℃～30 ℃，相对湿度为50%～70%，并具有良好通风设备的室内使用。

4.2 机械冲击感度仪

4.2.1 温度和相对湿度应符合4.1的规定。

4.2.2 使用过程中应具备以下供电条件：

a） 电压：380 V±38 V，电压质量应符合 GB/T 12325 的要求；

b） 频率：50.0 Hz±0.2 Hz，频率质量应符合 GB/T 15945 的要求；

c） 电压波动和闪变应符合 GB/T 12326 的要求。

4.3 摆式摩擦感度仪

4.3.1 温度和相对湿度应符合 4.1 的规定。

4.3.2 使用过程中的供电条件应符合 4.2.2 的规定。

4.3.3 最大允许负荷：按油缸承受压力计为 150 kg/cm²；按滑柱面承受压力计为 1 800 kg/cm²。

4.3.4 最大允许受试样品药量为 0.03 g。

4.4 气体比容测试仪

4.4.1 环境温度在 15 ℃～30 ℃范围内，且工作过程中环境温度波动不大于±1 ℃。

4.4.2 无阳光直射和强空气对流。

4.4.3 无震动、无腐蚀性介质和较强电磁场干扰。

4.4.4 使用过程中应具备以下供电条件：

a） 电压：220 V±22 V 或 380 V±38 V；

b） 频率：50.0 Hz±0.2 Hz。

5 要求

5.1 静电感度测试仪

5.1.1 组成

5.1.1.1 结构

静电感度测试仪应由主机、升压柱、铜球开关箱、静电电压表、气路电磁阀、微型空气压缩机和药剂静电感度试验箱等组成，见图 1。

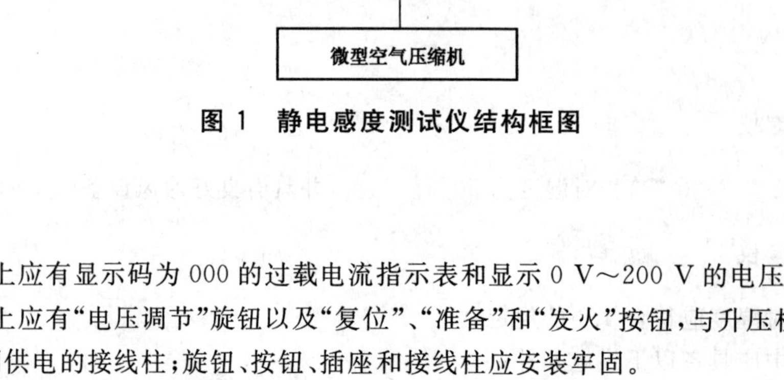

图 1 静电感度测试仪结构框图

5.1.1.2 主机

5.1.1.2.1 主机上应有显示码为 000 的过载电流指示表和显示 0 V～200 V 的电压表。

5.1.1.2.2 主机上应有“电压调节”旋钮以及“复位”、“准备”和“发火”按钮，与升压柱连接用的多线插座和给气路电磁阀供电的接线柱；旋钮、按钮、插座和接线柱应安装牢固。

5.1.1.3 升压柱

5.1.1.3.1 升压柱应有正极性和负极性两种。

5.1.1.3.2 升压柱能升高的电压不应低于 52 kV。

5.1.1.4 铜球开关箱

5.1.1.4.1 铜球开关箱应有适于与升压柱连接的引出线和适于与静电电压表连接的引出线；应有与主机连接的插座、与气路电磁阀连接的插座、高压输出的插座和接地的插座。各插座应安装牢固。

5.1.1.4.2 铜球开关箱内应附有两个可拆卸的电容器和一个可拆卸的无感电阻器。两个电容器的电容值应分别为 500 pF 和 2 000 pF，电容值的偏差应不大于 5%；电阻器的电阻值应为 5 kΩ，电阻值的偏差应不大于 5%。

5.1.1.4.3 铜球开关箱内的两个铜球应为分离状态，工作方式应为气动，在施加 0.2 MPa～0.5 MPa 气压时，按下主机上的"发火"按钮后，主运动铜球应能可靠碰触静止铜球，碰触后应能自动恢复到分离状态。

5.1.1.5 静电电压表

静电电压表的电压量程应适于使用要求。

5.1.1.6 气路电磁阀

气路电磁阀的工作电压应为 24 V，使用压力应为 0.2 MPa～0.8 MPa。

5.1.1.7 微型空气压缩机

微型空气压缩机的储气容积不应低于 30 L；工作压力不应低于 0.7 MPa。

5.1.1.8 药剂静电感度试验箱

5.1.1.8.1 药剂静电感度试验箱内应有可移动的上电极和固定不动的下电极；上电极运动应灵活，下电极固定应牢固；箱上应有指示上下电极间距的百分表。

5.1.1.8.2 药剂静电感度试验箱上应有能可靠释放上电极的释放销和能可靠指示上、下电极接触短路时的指示灯。

5.1.2 绝缘电阻

静电感度测试仪电源线进线端与外壳间的绝缘电阻应不低于 2 MΩ。

5.1.3 耐电压

在静电感度测试仪电源线进线端与外壳间施加 1 000 V 的直流电压并保持 1 min，不应击穿。

5.1.4 工作稳定性

5.1.4.1 静电感度测试仪输出电压在 52 kV 时，30 min 的漂移量不应大于 5%。

5.1.4.2 静电感度测试仪输出能量的偏差不应大于 5%。

5.2 爆发点测试仪

5.2.1 组成

5.2.1.1 结构

爆发点测试仪应由控制仪、加热炉和升降机构三部分组成，加热炉和升降机构应放在防爆箱中。

5.2.1.2 控制仪

5.2.1.2.1 控制仪上应有示值为100 ℃～600 ℃的控温仪表，其温度示值误差应不大于1 ℃。

5.2.1.2.2 控制仪上应有显示码为000.00的计时仪表，其示值误差应不大于0.10 s。

5.2.1.2.3 控制仪上应有“上行”、“下行”、“旋转”、“清零”和“开始”按钮，各按钮应灵活可靠、功能正常。

5.2.1.3 加热炉

5.2.1.3.1 加热炉的功率不应低于2 000 W。

5.2.1.3.2 加热炉的最高加热温度不应低于600 ℃。

5.2.1.4 升降机构

升降机构的升降应到位，下行到位后试验管壳应插入加热炉内的伍德合金浴液面下至少30 mm；旋转应灵活，旋转到位后试验管壳应正对加热炉炉口中心；升降和旋转应由控制仪控制。

5.2.2 绝缘电阻

爆发点测试仪电源线进线端与外壳间的绝缘电阻应不低于2 MΩ。

5.2.3 耐电压

在爆发点测试仪电源线进线端与外壳间施加电压为1 000 V、频率为50 Hz的交流电压并保持1 min，不应击穿。

5.2.4 工作稳定性

爆发点测试仪开机后，应能在8 h内连续正常工作。

5.3 机械撞击感度仪

5.3.1 组成

5.3.1.1 结构

机械撞击感度仪主要由导轨、刻度尺、释放钳、落锤、撞击装置、钢砧等组成，见图2。

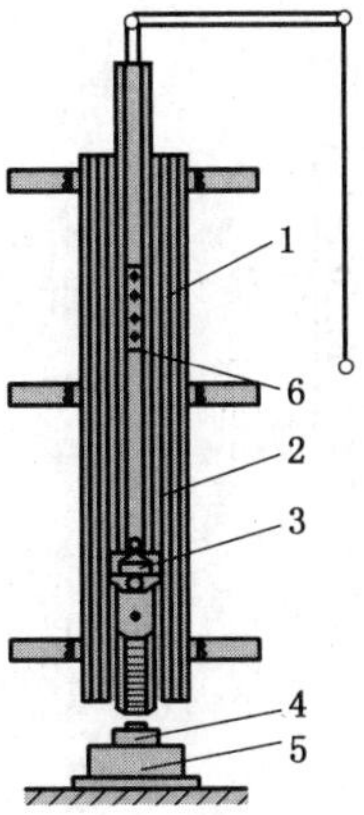

1——导轨；

2——刻度尺；

3——落锤；

4——撞击装置；

5——钢砧；

6——释放钳。

图2 机械撞击感度仪结构示意图

5.3.1.2 导轨

5.3.1.2.1 导轨滑动表面与底座的垂直度偏差应不大于1.0 mm/m。

5.3.1.2.2 导轨应牢固焊接在底座上，底座的水平度应不大于0.2 mm/m。

5.3.1.3 刻度尺

刻度尺的刻度应精确到毫米，精度应为±0.1 mm。

5.3.1.4 落锤

5.3.1.4.1 落锤自由下落时，锤头中心对撞击装置中心的同轴度应小于3 mm。

5.3.1.4.2 落锤锤头撞击面不应有严重的机械损伤（如凹凸不平）；落锤的最大落高（落锤在最高点时锤头的撞击面到击发装置上平面的距离）应不小于150 cm。

5.3.1.4.3 落锤的质量应分别为2 000 g±2 g，5 000 g±5 g，10 000 g±10 g。

5.3.1.5 撞击装置

撞击装置应由击柱套、击柱和击柱座等组成，击柱套和击柱座一般选用表面硬度较高、耐磨性较好的符合GB/T 1298的碳素工具钢材料，其淬火硬度一般为60 HRC～65 HRC；击柱一般选用符合GB/T 1299的合金工具热轧钢材料，其淬火硬度一般为60 HRC～65 HRC。击柱套、击柱和击柱座的加工应分别符合图3、图4和图5的要求。

单位为毫米

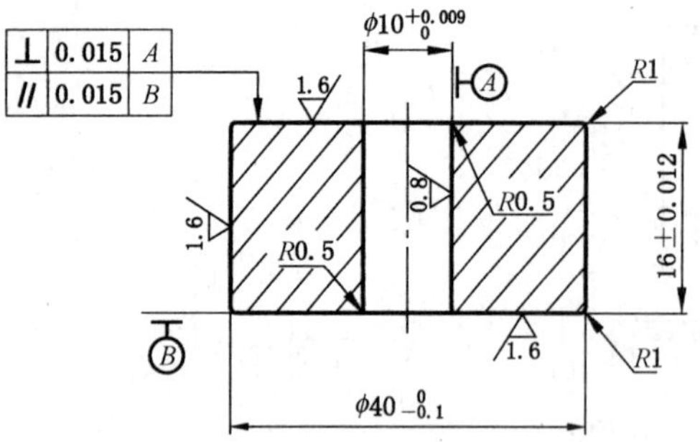

图 3　击柱套示意图

单位为毫米

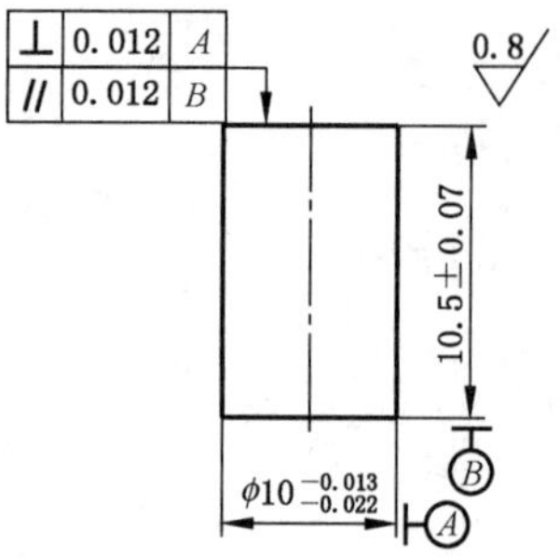

图 4　击柱示意图

单位为毫米

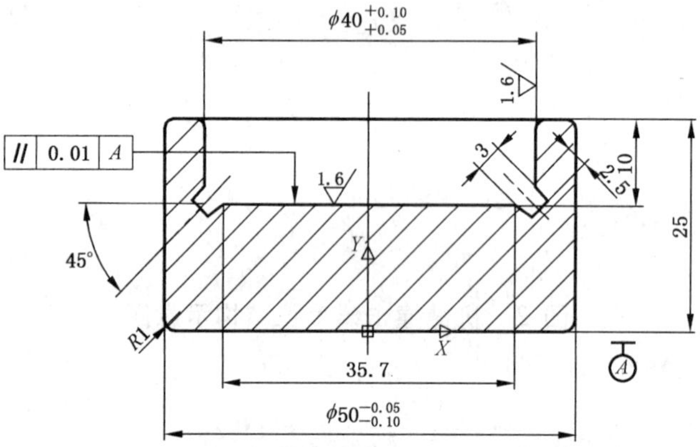

图 5　击柱座示意图

5.3.1.6　**钢砧**

钢砧水平度应不大于 0.2 mm/m。

5.3.1.7　**释放钳**

释放钳应能在规定的动作条件下正常工作。

5.3.2　**精度**

在下列条件之一时，发火概率应符合相应要求：

a)　当锤重为 10.00 kg±0.01 kg，落高为 25.0 cm±0.1 cm，药量为 50 mg±1 mg 时，测定标准特屈儿的发火概率应在 40%～56%；

b)　当锤重为 10.00 kg±0.01 kg，落高为 50.0 cm±0.1 cm，药量为 50 mg±1 mg 时，测定标准梯恩梯的发火概率应在 28%～48%；

c)　当锤重为 2.000 kg±0.002 kg，落高为 25.0 cm ±0.1 cm，药量为 30 mg±1 mg 时，测定标准黑索今的发火概率应在 4%～20%。

5.4　**机械冲击感度仪**

5.4.1　**组成**

5.4.1.1　**结构**

机械冲击感度仪应采用立式双柱导轨结构，并由支架、导轨、落锤、电磁释放钳和击发装置(包括击柱、垫柱、外座、内套及试样盂等)等组成，见图 6。

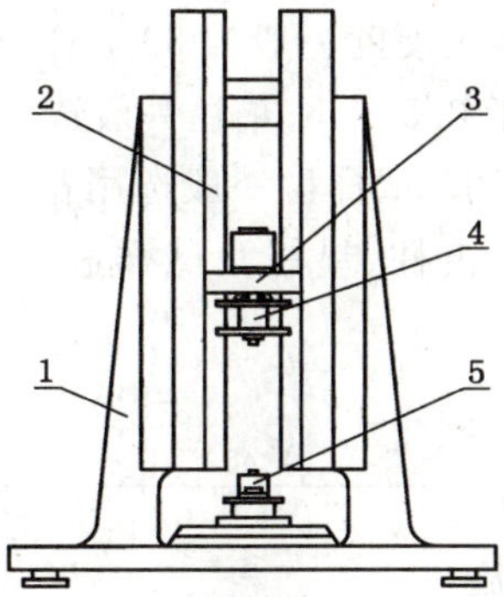

1——支架；
2——导轨；
3——电磁释放钳；
4——落锤；
5——击发装置。

图 6 机械冲击感度仪结构示意图

5.4.1.2 支架

支架底盘上平面的水平度不应大于 0.024 mm/m。

5.4.1.3 导轨

5.4.1.3.1 左右导轨工作面与支架底盘上平面的垂直度偏差应不大于 0.06 mm/m。

5.4.1.3.2 落锤 V 型槽与左右导轨工作面之间的间隙应在 0.06 mm～0.12 mm 范围内。

5.4.1.4 落锤和击发装置

5.4.1.4.1 落锤的质量应分别为 500 g±1 g,800 g±2 g,1 200 g±30 g。

5.4.1.4.2 落锤的最大落高(落锤固定在最高处时其底面与击柱上顶面的距离)应不小于 550 mm。

5.4.1.4.3 落锤与击发装置(见图 7)的同轴度应不大于 0.15 mm。

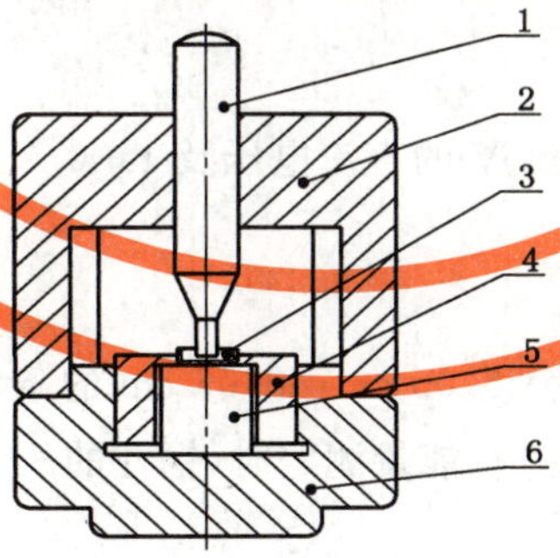

1——击柱；
2——上帽；
3——试样(在试样盂内)；
4——内套；
5——垫柱；
6——外座。

图 7 击发装置示意图

5.4.1.4.4 击发装置由击柱、垫柱和试样盂组成，其中，击柱一般选用表面硬度较高、耐磨性较好的符合 GB/T 1298 的碳素工具钢材料，其淬火硬度一般为 59 HRC～62 HRC，击柱端面允许修磨，反复使用，试验时击柱长度应分组，偏差不大于 0.5 mm；垫柱一般选用符合 GB/T 1299 的合金工具热轧钢材料，其淬火硬度一般为 60 HRC～65 HRC；试样盂一般选用符合 GB/T 710 的优质碳素结构钢热轧钢带，并进行表面镀铜后镀锡钝化处理。击柱、垫柱及试样盂的加工应分别符合图 8、图 9 和图 10 的要求。

单位为毫米

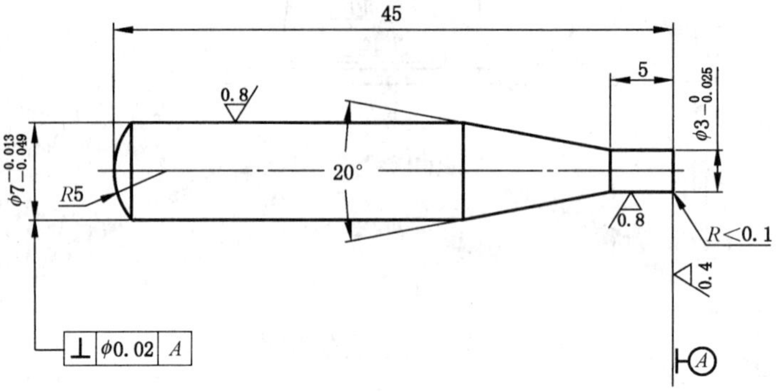

图 8　击柱示意图

单位为毫米

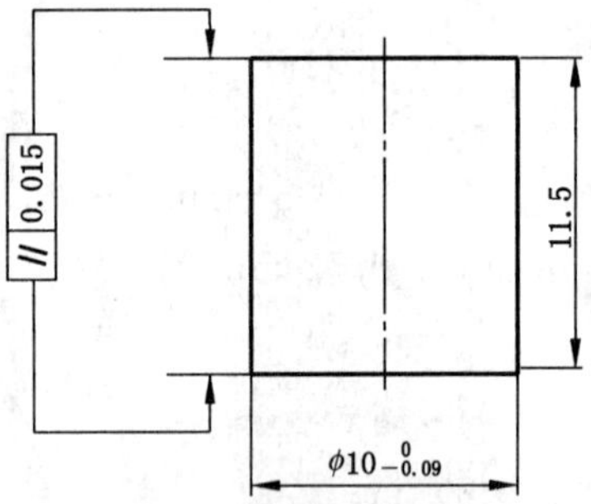

图 9　垫柱示意图

单位为毫米

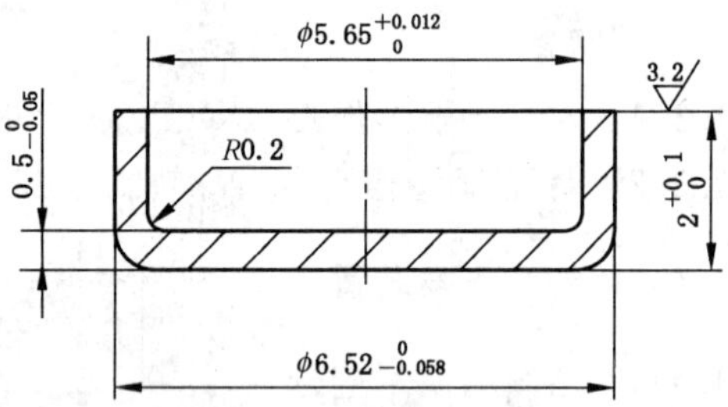

图 10　试样盂示意图

5.4.1.5　电磁释放钳

电磁释放钳电源应能提供 24 V±1 V 的直流电压及 1.00 A±0.05 A 的工作电流。

5.4.2　精度

在落锤质量为 800 g±2 g，落高为 25.00 cm±0.05 cm 的条件下，用符合 WJ 72（规格为 ϕ6 mm×9.8 mm，预压值为 39.2 MPa）的铜柱进行能量测定时，铜柱的压缩量应为 0.288 mm±0.018 mm。

5.5　摆式摩擦感度仪

5.5.1　组成

5.5.1.1　结构

5.5.1.2　摆体装置

5.5.1.2.1　摆体质量应为 2 700 g±27 g，其中摆锤质量应为 1 500 g±5 g。

5.5.1.2.2　摆体的质量中心至转动轴中心的距离应为 600 mm±5 mm，摆臂长（摆锤中心至转动轴中心的距离）应为 760 mm±1 mm。

5.5.1.2.3 摆体的摆臂应能在25°～180°间任意旋转。摆体转动应灵活，摆锤自由下落时，摆锤打击面应能与处于滑动摩擦前的击杆的受击面正好接触。

5.5.1.3 压力控制台

压力控制台应能控制压力在0 MPa～5 MPa范围内可调，并应保证一组试验中在指定压力值下的漂移量不大于0.1 MPa。

5.5.1.4 试验装置

5.5.1.4.1 试验装置中击杆的最大移距应为2.0 mm±0.1 mm。
5.5.1.4.2 摩擦装置应由导向套和上下滑柱组成，上下滑柱摩擦面应光滑平整，不应有锈蚀或明显压痕、划伤，其中，导向套一般选用表面硬度较高、耐磨性较好的符合GB/T 1298的碳素工具钢材料，其淬火硬度一般为59 HRC～62 HRC；滑柱一般选用符合GB/T 1299的合金工具热轧钢材料，其淬火硬度一般为60 HRC～65 HRC。导向套和上下滑柱的加工应符合图11、图12的要求。

单位为毫米

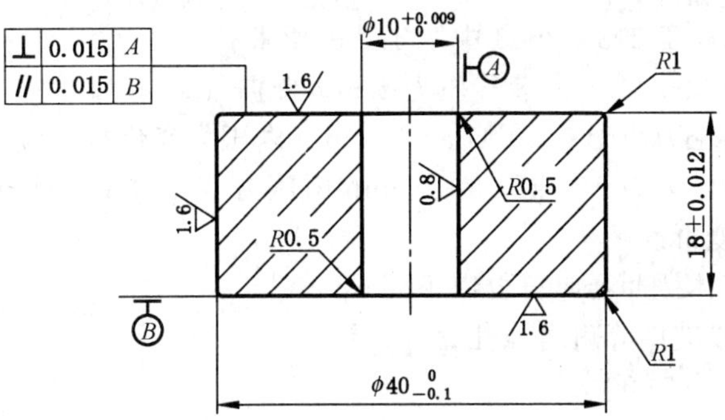

图11 导向套示意图

单位为毫米

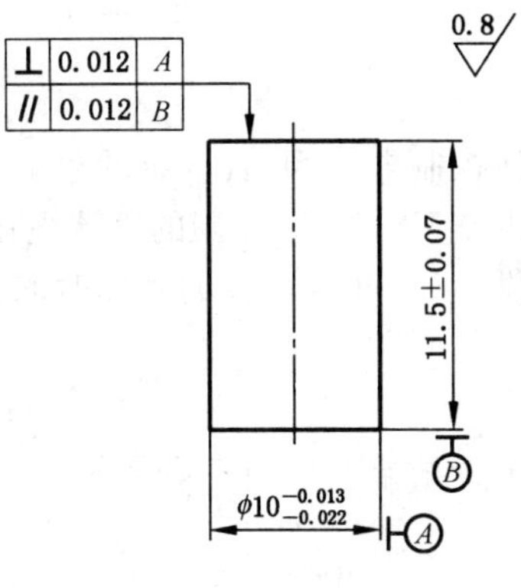

图12 滑柱示意图

5.5.1.5 液压系统

液压系统的油缸活塞运动应灵活，卸压后活塞靠自重应能平稳落下，各运动部件应灵活可靠。

5.5.2 精度

5.5.2.1 在下列条件下，滑柱的滑移距离应符合相应的要求：

a) 当摆角为50°、压力控制台上的表压为0.64 MPa时，释放摆锤打击后，滑柱滑移距离应为

3.30 mm±0.25 mm；

b) 当摆角为70°、压力控制台上的表压为1.23 MPa时，释放摆锤打击后，滑柱滑移距离应为3.10 mm±0.25 mm。

5.5.2.2 当摆锤角度为90°±1°，压力为3.92 MPa±0.07 MPa，药量为20 mg±1 mg时，测定标准特屈儿的发火概率应在4%～20%。

5.6 气体比容测试仪

5.6.1 组成

5.6.1.1 结构

气体比容测试仪应包括气体发生和测量装置（简称“量气单元”）、控制和点火装置。量气单元由氧弹、气体缓冲器、管路、数字压力计、真空泵和电磁阀等组成。

5.6.1.2 量气单元

5.6.1.2.1 氧弹应符合GB/T 213—2003中7.1.2的要求。

5.6.1.2.2 氧弹应能承受3.6 MPa的氧气压力5 min无漏气。

5.6.1.2.3 量气单元内的压力小于0.20 kPa时，5 min内压力变化量不应大于0.20 kPa。

5.6.1.2.4 量气单元内的压力为240 kPa时，5 min内压力变化量不应大于0.20 kPa；气体缓冲器和管路等应无裂纹或永久性变形。

5.6.1.2.5 量气单元的气体缓冲器应符合以下要求：

a) 材质应为不锈钢或玻璃等耐腐蚀性材料；

b) 容积应为800 mL～4 000 mL。

5.6.1.2.6 量气单元管路材料应为耐压材料，管路的容积应不易受温度影响。

5.6.1.2.7 数字压力计应采用绝压式仪表，测试精度应不低于0.1%（满量程）。

5.6.1.2.8 真空泵的极限压力不应大于 6.7×10^{-2} Pa，抽真空速率应不低于2 L/s。

5.6.1.2.9 电磁阀的泄漏率不应大于 6.7×10^{-4} Pa·L/s。

5.6.1.3 控制和点火装置

5.6.1.3.1 控制和点火装置应能灵活控制电磁阀、真空泵的启动和停止。

5.6.1.3.2 控制和点火装置应能提供0 V～50 V可调的直流电压。

5.6.1.3.3 控制和点火装置应能提供0 s～60 s可调的延期时间。

5.6.2 精度

测量标准火药的气体比容时，其平行结果的极差不应大于5 mL/g。

5.6.3 耐电压

在气体比容测试仪电源线的进线端与外壳间施加电压为1 500 V、频率为50 Hz的交流电压并保持1 min，不应击穿。

6 检验方法

6.1 静电感度测试仪

6.1.1 结构

用目视的方法检查。

6.1.2 **主机**

6.1.2.1 接通主机电源，目视检查过载电流指示表的显示码；扭动“电压调节”旋钮，观察主机电压表上的电压示值。

6.1.2.2 用观察和手动相结合的方法检查主机上的“电压调节”旋钮、“复位”、“准备”、“发火”按钮、多线插座和接线柱等的灵活性和牢固性。

6.1.3 **升压柱**

6.1.3.1 将主机、升压柱、静电电压表、铜球开关箱、气路电磁阀和微型空气压缩机按组成关系(见图1)连接好，接通主机和微型空气压缩机电源，将微型空气压缩机的气动压力调至0.2 MPa～0.5 MPa，按压主机上“复位”和“准备”按钮，扭动主机上“电压调节”旋钮，使升压柱电压升至静电电压表示值1 000 V，用数字万用表测量升压柱顶端和地线之间的电压值并观察所显示的极性。

6.1.3.2 按6.1.3.1的操作将升压柱电压升至最大值，观察静电电压表上的电压示值是否达到52 kV。

6.1.4 **铜球开关箱**

6.1.4.1 用观察和手动相结合的方法检查铜球开关箱的引出线和各插座的牢固性。

6.1.4.2 用符合精度要求的电容测量仪测量电容器的电容值并记录；用符合精度要求的电阻测量仪测量电阻器的电阻值并记录。

6.1.4.3 目视检查铜球的状态；将主机、升压柱、铜球开关箱、气路电磁阀和微型空气压缩机按组成关系(见图1)连接好，接通主机和微型空气压缩机电源，将微型空气压缩机的气动压力调至0.2 MPa～0.5 MPa，连续10次按压主机上的“发火”按钮，观察铜球运行状态并记录。

6.1.5 **静电电压表**

将静电电压表与适用的电源连接，观察静电电压表的电压示值。

6.1.6 **气路电磁阀**

连接微型空气压缩机出气口与气路电磁阀进气口，启动微型空气压缩机使其气压升至0.2 MPa，给气路电磁阀施加24 V直流电压，观察气路电磁阀出气口是否有出气现象。

6.1.7 **微型空气压缩机**

启动微型空气压缩机，观察工作压力情况。

6.1.8 **药剂静电感度试验箱**

6.1.8.1 用观察和手动相结合的方法检查药剂静电感度试验箱的组成、上电极运动的灵活性及下电极安装的牢固性。

6.1.8.2 提拉上电极至最高位置，将击针装入上电极并扭紧，拉动释放销使上电极下落，按下短路器推杆并逆时针旋动调节螺母使上电极击针尖与下电极接触，观察并记录短路器指示灯点亮时百分表的示值，然后顺时针旋动调节螺母使上电极与下电极有一定的距离，再次记录百分表的示值。

6.1.9 **绝缘电阻**

用符合量程要求的绝缘电阻测量仪测量电源线进线端与外壳间的绝缘电阻值。

6.1.10 耐电压

用量程不低于 1 000 V、精度不低于 5% 的直流介质耐压测试仪,在电源线进线端与外壳间施加 1 000 V 的直流电压并保持 1 min,观察有无击穿情况。

6.1.11 工作稳定性

6.1.11.1 将静电感度测试仪各组成部分按图 1 所示的关系连接好,接通主机和微型空气压缩机电源,使静电感度测试仪处于工作状态;旋动主机上"电压调节"旋扭至最大值,每 10 min 记录一次静电电压表的电压示值,共记录六次,并计算六次电压示值的偏差。

6.1.11.2 将静电感度测试仪各组成部分按图 1 所示的关系连接好,然后在铜球开关箱的高压输出插座和接地插座间串联两个耐压为 60 kV、电阻值为 500 kΩ 和 5.1 kΩ 电阻器;接通主机和微型空气压缩机的电源,使静电感度测试仪处于工作状态;按压主机上"复位"和"准备"按钮,旋动主机上"电压调节"旋钮使静电电压表的电压示值为 52 kV;按压主机上的"发火"按钮,对串联电阻器放电,用频率为 100 MHz的数字存储示波器测试 5.1 kΩ 电阻器上的放电波形;放电操作连续进行 10 次,每次操作间隔5 s;计算 10 次放电波形的偏差。测试连接线路见图 13。

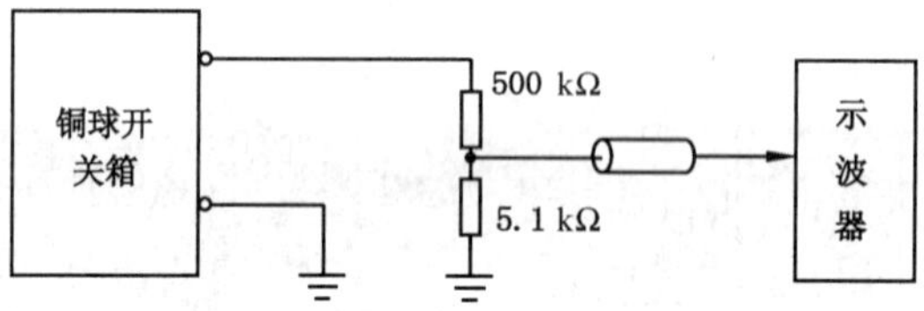

图 13 静电感度测试仪测试线路图

6.2 爆发点测试仪

6.2.1 结构

用目视的方法检查。

6.2.2 控制仪

6.2.2.1 接通电源,调节控制仪上控温仪表的调温按钮,观察控温仪表温度示值范围,并将控温仪表的温度示值设定为 200 ℃;将符合精度要求的温度测量仪放入加热炉,使加热炉温度升至控温仪表的示值温度,在该温度下保持 30 min 后,记录温度测量仪的温度和控温仪表的温度。用同样方法检验控温仪表温度示值分别为 300 ℃、400 ℃、500 ℃和 600 ℃各温度点的温度示值误差并记录。

6.2.2.2 接通电源,观察计时仪表上的显示码;将加热炉温度升至 300 ℃,按下控制仪上的"开始"按钮,用分辨力不低于 0.01 s 的时间间隔测量仪与计时仪表同时计时,记录时间间隔测量仪和计时仪表的时间示值。

6.2.2.3 按压控制仪上的"上行"、"下行"和"旋转"按钮,观察升降机构的执行动作并记录;按下"开始"按钮,观察升降机构的执行动作并记录计时仪表的时间示值;按下"清零"按钮,记录计时仪表的时间示值。

6.2.3 加热炉

6.2.3.1 用分度值不大于 1 Ω 的电阻测量仪测量电源线进线端的电阻值,按式(1)计算功率:

$$P = \frac{U^2}{R} \qquad \cdots\cdots(1)$$

式中:

P ——功率的数值,单位为瓦(W);

U ——220 V 交流电压的数值，单位为伏(V)；

R ——加热炉电源线进线端电阻的数值，单位为欧姆(Ω)。

6.2.3.2 将符合精度要求的温度测量仪放入加热炉中，接通电源，调节控温仪表上的调温按钮，使控温仪表的温度设定示值为 600 ℃，对加热炉加热 6 h 后，记录温度测量仪上的温度示值。

6.2.4 升降机构

接通电源，按压控制仪上的“上行”、“下行”和“旋转”按钮，观察升降机构升降和旋转到位情况并记录。

6.2.5 绝缘电阻

用符合量程要求的绝缘电阻测量仪测量电源线进线端与外壳间的绝缘电阻值。

6.2.6 耐电压

用 7120 型交直流介质耐压测试仪，在电源线进线端与外壳间施加电压为 1 000 V、频率为 50 Hz 的交流电并保持 1 min，观察有无击穿情况。

6.2.7 工作稳定性

接通电源 8 h 后，按 6.2.2～6.2.5 进行检验。

6.3 机械撞击感度仪

6.3.1 结构

用目视的方法检查。

6.3.2 导轨

6.3.2.1 用精度为一级的垂直度仪检查两个导轨滑动表面与底座的垂直度偏差。

6.3.2.2 目视检查导轨与底座的焊接质量，用精度为一级的水平仪在底座表面纵横方向上分别测定。

6.3.3 刻度尺

目视检查刻度尺的刻度，用符合精度要求的量具检查刻度尺的精度。

6.3.4 落锤

6.3.4.1 用精度为 0.005 mm 的同轴度检测仪检查锤头中心对撞击装置中心的同轴度。

6.3.4.2 目视检查落锤锤头的撞击面；将落锤固定于最高点，用精度为 0.05 mm 的游标卡尺测量锤头撞击面到击发装置上平面的距离。

6.3.4.3 用符合精度要求的天平分别检查摆锤的质量。

6.3.5 撞击装置

按 5.3.1.5 检查击发装置的组件，对照图 3、图 4 和图 5 检查击柱套、击柱和击柱座的材料及加工合格证。

6.3.6 钢砧

用精度为一级的水平仪在钢砧表面纵横方向上分别测定。

6.3.7 释放钳

拉动释放钳,观察其动作是否灵活。

6.3.8 精度

按5.3.2其中之一的条件和GJB 772A—1997方法601.1的规定,连续测定25发标准试样。

6.4 机械冲击感度仪

6.4.1 结构

用目视的方法检查。

6.4.2 支架

用精度为一级的水平仪在支架底盘的上平面纵横方向上分别测定。

6.4.3 导轨

6.4.3.1 用精度为一级的垂直度仪分别测量左右导轨工作面与支架底盘上平面的垂直度偏差并记录。

6.4.3.2 用精度为一级的塞尺检查落锤V型槽与左右导轨工作面之间的间隙。

6.4.4 落锤和击发装置

6.4.4.1 用符合精度要求的天平分别检查摆锤的质量。

6.4.4.2 将落锤提升至最高点,用精度为0.05 mm的游标卡尺测量落锤底面与击柱上顶面的距离。

6.4.4.3 用精度为0.005 mm的同轴度检测仪检查落锤和击发装置的同轴度。对照图7检查击发装置的各部分。

6.4.4.4 按照图8、图9和图10检查击发装置中击柱和垫柱的材料及加工合格证。

6.4.5 电磁释放钳

用符合精度要求的万用表检查电磁释放钳的电源。

6.4.6 精度

取出图7所示的击发装置,换成如图14所示的测压套座,按5.4.2规定的条件释放落锤,然后取出铜柱,用精度为0.05 mm的游标卡尺测量铜柱的压缩量。连续测定10次,如有一次不符合要求,则检查机械冲击感度仪的各部分后重新进行测定,直到连续10次的测定值均符合要求。

单位为毫米

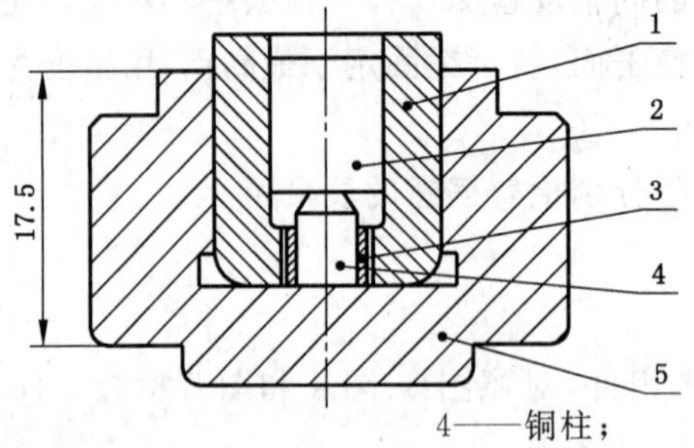

1——测压内套;
2——压柱;
3——乳胶套;
4——铜柱;
5——测压外座。

图14 测压套座示意图

6.5 摆式摩擦感度仪

6.5.1 结构

用目视的方法检查。

6.5.2 摆体装置

6.5.2.1 用符合精度要求的天平检查摆体和摆锤的质量。
6.5.2.2 用精度为 0.05 mm 的游标卡尺检查摆体的质量中心至转动轴中心的距离；用符合精度要求的量具测量摆锤中心至转动轴中心的距离(摆臂长)。
6.5.2.3 用手来回提起摆臂，并在任意角度放下观察其下落后摆锤的击打面。

6.5.3 压力控制台

旋转压力控制台上的压力调节旋钮，用精度不低于 0.4 级的压力表测量其输出压力，测试一组样品，并观察其在指定压力值下的漂移量。

6.5.4 试验装置

6.5.4.1 将摩擦装置放入试验装置中，施加一定的压力后，将击杆推至不能移动为止，用精度为 0.05 mm 的游标卡尺测量击杆的移动距离。
6.5.4.2 目视检查上下滑柱的摩擦端面，对照图 11 和图 12 检查导向套和滑柱的材料、尺寸及加工合格证。

6.5.5 液压系统

通过对油缸加压和卸压，检查活塞及各运动部件运动是否灵活，观察卸压时摆锤下落情况。

6.5.6 精度

6.5.6.1 按 GJB 5891.24—2006 第 7 章规定的方法，分别在 5.5.2a) 和 5.5.2b) 的条件下，连续 10 次测定滑柱的滑移距离。
6.5.6.2 按 GJB 5891.24—2006 第 7 章规定的方法，用标准特屈儿物质连续测定 25 发，计算其平均发火率。

6.6 气体比容测试仪

6.6.1 结构

用目视的方法检查。

6.6.2 量气单元

6.6.2.1 按 GB/T 213—2003 中 7.1.2 的规定，检查氧弹出厂质量证明文件。
6.6.2.2 往氧弹内充入 3.6 MPa 的氧气后将氧弹全部浸入水中，距水面 10 mm～20 mm，观察 5 min 内有无气泡从氧弹体内溢出。
6.6.2.3 将氧弹接入气体比容测试仪，拧开氧弹针形阀，启动真空泵对量气单元抽真空；当数字压力计显示的压力值小于 0.20 kPa 时，关闭真空泵和阀门并开始计时 5 min，观察并记录数字压力计显示的压力值。
6.6.2.4 连接氧弹与符合 GB/T 213—2003 要求的充氧设备的氧气导管，给氧弹内充入压力为

1.0 MPa～2.0 MPa 的氧气，然后将氧弹接入气体比容测试仪，拧开氧弹针形阀对量气单元充气，当压力值达到 240 kPa 时关闭氧弹针形阀，稳定 1 min 后开始计时，5 min 后观察并记录数字压力计显示压力的变化值。目视检查气体缓冲器和管路等有无裂纹或永久性变形。

6.6.2.5 检查气体缓冲器材料的质量证明文件。

6.6.2.6 按下列方法检查气体缓冲器的容积：

将气体缓冲器清洗干净、烘干、冷却并称其质量，然后往气体缓冲器的容器内注入蒸馏水至刻度，用滤纸擦干气体缓冲器外表面和注入口边缘的水珠，再次称量气体缓冲器的质量，测量蒸馏水的温度，用式(2)计算气体缓冲器的容积：

$$V=\frac{m_2-m_1}{\rho} \qquad \cdots\cdots(2)$$

式中：

V ——气体缓冲器的容积的数值，单位为毫升(mL)；

m_2——气体缓冲器的质量的数值，单位为克(g)；

m_1——气体缓冲器和水的质量的数值，单位为克(g)；

ρ ——蒸馏水的密度的数值，单位为克每毫升(g/ mL)。

6.6.2.7 检查量气单元管路材料的质量证明文件。

6.6.2.8 检查数字压力计的质量证明文件和检定证书。

6.6.2.9 检查真空泵的质量证明文件。

6.6.2.10 检查电磁阀的质量证明文件。

6.6.3 控制和点火装置

6.6.3.1 接通电源，分别按下电磁阀和真空泵的开关，检查电磁阀和真空泵能否正常启动和停止。

6.6.3.2 调节“电压调节”旋钮，检查直流电压表是否显示 0 V～40 V 的可调直流电压。

6.6.3.3 调节延时器，同时按下“点火”按钮，检查能否保持 0 s～60 s 的导通状态。

6.6.4 精度

按 GJB 5891.30—2006 的规定，测定 60 方片标准火药的气体比容值，共测试三次并计算其结果的极差值。

6.6.5 耐电压

在气体比容测试仪电源线进线端与外壳间施加电压为 1 500 V、频率为 50 Hz 的交流电并保持 1 min，观察有无击穿情况。

7 检验规则

7.1 检验分类

火工品及药剂专用测试仪的检验为出厂检验。

7.2 出厂检验

7.2.1 检验项目和数量

按第 5 章规定的要求和第 6 章规定的方法逐台进行检验。

7.2.2 合格判据

火工品及药剂专用测试仪全部符合要求,则判定为合格。

7.2.3 再次提交检验

对不合格的火工品及药剂专用测试仪允许修复后重新交验。

8 包装、标志、运输和存放

8.1 包装

8.1.1 静电感度测试仪的主机、升压柱、静电电压表、铜球开关箱、微型空气压缩机和药剂静电感度试验箱应分别用塑料泡膜罩好,放入各自的专用包装箱中;气路电磁阀和导线等附件应装入专用包装袋中。专用包装箱和专用包装袋应放入一个大包装箱中,箱中的空隙处应用缓冲材料填实。

8.1.2 爆发点测试仪的控制仪及装有升降机构和加热炉的防爆箱应分别用塑料泡膜罩好,放入各自的专用包装箱中,箱中的空隙处应用缓冲材料填实。

8.1.3 机械撞击感度仪、机械冲击感度仪、摆式摩擦感度仪和气体比容测试仪的出厂包装,应能保证其在长途运输期间防止潮气、雨水、风沙侵入和太阳照射;随机配件、备件和专用工具应先分别单独包装,再牢靠固定在包装箱内。

8.1.4 包装箱内应附有随机技术文件,如装箱单、产品说明书、产品合格证。

8.1.5 包装箱应钉好箱盖。

8.2 标志

8.2.1 火工品及药剂专用测试仪包装箱的侧面应有符合 GB/T 191 规定的"向上"、"怕雨"和"禁止翻滚"的储运图示标志;标志应清晰,且在储运期内应不脱落。

8.2.2 火工品及药剂专用测试仪应在规定的位置贴上内容完整的铭牌,铭牌上的字迹应清晰、耐久、牢固,铭牌的标志内容应至少包括:

a) 仪器型号、名称;
b) 电压、频率及总功率;
c) 产品编号、制造日期;
d) 制造厂名称。

8.3 运输

火工品及药剂专用测试仪在包装符合要求的条件下,适于陆路运输、水路运输及空中运输。

8.4 存放

火工品及药剂专用测试仪应在通风、干燥和无腐蚀性气体的库房内存放。

ICS 71.100.30
G 89

中华人民共和国国家标准

GB 28263—2012

民用爆炸物品生产、销售企业安全管理规程

Regulations of safety management for the manufacturing and marketing enterprise of civil explosives materials

2012-03-09 发布　　　　2013-01-01 实施

中华人民共和国国家质量监督检验检疫总局
中国国家标准化管理委员会　发布

前　言

本标准的 5.18、5.19、5.20、5.22、6.2.1、6.2.2、6.2.5、6.2.6、6.2.7、6.2.8、6.2.11、6.2.12、6.2.13、6.2.14、6.2.15、6.2.16、7.1、7.2.1.1、7.2.1.2、7.2.2.1、7.2.2.3、7.2.2.7、7.2.2.8、7.3.1.2、7.3.1.3、7.4.2、7.5.4、7.6.1、7.6.2、7.6.3、7.6.7、7.7.2、7.7.5、7.7.6、7.7.8、7.7.10、8.2.2、8.2.3、9.1.1、9.1.4、9.1.8、9.1.15、9.2.7、9.2.8、9.2.9、10、11.2.2 **为强制性的，其余为推荐性的**。

本标准依据 GB/T 1.1—2009 的规则起草。

本标准由中华人民共和国工业和信息化部提出。

本标准由工业和信息化部民爆器材标准化技术委员会归口。

本标准起草单位：中国爆破器材行业协会、五洲工程设计研究院、湖北凯龙化工集团股份有限公司、北京北方天亚工程设计有限公司、兵器工业安全技术研究所、北京国科安联科技咨询有限公司、浙江物产民爆器材实业发展有限公司、湖北东神化工科技有限公司、中国兵器工业标准化研究所。

本标准主要起草人：杨祖一、张利洪、肖月华、高晓莉、秦卫国、乔枫革、王建国、王春乐、曹晓宏、马福民、尹利、韩永宏。

民用爆炸物品生产、销售企业
安全管理规程

1 范围

本标准规定了民用爆炸物品(简称民爆物品)生产(含现场混装炸药)和销售企业安全管理总则、综合安全管理、生产工艺管理、设备与设施管理、作业场所管理、运输与储存管理、试验与销毁管理,以及事故应急救援预案与事故报告等要求。

本标准适用于民爆物品生产、销售企业安全管理。民爆物品科研、检测单位可参照执行。

2 规范性引用文件

下列文件对于本文件的应用是必不可少的。凡是注日期的引用文件,仅注日期的版本适用于本文件。凡是不注日期的引用文件,其最新版本(包括所有的修改单)适用于本文件。

GB 4387 工业企业厂内铁路、道路运输规程

GB/T 14659 民用爆破器材术语

GB 50089 民用爆破器材工程设计安全规范

GB 50140 建筑灭火器配置设计规范

AQ 3004 危险化学品汽车运输安全监控车载终端

GA 837 民用爆炸物品储存库治安防范要求

JT 618 汽车运输、装卸危险货物作业规程

WJ 9048 民用爆炸物品行业安全评价导则

WJ 9063 民用爆炸物品专用生产设备安全使用年限管理规定

WJ 9065 民用爆炸物品危险作业场所监控系统设置要求

WJ 9068 民用爆破器材企业报废生产线销爆安全管理规程

《生产安全事故报告和调查处理条例》(中华人民共和国国务院 2007.6.1 第493号令)

《道路危险货物运输管理规定》(中华人民共和国交通部 2005.7.12 第9号令)

3 术语和定义

GB/T 14659、GB 50089 界定的以及下列术语和定义适用于本文件。

3.1

企业安全负责人 enterprise security leader

协助主要负责人主管安全生产工作的企业领导人。

3.2

企业技术负责人 enterprise technology leader

协助主要负责人主管生产技术工作的企业领导人。

3.3

企业机电设备负责人 mechanical and electrical equipment enterprise leader

协助主要负责人主管机电设备工作的企业领导人。

3.4

定员 allowable number of persons

危险性建筑物内或操作工位上允许的生产人员数量。

注：定员分为操作定员和最大允许定员。

3.5

操作定员 operation fixed number of persons

危险性建筑物内或操作工位上满足生产需要的最低操作人数。

3.6

最大允许定员 the maximum allowable fixed number of persons

最多允许进入该危险性建筑物内或操作岗位上的操作人员和临时人员人数。

注：临时人员指检修、取样、装卸、安检、参观等人员。

3.7

定量 allowable amount

危险性建筑物内或操作工位上允许存放的危险品最大计算药量。

3.8

定置 set position management

生产作业区、库房或其他设施内，规定各类物品分区、定点管理放置。

3.9

超产 overcapacity

生产企业超过安全生产许可或行政主管部门批准的计划限定产量组织生产的行为。

3.10

超时 overtime

超过规定的作业时间组织生产的行为。

3.11

超员 overstaff

生产、经营企业在危险作业场所超过规定定员的行为。

3.12

超量 over-amount

生产、经营企业在生产或储运场所超过规定定量进行作业、存放和运输的行为。

3.13

专用生产设备 special production equipment

直接用于民爆物品生产的专用设备。

注：专用生产设备根据其使用场所的危险情况和发生事故概率，可分为0类、Ⅰ类、Ⅱ类、Ⅲ类。0类、Ⅰ类、Ⅱ类专用生产设备实行目录管理制度，目录由国家民用爆炸物品行业行政主管部门定期发布。

3.14

人机隔离 separation between man and machine

危险品生产时，通过设置防护装置和采用自动控制措施，使操作人员与危险品隔离的作业方式。

3.15

基础雷管 basic detonator

已经完成火工药剂和其他火工元件装填或装配，尚未装配引火元件的半成品雷管。

3.16

炸药制品 products of industrial explosives

由各类火药、炸药(不含起爆药)加工制造而成的各种不同形状、不同用途的爆炸物品，如导爆索、震源药柱、起爆具、爆裂管、射孔弹、压裂弹等。

4 总则

4.1 企业在科研、生产、储存、装卸、运输、试验、销毁等作业过程中，应坚持“安全第一、预防为主、综合治理”的方针，认真执行国家和有关行政主管部门颁发的有关安全生产的法律、法规、标准、规范和规定。

4.2 企业安全生产管理的目的是防止和减少安全事故发生，保障人民群众生命和财产安全。

4.3 企业应按照国家民爆行业行政主管部门行政许可的品种、产量组织建设和生产经营，严禁非法建设、非法生产、非法销售。

4.4 民爆物品生产、储存设施建设项目的安全设施与建设项目主体工程同时设计、同时施工、同时投入生产使用。

4.5 民爆物品生产宜采用连续化、自动化、人机隔离的工艺，并贯彻执行在线危险品存量少、工房内定员少、危险作业工序少，在有固定操作人员的情况下，非危险建筑物与危险建筑物隔开、非危险生产线与危险生产线隔开、非危险操作与危险操作隔开的原则。

4.6 企业应从消除事故隐患、降低事故危害程度出发，在管理制度、工艺技术、设备设施、操作方法、作业环境以及劳动组织等方面采取有效措施，防止发生燃烧、爆炸、中毒等事故，减少职业危害；一旦发生伤亡事故，应按照《生产安全事故报告和调查处理条例》以及本标准的有关规定处置。

4.7 企业不应使用国家和行业行政主管部门明令淘汰禁止使用的生产工艺和设备，应按照 WJ 9063 的有关要求使用和管理专用生产设备。鼓励采用自动化、信息化技术，提高本质安全水平及安全防护能力，保障安全生产。

5 综合安全管理

5.1 企业主要负责人应是本单位安全生产的第一责任人，对本单位的安全生产工作全面负责。企业主要负责人和安全生产管理人员应当接受安全培训，并按照民爆行业行政主管部门的有关规定取得安全资格证书后，方可任职。

5.2 企业应建立、健全本单位安全生产管理机构，配备与企业规模相适应的专职安全生产管理人员，并建立安全生产责任制，明确各级各类人员的安全生产责任。

5.3 企业应编制本单位安全生产规章制度和安全技术操作规程，并能有效指导安全生产。

5.4 企业应建立保证本单位安全投入及其有效性的管理责任制。

5.5 企业应建立本单位从业人员安全生产教育和安全技能培训考核制度。危险工序作业人员应经考核合格后方可上岗；特种作业人员应按国家规定持证上岗。

5.6 企业应依法参加工伤保险，为从业人员缴纳保险费。

5.7 企业应为从业人员配备符合国家或行业标准规定的劳保防护用品。

5.8 企业应建立完善的工艺技术、专用生产设备设施、事故等档案及其管理制度。

5.9 企业应按照国家对重大危险源管理的有关规定，建立本单位重大危险源的管理制度，确保重大危险源处于安全和受控状态。

5.10 企业应结合本单位实际制定生产安全事故应急救援预案，建立企业生产安全事故应急救援预案管理制度，并定期进行演练。

5.11 企业应依法建立生产安全事故报告制度。

5.12 企业在委托中介机构对本企业进行安全技术咨询、工程设计、安全评价等活动中，应对所提供资料的真实性、时效性负责。

5.13 企业应按照 WJ 9065 的规定设置监控系统。应建立视频监视和安监人员现场检查相结合的危险点安全检查制度，发现隐患应采取有效整改措施。

5.14 企业应根据民爆物品生产的危险特性，制定科学合理的劳动作业班制；在生产技术不能满足24 h连续作业的安全条件下，当日零点至六点期间（允许企业根据地域时差作顺延调整），不应组织工业炸药及其炸药制品的生产作业；当日二十二点至次日六点期间（允许企业根据地域时差作顺延调整），不应组织起爆器材的生产作业。因地域时差作顺延调整作息时间时，人、机连续工歇时间应与对应产品一致。

5.15 企业应根据安全生产许可或行政主管部门批准的计划产量，均衡组织生产，严禁超产、超时、超员、超量。

5.16 当恶劣天气危及安全生产时，应立即停止生产并采取有效的安全处理措施。遇有地震、台风、洪水等重大自然灾害时，应及时启动应急预案，按照规定程序处理生产现场；造成安全生产设施破坏，恢复生产时应由省级民爆行业行政主管部门组织验收后方可复产。

5.17 企业应根据产品性质、生产设备结构特性等情况，制定停产时设备和现场的清扫制度。

5.18 民爆物品生产线建设（包括新建和改造）工程竣工后，在带危险物料进行试生产应符合以下条件：

a） 符合 GB 50089 和国家有关建设工程竣工验收规定的要求；建筑物（含土建）、消防、防雷等设施通过当地主管部门或专业机构的验收和检测。

b） 编制试生产计划、试生产应急救援预案并配备相应的应急器材；受让方会同技术提供方编制试生产安全技术操作规程，并经受让方技术负责人审批同意。

c） 安全预评价、设计文件以及设计文件审查时提出的安全对策、措施已全部落实。

d） 主要生产设备、安全设施、仪表、工器具已经空车或用非危险物料试运行达到正常；设备、设施的安装、施工、调试记录完整；压力容器、安全计量仪表、安全保护装置等进行检定或标定的记录齐全、完整。其中标准仪器、仪表、压力容器的检定证书由有资质的单位出具，非标装置的标定试验报告由仪表设备提供方出具。

e） 建立定员、定量、定置管理制度。

f） 建立试生产劳动组织并制定各岗位责任制，各工位操作人员已经培训且考试合格后持证上岗。

5.19 民爆物品生产设施建设工程验收除应符合 5.18 的要求外，还应满足以下条件：

a） 试生产期间发现的问题已经得到解决；

b） 试生产总结能充分证明主要设备、设施运行正常、安全可靠；生产线按照正常劳动作业班制连续试生产产品数量应达到生产许可产量的 5%以上（特种产品不少于 20 个批次以上），但最多不应超过生产线年许可产量的 10%～20%，试生产时间不应超过 6 个月；

c） 试生产产品的质量应经有资质的机构检测合格；

d） 试生产应经有资质的安全评价机构安全验收评价合格；

e） 环保和职业卫生设施通过当地主管部门或有资质的专业机构的验收和检测合格；

f） 工程竣工图纸、安全技术操作规程、安全管理制度齐全完整并归档；

g） 受让方和技术提供方均同意申请投产验收；

h） 法律、法规规定的其他有关要求。

5.20 民爆物品储存设施建设工程验收应符合 5.18a）、5.18c）、5.18e）、5.19d）、5.19f）、5.19h）的要求。

5.21 拆除报废危险性工（库）房和生产设施时，应按 WJ 9068 的规定进行。

5.22 严禁在正常生产的同时进行试验。从事新产品、新设备（处于研制阶段的专用生产设备）、新材料、新工艺等科研创新活动，需要在生产线上进行批量试制、试用时，应参照 5.18 的有关要求完成试验准备，经研制单位和试生产（试用）企业组织内部安全论证，或经有资质的安全评价机构安全咨询符合要求，并将安全论证或安全评价资料报省级民爆行业行政主管部门备案后方可进行。试验期间，该生产线停止其他正常生产；疏散与试验无关的人员；试验中应指定专人负责安全监督工作。试验完毕生产线恢复正常生产前，企业应组织内部验收，并经企业主要负责人批准。

5.23 企业应对进入危险生产区、库区的生产作业人员、试验人员、检验人员、外来人员等建立管理制度，并应符合以下要求：

a) 对于本企业生产作业人员，应按照工业炸药类、起爆器材类生产工种作业人员分区管理，未经企业人事或安全保卫部门批准，不应进入非本职工作的生产区、库区和试验区；不同区域生产作业人员宜采用不同颜色的服装或鞋帽等予以区分；

b) 对外来参观、工作检查的人员，进入危险工(库)房和危险区域时，应按照企业规定办理审批手续，并进行相关安全知识教育；穿戴好劳保护具，在指定人员的陪同下方可进入；每次进入危险性工(库)房的人数不应超过三人且不应超过最大允许定员；

c) 外单位工作人员进入危险生产区或试验场地参加危险性试验时，应与试生产(试用)企业签订安全责任协议书，明确双方责任和义务；

d) 外来人员进入企业管辖区内从事其他临时性工程作业时，企业应与外来人员所在单位或本人签订安全责任协议书，明确双方安全责任和义务；

e) 严禁将移动通讯工具带入民爆物品生产区、储存区、试验区和销毁场。

5.24 生产区、总仓库区入口处应有“严禁烟火”警示标志；民爆物品生产场所、危险性建筑物内的安全疏散通道应有指示性标志；危险设施及设备应有警示标志。

5.25 企业在变更危险性建筑物用途、危险等级和计算药量时，应由有资质的设计单位进行设计或由有资质的安全评价机构出具安全咨询意见，并经企业安全负责人和技术负责人共同签批后方可实施，相关技术资料应及时整理归档，并向省级民爆行业行政主管部门备案。

6 生产工艺管理

6.1 基本要求

6.1.1 企业应结合本企业实际，及时将国家或行业颁布实施的有关民爆物品生产安全技术方面的标准、规定编入本企业相关的安全技术操作规程中，编制安全技术操作规程的内容要求参见附录 A。

6.1.2 企业引进新产品、新技术时，应结合实际编制或完善安全技术操作规程。

6.1.3 企业在局部调整原生产线生产工艺、改变工艺参数和设备布置、更新专用生产设备时，应组织专业技术人员充分论证，或经有资质的安全评价机构咨询后，再经企业安全负责人和安全技术负责人共同签批后方可实施，相关技术资料应及时整理归档，并向省级民爆行业行政主管部门备案。

6.2 技术要求

6.2.1 所有用于生产的原材料和辅料在储存、加工过程中应按照各自的理化性能存放或加工，性质相抵触的物质应分隔存储。

6.2.2 在硝酸铵粉碎、加热干燥工序中不宜加入有机物。因工艺需要加入有机物时，应经省级以上行业行政主管部门组织的专家论证、评审后方可进行，且有机物质加入量(质量分数)不应超过 0.2%。

6.2.3 粉状铵油类炸药连续化生产中的混药工序宜采用冷混工艺。

6.2.4 经加工后的易燃易爆原材料、辅料和半成品因工艺需要存放或保温时，应有防止自行分解或加热分解而导致发生火灾和爆炸的安全技术措施。易燃易爆物品存放时，应距离加热器(包括暖气片)和热力管线 300 mm 以上。

6.2.5 生产过程中需用热媒加热危险物料或加工中可能引起物料温升的作业点，均应设温度检测仪器并采取温控措施。

6.2.6 生产过程中应根据加工、运输或添加物料等危险作业特点，采取防止人员受伤害的有效措施。

6.2.7 所有液态物料进入混合工序前，应设置过滤装置除去固体杂质；工业炸药原材料进入制药工序前应设置除铁装置；起爆药、延期药、点火药等生产工艺用水和液态半成品(中间体)应设置除去杂质的过滤装置。

6.2.8 危险性物料输送装置应有防止液体结晶或固体物料粘结器壁的技术措施，并应结合工艺特点和生产情况制定定期清扫制度。严禁轴承设置在粉状危险性物料中混药、输送等；输送螺旋和混药设备应有应急消防雨淋装置，输送螺旋和混药设备应选择有利于泄爆、清扫、应急处理的封闭方式。

6.2.9 采用湿法粉碎混合单质炸药或点火药、延期药时，应待物料全部浸湿后方可开机；当采用金属球和金属球磨筒方式进行单质炸药或点火药、延期药的粉碎和混合时，宜用水或含水溶剂作为介质。

6.2.10 单质炸药的粉碎加工的开、停机操作应在控制室内，控制室的设置应符合 GB 50089 的规定，设备运行过程中工房内不应留有人员；延期药、点火药剂的混合、造粒、筛分应根据药量设置可靠的防护设施，操作应人机隔离。

6.2.11 新建工业雷管半成品装填生产线应具备人机隔离、自动添加药、自动在线检测药高、自动剔除废品、自动安全报警、自动安全联锁、可靠防止工序间殉爆的连续化生产功能。现有条件下的自动化工业雷管装填生产线生产能力应符合：单班年产不超过 3 000 万发；两班年产不超过 5 000 万发。

6.2.12 工业雷管电阻检查、卡口(腰)、打把、装盒(袋)、排模、卸模、导爆管拉制加药等作业工序应设置有效安全防护设施。

6.2.13 生产线危险工序的抗爆结构应具有民爆物品设计甲级资质的专业设计单位设计，或经抗爆试验验证；在连续化生产线工序之间传送危险品时应有可靠的防殉爆措施和防传爆措施。

6.2.14 工业炸药制造过程中采用机械搅拌混合氧化剂水溶液和可燃剂的工艺，应限制机械搅拌强度和输送泵的有关技术参数。其中乳化炸药(含粉状乳化炸药)的乳化、基质冷却、基质温度低于 70℃的敏化工序宜采用敞口作业；连续化生产线的密闭式乳化器不应采用两台(含两台)以上机械强力搅拌乳化，乳化器和螺杆泵的结构、技术参数应符合附录 B 的要求。

6.2.15 起爆药生产废水处理系统、危险性粉状物料除尘系统、炸药熔化蒸汽排除系统应定期清理。清理出的危险性残渣应及时销毁。

6.2.16 生产过程中产生的不合格品和废品应隔离存放、及时处理；危险物品内包装材料应统一回收存放在远离热源的场所，并及时销毁。

7 设备与设施管理

7.1 基本要求

7.1.1 新研制的民爆物品专用生产设备投入使用，应通过科技成果鉴定。

7.1.2 民爆物品生产线建设和更新专用生产设备时，选用的设备应符合以下要求：

a) 0 类、Ⅰ类、Ⅱ类设备已经被列入民爆物品专用生产设备目录；

b) Ⅲ类设备已经通过科技成果鉴定。

7.1.3 应建立专用生产设备易损件的强制更换制度。应定期检查乳化器和螺杆泵的转子、定子和密封件，磨损超过规定值或发现异常应立即处理。

7.1.4 企业应根据设备供应单位提供的有关技术资料，结合本企业实际编制能正确指导作业人员操作和维护设备的技术文件。

7.1.5 设备在更新或大修后投入使用前，企业应组织专业技术人员进行现场验收，验收投产报告应经企业安全负责人和机电设备负责人签批，技术资料应及时整理归档。

7.2 机械

7.2.1 一般要求

7.2.1.1 生产过程中所用的设备、工装、器具、仪表与危险物品接触时应相容；对用于加工、输送、存储危险物品的各种设备、器具或有可能接触危险物品的转动部件，均应有防止产生摩擦、撞击、静电积累的措施。

7.2.1.2　设计制造危险性物料螺旋输送机时，其长度和强度应能保证螺旋叶片与槽体之间不发生摩擦；应有防止物料进入空心轴和夹套的技术措施；不应采用螺纹连接。螺旋叶片和槽体之间应采用有色金属材料制作。

7.2.1.3　设备机械传动部位应设置防护罩。

7.2.1.4　产生噪声的设备应采取措施满足国家相关规定，作业场所操作人员应采取个体防护措施。

7.2.1.5　在压力容器、计量仪表和安全保护装置等设备和设施安装前，应查验设备和设施检定合格证或试验报告。

7.2.2　检修

7.2.2.1　在对有可能产生燃烧、爆炸或中毒事故的设备和设施进行检修前，应制定检修安全规程，检修安全规程的主要内容应包括：危险物料的处理措施、施工前后检查验收方法、施工过程注意事项、安全防护和应急救援措施等。

7.2.2.2　企业应对从事危险品生产设备和设施检修的人员进行安全知识培训，并通过考核持证上岗。

7.2.2.3　在检修危险工房内的设备前应停止生产并切断电源，应有防止他人合闸的措施；应彻底清理所要检修的设备、管道及作业场所的危险品，必要时应做销爆处理；不产生明火的检修应经生产现场负责人检查合格后方可进行。

7.2.2.4　若需对危险工房内的设备进行零部件拆卸或组件检修时，宜将可拆卸部件卸下后移至工房外的安全地带进行。不应在带有压力的管线和容器上检修或拆卸阀门等部件。

7.2.2.5　检修工具应符合安全要求，登高作业台、脚手架和起重设施等应安全可靠，随身携带的工具应有防坠落措施。

7.2.2.6　检修用材料、填料和润滑油应符合安全技术要求。

7.2.2.7　拆除或修理含有起爆药的污水池、下水管和沉淀池前，应先做化学处理或其他有效的销爆处理。在起爆药生产区周围进行工程施工时，应制定专门的安全技术措施。

7.2.2.8　在危险区域内的焊接与动火作业应符合以下要求：

a)　应制定焊接与动火许可审批制度，在危险场所施工或检修危险品生产设备时，焊接人员应了解危险品的性能和应急处理措施，并持证上岗；

b)　宜在危险生产区内设置固定的焊接动火地点，焊接动火地点与危险工房或场地的距离不应小于 50 m，焊接动火地点周围 5 m 范围内应无杂草和其他可燃物品，固定的焊接动火地点应由企业安全部门审定，且不应变动，如遇特殊情况需要变动动火地点时应重新审批；

c)　在危险性建筑物和构筑物内，生产期间或停产后未进行彻底清理和未经安检人员验收，严禁焊接与动火；

d)　与危险品接触的设备及与危险品有金属连接的一切设备进行焊接时宜使用气焊，并有防止火花飞溅的措施；因工艺需要不能拆卸且使用电焊时，应由企业安全部门批准，并在被焊接的设备与其他设备之间应采取可靠的绝缘措施或防止杂散电流扩散的措施；

e)　焊接动火期间应设专人监护，工作结束后应彻底清理现场。

7.2.3　危险性废旧器材处理

危险性废旧器材处理应符合以下要求：

a)　所有与危险品接触的废旧器材(主要指设备、设施及器具)应制定销爆措施，并指定专人负责清理，确保器材内外部不存有危险品；

b)　经过处理的危险性废旧器材应按器材种类分别存放在指定地点，并建立台账设专人管理；管理人员不应接收未进行清理和销爆处理的废旧危险性器材；

c)　经销爆处理后的危险性废旧器材应解体后方可回收处理。

7.3 电气与通讯

7.3.1 电气

7.3.1.1 一般要求

7.3.1.1.1 电气设备及线路除应符合GB 50089的规定外,还应符合国家其他有关规范、标准的规定。企业制定的安全技术操作规程中应包括电气设备安全技术管理的内容,并能有效指导实际操作。

7.3.1.1.2 电气设备及线路的安装验收应符合施工图和设计文件的要求,并按有关电气装置安装工程施工及验收规范的规定进行,验收合格后方能投入运行。

7.3.1.1.3 在危险作业场所内不宜架设临时线路,确需安装临时线路时,应经企业安全部门审批,临时线路使用完毕后应及时拆除。

7.3.1.1.4 电气设备操作人员应了解有关规范,掌握电气设备产品使用说明书及安全技术操作规程,并经考核合格,持证上岗。企业应对电气设备及线路维护、检修人员进行培训,并经考核合格,持证上岗。

7.3.1.2 运行与维护

7.3.1.2.1 应定期试用备用电源和各种安全事故报警信号等装置,确保安全事故报警信号等装置处于完好状态。

7.3.1.2.2 应保持电气设备处于良好的清洁,通风、散热状态。

7.3.1.2.3 运行中如发生下列情况,操作人员应采取紧急措施并立即上报企业安全部门:

a) 电气设备发出异常声响或异常气味;
b) 负载电流突然超过允许值;
c) 电气设备及线路突然出现高温或冒烟;
d) 电气设备连接部件松动或产生火花;
e) 设备壳罩破损;
f) 自控设备出现异常启动、停机等;
g) 其他异常情况。

7.3.1.2.4 易燃易爆作业场所中的电气设备不应任意变动。如需变动应由企业机电设备负责人批准。

7.3.1.2.5 不应任意更改或拆除经验收合格投入运行的电气联锁装置及其他安全保护装置,如确需更改,应报企业技术负责人和机电设备负责人批准后方可进行。

7.3.1.2.6 生产工房应按照GB 50089的规定配备应急照明设备并保持良好的照明状态。

7.3.1.2.7 生产结束后,除保持必要的值班照明和监控设施用电外,应将其他电源关闭。

7.3.1.2.8 值班及操作人员应严格遵守交接班制度,并作好值班、操作及运行记录。

7.3.1.3 检修

7.3.1.3.1 对所有的电气设备及线路应制定定期检修和定期检查制度,发现问题应及时处理。

7.3.1.3.2 拆修有易燃易爆危险物品存放的危险场所的电气设备时应按以下规定进行:

a) 制定安全技术措施,并按企业规定办理审批手续;
b) 彻底清理检修现场,将易燃易爆危险物品移至安全场所;
c) 切断该设备的电源,并悬挂"有人工作,禁止合闸"的警示标志牌。

7.3.1.3.3 更换或检修后的电气设备及线路,应经验收和试运行合格后方能投入正式使用。

7.3.1.3.4 应保持电气设备的接地保护系统完好,并定期检测。

7.3.2 通讯

7.3.2.1 企业应有方便快捷的对内、对外通讯系统，有固定操作人员的各类危险作业场所应能与企业生产调度中心、企业安全部门及医务室等保持通讯畅通。

7.3.2.2 有固定操作人员的危险性生产工房内应设置防爆电话机，非防爆电话机应安装在非危险性工房或非危险性工作间出入口处的外面。允许工作业务电话兼作报警电话。

7.3.2.3 民爆物品仓库区应设报警电话。

7.4 消防

7.4.1 企业的消防设施除应符合 GB 50089 和 GB 50140 的要求外，还应根据危险物料性质配置相应种类和数量的消防器材、消防设备和设施。

7.4.2 消火栓、灭火器、雨淋装置等消防设施应定期检查、定期维修，保持消防设施处于良好状态。

7.4.3 企业不应随意拆除、移动和改装消防设施。

7.5 采暖与通风

7.5.1 危险工房内采暖所用的加热介质、散热器及其安装要求等应符合 GB 50089 的要求。

7.5.2 采暖设施使用前应进行试运行，其温度、压力、运行性能应符合安全要求。采用低压蒸汽采暖的设施，蒸汽进入工房前应设置减压阀、安全阀和压力表。

7.5.3 在产生有毒有害粉尘或气体的作业场所应设置通风或除尘装置，有毒有害粉尘或气体不应直接向室外排放。

7.5.4 爆炸、燃烧危险性粉尘除尘系统应采用水浴除尘器，水浴除尘器应按规定保持一定水位。

7.5.5 空调系统的过滤器应定期清洗。

7.6 自动控制

7.6.1 自动控制系统的设置除符合本标准的要求外，还应符合 GB 50089、WJ 9065 的相关要求。

7.6.2 生产过程中易引起燃烧爆炸事故的机械化作业，应根据危险程度选择设置自动报警、自动停机、自动泄爆、自动雨淋等自动控制装置；抗爆间室的防爆门与抗爆间室内的设备应有安全联锁装置；自动化生产线的单机设备除有自动控制系统监控外，在生产现场还应设置应急控制操作装置。

7.6.3 乳化器、敏化器、输送泵等密闭式带有机械搅动装置的乳化炸药专用生产设备，应有防止超压、超温、断料干磨的自动控制装置。

7.6.4 对开、停车有顺序要求的操作宜设程序控制装置。

7.6.5 突然发生停气、停电、停水时，应有安全措施确保工艺操作和设备运转安全。

7.6.6 自动控制系统中执行机构的动作形式及调节器正反作用的选择，应使自动控制系统在突然停电或停气时能满足再次开机的安全要求。

7.6.7 生产线自动控制系统的自动记录装置均应设备用电源。

7.6.8 控制或检测信号电缆、脉冲管线由危险区域至非危险区域，或不同危险区域之间穿越隔墙或穿越楼板时，应采用金属管护套或阻燃材料严密封堵。控制或检测信号电缆不应与动力电缆混在一起或通过同一个预留孔出入工作室。

7.6.9 自动控制系统应设专业人员管理，应定期检查、试验或标定传感器、转换器、执行器、信号传输线及自动保护装置，每次检查、试验或标定后应做记录，并由检查、试验或标定人员签字保留。

7.7 防静电与防雷

7.7.1 防静电与防雷设施及其接地应符合 GB 50089 的要求。

7.7.2 危险物料粉碎混合加工过程中易产生静电积聚的工序应设置自动导出静电的装置，出料时应将接料车和出料器用导线可靠连接并整体接地。生产工序中盛装火工药剂及其炸药制品的盒、盘等活动器具应采用防静电材料制品，活动器具对地电阻值应为 $1.0\times10^4\ \Omega\sim1.0\times10^8\ \Omega$。

7.7.3 静电危险场所不应存在电容大于 3 pF 的孤立导体。装有产品的金属容器应直接放置在防静电地面上。

7.7.4 工业雷管药剂生产工房的入口处应设导出静电的门帘、扶手及人体静电检测仪，工房地面、工作台面、椅子、脚踏等应铺设防静电材料。

7.7.5 进入工业雷管药剂生产工房内的作业人员，应穿戴防静电(或纯棉)工作服、防静电(或纯棉)鞋袜，经静电检测合格后方可进入，人体对地电阻值应为 $1.0\times10^4\ \Omega\sim1.0\times10^8\ \Omega$。

7.7.6 企业应根据危险物品特性、静电危害风险以及生产加工作业方式等因素，规定危险作业场所空气相对湿度下限。以下生产工房(工作间)内的空气相对湿度不应低于 60%(工艺有特殊要求的生产企业可另行规定)：

a) 起爆药制造:分盘工作间、筛分工作间、称量工作间；

b) 炸药粉碎工房；

c) 延期药(点火药)制造:混合工作间、造粒工作间、筛分工作间、称量分盒工作间；

d) 导爆药制造:配料工作间、混合工作间、筛药工作间、分盒工作间；

e) 基础雷管装填线:有危险品和作业人员同时存在的工作间；

f) 雷管装配:电雷管装配工房、编码工房、包装工房；

g) 起爆具和震源药柱制造:炸药称量工作间、过筛工作间、TNT 熔化工作间、灌装工作间；

h) 有必要控制相对湿度的生产工房。

7.7.7 防静电用品及器材主要技术性能指标应符合以下要求：

a) 导静电胶板对地电阻值为 $5.0\times10^4\ \Omega\sim1.0\times10^8\ \Omega$；

b) 人体静电测试仪检测范围为 $1.0\times10^7\ \Omega\sim1.0\times10^8\ \Omega$，测量值误差应不大于 ±10%；

c) 防静电工作服的摩擦带电量每件应小于 0.5 μC，防静电工作服布料的摩擦起电电位应低于 500 V，防静电鞋对地等效电阻值为 $5.0\times10^4\ \Omega\sim1.0\times10^8\ \Omega$；

d) 生产工器具使用的棉织品或防静电织品的电荷面密度应小于 1 $\mu C/m^2$，摩擦起电电位应低于 500 V。

7.7.8 生产线和危险品仓库的防静电接地系统应每半年检测一次，起爆器材生产线防静电地面、防静电台面等装置每月应不少于一次抽查，应经常检查各工序、工位的静电接地线是否连接可靠，发现安全隐患应立即处理。

7.7.9 避雷针塔附近应根据实际情况设立警示标志牌或护栏。

7.7.10 防雷接地装置应按当地气象部门的规定定期检测。

8 作业场所管理

8.1 生产现场

8.1.1 应保持作业场所整齐清洁，疏散通道畅通。

8.1.2 工房内设备与工作台的布置应有利于工序间物流传递、方便操作、方便设备维修及方便操作人员安全疏散。物流、人流宜设置各自通行路线和标识，避免交叉。

8.1.3 应对作业场所的人员、物料、成品、工具及其在制品实行定置管理。作业现场危险物品的存放方式应有利于防止殉爆。

8.1.4 危险工房内的楼梯、平台应装设坚固可靠的扶手和护栏；楼梯的宽度和角度应便于人员通行和疏散；平台和楼梯的表层材料应符合相关要求；设备的入料口设在平台或楼板上时，入料口四周应有防肢体误入措施；厂区内的地沟、地坑、沉淀池等应有盖板或护栏；升降口和提升平台应加围栏，提升平台的围栏高度不应低于1 m。

8.1.5 有操作人员作业的场所照度应满足要求。

8.1.6 在易发生燃烧或爆炸事故的工序之间不宜设置用于传递危险品的过墙孔洞。因工艺需要设置时，应有隔火或隔爆的安全措施。

8.1.7 穿越危险工房隔墙和楼板的管道安装完毕并经检验合格后，应将墙洞、楼板洞与管道之间的空隙在粉刷或油漆前用阻燃材料填封密实，通风管道中的空隙部分应选用柔性阻燃材料填封。

8.1.8 危险工房内外通道、安全出口(含安全窗口)及安全疏散隧道等应设置明显的警示标志，严禁堆放任何物品，严禁设置坎、沟、台阶等。

8.1.9 顶棚、墙面应光洁，地面应平整无裂缝、无坑洼，门窗应完好无损、开启灵活。

8.1.10 危险工房维修前应按停工要求彻底清扫，清扫的垃圾应存放在指定地点并统一定期销毁。

8.2 定员、定量

8.2.1 企业应制定危险工(库)房及操作岗位的定员、定量审批和监督检查制度。

8.2.2 工(库)房内危险品总定量应符合GB 50089的规定；抗爆间室内爆炸物品的存量不应超出抗爆间室的设计药量；各岗位(工位)的定量在满足生产的前提下应尽量控制在下限。

8.2.3 工业炸药及其炸药制品生产线危险工房(工位)操作定员、最大允许定员和危险品定量应符合附录C的要求；起爆器材生产线危险工位操作定员、最大允许定员和危险品定量应符合附录D要求；无人操作的连续化、自动化基础雷管装填线，成品雷管装配生产线(工位)，索类产品生产线(工位)的危险品定量应符合设计药量或抗爆试验验证药量。

8.2.4 应在危险工(库)房外墙的显著位置设立警示标志牌，警示标志牌式样和内容参见附录E。

8.3 环境保护与职业卫生

8.3.1 新建、改建、扩建和技术改造的企业，涉及到影响环境和职业卫生时应按照国家有关要求办理相关手续。其防治污染和职业危害的设施应与主体工程同时设计、同时施工、同时投入生产使用，竣工时应经环保主管部门和劳动卫生管理部门验收合格后方可投入生产。

8.3.2 生产过程中的生产用水宜循环使用。

8.3.3 生产产生的废水、废气、废渣、噪声等应达到国家有关排放和控制标准的要求。危险性废水应经销爆后送废水处理工房统一处理；固体残渣应根据不同的危险成分或有害成分分别销毁处理；有害粉尘应消除其危害后再排入大气。

8.3.4 应对从事有毒有害作业的人员定期进行体检，若体检发现不宜从事有毒有害作业，应及时更换。

9 运输与储存管理

9.1 运输

9.1.1 民爆物品运输应符合《道路危险货物运输管理规定》、JT 618、GB 50089和GB 4387的有关规定。采用铁路、水路或航空运输时应符合国家相关规定。

9.1.2 生产区至总仓库区的运输路线通过企业外部公路时，由企业和当地交通安全管理部门确定运输路线，不应随意更改。

9.1.3 生产区至总仓库区运输道路应坚实牢固、路面平整、边坡稳定，并应按照国家相关规定设置必要的交通标志。

9.1.4 在社会公路上运输民爆物品时，应使用符合国家有关爆破器材运输车安全技术标准要求的专用运输车。厂内、库区内使用普通汽车运输民爆物品时，排气管应安装灭火罩，车厢底部应铺软垫。

9.1.5 运输工业电雷管的车辆安装卫星定位导航终端时，应符合以下要求：

9.1.5.1 当运输的工业电雷管发火冲能大于或等于 2.0 $A^2 \cdot ms$ 时：

a) 卫星定位导航终端的工作频率为 900 MHz 时，输出功率应不大于 2 W；工作频率为 1 800 MHz 时，输出功率应不大于 1 W；天线增益应不大于 3 dB；

b) 卫星定位导航终端的安装应符合 AQ 3004 的规定，终端天线的位置不应高于车体；

c) 卫星定位导航终端的天线与运输车内电雷管的距离不应小于 0.5 m。

9.1.5.2 当运输的工业电雷管发火冲能小于 2.0 $A^2 \cdot ms$ 时，卫星定位导航终端的技术参数和安装要求除应符合 9.1.5.1a）和 9.1.5.1b）的要求外，卫星定位导航终端的天线与电雷管的距离应按国家有关标准要求计算和测试后确定。

9.1.6 采用电瓶车运输民爆物品时，电瓶车应符合防爆要求；采用防爆叉车装运民爆物品时，叉杆应有防止火花产生的安全措施。

9.1.7 人力手推车运输工业炸药时，所载工业炸药质量不宜超过 300 kg，运输过程中应采取防滑、防摩擦产生火花等安全措施；人力手推车运输散装工业炸药药粉时应保持车厢清洁、干净，装药高度不应超过车厢高度，并应有防止工业炸药药粉撒落的安全措施。

9.1.8 人工传送起爆药时，应有专用道路并保持道路平整；传送人员和传送工具应有明显标志；传送人员行走时应与他人保持 5 m 以上间距。

9.1.9 在生产区和总仓库区内运输民爆物品的机动车行车速度不应超过 15 km/h，前后车之间的距离不应小于 50 m。

9.1.10 运输民爆物品的汽车司机除应取得公安部门批准的与驾驶车辆相符合的正式驾照外，还应具有 50 000 km 和三年以上安全驾驶经历，并由企业安全部门考核批准后方可上岗。

9.1.11 从事运输和装卸民爆物品的作业人员，应掌握所运输和装卸民爆物品的理化性能及应急措施。不应穿带有铁钉的工作鞋和易产生静电的工作服，严禁将火种带入装卸作业区。

9.1.12 运输民爆物品应配备押运人员，押运人员应随车携带符合行政许可审批要求的有关证件，应掌握押运产品的数量、质量、规格和装载等情况，了解所押运物品的主要危险特性和安全防护知识。押运人员应与库房管理人员当面点清所押运民爆物品的数量，运达时应与接收人员办理有关交接手续。

9.1.13 从事民爆物品运输的管理人员应经培训且考试合格后持证上岗；企业应对民爆物品运输管理人员定期进行安全教育和应急事故训练；每年应对民爆物品运输管理人员的素质进行一次安全审核，不符合要求应及时调整。

9.1.14 装有民爆物品的车辆在厂区及库区的运输，应符合国家和地方有关部门的相关规定。

9.1.15 民爆物品装卸应符合以下要求：

a) 非防爆机动车辆不应直接进入危险性建筑物或构筑物内，装卸作业宜在距危险性建筑物不小于 2.5 m 处进行；

b) 当危险性建筑物或构筑物内有火炸药粉尘或易燃易爆溶剂挥发气体时，装卸机动车应在距危险性建筑物不小于 5 m 处进行；

c) 用于装卸民爆物品的高位站台应设置防止车辆顶撞站台的缓冲设施或采取其他有效措施；

d) 装卸和搬运民爆物品时应轻拿轻放，严禁翻滚、拖拉，严禁用撬棍、榔头等铁器敲打包装件；

e) 厂内普通汽车装载民爆物品时，车厢底部应铺软垫，不应倒置或侧放；装载量不应超过额定装载量；产品包装箱超出车厢的高度不应超过产品包装箱高度的三分之一；雷管装车高度应低于车厢三分之一；车厢应盖好蓬布，捆绑牢固，在确保包装件固定可靠后，方可关严车厢栏板；

f) 专用运输车装载民爆物品时，装载质量不应超过额定装载量；包装件应码放整齐并根据运输量确定合适的码放高度；中途卸车后及时调整包装件的堆放高度，防止高位坠落和撞击；正确使用车内专用捆绑带和挂钩；

g) 装运民爆物品时，驾乘人员应对民爆物品的包装进行检查，发现不符合包装要求和破损的，应及时报告和处理；

h) 同车(包括同船等)运输不同品种的民爆物品时，应符合不同品种的民爆物品同库存放的相关要求。

9.1.16 运输民爆物品的车辆出车或收车前应将车厢打扫干净，清出的药粉、药渣应存放在指定地点并统一定期销毁。

9.1.17 在暴雨和雷电等恶劣天气情况下，产品不应出入库；恶劣天气的能见度在 5 m 以内，或道路坡度在 6%以上且能见度在 10 m 以内时，运输民爆物品的车辆应停止行驶。

9.1.18 民爆物品生产、销售企业需委托其他单位运输民爆物品时，应审查承运单位是否具备运输危险物品的资质，并与承运单位签订运输安全责任合同。

9.1.19 装有民用爆炸物品的车辆遇有临时停车时，应避开人员密集地区和重要设施，并设专人监护；车辆故障必须进行检修时，严禁在装有民用爆炸物品的车辆周围近 50 m 范围内进行明火产生的作业。

9.2 储存

9.2.1 设置民爆物品仓库的企业应取得“民用爆炸物品生产许可证”或“民用爆炸物品销售许可证”。

9.2.2 企业生产点的爆炸性材料仓储能力应满足生产需要，安全许可能力(不含现场混装炸药)与成品总库储存能力应满足以下要求：

a) 工业炸药及其炸药制品：

1) 安全许可能力小于或等于 10 000 t 时，总库储存能力应不小于安全许可能力的 3.0%，且不少于 200 t；

2) 安全许可能力大于 10 000 t 小于或等于 20 000 t 时，总库储存能力应不小于安全许可能力的 2.5%，且不少于 300 t；

3) 安全许可能力大于 20 000 t 时，总库储存能力应不小于安全许可能力的 2.0%，且不少于 500 t；

b) 工业雷管成品总库储存能力应不小于安全许可能力的 10%；

c) 工业导爆索成品总库储存能力应不小于安全许可能力的 10%。

9.2.3 企业应建立严格的民爆物品进出仓库检查制度，设置仓库负责人，并配备相应的仓库管理人员和足够的安防人员。安防人员应设置固定岗哨和流动岗哨，并按公安部门规定配备必要的警用器具。

9.2.4 仓库管理人员应了解仓库所储存产品的安全性能，掌握防火、防爆等知识，熟悉仓库的各项安全规定并经培训且考试合格后持证上岗。

9.2.5 外来人员进入民爆物品仓库应经本企业保卫部门审查批准，在了解仓库有关管理规定的前提下由仓库管理人员带领进入。

9.2.6 出库后返回的产品应有验收手续方可入库，拆包的产品应另库存放。

9.2.7 各类民爆物品宜单独品种专库存放，仓库内严禁储存无关物品。以下品种的民爆物品允许同库存放：

a) 单质炸药、工业导爆索、工业炸药及其炸药制品允许同库存放；

b) 包装完好的塑料导爆管允许与工业雷管(含继爆管)、单质炸药、工业导爆索、工业炸药及其炸药制品同库存放。

9.2.8 废品或未进行安定性试验的新产品应单独存放。

9.2.9 民爆物品仓库应环境整洁、通风良好，仓库内产品的堆放应整齐、稳固、标志清晰、利于行走、搬运方便，具体应符合以下要求：

a) 产品应按生产批号成垛堆放，不同规格的民爆物品应分垛堆放。

b) 仓库内装运通道应满足不同的运输方式，最小宽度应不小于 1.2 m；人行检查通道宽度、清点通道宽度、堆垛边缘与墙之间的距离及堆垛之间的距离应符合 GB 50089 的规定。

c) 堆放工业炸药、索类火工品成品箱的堆垛总高度不应大于 1.8 m;堆放工业雷管和其他起爆器材成品箱的堆垛总高度不应大于 1.6 m。

9.2.10 严禁在民爆物品仓库内开箱;需取出产品时应在仓库管理人员监督下,将产品箱移至库房防护屏障外指定地点进行;应使用不产生火花的启箱工具。

9.2.11 维修民爆物品仓库时,应采取可靠的安全措施。门窗小修可移至室外指定地点进行;库房大修应将仓库内的产品全部搬出,库房清扫干净后方可进行。

9.2.12 应按 GA 837 的规定在仓库设置安全防范电子监控装置,并确保监控装置完好。

10 试验与销毁管理

10.1 基本要求

10.1.1 应建立完整的民爆物品试验与销毁记录,每次试验与销毁均应清点民爆物品的数量,账物应一致,并由参与试验或销毁的主要操作人员共同签字。

10.1.2 起爆器材生产企业应有固定的试验场和销毁场;工业炸药及其炸药制品生产企业应有固定的工业炸药性能试验场,并根据需要设置固定的销毁场。试验场或销毁场的设置应满足 GB 50089 的要求。

10.1.3 试验或销毁工作不应单人进行,试验人员或销毁操作人员应是专职人员并经培训且考试合格后持证上岗。

10.1.4 进行试验或用爆炸法、烧毁法进行销毁时,引爆或点火前应发出音响警告信号;在销毁场以外销毁时,应按规定在销毁场地四周安排警戒人员,严格控制所有可能进入危险区域的人员和车辆。

10.1.5 起爆器的手柄或钥匙应始终由指定的放炮员随身携带。放炮员应亲自接通放炮线和启动起爆器,严禁其他人员进行上述作业。

10.1.6 试验或销毁工作结束后应检查和清理现场、熄灭余烬,确认无残留爆炸物后方可离开场地。

10.2 性能试验

10.2.1 民爆物品性能试验场的设置应符合 GB 50089 的有关规定。当周围环境允许一次最大试验药量大于 2 kg 时,应经企业安全负责人和企业技术负责人审批后方可进行。

10.2.2 样品准备间的工业雷管与工业炸药应分开放置。只有在准备工作全部完毕后、放炮员撤离试验场地前,方可将工业雷管插入药卷中。

10.2.3 采用工业电雷管起爆时,通电线路应设置双重开关,第一道开关合闸时应发出音响报警信号。

10.2.4 试验完毕后剩余的民爆物品应按企业相关规定处理。

10.3 销毁

10.3.1 企业应建立严格的民爆物品销毁制度,制定具体的销毁安全规程。销毁过程应在技术人员和安全人员的监护下进行。

10.3.2 销毁场内不应设置待销毁的民爆物品储存库,允许设置为销毁时使用的点火件或起爆件掩体。

10.3.3 销毁方法应根据民爆物品的特点采用炸毁法、烧毁法、溶解法或化学分解法。新研制的民爆物品销毁方法应由研制单位经试验后提出,由企业安全负责人和企业技术负责人审批后方可进行。

10.3.4 采用炸毁法销毁民爆物品时,应符合以下要求:

a) 被销毁的民爆物品应放置在销毁坑中进行,当销毁场地周围没有自然屏障时,在销毁坑周围宜设高度不低于 3 m 的防护土堤;

b) 一次销毁药量(不包括工业雷管)不宜超过 2 kg,周围环境允许且已制定可靠的安全措施时,经企业安全负责人和企业技术负责人审批后，允许适当扩大销毁药量；

c) 应采用工业电雷管和导爆管雷管在安全距离外起爆。采用电雷管起爆的爆炸场地不应设在有射频电源、高压电网和其他有电磁波干扰源的附近，其杂散电流不应大于 30 mA；

d) 销毁工业雷管时，允许在工业雷管上面放置适量的单质炸药，每次销毁的工业雷管和单质炸药的总质量不应超过 1 kg；基础雷管应整齐地装入纸盒内进行销毁操作；零散工业电雷管或导爆管雷管应在安全防护下将脚线或导爆管剪下，装入纸盒内进行销毁操作；

e) 每次起爆后应停留 10 min 以上人员方可进入现场检查。未爆炸或怀疑爆炸不完全时，应停留 30 min 后人员方可进入现场处理。

10.3.5 采用烧毁法销毁民爆物品时，应符合以下要求：

a) 禁止不同性质的民爆物品混合烧毁，烧毁前应进行彻底检查，严防起爆药或装有起爆药的制品等混入被烧毁物中。

b) 铺设烧毁物的方向应与当时的风向平行，点火点应设在下风向烧毁物的端头。

c) 烧毁工业炸药前应将工业炸药在地面上铺成厚度不超过 3 cm、宽度为 20 cm～30 cm 的带状长条，条距不应低于 3 m。硝酸铵类炸药一次最大烧毁量不应超过 200 kg；梯恩梯、黑索今、太安等单质炸药一次最大烧毁量不应超过 100 kg。严禁成箱成堆烧毁，结块的工业炸药应用木锤轻轻打碎后再进行烧毁。

d) 烧毁纸壳工业雷管药柱(不含起爆药)时，应将其铺成厚度为 8 cm～10 cm、宽度为 50 cm～60 cm 的带状长条，条距不应低于 3 m。每条药柱质量不应超过 10 kg，每次烧毁应不超过两条，允许均匀掺入少量废黑索今同时烧毁。

e) 烧毁导爆索时，应将索团松开铺成厚度不超过 10 cm，宽度不超过 1 m 的条状，条距不应低于 3 m。导爆索不应成团或堆积在一起，不应混入工业炸药。每条药柱质量应不超过 10 kg，每次烧毁应不超过两条。

f) 烧毁太乳炸药时应单片平铺在地面上，片与片之间的间距为 0.5 cm～1.0 cm，严禁叠加，每次烧毁药量不应超过 10 kg。

g) 烧毁法的引火材料可用蜡纸、木材等，应在点火点铺 1 m～2 m 长的引火物，烧毁时应先点燃引火物，不应直接点燃待销毁的民爆物品。

h) 在同一地点分多次烧毁民爆物品时，每次烧毁后应待烧毁场地地面温度降至常温后方可再次进行烧毁。

i) 应待烧毁场地地面冷却后再彻底清理烧毁场地，清理动作应轻、稳。当发现有未烧毁的民爆物品时应立即组织就地烧毁。

j) 操作人员点火后应立即离开烧毁点撤到安全距离以外(安全距离视销毁药量和品种确定)。

10.3.6 采用溶解法销毁民爆物品时，应使民爆物品全部溶解后，滤出其中的不溶物另行处理。

10.3.7 采用化学分解法销毁民爆物品时，应使药剂和溶剂充分混合并完全分解，其溶液应经处理，符合有关规定后再排入下水道。

10.3.8 销毁起爆药时宜采用化学分解法。用硫化钠销毁二硝基重氮酚宜在橡胶桶内进行，硫化钠溶液浓度宜控制在 4%～10%范围内。销毁时首先应使二硝基重氮酚在水中充分分散，然后缓慢地加入硫化钠溶液，并控制反应的速度和温度，保证充分散热，直至化学反应停止。将废液倒入废水池时，还应不断地加入上述硫化钠溶液，以防止销毁不完全。销毁其他起爆药时，应根据相应起爆药性质制定销毁规程。

10.3.9 待销毁的民爆物品严禁在阳光下暴晒；严禁将销毁不彻底的民爆物品随地散失和任意处理。

10.3.10 严禁在夜间、暴风、雷雨、大雪、大雾和风向不定等恶劣天气进行销毁作业。

11 生产安全事故应急救援预案与事故报告

11.1 生产安全事故应急救援预案

11.1.1 应根据本企业生产、经营的实际情况，以“以防为主，防救结合”为原则，制定生产安全事故应急救援预案，并按《生产安全事故报告和调查处理条例》的规定上报所在地县级以上地方人民政府安全生产监督管理部门和民爆行业行政主管部门备案。

11.1.2 生产安全事故应急救援预案编制原则：

a) 应结合本企业危险源的特点，内容有较强的针对性；

b) 救援措施、避险要领应简洁明了，有较强的可操作性；

c) 企业自救应与社会救援相结合。

11.1.3 生产安全事故应急救援预案的主要内容应包含：

a) 危险源辨识与评价结果；

b) 事故类型及可能造成的危害分析；

c) 事故应急救援及紧急避险措施；

d) 事故应急救援组织指挥机构、救援队伍及职责分工；

e) 事故应急救援器材、装备；

f) 需要请求社会救援的事项；

g) 事故应急预案演练的考核评价标准；

h) 事故应急预案管理制度。

11.1.4 事故应急救援预案中指挥机构的负责人应由企业主要负责人承担，企业相关负责人为指挥机构成员，下设日常办事机构。

11.1.5 为应急救援配备的器材和装备不应移做他用，器材和装备应保持完好、有效状态。

11.1.6 应与当地有关单位保持良好的消防、救护、救援等协同联系。

11.1.7 应根据本单位实际，将事故应急救援方案分解到各基层车间（分厂）、各危险点；每年应至少组织一次综合应急预案演练或专项应急预案演练，并有记录。

11.1.8 企业应根据事故应急救援预案管理制度，定期对预案中规定的机构、责任制、报警系统、预防措施、演练记录和救援设施等内容进行检查，发现问题及时纠正。

11.2 生产安全事故报告

11.2.1 民爆物品生产安全事故是指科研、生产和经营活动中发生火灾、爆炸、中毒等人身伤害和较大经济损失事故。事故等级划分应按 WJ 9048 的有关规定进行。

11.2.2 企业发生伤亡事故后，企业主要负责人应当迅速采取有效措施，组织抢救，防止事故扩大，减少人员伤亡和财产损失，并按照《生产安全事故报告和调查处理条例》的有关规定如实上报当地政府主管部门外，还应上报省级和国家民爆行业行政主管部门，并积极调查事故原因。不应瞒报、谎报、故意迟延不报，不应故意破坏事故现场、毁灭事故证据。

11.2.3 事故报告应包括以下内容：

a) 事故发生的单位、时间、地点及事故现场情况；

b) 事故的简要经过、伤亡人数（包括下落不明人数）和直接经济损失的初步估计；

c) 事故发生原因的初步判断；

d) 事故发生后采取的措施及事故控制情况；

e） 事故报告单位及主要负责人、联系人、联系电话。

11.2.4 企业根据事故报告制度对发生的事故处理完毕后，应填写《民用爆炸物品企业火灾、爆炸、中毒事故档案》（封面及格式参见附录 F）报民爆行业行政主管部门。

11.2.5 上报事故资料应按以下规定进行：

a） 事故造成人员伤亡或经济损失已达到《生产安全事故报告和调查处理条例》规定的等级时，应按照《生产安全事故报告和调查处理条例》以及民爆行业行政主管部门的有关规定上报；

b） 企业发生伤害事故，应在事故发生后的一个月内将事故调查报告上报至省级和国家民爆行业行政主管部门。

附　录　A
（资料性附录）
民用爆炸物品生产安全技术操作规程的主要内容

A.1　安全守则

安全守则的内容应包括：

a）　物品危险、有害性说明；

b）　个人防护要求；

c）　主要安全设施及使用方法；

d）　作业现场管理（定员、定量、定置和清扫等要求）；

e）　现场应急程序；

f）　特许作业审批规定；

g）　其他。

A.2　工艺规程

工艺规程的内容应包括：

a）　原材料、辅助材料技术标准；

b）　主要工艺技术参数；

c）　仪器设备检查和校准；

d）　质量控制措施（材料或半成品技术指标、抽检方法和记录要求等）；

e）　不合格品和废品管理：

——分类；

——隔离存放要求；

——合理利用的方法；

——废品（废弃物）的处理方法。

f）　其他。

A.3　操作规程

操作规程的内容应包括：

a）　材料配制或准备过程；

b）　操作程序：

——启动程序；

——操作过程；

——收工程序；

c）　安全注意事项：

——紧急停机(异常);

——生产故障排除指导说明(应急情况处理方法和现场记录等);

——报警和警告。

A.4 其他

根据具体情况需要规定的其他有关要求。

附　录　B
（规范性附录）
乳化器和螺杆泵的主要技术参数

B.1　乳化器

B.1.1　胶状乳化炸药乳化器

机械搅拌连续式胶状乳化炸药乳化器的主要技术参数应符合以下要求：

a）主轴工作转速不大于1 500 r/min；

b）转子线速度不大于15 m/s；

c）产能与装机功率之比不小于300 kg/kW；

d）转子与定子（无定子的以容器内壁计）径向间隙不小于2.5 mm，转子的轴向间隙不小于3.0 mm；

e）物料出口直径不小于50 mm；

f）有防止轴承碎裂引起主轴径向和轴向位移的技术措施；有防止物料进入轴承和机械密封的技术措施；

g）有效容积不大于5 L。

B.1.2　粉状乳化炸药乳化器

机械搅拌连续式粉状乳化炸药乳化器的主要技术参数应符合以下要求：

a）转子线速度不大于10.0 m/s；

b）转子直径不大于200 mm；

c）转子与定子（无定子的以容器内壁计）径向间隙不小于3.25 mm；

d）物料出口直径不小于50 mm；

e）有防止轴承碎裂引起主轴径向和轴向位移的技术措施；有防止药体进入轴承和机械密封的技术措施。

B.2　输送乳化基质或乳化炸药的螺杆泵主要技术参数

输送乳化基质或乳化炸药的螺杆泵的主要技术参数应符合以下要求：

a）定子材质：

——应选用耐油、耐温型，宜采用非金属软性材料；

——定子的耐温性应高于被输送物料20 ℃以上。

b）螺杆的工作转速不宜超过150 r/min；宜有超压自动泄爆装置。

c）转动部件不应有进入危险物料的可能。

B.3　其他

乳化炸药乳化器主要技术参数与国家民爆行业行政主管部门最新公布的专用生产设备目录编录要求有差别的，以最新要求为准。

附　录　C
（规范性附录）
工业炸药及其炸药制品生产线危险工房（工位）操作定员、最大允许定员和危险品定量

工业炸药及其炸药制品生产线危险工房（工位）操作定员、最大允许定员和危险品定量见表 C.1。

表 C.1　工业炸药及其炸药制品生产线危险工房（工位）操作定员、最大允许定员和危险品定量

项目	序号	工房名称	操作定员/最大允许定员/危险品定量	主要操作工位
工业炸药	1	原料制备工房	6/9/设计定量	硝酸甲胺中和、浓缩/其他爆炸性原材料准备
	2	制药工房	6/9/设计定量	原料准备、混制、在线检查等
	3	制药与装药工房	12/15/设计定量	原料准备、混制、在线检查、装药等
	4	装药与包装工房	22/25/设计定量	半成品输送、装药、包装、装运
	5	制药与装药、包装联建工房	15/18/设计定量	原料准备、混制、在线检查、半成品输送、装药、包装、装运
	6	包装工房	6/9/设计定量	包装、装运
震源药柱、起爆具	1	工业炸药制药与装药联建工房	15/18/设计定量	配料、熔化、塑化、罐装
	2	装药与包装联建工房	22/25/设计定量	装药、炸药制品整理、装箱、包装、装运等
	3	包装工房	6/9/设计定量	包装、装运
	4	起（传）爆药柱压制（铸装）	3/5/工位	压制（铸装）
石油射孔弹（分工房和工位计算）	1	单质炸药准备	1/2/抗爆间设计定量	炸药准备
	2	称量	1/2/6 kg（工位）	每一个工位 1 人称量，加送药交叉 2 人
	3	压药	1/2/3 kg（工位、抗爆间设计定量）	每一个工位 1 人压药，加搬运交叉 2 人
	4	擦药	2/3/8 kg（工位）	每一个工位 2 人擦药，加搬运交叉 3 人
	5	口部涂胶	2/3/8 kg（工位）	每一个工位 2 人涂胶，加搬运交叉 3 人
	6	插压丝	2/3/8 kg（工位）	每一个工位 2 人压丝，加搬运交叉 3 人
	7	固化	0/2/20 kg（工作室）	无人操作，搬运交叉 2 人
	8	外观检查	1/2/12 kg（工位）	每一个工位 1 人检查，加搬运交叉 2 人
	9	喷码	2/3/12 kg（工位）	排弹 2 人，加运输交叉 3 人
	10	装箱、包装	5/6/12 kg（工位）	传送、装箱、包装 5 人，加搬运交叉 6 人
		累计	17/22/工房设计总量	—

注： 其他炸药制品生产线危险工房（工位）操作定员、最大允许定员和危险品定量由生产企业参照本标准相关类别的产品制定。

附 录 D
（规范性附录）
起爆器材生产线危险工房(工位)操作定员、最大允许定员和危险品定量

起爆器材生产线危险工位操作定员、最大允许定员和危险品定量见表 D.1。

表 D.1 起爆器材生产线危险工位操作定员、最大允许定员和危险品定量

项目	序号	工位名称	操作定员/最大允许定员/危险品定量	主要操作工位及防护要求
工业雷管	1	起爆药化合	1/3/抗爆间设计定量	LA、GTG、NHN 等的化合在抗爆间内，人机隔离下的辅助操作
			4/6/设计定量或规定定量	同一个工房内 DDNP 中和、还原、重氮，人工操作
	2	洗涤、抽滤	1/3/抗爆间设计定量	LA、GTG、NHN 等洗涤、抽滤在抗爆间室内人机隔离下的辅助操作
			1/3/抗爆间设计定量	同一个工房内 DDNP 洗涤、抽滤，人工操作
	3	分盘	1/2/抗爆间设计定量	同一抗爆间内，湿起爆药人工分盘
	4	干燥	1/2/抗爆间设计定量	同一抗爆间内真空干燥或烘房干燥
	5	筛药	1/1/抗爆间设计定量	同一抗爆间内防爆墙外人机隔离操作
	6	起爆药传送	1/2/3 kg	人工室内外传送干品
			1/2/企业规定定量	工序间传送湿品
	7	延期药混合	1/1/设计定量或规定定量	有防护的人机隔离辅助操作
	8	延期药造粒	1/1/设计定量或规定定量	有防护的人机隔离辅助操作
	9	延期药干燥	1/1/设计定量或规定定量	有防护的人机隔离辅助操作
	10	延期药筛分	1/1/设计定量或规定定量	有防护的人机隔离辅助操作
	11	装延期药	1/2/设计定量或规定定量	有防护的人机隔离辅助操作
	12	炸药传送	1/2/装填线暂存间定量	人工室内外传送
	13	装单质炸药	1/2/抗爆间内执行设计定量、室外 400 发	抗爆间室外人工辅助操作
	14	装起爆药	1/1/抗爆间内执行设计定量、室外防爆装置内 200 发	抗爆间室外人工辅助操作
	15	压药、压合	1/1/抗爆间内执行设计定量、室外防爆装置内 200 发	抗爆装甲外人工辅助操作
	16	拔管、擦浮药、装盒、检查	1/2/320 发工业雷管（作业台上 100 发，其余在防爆装置内）	抗爆装甲外人工辅助操作
	17	剔废品	1/2/320 发工业雷管（作业台 120 发，其余在防爆装置内）	有防护罩下的人工操作

表 D.1（续）

项目	序号	工位名称	操作定员/最大允许定员/危险品定量	主要操作工位及防护要求
工业雷管	18	混制点火药	1/2/抗爆间设计定量	抗爆间室外人机隔离辅助操作
			1/1/20 g(干基)	有防护罩下的人工操作
	19	卡中腰	1/2/320 发工业雷管(作业台 2 发,其余存防爆装置内)	防护装甲间内,防护罩下的人工操作
	20	卡成品	1/2/320 发工业雷管(作业台 20 发,其余存防爆装置内)	防护装甲间内,防护罩下的人工操作
	21	工业电雷管导通	1/2/220 发工业雷管(作业台上防爆装置内 20 发,其余存防爆装置内)	防护装甲间内,防护罩下的人工操作
	22	编码排管	1/2/220 发工业雷管(作业台上基础管 100 发或 60 发工业电雷管或 60 发导爆管雷管,其余存防爆装置内)	防护装甲间内,防护罩下的人工操作
	23	编码拆模、检查	1/2/220 发工业雷管(作业台上 120 发工业电雷管或 50 发导爆管雷管,其余存防爆装置内)	防护装甲间内,防护罩下的人工操作
	24	工业雷管打把、验数	1/2/400 发工业雷管(作业台上 100 发,其余存防爆装置内)	防护装甲间内,防护罩下的人工操作
	25	沾蜡	1/2/200 发工业雷管	防护装甲间内,人工操作
	26	装盒	1/2/500 发工业雷管(作业台上 100 发,其余存防爆装置内)	防护装甲间内,防护罩下的人工操作
	27	包中包	2/2/600 发工业雷管	防护装甲或独立工作间内的人工操作
	28	传送带	半自动线:1/2/100 发工业雷管	人工辅助操作,传送带上各工位上的量
	29	装箱	1/2/ 2 000 发成品雷管(基础雷管 5 000 发)	一个装箱间内
	30	成品组批或待运	1/2/6 箱成品工业雷管(6 000 发)或基础雷管 4 箱	一个暂存间内
	31	基础雷管传送	1/1/20 000 发	工房之间、工库房之间人力车
	32	成品传送	1/2/6 000 发工业雷管	手推车人工操作
	33	半成品试验	1/2/200(作业台上 10 发,其余存防爆装置内)	防护装甲或独立工作间内的人工操作

表 D.1（续）

项目	序号	工位名称	操作定员/最大允许定员/危险品定量	主要操作工位及防护要求
工业雷管	34	质检抽样	1/2/300 发工业雷管	防护装甲间内的人工操作
	35	成品试验	2/2/按照企业相关规定执行	—
	36	销毁	2/2/按照企业相关规定执行	—
导爆管	1	混药	1/1/抗爆设计定量	抗爆墙外人机隔离下的辅助操作
	2	干燥	1/1/抗爆设计定量	抗爆墙外人机隔离下的辅助操作
	3	制管(机台)	1/2/40 g(药斗)或按抗爆设计	单台机的加药和收管操作
工业导爆索	1	单质炸药准备	1/2/设计定量	太安、黑索今等炸药造粒、过筛
	2	制索	1/2/抗爆间设计定量	人机隔离下的制索巡检、收卷操作
	3	涂塑	1/2/设计定量	涂塑巡检、收卷
	4	包装	5/6/设计定量	盘卷分切、包卷、装箱、装运

注：DDNP 为二硝基重氮酚起爆药的缩写；LA 为叠氮化铅起爆药的缩写；GTG 为高氯酸三碳酰肼合镉(Ⅱ)起爆药的缩写；NHN 为硝酸肼镍起爆药的缩写。

附　录　E
（资料性附录）
危险工（库）房警示标志牌式样

E.1　“危险工（库）房警示标志牌”尺寸应为700 mm×660 mm；材质应有一定强度，不易变形；字体大小按字数多少排列并居中；标志牌颜色与字体颜色应有明显反差，且宜采用白底黑字。

E.2　危险工（库）房警示标志牌样式见图E.1。

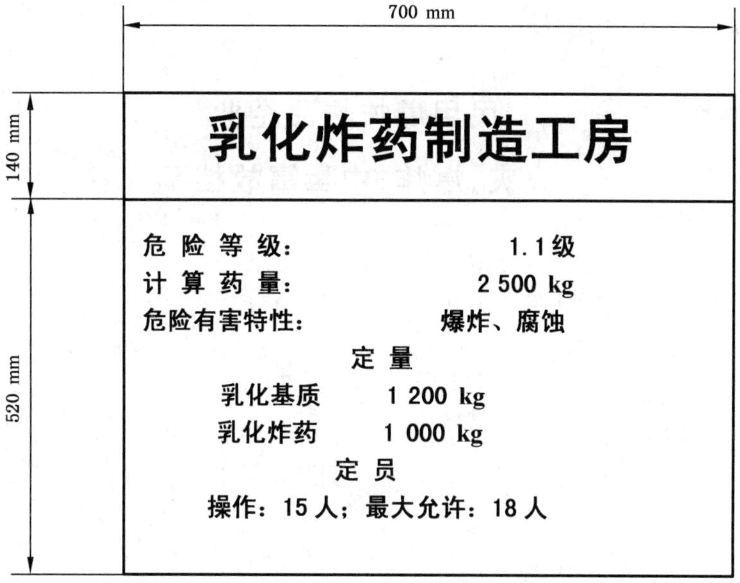

图E.1　危险工（库）房警示标志牌样式

E.3　警示标志牌内容应符合以下要求：

a）“危险工（库）房名称”按建筑物内实际生产或存储主要危险品名称确定，如：乳化炸药制造工房、工业雷管库；

b）“工（库）房危险等级、计算药量”按GB 50089的规定确定；

c）“危险工（库）房操作定员和最大允许定员”按附录C、附录D的规定确定；

d）“危险品名称及定量”按建筑物内存放的主要危险性原材料、半成品及成品的名称和最大允许存放危险品的数量确定；

e）“危险、有害特性”按危险品的主要危险性和有害性确定。

附　录　F
（资料性附录）
民用爆炸物品企业火灾、爆炸、中毒事故档案

F.1　民用爆炸物品企业火灾、爆炸、中毒事故档案封面格式见图F.1。

民用爆炸物品企业
火灾、爆炸、中毒事故档案

事故企业名称____________________

企业注册地省份__________________

事故地点省份____________________

年　　月　　日

图F.1　民用爆炸物品企业火灾、爆炸、中毒事故档案封面格式

F.2 民用爆炸物品企业火灾、爆炸、中毒事故记录表格样式见表 F.1。

表 F.1 民用爆炸物品企业火灾、爆炸、中毒事故记录表格样式

企业名称			
发生事故时间	年 月 日 时 分		
发生事故单位、地点			
事故性质			
事故类别			
伤亡人数	死亡 人	重伤 人	轻伤 人
直接经济损失(万元)			
破坏程度			
事故概况			
事故经过			
原因分析			
整改措施			
填报单位意见	填表人(签字) 年 月 日	企业负责人(签字) 年 月 日	单位(公章)
注 1:凡有事故现场的录像带、照片等资料随此表一并附上。 **注 2**:表格内内容填不下时可附页。			

ICS 53.020.20
J 80

中华人民共和国国家标准

GB/T 28264—2012

起重机械　安全监控管理系统

Lifting appliances—Managing system of safety monitoring

2012-05-11 发布　　2012-07-01 实施

中华人民共和国国家质量监督检验检疫总局
中国国家标准化管理委员会 发布

前　言

本标准按照 GB/T 1.1—2009 给出的规则起草。

本标准由中国机械工业联合会提出。

本标准由全国起重机械标准化技术委员会(SAC/TC 227)归口。

本标准负责起草单位:中船第九设计研究院工程有限公司、北京起重运输机械设计研究院。

本标准参加起草单位:国家起重运输机械质量监督检验中心、中国建筑科学研究院建筑机械化研究分院、常州市常欣电子衡器有限公司、中铁科工集团中铁工程机械研究设计院、上海振华重工(集团)股份有限公司、大连重工·起重集团有限责任公司、徐工集团徐州重型机械有限公司、石家庄铁道大学国防交通研究所、华电郑州机械设计研究院有限公司、中国通信建设集团有限公司。

本标准主要起草人:黄飘、尚洪、张军、唐超、岳文翀、邱思明、王顺亭、周佳妮、罗文龙、容毅、陈斌、董元跃、汤明清、王益丰、曹立峰、鲍林栋、王继东。

起重机械　安全监控管理系统

1　范围

本标准规定了起重机械安全监控管理系统(以下简称“系统”)的构成、系统的监控、系统的性能要求、试验方法和系统的检验。

本标准适用于GB/T 20776规定的桥式起重机、门式起重机、流动式起重机、塔式起重机、门座起重机、缆索起重机、桅杆起重机、架桥机及升船机,其他类型起重机可参照使用。

2　规范性引用文件

下列文件对于本文件的应用是必不可少的。凡是注日期的引用文件,仅注日期的版本适用于本文件。凡是不注日期的引用文件,其最新版本(包括所有的修改单)适用于本文件。

GB 6067.1　起重机械安全规程　第1部分:总则

GB 5226.2　机械安全　机械电气设备　第32部分:起重机械技术条件

GB/T 20776　起重机械分类

3　术语和定义

下列术语和定义适用于本文件。

3.1

安全监控管理系统　managing system of safety monitoring

对起重机械工作过程进行监控,能够对重要运行参数和安全状态进行记录并管理的系统。

3.2

信息采集单元　information collection unit

读取信息源数据的装置。

3.3

信息处理单元　information processing unit

对读取的数据进行计算和处理的装置。

3.4

控制输出单元　output control unit

向起重机械执行机构输出控制信号的装置。

3.5

信息显示单元　information display unit

以图形、图像、文字、声光等方式输出信息的装置。

3.6

信息导出接口单元　data output interface unit

向上级或下级单元输出数据的装置。

3.7

远程传输单元　remote data transfer unit

信息传送到远程服务器的装置。

3.8

系统综合误差　synthetical precision of system

系统显示数据与被采集信息源的实际数据的最大相对误差。

3.9

远程监控中心　remote control centre

由远程服务器接收起重机械作业区和非作业区传输来的信息，并对该信息进行监控管理的装置。

3.10

工作时间　working time

每个工作状态所对应的具体时间，即为记录一个工作状态时的时钟时间(年/月/日/时/分/秒)。

3.11

累计工作时间　cumulative working time

已完成的工作循环的累计时间总和。

3.12

工作循环　working cycle

起重机从起吊一个物品起，到能开始起吊下一个物品止，包括起重机运行及正常的停歇在内的一个完整的过程。

4　系统的构成

4.1　起重机械安全监控管理系统由硬件和软件组成，其单元构成如下：信息采集单元、信息处理单元、控制输出单元、信息存储单元、信息显示单元、信息导出接口单元等。

当有远程监控要求时，应增加远程传输单元。

当起重机械集群作业时，系统应留有相应接口，用于与远程监控中心的信息交换。

注：本系统是起重机械电气控制系统的一部分，非独立产品。

4.2　起重机械安全监控管理系统结构模式如图1所示。

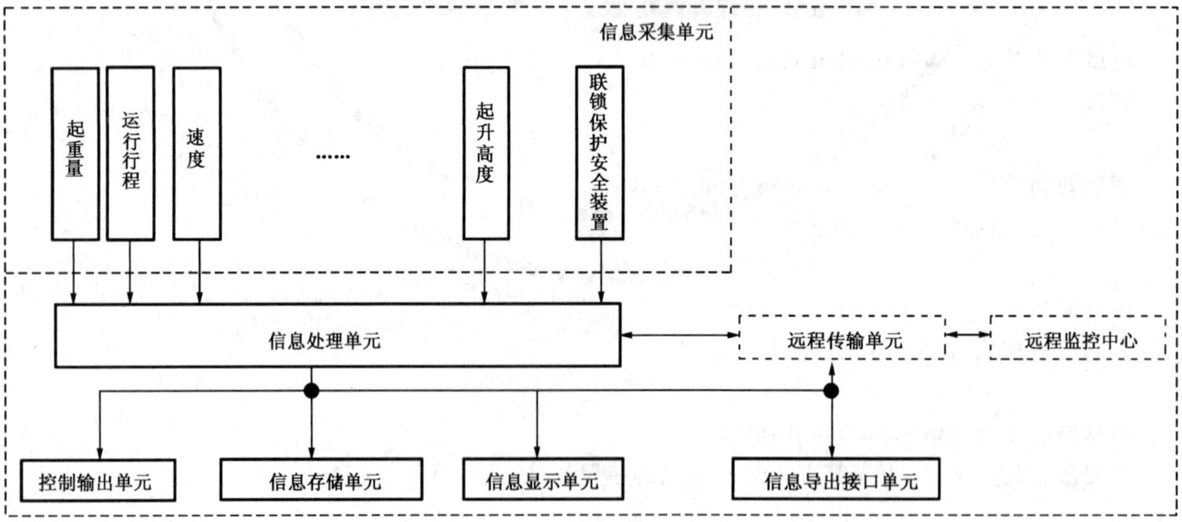

图1　起重机械安全监控管理系统结构模式示意图

4.3　起重机械安全监控信息采集要求见表1。

表 1 起重机械信息采集源

序号	信息采集源		桥式起重机	门式起重机	流动式起重机	塔式起重机	门座起重机	缆索起重机	桅杆起重机	架桥机	升船机
1	起重量限制器		应采集	应采集	应采集	应采集	应采集	应采集	应采集	应采集	应采集
2	起重力矩限制器				应采集	宜采集	应采集		应采集		
3	起升高度限位器/下降深度限位器		应采集	应采集	应采集	应采集	应采集	应采集	应采集	应/宜采集	应采集
4	运行行程限位器		应采集	应采集		应采集	应采集	应采集		应采集	应采集
5	幅度限位器(幅度指示器)				应采集	应采集	应采集		宜采集		
6	偏斜限位器			应采集				宜采集			
7	联锁保护安全装置	门限位	应采集	应采集			应采集	应采集			应采集
		机构之间的运行联锁	应采集	应采集			应采集	应采集	应采集	应采集	应采集
8	水平传感器				宜采集					宜采集	
9	抗风防滑装置			应采集		宜采集	应采集	应采集			应采集
10	风速仪装置			应采集	宜采集	应采集	应采集	应采集	应采集	应采集	应采集
11	回转限制器				宜采集	应采集	应采集				
12	同一或不同一轨道运行机构防碰撞装置		应采集	应采集			应采集	应采集		宜采集	
13	垂直传感器									宜采集	
14	超速保护装置		应采集	应采集			应采集	应采集		应采集	应采集
15	供电电缆卷筒安全限位			应采集			应采集	应采集			
16	起升机构制动器		宜采集	宜采集			应采集	应采集		应采集	应采集
17	过孔状态									应采集	
18	防后倾装置				宜采集						

5 系统的监控

5.1 总则

系统应具有满足本标准要求的安全监控管理功能。

5.2 监控内容

5.2.1 起重机械安全保护装置的设置应满足 GB 6067.1 及相关标准的要求，系统中的主要监控内容应满足表 2 和表 3 的要求。

5.2.2 系统的输出控制要求应满足 GB 6067.1 及相关标准的规定。

表 2　起重机械监控参数

序号	监控项目	桥式起重机	门式起重机	流动式起重机	塔式起重机	门座起重机	缆索起重机	桅杆起重机	架桥机	升船机
1	起重量	√	√	√	√	√	√	√	√	√
2	起重力矩			√	√	√		√		
3	起升高度/下降深度	√	√	√	√	√	√	√	√	√
4	运行行程	√	√		√	√	√		√	√
5	幅度			√	√	√		√		
6	大车运行偏斜		√				√			
7	水平度			√					√	
8	风速		√	√	√	√	√	√	√	√
9	回转角度			√	√	√				
10	同一或不同一轨道运行机构安全距离	√	√			√	√		√	
11	操作指令	√	√	√	√	√	√	√	√	√
12	支腿垂直度								√	
13	工作时间	√	√	√	√	√	√	√	√	√
14	累计工作时间	√	√	√	√	√	√	√	√	√
15	每次工作循环	√	√	√	√	√	√	√	√	√

注：√——表示要监控的项目。

表 3　起重机械监控状态

序号	监控项目		桥式起重机	门式起重机	流动式起重机	塔式起重机	门座起重机	缆索起重机	桅杆起重机	架桥机	升船机
1	起升机构制动器状态		√	√			√	√		√	√
2	抗风防滑状态			√		√	√	√			√
3	联锁保护	门限位	√	√			√	√			√
		机构之间的运行联锁	√	√			√	√	√	√	√
4	工况设置状态				√						
5	供电电缆卷筒状态			√			√	√			
6	过孔状态									√	
7	视频系统[a]		√	√	√	√	√	√	√	√	√

注：√——表示要监控的项目。

[a] 对于门式起重机、流动式起重机、门座起重机等至少需观察到吊点、行走区域；对于桥式起重机、塔式起重机、缆索起重机、桅杆起重机等至少需观察到吊点；对于架桥机至少需观察到过孔状态、架梁状态、运梁车同步状态；对于升船机至少需观察到机房、承船箱。

6 系统的性能要求

6.1 总则

系统的性能除应满足 GB 5226.2 的相关要求外，还应满足 6.2～6.11 的要求。

6.2 使用环境条件

系统应满足起重机械的实际使用环境条件要求。

6.3 系统综合误差

系统综合误差特指起重量、幅度和起重力矩的误差。在起重机械实际使用工况下，系统的综合误差分别不应大于 5%。

6.4 系统的屏蔽要求

6.4.1 控制信号线宜选用双绞屏蔽线，远距离传输或强干扰环境时可选用光缆方式。

6.4.2 采用变频器驱动的起重机械中，为防止变频器产生的谐波和电磁辐射对安全监控管理系统造成干扰，应采取适当的措施，特别是对信号线的抗干扰措施。

6.5 系统的连续作业要求

系统的基本组成单元应符合其本身的技术规范。连续作业试验时间不应低于 16 h 或工作循环次数不应低于 20 次。

6.6 系统信号接口要求

信号的常用接口形式如下：

a) 无源开关量信号接口；

b) 模拟量信号接口；

c) 脉冲量信号接口；

d) 总线数据信号接口。

6.7 系统的功能要求

6.7.1 系统应具有对表 1 所列的信息进行处理及控制的功能。

6.7.2 系统应具有对起重机械运行状态及故障信息进行实时记录的功能。

6.7.3 系统应具有对起重机械运行状态及故障信息进行历史追溯的功能。

6.7.4 系统应具有故障自诊断功能。在开机时应有自检程序，对警报、显示等功能进行验证；在系统自身发生故障而影响正常使用时，能立即发出报警信号。

6.7.5 系统在发生故障时，除发出报警外还应具备止停功能。

6.8 系统的信息采集和信息储存要求

6.8.1 系统信息的采集应满足实时性要求，储存应满足原始完整性要求。

6.8.2 系统储存的数据信息或图像信息应包含数据或图像的编号、时间和日期。

6.8.3 系统的信息存储单元在关闭电源或供电中断之后，其内部的所有信息均应被保留。

6.8.4 系统能在存储容量达到设定的存储时间前提示管理人员提前备份保存。

6.8.5 在运行周期内系统的采样周期不应大于 100 ms。

6.8.6 数据存储时间不应少于 30 个连续工作日，视频存储时间不应少于 72 h。

6.9 系统的显示要求

6.9.1 系统应保证显示信息在各种环境下清晰可辨，不干扰司机视线，不刺目。

6.9.2 系统应具有起重机械作业状态的实时显示功能，能以图形、图像、图表和文字的方式显示起重机械的工作状态和工作参数。

6.9.3 系统显示的文字表达应采用简体中文。

6.9.4 系统的报警装置应能向起重机械操作者和处于危险区域内的人员发出清晰的声光报警。

6.10 系统的通信协议要求

6.10.1 系统的通信协议应符合国家现行标准的规定。

6.10.2 系统的用户通信协议应是对外开放的。

6.11 系统管理权限要求

系统的管理应由经授权的人员进行。

7 试验方法

7.1 起重量综合误差试验

载荷试验不少于 3 次，且试验载荷不低于 30%的额定起重量。100%额定起重量作为必测点。其他两点在 30%额定起重量与 100%额定起重量之间任意选取。综合误差按式(1)计算：

$$E_Q = \frac{|Q_a - Q_b|}{Q_b} \times 100\% \qquad \cdots\cdots(1)$$

式中：

E_Q ——起重量综合误差；

Q_a ——系统显示数据，单位为吨(t)；

Q_b ——试验载荷的实际数据，单位为吨(t)。

7.2 幅度综合误差试验

空载状态下，取最大工作幅度的 30%($R_{0.3}$)、60%($R_{0.6}$)、90%($R_{0.9}$)，变幅机构在取点附近小范围内往返运行两次后停止，测定实际幅度 $R_{0.3a}$、$R_{0.6a}$、$R_{0.9a}$，读取显示器相应显示幅度 $R_{0.3b}$、$R_{0.6b}$、$R_{0.9b}$，分别计算它们的算术平均值 R_a 和 R_b，综合误差按式(2)计算：

$$E_R = \frac{|R_a - R_b|}{R_a} \times 100\% \qquad \cdots\cdots(2)$$

式中：

E_R ——幅度的综合误差；

R_a ——3 次实际幅度的算术平均值，单位为米(m)；

R_b ——对应的 3 次显示幅度的算术平均值，单位为米(m)。

对于流动式起重机，应增加额定载荷状态下的试验。

7.3 起重力矩的综合误差试验

在力矩曲线范围内选能代表机种力矩变化特性的 3 点作为检测点，综合误差按式(3)计算：

$$E_M = \frac{|M_a - M_b|}{M_a} \times 100\% \qquad \cdots\cdots(3)$$

式中：

E_M ——力矩的综合误差；

M_a ——实际力矩值，单位为千牛米(kN·m)；

M_b ——对应的显示力矩值，单位为千牛米(kN·m)。

7.4 其他检验项目试验

7.4.1 除系统综合误差外，其他检验项目可采取目测、现场操作验证或查阅使用说明书的方法进行检验。

7.4.2 系统的连续作业试验应按其工作循环进行连续性作业，中途因故停机，重新计算试验时间或循环次数。

8 系统的检验

8.1 总则

系统的检验应验证其是否能真实、有效、实时地反映起重机械工作时的运行状况，并能对这些状况和司机的操作指令进行实时的监控、记录及历史回放。

本系统的检验不包含对系统所选元器件及安全保护装置的合格性检验。系统所选元器件及安全保护装置应有合格证和相应的资质证明。

8.2 检验项目

系统的检验项目见表4。

表4 检验项目

序号	检验项目	技术要求	试验方法
1	监控参数	表2	现场操作验证(除序号1、2、5外)
2	监控状态	表3	现场操作验证
3	系统综合误差	6.3	7.1～7.3
4	连续作业	6.5	7.4.2
5	实时性	6.7.2	现场操作验证
6	历史追溯性	6.7.3	现场操作验证
7	故障自诊断	6.7.4	现场操作验证
8	储存要求	6.8.2	现场操作验证
9	断电后，信息的保存	6.8.3	现场操作验证
10	存储时间	6.8.6	现场操作验证
11	显示信息的清晰度	6.9.1	目测
12	文字表达形式	6.9.3	目测
13	报警装置	6.9.4	现场操作验证
14	通信协议的开放性	6.10.2	查阅使用说明书
15	管理权限的设定	6.11	现场操作验证

ICS 97.200.40
Y 57

中华人民共和国国家标准

GB 28265—2012

游乐设施安全防护装置通用技术条件

Safeguard specifications of amusement rides

2012-05-11 发布　　　　2013-03-01 实施

中华人民共和国国家质量监督检验检疫总局
中国国家标准化管理委员会　发布

前　言

本标准的4.1.1、4.4.4、4.4.5、4.5为强制性的，其余为推荐性的。

本标准按照GB/T 1.1—2009给出的规则起草。

本标准由全国索道与游乐设施标准化技术委员会(SAC/TC 250)归口。

本标准起草单位：中国特种设备检测研究院。

本标准主要起草人：肖原、马文飞、郑志涛、付恒生、鄂立军、庞昂。

游乐设施安全防护装置通用技术条件

1 范围

本标准规定了游乐设施安全防护装置的技术要求、试验方法和抽样原则。

本标准适用于游乐设施超速限制装置、限位装置、紧急制动装置、止逆行装置、安全带、安全压杠和缓冲装置等安全防护装置。

2 规范性引用文件

下列文件对于本文件的应用是必不可少的。凡是注日期的引用文件，仅注日期的版本适用于本文件。凡是不注日期的引用文件，其最新版本(包括所有的修改单)适用于本文件。

GB/T 2423.1 电工电子产品环境试验 第2部分：试验方法 试验A：低温

GB/T 2423.2 电工电子产品环境试验 第2部分：试验方法 试验B：高温

GB/T 2423.3 电工电子产品环境试验 第2部分：试验方法 试验Cab：恒定湿热试验

GB/T 2423.37 电工电子产品环境试验 第2部分：试验方法 试验L：沙尘试验

GB/T 2423.38 电工电子产品环境试验 第2部分：试验方法 试验R：水试验方法和导则

GB 4208 外壳防护等级(IP代码)

GB 5226.1 机械电气安全 机械电气设备 第1部分：通用技术条件

GB 8408—2008 游乐设施安全规范

GB 14166—2003 机动车成年乘员用安全带和约束系统

GB/T 20051—2006 无动力类游乐设施技术条件

GB/T 20438.2 电气/电子/可编程电子安全相关系统的功能安全 第2部分：电气/电子/可编程电子安全相关系统的要求

GB 50150—2006 电气装置安装工程电气设备交接试验标准

3 术语和定义

下列术语和定义适用于本文件。

3.1

安全防护装置 safeguard

在安全功能中保护人们免受现存或即将发生的危害所使用的防护装置或保护器件。

3.2

电气型安全防护装置 electric devices

通过机械装置、电子、电气元器件配合，达到规定安全防护功能的装置。

3.3

机械型安全防护装置 mechanical devices

通过机械装置达到规定安全防护功能的装置。

3.4

故障 fault

不能执行某规定功能的一种特征状态。

3.5

触发阈值 trigger threshold

启动安全防护装置所需的物理量。

3.6

显示偏差 display error

测量值与安全防护装置自身显示仪表显示值之间的差值。

3.7

动作偏差 action error

安全防护装置触发时,作用在安全防护装置上的实际物理量与触发阈值的差值。

3.8

不安全方向 dangerous directions

游乐设施运行达到安全防护装置触发条件时,游乐设施或安全防护装置没有按照预期运动方向运行。

3.9

安全方向 safety directions

游乐设施运行达到安全防护装置触发条件时,游乐设施或安全防护装置按照预期的运动方向运行。

3.10

力作用点 action point of force

安全防护装置设计时所确定的力加载点。

3.11

弹性绳最大伸长量 maximum extension length of elastic rope

弹性绳拉伸至破断时的拉伸距离。

3.12

弹性绳破断拉力 breaking force of elastic rope

弹性绳拉伸至破断时所承受的拉力。

3.13

弹性绳力衰减幅度 force-decreasing amplitude of elastic rope

弹性绳在等幅拉伸过程中所承受拉力的衰减幅度。

3.14

紧急制动装置 emergency brake

当游乐设施处于非正常工作情况下,能迅速动作,实现规定安全功能的制动装置。

4 技术要求

4.1 基本功能

4.1.1 安全防护装置应适用于游乐设施的工况要求,作用在安全防护装置上的物理量达到安全防护装置触发阈值时,应按要求动作。

4.1.2 触发阈值的调整应使游乐设施在其设计工况下正常工作,同时应考虑安全防护装置的动作偏差,触发阈值宜调整在100%～105%额定物理量之间。

4.2 报警功能

4.2.1 安全防护装置宜设有自动报警功能。当安全防护装置发生故障时,应能发出提示性的音响或灯光报警信号。

4.2.2 报警信号应由安全防护装置动作时触发,音响报警信号应与游乐设施环境噪音有明显区别。报警音响应通过5.14规定的试验，声级均不应低于75 dB(A)。灯光报警信号应使用红色，在作业人员视野范围内应清晰可见。

4.3 机械型安全防护装置安全要求

机械型安全防护装置应符合GB 8408—2008中7.4～7.7的要求，其中直接涉及人身安全的重要的轴和销轴、重要焊缝应通过5.2.1规定的试验。

4.4 电气型安全防护装置安全和环境适应性要求

4.4.1 电气型安全防护装置应符合GB 5226.1的要求，采用电气电子可编程器件的安全防护装置应同时符合GB/T 20438.2的要求。

4.4.2 电气型安全防护装置由外接电网供电时，在额定电压偏差量－15%～＋10%下应能正常工作，由蓄电池供电时，在额定电压偏差量－15%～＋35%下应能正常工作，并应能通过5.1、5.10、5.11规定的试验。

4.4.3 电气型安全防护装置在环境温度为－15 ℃～＋60 ℃和环境相对湿度为95%的条件下应正常工作，并应能通过5.1、5.9规定的试验。利用游乐设施整机进行现场试验时，电气型安全防护装置可不做5.9规定的试验。

4.4.4 电气型安全防护装置绝缘电阻不应低于1 MΩ，并应能通过5.12、5.13规定的耐压试验。

4.4.5 电气型安全防护装置选用的传感器防护应符合GB 4208中IP65级要求，室内部分的防护应符合GB 4208中IP42级要求，室外带电部分的防护应符合GB 4208中IP54级要求，其余部分应符合IP44级要求。

4.4.6 电气型安全保护装置应设置带锁定机构并与游乐设施主控回路联锁的复位开关。

4.5 安全防护装置误差判定

4.5.1 具有显示功能的安全防护装置，相对于动作值的显示偏差在实验室条件下不应超过±3%；利用游乐设施整机进行试验时不应超过±5%。

显示偏差计算方法如下：

$$\text{显示偏差} = (\text{显示值} - \text{实测值}) / \text{实测值} \times 100\% \quad \cdots\cdots(1)$$

4.5.2 在实验室条件下进行试验时，电气型安全防护装置动作偏差不应超过±3%；机械型安全防护装置动作偏差不应超过±5%。

利用游乐设施整机进行试验时，电气型安全防护装置动作偏差不应超过±6%，机械型安全防护装置动作偏差不应超过±10%。

4.6 柔性束缚装置

4.6.1 安全带(包含锁扣等组件)应符合GB 8408—2008中7.6.7的要求，并应能通过5.2.3规定的试验。

4.6.2 直接保护人身安全的弹性绳，应规定破断拉力和使用次数、失效时间限制，用于蹦极的弹性绳同时应符合GB/T 20051—2006中第4章的要求，并应能通过5.2.4、5.3.3规定的试验。

4.7 安全压杠

安全压杠应符合GB 8408—2008中7.6.8的要求，并应能通过5.2.2、5.3.2规定的试验。

4.8 止逆行装置

止逆行装置在紧急情况下应能迅速动作，阻止游乐设施向不安全方向运动，止逆行装置应符合

GB 8408—2008 中 7.4 的要求，并应能通过 5.4 规定的试验。

4.9 紧急制动装置

紧急制动装置在紧急情况下应能迅速动作，阻止游乐设施向不安全方向运动，紧急制动装置应可调节，并应能通过 5.4、5.5 规定的试验。

4.10 缓冲装置

缓冲装置在紧急情况下应能迅速动作，阻止游乐设施向不安全方向运动，并应能通过 5.4 规定的试验。

4.11 超速限制装置

超速限制装置在紧急情况下应能迅速动作，阻止游乐设施向不安全方向运动，并应能通过 5.6 规定的试验。

4.12 限位装置

限位装置在紧急情况下应能迅速动作，阻止游乐设施向不安全方向运动，并应能通过 5.7 规定的试验。

5 试验方法

5.1 一般规定

5.1.1 试验宜在实验室内进行，试验条件应符合有关规定和标准的要求。对于不能独立进行试验的安全防护装置，可利用游乐设施整机进行现场试验。

5.1.2 模拟实际工况，在安全防护装置上施加物理量，当所施加的物理量达到安全防护装置触发阈值时，安全防护装置应按要求动作，如试验中施加的物理量超过游乐设施工况所对应的 110% 物理量时，无论安全防护装置动作与否，应立即停止该次试验。

5.1.3 安全防护装置触发阈值试验前应预先标定，试验过程中不应调整安全防护装置触发阈值。

5.1.4 安全防护装置明确规定使用次数时，对每个触发阈值，试验次数为其设计允许使用次数，若使用次数无明确规定，试验次数按本标准规定进行。

5.2 拉伸强度试验

5.2.1 拉伸强度试验方法

模拟实际工况，通过试验机在力作用点对试件施加额定拉伸载荷进行试验。

5.2.2 安全压杠拉伸强度试验

通过试验机在力作用点对试件施加试验载荷后保持 1 min，然后逐渐卸载。重复试验 3 次。试验完毕后，试件无失效，则判定为合格；试验载荷按游乐设施运行时试件承受的载荷（设计值）乘以加载系数。即：

$$F = kP \qquad \cdots\cdots(2)$$

式中：

F ——试验载荷，单位为牛(N)；

P ——试件在正常运行中承受的载荷，单位为牛(N)；

k ——加载系数，$k=2$。

5.2.3 安全带拉伸强度试验

按 GB 14166—2003 中 5.4、5.5 规定的方法对安全带强度进行拉伸试验，安全带拉伸破断强度不小于 6×10^3 N，则判定为合格。

5.2.4 弹性绳拉伸强度试验

模拟实际工况，通过试验机，在 100 mm/min～500 mm/min 的拉伸速度下，在力作用点施加载荷，将弹性绳试件分别拉伸至试件原长度的 2.5 倍、4 倍。当试件拉伸 2.5 倍长度对应的拉伸载荷值大于设计载荷，且试件拉伸 4 倍长度对应的拉伸载荷值小于设计最大动载荷时，判定为合格。

5.3 疲劳强度试验

5.3.1 疲劳试验方法

模拟实际工况，通过疲劳试验机在力作用点对试件反复施加额定载荷进行试验。

5.3.2 安全压杠疲劳试验

通过试验机在力作用点加入额定载荷，试验次数 6×10^4 次。试验完毕后，安全压杠无失效，则判定为合格。

5.3.3 弹性绳疲劳试验

弹性绳疲劳试验应符合如下规定条件：

a) 将弹性绳试件安装于试验机上，拉伸 50 次，确认试件无异常后再进行疲劳试验；

b) 设定拉伸次数 1 000 次，进行等幅度拉伸疲劳试验，弹性绳最大力衰减幅度不大于 20% 为合格。

5.4 冲击强度试验

模拟实际工况，通过试验机或者游乐设施整机进行现场试验，在力加载点施加额定载荷进行冲击试验。重复试验 1 000 次，试验完毕后，安全防护装置无失效，则判定为合格。

5.5 紧急制动装置试验

模拟实际工况，通过试验机或者游乐设施整机进行现场试验，紧急制动装置应能及时实现安全功能，重复试验 1 000 次，试验完毕后，紧急制动装置无失效，则判定为合格。

5.6 超速限制装置试验

模拟超速工况，通过试验机或者游乐设施整机进行现场试验，超速限制装置应能及时实现安全功能，重复试验 1 000 次，试验完毕后，超速限制装置无失效，则判定为合格。

5.7 限位装置试验

模拟限位临界工况，通过试验机或者游乐设施整机进行现场试验，限位装置应能及时实现安全功能，重复试验 1 000 次，试验完毕后，限位装置无失效，则判定为合格。

5.8 动作偏差试验

模拟游乐设施实际工况，通过试验机或者游乐设施整机进行现场试验。设置安全防护装置触发阈值，对应每个触发阈值，施加安全防护装置触发所需要的实际物理量，使安全防护装置触发，动作偏差值小于 4.5 规定的偏差为合格。

5.9 电气型安全防护装置环境试验

5.9.1 振动试验

按表 1 规定条件进行试验，试验过程中，安全防护装置为非通电状态。

表 1 振动加速度试验要求（正弦波）

加速度/(m/s^2)	振动频率/Hz	上下振动时间/h	前后振动时间/h	左右振动时间/h
39.2	30	4	2	2

振动试验后，零部件不应松动、脱落、破损，导线不应断开，试验后完成 5.8 规定的试验。

5.9.2 冲击试验

按表 2 规定条件进行试验，试验过程中，安全防护装置为非通电状态。

表 2 冲击加速度试验要求（半正弦波）

冲击加速度/(m/s^2)	冲击时间/ms	上下冲击次数	前后冲击次数	左右冲击次数
147	<18	3	3	3

冲击试验后，零部件不应松动、脱落、破损，导线不应断开，试验后完成 5.8 规定的试验。

5.9.3 防护等级试验

试验方法和合格评定应符合 GB/T 2423.37、GB/T 2423.38 相应要求，试验过程中，安全防护装置为非通电状态，试验后完成 5.8 规定的试验。

5.9.4 温度试验

5.9.4.1 高温试验方法按 GB/T 2423.2 规定进行，试验过程中，安全防护装置为非通电状态。试验温度 60 ℃，历时 16 h，恢复后在 30 min 内完成 5.8 规定的试验。

5.9.4.2 低温试验方法按 GB/T 2423.1 规定进行，试验过程中，安全防护装置为非通电状态。试验温度－15 ℃，历时 16 h，恢复后在 30 min 内完成 5.8 规定的试验。

5.9.5 设备恒定湿热试验

试验前，安全防护装置应先通过 5.12 和 5.13 试验。试验方法按 GB/T 2423.3 规定进行。试验时间 48 h，恢复后，进行 5.8、5.12、5.13 规定的试验。

5.10 电压波动试验

交流供电时，分别施加 110％额定电压 60 min、85％额定电压 10 min；蓄电池供电时，分别施加 135％额定电压 60 min、85％额定电压 10 min。在试验过程后期按 5.8 进行试验。

5.11 电源抗干扰试验

在电气型安全防护装置的供电电源上迭加一个具有下述参数的尖脉冲电压：

——脉冲幅值:1 000 V;
——脉冲宽度:0.1 μs~2 μs;
——脉冲频率:5 Hz~10 Hz。

施加的时间不少于 30 min,在此期间安全防护装置应工作正常,在试验过程后期按 5.8 进行试验。

5.12 绝缘电阻试验

测量安全防护装置电源进线端与外壳金属部分之间的绝缘电阻,试验方法按 GB 50150—2006 进行,绝缘电阻值应不小于 1.0 MΩ 为合格。

5.13 交流耐压试验

试验方法按 GB 50150—2006 中 23.0.2 进行,在安全防护装置电源进线端与外壳金属部分之间,施加 1 000 V 试验电压,时间为 1 min。试验部位无击穿和闪络现象为合格。

5.14 报警音响试验

使安全防护装置发出报警音响,用声级计测量,距发音部位 1 m 或在操作员位置,高度 1.60 m 处测量,声级均不低于 75 dB(A)为合格。

6 抽样原则

试验试件应从产品中随机抽取。当单件小批量产品的数量 $N<10$ 时,最小抽样数量为 1 件;当产品批量的数量 $N>10$ 时,最小抽样数量见表 4。

表 4 最小抽样数量

序号	样品名称	批次	抽样数量
1	安全压杠	首批	2 件
2	安全带	首批	2 条
3	紧急制动装置	首批	2 件
4	缓冲装置	首批	2 件
5	超速限制装置	首批	2 件
6	限位装置	首批	2 件
7	电气型安全防护装置	首批	2 件
8	弹性绳	同批次	4 条

ICS 77.040.20
H 26

中华人民共和国国家标准

GB/T 28266—2012

承压设备无损检测
射线胶片数字化系统的鉴定方法

Non-destructive testing of pressure equipment—Qualification of radiographic film digitization systems

2012-05-11 发布　　　　2012-09-01 实施

中华人民共和国国家质量监督检验检疫总局
中国国家标准化管理委员会　发布

前　言

本标准按 GB/T 1.1—2009 给出的规则起草。

本标准第 1 章参考 BS EN 14096-1：2003《无损检测　射线胶片数字化系统的鉴定方法　第 1 部分　定义、图像质量参数的定量测量、标准参考胶片和定性控制》(英文版)中第 1 章“范围”。

本标准第 3 章参考 BS EN 14096-1：2003《无损检测　射线胶片数字化系统的鉴定方法　第 1 部分　定义、图像质量参数的定量测量、标准参考胶片和定性控制》(英文版)和 BS EN 14096-2：2003《无损检测　射线胶片数字化系统的鉴定方法　第 2 部分　最低要求》(英文版)中第 3 章“术语和定义”。

本标准第 4 章参考 BS EN 14096-1：2003《无损检测　射线胶片数字化系统的鉴定方法　第 1 部分　定义、图像质量参数的定量测量、标准参考胶片和定性控制》(英文版)中第 4 章“评价过程”。

本标准第 5 章参考 BS EN 14096-1：2003《无损检测　射线胶片数字化系统的鉴定方法　第 1 部分　定义、图像质量参数的定量测量、标准参考胶片和定性控制》(英文版)中第 5 章“标准参考胶片”。

本标准第 6 章参考 BS EN 14096-2：2003《无损检测　射线胶片数字化系统的鉴定方法　第 2 部分　最低要求》(英文版)中第 4 章“数字化质量等级”和第 5 章“胶片数字化质量等级最低要求”。

本标准第 7 章参考 BS EN 14096-1：2003《无损检测　射线胶片数字化系统的鉴定方法　第 1 部分　定义、图像质量参数的定量测量、标准参考胶片和定性控制》(英文版)中第 6 章“数字化系统的质量控制和长期稳定性”。

本标准由全国锅炉压力容器标准化技术委员会(SAC/TC 262)提出并归口。

本标准起草单位：中国特种设备检测研究院、北京航空航天大学、上海欧鑫影像设备有限公司。

本标准主要起草人：丁克勤、梁丽红、陈光、傅健、王笑梅、陈异同、杨民、张佳银。

承压设备无损检测
射线胶片数字化系统的鉴定方法

1 范围

本标准规定了射线胶片数字化系统的基本性能参数及其评价方法、射线胶片数字化技术性能等级和标准参考胶片，并规定了钢制和铝制工件的射线胶片数字化时采用的系统应达到的性能等级。

本标准适用于将射线胶片转换为数字图像的技术和系统。

本标准不适用于胶片数字化图像的后续处理和显示。

2 规范性引用文件

下列文件对于本文件的应用是必不可少的。凡是注日期的引用文件，仅注日期的版本适用于本文件。凡是不注日期的引用文件，其最新版本（包括所有的修改单）适用于本文件。

GB/T 12604.2 无损检测 术语 射线照相检测

3 术语和定义

GB/T 12604.2 界定的以及下列术语和定义适用于本文件。

3.1

射线胶片数字化系统 radiographic film digitisation system

借助光学探测器探测胶片的透光度，输出反映透光度的电信号，并将电信号转化为数字信号传送到计算机，形成数字图像。简称数字化系统。

3.2

扫描孔径（SA） scanning aperture

扫描形成的数字图像中一个像素所对应的胶片上的区域。扫描孔径大小是决定数字化系统空间分辨率的主要因素。

3.3

像素尺寸（*P*） pixel size

扫描形成的图像中，每一行（水平）或一列（垂直）相邻两像素的中心间距。

3.4

光学密度（*D*） optical density

照射光强与穿过胶片的透照光强之比的常用对数值。

按式(1)计算：

$$D=\lg\frac{I_o}{I_D} \quad \cdots\cdots(1)$$

式中：

I_o ——照射光强；

I_D ——穿过胶片的透照光强。

3.5

边缘扩展函数(ESF)　edge spread function

阶跃函数通过数字化系统后的输出曲线。

3.6

数字化系统不清晰度(U_D)　digitiser unsharpness

扫描孔径、散射等因素引起的图像边缘模糊。用 ESF 曲线上幅值的 10%和 90%对应点之间的几何距离来描述。

3.7

空间频率(f)　spatial frequency

单位长度上正弦状信号周期变化的次数,用每毫米线对数(lp/mm)来测量。

3.8

空间截止频率(f_c)　spatial frequency maximum value

理论上,由奈奎斯特采样定理决定,用每毫米线对数(lp/mm)表示。

按式(2)计算:

$$f_c = \frac{1}{2 \times P} \qquad \cdots\cdots(2)$$

3.9

调制传递函数(MTF)　modulation transfer function

ESF 经差分和傅立叶变换后的归一化函数,如图 1 所示。描述了数字化系统的不清晰度。

3.10

密度范围(D_R)　density range

可测量的最大与最小光学密度之差。

3.11

特征传递曲线(CTC)　characteristic transfer curve

表征胶片的光学密度和数字化图像灰度值关系的曲线。

3.12

数字分辨率　digital resolution

数字化系统模数转换器的比特数。一个数字分辨率为 N bit 的数字化系统,其数字图像灰度值最大为 2^N。

3.13

密度采样宽度(ΔD_{SP})　density sampling pitch

数字图像每增加 1 个灰度值所对应的胶片光学密度的变化。该密度变化由数字化系统特征传递曲线决定。

3.14

密度对比度灵敏度(ΔD_{CS})　density contrast sensitivity

数字化系统可分辨的胶片上最小光学密度的变化。多数情况下,由数字化系统的噪声决定(光探测器的量子噪声)。

3.15

工作范围(ΔD_{WR})　working range

单次采集的数字化图像中,可确保最小密度对比度灵敏度的光学密度范围。是数字化图像的评价范围。根据数字化系统的结构,不同的数字化系统可能不止一个工作范围。

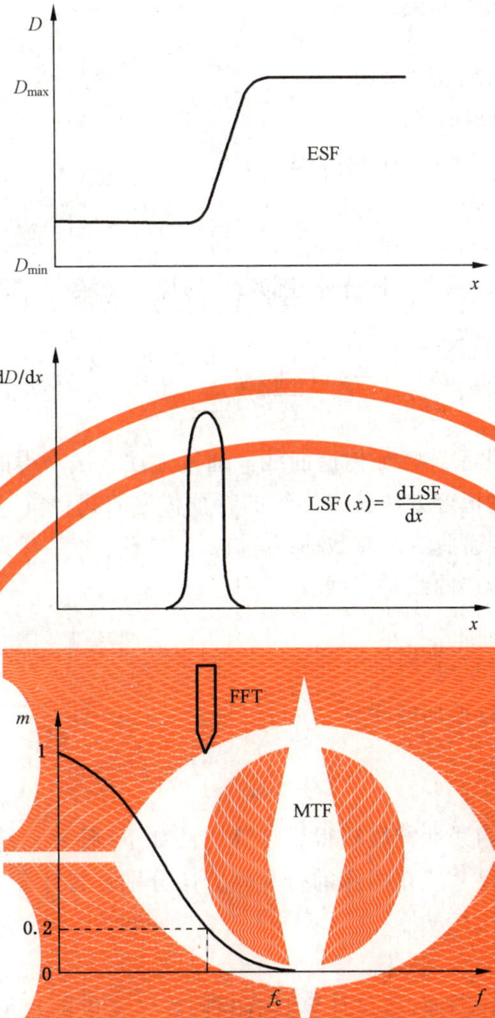

图 1 系统 MTF 求解原理图

3.16

单次采集 single acquisition

一次扫描完成一张射线胶片数字化的过程。

3.17

标准参考胶片 standard reference film

包含所有在本标准中描述的参考特征的工业射线胶片。

3.18

特征 targets

评价数字化系统的标准参考胶片的物理模型。

4 评价方法与过程

4.1 特征传递曲线、密度范围、像素尺寸和密度对比度灵敏度的评价

4.1.1 阶梯形密度特征

为了测量数字化系统的特征传递曲线、密度范围和密度对比度灵敏度，标准参考胶片具有一组阶梯

形的光学密度特征，且满足如下要求：

a) 光学密度范围：0.5D～4.5D；

b) 相邻梯阶间光学密度差：$\Delta D \leqslant 0.5$；

c) 每个梯阶面积至少 100 mm^2；

d) 胶片曝光产生的噪声应满足 $\Delta D \leqslant 0.01$。

4.1.2 特征传递曲线

在参考胶片的数字化图像每一个不同光学密度 D_i 的梯阶区域中，选取大小为 15 像素×15 像素的矩形，根据式(3)计算算术平均值$\overline{gl_i}$。

$$\overline{gl_i} = \frac{1}{225} \times \sum_{j=1}^{225} gl_{j,i} \quad \cdots\cdots (3)$$

以一组(D_i，$\overline{gl_i}$)建立数字化系统特征传递曲线。通过上述方法获得的数字化系统特征传递曲线是离散的。可参考如下经验，通过拟合方法获得连续的特征传递曲线：

a) 对于线性系统，特征传递曲线是对数曲线；

b) 对于对数系统，特征传递曲线是直线。

4.1.3 密度范围

通过该数字化系统的特征传递曲线得到。

4.1.4 像素尺寸

通过计算标准参考胶片上的线性特征获得。计算方法如下：胶片上线性特征间的距离除以数字化图像中对应的像素个数。像素尺寸应在图像的行和列方向分别进行计算。

4.1.5 密度对比度灵敏度

基于标准参考胶片的数字化图像，通过计算具有相同光学密度的矩形区域(包含 225 个像素)的标准差获得，按式(4)计算：

$$\Delta D_{CS} = 2\sigma_D \times (P/88.6\ \mu m) \quad \cdots\cdots (4)$$

标准差描述了数字化系统在扫描具有对应密度值胶片时的输出噪声。标准差按式(5)计算：

$$\sigma_D = \frac{1}{\sqrt{224}} \cdot \sqrt{\sum_{n=1}^{225} \left\{ D(gl_n) - \frac{1}{225} \cdot \sum_{m=1}^{225} [D(gl_m)] \right\}^2} \quad \cdots\cdots (5)$$

式中：

$D(gl_n)$ ——矩形区域胶片光学密度数字化的名义值或标定值；

$D(gl_m)$ ——矩形区域各像素对应胶片光学密度的实际数字化值。

其中：为比较不同像素尺寸的数字化系统的密度对比度灵敏度，以 88.6 μm 作为基准像素尺寸(即 88.6 μm 为 1 个基本像素)。

4.2 截止频率、数字化系统不清晰度和调制传递函数的评价

4.2.1 概述

数字化系统的孔径、电子电路和机械系统是影响系统空间分辨率的主要因素。

4.2.2 截止频率

用标准参考胶片上的扇形线对特征按 5.2.1 的规定或者平行线对特征按 5.2.5 的规定测试，用每

毫米线对数(lp/mm)表示。

4.2.3 数字化系统不清晰度

用标准参考胶片上的阶梯形测试特征按5.2.3的规定测试。其边缘扩展函数ESF决定了数字化系统的不清晰度。

4.2.4 调制传递函数

图1给出了调制传递函数的求解原理。首先,获取边缘扩展函数ESF;其次,对ESF曲线进行差分计算得到线扩展函数LSF,按式(6)计算;最后,对LSF进行傅立叶变换得到调制传递函数MTF,按式(7)计算。

$$\mathrm{LSF}_i = \mathrm{ESF}_i - \mathrm{ESF}_{i-1} \qquad (6)$$

$$\mathrm{MTF}_m = \frac{1}{\sum\limits_{n=0}^{N-1}\mathrm{LSF}_n}\left|\sum_{n=0}^{N-1}\mathrm{LSF}_n \cdot \exp\left(\frac{2\pi inm}{N}\right)\right| \qquad (7)$$

理论上应在无噪声情况下进行调制传递函数的计算,在实际检测中确定ESF时,为降低噪声干扰,应沿着垂直于标准参考胶片密度梯阶的方向选取至少9条ESF曲线进行平均。MTF极限分辨率(截止频率)应选取调制度为20%处对应的分辨率。MTF是特征尺寸的函数。

5 标准参考胶片

5.1 概述

本标准规定的基本性能参数包括空间分辨率、空间线性度、密度范围、密度对比灵敏度以及特征传递曲线。这些基本性能参数和评价方法与标准参考胶片配合使用,用于评定胶片数字化技术和系统的质量。

标准参考胶片分为三个区域:200 mm×250 mm、280 mm×350 mm、350 mm×430 mm,提供了5种用于评价数字化系统性能参数的特征,背景密度 $D=3$,见图2所示。标准参考胶片也可根据特定的数字化系统进行定制,但应包含所有必要的测试特征。射线胶片数字化系统性能参数测试、评定应在硬件和软件设施均完备的指定机构进行。同时应确保标准参考胶片的评价区域中没有灰尘或刮痕等伪缺陷。

5.2 性能测试

5.2.1 扇形空间分辨率特征

由六个扇形线对构成三组特征,最大分辨率不小于20 lp/mm,最小分辨率1 lp/mm,密度对比度 $\Delta D=2.5\pm0.5$,且亮线条的最大密度 $D=0.55$。三组特征的方向分别为:0°、45°、90°。最大分辨率的特征方向靠近参考测试胶片的边角。线对特征应有显示对应空间分辨率水平的参考标注:1 lp/mm、2 lp/mm、3 lp/mm、4 lp/mm、5 lp/mm、6 lp/mm、7 lp/mm、8 lp/mm、9 lp/mm、10 lp/mm、15 lp/mm和20 lp/mm。

5.2.2 密度对比度灵敏度特征

由两个光学密度分别为2.00和3.50的10 mm×10 mm的矩形构成,分别位于光学密度为1.95和3.40的40 mm×40 mm的矩形中心。

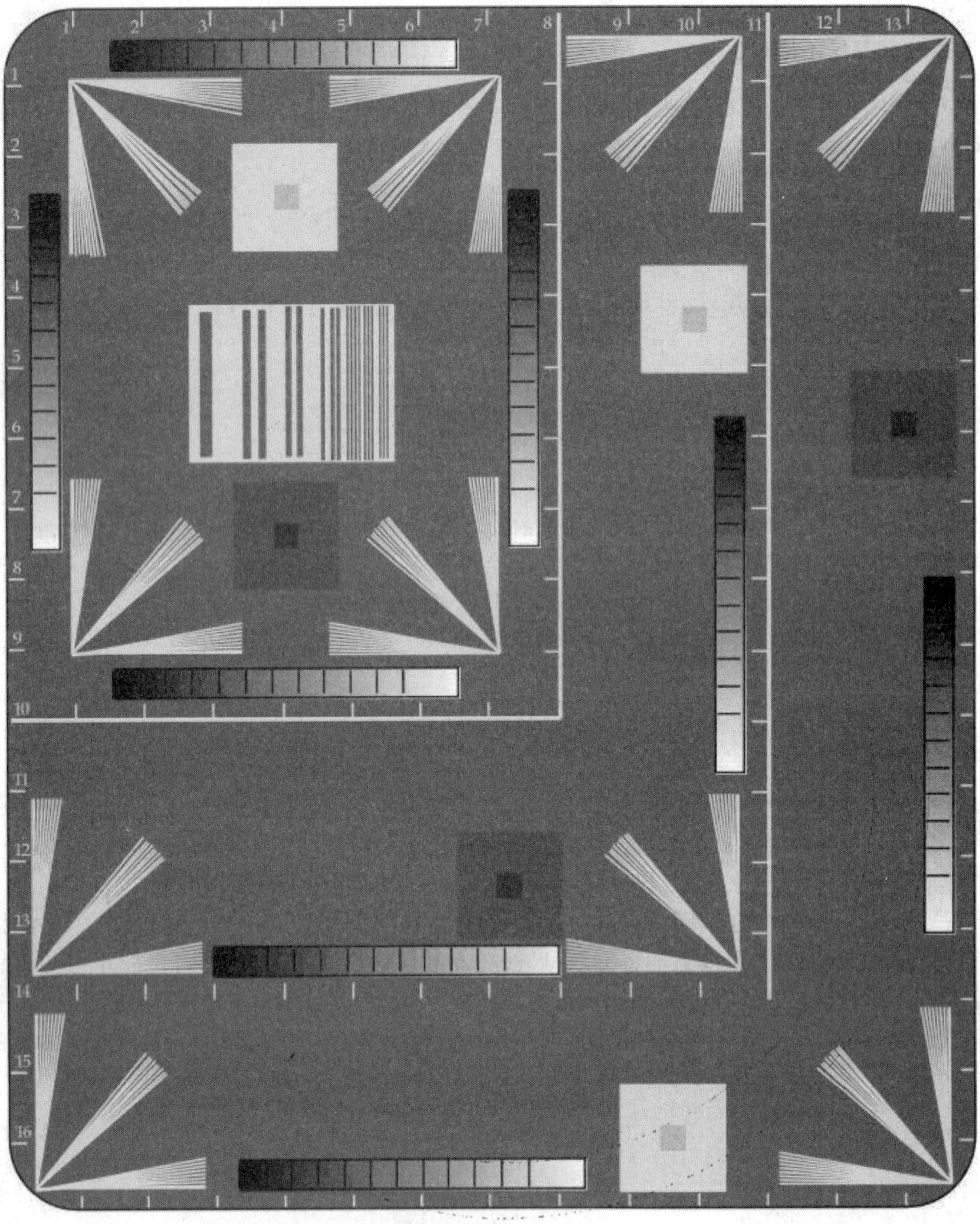

图 2 标准参考胶片

5.2.3 阶梯形密度特征

用于测定系统的密度范围、密度对比度灵敏度和MTF。由13个密度 D 为0.5～4.5、面积均为10 mm×10 mm的矩形组成，按如下近似密度排成一行：4.50，4.02，4.00，3.50，3.02，3.00，2.50，2.02，2.00，1.50，1.02，1.00，0.50。

5.2.4 空间线性度特征

位于标准参考胶片的水平或垂直方向，基本单位为25.4 mm，把标准参考胶片分为3个不同的区域。

5.2.5 平行线对特征

位于尺寸为200 mm×250 mm的标准参考胶片的中心，由空间分辨率0.5 lp/mm～20 lp/mm的平行线对组成，其中亮线条最大密度为0.5，暗线条密度为3±0.5。

5.3 标准参考胶片的制备

标准参考胶片应由专业机构基于高质量的工业射线胶片制成。其中光学密度应用光学密度计测量，并随标准参考胶片一起提供。每个阶梯形密度特征的中心应有对应光学密度的标识。

5.4 标准参考胶片的存储和处理

5.4.1 存储

标准参考胶片应在无光、低温、无污染的环境下保存。

5.4.2 处理

标准参考胶片在每次使用时，应在磨损处作标记。当磨损处的特征影响评价结果时应及时更换。

5.5 标准参考胶片的证书

标准参考胶片的证书至少应包括下述内容：

a) 胶片和证书的序列号；
b) 每个阶梯形密度特征的光学密度；
c) 应用、存储和处理方法；
d) 证书有效期；
e) 与本标准的偏差(如有)；
f) 相关人员签字。

6 数字化技术和系统性能等级划分

6.1 数字化技术和系统的等级

本标准规定了射线胶片数字化技术和系统分为3级：A级——数字化图像质量与胶片比较，信噪比和空间分辨率有较大程度降低，图像信息丢失较大；AB级——数字化图像质量与胶片比较，信噪比和空间分辨率略有降低，图像信息略有丢失；B级——数字化图像质量与胶片比较，只有信噪比和空间分辨率的轻微降低，图像信息没有丢失。

根据光学密度范围、数字分辨率和密度对比度灵敏度，表1规定了3种等级的射线胶片数字化技术和系统。

表1 不同等级射线胶片数字化技术和系统的技术参数

参　数	B级	AB级	A级
光学密度范围	0.5～4.5	0.5～4.0	0.5～3.5
数字分辨率/bit	≥12	≥10	≥10
密度对比度灵敏度	≤0.02	≤0.02	≤0.02

6.2 数字化技术和系统性能等级与射线胶片照相等级的对应关系

在实际应用中，数字化技术和系统的性能还与射线胶片照相的底片质量有关，底片质量越好，数字化后图像的像质等级越高。表2规定了数字化技术和系统性能等级与射线胶片照相等级的对应关系。

表2 胶片数字化与射线胶片照相像质的对应关系

透照壁厚(钢)/mm	胶片数字化B级	胶片数字化AB级	胶片数字化A级
<5	射线胶片照相B级	射线胶片照相AB级	射线胶片照相A级
≥5	射线胶片照相B级	射线胶片照相B级	射线胶片照相AB级
要求：数字化图像中所能分辨的最细像质计丝应与底片一致。			

7 数字化技术和系统的质量控制与长期稳定性

7.1 常规验证

用户应在指定范围内，利用软件从标准参考胶片的数字图像中测试和验证数字化系统的下述参数：

a) 截止频率(f_c)；

b) 密度对比度灵敏度(ΔD=0.02,0.05,0.1)；

c) 空间线性度；

d) 密度范围。

7.2 扩展验证

扩展验证包括4.1、4.2中的所有内容。

扩展验证应满足6中规定的最低要求，以确定数字化系统性能等级。

7.3 验证周期与长期稳定性

扩展验证应在数字化系统安装和维修完毕后直接执行。为保证数字化技术和系统的长期稳定性，应将验证结论归档。常规验证和扩展验证的周期应由相应的质量检验机构确定。

8 钢制和铝制工件射线胶片数字化最低要求

钢制和铝制工件的射线胶片一般应有较大的光学密度范围，其数字化应选用具有AB级以上(包括AB级)的射线胶片数字化系统。

ICS 53.040.20
G 42

中华人民共和国国家标准

GB/T 28267.1—2012/ISO 15236-1:2005

钢丝绳芯输送带　第1部分:普通用途输送带的设计、尺寸和机械要求

Steel cord conveyor belts—Part 1:Design,dimensions and mechanical requirements for conveyor belts for general use

(ISO 15236-1:2005,IDT)

2012-05-11 发布　　　　2012-12-01 实施

中华人民共和国国家质量监督检验检疫总局
中国国家标准化管理委员会　发布

前　言

GB/T 28267《钢丝绳芯输送带》分为以下几个部分：

——第 1 部分：普通用途输送带的设计、尺寸和机械要求；

——第 2 部分：优选带型；

——第 3 部分：井下用输送带的特殊安全要求；

——第 4 部分：带的硫化接头。

本部分为 GB/T 28267 的第 1 部分。

本部分按照 GB/T 1.1—2009 给出的规则起草。

本部分使用翻译法等同采用 ISO 15236-1:2005《钢丝绳芯输送带　第 1 部分：普通用途输送带的设计、尺寸和机械要求》(英文版)。

与本部分中规范性引用的国际文件有一致性对应关系的我国文件如下：

GB/T 528　硫化橡胶或热塑性橡胶　拉伸应力应变性能的测定(GB/T 528—2009,ISO 37:2005,IDT)；

GB/T 3512　硫化橡胶或热塑性橡胶　热空气加速老化和耐热试验(GB/T 3512—2001,eqv ISO 188:1998)；

GB/T 3684　输送带　导电性　规范和试验方法(GB/T 3684—2006,ISO 284:2003,IDT)；

GB/T 3685　输送带　实验室规模的燃烧特性　要求和试验方法(GB/T 3685—2009,ISO 340:2004,IDT)；

GB/T 5754.2　钢丝绳芯输送带　纵向拉伸试验　第 2 部分：拉伸强度的测定(GB/T 5754.2—2005,ISO 7622-2:1984,IDT)；

GB/T 5755　钢丝绳芯输送带钢丝绳粘合强度的测定(GB/T 5755—2000,eqv ISO 7623:1996)；

GB/T 7983　输送带　横向柔性和成槽性　试验方法(GB/T 7983—2005,ISO 703-1:1999,IDT)；

GB/T 17044　钢丝绳芯输送带覆盖层与带芯层粘合强度试验方法(GB/T 17044—1997,eqv ISO 8094:1984)。

本部分由中国石油和化学工业联合会提出。

本部分由全国带轮与带标准化技术委员会输送带分技术委员会(SAC/TC 428/SC 1)归口。

本部分起草单位：浙江双箭橡胶股份有限公司、浙江三维橡胶制品有限公司、青岛新干线技术咨询有限公司、青岛科技大学。

本部分主要起草人：沈会民、张国方、吕桂芹、李程程、朱汉华、段成刚。

钢丝绳芯输送带　第1部分:普通用途输送带的设计、尺寸和机械要求

1　范围

GB/T 28267 的本部分规定了以纵向钢丝绳作为增强体的输送带的性能和结构要求。第 6 章规定的结构要求适用于单根带的设计和全部型号系列的设计,这些系列在 ISO 15236-2 中规定。

2　规范性引用文件

下列文件对于本文件的应用是必不可少的。凡是注日期的引用文件,仅注日期的版本适用于本文件。凡是不注日期的引用文件,其最新版本(包括所有的修改单)适用于本文件。

GB/T 5753—2008　钢丝绳芯输送带　总厚度和覆盖层厚度的测定方法(ISO 7590:2001,IDT)

GB/T 9867—2008　硫化橡胶或热塑性橡胶耐磨性能的测定(旋转辊筒式磨耗机法)(ISO 4649:2002,IDT)

ISO 37　硫化橡胶或热塑性橡胶　拉伸应力应变性能的测定(Rubber, vulcanized or thermoplastic—Determination of tensile stress-strain properties)

ISO 188　硫化橡胶或热塑性橡胶　加速老化和耐热性试验(Rubber, vulcanized or thermoplastic—Accelerated ageing and heat resistance tests)

ISO 284　输送带　导电性　规范和试验方法(Conveyor belts—Electrical conductivity—Specification and test method)

ISO 340　输送带　实验室规模的燃烧特性　要求和试验方法(Conveyor belts—Laboratory scale flammability characteristics—Requirements and test method)

ISO 703　输送带　横向柔性(成槽性)　试验方法(Conveyor belts—Transverse flexibility (troughability)—Test method)

ISO 7622-2　钢丝绳芯输送带　纵向拉伸试验　第 2 部分:拉伸强度的测定(Steel cord conveyor belt—Longitudinal test—Part 2:Measurement of tensile strength)

ISO 7623　钢丝绳芯输送带　绳与覆盖胶粘合试验　原始状态下和热老化后试验(Steel cord conveyor belts—Cord-to-coating bond test—Initial test and after thermal treatment)

ISO 8094　钢丝绳芯输送带　覆盖层与带芯层粘合强度试验(Steel cord conveyor belts—Adhesion strength test of the cover to the core layer)

ISO 10247　输送带　覆盖层性能　类别(Conveyor belts—Characteristics of covers—Classification)

ISO 15236-2:2004　钢丝绳芯输送带　第 2 部分:优选带型(Steel cord conveyor belts—Part 2:Preferred belt types)

EN 12882　普通用途输送带　导电性和可燃性安全要求(Conveyor belts for general purpose use—Electrical and flammability safety requirements)

EN 13827　钢丝绳芯输送带　钢丝绳横向和竖向位置的测定(Steel cord conveyor belts—Determination of the lateral and vertical displacement of steel cords)

3 术语和定义

下列术语和定义适用于本文件。

3.1

边胶宽度 edge width

b_k

外侧钢丝绳与带边间的胶层厚度。

见图1。

3.2

缓冲层 breaker

输送带中的一种横向增强体，一般由织物构成，埋设在上覆盖层和(或)下覆盖层中，距离纵向绳至少1 mm，且把它看作是覆盖层的一部分。

见图2。

注：改写GB/T 5753—2008，定义2.1。

3.3

横向件 weft

输送带中的一种横向增强体，一般由钢丝构成，埋设在纵向钢丝绳的上方和(或)下方距其不到1 mm的地方，且把它看作是带芯的一部分。

见图3。

注：改写GB/T 5753—2008，定义2.2。

4 符号和单位

GB/T 28267中的本部分使用的符号和单位如表1所示。

表1 符号和单位

符号	意义	单位
B	带宽	mm
F_a	钢丝绳拔脱强度	N/mm
F_{bs}	钢丝绳拉断力(绳取自硫化带)	kN
F_v	热老化后钢丝绳拔脱强度	N/mm
K_N	带的拉断强度最小(公称)值	N/mm
b_k	计算的边胶宽度	mm
b_t	带的增强宽度	mm
d	钢丝绳直径	mm
F	带的挠度(成槽性)	mm
h_m	钢丝绳高度平均值，遵照EN 13827规定	mm
n	钢丝绳根数	—
s_1	带厚度	mm

表 1(续)

符号	意　　义	单位
s_2	上覆盖层厚度	mm
s_3	下覆盖层厚度	mm
s_4	缓冲层到纵向钢丝绳层的间距	mm
s_5	横向件到纵向钢丝绳层的间距	mm
s_6	带芯层厚度	mm
t	钢丝绳间距	mm
Δh_1	位于 $\Delta h^{a} \leqslant 1.0$ mm 范围的钢丝绳根数占钢丝绳总根数的百分数	%
Δh_2	位于 $1.0\ \text{mm} < \Delta h^{a} \leqslant 1.5$ mm 范围的钢丝绳根数占钢丝绳总根数的百分数	%
Δh_3	位于 $\Delta h^{a} > 1.5$ mm 范围的钢丝绳根数占钢丝绳总根数的百分数	%
[a] ISO 15236-1:2005 h_m 有误,按 EN 13827 规定应是 Δh,本标准将 h_m 修改为 Δh。		

5 带的设计

5.1 标准型输送带

符合 GB/T 28267 本部分的输送带中包含被芯胶层包覆的钢丝绳,带芯层的顶部和底部由覆盖层保护(见图 1)。

5.2 具有横向增强体的输送带

具有缓冲层的钢丝绳芯输送带的断面结构要求如图 2 所示,具有横向件的钢丝绳芯输送带的断面结构要求如图 3 所示。

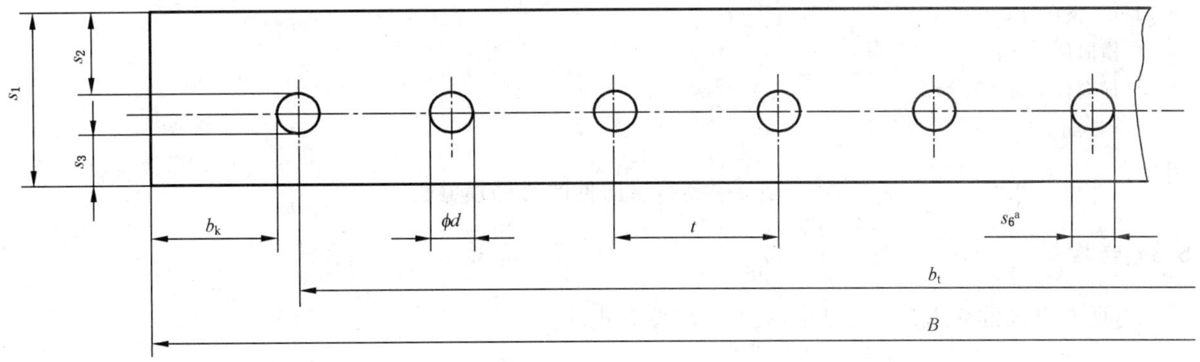

说明:

[a] $s_6 = d$

图 1　标准型带的横截面

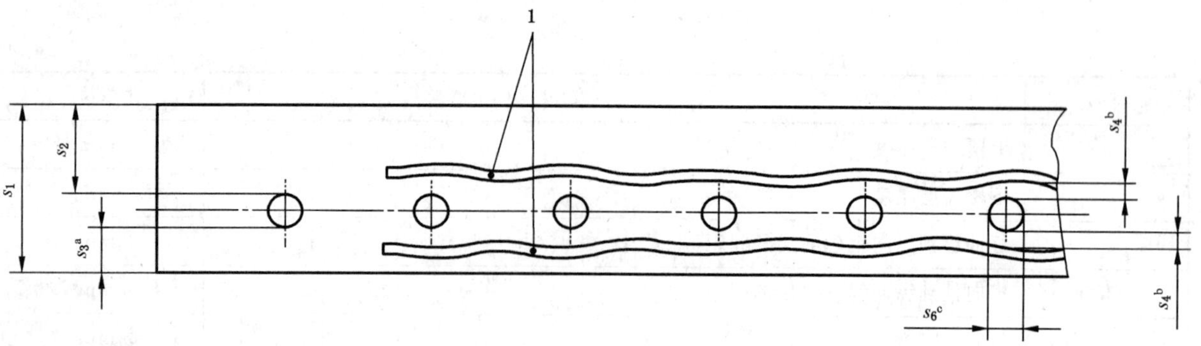

说明：

1——缓冲层；

[a] 包括缓冲层；

[b] ≥1 mm；

[c] $s_6=d$(见表 1)。

图 2　具有缓冲层的带的横截面

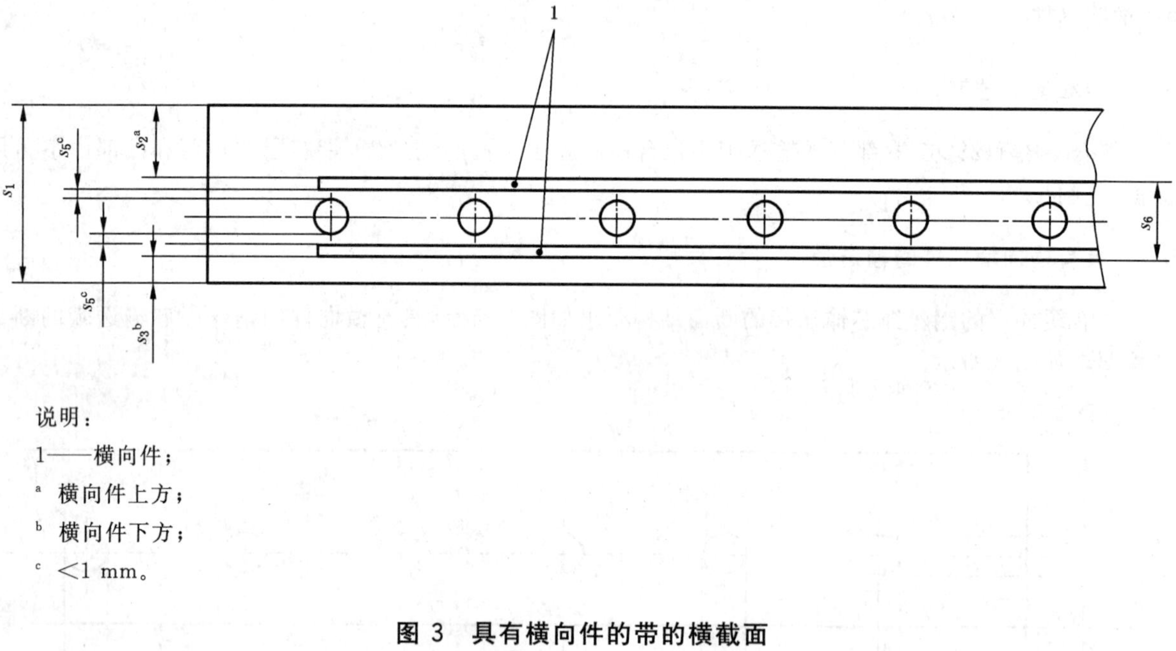

说明：

1——横向件；

[a] 横向件上方；

[b] 横向件下方；

[c] <1 mm。

图 3　具有横向件的带的横截面

5.3　带芯

对所有型式的输送带，带芯层厚度(s_6)均按下式计算：

$$s_6=s_1-s_2-s_3$$

6　设计和结构

6.1　带的拉伸强度

钢丝绳芯输送带的纵向拉伸强度应在 500 N/mm～8 000 N/mm 之间。

宜按表 2 选择带的型号。按带的纵向拉伸强度将带分为低强度带、中强度带、高强度带三组。

表 2　带的型号

组　　别	型　　号					
低强度带	ST 500	ST 630	ST 800	ST 1000	ST 1250	ST 1600
中强度带	ST 2000	ST 2250	ST 2500	ST 2800	ST 3150	
高强度带	ST 3500	ST 4000	ST 4500	ST 5000	ST 5400	

6.2　带的宽度

带的宽度及极限偏差如表 3 所示，它们是指带在制造时的宽度，而不是安装后承受张力时的宽度。

表 3　带宽(*B*)

单位为毫米

B														
500	650	800	1 000	1 200	1 400	1 600	1 800	2 000	2 200	2 400	2 600	2 800	3 000	3 200
$^{+10}_{-5}$	$^{+10}_{-7}$	$^{+10}_{-8}$	±10	±10	±12	±12	±14	±14	±15	±15	±15	±15	±15	±15

6.3　带的边胶宽度和带的增强宽度

6.3.1　边胶宽度

带边胶宽度(b_k)应不小于 15 mm 而不大于 40 mm，由下式计算近似值：

$$b_k \approx 5 \times s_6$$

6.3.2　带的增强宽度

带的增强宽度(b_t)(参见 7.2.2)按下式计算：

$$b_t = B - 2b_k - d$$

6.4　钢丝绳根数

可利用钢丝绳的最小拉断力(F_{bs})(单位为千牛顿，kN)(见 7.1)、带的最小拉断强度(K_N)(单位为牛顿每毫米，N/mm)和带宽度(B)(单位为毫米，mm)按下式求出带的最少钢丝绳根数。

$$n_{min} = \frac{K_N \times B}{F_{bs} \times 1\ 000}$$

实际钢丝绳根数(n)应大于或等于 n_{min}，即 $n \geqslant n_{min}$。

6.5　钢丝绳间距

钢丝绳间距(t)按下式计算：

$$t = \frac{b_t}{n-1}$$

钢丝绳间距的设计值应精确到 0.1 mm。

边胶宽度(b_k)按下式计算：

$$b_k = 0.5 \times [B - d - t \times (n-1)]$$

6.6 覆盖层厚度

对于标准型带(见5.1)上、下覆盖层最小厚度(s_2 或 s_3)应不小于 0.7 d,当 0.7 $d \leqslant 4$ mm 时,上、下覆盖层最小厚度应不小于 4 mm。

对于具有横向增强体的带(见5.2):具有缓冲层的带的最小覆盖层厚度可大于规定值(取决于缓冲层的设计);具有横向件的带的最小覆盖层可小于规定值。

实际覆盖层厚度应根据覆盖层性能类型和输送工作条件确定。

6.7 带厚度

带厚度(s_1)是由带芯层厚度(s_6),覆盖层厚度(s_2 和 s_3)相加而得出的。

带厚度按 GB/T 5753 进行测量时,其最大值($s_{1\,max}$)应等于 1.1 s_1,其最小值($s_{1\,min}$)规定如下:

当 $s_1 \leqslant 20$ mm 时,$s_{1\,min} = (s_1 - 1)$mm

当 $s_1 > 20$ mm 时,$s_{1\,min} = (s_1 - 1.5)$mm

带的两个表面应是平整和平行的,任意两点的带厚度(例如沿带宽)差值不得超过 0.05 s_1。

6.8 带长度

由生产厂向用户提供的输送带的长度极限偏差见表4。

表4 带长极限偏差

带的交货条件	带的供货长度与订货长度之间的最大容许差值
提供的带是整根带	$^{+2.5\%}_{\ \ 0}$
提供的带是几段带	每段带的长度极限偏差为±5%,各段带长度之和的总极限偏差为 $^{+2.5\%}_{\ \ 0}$

用户提供的订货长度应包括制作带接头及外部试验所需要的长度。

7 机械性能要求

7.1 钢丝绳拉断力

钢丝绳拉断力可以以钢丝绳生产厂的试验报告为依据。如果用户要求以从输送带中取出的钢丝绳作为试样来做试验,试验应按 ISO 7622-2 进行。

钢丝绳拉断力(F_{bs})至少应等于由下式计算得到的值:以带的最小拉断强度(K_N)乘以带宽(B),再除以钢丝绳根数(n),即:

$$F_{bs} \geqslant \frac{K_N \times B}{n \times 1\,000}$$

7.2 钢丝绳在带中的位置

7.2.1 总则

钢丝绳在带中的位置按 EN 13827 进行测定。

7.2.2 横向位置

钢丝绳在带中应沿直线伸展。当按 EN 13827 测量时,钢丝绳间距偏离标称间距的值大于±1.5 mm

的钢丝绳根数不得大于钢丝绳总根数的5%。

带的增强宽度(b_t)的实际值对计算值[$(n-1)\times t$]的偏差应不大于1%。

7.2.3 竖向位置

带中的钢丝绳应位于一个平面上。当按EN 13827测量时,Δh_1 的值至少应为95%。Δh_2 的值应不大于5%,Δh_3 的值应为零。

7.3 钢丝绳接头的数目和间距

在每一段带中(见6.8),有接头的钢丝绳根数不得超过钢丝绳总根数(n)的2%。任何一根钢丝绳上不得有1个以上的接头。

任意两根钢丝绳上的接头之间的纵向距离应大于10 m。

7.4 钢丝绳拔脱强度

橡胶与钢丝绳间的粘合强度在交货状态下用 F_a 表示,热老化状态下用 F_v 表示。

当试验按ISO 7623进行时,钢丝绳拔脱强度(F_a 和 F_v)应满足表5要求。

表5 钢丝绳每单位长度下钢丝绳与芯胶间粘合强度性能要求

试验条件	钢丝绳拔脱强度/(N/mm)	
	F_a	F_v
在交货状态下	15 d+15	—
热老化后试验(145±5)℃,(150±1)min	—	15 d+5

7.5 覆盖层性能类别

当试验按ISO 37和GB/T 9867—2008方法A进行时,从覆盖层表面到带中下述位置的输送带覆盖层的性能均应符合表6要求。

——对没有横向增强体的带来说,从钢丝绳外缘向外的距离等于钢丝绳直径的四分之一(即0.25 d)的位置,如图4所示;

——对有横向增强体的带来说,从横向增强体外缘向外的距离等于0.5 mm的位置,如图5所示。

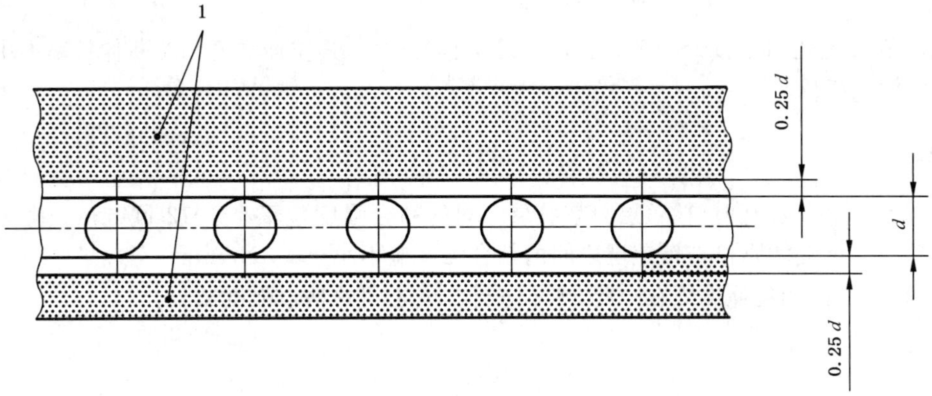

说明:

1——覆盖层。

图4 标准型式输送带的覆盖层适用厚度

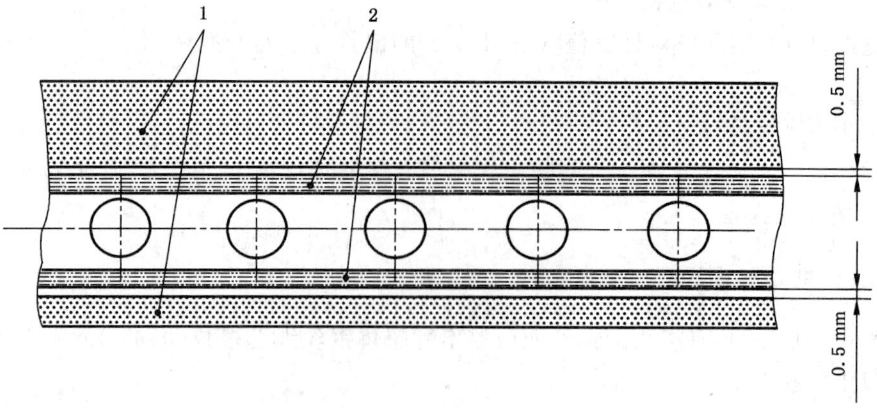

说明：
1——覆盖层；
2——横向增强体。

图5 有横向增强体的输送带的覆盖层适用厚度

表6 覆盖层性能要求

性能 类型	拉伸强度/MPa (ISO 37) ≥	拉断伸长率/% (ISO 37) ≥	磨耗量/mm^3 (GB/T 9867) ≤
H	24	450	120
D	18	400	100
L	15	350	200
K[a]	15	350	200
注：H、D和L型覆盖层性能要求遵照ISO 10247。这些要求在设计覆盖层材料的配方时应结合带的用途或所输送物料加以考虑。必要时还应考虑其他性能要求，如抗撕裂性能。对在使用中的耐磨损、耐划裂性的可靠评价不能仅仅依赖于拉伸强度、伸长率和磨耗量的测定。			
[a] 适用于符合ISO 340的阻燃型输送带和符合ISO 284的抗静电型输送带的覆盖层性能要求。			

7.6 覆盖层老化性能

覆盖层在70 ℃老化箱中按ISO 188进行7天加速老化后，其拉伸强度和拉断伸长率的中值应不低于老化前相应值的75%。

7.7 粘合强度

当试验按ISO 8094进行时，覆盖层与芯胶层之间的粘合强度应不小于12 N/mm。横向增强体与纵向钢丝绳层之间、横向增强体与覆盖层之间的粘合强度应不小于10 N/mm。

如果横向件与纵向钢丝绳编织在一起，则不进行二者之间的粘合强度试验。

7.8 横向增强体

7.8.1 缓冲层

缓冲层是覆盖层中的横向增强体，位于在带厚方向上距离纵向钢丝绳(s_4)1 mm～3 mm范围内。缓冲层宽度应不小于带宽度减去100 mm的差。缓冲层边缘到带边的距离应不小于10 mm。

7.8.2 横向件

横向件是作为带芯部分的横向增强体，它到纵向钢丝绳的距离(s_5)应小于 1 mm。横向件的宽度应不小于带宽减去 50 mm 的差。横向件的边缘到带边的距离应不小于 5 mm。

7.9 成槽性

成槽性试验应按 ISO 703 进行。成槽性的指标是试验中带的挠度 F 与带宽度 L[1)]之比(见图 6)，如表 7 所示。

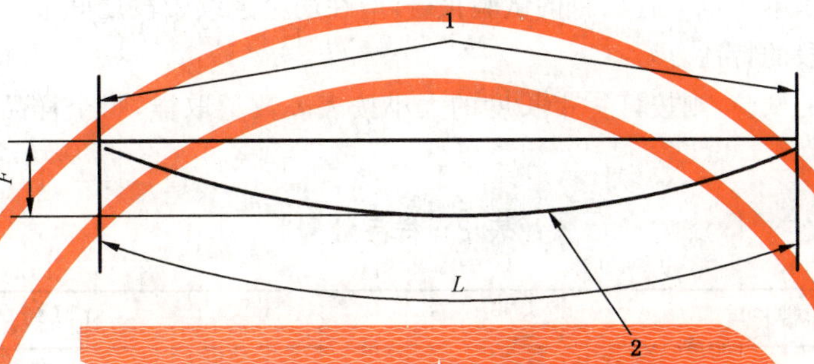

说明：

1——悬线；

2——带样品。

图 6 样品的悬挂

表 7 三等长托辊输送机上使用的输送带的 F/L 最小值(按照 ISO 703)

侧托辊槽形角	F/L
20°	0.08
25°	0.1
30°	0.12
35°	0.14
40°	0.16
45°	0.18
50°	0.20
55°	0.23
60°	0.26

7.10 不跑偏性

对于用在对中良好的输送机上以对称装载方式进行输送的钢丝绳芯输送带，其偏离正常轨迹的跑偏量应符合以下要求：带宽≤800 mm 时，跑偏量不大于±40 mm；带宽＞800 mm 时，跑偏量既不大于带宽的±5%，也不大于±75 mm。

1) 在本条中，字母 L 和 ISO 703 中的用法一致。另外，字母 B 和 ISO 15236-2:2004 中的用法一致。

7.11 安全要求

对于有安全要求的每条输送带均应符合由 EN 12882 规定的安全等级。

在易燃和(或)易爆场合下使用钢丝绳芯输送带时,可采用以下附加措施以增加安全性:

——安装自动灭火器,和

——对温度、带滑动、带张力、机械过载等进行自动控制。

8 取样

如果用户希望提供第 7 章中各项目的试验报告,应在两个连续带段之间取一个样品进行各项试验,其结果代表这两个带段的特性。

如果需要做更多的试验,则按订货带长度的大小按表 8 数量取样,每个样品长度不小于 450 mm,宽度为带的全宽度。

表 8 样品数量

带长度	样品数量
≤200 m	1(如果被请求)
≥200 m~≤500 m	1
>500 m~≤1 000 m	2
>1 000 m~≤2 000 m	3
>2 000 m~≤3 500 m	4
>3 500 m~≤5 000 m	5
>5 000 m~≤7 000 m	6
>7 000 m~≤10 000 m	7
>10 000 m	每增加 5 000 m 增加一个样品

9 标记

在标记中以符号 ST 表示纵向抗拉体材料——钢丝绳。在该符号之后以牛顿每毫米(N/mm)为单位表示出带的标称拉断强度(见表 2)。

缓冲层横向增强体以字母 T(织物)或 S(钢)表示在覆盖层厚度的后面。

横向件横向增强体以字母 S(钢)或 T(织物)表示在符号“ST”后面,用以指出横向件的材料及所使用的位置。

带的类型按 ISO 15236-2:2004 规定用 A1,A2 或 B1 作标记。

示例 1:一条钢丝绳芯输送带(ST),长 1 400 m,宽 2 200 mm,最小拉断强度 3 500 N/mm,上覆盖层厚度 10 mm,下覆盖层厚度 7 mm,覆盖层橡胶性能类型代号 H,带型 A1,其标记如下:

1 400 m 钢丝绳芯输送带,GB/T 28267.1-2200 ST 3500/10+7H+A1

示例 2:一条钢丝绳芯输送带(ST),长 900 m,宽 1 400 mm,最小拉断强度 2 500 N/mm,上覆盖层厚度 10 mm,下覆盖层厚度 6 mm,覆盖层橡胶性能类型代号 D,上、下覆盖层中均含有织物材料组成的横向增强体(缓冲层),带型 A2,其标记如下:

900 m 钢丝绳芯输送带,GB/T 28267.1-1400 ST 2500/10T+6T D+A2

示例 3:一条钢丝绳芯输送带(ST),长 1 000 m,宽 1 000 mm,最小拉断强度 800 N/mm,上覆盖层厚度 6 mm,下覆盖层厚度 3 mm,覆盖层橡胶性能类型代号 L,带芯层两面均含有钢制横向增强体(横向件),带型 B1,其标记如下:

1 000 m 钢丝绳芯输送带,GB/T 28267.1-1000 ST S/S 800/6+3L+B1

10 订货资料

用户在订货时应提供的最少要求包括:带长度、带宽度、拉断强度、覆盖层厚度、覆盖层性能。

对于在多家输送带生产厂订货或为获得替换带而订货的用户,为保证输送带的互换性,还应提供关于钢丝绳根数和间距的信息(可能时还需告知钢丝绳直径),以及要求输送带是标准型式的还是具有缓冲层或横向件的。在这方面可参照 ISO 15236-2:2004“优选带型”。

11 标志

11.1 一般来说,钢丝绳芯输送带是能够长期使用的产品,因此,标志应具有耐用性,宜采用模压法制作标志。因为此法可能导致输送带经过托辊时噪声加大,所以只有经生产商和购买商协商同意后方可采用这种标志制作方法。

11.2 钢丝绳芯输送带标志应至少包含下列信息:

a) GB/T 28267 本部分的编号和出版年代的最后两位数;
b) 带生产厂家的名称;
c) 拉断强度前面应有字母 ST,单位为牛顿每毫米(N/mm),例如 ST 2500(见 6.1 和第 9 章);
d) 带的类型按 ISO 15236-2:2004 规定,例如 A1 或 B2;
e) 覆盖层厚度,单位为毫米,包含缓冲层或横向件的类型;
f) 生产年代的后两位数;
g) 不大于 5 位数的带编号。

11.3 标志的高度应在 20 mm 到 80 mm 之间。如果标志是模压上去的,对于覆盖层厚度不大于 6 mm 的带,字的深度应至少为 1 mm,对于覆盖层厚度大于 6 mm 的带,字的深度应至少为 3 mm。

11.4 带的标志应位于上覆盖层上,对于宽度不大于 800 mm 的输送带,标志应位于离带边约 50 mm 处;对于宽度大于 800 mm 的输送带,标志应位于离带边约 100 mm 处。两相邻的标志之间的距离应不大于 15 m。对于宽度不大于 1 400 mm 的输送带,可只在带的一侧做标志。

11.5 在 11.2 中给出的信息也应标记在输送带带卷外侧,另外还可应买方要求制作一些涉及其他信息的标志。

附 录 A
（资料性附录）
买方需提供的有用信息

A.1 适用性

订货时，买方应根据第10章（订货资料）确定并向卖方提供对带的设计和选择有用的信息。

A.2 替换带

当给输送机更换新带而订货时，应提供下列信息：

a) 被替换带的详细特征，即钢丝绳直径、间距、钢丝绳根数、覆盖层厚度、横向增强体、覆盖层类型；
b) 带宽，单位为毫米；
c) 带速，单位为米每秒；
d) 滚筒直径，单位为毫米，标出中凸滚筒的位置；
e) 张紧方法和张紧装置数量；
f) 驱动装置类型，包括其布置和连接方法；
g) 驱动滚筒是绝缘的还是导电的；
h) 托辊的间距、长度和角度；
i) 轮廓草图，指明传动装置、张紧装置、卸料机等的位置，以及运行线路的垂直/水平弯曲部的曲线半径；
j) 带长度，单位为米；
k) 带接头类型；
l) 安装的电机功率；
m) 起动类型；
n) EN 12882 要求的安全类别，即 1，2A，2B，3A，3B，4，5A，5B 或 5C；
o) 头部和尾部的过渡距离；
p) 裂口预防/探测系统。

A.3 用于新装置的附加信息

在适当并且可能的情况下，应提供下列附加信息：

a) 被输送的物料；
b) 物料状况：潮湿的、干燥的、黏性的、油腻的或磨蚀性的，如果是热的或者冷的，在温度可知的情况下说明温度或者描述状况，是否需要清扫器；
c) 物料的容积密度；
d) 大块物料的尺寸（三维），单位为毫米；
e) 物料尺寸的平均值，单位为毫米；
f) 物料的近似筛选分析（见 ISO 7806 和 ISO 9045）；
g) 在将物料放到输送带上之前的物料搬运方法；

h) 给料过程中是否需要对其进行调节，首选的给料机类型；

i) 输送机的日工作量和小时工作量，每日工作小时数；

j) 输送机卸料方法；

k) 提升和下降的高度，单位为米；

l) 初始输送距离(头部滚筒与尾部滚筒的中心距)，单位为米；

m) 驱动位置；

n) 电源信息，即电压是交流还是直流；

o) 输送机装置的轮廓草图；

p) 首选的托辊布置图和槽角；

q) 环境条件；

r) 其他特性要求或试验要求。

参 考 文 献

[1] ISO 7806 工业用筛板 筛孔标记方法
[2] ISO 9045 工业用筛和筛分 术语

ICS 21.100.20
J 11

中华人民共和国国家标准

GB/T 28268—2012

滚动轴承 冲压保持架技术条件

Rolling bearings—Specifications of pressed cages

2012-05-11 发布 2012-12-01 实施

中华人民共和国国家质量监督检验检疫总局
中国国家标准化管理委员会 发布

前　言

本标准按照 GB/T 1.1—2009 给出的规则起草。

本标准由中国机械工业联合会提出。

本标准由全国滚动轴承标准化技术委员会(SAC/TC 98)归口。

本标准起草单位:洛阳轴承研究所有限公司、洛阳 LYC 轴承有限公司、聊城市金帝保持器厂、江苏南方轴承股份有限公司、临清中瑞轴承配件有限公司、浙江利隆精密轴承制造有限公司、襄阳汽车轴承股份有限公司、聊城人和精工轴承有限公司、夏津县锦丹保持器厂、聊城市华龙保持器厂、洛阳达能轴承有限公司、聊城市美华精工机械有限公司。

本标准主要起草人:扈文庄、郑广辉、杨建文、周雪刚、张福祥、汪永卫、吴跃平、刘广世、杨金才、刘智取、田天民、时传坤、顾家铭、靳海林、黄健、郗风泽、汤伟庆、郭风良、刘超。

滚动轴承　冲压保持架技术条件

1　范围

本标准规定了滚动轴承用冲压保持架的材料、公差、表面处理、外观质量等技术要求及检验规则、标志、包装与贮存。

本标准适用于冲压保持架的生产、检验和验收。

2　规范性引用文件

下列文件对于本文件的应用是必不可少的。凡是注日期的引用文件，仅注日期的版本适用于本文件。凡是不注日期的引用文件，其最新版本(包括所有的修改单)适用于本文件。

GB/T 699—1999　优质碳素结构钢

GB/T 708—2006　冷轧钢板和钢带的尺寸、外形、重量及允许偏差

GB/T 709—2006　热轧钢板和钢带的尺寸、外形、重量及允许偏差

GB/T 711—2008　优质碳素结构钢热轧厚钢板和钢带

GB/T 1591—2008　低合金高强度结构钢

GB/T 2040—2008　铜及铜合金板材

GB/T 2059—2008　铜及铜合金带材

GB/T 2828.1—2003　计数抽样检验程序　第1部分：按接收质量限(AQL)检索的逐批检验抽样计划

GB/T 3077—1999　合金结构钢

GB/T 3078—2008　优质结构钢冷拉钢材

GB/T 3274—2007　碳素结构钢和低合金结构钢　热轧厚钢板和钢带

GB/T 3280—2007　不锈钢冷轧钢板和钢带

GB/T 4171—2008　耐候结构钢

GB/T 5213—2008　冷轧低碳钢板及钢带

GB/T 6478—2001　冷镦和冷挤压用钢

GB/T 8597—2003　滚动轴承　防锈包装

GB/T 13237—1991　优质碳素结构钢冷轧薄钢板和钢带

GB/T 20056—2006　滚动轴承　向心滚针和保持架组件　尺寸和公差

JB/T 7363—2002　滚动轴承零件碳氮共渗热处理技术条件

3　术语和定义

下列术语和定义适用于本文件。

3.1

外径变动量　variation of outside diameter

V_{Dc}

与保持架端面的切平面平行的平面内,最大外径与最小外径之差。

$$V_{Dc}=D_{cmax}-D_{cmin}$$

3.2

小端单一外径偏差　deviation of a single small end outside diameter

Δ_{Dc1s}

小端单一外径与小端公称外径之差。

$$\Delta_{Dc1s}=D_{c1s}-D_{c1}$$

3.3

单一外径偏差　deviation of a single outside diameter

Δ_{Dcs}

单一外径与公称外径之差。

$$\Delta_{Dcs}=D_{cs}-D_{c}$$

3.4

内径变动量　variation of bore diameter

V_{dc}

与保持架端面的切平面平行的平面内,最大内径与最小内径之差。

$$V_{dc}=d_{cmax}-d_{cmin}$$

3.5

单一兜孔(窗孔)中心圆直径偏差　deviation of a single centre circle diameter of pocket

Δ_{Dcps}

单一兜孔(窗孔)中心圆直径与兜孔(窗孔)公称中心圆直径之差。

$$\Delta_{Dcps}=D_{cps}-D_{cp}$$

3.6

单一铆钉孔中心圆直径偏差　deviation of a single centre circle diameter of rivet hole

Δ_{Dcp1s}

单一铆钉孔中心圆直径与铆钉孔公称中心圆直径之差。

$$\Delta_{Dcp1s}=D_{cp1s}-D_{cp1}$$

3.7

宽度变动量　variation of width

V_{Bc}

保持架两端面之间的最大宽度与最小宽度之差。

$$V_{Bc}=B_{cmax}-B_{cmin}$$

3.8

底径变动量　variation of bottom diameter

V_{dc3}

保持架最大底径与最小底径之差。

$$V_{dc3}=d_{c3max}-d_{c3min}$$

3.9

壁厚变动量　variation of thickness

V_{s}

保持架的最大壁厚与最小壁厚之差。

$$V_s = s_{max} - s_{min}$$

3.10

油槽宽度变动量　variation of width of groove

V_b

保持架兜孔油槽的最大宽度与最小宽度之差。

$$V_b = b_{max} - b_{min}$$

3.11

梁宽变动量　variation of bar width

V_{bc}

与保持架底面平行的同一平面内，保持架最大梁宽与最小梁宽之差。

$$V_{bc} = b_{cmax} - b_{cmin}$$

3.12

径向宽度变动量　variation of width in radial direction

V_{Hc}

保持架的最大径向宽度与最小径向宽度之差。

$$V_{Hc} = H_{cmax} - H_{cmin}$$

3.13

双列兜孔中心距变动量　variation of centre distance between the two row pocket

V_p

保持架双列兜孔的最大中心距与最小中心距之差。

$$V_p = p_{max} - p_{min}$$

3.14

单一双列兜孔中心距偏差　deviation of a single centre distance between two row pocket

Δ_{ps}

单一双列兜孔中心距离与公称双列兜孔中心距离之差。

$$\Delta_{ps} = p_s - p$$

3.15

兜(窗)孔底高变动量　variation of bottom height of pocket

V_{hc}

保持架的各个兜(窗)孔在同一个位置上与底面垂直的最大底高与最小底高之差。

$$V_{hc} = h_{cmax} - h_{cmin}$$

3.16

单一兜(窗)孔底高偏差　deviation of a single bottom height of pocket

Δ_{hcs}

单一兜(窗)孔底高与公称底高之差。

$$\Delta_{hcs} = h_{cs} - h_c$$

3.17

单个窗孔底高变动量　variation of a single bottom height of pocket

V_{hcs}

同一窗孔的最大底高与最小底高之差。

$$V_{hcs} = h_{csmax} - h_{csmin}$$

3.18

兜孔深度变动量　variation of pocket depth

V_K

兜孔最大深度与最小深度之差。

$$V_K = K_{max} - K_{min}$$

3.19

滚子组外径变动量　variation of outside diameter of roller set

V_{Ew}

保持架装入测量用滚子后的滚子组最大外径与最小外径之差。

$$V_{Ew} = E_{wmax} - E_{wmin}$$

3.20

滚子组内径变动量　variation of bore diameter of roller set

V_{Fw}

保持架装入测量用滚子后的滚子组最大内径与最小内径之差。

$$V_{Fw} = F_{wmax} - F_{wmin}$$

3.21

滚子组单一外径偏差　deviation of a single outside diameter of roller set

Δ_{Ews}

滚子组单一外径与滚子组公称外径之差。

$$\Delta_{Ews} = E_{ws} - E_w$$

3.22

滚子组单一内径偏差　deviation of a single bore diameter of roller set

Δ_{Fws}

滚子组单一内径与滚子组公称内径之差。

$$\Delta_{Fws} = F_{ws} - F_w$$

3.23

底径中心对外径中心的位置变动量　position variation of center of bottom diameter to outside diameter

V_{Hc1}

保持架底孔表面至同一端外径表面之间的最大径向距离与最小径向距离之差。

$$V_{Hc1} = H_{c1\,max} - H_{c1\,min}$$

3.24

兜孔(等分孔)中心对内径中心的位置变动量　position variation of center of pocket (equispaced hole) to bore

V_{Hc2}

兜孔(等分孔)表面至内孔表面之间的最大径向距离与最小径向距离之差。

$$V_{Hc2} = H_{c2max} - H_{c2min}$$

3.25

支柱与单挡圈铆合后的窗孔长度变动量　variation of pocket length after riveting of the pin and a cap

V_{Lc}

挡圈与支柱接触的平面至支柱另一端的窗孔平面之间的最大长度与最小长度之差。

$$V_{Lc} = L_{cmax} - L_{cmin}$$

3.26

窄齿对宽齿的位置变动量　position variation of narrow teeth to wide teeth

V_a

窄齿与宽齿在中心线两侧的最大与最小相对距离之差。

$$V_a = a_{\max} - a_{\min}$$

3.27

保持架扩张后滚子组内径变动量　variation of extended bore diameter of roller set

V_{Fwl}

保持架扩张后滚子组最大内径与最小内径之差。

$$V_{Fwl} = F_{wl\max} - F_{wl\min}$$

3.28

保持架扩张后滚子组单一内径偏差　deviation of a single extended bore diameter of roller set

Δ_{Fwls}

保持架扩张后滚子组单一内径与扩张后滚子组公称内径之差。

$$\Delta_{Fwls} = F_{wls} - F_{wl}$$

3.29

压坡面素线　pressed slope surface generatrix

滚动体素线与保持架窗孔压坡面的理论接触线。

3.30

压坡面素线对外径的径向跳动　radial runout of pressed slope surface generatrix to outside diameter

K_{wp}

与保持架端面的切平面平行的平面内，压坡面素线与保持架外径的最大与最小径向距离之差。

3.31

压坡面素线的垂直度　perpendicularity of pressed slope surface generatrix

S_{wp}

在同一个保持架中，每个窗孔压坡面素线沿圆周方向对其垂直的理论平面与实际平面之差。

3.32

底面翘曲度　warping degrees of bottom surface

V_B

在不同角位置上压紧和放松保持架底面上对称的两侧，在与其成90°的角位置上沿轴向方向上最大与最小移动值之差。

3.33

平面度　flatness

P_K

保持架一侧的平面上，在不同角位置上沿直径方向内侧和外侧与平面垂直的最大与最小高度之差。

3.34

大端面平面度　flatness of the large face

V_F

沿保持架大端面一周凹凸部分最大值与最小值之差。

3.35

单一宽口长度偏差　deviation of a single length of wide-mouth

Δ_{KBs}

单一宽口长度与公称宽口长度之差。

$$\Delta_{KBs}=K_{Bs}-K_{B}$$

3.36

单一锁口宽度偏差　deviation of a single width of locking gap

Δ_{Sks}

单一锁口宽度与公称锁口宽度之差。

$$\Delta_{Sks}=S_{ks}-S_{k}$$

3.37

铆钉孔中心圆上的铆钉孔等分弦长偏差　deviation of chord length of rivet hole divided on centre circle

Δ_{C1}

铆钉孔中心圆上的铆钉孔等分弦长与公称等分弦长之差。

$$\Delta_{C1}=C_{1s}-C_{1}$$

3.38

兜孔底部角度偏差　deviation of angle of pocket bottom

Δ_{β}

保持架兜孔底部角度与公称角度之差。

$$\Delta_{\beta}=\beta_{s}-\beta$$

3.39

兜孔高度偏差　deviation of pocket height

Δ_{K1}

保持架兜孔中心高度与公称高度之差。

$$\Delta_{K1}=K_{1s}-K_{1}$$

4　符号

下列符号适用于本文件。

a:菊型保持架宽齿与窄齿在同一齿中心线两侧的相对距离

B_c:保持架公称宽度

b:保持架兜孔油槽宽度

b_c:保持架孔梁宽度(简称梁宽)

b_{c1}:带爪保持架爪底宽度

C:保持架兜孔中心圆上的兜孔等分弦长(简称弦长)

C_1:保持架铆钉孔中心圆上的铆钉孔等分弦长

D_c:保持架公称外径

D_{c1}:保持架小端公称外径

D_{cd}:带爪保持架爪底外径

D_{cp}:保持架兜(窗)孔中心圆公称直径

D_{cp1}:保持架铆钉孔中心圆公称直径

D_w:滚动体公称直径

D_{w1}:测量用钢球公称直径

d_c:保持架公称内径

d_{c1}:保持架大端公称内径

d_{c2}:保持架小端公称内径

d_{c3}:保持架公称底径

d_{c4}:保持架兜孔公称直径

d_{c5}:铆钉孔公称直径

E_w:滚子组公称外径

F_w:滚子组公称内径

F_{w1}:保持架扩张后滚子组公称内径

f:保持架窗孔中心线对窗孔底面的垂直度

H_c:保持架径向宽度

H_{c1}:保持架底径至同一端外径的径向距离

H_{c2}:保持架兜孔(等分孔)表面至内孔表面的径向距离

H_d:带爪保持架单个爪外侧至相应内径之间的距离

h_c:保持架底面至窗孔底面的公称高度(简称孔底高)

K:兜孔公称深度

K_1:兜孔中心公称高度

K_B:保持架宽口长度

K_{wp}:压坡面素线对外径的径向跳动

L_c:保持架窗孔公称长度

L_{c1}:带爪保持架爪长度

L_w:滚动体公称长度

P_K:平面度

p:双列兜孔中心距

p_1:双列球的总高度

R_c:兜孔公称半径

S_K:保持架锁口宽度

S_{wp}:压坡面素线的垂直度

s:保持架过梁厚度或壁厚

V_a:窄齿对宽齿的位置变动量

V_B:底面翘曲度

V_{Bc}:宽度变动量

V_b:油槽宽度变动量

V_{bc}:梁宽变动量

V_{Dc}:外径变动量

V_{dc}:内径变动量

V_{dc3}:底径变动量

V_{dc4}:兜孔直径变动量

V_{Ew}:滚子组外径变动量

V_F:大端面平面度

V_{Fw}:滚子组内径变动量

V_{Fw1}:保持架扩张后滚子组内径变动量

V_{Hc}:径向宽度变动量

V_{Hc1}:底径中心对外径中心的位置变动量

V_{Hc2}:兜孔(等分孔)中心对内径中心的位置变动量

V_{hc}:兜(窗)孔底高变动量

V_{hcs}:单个窗孔底高变动量

V_K:兜孔深度变动量

V_{Lc}：支柱与单挡圈铆合后的窗孔长度变动量

V_p：双列兜孔中心距变动量

V_s：壁厚变动量

z：滚动体数

β：兜孔底部角度

Δ_{C1}：铆钉孔中心圆上的铆钉孔等分弦长偏差

Δ_{Dcps}：单一兜孔(窗孔)中心圆直径偏差

Δ_{Dcp1s}：单一铆钉孔中心圆直径偏差

Δ_{Dcs}：单一外径偏差

Δ_{Dc1s}：小端单一外径偏差

Δ_{Ews}：滚子组单一外径偏差

Δ_{Fws}：滚子组单一内径偏差

Δ_{Fw1s}：保持架扩张后滚子组单一内径偏差

Δ_{hcs}：单一兜(窗)孔底高偏差

Δ_{KBs}：单一宽口长度偏差

Δ_{K1}：兜孔高度偏差

Δ_{ps}：单一双列兜孔中心距偏差

Δ_{Sks}：单一锁口宽度偏差

Δ_{β}：兜孔底部角度偏差

ε：钢球在保持架兜孔中的径向游动量

ε_1：保持架对成套轴承滚动体组的径向游动量

5 保持架结构型式

5.1 深沟球轴承用带铆钉孔、带油槽和带爪浪型保持架结构型式见图 1。

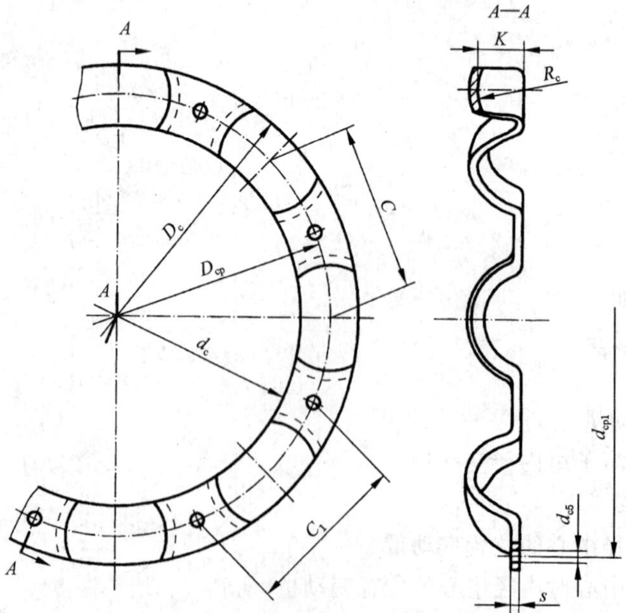

a） 带铆钉孔浪型保持架

图 1 深沟球轴承用浪型保持架

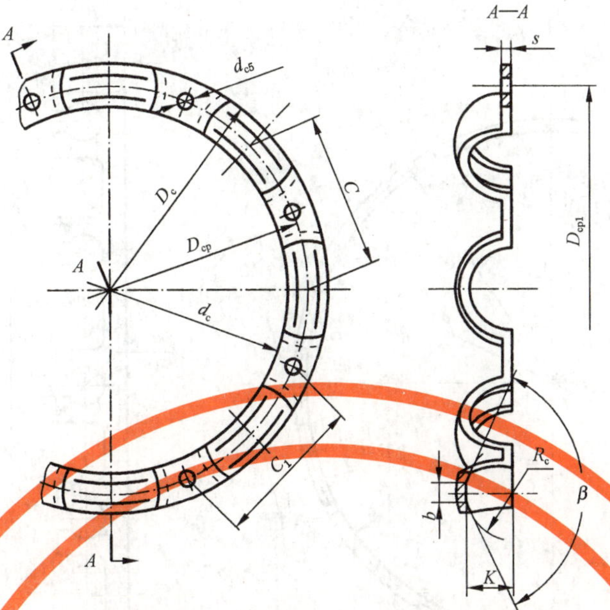

b） 带油槽浪型保持架

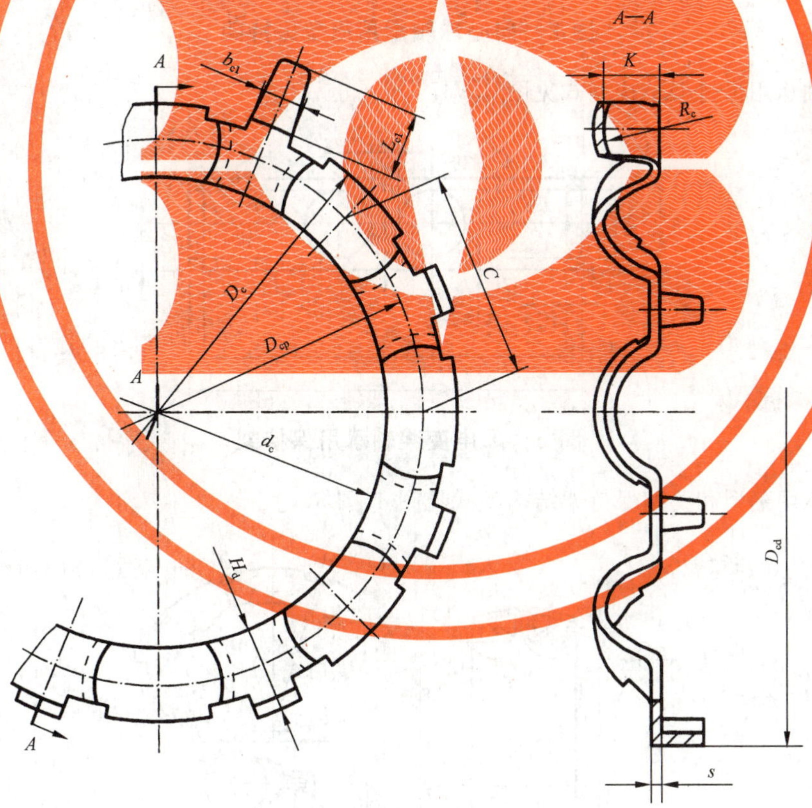

c） 带爪浪型保持架

图 1（续）

5.2　向心球轴承用冠型保持架结构型式见图 2。

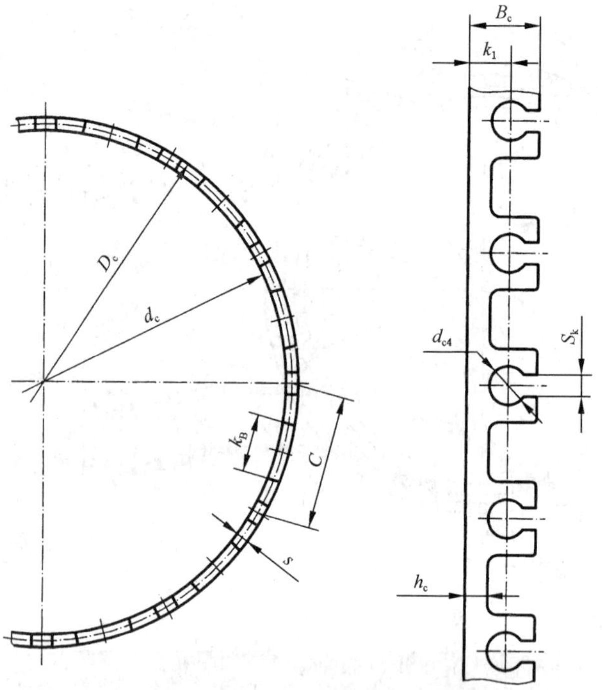

图 2　向心球轴承用冠型保持架

5.3　风电变桨轴承用保持架结构型式见图 3。

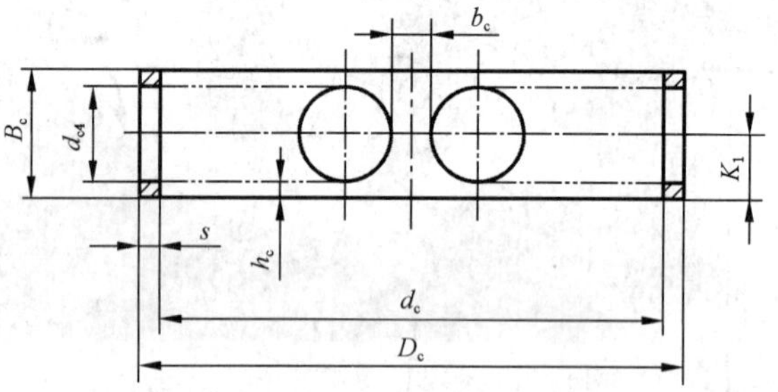

图 3　风电变桨轴承用保持架

5.4　调心球轴承用菊型和葵型保持架结构型式见图 4、图 5。

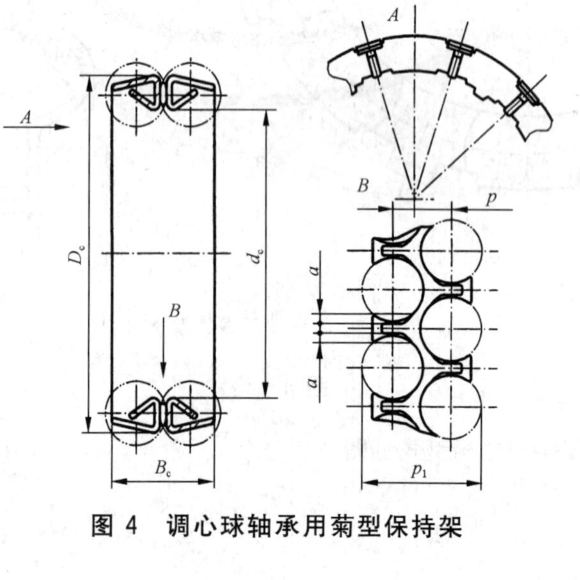

图 4　调心球轴承用菊型保持架

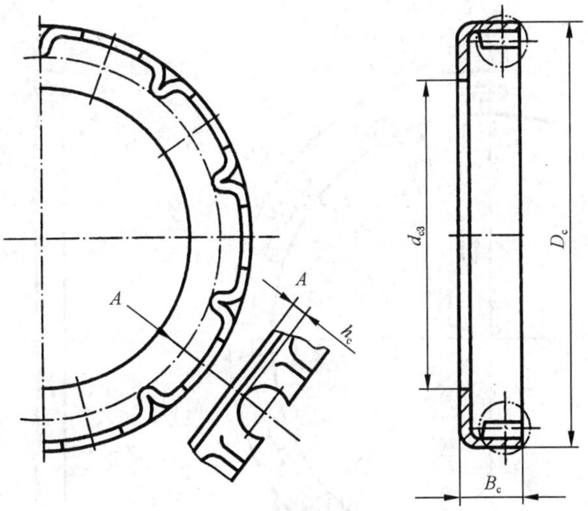

图 5　调心球轴承用葵型保持架

5.5　圆柱滚子轴承用槽型和双挡圈组合保持架结构型式见图 6～图 8。

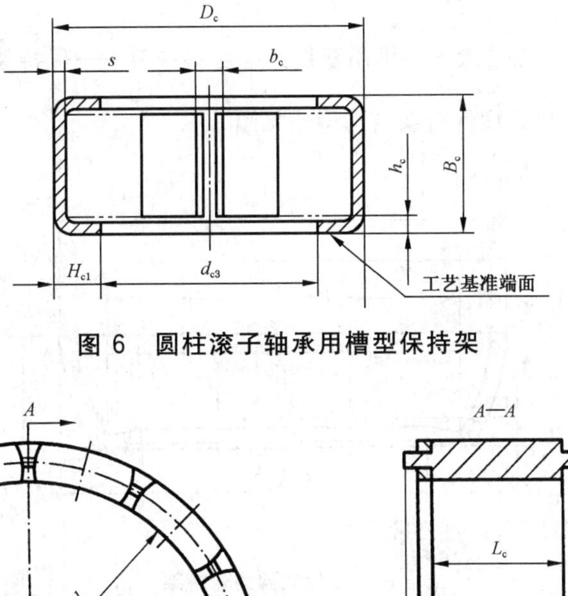

图 6　圆柱滚子轴承用槽型保持架

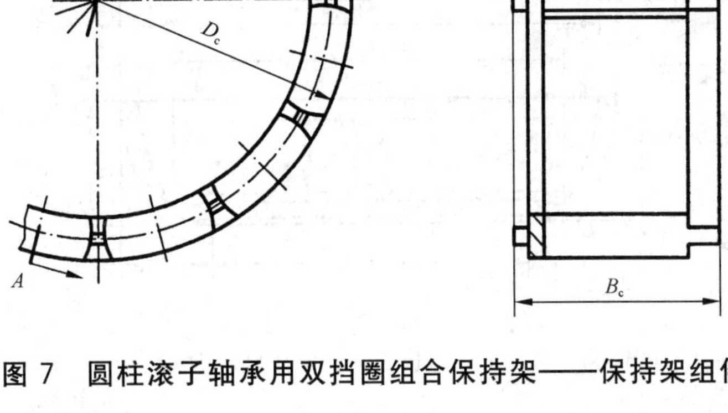

图 7　圆柱滚子轴承用双挡圈组合保持架——保持架组件

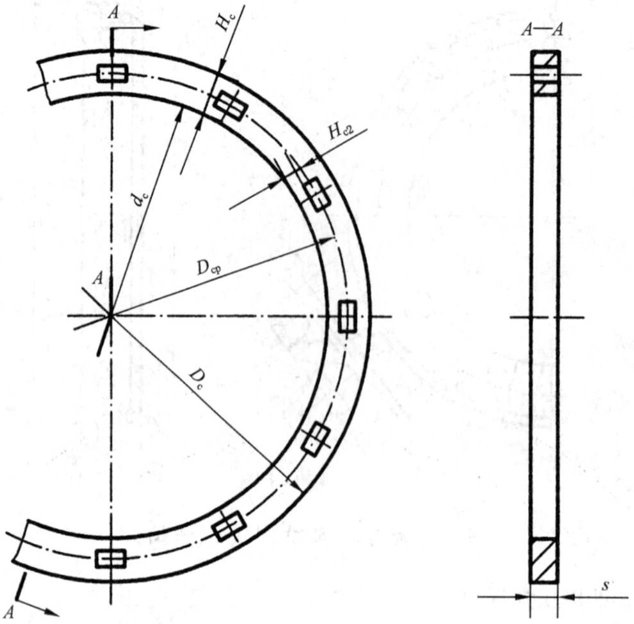

图 8 圆柱滚子轴承用双挡圈组合保持架——保持架挡圈

5.6 调心滚子轴承用碗型和Z型保持架结构型式见图9。

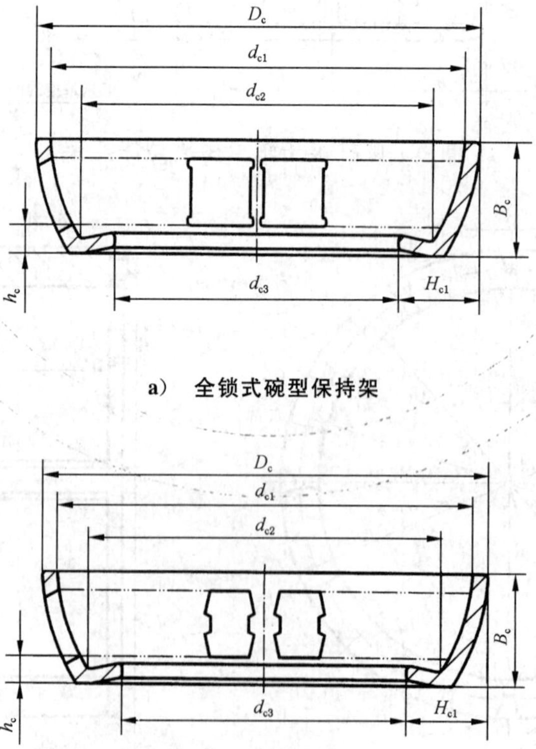

a） 全锁式碗型保持架

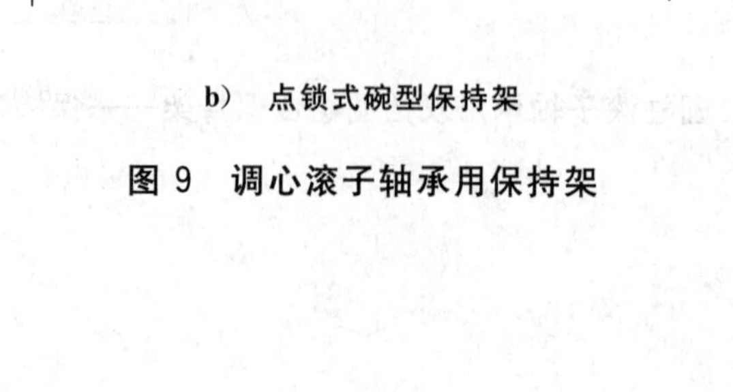

b） 点锁式碗型保持架

图 9 调心滚子轴承用保持架

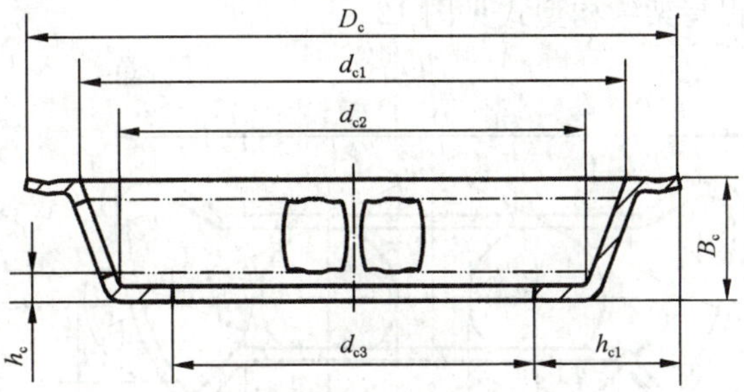

c) **Z 型保持架**

图 9（续）

5.7 滚针轴承用 K 型和 M 型保持架结构型式见图 10、图 11。

a)　　　　b)

图 10　滚针轴承用 K 型保持架

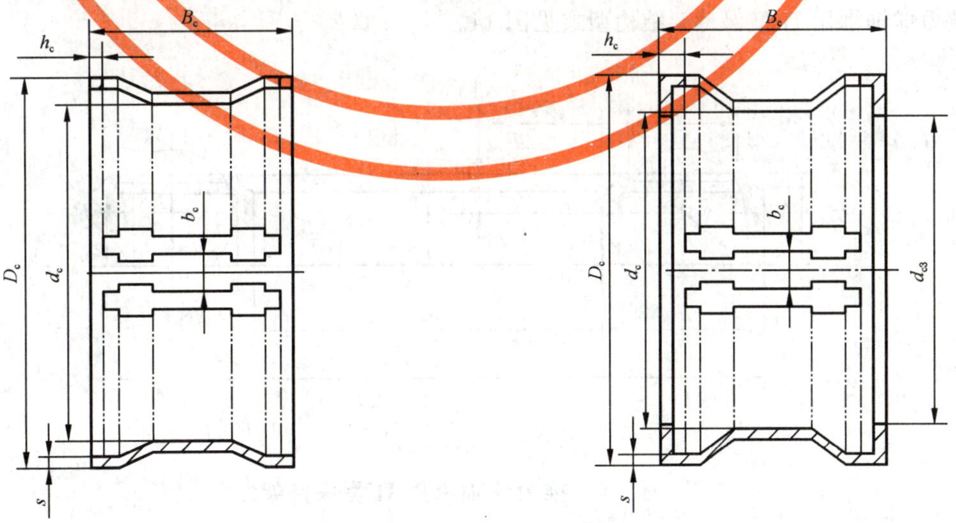

a)　　　　b)

图 11　滚针轴承用 M 型保持架

5.8　角接触球轴承用C型保持架结构型式见图12。

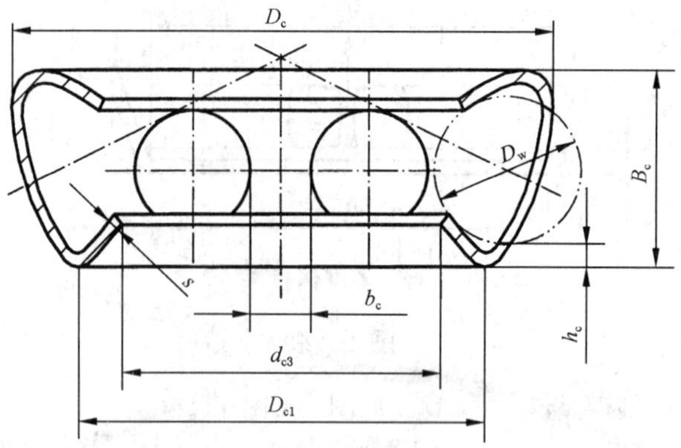

图12　角接触球轴承C型保持架

5.9　圆锥滚子轴承用筐型保持架结构型式见图13。

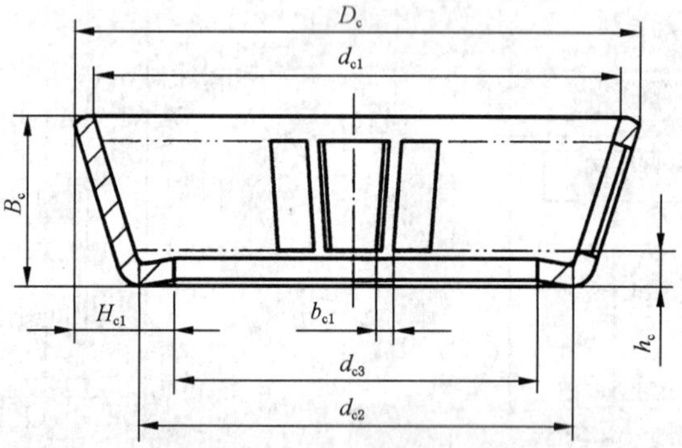

图13　圆锥滚子轴承用筐型保持架

5.10　推力球轴承用Π型保持架结构型式见图14。

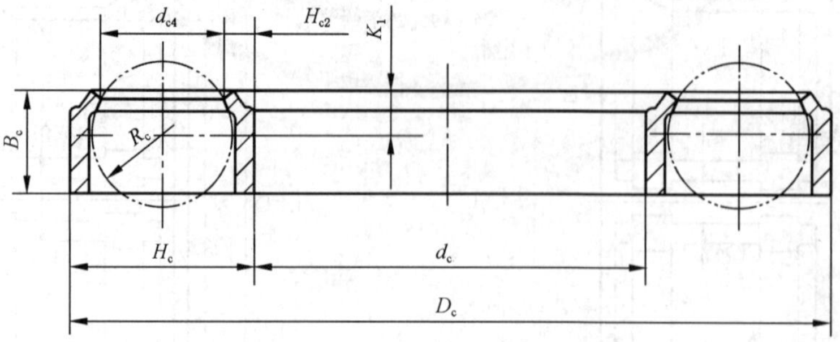

图14　推力球轴承用Π型保持架

5.11　推力调心滚子轴承用钵型保持架结构型式见图15。

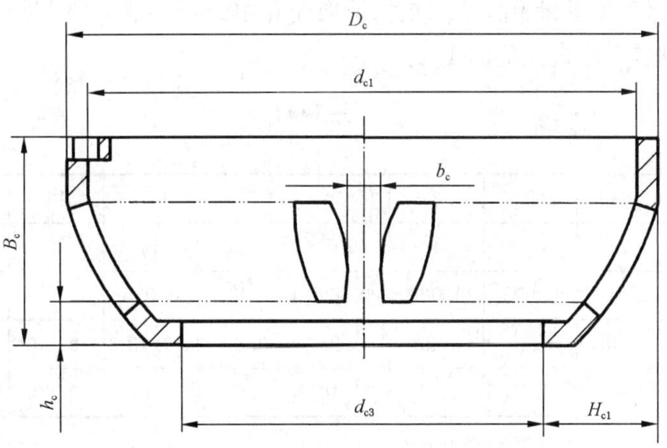

图 15 推力调心滚子轴承用钵型保持架

6 技术要求

6.1 材料

6.1.1 各类钢冲压保持架材料可采用08、08Al、ML08Al、10、15、20、DC01、DC03、DC04冷轧低碳薄钢板、钢带和冷镦钢材制造，其技术要求应符合GB/T 699—1999、GB/T 708—2006、GB/T 3078—2008、GB/T 5213—2008、GB/T 6478—2001和GB/T 13237—1991的规定。

6.1.2 各类钢冲压保持架材料厚度不小于4 mm时，可采用08、10、15、20热轧厚钢板和钢带制造，其技术要求应符合GB/T 709—2006、GB/T 711—2008和GB/T 3274—2007的规定。

6.1.3 各类黄铜冲压保持架可采用H62、H70冷轧铜带或铜板制造，其技术要求应符合GB/T 2040—2008或GB/T 2059—2008的规定。

6.1.4 锡青铜冲压保持架可采用QSn6.5-0.1锡青铜板制造，其技术要求应符合GB/T 2040—2008的规定。

6.1.5 不锈钢冲压保持架可采用06Cr19Ni10、12Cr18Ni9、30Cr13、40Cr13冷轧不锈钢带或钢板制造，其技术要求应符合GB/T 3280—2007的规定。

6.1.6 风电变桨轴承用保持架根据轴承的应用环境可选择不同的材料制造：

——高寒地区选择Q355GNH高耐候性结构钢，其技术要求应符合GB/T 4171—2008的规定；

——海岛环境选择Q390低合金高强度结构钢，其技术要求应符合GB/T 1591—2008的规定；

——一般环境选择Q345、40CrMnMo低合金高强度结构钢，其技术要求应符合GB/T 1591—2008或GB/T 3077—1999的规定。

6.1.7 与用户协商确定后也可采用满足性能要求的其他材料制造。

6.2 表面处理

6.2.1 保持架的渗碳、渗氮、镀铜、镀锌、镀银或氧化等表面处理应符合产品图样的要求，保持架的碳氮共渗热处理按JB/T 7363—2002的规定。

6.2.2 铜和不锈钢保持架表面经抛光处理后，表面色泽应一致且无斑痕污点。

6.3 公差

6.3.1 深沟球轴承用带铆钉孔、带油槽和带爪浪型保持架(见图1)

6.3.1.1 保持架外径变动量V_{Dc}和内径变动量V_{dc}应符合产品图样的规定。

6.3.1.2 保持架兜孔深度变动量 V_K、钢球在保持架兜孔中的径向游动量 ε 见表 1。同一保持架径向游动量的变动量不应超过表 1 中最大值的 1/2。

表 1

单位为毫米

D_w	超过	—	2	3	4	6.5	9.5	14	20	28	38
	到	2	3	4	6.5	9.5	14	20	28	38	50
V_K	max	0.010	0.015	0.020	0.025	0.030	0.035	0.040	0.045	0.050	0.060
ε	min	0.05	0.15	0.20	0.25	0.30	0.40	0.50	0.60	0.70	0.80
	max	0.15	0.30	0.35	0.40	0.50	0.65	0.80	0.95	1.10	1.40

6.3.1.3 保持架平面度 P_K 和底面翘曲度 V_B 见表 2。

表 2

单位为毫米

D_c	超过	—	40	100	180	250
	到	40	100	180	250	—
P_K	max	0.02	0.03	0.05	0.08	0.10
V_B(8、9、0、1 直径系列)		0.15	0.20	0.25	0.30	0.35
V_B(2、3、4 直径系列)		0.10	0.15	0.20	0.25	0.30

6.3.1.4 保持架油槽宽度变动量 V_b 和兜孔底部角度偏差 Δ_β 见表 3。

表 3

b/mm		—	1.1	2
		1.1	2	5
V_b/mm	max	0.15	0.2	0.25
Δ_β	上极限偏差	+1.5°	+3°	+5°
	下极限偏差	0	0	0

6.3.1.5 保持架单一兜孔中心圆直径偏差 Δ_{Dcps}、单一铆钉孔中心圆直径偏差 Δ_{Dcp1s} 和铆钉孔中心圆上的铆钉孔等分弦长偏差 Δ_{C1} 不应大于 0.1 mm。

6.3.1.6 带爪浪型保持架的各项公差可参照带铆钉孔的浪型保持架的规定。铆钉孔直径 d_{c5}、带爪保持架爪底宽 b_{c1} 和爪长度 L_{c1} 的公差应符合产品图样的规定。

6.3.1.7 保持架兜孔油槽深度为料厚的 20%~30%。

6.3.2 向心球轴承用冠型保持架(见图 2)

保持架的内径变动量 V_{dc}、单一宽口长度偏差 Δ_{KBs}、单一兜孔中心圆直径偏差 Δ_{Dcps}、宽度变动量 V_{Bc}、单一锁口宽度偏差 Δ_{Sks}、底面翘曲度 V_B、壁厚变动量 V_s 按表 4 的规定。

表 4

单位为毫米

D_c	超过	—	200
	到	200	1 000
V_{dc}	max	0.13	0.18
V_{Bc}		0.13	0.15
V_B		0.07	0.09
V_s		0.05	0.06
Δ_{Dcps}	上极限偏差	+0.08	+0.10
	下极限偏差	−0.08	−0.10
Δ_{Sks}	上极限偏差	+0.07	+0.10
	下极限偏差	−0.07	−0.10
Δ_{KBs}	上极限偏差	+0.13	+0.15
	下极限偏差	−0.13	−0.15

6.3.3 风电变桨轴承用保持架(见图 3)

6.3.3.1 保持持架外径变动量 V_{Dc}、内径变动量 V_{dc}、壁厚变动量 V_s、梁宽变动量 V_{bc} 和兜孔高度偏差 Δ_{K1} 见表 5。

表 5

单位为毫米

D_c	超过	—	1 000	1 500	3 000
	到	1 000	1 500	3 000	4 000
V_{Dc}、V_{dc}	max	1.0	1.5	2.0	3.0
V_s		0.3	0.4	0.5	0.6
V_{bc} [a]		0.2	0.25	0.3	0.35
Δ_{K1}		0.2	0.3	0.35	0.4

[a] 不等分孔保持架的梁宽变动量应满足现行产品图样的规定。

6.3.3.2 保持架宽度变动量 V_{Bc}、兜孔直径变动量 V_{dc4}、窗孔底高变动量 V_{hc} 见表 6。

表 6

单位为毫米

d_{c4}	超过	—	30	40
	到	30	40	60
V_{Bc}	max	0.3	0.5	0.7
V_{dc4}		0.1	0.15	0.3
V_{hc}		0.1	0.12	0.15

6.3.4 调心球轴承用菊型(见图4)和葵型保持架(见图5)

6.3.4.1 保持架内径变动量V_{dc}、底径变动量V_{dc3}和梁宽变动量V_{bc}见表7。

表7

单位为毫米

d_c d_{c3}	超过	—	50	80	120
	到	50	80	120	—
V_{dc}、V_{dc3}	max	0.20	0.25	0.30	0.35
V_{bc}		0.15	0.20	0.25	0.30

6.3.4.2 保持架外径变动量V_{Dc}、径向宽度变动量V_{Hc}和底面翘曲度V_B见表8。

表8

单位为毫米

D_c	超过	—	50	80	120	180
	到	50	80	120	180	—
V_{Dc}、V_B	max	0.20	0.25	0.30	0.35	0.40
V_{Hc}		0.25	0.35	0.38	0.45	0.50

6.3.4.3 菊型保持架双列兜孔中心距变动量V_p及其尺寸偏差Δ_{ps},窄齿对宽齿的位置变动量V_a及葵型保持架兜孔底高变动量V_{hc}和单一兜孔底高偏差Δ_{hcs}见表9。

表9

单位为毫米

D_w	超过	—	8	15	24	30
	到	8	15	24	30	—
V_p	max	0.20	0.25	0.30	0.35	0.40
Δ_{ps}	上极限偏差	−0.05	−0.05	−0.05	−0.05	−0.05
	下极限偏差	−0.25	−0.30	−0.35	−0.40	−0.45
V_a	max	0.30	0.35	0.40	0.45	0.50
V_{hc}		0.10	0.12	0.14	0.16	0.18
Δ_{hcs}	上极限偏差	0	0	0	0	0
	下极限偏差	−0.10	−0.12	−0.14	−0.16	−0.18

6.3.4.4 保持架在成套轴承状态下应旋转灵活,两面正转和反转无明显差异,调心良好,无异声,不应夹球和掉球。

6.3.5 圆柱滚子轴承用槽型保持架(见图6)

6.3.5.1 保持架外径变动量V_{Dc}、壁厚变动量V_s及底径(基准端)变动量V_{dc3}、宽度变动量V_{Bc}和底径中心对外径中心的位置变动量V_{Hc1}、滚子组内、外径变动量V_{Fw}、V_{Ew}及其单一内、外径偏差Δ_{Fws}、Δ_{Ews}、压坡面素线对外径的径向跳动K_{wp}见表10。

表 10

单位为毫米

D_c	超过	—	50	80	120	180
	到	50	80	120	180	250
V_{Dc}	max	0.12	0.15	0.18	0.22	0.26
V_s		0.08	0.10	0.12	0.15	0.18
V_{dc3}		0.12	0.15	0.18	0.22	0.26
V_{Bc}		0.15	0.18	0.22	0.26	0.30
V_{Hc1}		0.18	0.21	0.24	0.28	0.32
V_{Fw}、V_{Ew}		0.20	0.25	0.30	0.35	0.40
K_{wp}		0.20	0.24	0.28	0.32	0.37
Δ_{Fws}、Δ_{Ews}	上极限偏差	+0.20	+0.25	+0.30	+0.35	+0.40
	下极限偏差	0	0	0	0	0

6.3.5.2 保持架梁宽变动量 V_{bc} 和窗孔底高变动量 V_{hc} 见表 11。

表 11

单位为毫米

D_c	超过	—	50	80	110	140	180	220
	到	50	80	110	140	180	220	250
V_{bc}	max	0.15	0.20	0.25	0.30	0.35	0.40	0.45
V_{hc}		0.10	0.12	0.14	0.16	0.18	0.20	0.22

6.3.5.3 压坡面素线的垂直度 S_{wp} 和单个窗孔底高变动量 V_{hcs} 见表 12。

表 12

单位为毫米

D_w	超过	—	10	20	30	40
	到	10	20	30	40	65
S_{wp}	max	0.04	0.05	0.07	0.09	0.12
V_{hcs}		0.06	0.07	0.09	0.12	0.15

6.3.6 圆柱滚子轴承用双挡圈组合保持架(见图 7 和图 8)

6.3.6.1 保持架窗孔中心线对窗孔底面的垂直度 f 见表 13。

表 13

单位为毫米

L_c	超过	—	8	30	40	50
	到	8	30	40	50	—
f	max	0.03	0.05	0.07	0.08	0.10

6.3.6.2 保持架径向宽度变动量 V_{Hc}、内径变动量 V_{dc} 和外径变动量 V_{Dc} 见表 14。

表 14

单位为毫米

D_c	超过	—	40	100	250
	到	40	100	250	—
V_{Hc}	max	0.15	0.20	0.23	0.25
V_{Dc}、V_{dc}		0.10	0.12	0.15	0.20

6.3.6.3 保持架宽度变动量 V_{Bc} 和窗孔长度变动量 V_{Lc} 见表 15。

表 15

单位为毫米

L_c	超过	—	18	30	50
	到	18	30	50	—
V_{Bc}	max	0.15	0.2	0.22	0.25
V_{Lc}		0.12	0.12	0.15	0.20

6.3.6.4 保持架单一窗孔中心圆直径偏差 Δ_{Dcps} 见表 16。

表 16

单位为毫米

D_{cp}	超过	—	80	120	180
	到	80	120	180	250
Δ_{Dcps}	上极限偏差	+0.1	+0.12	+0.15	+0.18
	下极限偏差	−0.1	−0.12	−0.15	−0.18

6.3.6.5 保持架等分孔中心对内径中心的位置变动量 V_{Hc2} 见表 17。

表 17

单位为毫米

D_c	超过	—	80	120	180
	到	80	120	180	250
V_{Hc2}	max	0.15	0.2	0.25	0.3

6.3.6.6 保持架支柱与挡圈垂直铆合后应牢靠、不松动。

6.3.6.7 铆合后挡圈内、外径允许有径向凸起变形，其半径方向上的变形凸出量不应大于挡圈钢板厚度的 1/10。

6.3.6.8 保持架挡圈应能与同一型号的保持架组件互换。

6.3.6.9 铆合后支柱的内、外圆柱表面不应超出挡圈的内、外径表面，支柱头部凸出量符合产品图样规定。

6.3.7 调心滚子轴承用碗型保持架[见图 9a)、b)]和 Z 型保持架[见图 9c)]

6.3.7.1 保持架的外径变动量 V_{Dc}、内径(车制)对外径的壁厚变动量 V_s、底径中心对外径中心的位置变动量 V_{Hc1}、大端面平面度 V_F 和底面翘曲度 V_B、压坡面素线对外径的径向跳动 K_{wp} 见表 18。

表 18

单位为毫米

d_{c2}	超过	50	80	120	180	250
	到	80	120	180	250	350
V_{Dc}	max	0.12	0.15	0.18	0.24	0.30
V_s（车制）		0.15	0.18	0.22	0.28	0.34
V_{Hc1}		0.16	0.22	0.28	0.34	0.40
V_F		0.08	0.12	0.15	0.17	0.2
V_B		0.15	0.20	0.25	0.30	0.35
K_{wp}[a]		0.20	0.24	0.28	0.32	0.36
[a] 不适用于点锁式碗型保持架。						

6.3.7.2 保持架梁宽变动量 V_{bc} 和窗孔底高变动量 V_{hc} 见表 19。

表 19

单位为毫米

d_{c2}	超过	50	80	110	140	180	220	260	300
	到	80	110	140	180	220	260	300	350
V_{bc}	max	0.20	0.25	0.30	0.35	0.40	0.45	0.50	0.60
V_{hc}		0.12	0.14	0.16	0.18	0.21	0.24	0.27	0.30

6.3.7.3 保持架单个窗孔底高变动量 V_{hcs} 和压坡面素线的垂直度 S_{wp} 见表 20。

表 20

单位为毫米

D_w	超过	—	15	20	30	50
	到	15	20	30	50	80
V_{hcs}	max	0.08	0.10	0.12	0.15	0.18
S_{wp}[a]		0.09	0.11	0.13	0.16	0.19
[a] 不适用于点锁式碗型保持架。						

6.3.7.4 保持架底径变动量 V_{dc3} 见表 21。

表 21

单位为毫米

d_{c3}	超过	50	80	120	180	250
	到	80	120	180	250	350
V_{dc3}	max	0.20	0.25	0.30	0.35	0.40

6.3.7.5 保持架滚子组内、外径变动量 V_{Fw}、V_{Ew} 及其单一内、外径偏差 Δ_{Fws}、Δ_{Ews} 见表 22。

表 22

单位为毫米

L_w	超过	—	15	25	35	45
	到	15	25	35	45	65
V_{Fw}、V_{Ew}	max	0.25	0.30	0.35	0.40	0.45
Δ_{Fws}、Δ_{Ews}	上极限偏差	+0.25	+0.30	+0.35	+0.40	+0.45
	下极限偏差	0	0	0	0	0

6.3.8 滚针轴承用 K 型(见图 10)和 M 型保持架(见图 11)

6.3.8.1 保持架外径变动量 V_{Dc}、内径变动量 V_{dc}、梁宽变动量 V_{bc}、壁厚变动量 V_s、窗孔底高变动量 V_{hc} 见表 23。由内、外径引导时,可与用户协商确定。

表 23

单位为毫米

D_c	超过	—	30	50	80
	到	30	50	80	120
V_{Dc}、V_{dc}	max	0.10	0.12	0.16	0.20
V_s		0.05	0.06	0.08	0.10
V_{bc} [a]		0.12	0.14	0.16	0.20
V_{hc}		0.08	0.12	0.14	0.16
[a] 不等分孔保持架的梁宽变动量应满足现行产品图样的规定。					

6.3.8.2 保持架宽度变动量 V_{Bc} 见表 24。

表 24

单位为毫米

L_w	超过	—	18	30
	到	18	30	50
V_{Bc}	max	0.05	0.08	0.10

6.3.8.3 保持架装针后,不应卡针和掉针。在成套轴承状态下应旋转灵活,不串套。

6.3.9 角接触球轴承用 C 型保持架(见图 12)

6.3.9.1 保持架小端单一外径偏差 Δ_{Dc1s} 和外径变动量 V_{Dc}、梁宽变动量 V_{bc} 和兜孔底高变动量 V_{hc} 见表 25。

表 25

单位为毫米

D_c	超过	—	50	80	120	180
	到	50	80	120	180	—
Δ_{Dc1s}	上极限偏差	0	0	0	0	0
	下极限偏差	−0.20	−0.25	−0.30	−0.40	−0.50
V_{Dc}	max	0.20	0.25	0.30	0.40	0.50
V_{bc}		0.15	0.20	0.25	0.30	0.35
V_{hc}		0.10	0.12	0.15	0.18	0.22

6.3.9.2 保持架径向游动量 ε_1 见表 26。

表 26

单位为毫米

D_w	超过	—	10	18	24	30
	到	10	18	24	30	—
ε_1	min	0.20	0.25	0.30	0.35	0.40
	max	0.50	0.65	0.80	1.00	1.20

6.3.10 圆锥滚子轴承用筐型保持架（见图 13）

6.3.10.1 保持架外径变动量 V_{Dc}、底径变动量 V_{dc3} 和底径中心对外径中心的位置变动量 V_{Hc1}、径向游动量 ε_1、滚子组内、外径变动量 V_{Fw}、V_{Ew} 及其单一内、外径偏差 Δ_{Fws}、Δ_{Ews} 和保持架扩张后滚子组内径变动量 V_{Fw1}、单一内径偏差 Δ_{Fw1s} 见表 27。

表 27

单位为毫米

d_{c2}	超过	—	50	80	120	180	250	350	450
	到	50	80	120	180	250	350	450	550
V_{Dc}	max	0.20	0.25	0.30	0.35	0.40	0.45	0.55	0.70
V_{Hc1}		0.18	0.25	0.28	0.35	0.50	0.55	0.70	0.90
V_{dc3}		0.20	0.25	0.30	0.35	0.40	0.45	0.55	0.70
ε_1	min	0.10	0.10	0.15	0.15	0.20	0.30	0.50	0.70
	max	0.40	0.45	0.50	0.60	0.70	0.80	1.00	1.20
V_{Fw}、V_{Ew}	max	0.20	0.23	0.25	0.30	0.35	0.45	0.65	0.85
Δ_{Fws}、Δ_{Ews}	上极限偏差	+0.25	+0.28	+0.30	+0.35	+0.40	+0.50	+0.70	+0.90
	下极限偏差	0	0	0	0	0	0	0	0
V_{Fw1}	max	0.17	0.22	0.29	0.35	0.41	0.49	0.65	0.85
Δ_{Fw1s}	上极限偏差	0	0	0	0	0	0	0	0
	下极限偏差	−0.22	−0.28	−0.34	−0.40	−0.46	−0.54	−0.70	0.90

6.3.10.2 保持架梁宽变动量 V_{bc} 和窗孔底高变动量 V_{hc} 见表 28。

表 28

单位为毫米

d_{c2}	超过	—	50	80	120	180	210	250	300	350	450
	到	50	80	120	180	210	250	300	350	450	550
V_{bc}	max	0.12	0.15	0.20	0.30	0.35	0.40	0.50	0.60	0.75	0.85
V_{hc}		0.10	0.12	0.15	0.20	0.25	0.30	0.40	0.45	0.50	0.60

6.3.10.3 保持架单个窗孔底高变动量 V_{hcs} 和压坡面素线的垂直度 S_{wp} 见表 29。

表 29

单位为毫米

D_w	超过	—	10	16	24	34	45
	到	10	16	24	34	45	65
V_{hcs}	max	0.05	0.07	0.09	0.10	0.12	0.15
S_{wp}		0.06	0.08	0.10	0.12	0.15	0.18

6.3.11 推力球轴承用Ⅱ型保持架(见图 14)

6.3.11.1 保持架内径变动量 V_{dc} 和径向宽度变动量 V_{Hc}、兜孔中心对内径中心的位置变动量 V_{Hc2} 见表 30。

表 30

单位为毫米

d_c	超过	—	30	50	80	120	180	250
	到	30	50	80	120	180	250	—
V_{dc}、V_{Hc}	max	0.08	0.10	0.12	0.14	0.16	0.20	0.25
V_{Hc2}		0.1	0.12	0.14	0.16	0.2	0.25	0.3

6.3.11.2 保持架宽度变动量 V_{Bc} 见表 31。

表 31

单位为毫米

B_c	超过	—	3	5	8	10	15
	到	3	5	8	10	15	—
V_{Bc}	max	0.20	0.25	0.30	0.35	0.45	0.55

6.3.11.3 在同一保持架上相邻两球窝孔或两兜孔间的距离变动量不应大于 0.05 mm。

6.3.12 推力调心滚子轴承用钵型保持架(见图 15)

6.3.12.1 保持架外径变动量 V_{Dc}、单一外径偏差 Δ_{Dcs} 和梁宽变动量 V_{bc}、窗孔底高变动量 V_{hc}、底径中心对外径中心的位置变动量 V_{Hc1} 和径向游动量 ε_1 见表 32。

表 32

单位为毫米

d_{c1}	超过	—	120	180	250	315	400
	到	120	180	250	315	400	—
V_{Dc}	max	0.25	0.30	0.35	0.40	0.50	0.60
V_{bc}		0.30	0.35	0.40	0.50	0.60	0.70
Δ_{Dcs}	上极限偏差	0	0	0	0	0	0
	下极限偏差	−0.25	−0.30	−0.35	−0.40	−0.50	−0.60
V_{hc}	max	0.20	0.25	0.30	0.35	0.40	0.45
V_{Hc1}		0.30	0.35	0.40	0.45	0.50	0.60
ε_1	min	0.20	0.25	0.30	0.35	0.40	0.50
	max(全锁式)	0.60	0.70	0.80	0.90	1.0	1.2
	max(点锁式)	0.90	1.0	1.2	1.4	1.6	1.8

6.3.12.2 保持架单个窗孔底高变动量 V_{hcs} 见表 33。

表 33

单位为毫米

D_w	超过	—	18	30	50
	到	18	30	50	—
V_{hcs}	max	0.08	0.10	0.12	0.15

6.3.12.3 保持架在成套轴承状态下应旋转灵活，正、反转无明显差异。

6.4 外观质量

保持架的表面不应有锈蚀、裂纹、皱折、毛刺及锐边，色泽应均匀一致。保持架焊接时不应烧损兜孔，兜孔内无多余焊渣。焊接后，焊接处应连续光整，不应有缺损、砂眼、气孔、夹碴等缺陷。焊缝的强度应大于保持架材料的强度。

7 检测方法

7.1 深沟球轴承用浪型保持架

7.1.1 单一兜孔中心圆直径偏差 Δ_{Dcps}、单一铆钉孔中心直径偏差 Δ_{Dcp1s} 和铆钉孔中心圆上的铆钉孔等分弦长偏差 Δ_{C1} 的测量

a) 采用数显光学影像测量仪(下同)检查，影像及测量系统的变焦物镜不小于 0.6×～4.5×，视频放大倍率为 3×～50×，显示分辨率不应小于 0.001 mm；

b) 采用保持架兜孔中心圆直径及兜孔深度测量仪测量(见图 16)。测头为两个与被测保持架整形钢球尺寸相同的球体。测量时用同一轴承型号的保持架中心圆直径标准件调好百分表的零位，然后把保持架放置在测量仪的工作台上，测量球体进入保持架的兜孔中心与兜孔很好吻合后，即可从百分表上读出 Δ_{Dcps} 数值；

c) 用百分尺直接测量尺寸 A(见图 17)，换兜孔测量不应少于 $N(N \geqslant Z/2)$ 处次，Δ_{Dcps} 按式(1)、式(2)计算，计算精度 0.001 mm。

$$D_{cps}(\text{实测}) = \begin{cases} A - D_W \cdots\cdots\cdots\cdots Z\text{ 为偶数} \\ \dfrac{A - D_W}{\cos(90^\circ/Z)} \cdots\cdots\cdots\cdots Z\text{ 为奇数} \end{cases} \quad \cdots\cdots\cdots\cdots\cdots\cdots(1)$$

式中：

A ——实测尺寸，单位为毫米；

Z ——保持架兜孔数。

$$\Delta_{Dcps} = D_{cps}(\text{实测}) - D_{cp} \quad \cdots\cdots\cdots\cdots\cdots\cdots(2)$$

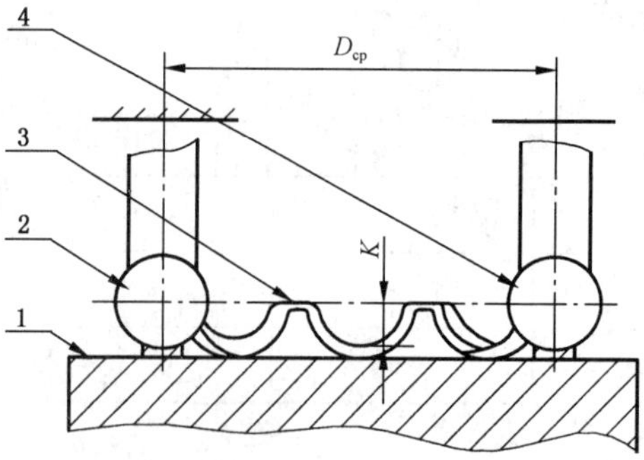

说明：
1——工作台；
2——固定测头；
3——保持架；
4——活动测头。

a） 测量兜孔中心圆直径

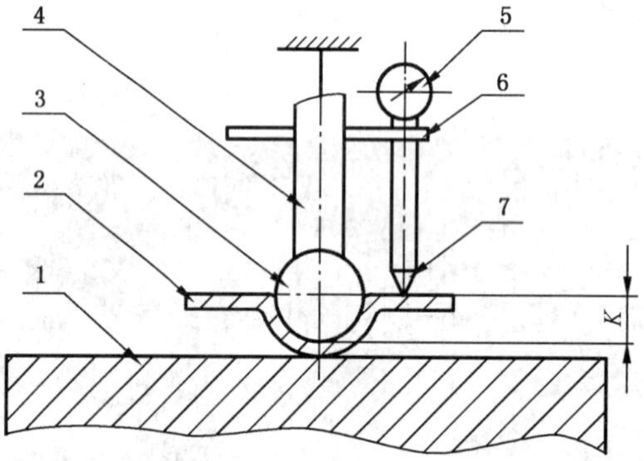

说明：
1——工作台；
2——保持架；
3——固定测头；
4——定测杆；
5——百分表；
6——表架；
7——表杆测头。

b） 测量兜孔深度

图 16 测量仪检查兜孔示意图

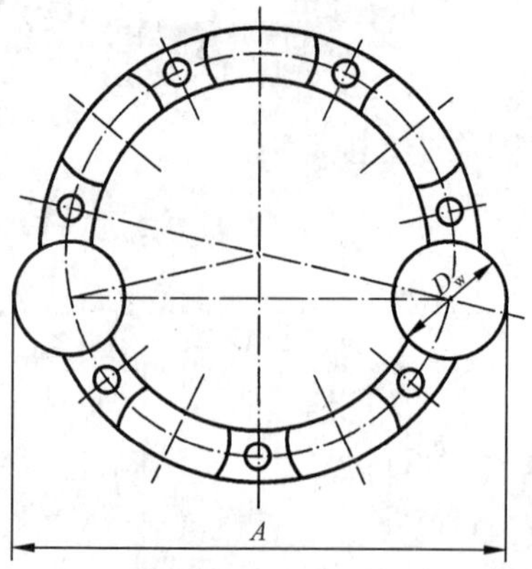

图 17 测量尺寸 *A* 示意图

7.1.2 单一铆钉孔中心圆直径偏差 Δ_{Dcp1s} 和铆钉孔中心圆上的铆钉孔等分弦长偏差 Δ_{C1} 的检查

将六个保持架三个一组相对摞起，在兜孔中间以该型号整形模用的三粒钢球定位并压紧，然后用过端加长的专用塞规插入铆钉孔，按顺序应能全部插入保持架的铆钉孔内(见图 18)。

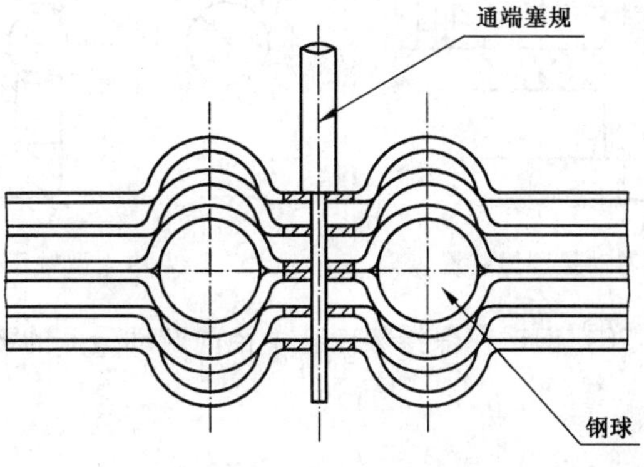

图 18 铆钉孔中心圆直径偏差和铆钉孔等分弦长偏差的检查

7.1.3 兜孔深度变动量 V_K 的测量

a) 采用深沟球轴承浪型保持架兜孔中心圆直径及兜孔深度测量仪测量(见图 16)。测量前用块规(K 值为公称尺寸)调好百分表零位，然后将保持架放置在测量仪工作台上，测量头进入保持架兜孔中心，即可以从百分表上读出 V_K 的数值。

b) 用百分表和平台直接测量 V_K 值(见图 19)。

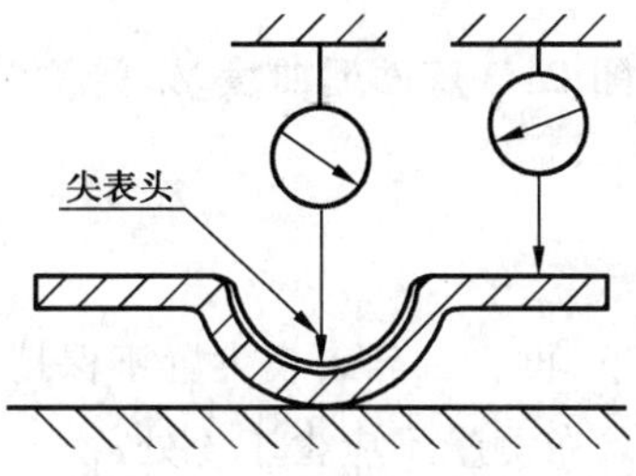

图 19 百分表和平台直接测量 V_K 示意图

7.1.4 钢球在保持架兜孔中径向游动量 ε 的测量

在单一兜孔中心圆直径偏差 Δ_{Dcps} 符合产品图样的条件下，ε 采用下列装置(见图 20)进行测量，均布测量不应少于 4 处/次。

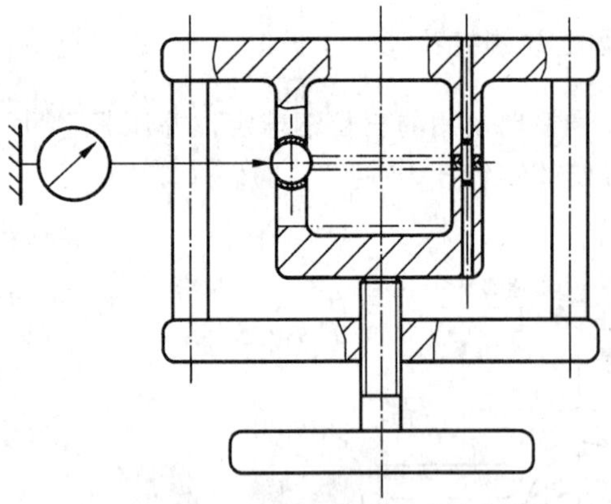

a) 小型轴承保持架径向游动量测量装置

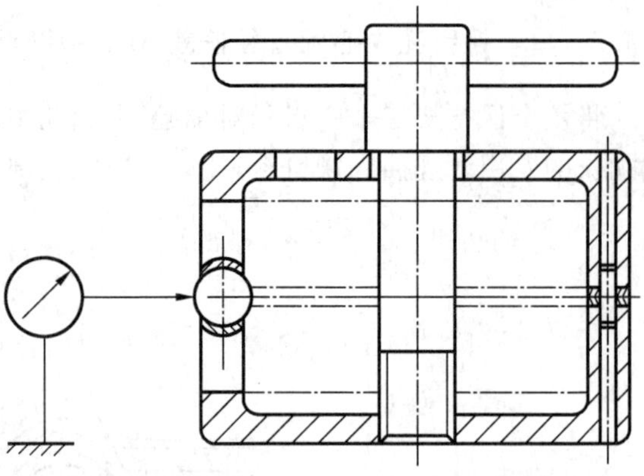

b) 中大型轴承保持架径向游动量测量装置

图 20 钢球在保持架兜孔中径向游动量 ε 的测量

7.1.5 铆钉孔直径 d_{c5} 的检测

铆钉孔直径 d_{c5} 用塞规或影像仪检测。

7.1.6 底面翘曲度 V_B 的测量(见图 21)

将保持架放置在平台上,兜孔向下,再将百分表表尖置于保持架一侧的平面上,然后在与表尖成90°的角位置上将保持架两侧反复压紧和放松,均布测量不应少于 4 处/次。

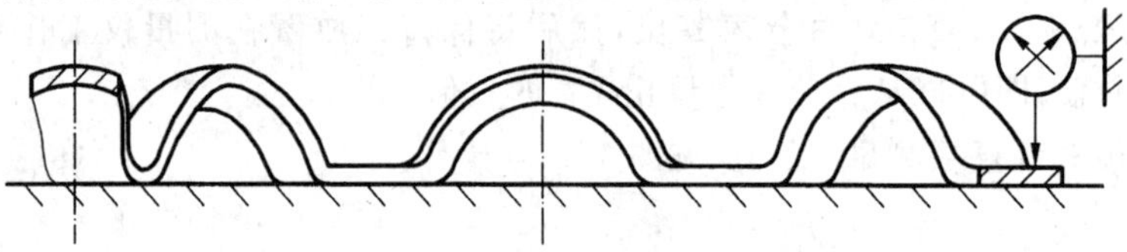

图 21 底面翘曲度 V_B 的测量

7.1.7 平面度 P_K 的测量(见图 21)

将保持架放置在平台上,兜孔向下,再将百分表表尖置于保持架内侧的平面上,移动保持架,使表尖逐步向保持架平面的外径方向移动,均布测量不应少于 4 处/次。

7.1.8 带爪保持架爪底外径 D_{cd} 的测量

爪底外径采用精度为 0.02 mm 的游标卡尺(下同)测量。兜孔等分为偶数时,D_{cd} 直接量取读出;兜孔等分为奇数时,则 $D_{cd}=d_c+2\times H_d$。

7.2 向心球轴承用冠型保持架

7.2.1 内径变动量 V_{dc} 和单一兜孔中心圆直径偏差 Δ_{Dcps} 的测量

用游标卡尺或在平台上用百分表测量,测量不应少于 4 处/次。

7.2.2 宽度变动量 V_{Bc}、单一宽口长度偏差 Δ_{KBs} 的测量

用游标卡尺测量。

7.2.3 底面翘曲度 V_B 的测量

将保持架放置在平台上，压紧保持架上端面对称的两侧，在与其成 90°的角位置上沿径向用塞尺测量。

7.2.4 单一锁口宽度偏差 Δ_{Sks} 的检查

用通、止规检查，通、止规的尺寸公差应符合产品图样的要求。

7.2.5 壁厚变动量 V_s 的测量

用百分尺测量。

7.3 风电变桨轴承用保持架

7.3.1 外径变动量 V_{Dc} 和内径变动量 V_{dc} 的测量

用游标卡尺或在平台上用百分表测量，测量不应少于 4 处/次。

7.3.2 梁宽变动量 V_{bc}、壁厚变动量 V_s、窗孔底高变动量 V_{hc}、宽度变动量 V_{Bc}、兜孔直径变动量 V_{dc4} 的测量

用游标卡尺测量，测量不应少于 4 处/次。

7.4 调心球轴承用菊型和葵型保持架

7.4.1 双列兜孔中心距变动量 V_p 的测量（见图 22）

将钢球装于保持架内，用游标卡尺测出 p_1 的读数，然后换位置测量，测量不应少于 4 处/次，其值为 $p_{1max}-p_{1min}$。

图 22 双列兜孔中心距变动量 V_p 的测量

7.4.2 单一双列兜孔中心距偏差 Δ_{ps} 的测量

用游标卡尺测量。

7.4.3 兜孔底高变动量 V_{hc} 和单一兜孔底高偏差 Δ_{hcs} 的测量

用游标卡尺测量。

7.4.4 窄齿对宽齿的位置变动量 V_a 的测量（见图 23）

用游标卡尺第一次测值为 (a_1-a_2)，然后换位置测量，测量不应少于 4 处/次。

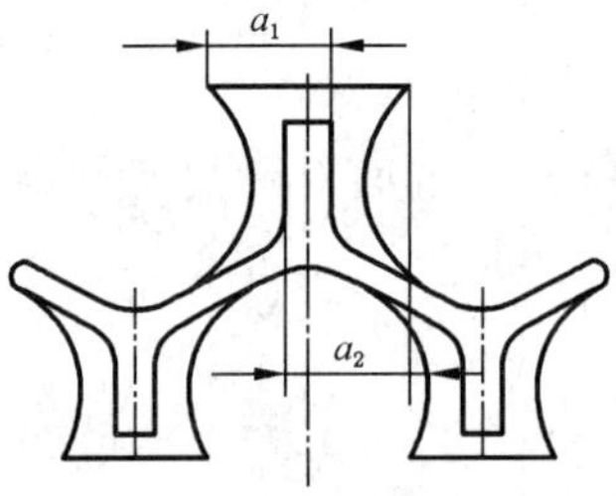

图 23 窄齿对宽齿位置变动量 V_a 的测量

7.4.5 梁宽变动量 V_{bc}、外径变动量 V_{Dc} 和径向宽度变动量 V_{Hc} 的测量

用游标卡尺测量。

7.4.6 底面翘曲度 V_B 的测量(见图 24)。

在与表尖成 90°的角位置上将保持架两侧反复压紧和放松,均布测量不应少于 4 处/次。

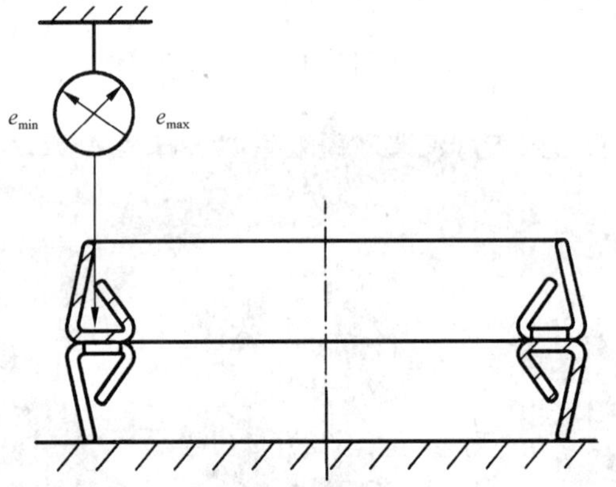

a) 菊型保持架

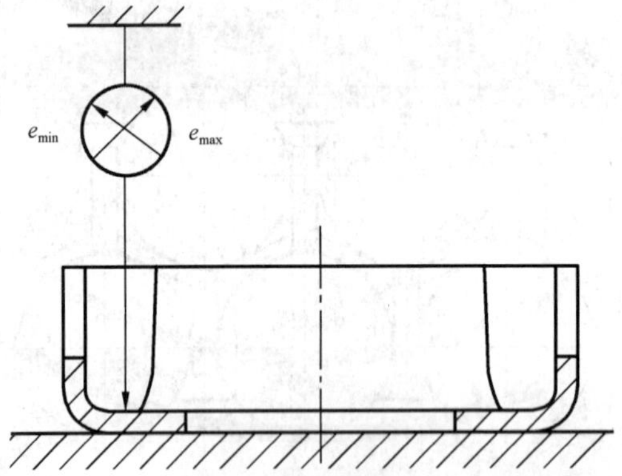

b) 葵型保持架

图 24 底面翘曲度 V_B 的测量

7.4.7 旋转灵活性的检查

用符合产品图样要求的外圈、内圈、钢球和保持架组装后,正转、反转应旋转灵活,无阻滞。

7.5 圆柱滚子轴承用槽型保持架

7.5.1 滚子组内、外径变动量 V_{Fw}、V_{Ew} 及其单一内、外径偏差 Δ_{Fws}、Δ_{Ews} 的测量(见图 25)

用板簧将测量用滚子压紧在保持架对称或接近对称(窗孔为奇数时)的两个窗孔压坡面上,用游标卡尺测量滚子组两端的外径尺寸偏差和变动量，然后换位置(换孔间隔 2～3 个孔)测量，测量不应少于 4 孔/次。

注：测量滚子组外径的尺寸偏差和变动量时，可不测量其内径尺寸偏差和变动量。同样，测量内径尺寸偏差和变动量时，对外径的尺寸偏差和变动量也不必测量。

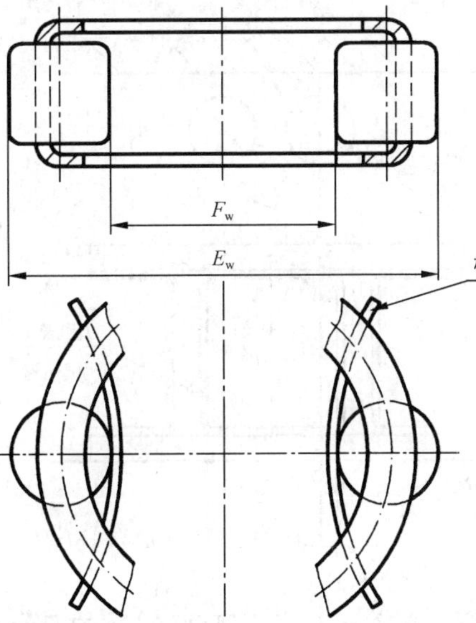

图 25　滚子组外径变动量 V_{Ew} 及其单一外径偏差 Δ_{Ews} 的测量

7.5.2　压坡面素线垂直度 S_{wp} 的测量(见图 26)

用板簧将测量用滚子压紧在一个窗孔压坡面上，滚子两端面不应与窗孔两端面接触，然后调整百分表尖表头位置，在滚子端面沿保持架外径圆周方向对称的两点(e_1，e_2)测量，第一次测值为(e_1-e_2)，然后换孔(间隔 2～3 个孔)测量，测量不应少于 4 孔/次。

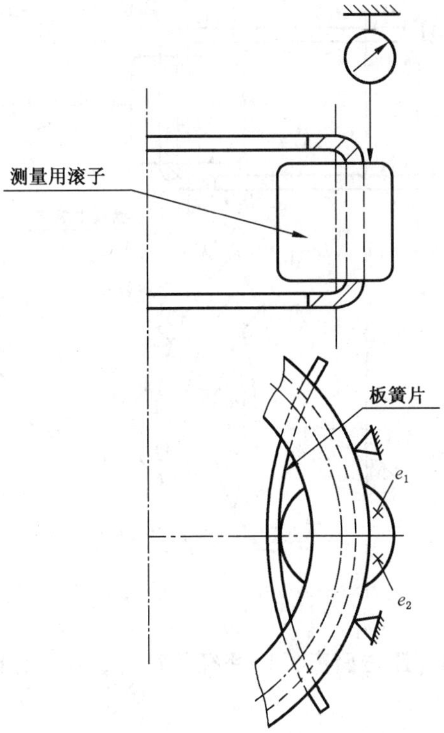

图 26　窗孔压坡面素线垂直度 S_{wp} 的测量

7.5.3 单个窗孔底高变动量 V_{hcs} 的测量(见图 27)

在窗孔底边靠近孔梁的两点测量,第一次测值为(e_1-e_2),然后换孔(间隔 2～3 个孔)测量,测量不应少于 4 孔/次。

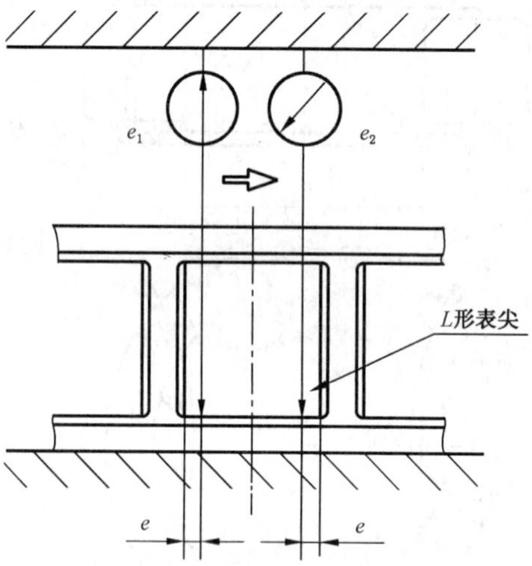

图 27 单个窗孔底高变动量 V_{hcs} 的测量

7.5.4 压坡面素线对外径的径向跳动 K_{wp} 的测量(见图 28)

用板簧将测量用滚子压紧在窗孔压坡面上,然后用百分表测出每个窗孔中测量用滚子中部外径处的读数(e_{i1},……,e_{iz})(Z 为窗孔数),其 K_{wp} 的值为($e_{imax}-e_{imin}$)。

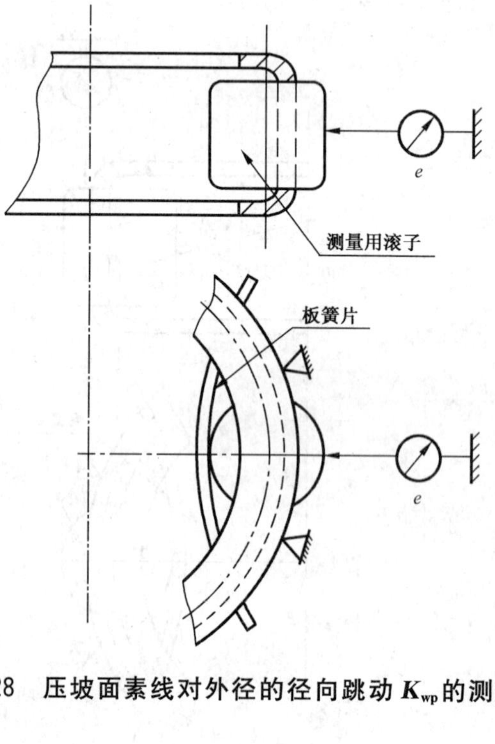

图 28 压坡面素线对外径的径向跳动 K_{wp} 的测量

7.5.5 外径变动量 V_{Dc}、底径变动量 V_{dc3}、宽度变动量 V_{Bc}、窗孔底高变动量 V_{hc}、底径中心对外径中心的位置变动量 V_{Hc1} 和梁宽变动量 V_{bc} 的测量

用游标卡尺测量。

7.5.6 壁厚变动量 V_s 的测量

用百分尺测量。

7.6 圆柱滚子轴承用双挡圈组合保持架

7.6.1 窗孔长度变动量 V_{Lc} 的测量

用精度为 0.02 mm 的游标深度尺或窗孔长度样板检测。

7.6.2 等分孔中心对内径中心的位置变动量 V_{Hc2} 的测量(见图 29)

用游标卡尺在一个等分孔处测得的读数为 e_1，在其对称位置或接近对称(孔为奇数时)处测得的读数为 e_2，则第一次测得的 V_{Hc2} 值为(e_1-e_2)，然后换位置(间隔 1～2 个孔)测量，测量不应少于 4 孔/次。

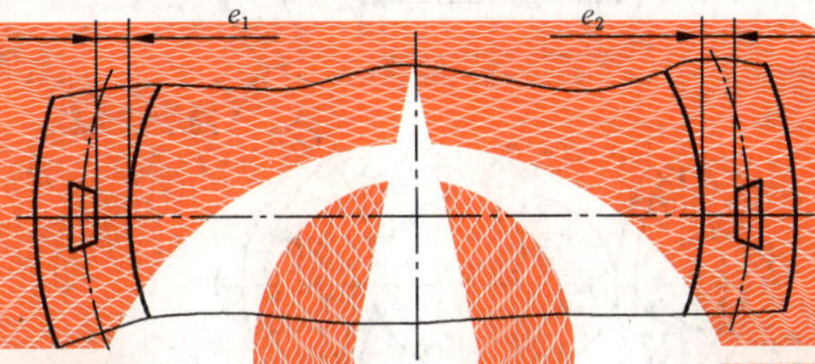

图 29 等分孔中心对内径中心的位置变动量 V_{Hc2} 的测量

7.6.3 单一窗孔中心圆直径偏差 Δ_{Dcps} 的测量

用影像测量仪或游标卡尺测量。

7.6.4 窗孔中心线对窗孔底面垂直度 f 的检查

用窗孔样柱检查。在过端通过窗孔时，样柱端面至少有不在同一条直线上的三点接触窗孔底面。

7.6.5 外径变动量 V_{Dc}、内径变动量 V_{dc}、径向宽度变动量 V_{Hc} 及宽度变动量 V_{Bc} 的测量

用游标卡尺测量。测量不应少于 4 处/次。

7.7 调心滚子轴承用碗型和 Z 型保持架

7.7.1 窗孔压坡面素线垂直度 S_{wp} 的测量(见图 30)

用板簧将测量用滚子压紧在窗孔压坡面上，滚子两端面不应与窗孔两端面接触，然后调整百分表尖表头位置，在滚子端面沿保持架内径圆周方向对称的两点(e_1，e_2)测量，第一次测值为(e_1-e_2)，然后换孔(间隔 2～3 个孔)测量，测量不应少于 4 孔/次。

7.7.2 滚子组内、外径变动量 V_{Fw}、V_{Ew} 及其单一内、外径偏差 Δ_{Fws}、Δ_{Ews} 的测量(见图 31)

用板簧将测量用滚子压紧在保持架对称或接近对称(窗孔为奇数时)的两个窗孔压坡面上，用游标卡尺测量滚子组内、外径变动量及其尺寸偏差，然后换位置测量(换孔间隔 2～3 个孔)，测量不应少于 4 孔/次。

注：中、小型碗型保持架可用旋转灵活性检查代替滚子组的内、外径偏差及变动量 Δ_{Fws}、Δ_{Ews}、V_{Fw}、V_{Ew} 的检测。

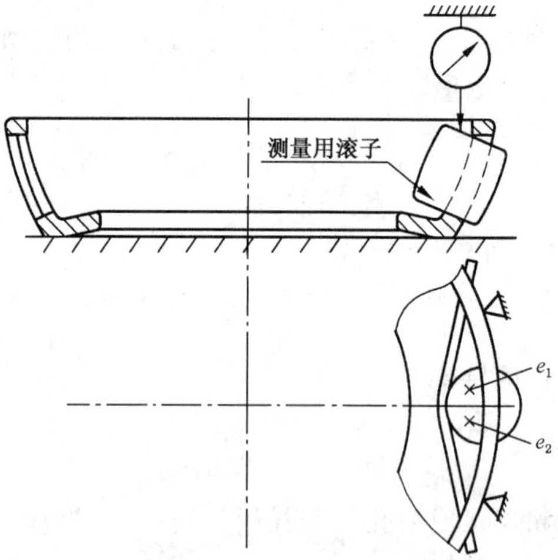

图 30 压坡面素线垂直度 S_{wp} 的测量

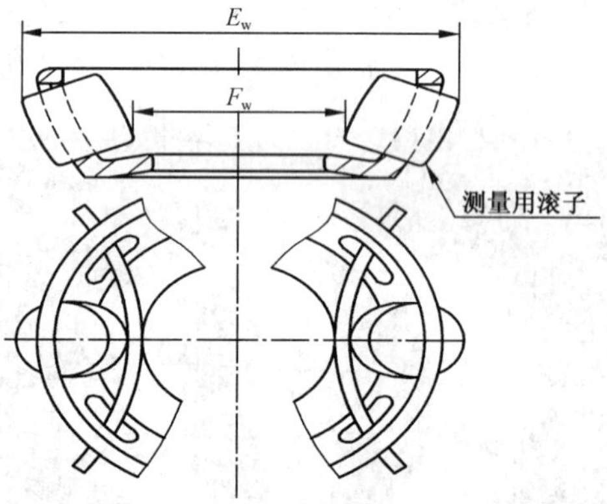

图 31 滚子组内、外径变动量及其单一偏差的测量

7.7.3 外径变动量 V_{Dc} 和底径中心对外径中心的位置变动量 V_{Hc1} 的测量(见图 32)

将保持架外径用两个互成 90°的固定支点定心，使保持架旋转，正对一固定支点、靠近保持架大端面的千分表上最大与最小读数之间的差值即为外径变动量；若将保持架底径用两个互成 90°的固定支点定心，使保持架旋转，正对一固定支点、靠近保持架大端面的千分表上最大与最小读数之间的差值即为底径中心对外径中心的位置变动量。

二者也可用游标卡尺测量，测量不应少于 4 处/次。

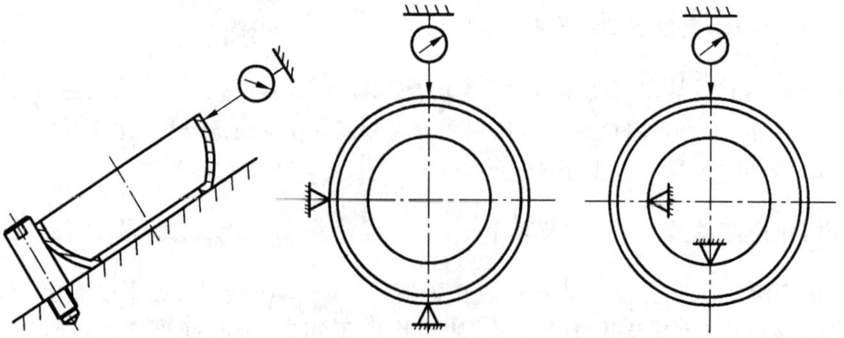

图 32 外径变动量 V_{Dc} 和底径中心对外径中心的位置变动量 V_{Hc1} 的测量

7.7.4 梁宽变动量 V_{bc} 的测量(见图 33)

用游标卡尺测量。

a) 全锁式 b) 点锁式

图 33 梁宽变动量 V_{bc} 的测量

7.7.5 单个窗孔底高变动量 V_{hcs} 的测量(见图 34)

在窗孔底边靠近孔梁的两点测量,第一次测值为(e_1-e_2),然后换孔(间隔 2～3 个孔)测量,测量不应少于 4 孔/次。

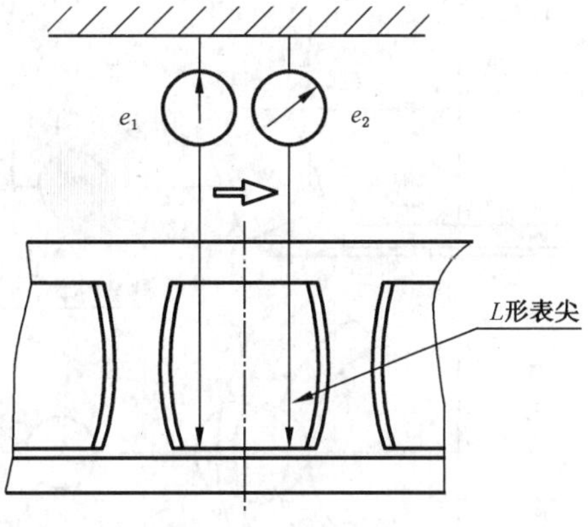

图 34 单个窗孔底高变动量 V_{hcs} 的测量

7.7.6 大端面平面度 V_F 的测量

将保持架放置在平台上,碗口向下,用手轻按保持架(以不使保持架产生变形为限),保持架与平板间隙最小,在此状态下,用塞尺测量保持架与平板之间的间隙,如有多处存在间隙,取其中最大处的间隙。

7.7.7 底面翘曲度 V_B 的测量(见图 35)

在与表尖成 90°的角位置上将保持架两侧反复压紧和放松,均布测量不应少于 4 处/次。

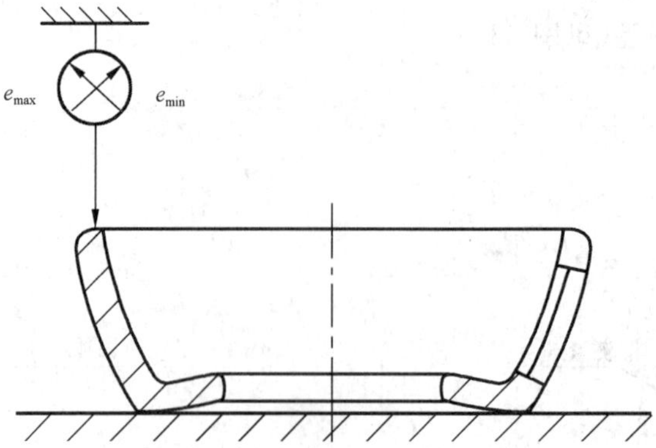

图 35　底面翘曲度 V_B 的测量

7.7.8　壁厚变动量 V_s 的测量

用百分尺测量。

7.7.9　窗孔底高变动量 V_{hc} 的测量

用精度为 0.02 mm 的高度游标卡尺或百分表测量。

7.7.10　压坡面素线对外径的径向跳动 K_{wp} 的测量(见图 36)

将测量用滚子压紧在窗孔压坡面上,然后用百分表测出每个窗孔中测量用滚子中部最大直径处的读数(e_{i1},……,e_{iz})(Z 为窗孔数),其 K_{wp} 的值为($e_{imax}-e_{imin}$)。

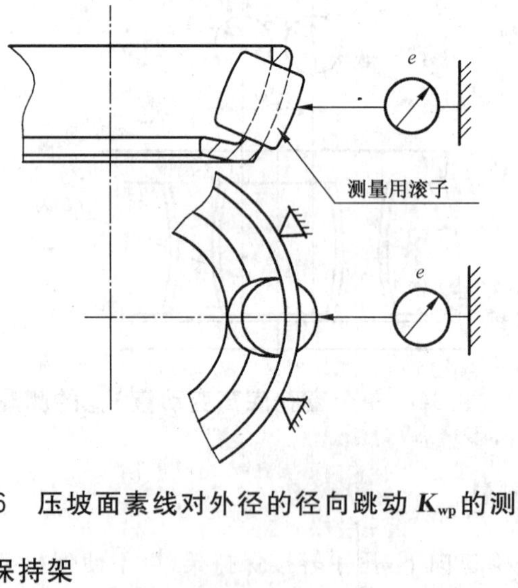

图 36　压坡面素线对外径的径向跳动 K_{wp} 的测量

7.8　滚针轴承用 K 型和 M 型保持架

7.8.1　梁宽变动量 V_{bc}、外径变动量 V_{Dc}、内径变动量 V_{dc} 的测量

用游标卡尺测量。

7.8.2　窗孔底高变动量 V_{hc}、宽度变动量 V_{Bc} 和壁厚变动量 V_s 的测量

V_{hc} 和 V_{Bc} 用游标卡尺测量,V_s 用百分尺测量,测量不应少于 4 处/次。

7.8.3　旋转灵活性的检查

将装满滚针的保持架装入测量用外圈和心轴之间并使之旋转,正转和反转灵活,无明显轴向移动。

测量用外圈和心轴应符合 GB/T 20056—2006 的规定。

7.9 角接触球轴承用 C 型保持架

7.9.1 小端单一外径偏差 Δ_{Dc1s} 的检查

用外形样板检查。

7.9.2 外径变动量 V_{Dc}、兜孔底高变动量 V_{hc} 和梁宽变动量 V_{bc} 的测量

用游标卡尺测量，测量不应少于 4 处/次。

7.9.3 径向游动量 ε_1 的测量(见图 37)

用尺寸符合产品图样的内圈、一组钢球和保持架组装后，将内圈和钢球固定，百分表表尖处于保持架梁宽的中部，沿直径方向往复移动保持架，所测得的数值即为 ε_1 值。

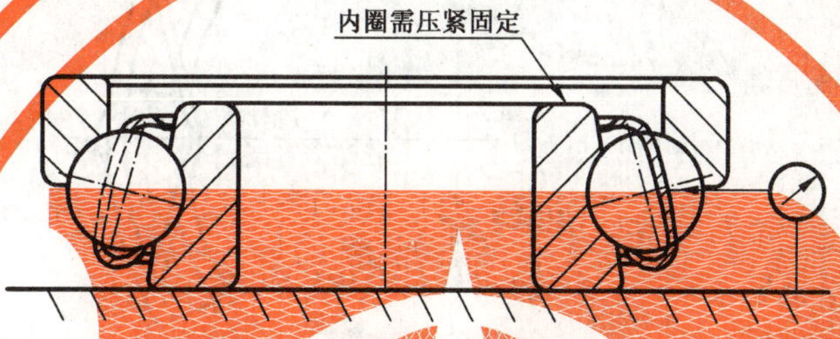

图 37 径向游动量 ε_1 的测量

7.10 圆锥滚子轴承用筐型保持架

7.10.1 压坡面素线垂直度 S_{wp} 的测量(见图 38)

用板簧将测量用滚子压紧在窗孔压坡面上，滚子两端面不应与窗孔两端面接触，然后调整百分表尖表头位置，在滚子端面沿保持架内径圆周方向对称的两点(e_1,e_2)测量，第一次测值为(e_1-e_2)，然后换孔(间隔 2～3 个孔)测量，测量不应少于 4 孔/次。

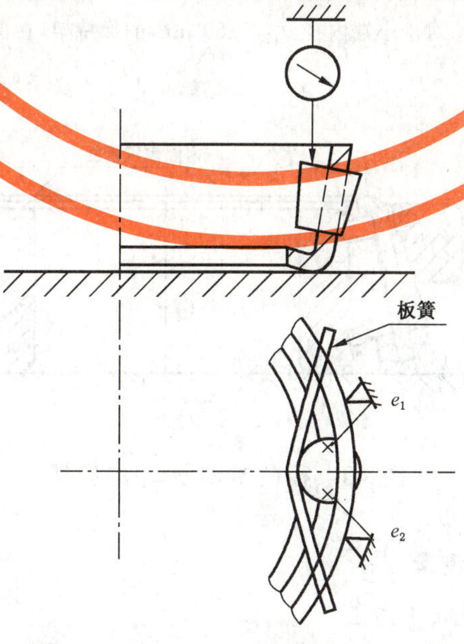

图 38 压坡面素线垂直度 S_{wp} 的测量

7.10.2 滚子组内、外径变动量 V_{Fw}、V_{Ew} 及其单一内、外径偏差 Δ_{Fws}、Δ_{Ews} 的测量(见图 39)

用板簧将测量用滚子压紧在保持架对称或接近对称(窗孔为奇数时)的两个窗孔压坡面上,用游标卡尺测量滚子组内、外径变动量及其尺寸偏差。然后换位置测量(换孔间隔 2~3 个孔),测量不应少于 4 孔/次。

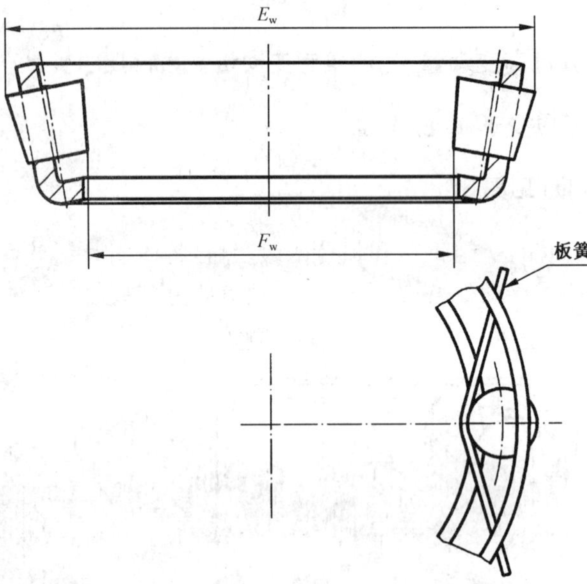

图 39 滚子组内、外径变动量 V_{Fw}、V_{Ew} 的测量

7.10.3 径向游动量 ε_1 的测量(见图 40)

用无小挡边但尺寸符合产品图样的内圈和一组滚子与保持架组装后,将内圈和滚子固定,百分表表尖处于保持架梁宽的中部、接近大端口部,沿直径方向往复移动保持架,所测得的读数即为 ε_1 值。测量不应少于 4 处/次。

注:对于小端内径 d_{c2}>180 mm 的保持架,可按 7.10.2 和 7.10.3 中的任一条进行测量,不要求两条同时测量,也不再检查轴承的旋转灵活性;对于小端内径 d_{c2}≤180 mm 的保持架,在保证轴承旋转灵活的同时,还应测量保持架的径向游动量。

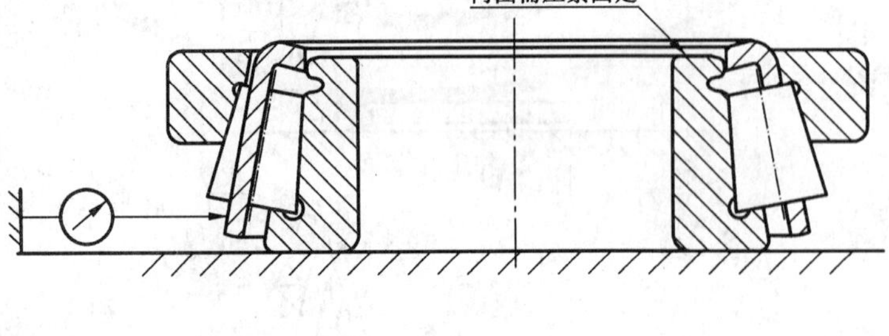

图 40 径向游动量 ε_1 的测量

7.10.4 窗孔底高变动量 V_{hc} 的测量

用游标卡尺或百分表测量。

7.10.5 梁宽变动量 V_{bc} 的测量(见图 41)

在保持架小端最小梁宽 b_{cmin} 处用游标卡尺测量。

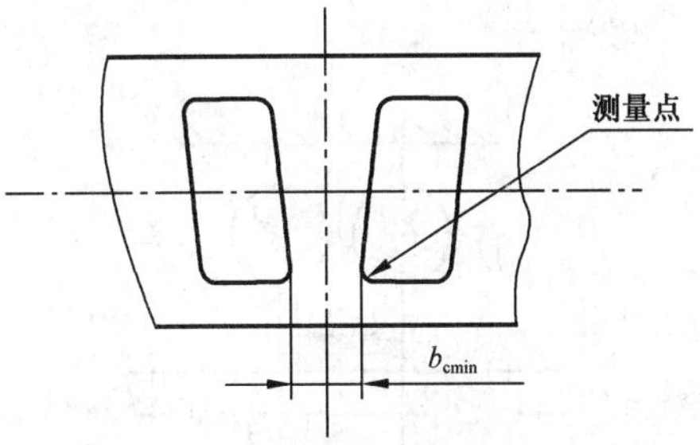

图 41 梁宽变动量 V_{bc} 的测量

7.10.6 保持架扩张后滚子组单一内径偏差 Δ_{Fw1s} 的测量

对于小端内径 $d_{c2}>180$ mm 的保持架,用板簧将测量用标准滚子压紧在保持架两个对称或接近对称(窗孔为奇数时)的窗孔压坡面上[见图 42a)],用游标卡尺或专用片形塞规测量保持架的扩张尺寸 F_{w1},则 $\Delta_{Fw1s}=F_{w1s}-F_w$;对于小端内径 $d_{c2}\leqslant180$ mm 的保持架,允许装一组滚子后用小挡边直径为其公称尺寸 F_{w1} 的内圈检测[见图 42b)],内圈应能顺利装入滚子组件中。

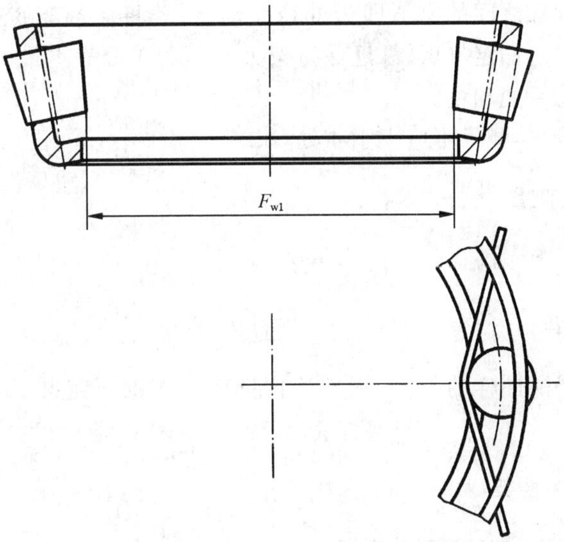

a) 小端内径 $d_{c2}>180$ mm 的保持架

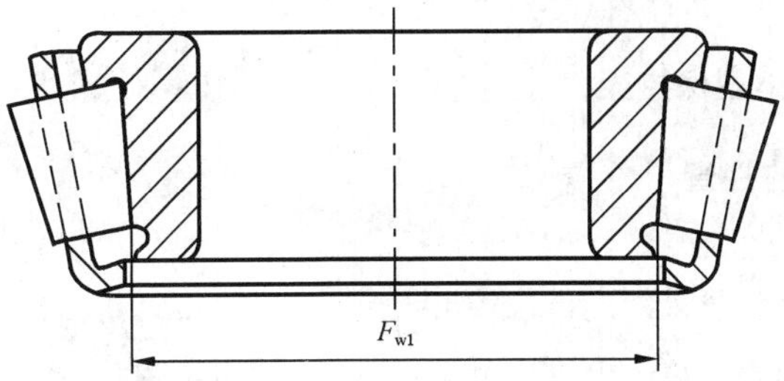

b) 小端内径 $d_{c2}\leqslant180$ mm 的保持架

图 42 扩张后滚子组内径单一偏差 Δ_{Fw1s} 的测量

7.10.7 单个窗孔底高变动量 V_{hcs} 的测量(见图 43)

在窗孔底边靠近孔梁的两点用百分表(表头为 L 形)测量。第一次测值为(e_1-e_2),然后换孔(间隔 2～3 个孔)测量,测量不应少于 4 孔/次。

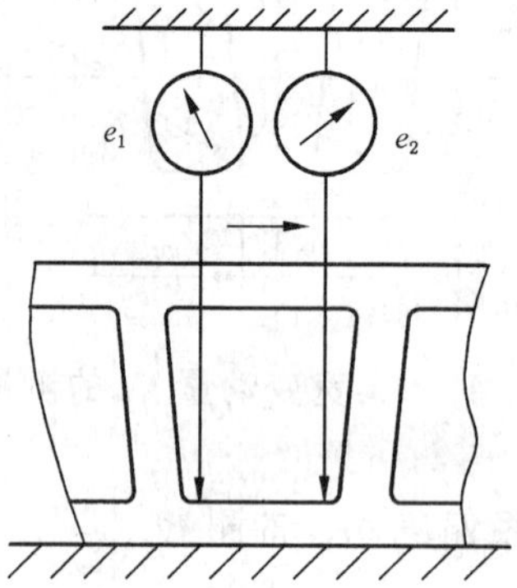

图 43 单个窗孔底高变动量 V_{hcs} 的测量

7.10.8 外径变动量 V_{Dc}、底径中心对外径中心的位置变动量 V_{Hc1} 的测量(如图 32 所示)

将保持架外径用两个互成 90°的固定支点定心,使保持架旋转,正对一固定支点、靠近保持架大端面的千分表上最大与最小读数之间的差值即为外径变动量;若将保持架底径用两个互成 90°的固定支点定心,使保持架旋转,正对一固定支点、靠近保持架大端面的千分表上最大与最小读数之间的差值即为底径中心对外径中心的位置变动量。

二者也可用游标卡尺测量,测量不应少于 4 处/次。

7.10.9 底径变动量 V_{dc3} 的测量

用游标卡尺测量。

7.10.10 旋转灵活性的检查

将保持架与尺寸符合产品图样的外圈、无挡边内圈和一组滚子组装后,正转、反转应旋转灵活,无阻滞。

7.11 推力球轴承用 Ⅱ 型保持架

保持架内径变动量 V_{dc}、径向宽度变动量 V_{Hc}、兜孔中心对内径中心的位置变动量 V_{Hc2}、宽度变动量 V_{Bc} 用游标卡尺测量,测量不应少于 4 处/次。

7.12 推力调心滚子轴承用钵型保持架

7.12.1 单一外径偏差 Δ_{Dcs} 的检查

用外形样板检查。

7.12.2 梁宽变动量 V_{bc} 的测量

用游标卡尺测量。

7.12.3 窗孔底高变动量 V_{hc} 的测量

用百分表(刃口表尖)或游标卡尺测量。

7.12.4 **外径变动量 V_{Dc} 和底径中心对外径中心的位置变动量 V_{Hc1} 的测量(如图 32 所示)**

用游标卡尺、百分表或内、外径测量仪测量。

7.12.5 **单个窗孔底高变动量 V_{hcs} 的测量**

用百分表(L 形表尖)测量。

7.12.6 **径向游动量 ε_1 的测量(见图 44)**

用尺寸符合产品图样的内、外圈和一组滚子与保持架组装后,将内圈和滚子固定,百分表表尖处于保持架梁宽的中部,沿直径方向往复移动保持架,所测得的读数即为 ε_1 值。测量不应少于 4 处/次。

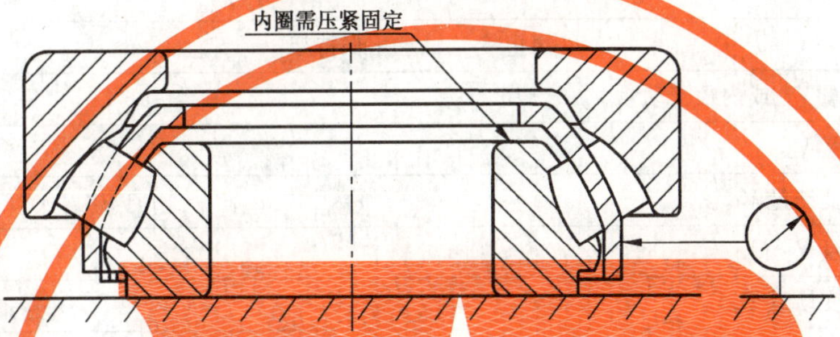

图 44 径向游动量 ε_1 的测量

7.12.7 **旋转灵活性的检查**

用尺寸符合产品图样的内、外圈和一组滚子与保持架组装后(见图 44),正转、反转应旋转灵活、无阻滞。

8 检验规则

8.1 保持架的外观质量应 100%进行检查。

8.2 保持架抽样检验按 GB/T 2828.1—2003 的规定,使用特殊检查水平 S-4,主要检验项目的接收质量限 AQL 值为 1.0,次要检验项目(除主项外的其余项目和尺寸)的 AQL 值为 4.0。各类型保持架的主要检验项目见表 34。

表 34

序号	主 要 检 验 项 目
浪型保持架	
1	单一兜孔中心圆直径偏差 Δ_{Dcps}
2	兜孔深度变动量 V_K
3	单一铆钉孔中心圆直径偏差 Δ_{Dcp1s}
4	铆钉孔中心圆上的铆钉孔等分弦长偏差 Δ_{C1}
5	钢球在保持架兜孔中的径向游动量 ε 和铆钉孔直径 d_{c5}
6	带爪保持架爪底外径 D_{cd}

表 34（续）

序号	主 要 检 验 项 目
	冠型保持架
1	内径变动量 V_{dc}
2	厚度变动量 V_s
3	宽度变动量 V_{Bc}
4	单一宽口长度偏差 Δ_{KBs}
5	单一锁口宽度偏差 Δ_{Sks}
6	底面翘曲度 V_B
	风电变桨轴承用保持架
1	外径变动量 V_{Dc} 或内径变动量 V_{dc}
2	梁宽变动量 V_{bc}
3	窗孔底高变动量 V_{hc}
4	宽度变动量 V_{Bc}
5	兜孔直径变动量 V_{dc4}
	菊型和葵型保持架
1	双列兜孔中心距变动量 V_p 及单一双列兜孔中心距偏差 Δ_{ps}
2	兜孔底高变动量 V_{hc}
3	旋转灵活性
	槽型保持架
1	滚子组外径变动量 V_{Ew} 及其单一外径偏差 Δ_{Ews}
2	压坡面素线的垂直度 S_{wp} 和单个窗孔底高变动量 V_{hcs}
	双挡圈组合保持架
1	单一窗孔中心圆直径偏差 Δ_{Dcps}
2	等分孔中心对内径中心的位置变动量 V_{Hc2}
3	窗孔中心线对窗孔底面的垂直度 f
	碗型和 Z 型保持架
1	压坡面素线的垂直度 S_{wp}（不适用于点锁式）
2	滚子组内、外径变动量 V_{Fw}、V_{Ew} 及其单一内、外径偏差 Δ_{Fws}、Δ_{Ews}
3	梁宽变动量 V_{bc}
4	大端面平面度 V_F
5	旋转灵活性（中小型保持架允许用此项检查代替上述各项检查）
	K 型和 M 型保持架
1	梁宽变动量 V_{bc}
2	外径变动量（外径引导的）V_{Dc} 或内径变动量（内径引导的）V_{dc}
3	宽度变动量 V_{Bc}
4	旋转灵活性

表 34（续）

序号	主要检验项目
C 型保持架	
1	小端单一外径偏差 Δ_{Dc1s}
2	外径变动量 V_{Dc}
3	兜孔底高变动量 V_{hc} 和径向游动量 ε_1
筐型保持架	
1	压坡面素线的垂直度 S_{wp}
2	滚子组内、外径变动量 V_{Fw}、V_{Ew} 及其单一内、外径偏差 Δ_{Fws}、Δ_{Ews}
3	径向游动量 ε_1
4	窗孔底高变动量 V_{hc}
5	梁宽变动量 V_{bc}
Π 型保持架	
1	内径变动量 V_{dc}
2	兜孔中心对内径中心的位置变动量 V_{Hc2}
钵型保持架	
1	窗孔底高变动量 V_{hc}
2	外径变动量 V_{Dc}
3	径向游动量 ε_1
4	旋转灵活性

9 包装、标志、运输和贮存

9.1 经终检合格的保持架按 GB/T 8597—2003 的规定进行防锈包装。

9.2 包装箱上应标记：适用轴承型号、数量、生产批号、生产日期及厂家等，箱内应附有产品合格证。

9.3 在运输过程中应防潮、防水，避免包装破损和保持架变形。

9.4 保持架应贮存在清洁、通风、干燥的库房内，存放一年内不应锈蚀。

ICS 21.160
J 26

中华人民共和国国家标准

GB/T 28269—2012

座椅用蛇形弹簧　技术条件

Zigzag spring for seat—Technical specifications

2012-05-11 发布　　2012-12-01 实施

中华人民共和国国家质量监督检验检疫总局
中国国家标准化管理委员会　发布

前　言

本标准按照 GB/T 1.1—2009 给出的规则起草。

本标准由全国弹簧标准化技术委员会(SAC/TC 235)提出并归口。

本标准负责起草单位:浙江飞力五金弹簧有限公司、广州华德汽车弹簧有限公司、广州卫亚汽车零部件有限公司。

本标准参加起草单位:无锡市华光座椅弹簧有限公司、中机生产力促进中心、海宁市盛力五金弹簧有限公司、张家港市迪尔弹簧制造有限公司。

本标准主要起草人:顾立飞、杨伟明、张朝芳、陆培根、郭赓浩、黄珅、窦智、周卫国、周海东。

座椅用蛇形弹簧　技术条件

1　范围

本标准规定了用圆截面材料制造的座椅用蛇形弹簧的技术要求、试验方法、检验规则及标志、包装、运输、贮存。

本标准适用于车辆座椅、家具座椅用蛇形弹簧(以下简称蛇簧)。

对于其他座椅、家具用蛇簧可参照使用。

2　规范性引用文件

下列文件对于本文件的应用是必不可少的。凡是注日期的引用文件,仅注日期的版本适用于本文件。凡是不注日期的引用文件,其最新版本(包括所有的修改单)适用于本文件。

GB/T 1805　弹簧术语

GB/T 2828.1　计数抽样检验程序　第1部分:按接收质量限(AQL)检索的逐批检验抽样计划

GB/T 4357　冷拉碳素弹簧钢丝

YB/T 5220　非机械弹簧用碳素弹簧钢丝

3　术语、定义、代号及单位

GB/T 1805 界定的以及表1中的术语和定义适用于本文件,见表1。

表1

术语	定义	代号	单位
宽度 width	蛇簧相邻两峰垂直于自由长度(弦长、弧长)方向的距离	h_s	mm
半径 radius	圆形蛇簧的成型半径	r	mm
峰数 crest number	指定自由长度(弦长、弧长)内蛇簧重复成型的次数	n_s	—
自由弧高 free camber	蛇簧在无负荷作用时的弧高	h_0	mm
自由弧长 free arc length	蛇簧在无负荷作用时的弧长	L_s	mm
自由弦长 free span	蛇簧在无负荷作用时的弦长	L_0	mm
弓状、圆弧状圆弧半径 radius of arch or arc	蛇簧垂直于宽度方向的曲率半径	R	mm
中心距 center distance	圆状蛇簧相邻两峰圆弧圆心距离的一半	l	mm

4 结构型式

蛇簧的母线结构型式分为三种：平状、弓状和圆弧状；峰形结构分为两种：圆形和矩形；节距分为等节距和不等节距。其常见图样形式详见表2，工作图参见附录A。

表2

结构形式	形状简图及参数代号	结构特征
平状圆形等节距蛇簧	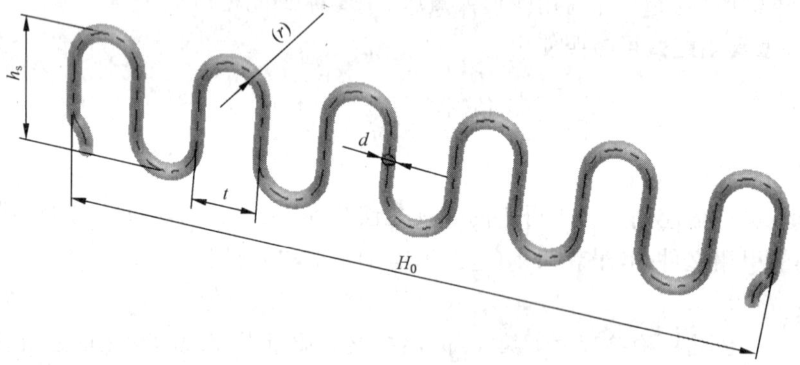	呈直线状态，其峰形为圆形，节距相等
平状圆形不等节距蛇簧	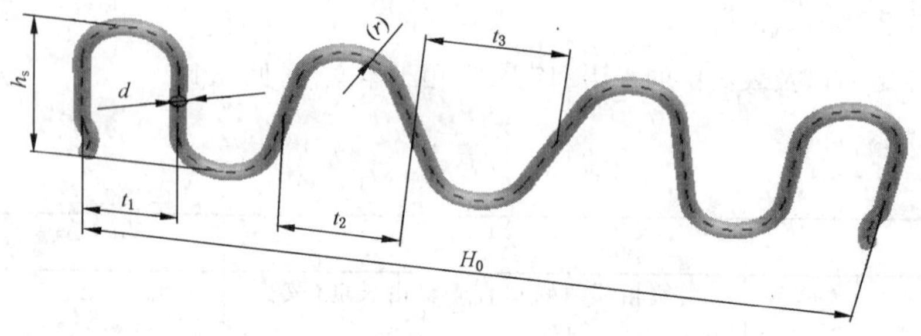	呈直线状态，其峰形为圆形，节距不等，形状左右对称
平状矩形等节距蛇簧	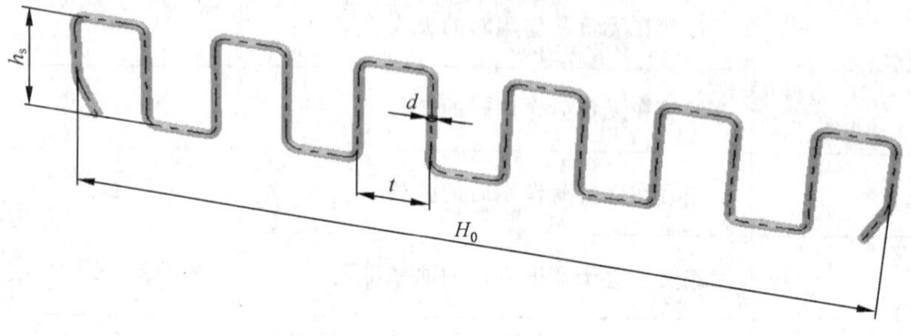	呈直线状态，其峰形为矩形，节距相等

表 2（续）

结构形式	形状简图及参数代号	结构特征
平状矩形 不等节距蛇簧	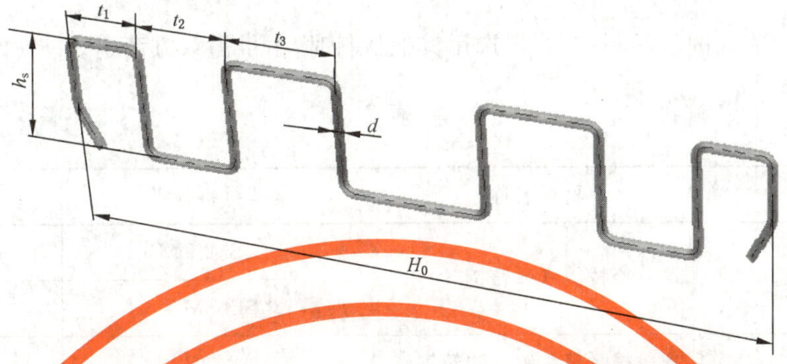	呈直线状态，其峰形为矩形，节距不等，形状左右对称
弓状圆形 等节距蛇簧		呈弓形状态，其峰形为圆形，节距相等
弓状矩形 等节距蛇簧		呈弓形状态，其峰形为矩形，节距相等
圆弧状圆形 等节距蛇簧	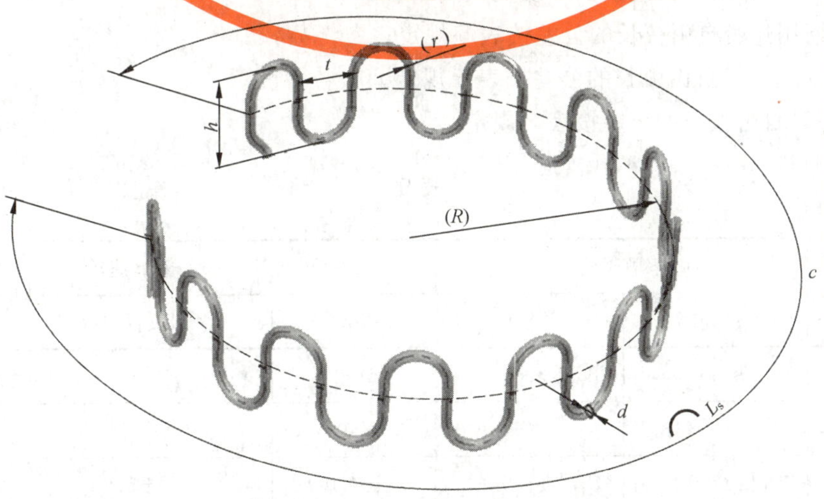	呈圆弧状态，其峰形为圆形，当将圆弧状蛇簧展平时，其节距相等

5 技术要求

5.1 材料

5.1.1 一般应采用表3的材料制造，若需选用其他材料时，由供需双方商定。

表3

标准编号	材料名称	推荐材料等级	适用场合
GB/T 4357	冷拉碳素弹簧钢丝	SL、SM、DM	车辆座椅
		SL、SM	家具座椅
YB/T 5220	非机械弹簧用碳素弹簧钢丝	A2、A3	家具座椅

5.1.2 材料质量应符合相应材料标准的有关规定，必须备有制造商的质量证明书，并经复检合格后方可使用。

5.1.3 材料直径范围：$\phi 2.0$ mm$\leqslant d \leqslant \phi 4.5$ mm。

5.2 宽度

除平状圆形不等节距蛇簧外，蛇簧宽度的公差按表4规定。

表4

单位为毫米

宽度 h_s	车辆座椅		家具座椅	
	<50	≥50	<50	≥50
公差	±1.0	±1.5	±1.5	±3.0

5.3 自由长度、自由弦长、自由弧长

5.3.1 平状蛇簧自由长度的公差按表5规定。

5.3.2 弓状蛇簧自由长度的公差按以下规定：

a) 车辆座椅用蛇簧自由弦长的公差按表5规定；

b) 家具座椅用蛇簧自由弧长的公差按表5规定。

5.3.3 圆弧状蛇簧自由弧长的公差按表5规定。

表5

单位为毫米

自由长度 H_0	车辆座椅		家具座椅		
	<350	≥350	<400	$400 \leqslant H_0 \leqslant 700$	>700
自由弦长 L_0	<350	≥350	—	—	—
自由弧长 L_s	—	—	<400	$400 \leqslant L_s \leqslant 700$	>700
公差	±2.0	±3.0	±4.0	±5.0	±7.0

5.4 峰数

蛇簧峰数的公差为零，峰数计数参见附录B。

5.5 节距

5.5.1 当平状矩形、平状圆形等节距的蛇簧有节距要求时，其节距的公差按表6规定。

5.5.2 其他型式的蛇簧的节距一般不考核。

表6

单位为毫米

节　距 t	车辆座椅		家具座椅	
	<50	⩾50	<50	⩾50
公差	±0.8	±1.0	±1.0	±1.2

5.6 自由弧高

除家具座椅用蛇簧外，车辆用蛇簧自由弧高的公差按表7规定。

表7

单位为毫米

自由弧高 h_0	<40	$40 \leqslant h_0 \leqslant 80$
公差	±0.8	±1.2

5.7 平面度和直线度

除平状圆形不等节距蛇簧不考核直线度外，平状蛇簧的平面度和直线度极限偏差按表8规定。

表8

单位为毫米

自由长度 H_0	车辆座椅		家具座椅		
	<350	⩾350	<400	$400 \leqslant H_0 \leqslant 700$	>700
极 限 偏 差	⩽1.5	⩽2.0	⩽3.0	⩽5.0	⩽6.0

5.8 热处理

蛇簧成形后需经去应力退火处理，其硬度不予考核。

5.9 端部处理

除家具座椅用蛇簧外，车辆座椅用蛇簧两端的安装位置，可套装塑料管或进行PA、PE、PVC等涂装处理，也可按供需双方商定的其他要求进行。

5.10 负荷

当平状、弓状圆形蛇簧有负荷要求时，负荷的公差由供需双方商定。负荷的计算参见附录C。

5.11 表面处理

蛇簧表面处理应在产品图样中注明，表面处理的介质、方法应符合相应的环境保护法规，但蛇簧应避免采用可能导致氢脆的表面处理。

5.12 其他

5.12.1 蛇簧两端头的形状与尺寸由供需双方商定。

5.12.2 蛇簧的尺寸公差必要时可以不对称使用，其极限偏差值不变。

5.12.3 当蛇簧有其他特殊要求时，由供需双方商定。

6 试验方法

6.1 宽度

用分度值高于或等于 0.05 mm 的量具测量。测量时任意选择连续 3 个峰，以左、右各一个峰为测量基准，测量中间一个峰的宽度值，见图 1。

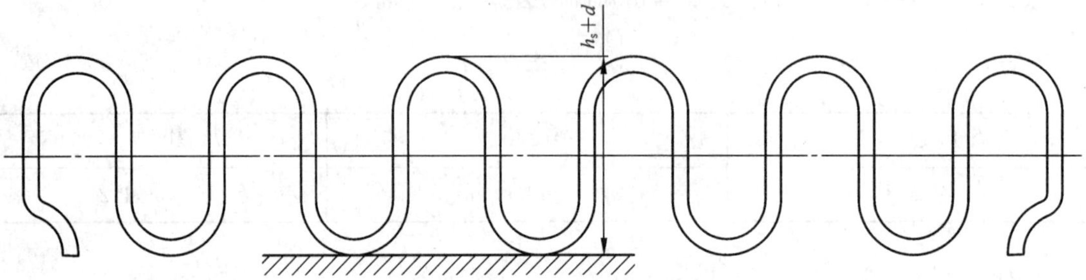

图 1 蛇簧宽度的检测

6.2 自由长度、自由弦长、自由弧长

自由长度和自由弦长用分度值高于或等于 0.1 mm 的量具测量；自由弧长用分度值高于或等于 1 mm的量具测量。测量时以其最大值为准。

6.3 峰数

用目测测量。

6.4 节距

用分度值高于或等于 0.1 mm 的量具测量，测量相邻两直线段中心线的距离。

6.5 自由弧高

将弓状蛇簧放置于 2 级精度平板上，宽度方向平行于平板面，用分度值高于或等于 0.1 mm 的量具测量圆弧最高点至平板的距离，见图 2。

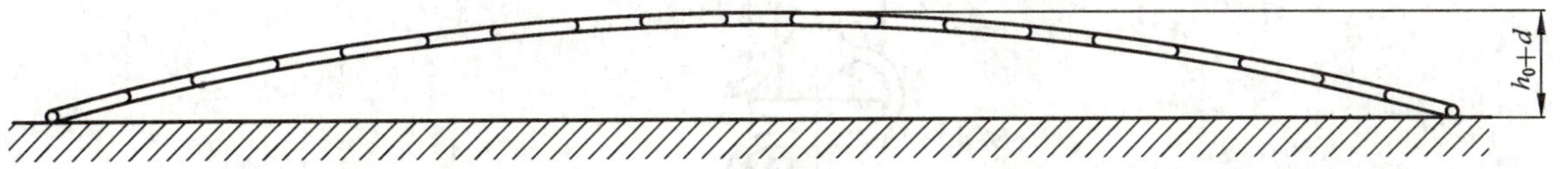

图2　弓状蛇簧自由弧高的检测

6.6　平面度和直线度

6.6.1　平面度

将平状蛇簧放置于2级精度平板上，使蛇簧宽度方向平行于平板面，确定其最大弯曲部位，用塞尺（塞规）测出蛇簧与平面之间的最大间隙Δ'，见图3。

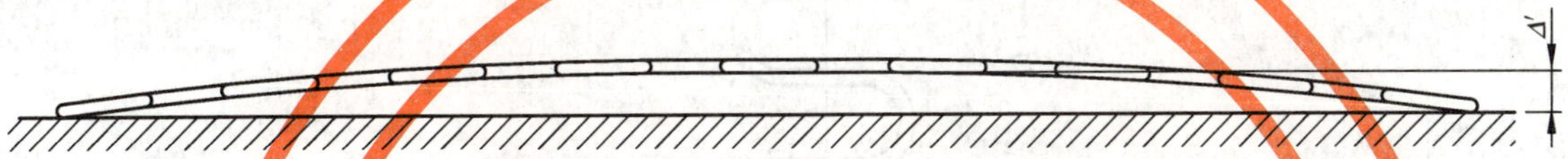

图3　平状蛇簧平面度的检测

6.6.2　直线度

将平状蛇簧放置于2级精度平板上，宽度方向垂直于平板面，确定其最大弯曲部位，用塞尺（塞规）测量蛇簧与平面之间的最大间隙Δ，见图4。

图4　平状圆形等节距蛇簧直线度的检测

6.7　负荷

平状、弓状圆形蛇簧负荷的测量方法有两种：车辆座椅用蛇簧测量压负荷；家具座椅用蛇簧测量拉负荷或压负荷。

6.7.1　拉负荷

将蛇簧安装在精度不低于1%的配有专用测试工装的拉压试验机上进行测试，试验方法由供需双方商定，见图5。

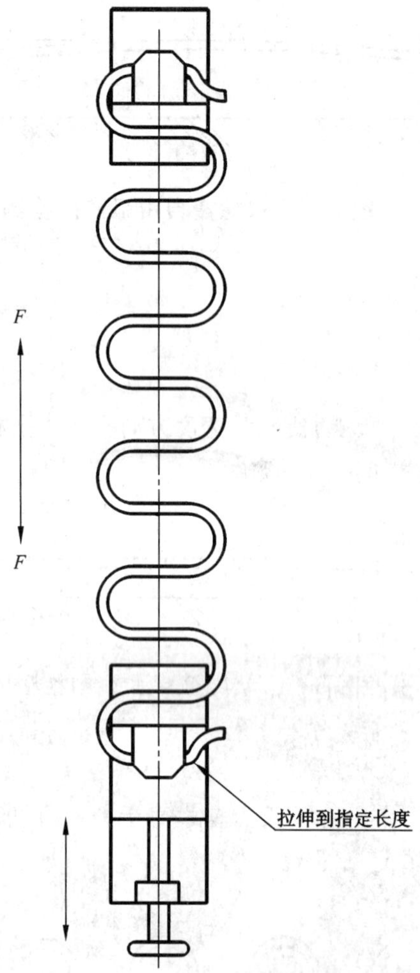

图5　拉负荷的检测

6.7.2　压负荷

将蛇簧安装在专用检测工装上，拉到指定长度后固定，用精度不低于1%的拉压试验机在指定位置进行测试，指定弹性变形量由供需双方商定，见图6。

上压盘的形状、尺寸推荐如下，有特殊要求时由供需双方确定。

a)　当压两条直线时，上压盘的尺寸，见图7；

b)　当压一条直线时，上压盘的尺寸，见图8。

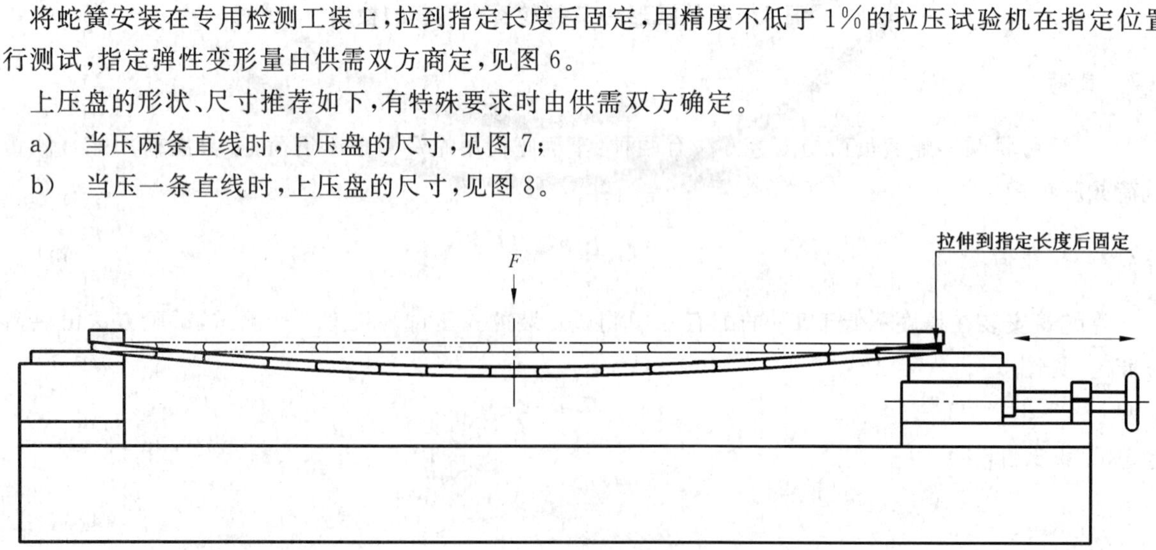

图6　压负荷的检测

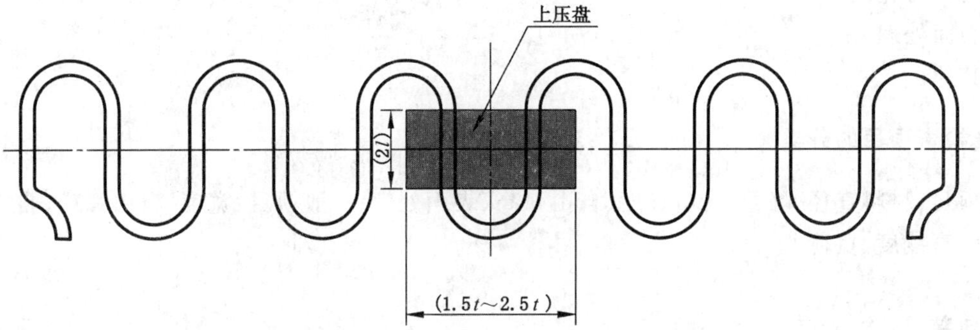

图7　压两条直线时，上压盘的尺寸示意图

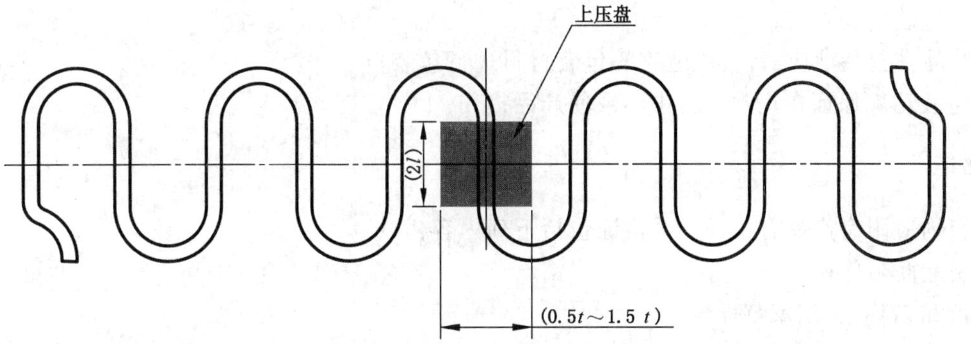

图8　压一条直线时，上压盘的尺寸示意图

6.8　表面处理

蛇簧表面处理按有关标准或协议规定进行。

7　检验规则

7.1　抽样规则

成批生产的蛇簧，按 GB/T 2828.1 规定进行检查。检查水平和抽样方案由供需双方商定。

7.2　检验项目

检测项目按如下规定：

a）材料直径；

b）宽度；

c）自由长度；

d）自由弧长；

e）自由弦长；

f）峰数；

g）节距；

h）自由弧高；

i）平面度；

j）直线度；

k) 负荷(按要求进行);

l) 表面处理;

m) 其他。

7.3 蛇簧检查项目的分类

重要项目:材料直径、峰数、自由长度、自由弧高、表面处理;一般项目:宽度、自由弧长、自由弦长、节距、平面度、直线度、负荷。

8 标志、包装、运输、贮存

8.1 包装

对产品包装的要求有:

a) 产品在包装前应清洁,用适宜的包装材料进行包装;

b) 包装箱应保证在正常运输中不致使产品损伤。

8.2 合格证

包装箱内应附有产品合格证。合格证包括下列内容:

a) 制造商名称;

b) 产品名称、机型及零件号;

c) 制造日期或生产批号;

d) 质量检查部门签章。

8.3 标志

包装箱外部应标明:

a) 发往地址及收货单位名称;

b) 产品名称、机型及零件号、数量;

c) 制造商名称、商标、地址;

d) “轻放”、“防潮”等字样或符号;

e) 出厂日期。

8.4 贮存

产品应存放在通风和干燥的仓库内。经表面处理后的产品在正常保存的条件下,自出厂之日起12个月内不得锈蚀。

8.5 其他

对包装、标志、运输与贮存有特殊要求的,由供需双方商定。

附　录　A
（资料性附录）
图　例

A.1　平状圆形等节距蛇簧典型工作图，见图 A.1。

单位为毫米

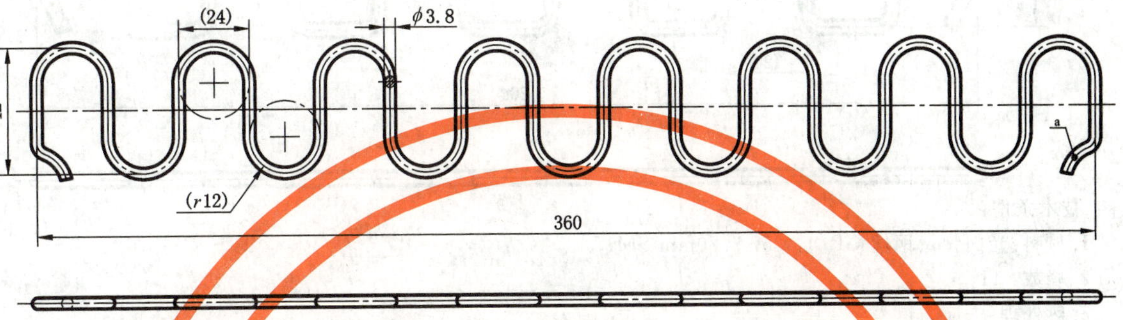

技术条件：

1. 材料：光面弹簧钢丝-GB/T 4357-3.80mm-SM；
2. 峰数：15；
3. 热处理：去应力退火；
4. 表面处理：×××××；
5. 其余按 GB/T 28269—2012 执行。

注：此图所示为平状圆形等节距蛇簧。

[a] 蛇簧两端头的形状与尺寸由供需双方商定。

图 A.1　平状圆形等节距蛇簧典型工作图

A.2　平状圆形不等节距蛇簧典型工作图，见图 A.2。

单位为毫米

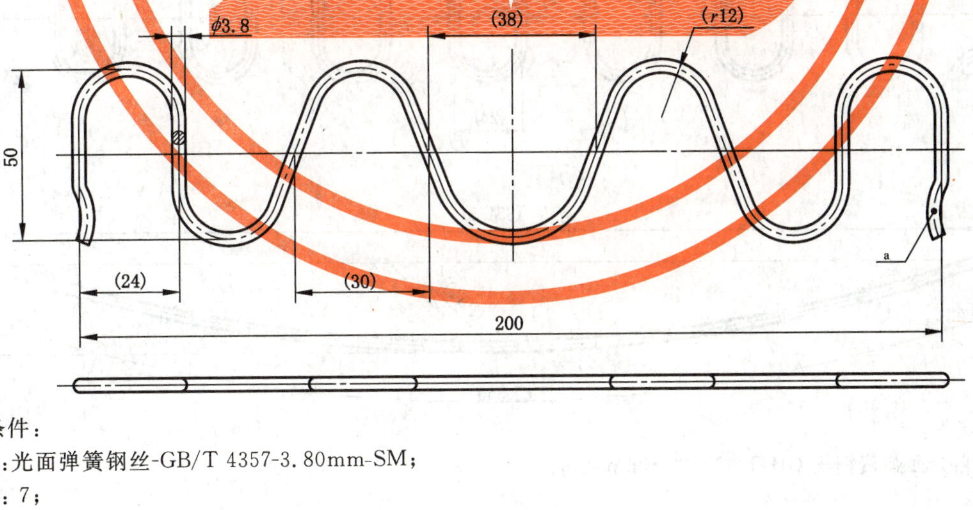

技术条件：

1. 材料：光面弹簧钢丝-GB/T 4357-3.80mm-SM；
2. 峰数：7；
3. 热处理：去应力退火；
4. 表面处理：×××××；
5. 其余按 GB/T 28269—2012 执行。

注：此图所示为平状圆形不等节距蛇簧。

[a] 蛇簧两端头的形状与尺寸由供需双方商定。

图 A.2　平状圆形不等节距蛇簧典型工作图

A.3 平状矩形等节距蛇簧典型工作图，见图 A.3。

单位为毫米

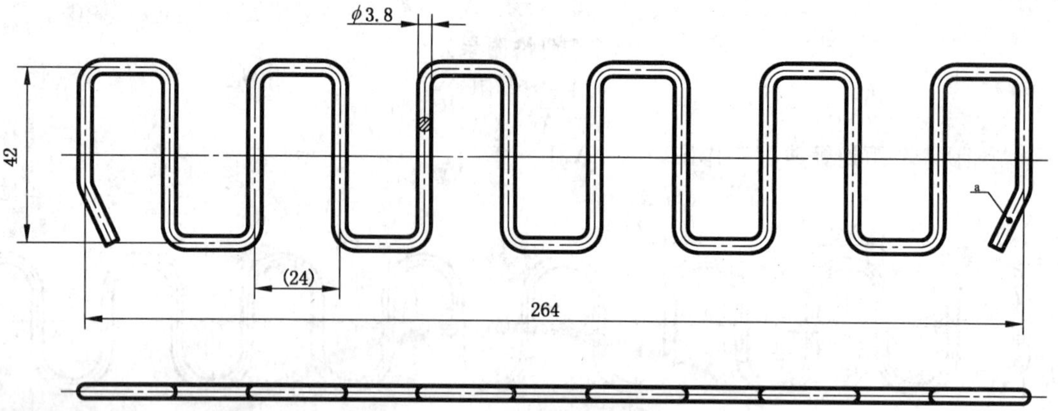

技术条件：

1. 材料：光面弹簧钢丝-GB/T 4357-3.80mm-SM；
2. 峰数：11；
3. 热处理：去应力退火；
4. 表面处理：×××××；
5. 其余按 GB/T 28269—2012 执行。

注：此图所示为平状矩形等节距蛇簧。

[a] 蛇簧两端头的形状与尺寸由供需双方商定。

图 A.3　平状矩形等节距蛇簧典型工作图

A.4 弓状圆形等节距蛇簧典型工作图，见图 A.4。

单位为毫米

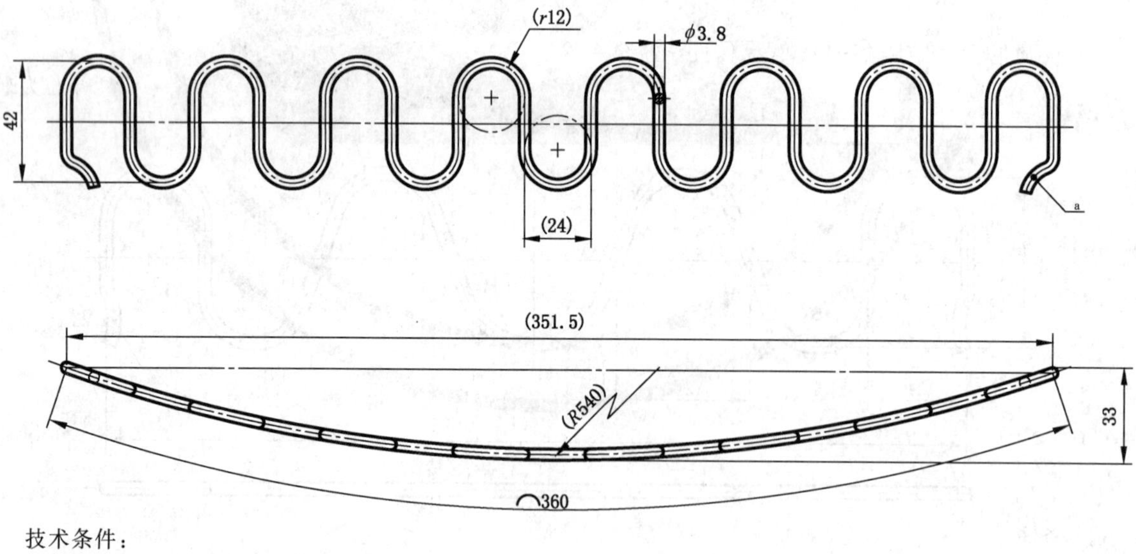

技术条件：

1. 材料：光面弹簧钢丝-GB/T 4357-3.80mm-SM；
2. 峰数：15；
3. 热处理：去应力退火；
4. 表面处理：×××××；
5. 其余按 GB/T 28269—2012 执行。

注：此图所示为弓状圆形等节距蛇簧。

[a] 蛇簧两端头的形状与尺寸由供需双方商定。

图 A.4　弓状圆形等节距蛇簧典型工作图

A.5 圆弧状圆形等节距蛇簧典型工作图，见图 A.5。

单位为毫米

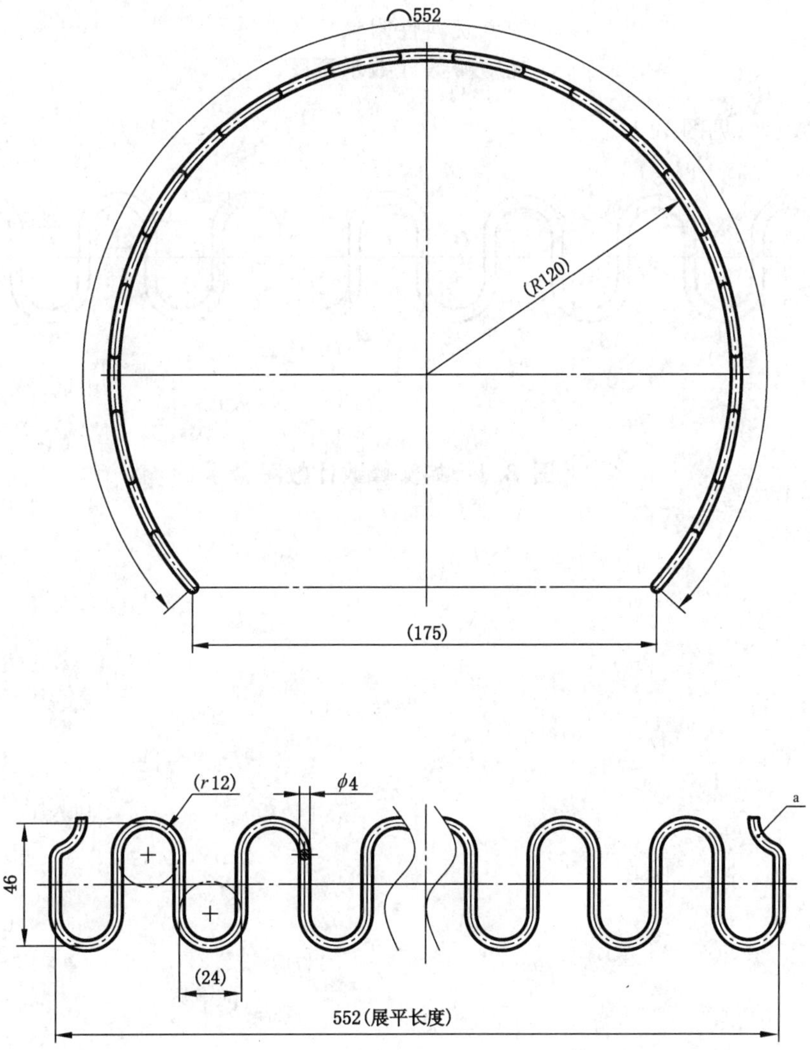

技术条件：

1. 材料：光面弹簧钢丝-GB/T 4357-4.00mm-SM；
2. 峰数：23；
3. 热处理：去应力退火；
4. 表面处理：×××××；
5. 其余按 GB/T 28269—2012 执行。

注：此图所示为圆弧状圆形等节距蛇簧。

[a] 蛇簧两端头的形状与尺寸由供需双方商定。

图 A.5 圆弧状圆形等节距蛇簧典型工作图

附　录　B
（资料性附录）
蛇簧峰数计数示意图

蛇簧峰数计数示意见图 B.1。

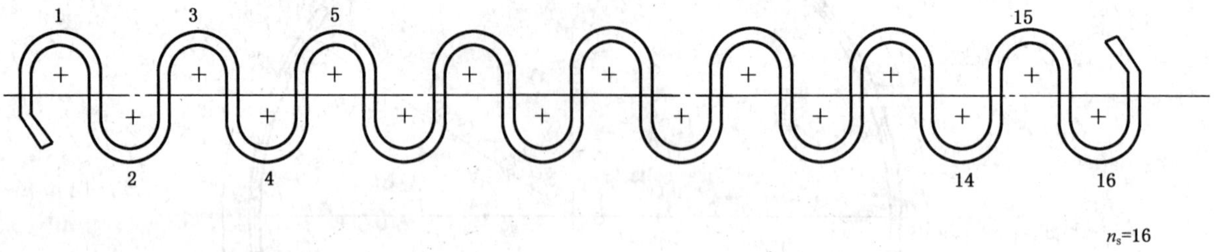

图 B.1　蛇簧峰数计数图

附　录　C
（资料性附录）
平状圆形等节距蛇簧拉负荷下的刚度及许用应力计算公式

C.1　图例

平状圆形等节距蛇簧见图 C.1。

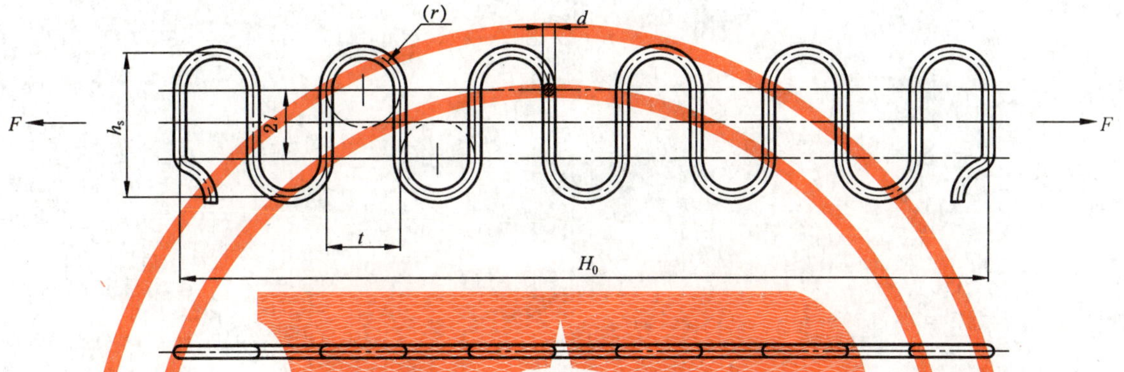

图 C.1　平状圆形等节距蛇簧

C.2　刚度

刚度的计算公式见式(C.1)。

$$F' = \frac{\pi d^4 E}{128 n_s \left[\frac{l^3}{3} + r\left(\frac{\pi}{2} l^2 + \frac{\pi}{4} r^2 + 2lr\right)\right]} \quad \cdots\cdots\cdots\cdots (C.1)$$

式中：

E——材料弹性模量，单位为兆帕(MPa)；

$l=(h_s-2r)/2$，单位为毫米(mm)。

C.3　负荷

负荷的计算公式见式(C.2)。

$$F = F' \times f \quad \cdots\cdots\cdots\cdots (C.2)$$

C.4　许用应力

许用应力的计算公式见式(C.3)。

$$[\sigma] = \frac{32(l+r)F}{\pi d^3} \quad \cdots\cdots\cdots\cdots (C.3)$$

推荐范围：家具用蛇簧 $[\sigma] \leqslant 0.8 R_m$。

注：R_m 为材料的抗拉强度，抗拉强度的选取相应材料标准的下限值。

ICS 23.060.99
J 16

中华人民共和国国家标准

GB/T 28270—2012

智能型阀门电动装置

Intelligent valve electric actuator

2012-05-11 发布　　2012-12-01 实施

中华人民共和国国家质量监督检验检疫总局
中国国家标准化管理委员会　发布

前　言

本标准按照GB/T 1.1—2009给出的规则起草。

本标准由中国机械工业联合会提出。

本标准由全国阀门标准化技术委员会(SAC/TC 188)归口。

本标准负责起草单位:合肥通用机械研究院、扬州电力设备修造厂、常州电站辅机总厂有限公司、黄山良业阀门有限公司、天津百利二通机械有限公司、特福隆集团有限公司、天津埃柯特阀门控制设备有限公司、上海艾克赛自控设备有限公司、天津奥美自动化系统有限公司。

本标准主要起草人:黄明亚、刘伟军、姜迎新、项美根、赵龙、李锦硕、曹式录、王天从、卓杰伟、费向军、朱乐尧。

智能型阀门电动装置

1 范围

本标准规定了智能型阀门电动装置(以下简称智能电装)的术语、技术要求、试验方法、检验规则、标志、包装、运输和贮存条件等。

本标准适用于以电动机直接驱动的开关型、调节型的智能电装。

2 规范性引用文件

下列文件对于本文件的应用是必不可少的。凡是注日期的引用文件,仅注日期的版本适用于本文件。凡是不注日期的引用文件,其最新版本(包括所有的修改单)适用于本文件。

GB 755 旋转电机 定额和性能

GB/T 3797 电气控制设备

GB 4208 外壳防护等级(IP 代码)

GB 4824 工业、科学和医疗(ISM)射频设备 电磁骚扰特性 限值和测量方法

GB/T 12222 多回转阀门驱动装置的连接

GB/T 12223 部分回转阀门驱动装置的连接

GB/T 13306 标牌

GB/T 15479 工业自动化仪表绝缘电阻、绝缘强度技术要求和试验方法

GB/T 17626.2 电磁兼容 试验和测量技术 静电放电抗扰度试验

GB/T 17626.3 电磁兼容 试验和测量技术 射频电磁场辐射抗扰度试验

GB/T 17626.4 电磁兼容 试验和测量技术 电快速瞬变脉冲群抗扰度试验

GB/T 17626.5 电磁兼容 试验和测量技术 浪涌(冲击)抗扰度试验

GB/T 17626.6 电磁兼容 试验和测量技术 射频场感应的传导骚扰抗扰度

GB/T 17626.8 电磁兼容 试验和测量技术 工频磁场抗扰度试验

GB/T 17626.11 电磁兼容 试验和测量技术 电压暂降、短时中断和电压变化的抗扰度试验

GB/T 18268.1 测量、控制和实验室用的电设备 电磁兼容性要求 第1部分:通用要求

GB/T 24922—2010 隔爆型阀门电动装置技术条件

GB/T 24923 普通型阀门电动装置技术条件

JB/T 8862 阀门电动装置 寿命试验规程

3 术语和定义

GB/T 24923 界定的以及下列术语和定义适用于本文件。

3.1

控制单元 control unit

接受输入控制电信号,控制电机启动、停止和旋转方向,并输出相应运行状态电信号的电气部件。

3.2

智能型阀门电动装置 intelligent valve electric actuator

内嵌微处理器的控制单元,同时具有人机交互界面、运行数据记录、参数组态、故障自诊断和保护等

功能,并可具有数字通信接口的阀门电动装置。

3.3

基本误差　intrinsic error

在规定的参数条件下,实际的行程位置与规定的行程位置之间的最大差值,以额定行程的百分数表示。

3.4

回差　hysteresis plus dead band

在额定行程范围内,同一输入信号在上升和下降的两个相应行程值间的最大差值,以额定行程的百分数表示。

3.5

死区　dead band

不能引起行程有任何变化的正反方向输入信号的区间,以信号值范围的百分数表示。

4　功能要求

4.1　控制与设定

控制与设定要求如下：

a)　在不打开罩盖的情况下,能通过人机交互界面对转矩、行程等参数进行设定；

b)　具备电源相序自适应功能；

c)　远方和就地控制可切换,就地操作控制部分须有保护措施,以防止误操作；

d)　具备就地手动、遥控的控制与设定功能；

e)　具备紧急操作功能,紧急位置可设定。

4.2　运行状态指示

运行状态指示要求如下：

a)　通过人机交互界面显示运行状态信息；

b)　具有不少于4路开关量和1路模拟量状态信号输出(通信控制时除外)。

4.3　参数组态

参数组态要求如下：

a)　状态信号参数能进行配置；

b)　就地和远方控制方式能进行设定。

4.4　故障自诊断与数据记录

故障自诊断与数据记录要求如下：

a)　运行过程中出现的异常情况(阀门卡滞、电机过热、电源缺相等)自行诊断并进行报警和保护；

b)　对运行数据(运行时间、开关次数、故障报警等)进行实时记录。

4.5　通信

通信要求如下：

a)　可具备数字通信接口；

b)　通信协议应符合相关国际或国内通信标准的要求。

5 技术要求

5.1 构成

智能电装一般由下列部分组成：

a） 电动机；

b） 减速机构；

c） 手动操作机构；

d） 手—电动切换机构；

e） 位置传感器；

f） 转矩传感器；

g） 控制单元。

5.2 一般要求

5.2.1 智能电装应在下列条件下正常工作：

a） 环境条件

1） 海拔：≤1 000 m；

2） 工作环境温度：−20 ℃～+60 ℃；

3） 工作环境相对湿度：≤90%(25 ℃时)；

4） 工作环境不含有强腐蚀性的气体。

b） 电源条件

1） 电压额定值：

三相：380 VAC　±10%；

单相：220 VAC　−15%～+10%；

2） 频率值：50 Hz　±1%；

3） 谐波含量：≤5%。

c） 工作制式

1） 开关型智能电装电机为 S2 工作制，时间定额为 10 min，15 min，30 min；

2） 调节型智能电装电机为 S4 或 S5 工作制，负载持续率 10%～80%，动作频率分为 100 次/h、320 次/h、630 次/h、1 200 次/h。

5.2.2 智能电装的防护等级不低于 IP67。

5.2.3 智能电装与阀门的连接型式和尺寸应符合 GB/T 12222 和 GB/T 12223 的规定。用户有特殊要求时，可按合同要求另行约定。

5.2.4 智能电装的公称转矩和公称推力的数值应符合表 1、表 2 的规定，也可按合同要求另行约定。

表 1 多回转智能电装公称转矩和公称推力值

法兰代号	F07	F10	F12	F14	F16		F25		F30		F35		F40	
公称转矩 N·m	40	100	250	400	600	700	900	1 200	1 800	2 500	3 500	5 000	8 000	10 000
公称推力 kN	20	40	70	100	130	150	175	200	260	325	520	700	900	1 100

表 2 部分回转智能电装公称转矩值

法兰代号	F03	F04	F05	F07	F10		F12		F14		F16	
公称转矩 N·m	32	63	125	250	350	500	800	1 000	1 500	2 000	3 000	4 000
法兰代号	F25		F30		F35		F40		F48		F60	
公称转矩 N·m	6 000	8 000	12 000	16 000	24 000	32 000	50 000	63 000	80 000	125 000	160 000	250 000

5.2.5 智能电装配用的电动机应符合 GB 755 的规定，并满足智能电装的各项性能要求。

5.2.6 智能电装外表面应平整、光滑，不得有裂纹、毛刺及磕碰等影响外观质量的缺陷，表面涂层应附着牢固、平整、光滑、色泽均匀，无油污、压痕和其他机械损伤。

5.2.7 智能电装主箱体上应有接地螺栓及标志“⏚”，接地螺栓的规格应符合表 3 的规定。

表 3 接地螺栓规格

电动机功率 kW	螺栓规格
≤0.25	M6
>0.25～5	M8
>5～10	M10
>10	M12

5.2.8 智能电装的一般电气技术要求应符合 GB/T 3797 要求，电气接线应符合接线图的要求，布线整齐，固定牢固，导线不得开裂，绝缘层不得损伤；智能电装的动力电源和控制信号的进线应分开。

5.2.9 智能电装各裸露带电回路之间，以及带电零部件与导电零部件或接地零部件之间(不包括印刷电路板)的电气间隙和爬电距离应符合表 4 的规定。

表 4 电气间隙和爬电距离

额定电压 U_i(交流有效值) V	电气间隙 mm	爬电距离 mm
≤60	≥2	≥3
$60<U_i\leqslant 250$	≥3	≥4
$250<U_i\leqslant 380$	≥4	≥6
$380<U_i\leqslant 500$	≥6	≥10
$500<U_i\leqslant 660$	≥6	≥12

5.2.10 面向手轮转动智能电装手轮或沿输出轴向阀门看输出轴转动方向，顺时针为“关”，逆时针为“开”，且手轮(柄)上应有方向指示。

5.2.11 智能电装现场位置指示以百分数表示，100%表示全开位置，0%表示全关位置；配置机械位置指示时，两者需保持一致的开度位置方向。

5.2.12 智能电装输出位置信号应为 DC4 mA～20 mA，电流信号负载阻抗应不小于 500 Ω，与智能电装最终输出实际位移的误差应不大于输出位置信号示值范围的5%(通信控制时除外)。

5.2.13 智能电装在空载下的噪声,用声级计计量应不大于声压级75 dB(A)。

5.2.14 智能电装与地绝缘的端子同外壳(或与地)之间、互相隔离的端子之间分别施加的直流试验电压应符合表5的规定,且绝缘电阻应不小于表5的要求。

表5 绝缘电阻

额定电压或标称电路电压(直流或正弦交流有效值) V	直流试验电压 V	绝缘电阻 MΩ 试验条件	
		一般试验大气条件	湿热条件
≤60	100	5	1
>60～130	250	7	2
>130～650	500	10	5

5.2.15 智能电装与地绝缘的端子同外壳(或与地)之间、互相隔离的端子之间应能承受频率与主电源频率相同的、表6规定的正弦交流电的试验电压,历时1 min的绝缘强度试验,在试验过程中不应发生绝缘击穿、表面闪络、泄漏电流明显增大或电压突然下降等现象。

表6 绝缘强度

额定电压或标称电路电压(直流或正弦交流有效值) V	试验电压 kV 试验条件	
	一般试验大气条件	湿热条件
≤60	0.5	0.425
>60～130	1.0	0.850
>130～250	1.5	1.275
>250～650	2.0	1.700

5.2.16 手—电动切换机构应灵敏可靠,电动时手轮不得转动(摩擦力带动除外)。

5.2.17 智能电装以100%表示电装的公称转矩,工作转矩以公称转矩的百分数表示,工作转矩设定范围应可在50%～100%的公称转矩范围任意设置。

5.2.18 智能电装的堵转转矩应符合表7的规定。

表7 堵转转矩与公称转矩的比值

公称转矩 N·m		堵转转矩/公称转矩
多回转	≤2 000	1.1～2
	>2 000	1.1～1.8
部分回转	≤5 000	1.1～1.8
	>5 000	1.1～1.6

5.2.19 智能电装的转矩控制应灵敏可靠，转矩的重复精度应符合表 8 的规定。

表 8 转矩重复精度

公称转矩 N·m		转矩重复精度 %
多回转	≤100	≤±10
	>100～1 200	≤±7
	>1 200	≤±5
部分回转		≤±10

5.2.20 智能电装的行程控制应灵敏可靠，控制输出轴的位置重复偏差应符合表 9 的规定。

表 9 位置重复偏差

智能电装类型	位置重复偏差
多回转	≤±5°
部分回转	≤±1°

5.2.21 智能电装瞬时承受表 10 中所规定的负载，所有承载零件不应有变形损坏现象。

表 10 载荷要求

公称转矩 N·m	载荷要求
≤5 000	2 倍公称转矩或公称推力
>5 000	1.8 倍公称转矩或公称推力

5.2.22 智能电装应至少能承受无故障 8 000 次工作运行的寿命试验。

5.2.23 智能电装应能承受振动试验，试验后智能电装零件不损坏、不松动。

5.2.24 智能电装环境试验后，绝缘电阻应符合 5.2.14 的规定。

5.2.25 智能电装湿热试验后，绝缘电阻应符合 5.2.14 的规定，绝缘强度应符合 5.2.15 的规定，并保持规定的功能。

5.2.26 智能电装高低温冲击试验后，外观应符合 5.2.6 规定，绝缘电阻应符合 5.2.14 规定，并保持规定的功能。

5.3 电磁兼容性要求

5.3.1 一般要求

智能电装应符合 GB/T 18268.1 的规定，在标准规定的电磁环境中能正常工作，且不对该环境中任何事物构成不能承受的电磁骚扰。

5.3.2 静电放电抗扰度

智能电装处于正常工作状态，对人手易接触的非金属部分施加 4 kV 放电电压，金属部分施加 4 kV 放电电压，智能电装应工作正常。

5.3.3 电快速脉冲群抗扰度

智能电装处于正常工作状态，在智能电装电源端口和信号输入输出端口，分别施加 1 kV 和 0.5 kV，重复频率 5 kHz 的干扰信号，智能电装应工作正常。

5.3.4 浪涌(冲击)抗扰度

智能电装处于正常工作状态，在智能电装电源端口施加共模 1 kV、差模 0.5 kV 干扰信号，智能电装应工作正常。

5.3.5 电压暂降、短时中断抗扰度试验

智能电装处于正常工作状态，电源电压中断 100%额定电压持续时间 1 周期，智能电装应工作正常。

5.3.6 射频电磁场辐射抗扰度

智能电装处于正常工作状态，将其置于场强 3 V/m、频率 80 MHz～1 GHz 的均匀场中，智能电装应工作正常。

5.3.7 射频场感应的传导骚扰抗扰度

智能电装处于正常工作状态，将场强 3 V/m、频率 0.15 MHz～80 MHz 的干扰信号耦合到智能电装电源端口和信号输入输出端口，智能电装应工作正常。

5.3.8 工频磁场抗扰度

智能电装处于正常工作状态，将其置于场强 10 A/m 工频磁场中，智能电装应工作正常。

5.3.9 电源端子骚扰电压

智能电装处于正常工作状态，电源端子所对外发射的骚扰电压应符合表 11 的规定。

表 11 电源端子骚扰电压限值

频率范围 MHz	准峰值限值 dB(μV)	平均值限值 dB(μV)
0.15～0.5	79	66
0.5～5	73	60
5～30	73	60

5.3.10 电磁辐射骚扰

智能电装处于正常工作状态，其对外的辐射骚扰应符合表 12 的规定。

表 12 电磁辐射骚扰限值

频段 MHz	骚扰限值 dB(μV/m)测量距离 10 m 在试验场
30～230	40
230～1 000	47

5.4 调节型智能电装

5.4.1 调节型智能电装除满足5.1～5.3的要求外，其基本误差、回差、死区应满足表13的规定。

表13 基本误差、回差和死区限值

项目名称	单 位	技术指标		
		1级	2.5级	5级
基本误差	%	±1.0	±2.5	±5.0
回 差	%	≤1	≤1.5	≤2.5
死 区	%	≤1	≤3	≤5

5.4.2 智能电装在经48 h无故障运行试验后，其基本误差、回差及死区均应符合表13的规定。

5.5 隔爆型智能电装

隔爆型智能电装除满足5.1～5.4外，还应满足GB/T 24922—2010第4章规定的技术要求。

6 试验方法

6.1 通用技术要求试验部分

6.1.1 试验电压和试验环境条件

试验电源均为额定电压和额定频率，试验环境条件符合5.2.1的规定。

6.1.2 测量仪器

试验用的测量仪器的精确度应在试验报告中说明，其基本误差限应小于或等于被测产品基本误差限的1/3，其量程范围应与被测量的范围相适应。

6.1.3 外壳防护性能

外壳防护性能试验按GB/T 4208的规定进行，结果应符合5.2.2的规定。

6.1.4 外观、涂漆、接地螺钉、电气接线、电气间隙和爬电距离

外观、外表面涂漆、接地螺钉、电气接线目视检查，电气间隙和爬电距离测量检查，应符合5.2.6、5.2.7、5.2.8和5.2.9的规定。

6.1.5 手轮(柄)

手轮(柄)检查应符合5.2.10的规定。

6.1.6 输出位置信号和位置指示

将智能电装输出位置信号外接250 Ω负载阻抗，运行至“全关”位置，此时位置指示应为“0%”，对应的输出位置信号为4 mA；空载启动智能电装至“全开”位置，此时位置指示应为“100%”，对应的输出位置信号为20 mA。然后启动智能电装分别至全行程开度的0%、25%、50%、75%、100%位置，分别测量各输出位置信号值，并按式(1)计算：

$$\Delta_0 = \frac{|I_0 - I_1|}{I} \times 100\% \quad \cdots\cdots(1)$$

式中：

Δ_0——输出位置信号偏差，%；

I_1——实测输出位置信号，单位为毫安(mA)；

I_0——理论输出位置信号，单位为毫安(mA)；

I——输出位置信号范围，单位为毫安(mA)。

试验在输出位置信号增长和信号减小两个方向上各测量一次，抽查检验每个方向测量三次，其结果应符合5.2.11及5.2.12的规定。

6.1.7 噪声

噪声检查按GB/T 3797的规定进行，其结果应符合5.2.13的规定。

6.1.8 绝缘电阻

绝缘电阻检查按GB/T 15479的规定进行，其结果应符合5.2.14的规定。

6.1.9 绝缘强度

绝缘强度检查按GB/T 15479的规定进行，其结果应符合5.2.15的规定。

6.1.10 手—电动切换试验

手—电动切换试验方法如下：

a) 空载切换试验，将智能电装从电动切换到手动状态，转动手轮使输出轴顺时针、逆时针方向转动不少于一圈，启动智能电装使输出轴正、反向转动不少于一圈。各重复三次，均应符合5.2.16的规定。

b) 加载切换试验，将智能电装安装在试验台上，分别调整开、关方向的转矩至公称转矩的1.0～1.1倍，启动智能电装并逐渐加载，直至转矩动作，停止后不卸载，重复a)的试验，从电动切换到手动时，不应借助其他工具，应符合5.2.16的规定。

6.1.11 转矩试验

转矩试验方法如下：

a) 将智能电装安装在试验台上，将转矩在开、关向分别设定至100%，启动智能电装并逐渐加载，直至转矩动作，此时的输出转矩值应符合5.2.17和5.2.19的规定。开、关向各测量三次。

b) 将智能电装安装在试验台上，将转矩在开、关向分别设定至50%，启动智能电装并逐渐加载，直至转矩动作，此时的输出转矩值应符合5.2.17和5.2.19的规定。开、关向各测量三次。

6.1.12 堵转转矩试验

将智能电装安装在试验台上，使转矩控制不起作用，智能电装启动后并逐渐加载，直至电动机停止转动为止，此时的输出转矩应符合5.2.18的规定。

6.1.13 转矩的重复精度试验

转矩的重复精度试验方法如下：

a) 将智能电装安装在试验台上，将转矩在开、关方向分别设定至某一转矩值，在开、关方向分别空载启动智能电装，逐渐加载直至转矩动作，测量输出转矩值。

b) 开、关向各测量三次，三次测量的平均值为转矩的整定基准值，并按式(2)计算转矩的重复精度。

$$\delta_0 = \frac{M_s - M_z}{M_z} \times 100\% \quad \cdots\cdots\cdots\cdots(2)$$

式中：

δ_0 ——输出转矩的重复精度，%；

M_s——实测值，单位为牛米(N·m)；

M_z——整定基准值，单位为牛米(N·m)。

c) 三次测试结果应符合5.2.19的规定。

6.1.14 行程控制输出轴位置的重复偏差试验

行程控制输出轴位置的重复偏差试验方法如下：

a) 将智能电装安装在试验台上，设置"全开"和"全关"位置。

b) 启动智能电装，加载至公称转矩的三分之一，由行程控制使智能电装分别停止在"全开"和"全关"位置，以此位置作为基准。

c) 启动智能电装，载荷不变，全开全关分别运行三次，每次停止位置与基准位置偏差均应符合5.2.20的规定。

6.1.15 强度试验

将智能电装安装在试验台上，做下列试验：

a) 智能电装仅承受转矩时，使转矩控制不起作用，使智能电装输出表10规定的转矩值，持续时间不少于0.5 s后立即卸载，解体检查智能电装所有承载零件应符合5.2.21的规定。

b) 智能电装同时承受转矩和推力时，将智能电装安装在试验台上，使输出轴轴线方向承受表10所规定的推力值。持续时间不少于0.5 s后立即卸载，解体检查智能电装所有承载零件应符合5.2.21规定。

6.1.16 寿命试验

寿命试验按JB/T 8862规定进行，试验结果应符合5.2.22的规定。

6.1.17 振动试验

将智能电装安装在振动试验台上，以10 Hz～150 Hz的频率分别在三个相互垂直方向上进行扫频振动，寻找共振点，然后在其共振频率上分别进行30 min的耐振试验(当共振频率小于57 Hz时振幅为0.15 mm，当共振频率大于57 Hz时加速度为2g)。如果无共振点，则在150 Hz频率上进行30 min的耐振试验(加速度为2g)。在试验开始后和结束前各进行一次开关操作。试验后检查智能电装，应符合5.2.23的规定。

6.1.18 环境温度试验

将智能电装放在温度试验箱中，分别在－20 ℃±2 ℃和60 ℃±2 ℃试验环境温度下保持16 h，在试验开始后和结束前各进行一次开关操作。试验后检查智能电装，应符合5.2.24的规定。

6.1.19 湿热试验

将智能电装放在湿热试验箱中，不通电，先将温度升至40 ℃±2 ℃，再将相对湿度调至$93^{+3}_{-2}\%$，并保持96 h。试验后在常温下放置1 h～2 h，检查智能电装，应符合5.2.25的规定。

6.1.20 高低温冲击试验

智能电装高低温冲击试验按 GB/T 3797 规定进行，试验后检查智能电装，应符合 5.2.26 的规定。

6.2 电磁兼容性试验部分

6.2.1 静电放电抗扰度试验

按 GB/T 17626.2 规定的方法进行，应符合 5.3.2 的规定。

6.2.2 电快速脉冲群抗扰度试验

按 GB/T 17626.4 规定的方法进行，应符合 5.3.3 的规定。

6.2.3 浪涌(冲击)抗扰度试验

按 GB/T 17626.5 规定的方法进行，应符合 5.3.4 的规定。

6.2.4 电压暂降、短时中断抗扰度试验

按 GB/T 17626.11 规定的方法进行，应符合 5.3.5 的规定。

6.2.5 射频电磁场辐射抗扰度试验

按 GB/T 17626.3 规定的方法进行，应符合 5.3.6 的规定。

6.2.6 射频场感应的传导骚扰抗扰度试验

按 GB/T 17626.6 规定的方法进行，应符合 5.3.7 的规定。

6.2.7 工频磁场抗扰度试验

按 GB/T 17626.8 规定的方法进行，应符合 5.3.8 的规定。

6.2.8 电源端子骚扰电压试验

按 GB 4824 规定的方法进行，应符合 5.3.9 的规定。

6.2.9 电磁辐射骚扰试验

按 GB 4824 规定的方法进行，应符合 5.3.10 的规定。

6.3 功能检查

按第 4 章的要求逐项进行操作，各项功能应满足 4.1～4.5 要求。

6.4 调节型智能电装试验

6.4.1 试验规定

试验内容规定如下：

a) 试验时被测智能电装处于正常安装位置，启动智能电装，加载至公称转矩或推力的三分之一；

b) 试验时输入信号增大时的行程方向为开行程，输入信号减小时的行程方向为关行程；

c) 试验测量点应为智能电装全行程的 0%、25%、50%、75%、100%五个点。

6.4.2 基本误差试验

将输入信号缓慢增大或减小，并在开、关行程方向记录输入信号值和输出轴的行程值，按式(3)计算基本误差：

$$\delta=\frac{L_1-L_0}{L}\times 100\% \qquad \cdots\cdots(3)$$

式中：

δ ——基本误差，%；

L_1——输出轴行程的实测值，单位为度(°)(多回转、部分回转)、单位为毫米(mm)(直行程)；

L_0——输出轴行程的约定真值，单位为度(°)(多回转、部分回转)、单位为毫米(mm)(直行程)；

L ——输出轴额定行程，单位为度(°)(多回转、部分回转)、单位为毫米(mm)(直行程)。

每个测量点上每次测量值的基本误差均应不超过 5.4.1 的规定。

6.4.3 回差试验

智能电装的回差由 6.4.2 中所测得的各测量点的开、关行程方向基本误差之间最大代数差的绝对值来确定。其值应不超过 5.4.1 的规定。

6.4.4 死区试验

智能电装的死区应在额定行程 25%、50%、75%三点上按下列步骤测量：

a) 缓慢改变(增大或减小)输入信号，直至输出轴有一个可觉察的行程变化，并记录此时输入信号值 I_1；

b) 在相反方向上缓慢改变输入信号，直至输出轴有一个可觉察的行程变化，并记录此时输入信号值 I_2；

按式(4)计算死区：

$$\Delta=\frac{|I_1-I_2|}{I}\times 100\% \qquad \cdots\cdots(4)$$

式中：

Δ ——死区，%；

I_1、I_2 ——实测输出位置信号，单位为毫安(mA)；

I ——输出位置信号范围，单位为毫安(mA)。

其值应不超过 5.4.1 的规定。

6.4.5 长期运行稳定性试验

使智能电装在额定行程的 50%附近，以负载持续率为 20%～25%，每小时动作频率为(580±50)次运行 48 h，试验后重新进行 6.4.2、6.4.3 和 6.4.4 规定的试验，应符合 5.4.2 的规定。该项试验应在寿命试验后进行。

6.5 隔爆试验

隔爆型智能电装与隔爆相关的试验方法见 GB/T 24922—2010 第 5 章，应符合 5.5 的规定。

7 检验规则

7.1 出厂检验

每台智能电装均应进行出厂检验，检验项目和技术要求按表 14 的规定。全部出厂检验项目检验合格后由质检部门签发产品合格证明书。

7.2 抽查检验

7.2.1 抽查检验应从生产厂质检部门检查合格的智能电装中随机抽样，抽样数一般不应少于批量的3%，并不少于2台。

7.2.2 抽查检验的项目和技术要求按表14的规定，如有一台不合格应加倍抽检，对不合格的项目进行重新检验，如仍不合格，应逐台检验。

7.3 型式检验

7.3.1 对产品进行全面的性能和质量检验，验证该产品是否符合本标准的要求。

7.3.2 有下列情况之一，应对样机进行型式检验，型式检验合格后才可批量生产：

a) 试制新的智能电装；

b) 智能电装的设计、工艺材料等方面有重大改变，可能影响产品性能时；

c) 停产3年以上的智能电装恢复生产时。

7.3.3 有下列情况之一，应抽样进行型式检验：

a) 智能电装正常生产时，每5年进行一次；

b) 国家质量监督机构提出进行型式检验的要求时。

7.3.4 型式试验的项目和技术要求按表14的规定。

7.3.5 对于同结构、同材料、同工艺的产品，允许只做典型规格的型式试验。

7.3.6 型式检验应从经出厂检验合格的产品中随机抽取1台按表14的规定进行检验，并应全部合格。如某一项目不合格，则随机重新抽取2台按表14规定的项目进行检验，检验项目应全部符合表14的规定。

表14 检验项目

序号	检验项目	检验分类			技术要求	检验方法
		出厂检验	抽查检验	型式检验		
1	外观检查	√	√	√	符合5.2.6～5.2.7	按6.1.4
2	电气接线、导线检查	√	√	√	符合5.2.8	按6.1.4
3	爬电距离和电气间隙	√	√	√	符合5.2.9	按6.1.4
4	手轮(柄)检查	√	√	√	符合5.2.10	按6.1.5
5	绝缘电阻检查	√	√	√	符合5.2.14	按6.1.8
6	功能检查	√	√	√	符合4.1～4.5	按6.3
7	位置指示检查	√	√	√	符合5.2.11	按6.1.6
8	输出位置信号检查	√	√	√	符合5.2.12	按6.1.6
9	手—电动切换检查	√	√	√	符合5.2.16	按6.1.10
10	转矩检查	√	√	√	符合5.2.17	按6.1.11
11	堵转转矩检查	—	√	√	符合5.2.18	按6.1.12
12	转矩重复精度检查	√	√	√	符合5.2.19	按6.1.13
13	位置重复偏差检查	√	√	√	符合5.2.20	按6.1.14

表 14（续）

序号	检验项目	检验分类			技术要求	检验方法
		出厂检验	抽查检验	型式检验		
14	绝缘强度试验	—	√	√	符合 5.2.15	按 6.1.9
15	噪声检查	—	—	√	符合 5.2.13	按 6.1.7
16	强度试验	—	—	√	符合 5.2.21	按 6.1.15
17	寿命试验	—	—	√	符合 5.2.22	按 6.1.16
18	振动试验	—	—	√	符合 5.2.23	按 6.1.17
19	环境温度试验	—	—	√	符合 5.2.24	按 6.1.18
20	湿热试验	—	—	√	符合 5.2.25	按 6.1.19
21	高低温冲击试验	—	—	√	符合 5.2.26	按 6.1.20
22	外壳防护性能试验	—	—	√	符合 5.2.2	按 6.1.3
23	电磁兼容性试验	—	—	√	符合 5.3	按 6.2
24	基本误差试验	√	√	√	符合 5.4.1	按 6.4.2
25	回差试验	√	√	√	符合 5.4.1	按 6.4.3
26	死区试验	√	√	√	符合 5.4.1	按 6.4.4
27	长期运行稳定性试验	—	—	√	符合 5.4.2	按 6.4.5
注 1：隔爆型智能电装的检验项目和技术要求除应符合表 14 的规定外，还应符合 GB/T 24922—2010 中表 1 规定。 注 2：第 24、25、26、27 项试验为调节型智能电装试验项目。						

8 标志、包装、运输及贮存

8.1 标志

8.1.1 智能电装外壳上应有产品标牌，并应标明下列内容：

a) 制造厂名称；

b) 产品名称、型号；

c) 公称转矩；

d) 输出转速；

e) 防护等级；

f) 电源、功率(内藏式电机)；

g) 产品编号；

h) 出厂日期。

8.1.2 隔爆型智能电装产品标牌除标明 8.1.1 规定的内容外，还应标明下列内容：

a) 防爆标志“Ex”；

b) 防爆型式、类别、级别和温度组别等；

c) 防爆生产许可证号。

8.1.3 标牌应符合 GB/T 13306 的有关要求。

8.2 包装

8.2.1 智能电装外露加工表面应涂防锈油。

8.2.2 智能电装应装箱发运，并应在箱中固定，包装箱应防雨、牢固。包装箱外表面应有不易擦掉的标志，其内容为：

a) 制造厂名称；

b) 产品名称、型号；

c) 收货单位名称、地址；

d) “向上”、“轻放”等文字或符号；

e) 毛重和体积(长×宽×高)。

8.2.3 智能电装出厂时包装箱内应附有产品合格证、产品使用说明书和装箱单，并应有防潮措施。

8.2.4 产品装箱单应包括下列内容，并加盖检验人员印章：

a) 制造厂名称、地址；

b) 产品名称、型号；

c) 产品编号；

d) 所附文件的名称和数量；

e) 附件的名称和数量；

f) 装箱数量；

g) 装箱日期。

8.3 运输和贮存

8.3.1 智能电装在运输过程中应避免剧烈碰撞。

8.3.2 产品应存放在通风、干燥、无腐蚀性介质的室内场所。